IAR EWARM V5 嵌入式系统应用编程与开发

徐爱钧　编著

北京航空航天大学出版社

内 容 简 介

本书以瑞典 IAR Systems 公司最新推出的 V5 版本 IAR Embedded Workbench For ARM 为核心，详细介绍 IAR C/C++编译器、ILINK 链接器、IAR PowerPAC 嵌入式实时操作系统以及集成开发环境的使用方法，给出 LPC2400，STM32 Cortex-M3，AT91sam9261 等 ARM 核嵌入式处理器应用编程实例，分析与具体处理器架构相关的软件技术要点，介绍嵌入式系统应用编程方法和开发过程，并配有包含全功能 IAR 评估版软件包和书中全部实例的光盘，以便于读者快速掌握集成开发环境和嵌入式 C 编译器的使用方法。

本书适合于从事 ARM 嵌入式系统设计的工程技术人员阅读，也可作为大专院校相关专业嵌入式系统课程的教学用书。

图书在版编目(CIP)数据

IAR EWARM V5 嵌入式系统应用编程与开发/徐爱钧编著. —北京：北京航空航天大学出版社，2009.9

ISBN 978-7-81124-901-9

Ⅰ. I… Ⅱ. 徐… Ⅲ. 微处理器，ARM—系统设计 Ⅳ. TP332

中国版本图书馆 CIP 数据核字(2009)第 154613 号

IAR EWARM V5 嵌入式系统应用编程与开发
徐爱钧　编著
责任编辑　杨　波　史海文　李保国
*
北京航空航天大学出版社出版发行
北京市海淀区学院路 37 号(100191)　发行部电话：010-82317024　传真：010-82328026
http://www.buaapress.com.cn　E-mail：bhpress@263.net
涿州市新华印刷有限公司印装　各地书店经销
*
开本：787×1 092　1/16　印张：36.25　字数：928 千字
2009 年 9 月第 1 版　2009 年 9 月第 1 次印刷　印数：5 000 册
ISBN 978-7-81124-901-9　定价：59.00 元(含光盘 1 张)

前言

随着嵌入式技术的不断发展，各种嵌入式应用系统层出不穷，其中 ARM 处理器的应用独占鳌头。ARM 公司与多家世界著名半导体公司如 Intel，Atmel，NXP，ST，Analog Device，TI，Samsung，OKI 等合作，开发了众多基于 ARM 内核的处理器，为嵌入式系统设计提供了丰富的选择空间。ARM 核处理器耗电少，成本低，功能强，特有 16/32 位双指令集，已成为业界最受欢迎的 32 位 RISC 体系结构。

采用 ARM 核处理器进行嵌入式系统设计，通常需要支持 C 语言编程的集成开发平台，目前许多软件开发商都相继推出了支持 ARM 核处理器的开发工具。瑞典著名软件开发商 IAR Systems 公司 2008 年推出了 V5 版本 IAR Embedded Workbench For ARM（简称 IAR EWARM V5），它是一种增强型一体化开发平台，其中完全集成了开发嵌入式系统所需要的文件编辑、项目管理、编译、链接和调试工具。IAR 公司独具特色的 C-SPY 调试器，不仅可以在系统开发初期进行无目标硬件的纯软件仿真，也可以结合 J-Link/J-Trace 硬件仿真器，对用户系统进行实时在线仿真调试。

IAR EWARM V5 具有许多新特点：包括高度优化功能的 C/C++编译器，支持 VFPv1 和 VFPv2 浮点协处理器，能对 C/C++源代码自动进行 MISRA C 2004 标准检查；支持多文件编译功能。采用全新版本 ILINK 链接器生成业界标准 ELF/DWARF 格式的输出文件，遵循 ARM 公司提出的 EABI(Embedded Application Binary Interface)标准，提供目标文件级别的兼容性，即其他 EABI 兼容工具生成的目标库可以与 EWARM 生成的目标文件一起链接并调试，同时 EWARM 生成的目标库也能在其他 EABI 兼容工具里参与链接和调试，从而使应用程序的开发更具灵活性。采用 J-Link 硬件仿真器调试用户系统时，可以设置无限数量的 Flash 断点。对于新型 ARM Cortex-M 核处理器，可以通过 SWO 接口进行实时跟踪，通信速率高达 6 MHz，可以实时显示数据断点、中断记录等各种调试信息。IAR EWARM V5 软件包中还提供了对实时操作系统 IAR PowerPac 的支持。IAR PowerPac 是一个与高性能文件系统相结合的功能齐全的 RTOS，能与 IAR EWARM 无缝集成，支持 ARM7，ARM9，ARM9E，ARM10E，ARM11，SecurCore，Cortex-M3 和 XScale 内核，并为不同厂商的器件提供实例和板级支持包，同时还提供 USB 和 TCP/IP 协议栈。

本书以 IAR 公司最新推出的 V5 版本 IAR Embedded Workbench For ARM 为核心编写，详细介绍 IAR 嵌入式 C 编译器和集成开发环境的使用方法，给出 NXP，ST，Atmel 等世界著名半导体公司多种 ARM 核嵌入式处理器编程实例，分析与具体处理器架构相关的软件技术要点，详细介绍应用程序设计方法和调试过程。本书所有范例均在 IAR EWARM V5 环境下采用 J-Link硬件仿真器与硬件目标板调试通过，可以直接使用。

全书共分 10 章，各章主要内容如下：

第 1 章　快速入门。介绍 IAR EWARM V5 主要特性，以简单应用实例介绍在集成开发环境中创建项目及完成编译、链接和仿真调试的过程。

第 2 章　ARM 处理器编程基础。介绍 ARM 编程模型、寻址方式、指令集以及 ARM 汇编语言程序设计的基本规则，给出用汇编语言编写的启动程序和其他范例。

第 3 章　IAR EWARM 集成开发环境。从菜单操作入手，详细介绍应用项目的创建、管理以及配置方法。

第 4 章　应用程序仿真调试。详细介绍 IAR C-SPY 调试器环境、纯软件仿真方法以及采用 J-Link 硬件仿真器进行实时在线仿真调试的过程。

第 5 章　IAR C/C++编译器。介绍编译器的配置、数据存储方式、扩展关键字以及 IAR C 语言扩展。

第 6 章　IAR ILINK 链接器。介绍 ILINK 链接器的配置、链接过程、模块与段定义、链接器配置文件的编写及应用方法。

第 7 章　DLIB 库运行环境。介绍运行库的选项设置、系统启动和终止、底层输入/输出特性、库函数的使用方法等。

第 8 章　汇编语言接口。介绍 ARM 过程调用标准、C 语言与汇编语言混合编程方法，给出具体混合编程应用实例。

第 9 章　PowerPac 实时操作系统。介绍 RTOS 基础知识、任务管理、定时管理、信号量、邮箱与队列、内存管理以及 PowerPac 调试插件的使用方法。

第 10 章　ARM 嵌入式系统应用编程实例。介绍嵌入式系统应用编程中代码优化方法、编译链接工具与应用系统之间的相互作用，给出 NXP 公司 LPC2400 处理器、ST 公司 STM32 Cortex-M3 处理器以及 Atmel 公司 AT91SAM9261 处理器的应用编程实例。

为帮助读者更好地学习和掌握 EWARM 实际使用方法，本书配有一张 CD-ROM 光盘，其中包含 IAR 公司 V5 版本全功能 EWARM 评估软件包和本书所有范例程序，读者在阅读本书的同时按照范例进行实际操作，可以有效提高学习效率，快速掌握 ARM 核嵌入式系统应用编程技巧。如果需要购买商业版 IAR EWARM 软件，请与 IAR 公司中国代表处上海爱亚软件技术咨询有限公司联系。

本书在编写过程中得到 IAR 公司中国代表处叶涛先生、盛磊先生和孙燕女士的大力支持，深圳优龙科技有限公司、上海勤研电子科技有限公司提供了硬件目标板，北京航空航天大学出版社马广云博士对于本书的出版给予了热情帮助；另外，还得到彭秀华、徐阳、万天军、朱荣涛、杨清胜、裴顺、刘冰、贺媛、许雪怡等的协助，在此一并表示感谢。由于作者水平有限，书中难免会有错误和不妥之处，恳请广大读者批评指正，读者可通过电子邮箱：ajxu@tom.com，ajxu41@sohu.com 直接与作者联系。

徐爱钧　于长江大学

2009 年 5 月

目录

第1章 快速入门

1.1 IAR EWARM V5 版本的主要特性与文件格式

瑞典 IAR Systems 公司于 2008 年推出了 V5 版本的 IAR Embedded Workbench For ARM (简称 IAR EWARM),它是一种非常有效的嵌入式系统集成开发工具,用户能够在同一界面下充分有效地开发并管理嵌入式应用项目,功能十分完善。IAR EWARM V5 版本中包含了源程序文件编辑器、项目管理器(Project)、源程序调试器(Debug)等,并且为 C/C++编译器、汇编器、链接定位器等提供了单一而灵活的开发环境。

IAR EWARM V5 版本是一种针对 ARM 处理器的集成开发环境,包含具有高度优化功能的 ARM 编译器,支持使用 C/C++语言编程以及多文件编译,能生成极为紧凑而高效的代码;遵从 ARM EABI,可与其他编译器(包括 GNU 和 ARM RealView)生成的映像文件相链接。

IAR EWARM V5 版本提供广泛的 ARM 器件支持,支持的 ARM 内核包括 ARM7,ARM9,ARM9E, ARM10E, ARM11, SecurCore, Cortex - M1, Cortex - M3 和 XScale;支持 ARM,Thumb1 和 Thumb 处理器模式;在 ARM,Thumb 模式下支持 4 GB 应用程序;支持 VFP9 - S 浮点协处理器,为 Actel,Analog Devices,Atmel,Freescale,Luminary,Micronas,OKI,NXP,Sharp,STMicroelectronics 和 TI 等公司的 ARM 芯片提供高效的 Flash loader。

IAR EWARM V5 版本提供广泛的硬件目标系统支持,可选 IAR J - Link 及 J - Trace 仿真器,包含源代码的实时库、可重定位的宏汇编器、链接器和库工具。C - SPY 调试器包含模拟器和 JTAG 硬件接口,同时集成了 IAR PowerPac 以及其他 RTOS 调试插件,支持 RTOS 内核识别调试,可以在调试过程中以窗口方式显示 RTOS 内部数据结构,包括任务列表、信号量、互斥、邮箱、队列、事件标志等,为用户了解 RTOS 每个任务的运行状况提供了极大的方便。

IAR EWARM V5 版本包含全新的 IAR C/C++编译器,以及可以从 ELF/DWARF 格式的目标文件中提取代码和数据并生成可执行映像的 ILINK 链接器,同时还提供包括 GNU 二进制工具在内的各种转换工具。因此新版本采用的文件格式与以前版本有所不同,表 1 - 1 列出了 IAR EWARM V5 版本使用的默认文件格式。

表 1-1 IAR EWARM V5 版本使用的默认文件格式

扩展名	文件类型	输 出	输 入
asm	汇编语言源文件	文本编辑器	汇编器
bat	Windows 命令批处理文件	C-SPY 调试器	Windows
c	C 语言源文件	文本编辑器	C 编译器
cfg	语法配置文件	文本编辑器	IAR EWARM
chm	在线帮助文件	—	IAR EWARM
cpp	C++语言源文件	文本编辑器	C 编译器
out	带调试信息的目标应用文件	ILINK 链接器	C-SPY 或其他符号调试器
dat	STL 容器格式的宏文件	IAR EWARM	IAR EWARM
dbgt	调试器桌面配置文件	C-SPY 调试器	C-SPY 调试器
ddf	器件描述文件	文本编辑器	C-SPY 调试器
dep	从属信息文件	IAR EWARM	IAR EWARM
dni	调试器初始化文件	C-SPY 调试器	C-SPY 调试器
ewd	C-SPY 调试器项目设置文件	IAR EWARM	IAR EWARM
ewp	IAR EWARM 项目文件(当前版本)	IAR EWARM	IAR EWARM
ewplugin	IAR EWARM 插件模型描述文件	—	IAR EWARM
eww	IAR EWARM 工作区文件	IAR EWARM	IAR EWARM
fmt	局部变量和观察窗口的格式信息文件	IAR EWARM	IAR EWARM
h	C/C++或汇编头文件	文本编辑器	C 编译器或汇编器
helpfiles	帮助菜单配置文件	文本编辑器	IAR EWARM
html,htm	html 超文本文件	文本编辑器	IAR EWARM
i	预处理源文件	C 编译器	C 编译器
i79	芯片选择文件	文本编辑器	IAR EWARM
icf	链接器配置文件	文本编辑器	ILINK 链接器
inc	汇编头文件	文本编辑器	汇编器
ini	项目配置文件	IAR EWARM	—
log	日志信息文件	IAR EWARM	—
lst	列表输出文件	C 编译器或汇编器	—
mac	C-SPY 调试器宏定义文件	文本编辑器	C-SPY 调试器
menu	芯片选择文件	文本编辑器	IAR EWARM
pbd	源代码浏览信息文件	IAR EWARM	IAR EWARM
pbi	源代码浏览信息文件	IAR EWARM	IAR EWARM
pew	IAR EWARM 项目文件(老项目格式)	IAR EWARM	IAR EWARM
prj	IAR EWARM 项目文件(老项目格式)	IAR EWARM	IAR EWARM
o	目标模块文件	C 编译器或汇编器	ILINK 链接器
s	ARM 汇编语言源程序文件	文本编辑器	汇编器
vsp	visualSTATE 项目文件	IAR visualSTATE	IAR visualSTATE 及 IAR EWARM
wsdt	工作区桌面设置文件	IAR EWARM	IAR EWARM
xcl	扩展命令行文件	文本编辑器	汇编器、C 编译器、链接器

1.2　项目的创建、编译与链接

在 Windows 环境下成功安装 IAR EWARM 软件包后，单击“开始”，进入 IAR Systems 找到 IAR Embedded Workbench 图标，单击后将弹出如图 1－1 所示提示信息，几秒钟后进入 IAR EWARM 主界面。主界面分为 5 个部分，如图 1－2 所示。

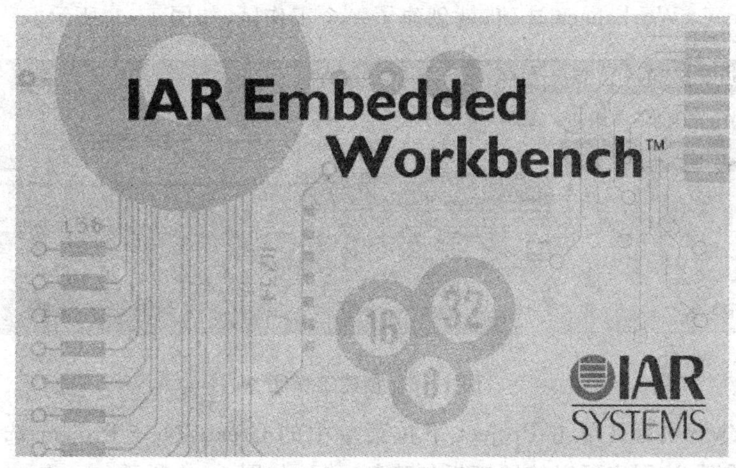

图 1－1　IAR EWARM 提示信息

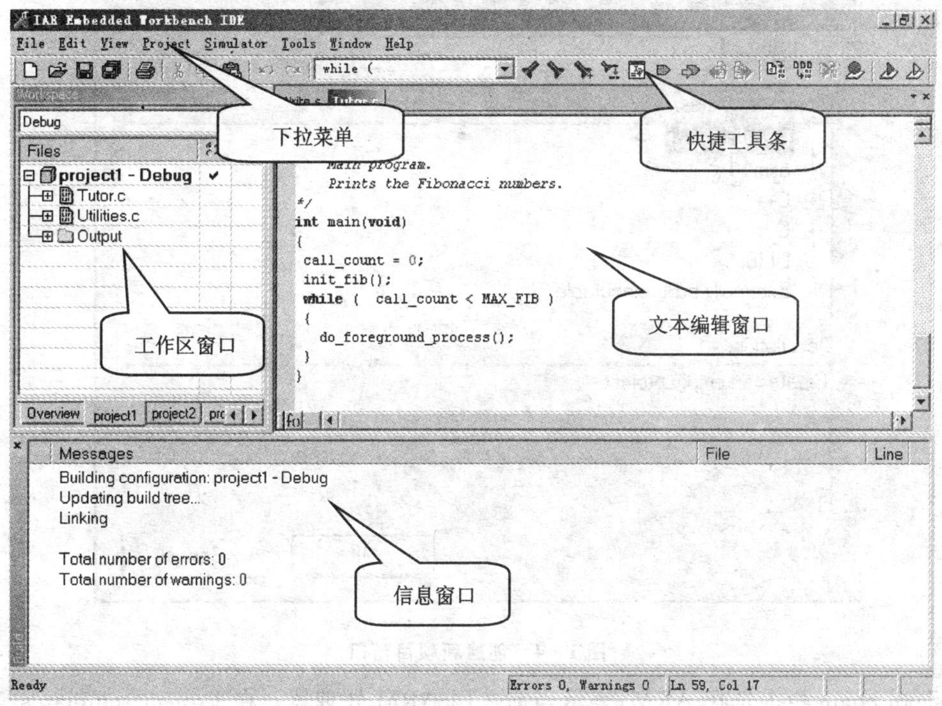

图 1－2　IAR EWARM 主界面

在 IAR EWARM 集成开发环境中用户需要建立一个工作区(workspace)，用于创建一个或

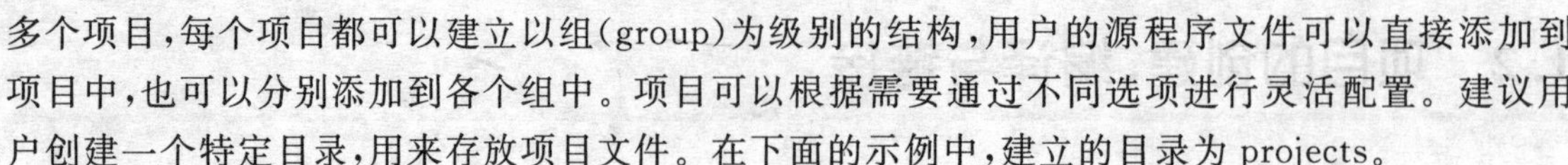

多个项目，每个项目都可以建立以组(group)为级别的结构，用户的源程序文件可以直接添加到项目中，也可以分别添加到各个组中。项目可以根据需要通过不同选项进行灵活配置。建议用户创建一个特定目录，用来存放项目文件。在下面的示例中，建立的目录为 projects。

1.2.1 创建项目

在创建项目前，应先创建一个新的工作区。进入 IAR EWARM 集成开发环境后，单击 File 下拉菜单中的 New>Workspace 选项，就创建了一个工作区，如图 1-3 所示。

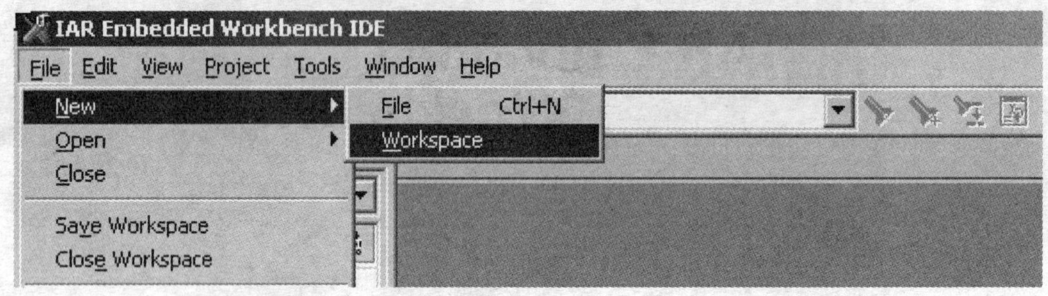

图 1-3 创建工作区

接下来要创建新项目。单击 Project 下拉菜单中的 Create New Project 选项，弹出 Create New Project 对话框，让用户可以按照模板创建新项目，如图 1-4 所示。

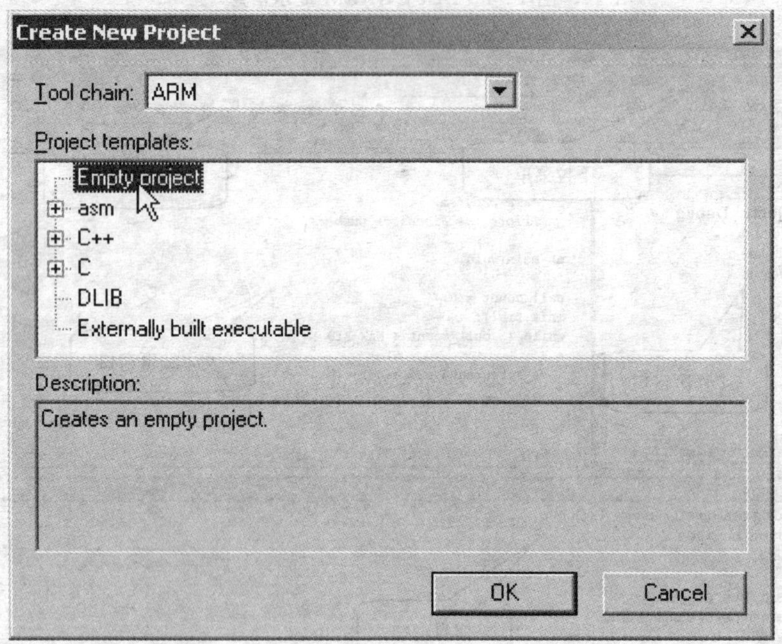

图 1-4 创建新项目窗口

在 Tool chain 栏内选择 ARM，表示当前使用 ARM 处理器。在 Project templates(项目模板)栏内，选择 Empty project，表示采用默认的项目设置。单击 OK 按钮后，弹出保存项目对话框，如图 1-5 所示。

图 1-5　保存项目对话框

在"文件名"栏内键入 project1，单击"保存"按钮，创建一个新项目，该项目将出现在工作区窗口中，如图 1-6 所示。项目名称中的星号表示当前的修改还没有保存。默认状态下，系统将自动生成两个配置：调试(Debug)和发布(Release)，用户可通过工作区窗口顶部的下拉菜单选择配置选项，本例中只使用 Debug 配置。至此就在 projects 目录下创建了一个项目文件，其文件扩展名为 ewp，其包含了用户项目的特殊设定，如属性等。

图 1-6　工作区窗口

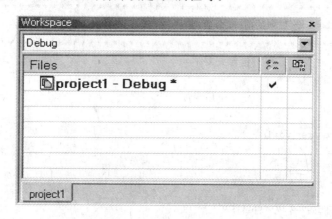

最后还需要保存工作区。单击 File 下拉菜单中的 Save Workspace 选项，弹出保存工作区对话框，如图 1-7 所示。选定工作区文件的存放路径后(本例选择新建立的 projects 目录)，在"文件名"栏内键入 Fib. eww，单击"保存"按钮，就在 projects 目录下创建了一个工作区文件 Fib. eww。这个文件中列出了所有加入到工作区的项目，其他相关信息都存放在 projects\settings 目录下。

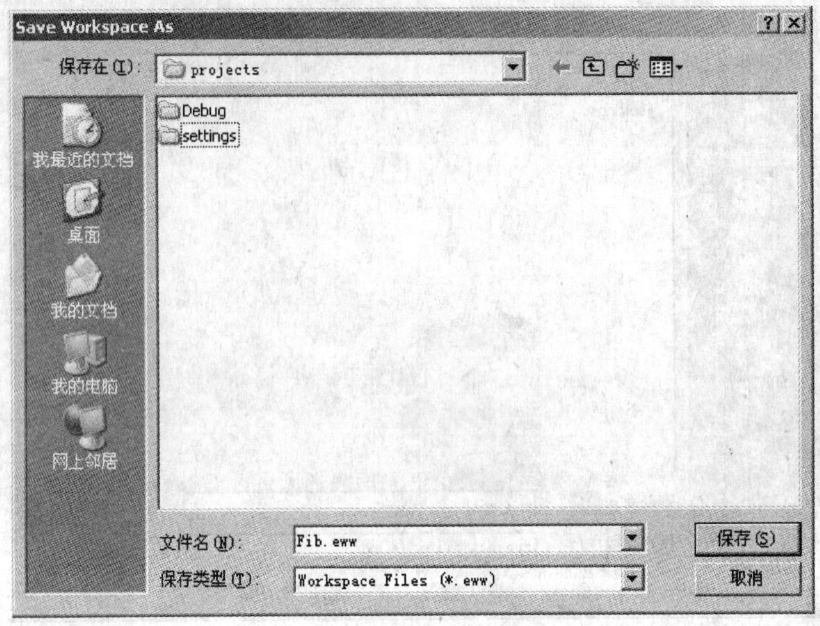

图 1－7　保存工作区对话框

工作区和项目创建完成后，还需要向其中添加源文件，源文件可以是已有的，也可以是新建的。新建源文件时单击 File 下拉菜单中的 New＞File 选项，从打开的编辑窗口中输入下面例 1－1和例 1－2 源程序，输入完毕后分别存盘为 Fib.c 和 Utilities.c。

【例 1－1】　Fib.c 源程序文件。

```
/**********************************************************
        计算出 Fibonacci 数列的前 10 个数，并从 Terminal I/O 窗口显示结果。
**********************************************************/
#include "Fib.h"                //包含头文件

int call_count;                 //定义全局变量

static void next_counter(void) {
    call_count += 1;
}

static void do_foreground_process(void) {
   unsigned int fib;
   next_counter();
   fib = get_fib( call_count );
   put_fib( fib );
}

void main(void) {               //主函数，输出 Fibonacci 数列
   call_count = 0;
```

```
  init_fib();
  while (   call_count < MAX_FIB ) {
    do_foreground_process();
  }
}
```

【例 1－2】 Utilities.c 源程序文件。

```
/******************************************************
                    应用程序。
******************************************************/
#include <stdio.h>                  //包含头文件
#include "Utilities.h"

unsigned int root[MAX_FIB];         //定义数组

void init_fib( void ) {             //用 Fibonacci  数列初始化数组
  int i = 45;
  root[0] = root[1] = 1;
  for ( i = 2 ;i<MAX_FIB ;i++ ) {
    root[i] = get_fib(i)  + get_fib(i - 1);
  }
}

unsigned int get_fib( int nr ) {    //返回 Fibonacci 数列
  if ( (nr > 0) && (nr <= MAX_FIB) ) {
    return ( root[nr - 1] );
  }
  else {
    return ( 0 );
  }
}

void put_fib( unsigned int out ) {  //从 Terminal I/O 窗口输出数字 0～65 536
  unsigned int dec = 10,temp;
  if ( out >= 10000 ) {
    putchar ( '#' );
    return;
  }

  putchar ( '\n' );
  while ( dec <= out ) {
    dec *= 10;
  }

  while ( (dec/ = 10) >= 10 ) {
```

```
        temp = out/dec;
        putchar ( (int)('0' + temp) );
        out -= temp * dec;
    }

    putchar ( (int)('0' + out) );
}
```

单击 Project 下拉菜单中的 Add Files 选项，弹出如图 1-8 所示对话框，选择其中 Fib.c 和 utilities.c，单击“打开”按钮将它们加入到项目 project1 中。文件添加完成后工作区窗口如图 1-9所示。

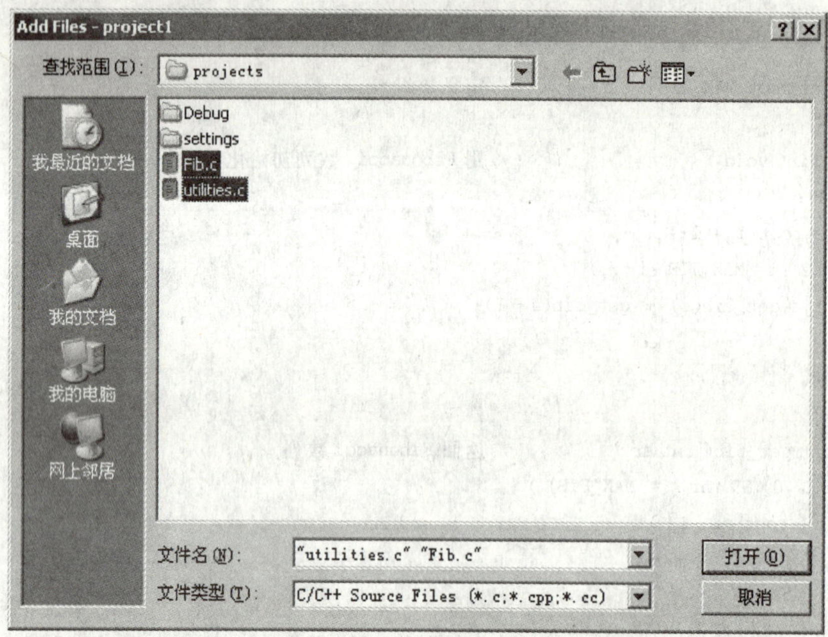

图 1-8　添加文件对话框

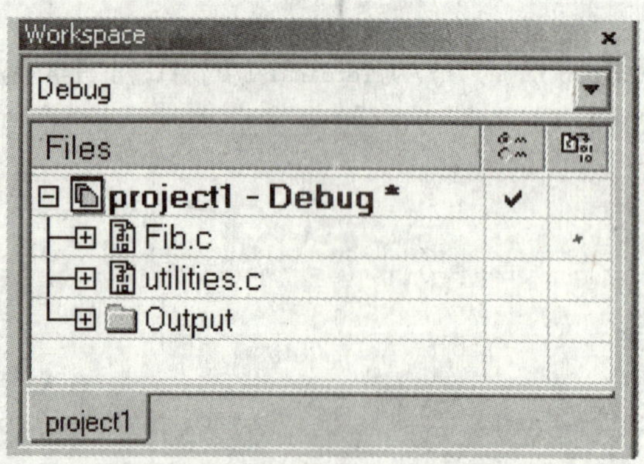

图 1-9　添加文件后的工作区窗口

接下来要设置项目选项。先在工作区窗口选中项目文件夹 project1 - Debug，然后单击 Pro-

ject下拉菜单中的Options选项，弹出如图1-10所示对话框，单击该对话框中的General Options选项，按表1-2中的内容对该对话框中的各个选项卡进行设置。

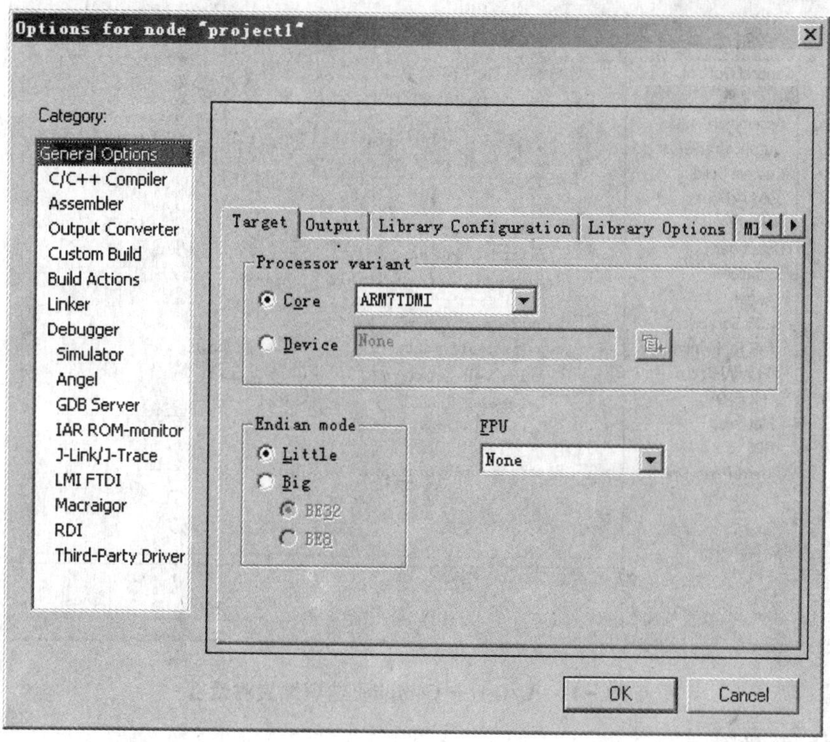

图1-10 General Options选项配置对话框

表1-2 General Options设置

选项卡	设 置
Target	Core：ARM7TDMI-S
Output	Output file：Executable
Library Configuration	Library：Normal
Library Configuration	Library Configuration Library low-level interface implementation：Semihosted

接着再单击图1-10左边Category列表框中的C/C++ Compiler选项，弹出如图1-11所示对话框，按表1-3中的内容对该对话框中的各个选项卡进行设置。

表1-3 C/C++ Compiler设置

选项卡	设 置
Optimization	Level：None (Best debug support)
Output	Generate debug information
List	Output list file Assembler mnemonics

该对话框中还有一些其他设置，本例中暂时用不到。完成以上设置工作之后就可以开始对

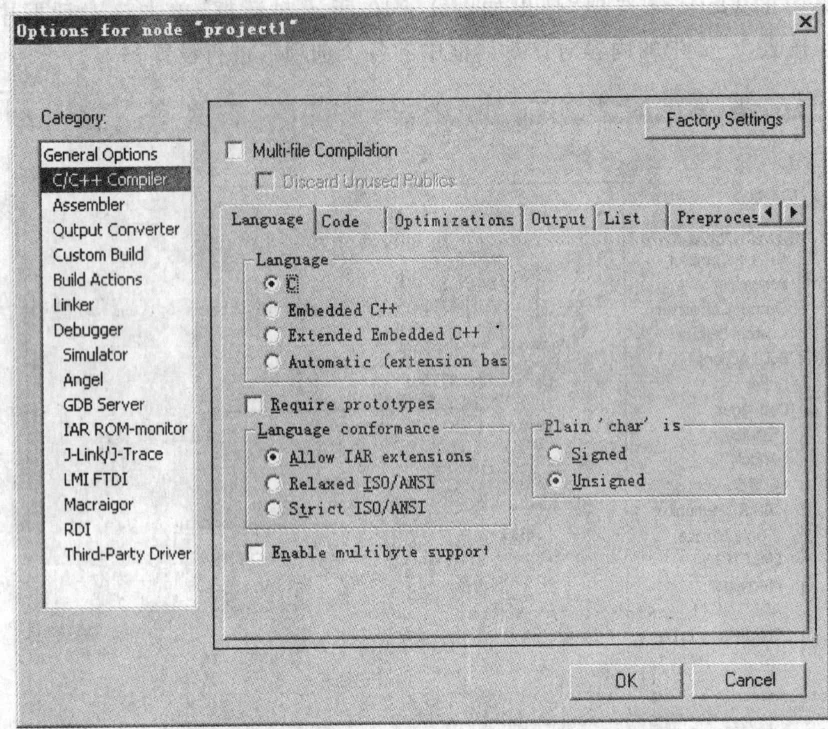

图 1-11　C/C++ Compiler 选项配置对话框

项目进行编译、链接了。

1.2.2　编译项目

先在工作区窗口(见图 1-9)中选中 utilities. c 文件,再单击 Project 下拉菜单中的 Compile 选项,也可以单击工具栏上的 Compile 按钮,对该源程序进行编译。编译过程中产生的各种信息,将显示在屏幕下方的 Build 信息窗口中,如图 1-12 所示。如果源程序存在错误,会在信息窗口显示相应的提示信息,将鼠标指针指向信息窗口显示错误的地方并双击,光标将自动跳转到源程序文件产生错误的地方,为修改程序带来极大方便。

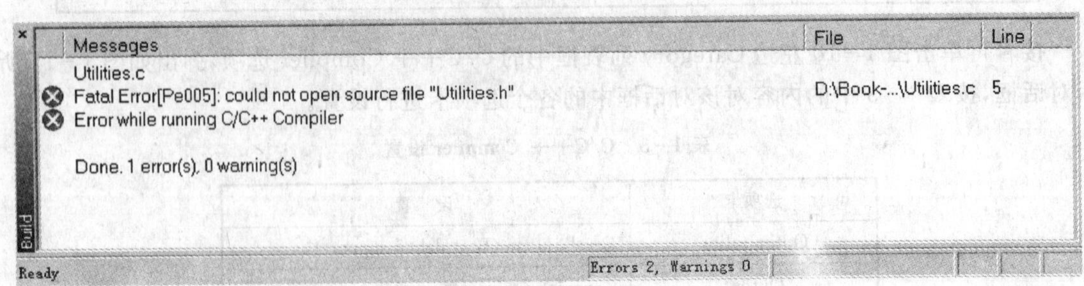

图 1-12　Build 信息窗口

图 1-12 中显示了一个致命错误信息,表示无法打开头文件 Utilities. h,这是因为头文件 Utilities. h还没有编写。单击 File 下拉菜单中的 New>File 选项,从打开的编辑窗口中输入例

1-3中的 Utilities.h 头文件并存盘，重新对 Utilities.c 源程序文件进行编译，信息窗口中就不会显示错误信息了。

【例 1-3】 Utilities.h 头文件。

```
#define MAX_FIB 10
/*************************************************************
运行本例时如果采用 DLIB 库，则需要使用 unbuffered __putchar 函数，而不能使用 buffered putchar，此时需要修改下面的#if 配置。
*************************************************************/
#if 0
#include <yfuns.h>
#define putchar __putchar
#endif
void init_fib( void );
unsigned int get_fib( int nr );
void put_fib( unsigned int out );
```

按照同样的方法对源程序文件 Fib.c 进行编译，信息窗口也会显示类似的错误信息，表示无法打开头文件 Fib.h。因此同样需要编写下面例 1-4 中的 Fib.h 头文件并加入到项目中重新进行编译。

【例 1-4】 Fib.h 头文件。

```
#include "Utilities.h"
extern unsigned int fibsum(int first,int last);
```

至此 IAR EWARM 已经在 Debug 目录下创建了新的 List,Obj 和 Exe 目录，其中 List 目录用来放置列表文件(*.lst)和映像信息文件(.map)。Obj 目录用来放置由编译器和汇编器产生的目标文件(*.o)和调试信息文件(*.pbi, *.pbd)，目标文件用来作为 IAR ILINK 链接器的输入，调试信息文件用于 IAR C-SPY 进行源代码调试。Exe 目录用来放置可执行文件，其扩展名为 out，并用来作为 IAR C-SPY 调试器的输入，注意，可执行文件是由目标文件链接生成的，完成链接之前，Exe 目录为空。单击工作区窗口中目录树节点上的加号，可使工作区视图扩展开，可以看到项目中各个文件之间的依赖关系，如图 1-13 所示。

通过列表文件(*.lst)可以查看采用不同优化级别对生成代码大小的影响。列表文件的开头部分列出了 IAR 编译器版本号及文件创建时间，接下来显示每条 C 语句及其生成的相关汇编指令助记符和对应的二进制代码，同时还列出了各种变量是如何分配给不同内存区域的，最后显示堆栈大小、代码和数据所需存储器空间以及错误或警告信息。

单击 Tools 下拉菜单中的 Options 选项，弹出如图 1-14 所示对话框。在 Editor 选项卡中选择 Scan for changed files 复选框，将对编辑窗口中的文件实现自动更新，即对当前项目中某一个文件进行任何修改后再次编译时，将只针对修改后的这个文件进行相关操作，从而加快整个项目的处理速度。将鼠标指向工作区窗口(见图 1-13)中的 utilities.c 文件并右击，打开 C/C++ 编译器选项对话框。选中 Override inherited settings 选项，再在 Optimizations 选项卡中改变优化选项，重新对 utilities.c 文件进行编译，注意观察列表文件的末尾，代码大小会随优化选项的改变而改变。

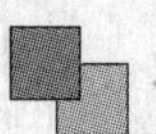

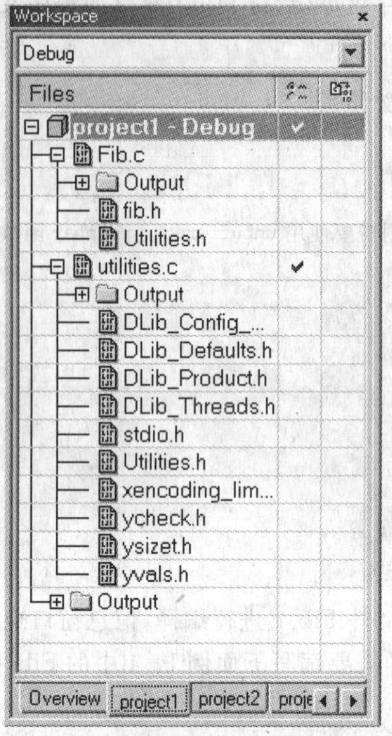

图 1-13　完成编译之后的工作区窗口

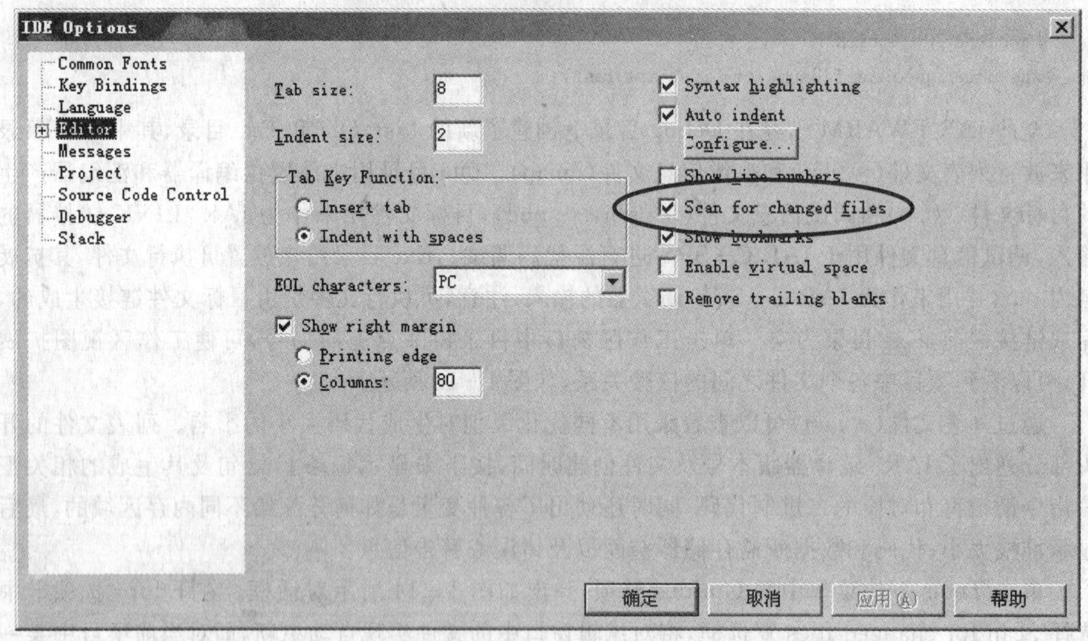

图 1-14　IDE Options 对话框

1.2.3　链接项目

对编译之后的项目进行链接之前，先要设置 IAR ILINK 链接器选项。在工作区窗口（见图 1-13）中选择项目文件夹 project1 - Debug，单击 Project 下拉菜单中的 Options 选项，在弹出对

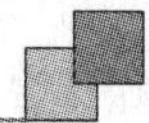

话框左侧的 Category 列表中选择 Linker 进行 ILINK 链接器选项配置，如图 1-15 所示。

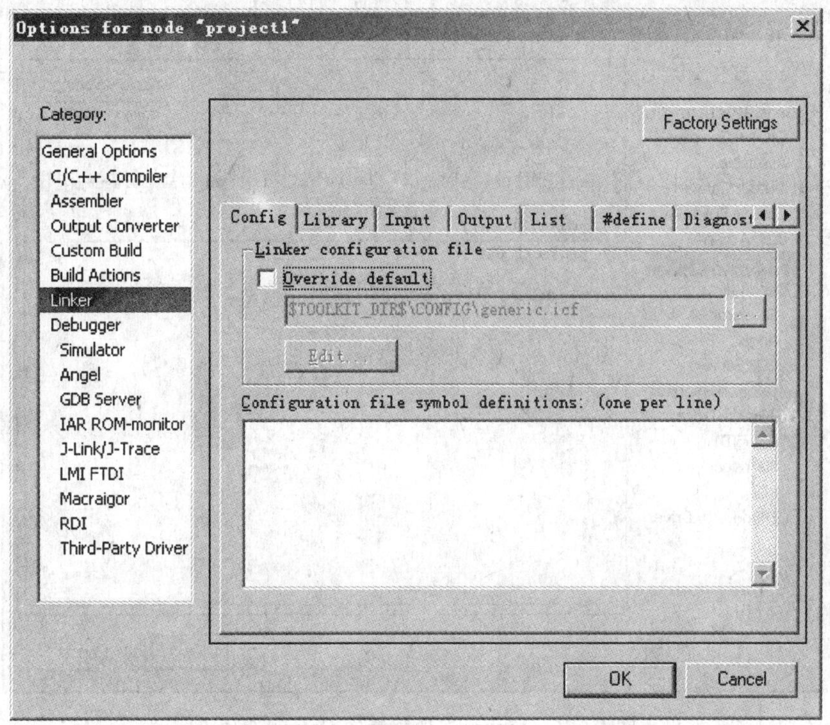

图 1-15　Linker 选项配置的 Config 选项卡

首先要对链接器进行配置(Config)，这是通过配置文件(*.icf)实现的。ILINK 链接器根据 icf 文件来进行存储器分配，一个标准的 icf 文件包括可编址的存储器空间(memory)、不同的存储器区域(region)、不同的地址块(block)、存储器段(section)的初始化、存储器段在整个存储空间中的位置等。关于链接器配置文件的详细描述请参见本书第 6 章。本例采用默认链接器配置文件 generic.icf，因此只需要在图 1-15 窗口中单击 Factory Settings 按钮即可。

ILINK 链接器生成 ELF 格式的输出文件，如果需要在输出文件中包括 DWARF 调试信息，应在链接器选项配置 Output 选项卡内选中 Include debug information in output 方形复选框，如图 1-16 所示。

如果需要生成其他格式的输出文件，如用于 EPROM 编程的 Intel HEX 文件等，可在 Options 对话框左侧的 Category 列表中选择 Output Converter，进入输出转换选项卡，选中 Generate additional output 方形复选框，并在 Output format 栏中选择合适的输出格式，如图 1-17 所示。

ILINK 链接器默认不生成映像信息文件(*.map)，为了便于察看链接后的映像信息，可进入 Linker 选项配置的 List 选项卡，并选中 Generate linker map file 方形复选框，如图 1-18 所示。

最后单击 OK 按钮，保存 ILINK 链接器配置。单击 Project 下拉菜单中的 Make 选项，对整个项目进行编译、链接，链接进程将在信息窗口中显示。链接完成后生成一个含有调试信息的代码文件 project1.out 和一个映像信息文件 project1.map，通过察看映像信息文件，可以了解代码和数据在存储器中的安排情况，以及它们的大小等。

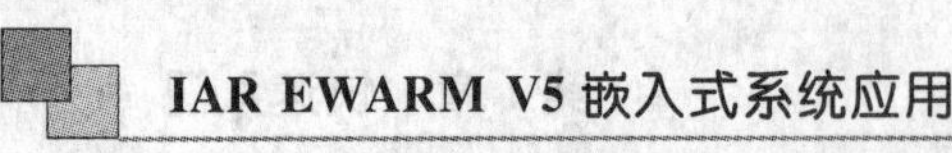

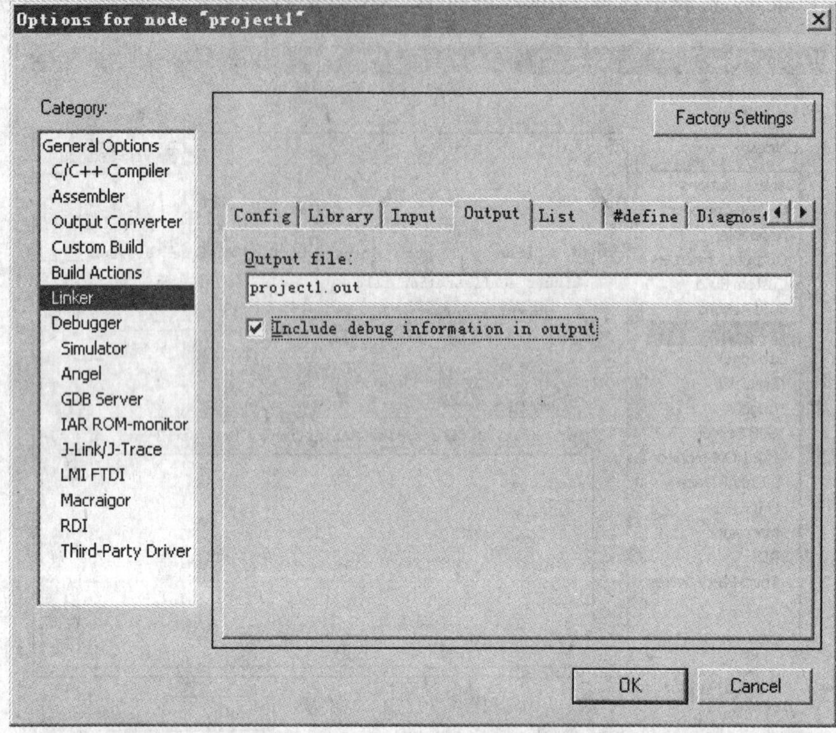

图 1－16　Linker 选项配置的 Output 选项卡

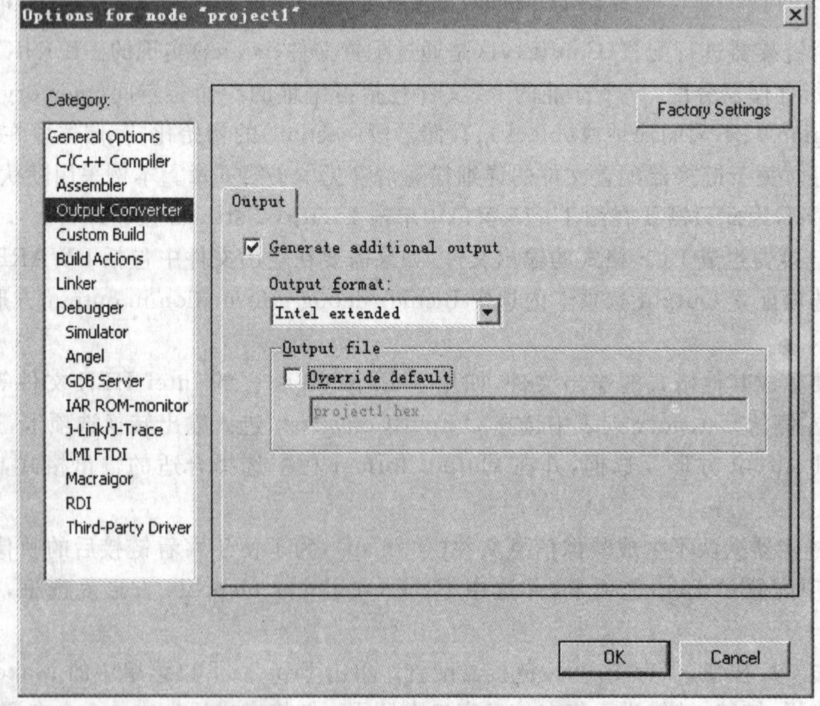

图 1－17　通过 Output Converter 选项卡调整输出格式

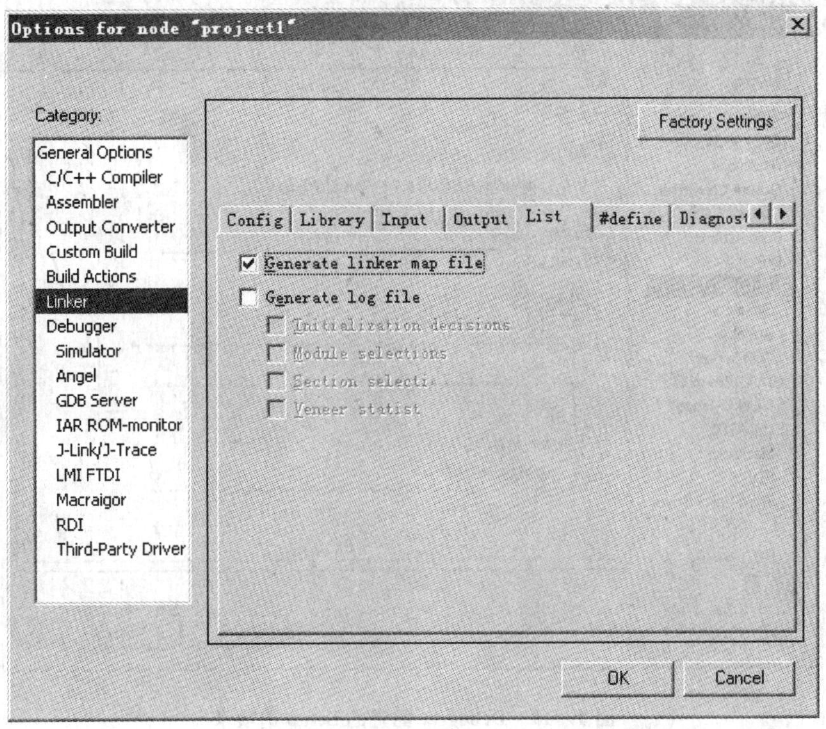

图 1-18 Linker 选项配置的 List 选项卡

1.3 使用 IAR C-SPY 调试程序

IAR C-SPY 是一款功能强大的仿真调试器，它不仅可以通过 IAR J-LINK 仿真器与硬件目标板联机进行实时在线仿真调试，也可以在没有实际硬件的条件下进行纯软件模拟仿真调试(Simulator)。仿真调试过程中用户可以监视变量、设置断点、反汇编查看源代码、监视寄存器和存储器、并且可以通过 terminal I/O 窗口查看应用程序的输出结果。本节介绍纯软件仿真方法。

在启动 IAR C-SPY 进行纯软件仿真调试之前，先要设定 C-SPY 调试器相关选项。单击 Project 下拉菜单中的 Options 选项，在弹出对话框左侧的 Category 列表中选择 Debugger 进行调试器选项配置。首先在 Setup 选项卡的 Driver 栏内选择 Simulator 项，同时选中 Run to 方形复选框，并在下面的空栏内键入 main，如图 1-19 所示。

单击 Project 下拉菜单中的 Download and Debug 选项，或者单击位于工具栏上的 Download and Debug 按钮，启动 IAR C-SPY 并加载 project1.out 应用程序，屏幕上出现 C-SPY 仿真调试界面，如图 1-20 所示。C-SPY 界面中有许多不同窗口，它们的位置和大小可以随意调整。在仿真调试过程中应保持工作区窗口处于开启状态，以便随时打开当前正在调试的源程序文件进行察看。由于前面已经在 Debugger 配置的 Setup 选项卡中设置了 Run to main，因此进入 C-SPY 调试器后，程序会自动运行到 main 函数处，并且光标会停留在源代码窗口的 main 函

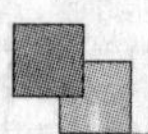

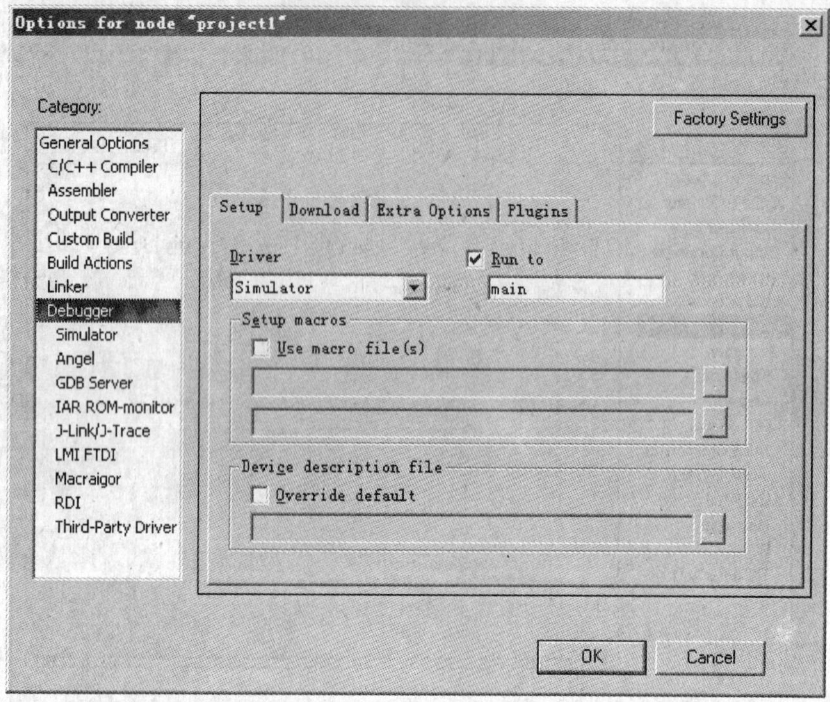

图 1-19　Debugger 配置的 Setup 选项卡

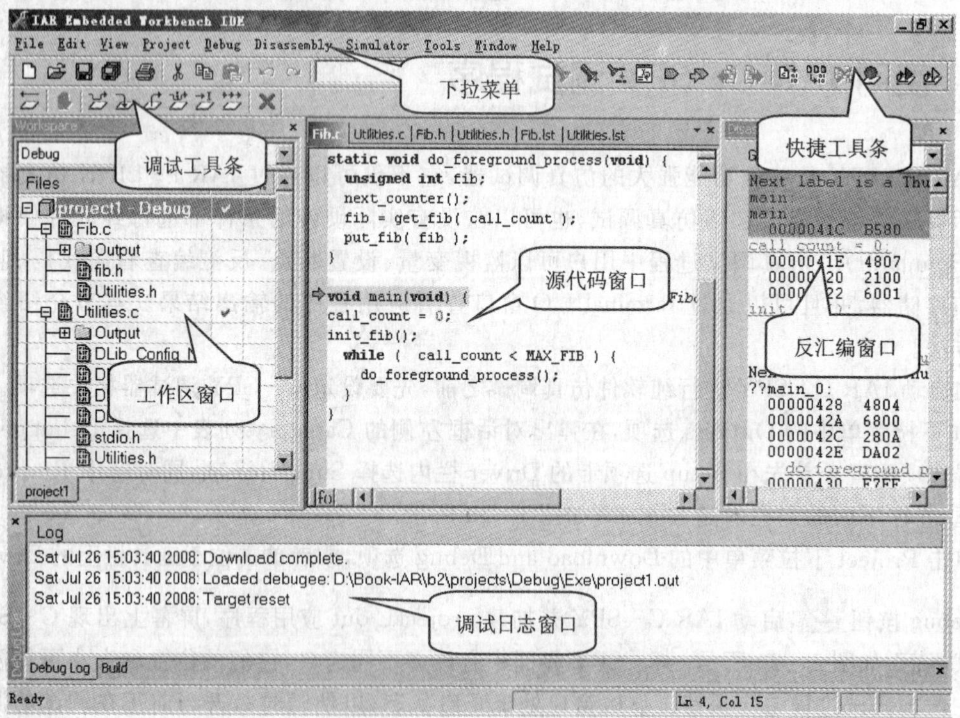

图 1-20　C-SPY 仿真调试窗口

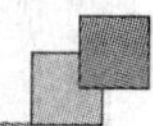

数位置上。在C-SPY调试器窗口内利用调试工具条能够十分方便地进行程序调试,将鼠标停在工具条按钮处,将自动显示该按钮的功能。调试工具条中Step Over与Step Into按钮的功能稍有不同,Step Over将程序的一个语句或一个函数一次执行完,而Step Into按钮则跟踪执行到语句子进程或函数的内部语句。如果用户希望了解程序的底层进程,可以单击View下拉菜单中的Disassembly选项打开反汇编窗口,通过该窗口可以看到当前C语言语句及其对应的汇编语言指令,当光标位于源代码窗口中时,按C语言源代码方式调试;当光标位于反汇编窗口时,按汇编语言指令方式调试。C-SPY允许在这两种调试方式之间自由切换。

C-SPY允许在调试过程中查看源程序变量或表达式的值,用户可以通过多种方式查看变量,例如,在源代码窗口将鼠标指向要查看的变量,其值就会显示出来,或者通过打开Locals(局部)、Watch(观察)、Auto(自动)等窗口,来分别观察不同的变量或表达式。单击View下拉菜单中的Auto选项,开启Auto窗口,如图1-21所示,该窗口显示当前被编辑过的变量或表达式。

Auto

Expression	Value	Location	Type
root[0]	1	0x00100004	unsigned int
⊞ root	<array>	0x00100004	unsigned int[10]
root[1]	1	0x00100008	unsigned int
root[i]	0	0x0010000C	unsigned int
i	2	R4	int
⊟ get_fib	0x00008168		unsigned int (__atpcs __interwork *)(int)
└	0x00008168	0x00008168	unsigned int (int)

图1-21 Auto窗口

单击View下拉菜单中的Watch选项,开启Watch窗口,它与当前打开的Auto窗口叠在同一组中,如图1-22所示。在Watch窗口中单击虚线框,当出现输入区域时,键入希望进行观察的变量名并回车,也可以用鼠标从源代码窗口中拖一个变量到Watch窗口中。Watch窗口中将显示程序调试过程中变量的当前值。

Watch

Expression	Value	Location	Type
i	6	R4	int
MAX_FIB	10		int
⊞ root	<array>	0x00100004	unsigned int[10]

Auto **Watch**

图1-22 Watch窗口

IAR C-SPY调试器具有强大的断点调试功能,在源程序中设置断点后,程序运行到断点处将暂停,为用户进行程序排错提供方便。可以通过下拉菜单设置断点,先在源代码窗口中选择需要设定插入断点的语句，然后单击 Edit 下拉菜单中的 Toggle Breakpoint 选项。也可以在选定语句后，直接单击快捷工具按钮，就在这个语句处设置了一个断点，该语句旁边会自动标注一个红色圆点，表示断点的存在，如图 1－23 所示。单击 Debug 下拉菜单中的 Go 选项，或者单击快捷工具按钮，程序将运行到用户设定的断点处时暂停，同时 Watch 窗口将显示与该断点有关的变量或表达式的值，调试日志窗口则显示断点执行的相关信息。删除断点时，先选中断点，然后单击 Edit 下拉菜单中的 Toggle Breakpoint 选项，或直接单击快捷工具按钮即可。

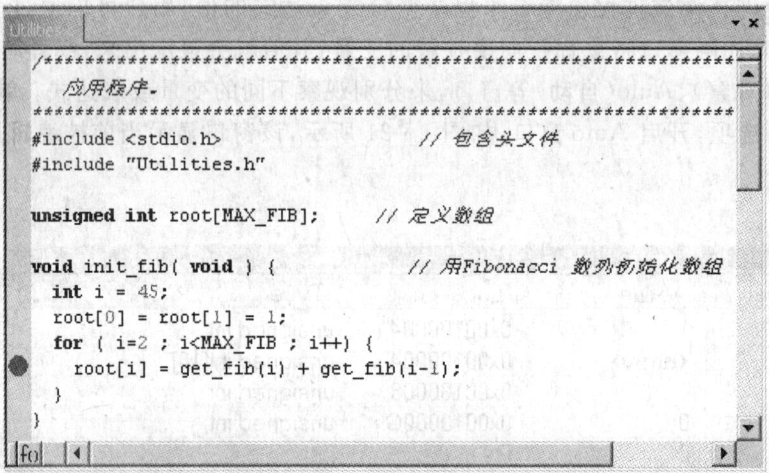

```
/*************************************************************
  应用程序.
*************************************************************
#include <stdio.h>                    // 包含头文件
#include "Utilities.h"

unsigned int root[MAX_FIB];        // 定义数组

void init_fib( void ) {                 // 用Fibonacci 数列初始化数组
  int i = 45;
  root[0] = root[1] = 1;
  for ( i=2 ; i<MAX_FIB ; i++) {
    root[i] = get_fib(i) + get_fib(i-1);
  }
}
```

图 1－23　设置断点

用 C－SPY 调试应用程序时可以随时察看或修改 CPU 寄存器和系统存储器的内容，单击 View 下拉菜单中的 Register 选项，开启 CPU 寄存器窗口，如图 1－24 所示。随着程序调试过程的进行，窗口中相关寄存器的内容将发生不同的变化。

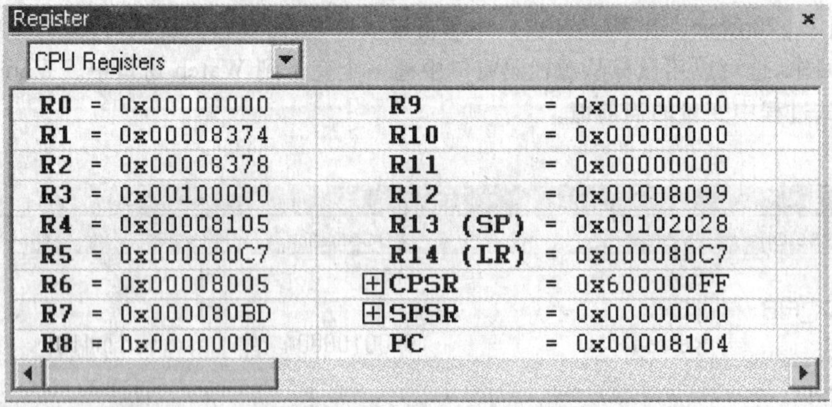

Register

CPU Registers

R0	= 0x00000000	R9	= 0x00000000
R1	= 0x00008374	R10	= 0x00000000
R2	= 0x00008378	R11	= 0x00000000
R3	= 0x00100000	R12	= 0x00008099
R4	= 0x00008105	R13 (SP)	= 0x00102028
R5	= 0x000080C7	R14 (LR)	= 0x000080C7
R6	= 0x00008005	⊞CPSR	= 0x600000FF
R7	= 0x000080BD	⊞SPSR	= 0x00000000
R8	= 0x00000000	PC	= 0x00008104

图 1－24　CPU 寄存器窗口

单击 View 下拉菜单中的 Memory 选项，开启系统存储器窗口，如图 1－25 所示。在窗口中单击右键分别选择右键菜单中的 1x Unit，2x Unit 和 4x Unit，存储器窗口的内容分别以 8 位方式、16 位方式和 32 位方式显示。激活 Utilities. c 源代码窗口并选择变量 root，将它从 C 源代码窗口拖到存储器窗口,执行单步命令,可以观察存储器中变量 root 数值是如何更新的。用户还可以根据需要在存储器窗口中对数据值进行编辑、修改。

```
Go to [          ]  Memory
00000000  18 f0 9f e5 00 00 00 00 00 00 00 00 00 00 00 00   ................
00000010  00 00 00 00 00 00 00 00 00 00 00 00 00 00 00 00   ................
00000020  58 80 00 00 00 00 00 00 00 00 00 00 00 00 00 00   X...............
00000030  00 00 00 00 00 00 00 00 00 00 00 00 00 00 00 00   ................
00000040  00 00 00 00 00 00 00 00 00 00 00 00 00 00 00 00   ................
00000050  00 00 00 00 00 00 00 00 00 00 00 00 00 00 00 00   ................
00000060  00 00 00 00 00 00 00 00 00 00 00 00 00 00 00 00   ................
00000070  00 00 00 00 00 00 00 00 00 00 00 00 00 00 00 00   ................
00000080  00 00 00 00 00 00 00 00 00 00 00 00 00 00 00 00   ................
00000090  00 00 00 00 00 00 00 00 00 00 00 00 00 00 00 00   ................
000000a0  00 00 00 00 00 00 00 00 00 00 00 00 00 00 00 00
Build  Memory
```

图 1-25 存储器窗口

利用 stdin 和 stdout 库函数,可以在没有实际硬件的条件下通过 Terminal I/O 窗口来模拟标准输入/输出。单击 View 下拉菜单中的 Terminal I/O 选项,弹出 Terminal I/O 窗口,再单击 Debug 下拉菜单中的 Go 选项,如果没有设置断点,C-SPY 将一直运行到程序的末尾,调试日志窗口中会显示 Program exit reached 信息,同时程序的运行结果将显示在 Terminal I/O 窗口中,如图 1-26 所示。

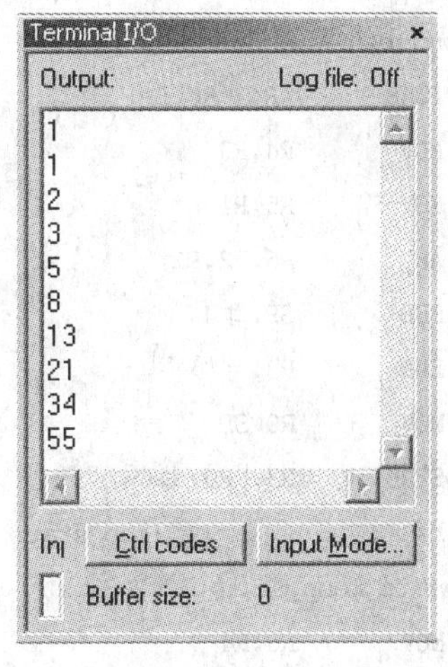

图 1-26 Terminal I/O 窗口

单击 Debug 下拉菜单中的 Reset 选项,或者单击快捷工具按钮,CPU 被复位,程序将回到 main 函数处,重新开始运行。单击 Debug 下拉菜单中的 Stop Debugging 选项,或者单击快捷工具按钮,将停止仿真调试,退出 C-SPY 调试器。

1.4 使用 C 与汇编混合编程模式

虽然 C 语言编程具有许多优点,但在实际应用中有时仍需要以汇编语言来编写某段程序代码,本节介绍了采用 C 与汇编混合编程模式,使用户能够轻松在 C 源代码中加入汇编代码实现混合编程。关于 C 语言与汇编语言程序的详细接口规则,如参数传递、函数调用及返回、汇编语言模块的子函数必须占用哪些寄存器等,请参见本书第 8 章,本节只举一个简单的例子。

采用与前面 1.2.1 小节相同的方法在当前工作区内创建一个新项目 project2,它与项目 project1 的不同之处在于,通过调用一个汇编语言程序实现不同格式的输出结果。先在编辑窗口中编写例 1-5 的汇编语言源程序文件 Write.s。汇编语言源程序 Write.s 中的__write()函数是由 C 语言库函数 putchar 调用的底层输出函数,其功能为从 Terminal I/O 窗口实现字符输出。这里重新编写了__write()函数,实现输出字符之前先输出一个星号的功能。存盘后将其与 C 语言源文件 Fib.c 和 utilities.c 一起添加到项目 project2 中,注意添加汇编语言源程序文件时，要选择文件类型为 Assembler Files（汇编文件）。添加完成之后工作区窗口如图1-27所示。

【例 1-5】 Write.s 源程序文件。

```
    PUBLIC __write
    EXTERN __dwrite

/*******************************************************
 * 定义汇编语言函数：
 * int __write(int Handle,const unsigned char *Buf,size_t BufSize)
 * 实现从 Terminal I/O 窗口输出字符之前先输出一个星号的功能
 *********************************************************/
   RSEG CODE:CODE:NOROOT(2)
   CODE16
__write:
    PUSH     {R4-R6,LR}
    MOV      R4,R0
    MOV      R5,R1                          ;R5 = 当前输入字符地址
    ADD      R6,R2,R1                       ;R6 = 最大输入字符地址 + 1
    SUB      SP,#4                          ;保留 4 字节缓冲区
    LDR      R3,='*'
    MOV      R0,SP
    STRB     R3,[R0,#0]                     ;输出一个"*"
    B        __write_loop_start
__write_loop_next:
    MOV      R0,R4                          ;为__dwrite 设置第一个参数
    MOV      R1,SP                          ;设置第二个参数,缓冲区地址
    LDRB     R3,[R5,#0]
    STRB     R3,[R1,#1]                     ;将当前输入字符放入缓冲区
    LDR      R2,=2                          ;为__dwrite 设置第三个参数,长度
    _BLF     __dwrite,__dwrite_r            ;调用__dwrite 函数输出文本
    ADD      R5,#1
__write_loop_start:
    CMP      R5,R6
    BLT      __write_loop_next
__write_end:
    ADD      SP,#4
    POP      {R4-R6}
    POP      {R1}
    BX       R1

    END
```

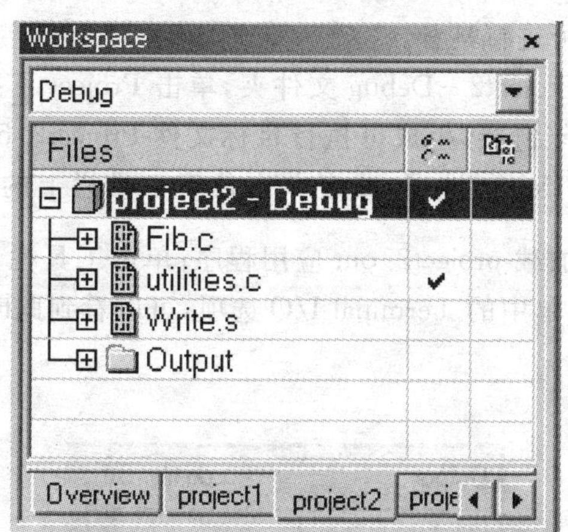

图1-27 添加文件后的 project2 工作区窗口

在工作区窗口中选择项目文件夹 project2 - Debug，单击 Project 下拉菜单中的 Options 选项，在弹出对话框的 Category 栏中对 General Options，C/C++ Compiler 和 Linker 选项都使用默认配置。而对于 Assembler 选项，打开 List 选项卡，选择 Output list 复选框，如图 1-28 所示。

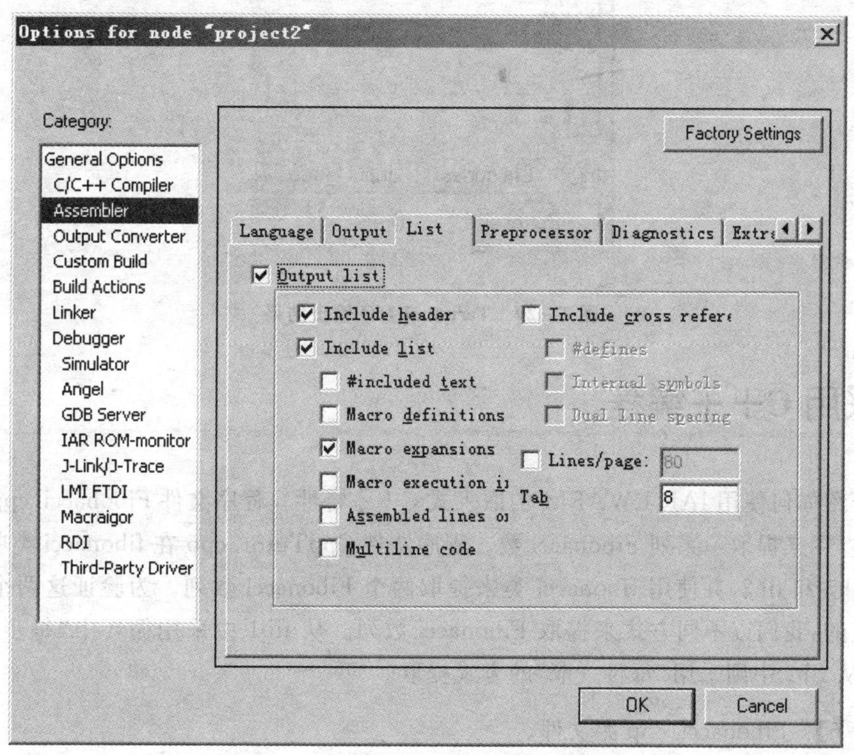

图1-28 Assembler 选项配置对话框

在工作区窗口中选择 Write. s 文件，单击 Project 下拉菜单中的 Compile 选项，对该文件进行汇编，生成目标文件 Write.o 和列表文件 Write.lst，列表文件末尾包含错误和警告，以及 CRC 校验信息，双击列表文件名可进行察看。

在工作区窗口中选择 Project2 - Debug 文件夹，单击 Project 下拉菜单中的 Make 选项，重新对项目 Project2 进行编译、链接，生成可执行目标文件 Project2.out。完成后单击 Project 下拉菜单中的 Download and Debug 选项，或者单击位于工具栏上的 Download and Debug 按钮，启动 IAR C - SPY 并加载 project2.out 应用程序；单击工具栏上的按钮，启动程序全速运行。单击 View 下拉菜单中的 Terminal I/O 选项，可以看到此时程序运行结果如图 1 - 29 所示。

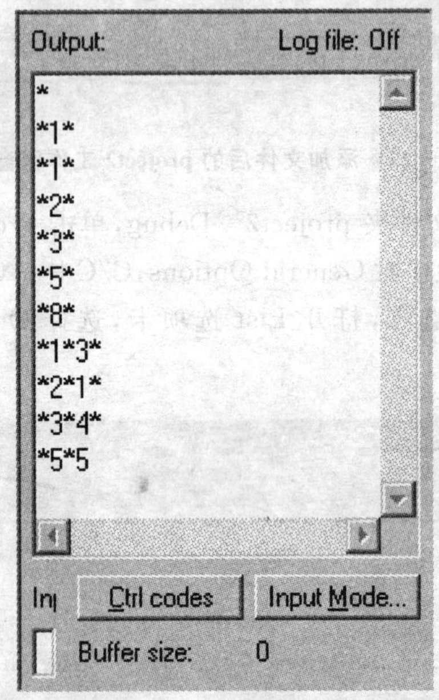

图 1 - 29　Terminal I/O 输出结果

1.5　采用 C++编程

本节介绍如何使用 IAR EWARM 的嵌入式 C++特性。程序文件 Fibonacci.cpp 创建一个 fibonacci 类，用来提取一系列 Fibonacci 数。程序文件 CppTutor.cpp 在 fibonacci 类中创建两个目标文件 fib1 和 fib2，并使用 fibonacci 类来提取两个 Fibonacci 数列。为验证这两个目标文件是相互独立的，我们以不同方式来提取 Fibonacci 数列。从 fib1 中采用循环中"每步一取"的方式提取，而从 fib2 中则采用"每秒一取"的方式提取。

【例 1 - 6】　Fibonacci.cpp 源文件。

```
#include "Fibonacci.h"
#include <iostream>
```

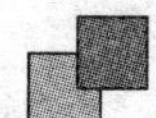

```
int fibonacci::initialized = 0;

__no_init unsigned long int fibonacci::root[max_fib];

unsigned long int fibonacci::nth(int n) {
  if (n <= initialized) {
    return (root[n - 1]);
  }

  //EC++允许在函数中间声明变量
  unsigned long int value;

  //计算值
  if (n <= 2) {
    value = 1;
  }
  else {
    value = nth(n-1) + nth(n-2);
  }

  //保存计算值以备后面所用
  if ( (n > 0) && (n == initialized + 1) && (n < max_fib)) {
    root[n-1] = value;
    ++initialized;
  }
  return value;    //返回计算值
}

unsigned long int fibonacci::next() {
  return nth(current++);
}
```

【例1-7】 CppTutor.cpp 文件。

```
#include <iostream>
#include "Fibonacci.h"

int main(void) {
  //创建2个fibonacci对象
  fibonacci fib1;
  fibonacci fib2(7);

  //展开2个fibonacci数列
  for (int i = 1;i < 30; ++i) {
```

```
    cout << fib1.next();
    if (i % 2 == 0) {
      cout << "  " << fib2.next();
    }
    cout << endl;
  }
}
```

【例 1-8】 Fibonacci.h 文件。

```
#include <iostream>
class fibonacci {
public:
  fibonacci()
    : current(1) {
    cout << "A fibonacci object was created." << endl;
  }

  fibonacci(int n)
    : current(n) {
    cout << "A fibonacci object that starts at fibonacci number "
         << n << " was created." << endl;
  }

  ~fibonacci() {
    cout << "A fibonacci object was destroyed." << endl;
  }

  //函数 next
  unsigned long int next();

  //函数 nth
  static unsigned long int nth(int nr);
protected:
  int current;

  static int initialized;
  static unsigned long int root[];

  static const int max_fib = 100;
};
```

在工作区中创建一个新项目 project3，并向其中添加 Fibonacci.cpp 和 CppTutor.cpp 文件，添加完成后的工作区窗口如图 1-30 所示。在工作区窗口选中项目文件夹 project3 - Debug，单击 Project 下拉菜单中的 Options 选项，在弹出的对话框中，按表 1-4 的内容对各个选项卡进行配置。

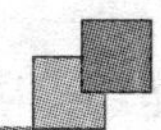

单击 Project 下拉菜单中的 Make 选项，或单击工具栏上的 Make 按钮，对源程序进行编译、链接，生成可执行的应用目标文件 project3. out。单击 Project 下拉菜单中的 Download and Debug 选项，或者单击位于工具栏上的 Download and Debug 按钮，启动 IAR C－SPY 并加载 project3. out 应用程序。进行调试之前先设置一个断点，在源代码窗口中打开 CppTutor. cpp 文件，在 fibonacci fib1 行上设置一个断点，如图 1－31 所示。

图 1－30　添加文件后的 projet3 工作区窗口

表 1－4　project3 的选项配置

类　别	页　面	设　置
General Options	Target	Core：ARM7TDMI － S
C/C＋＋ Compiler	Language	Embedded C＋＋

```
Fibonacci.cpp  CppTutor.cpp
int main(void) {
  // 创建2个fibonacci对象
  fibonacci fib1;
  fibonacci fib2(7);

  // 展开2个fibonacci数列
  for (int i = 1; i < 30; ++i) {
    cout << fib1.next();
    if (i % 2 == 0) {
      cout << "  " << fib2.next();
    }
    cout << endl;
  }
}
```

图 1－31　设置断点

单击工具栏上的 Go 按钮，程序运行到断点处暂停；单击工具栏上的 Step Over 按钮和 Step Into 按钮，一直运行到程序行 cout << fib1. next()，再次执行"Step Into"命令，一直运行到程序文件 Fibonacci. cpp 中的 next 函数为止。在源代码窗口的左下角单击 Go to Function 按钮，弹出如图 1－32 所示窗口，双击 nth 函数名，跳转至该函数处，并在 value＝nth(n－1) ＋ nth(n－2)行上设置一个断点。

调试过程中可以对函数调用进行逆向追踪以及对每个函数调用的参数值进行检验，为此需要对断点增设条件限制。当满足限制条件时将触发中断，用户可以在 Call Stack 窗口中查看每个函数调用情况。单击 View 下拉菜单中的 Breakpoints 选项，打开 Breakpoints(断点)窗口，在断点窗口中选择刚设置的断点，右击，弹出快捷菜单，如图 1-33 所示。

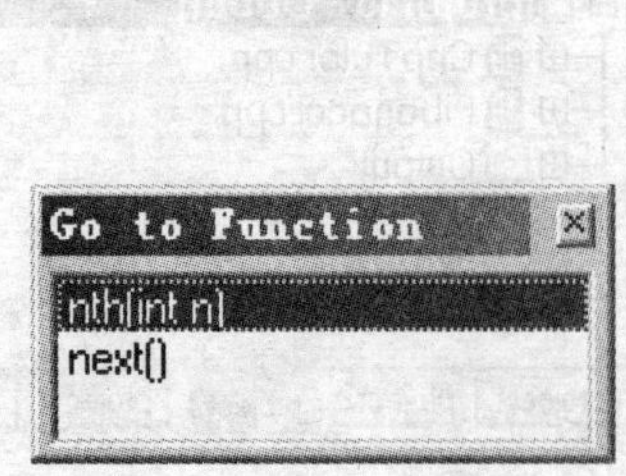

图 1-32　Go to Function 窗口

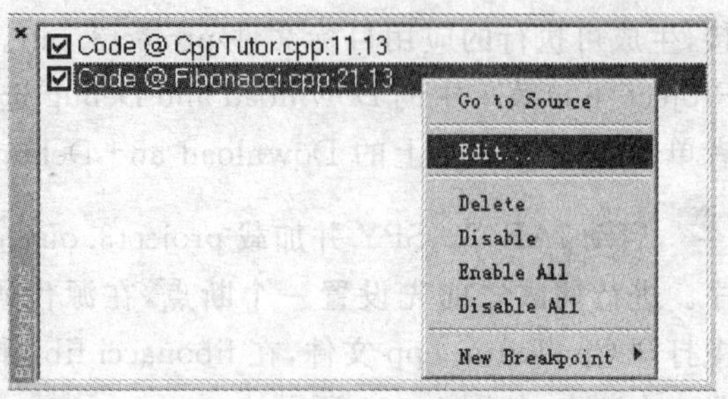

图 1-33　断点窗口中快捷菜单

单击快捷菜单中的 Edit 选项，打开 Edit Breakpoint(断点编辑)对话框，在 Skip count 栏内键入 4，如图 1-34 所示。

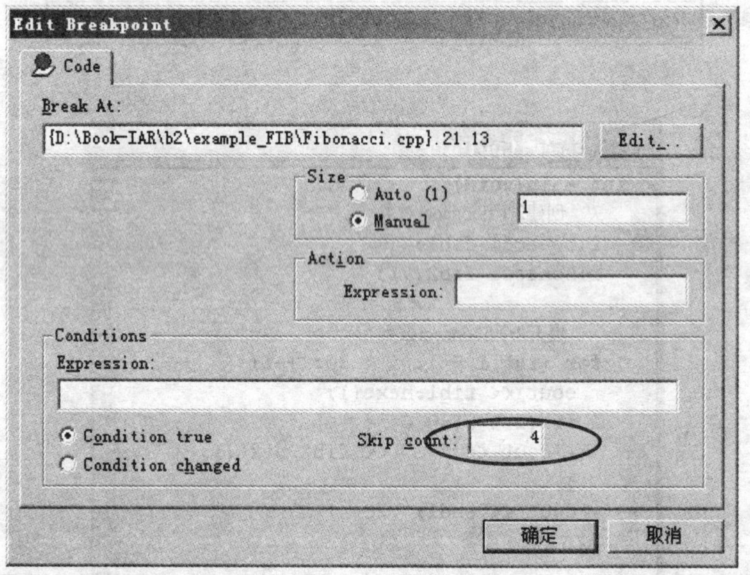

图 1-34　断点编辑对话框

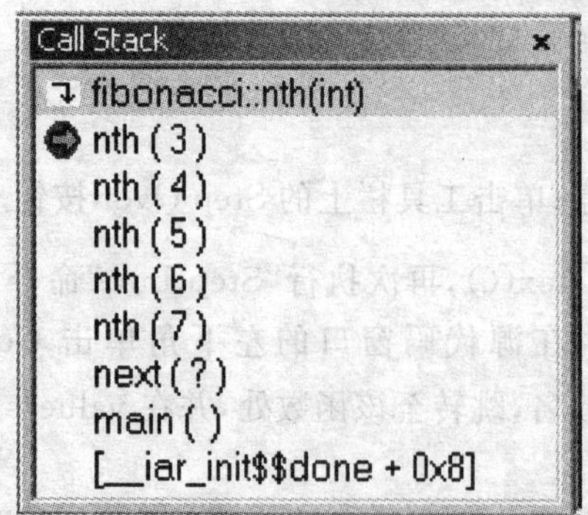

图 1-35　堆栈调用窗口

单击工具栏上的 Go 按钮启动全速运行，当限制条件得到满足时，程序将在断点处暂停。单击 View 下拉菜单中的 Call Stack 选项，弹出如图 1-35 所示堆栈调用窗口，其中显示了 5 个关于函数 nth() 对不同参数值的调用情况。双击这些函数以追踪函数调用时，可以打开寄存器窗口来观察它们是如何更新的。

去掉所有断点，重新执行完整个程序，单击 View 下拉菜单中的 Terminal I/O 选项，从中察看本例 C++程序的最终运行结果——Fibonacci 数列，如图 1-36 所示。

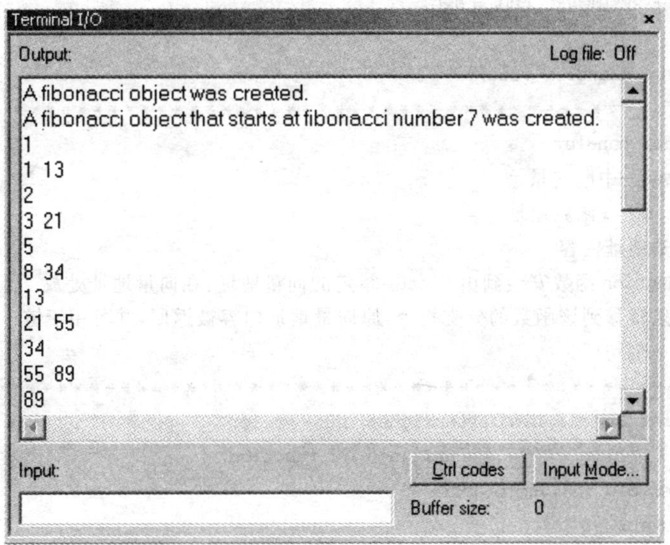

图 1-36 **Fibonacci 数列**

1.6 模拟中断仿真

本节介绍 IAR C-SPY 的模拟中断仿真功能，如断点设置、宏函数等，采用中断处理函数，通过片内串行口(UART)读取 Fibonacci 数列。注意只有 C-SPY 模拟器(Simulator)才能进行模拟中断仿真。

1.6.1 添加中断句柄

先介绍 C 语言源程序文件 Interrupt.c，其中，中断处理函数从串行口接收寄存器(UARTRBRTHR)读取数据，然后输出其值。主程序允许中断并在等待中断过程中开始输出点号“.”。文件中采用如下程序行定义中断句柄：

__irq __arm void irqHandler(void)

其中关键字__irq 用于指示编译器调用中断服务程序，关键字__arm 用于指示编译器对于 IRQ 句柄采用 ARM 模式。本例中仅使用了 UART 接收中断，因此不需要检查中断源，但在一般存在多个中断源的场合，中断服务程序在投入工作之前必须对中断来源进行检查。关于本例中使用的其他 C 语言扩展关键字更详细解释，请参考本书第 5 章。

【例 1-9】 Interrupt.c 源文件。

```
#pragma language = extended                    //enable use of extended keywords
#include <stdio.h>
#include <intrinsics.h>
#include <arm_interrupt.h>
#include <oki/ioml674001.h>
#include "Utilities.h"
```

```
const unsigned int RESET_VEC_ADDR = 0x0;


__irq __arm void irqHandler(void);
/***************************************************************
 * 函数名：install_handler
 * 输入：   vector  -中断向量
 *          function  -函数地址
 * 返回：   原向量地址内容
 * 说明：   将 function 函数安装到由 vector 指定的向量地址，在向量地址处放
 *          置一条转移到该函数的分支指令，原向量地址内容被返回，并可用于链
 *          接另一个句柄。
 ***************************************************************/
static unsigned int install_handler(unsigned int * vector,
                                    unsigned int function) {
  unsigned int vec,old_vec,vectoraddr;
  old_vec = * vector;
  vectoraddr = 4 * (vector - resetvec) + RESET_VEC_ADDR;
  vec = ((function - vectoraddr - 8) >> 2);
  vec |= 0xea000000;                              //为 B 指令添加操作码
  * vector = vec;
  old_vec &=~0xea000000;
  old_vec = ( old_vec << 2 ) + vectoraddr + 8;
  return(old_vec);
}

/***************************************************************
 * 函数名：InitUart
 * 输入：   无
 * 输出：   修改 UART 配置寄存器
 * 返回：   无
 * 说明：   对 UART 进行初始化
 ***************************************************************/
static void InitUart(void) {
  UARTFCRIIR_bit.FCR0   = 0;                     //无缓冲操作
  UARTLCR_bit.LCR10 = 3;                         //8 位字符
  UARTLCR_bit.LCR2   = 0;                        //1 位停止位
  UARTLCR_bit.LCR3   = 0;                        //无校验

  UARTLCR_bit.LCR7   = 1;                        //允许访问 UARTDLL/DLH
  UARTDLL = 0xD7;                                //9 600 kbps,33 MHz CCLK
  UARTDLM = 0x00;
  UARTLCR_bit.LCR7   = 0;                        //允许访问 UARTRBR/THR
  UARTIER_bit.IER0   = 1;                        //允许接收中断数据
  ILC1_bit.ILR9 = 4;                             //设置 UART 中断优先级
}

int callCount = 0;
```

```
static void do_foreground_process( void ) {
  putchar('.');
}

//IRQ 句柄
__irq __arm void irqHandler(void) {
  unsigned int fib;

//仅使用 UART 接收中断,因此不用检查中断源
//从 UART 接收缓冲区读取 fib 数值
  fib = UARTRBRTHR;
  put_fib(fib);

  ++callCount;

 //清除当前中断
  CILCL = 0;
}

void main( void ) {
  //初始化 UART 及 Fibonacci 数列
  init_fib();
  InitUart();

  //将 irqHandler 函数安装到向量 irqvec
  install_handler(irqvec,(unsigned int)irqHandler);
  __enable_interrupt();

  //进入循环等待,中断发生时获取数据
  while (callCount < MAX_FIB) {
    do_foreground_process();
  }
}
```

在工作区中创建一个新项目 project4,并向其中添加 Interrupt.c 和 utilities.c 文件,完成后工作区窗口如图 1-37 所示。在工作区窗口中选择项目文件夹 project4-Debug,单击 Project 下拉菜单中的 Options 选项,在弹出的对话框中,对 General Options,C/C++ Compiler 和 Linker 等都使用默认配置。

图 1-37 添加文件后的 project4 工作区窗口

1.6.2 设置仿真环境

C-SPY 中断系统基于一个循环计数器,在产生中断之前,用户可以指定计数周期。仿真 UART 输入,需要从文本文件 InputData.txt 中读取数据,其中包括 Fibonacci 数列。在 UART

接收寄存器 UARTRBRTHR 上设置一个“立即读取断点”，并将其链接到一个用户定义的宏函数 Access()，该宏函数从文本文件中读取 Fibonacci 数列。

无论何时产生中断，中断服务程序都要读取 UARTRBRTHR 寄存器，继而触发断点，执行 Access()宏函数并将 Fibonacci 数列导入 UART 接收寄存器。

“直接读取断点”在处理器读取 UARTRBRTHR 寄存器前触发中断，使宏函数 Access()得以运行，将通过指令直接读入的数据存入寄存器。

下面介绍采用模拟器实现串口中断仿真的步骤。

1. 编写 C-SPY 宏文件

用户可以在启动 C-SPY 时注册自定义宏文件，并自动执行该文件中的宏函数。本例使用的 C-SPY 宏文件为 SetupSimple. mac，如例 1-10 所列。

【例 1-10】 C-SPY 宏文件 SetupSimple. mac。

```
__var _fileHandle;

execUserSetup() {
  __message "execUserSetup() called\n";
  //打开文本文件 InputData.txt 读取 ASCII 码
  _fileHandle = __openFile( "$TOOLKIT_DIR$\\tutor\\InputData.txt","r" );
  if( ! _fileHandle ) {
    __message "could not open file" ;
  }
}

Access() {
  __message "Access() called\n";
  //从文件中读取 fib 数列
  __var _fibValue;
  if( 0 == __readFile( _fileHandle,&_fibValue ) ) {
    UARTRBRTHR = _fibValue;
  }
  else {
    __message "error reading value from file";
  }
  __message "UARTRBR = 0x",_fibValue:%X,"\n";
}

execUserReset() {
  __message "execUserReset() called\n";
  if( _fileHandle ) {
    __resetFile( _fileHandle );
  }
}
```

```
execUserExit() {
  __message "execUserExit() called\n";
  __closeFile( _fileHandle );
}
```

宏文件中首先定义了一个设置宏函数 execUserSetup(),它将在启动 C-SPY 时自动运行,用于创建仿真环境,打开包含 Fibonacci 数列的文本文件 InputData.txt;然后定义了宏函数 Access(),它将从 InputData.txt 文件中读取 Fibonacci 数列的值,并将这些数值分配给接收寄存器地址,用户需要将 Access() 宏函数链接到一个"立即读取断点",具体方法见后面的第5点;最后,宏文件中包括两个在复位和退出时用于文件纠错管理的宏函数。

2. 设置 C-SPY 选项

在工作区窗口选中项目文件夹 project4-Debug,单击 Project 下拉菜单中的 Options 选项,从弹出对话框左侧 Category 栏内选择 Debugger 选项,在 Setup 选项卡的 Driver 栏内选择 Simulator,并选中 Run to 方形复选框,然后在其下面文本框内输入 main。在 Setup macros 栏内选中 Use macro file(s)方形复选框,并通过浏览按钮 确认宏文件"SetupSimple.mac"的存放路径。C-SPY 中断系统需要部分中断定义,这些定义通过设备描述文件提供。在 Device description file 栏内选中 Override defaut 方形复选框,并通过浏览按钮 确认合适的设备描述文件,如图 1-38 所示。设置完成后单击 Project 下拉菜单中的 Make 选项,编译并链接项目。

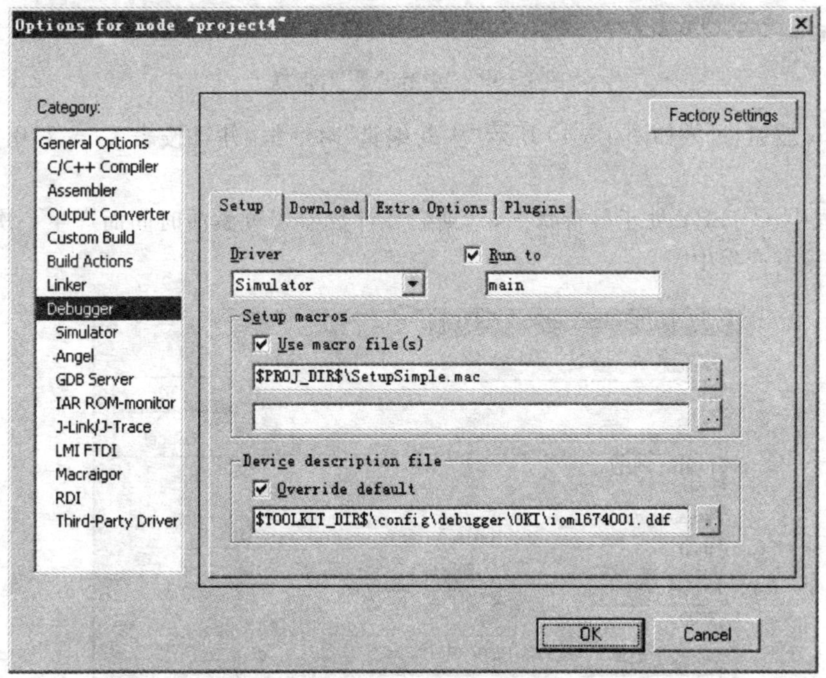

图 1-38 C-SPY 的 Debugger 选项配置对话框

3. 启动 C-SPY 模拟器

单击 Project 下拉菜单中的 Download and Debug 选项,或者单击位于工具栏上的 Download and Debug 按钮 ，启动 IAR C－SPY 并加载 project4. out 应用程序，使 Interrupt. c 出现在源代码窗口中，然后检查 Debug Log（调试日志）窗口，确认已经加载 SetupSimple. mac 宏文件，并且 execUserSetup 宏函数也已被调用。

4. 设置中断仿真

单击 Simulator 下拉菜单中的 Interrupts 选项，弹出如图 1－39 所示“中断设置”对话框。选中 Enable interrupt simulation 方形复选框。

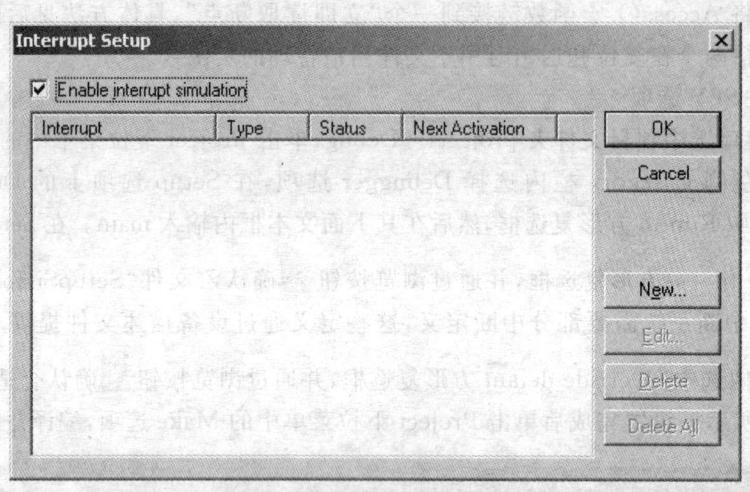

图 1－39　“中断设置”对话框

单击 New 按钮，进入如图 1－40 所示“中断编辑”对话框，并且按表 1－5 对用户中断进行设置。

运行过程中，C－SPY 处于等待状态，直到循环计数器超过激活时间而产生一次中断，并每循环 2000 次重复产生中断。

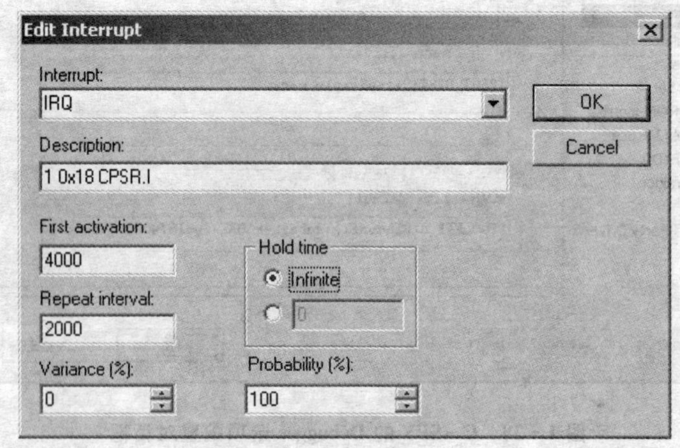

图 1－40　“中断编辑”对话框

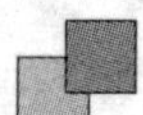

表1-5 用户中断设置

配置	值	说明
Interrup	IRQ	指定所采用的中断
Description	不要修改	使得仿真器能够正确模拟中断
First activation	4000	指定首次激活中断的时间，当循环计数器达到指定值时中断被激活
Repeat Interval	2000	指定中断的重复间隔，以时钟周期为单位
Hold time	Infinite	保持时间
Probability %	100	指定产生中断的可能性，100%表示按指定的频率产生中断，采用其他百分数将按随机频率产生中断
Variance %	0	时间变化率，不用

5. 设置立即断点

采用定义一个宏函数并将它链接到一个立即断点上的方法，可以用宏函数来模拟硬件设备，如本例使用的UART串行口。立即断点不会中断程序运行，而仅仅使程序临时挂起，以便检查是否满足条件并执行相关联的宏函数。本例串行口UART输入是用一个设置在UARTRBRTHR地址上的立即读取断点与宏文件中已定义的Access()宏函数相链接来实现的。

单击View下拉菜单中的Breakpoints选项，打开断点窗口，在窗口中右击，选中快捷菜单中的New Breakpoint>Imm选项，打开如图1-41所示对话框，在对话框中输入表1-6所列参数。

运行过程中，当C-SPY在UARTRBRTHR地址上检测到一个读取访问时，会暂时挂起仿真进程而执行Access()宏函数，从InputData.txt文件中读取数值，并将其写入UARTRBRTHR，C-SPY在读取UARTRBRTHR接收缓冲器的值后恢复仿真进程。

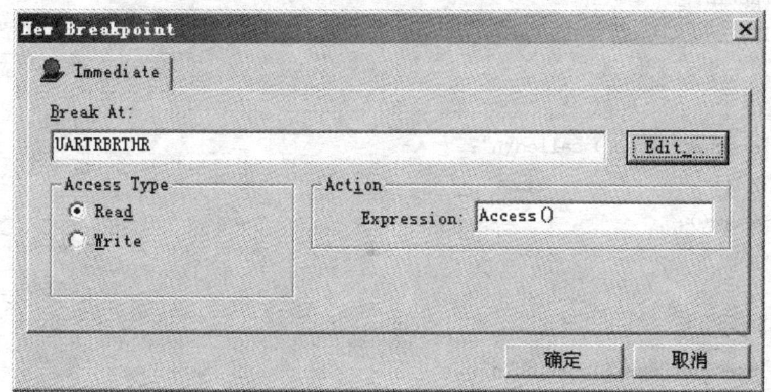

图1-41 设置立即断点对话框

表1-6 立即断点设置

配置	值	说明
Break at	UARTRBRTHR	接收缓冲器地址
Access Type	Read	断点类型读/写
Action	Access()	链接到断点的宏

1.6.3 运行仿真中断

单步运行程序到 while 循环处暂停，等待输入。在 Interrupt.c 源代码窗口中找到 irqHandler()函数，在++callCount 语句行设置一个断点。全速运行程序，到达断点时程序将暂停，Terminal I/O 窗口将输出一个 Fibonacci 数，再次全速运行程序到断点处，Terminal I/O 窗口将输出下一个 Fibonacci 数。因为主程序对 Fibonacci 数值设置了上限，程序很快运行到 exit 段停止，此时 Terminal I/O 窗口将显示 Fibonacci 数列，如图 1-42所示。

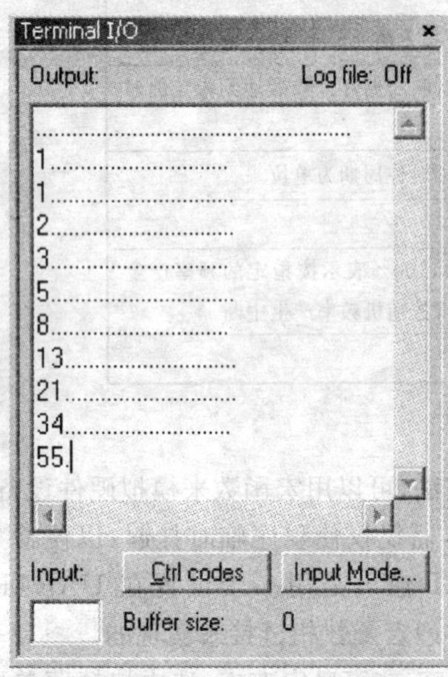

图 1-42 Terminal I/O 窗口输出结果

C-SPY 提供了 2 个系统宏函数__setSimBreak 和__orderInterrupt，供设置宏函数 execUserSetup()调用，用于自动设置断点和中断定义，避免用户进行手动配置。为此可以采用例 1-11 的宏文件 SetupAdvanced.mac 取代前面的 SetupSimple.mac，这样在 C-SPY 启动时自动设置断点，完成中断定义，而不必手动在 Interrupts 和 Breakpoints 对话框中进行输入。注意在加载 SetupAdvanced.mac 宏文件前，应该先去除以前定义的断点和中断。启动 C-SPY 并全速运行，会得到如图 1-42 相同的结果。

【例 1-11】 C-SPY 宏文件 SetupAdvanced.mac。

```
__var _fileHandle;
__var _interruptID;
__var _breakID;

execUserSetup() {
  __message "execUserSetup() called\n";
  //设置模拟仿真
  SimulationSetup ();
}

execUserReset() {
  __message "execUserReset() called\n";
  if( _fileHandle ) {
    __resetFile( _fileHandle );
  }
}

execUserExit() {
  __message "execUserExit() called\n";
  //关闭模拟仿真
  SimulationShutdown();
```

```
}

SimulationSetup() {
  //打开文本文件 InputData.txt 读取 ASCII 码
  _fileHandle = __openFile( "$PROJ_DIR$\\InputData.txt","r" );
  if( ! _fileHandle ) {
    __message "could not open file" ;
  }
_interruptID = __orderInterrupt( "IRQ",4000,2000,0,0,0,100 );
  if( -1 == _interruptID ) {
    __message "ERROR: syntax error in interrupt description";
  }
  //设置立即断点
  _breakID = __setSimBreak( "UARTRBRTHR","R","Access()" );
}

Access() {
  __message "Access() called\n";
  //从文件中读取 fib 数列
  __var _fibValue;
  if( 0 == __readFile( _fileHandle,&_fibValue)) {
    UARTRBRTHR = _fibValue;
  }
  else {
    __message "error reading value from file";
  }
  __message "UARTRBR = 0x",_fibValue:%X,"\n";
}

SimulationShutdown() {
  __cancelInterrupt( _interruptID );
  __clearBreak( _breakID );
  __closeFile( _fileHandle );
}
```

关于 C-SPY 宏系统的详细介绍,请参阅本书第 4 章有关 C-SPY 宏的内容。

1.7 使用库模块

在开发一个大型项目的过程中,用户会积累许多有用的程序,如基本运算程序、通用接口管理程序等,这些都可以应用到以后的项目开发中。为了避免重新编写类似的程序,可以将已经积累的现成程序汇集成为一个库,以后只要从库中挑选自己需要的库模块就行了。本节介绍如何创建库模块,以及如何将一个库与应用项目结合生成最终目标文件。

在工作区中创建一个新项目 project_Lib,向其中添加例 1-12 和例 1-13 汇编语言源程序文件 Max. s 和 Min. s，完成后的工作区窗口如图 1-43 所示。

【例 1-12】 汇编语言源程序文件 Max. s。

```
    MODULE max
    PUBLIC max
    SECTION `.text`:CODE:NOROOT(2)
    CODE32
max:    CMP R1,R2
    BGT end
    MOV R1,R2
end:
    BX LR           ;R1 := MAX(R1,R2)
    NOP
    END
```

【例 1-13】 汇编语言源程序文件 Min. s。

```
    MODULE min
    PUBLIC min
    SECTION `.text`:CODE:NOROOT(2)
    CODE32
min:    CMP R2,R1
    BGT end
    MOV R1,R2
end:
    BX LR           ;R1 := MIN(R1,R2)
    NOP
    END
```

在工作区窗口选中项目文件夹 project_Lib - Debug，单击 Project 下拉菜单中的 Options 选项，从弹出对话框左侧 Category 栏中选择 General Options 选项，按表 1-7 中的内容对 Output 和 Library Configuration 选项卡进行配置。完成后单击 Project 下拉菜单中的 Make 选项，即可创建出库文件 project_Lib. a。

表 1-7 General Options 设置

页 面	设 置
Output	Output file：Library
Library Configuration	Library：None

接下来就可以创建一个使用库文件 project_Lib. a 的应用项目。在工作区中创建一个新项目 project5，并向其中添加例 1-14 的汇编语言源文件以及刚刚创建的库文件 project_Lib. a，汇编语言程序 Main. s 调用外部库函数 max 来比较两个寄存器中的较大值，完成之后工作区窗口如图 1-44 所示。

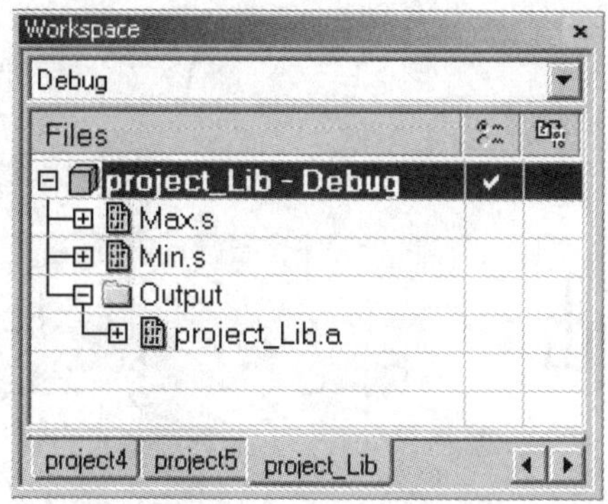

图 1-43　添加文件后的 project_Lib 工作区窗口

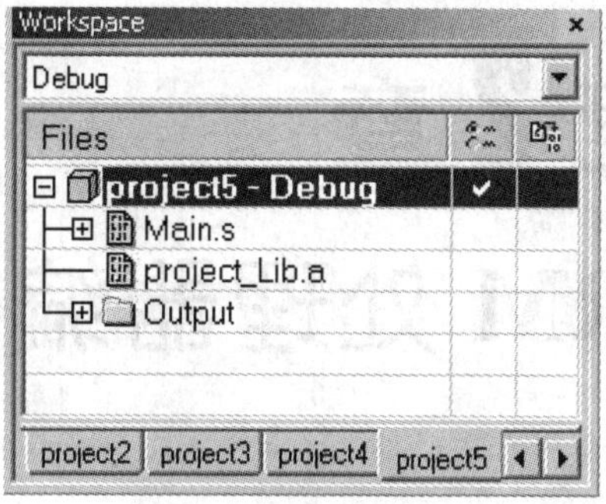

图 1-44　添加文件后的 project5 工作区窗口

【例 1-14】　汇编语言源文件 Main.s。

```
        NAME main
        PUBLIC __iar_program_start
        EXTERN max
        SECTION `.text`:CODE:NOROOT(2)
        ARM              ;ARM 模式
__iar_program_start
main:
        MOV R2,#3
        MOV R1,#4
        BL max           ;返回 MAX(R1,R2)到 R1
        MOV R2,#5
        MOV R1,#4
        BL max           ;返回 MAX(R1,R2)到 R1
exit: B exit
        END
```

在工作区窗口选中项目文件夹 project5-Debug,单击 Project 下拉菜单中的 Options 选项,从弹出对话框左侧 Category 栏中选择 General Options 选项,在 Output 选项卡的 Output file 栏中选择 Executable,在 Library Configuration 选项卡的 Library 栏中选择 None,即不链接标准的 C/C++库,其他选项均采用默认值。单击 Project 下拉菜单中的 Make 选项进行编译、链接,即可将汇编语言程序 Main.s 与刚才创建的库文件 project_Lib.r79 链接在一起,生成可执行目标文件 project5.out,读者可以通过 C-SPY 调试器对该目标文件进行仿真。打开寄存器窗口,可以看到 R1 寄存器将总是保存一个较大值。

第2章 ARM处理器编程基础

ARM是Advanced RISC Machines的缩写，ARM公司专注于设计，本身不生产芯片，靠转让设计许可由合作伙伴来生产基于ARM核的处理器芯片。目前ARM公司在世界范围内的合作伙伴已超过100个，其生产的ARM核芯片各具特色，在移动通信、手持计算、多媒体应用以及工业测量控制等领域得到广泛应用。ARM 32位RISC体系结构目前被公认为业界领先，所有ARM核处理器共享这一体系结构，从而确保应用人员在软件开发上可以获得最大的回报。ARM7体系结构采用3级指令流水线，分别为取指、译码和执行，而ARM9体系结构则采用5级指令流水线，分别为取指、译码、执行、缓存和写回等，利用流水线重叠技术使系统性能大为提高。本章从软件开发的角度介绍ARM处理器编程基础知识。

2.1 ARM编程模型

2.1.1 ARM的数据类型和存储器格式

1. 数据类型

ARM处理器支持以下数据类型：

- 字(Word)，长度为32位。
- 半字(Halfword)，长度为16位。
- 字节(Byte)，长度为8位。

在ARM存储器组织中，半字必须与2字节边界对齐，字必须与4字节边界对齐，即半字必须开始于偶数地址，字必须开始于4的倍数的字节地址，如图2-1所示。

2. 地址空间

ARM处理器采用冯·诺依曼(von Neumann)形式的存储器结构，使用2^{32}个8位字节的单一、线性地址空间。指令和数据共用一条32位数据总线，只有加载、保存和交换指令可以访问存储器中的数据。

地址空间可以看作是包含2^{30}个32位字组成的，每个字的地址是字对齐的，故地址可以被4整除。地址为A的字包含4字节，它们的地址分别为A，A+1，A+2和

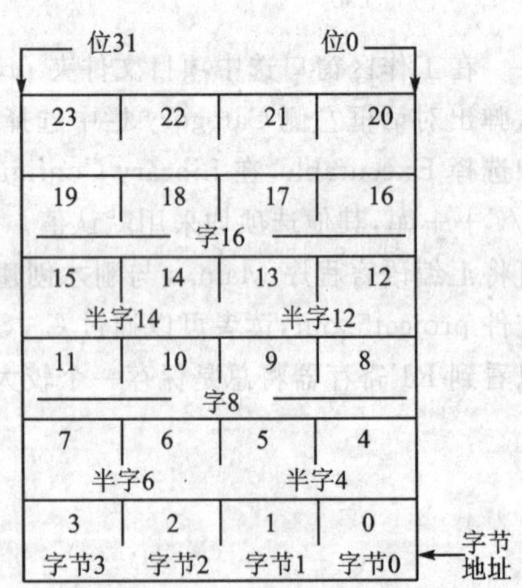

图2-1 ARM数据类型存储图

A+3。

地址空间也可以看作由 2^{31} 个 16 位的半字组成，每个半字的地址是半字对齐的(可被 2 整除)。地址为 A 的半字包含 2 字节，地址分别为 A 和 A+1。

作为 32 位的微处理器，ARM 体系结构所支持的最大地址空间为 4 GB(2^{32} 字节)。地址计算通常由普通的整数指令完成，这意味着若计算的地址在地址空间中上溢出或下溢出，通常就会发生翻转，也就是说计算结果以 2^{32} 为模。然而为了减少以后地址空间扩展的不兼容，编写程序时应使地址的计算结果位于 0～($2^{32}-1$)的范围之内。大多数转移指令通过把指令指定的偏移量加到 PC 的值上来计算目的地址，然后把结果写回到 PC。计算公式如下：

目的地址=当前指令的地址+8+偏移量

如果计算结果在地址空间中上溢出或下溢出，则指令因其依赖于地址翻转而不可预知。因此向前转移不应当超出地址 0xFFFFFFFF，向后转移不应当超出地址 0x00000000。

另外，正常连续执行的指令实际上是通过下式计算来确定下一条要执行的指令，即

目的地址=当前指令的地址+4

如果计算发生地址空间的顶端溢出，那么从技术上讲，结果是不可预知的。换句话说，程序在执行完地址 0xFFFFFFFC 的指令后，不应该依赖顺序执行来执行地址 0x00000000 的指令。

需要注意的是，以上原则不仅适用于执行的指令，还包括指令条件检测失败的指令。大多数 ARM 在当前执行的指令之前执行指令预取，如果预取操作溢出了地址空间顶端，则不会产生执行动作并导致不可预知的结果，除非预取的指令实际上已经执行。

3. 存储器格式

对于字对齐的地址，地址空间规则要求：

- 地址位于 A 的字由地址为 A，A+1，A+2 和 A+3 的字节组成。
- 地址位于 A 的半字由地址为 A，A+1 的字节组成。
- 地址位于 A+2 的半字由地址为 A+2，A+3 的字节组成。
- 地址位于 A 的字由地址为 A，A+2 的半字组成。

ARM 体系结构可以用两种方法存储字数据，称之为大端格式(big endian)和小端格式(little endian)。在大端格式中，字数据的高字节存储在低地址中，而字数据的低字节则存放在高地址中，如图 2-2 所示。

与大端存储格式相反，在小端存储格式中，低地址中存放的是字数据的低字节，高地址存放的是字数据的高字节，如图 2-3 所示。

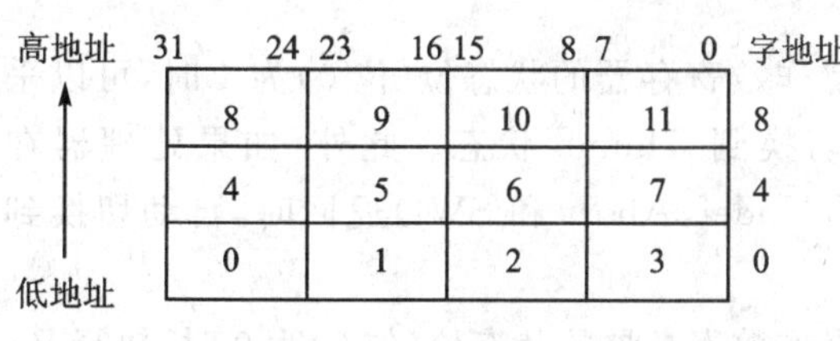

图 2-2　大端存储格式

高地址　31　23　15　8 7　0　字地址
11　10　9　8　8
7　6　5　4　4
3　2　1　0　0
低地址

图 2-3　小端存储格式

一个具体的基于 ARM 核的芯片，可能只支持小端存储格式，也可能只支持大端存储格式，还可能二者都支持。

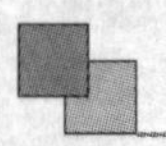

如果一个基于 ARM 核的芯片将存储器系统配置为其中一种格式(如小端),而实际连接的存储器系统配置为相反的格式(如大端),那么只有以字为单位的指令取指、数据加载和数据保存能够可靠实现,其他存储器访问将出现不可预知的结果。

4. 非对齐的存储器访问

ARM 体系结构通常希望所有的存储器访问能适当地对齐,特别是用于字访问的地址通常应当字对齐,用于半字访问的地址通常应当半字对齐。未按这种方式对齐的存储器访问称为非对齐的存储器访问。

若在 ARM 态执行期间,将没有字对齐的地址写到 R15 中,那么结果通常不可预知或地址的位[1:0]被忽略;若在 Thumb 态执行期间,将没有半字对齐的地址写到 R15 中,则地址的位[0]通常忽略。当执行无效代码时,从 R15 读值的结果对 ARM 执行状态总是位[1:0]为 0,对 Thumb 执行状态总是位[0]为 0。

5. 存储器映射 I/O

ARM 系统完成 I/O 功能的标准方法是使用存储器映射 I/O。这种方法采用特定的存储器地址,当从这些地址加载或向这些地址存储时,它们提供 I/O 功能。典型情况下,从存储器映射 I/O 地址加载用于输入,而存储器地址 I/O 存储用于输出。加载和存储也可以用于执行控制功能,代替或附加到正常的输入/输出功能。

存储器映射 I/O 位置的行为,通常不同于对一个正常存储器位置所期望的行为。例如,从一个正常存储器位置 2 次连续地加载,每次返回同样的值,除非中间插入一个到该位置的存储操作。对于存储器 I/O 位置,第 2 次加载的返回值可以不同于第 1 次加载的返回值。一般而言,这是由于第 1 次加载有副作用(如从缓冲器中移去加载值),或者由于对另一个存储器映射 I/O 位置插入加载或存储操作产生副作用。

2.1.2 处理器工作状态和运行模式

ARM 处理器的工作状态有 2 种,并可在 2 种状态之间切换。第 1 种为 ARM 状态,此时处理器执行 32 位字对齐的 ARM 指令集;第 2 种为 Thumb 状态,此时处理器执行 16 位半字对齐的 Thumb 指令集。

当 ARM 处理器执行 32 位的 ARM 指令时工作在 ARM 状态,当 ARM 处理器执行 16 位的 Thumb 指令时工作在 Thumb 状态。程序执行过程中处理器可以随时在 2 种工作状态之间切换,并且工作状态的改变不会影响处理器工作模式和相应寄存器中的内容。

ARM 指令集和 Thumb 指令集均有切换处理器状态的指令,ARM 处理器在开始执行代码时应该处于 ARM 状态。

由 ARM 状态进入 Thumb 状态的方法是:当操作数寄存器的状态位(位 0)为 1 时,可以采用执行 BX 指令的方法,使处理器从 ARM 状态切换到 Thumb 状态。此外,如果处理器在 Thumb 状态时发生异常,则当异常处理(IRQ,FIQ,Undef,Abort 和 SWI)返回时,自动切换到 Thumb 状态。

由 Thumb 状态进入 ARM 状态的方法是:当操作数寄存器的状态位(位 0)为 0 时,执行 BX 指令可以使处理器从 Thumb 状态切换到 ARM 状态。此外,当处理器进行异常处理(IRQ,FIQ,Undef,Abort 和 SWI)时,将程序计数器 PC 指针放入异常模式链接寄存器中,并从异常向量地址开始执行程序,也可以使处理器切换到 ARM 状态。

ARM 处理器支持如表 2-1 所列的 7 种运行模式。

表 2-1 ARM 处理器模式

处理器模式	说 明
用户模式(usr)	ARM 处理器正常的程序执行状态
系统模式(sys)	运行具有特权的操作系统任务
快中断模式(fiq)	支持高速数据传输或通道处理
管理模式(svc)	操作系统保护模式
数据访问中止模式(abt)	用于虚拟存储器及存储器保护
中断模式(irq)	用于通用的中断处理
未定义指令中止模式(und)	支持硬件协处理器的软件仿真

除了用户模式之外，其余 6 种模式称为非用户模式或特权模式(privileged modes)，大多数应用程序运行在用户模式下。当处理器运行在用户模式下时，正在执行的程序不能访问某些被保护的系统资源，也不能改变模式。

用户模式和系统模式之外的 5 种模式又称为异常模式(exception modes)。异常模式通常用于处理中断或异常，以及需要访问被保护的系统资源等情况。当特定的异常出现时，ARM 处理器进入相应模式。每种模式都有附加寄存器，以避免异常出现时用户模式的状态不可靠。

系统模式不能由任何异常进入该模式，其与用户模式有完全相同的寄存器，但不受用户模式的限制。系统模式供需要访问系统资源的任务使用，且不使用与异常模式有关的附加寄存器，从而保证了当任何异常出现时任务的状态都是可靠的。

ARM 处理器的运行模式可以通过软件改变，也可以通过外部中断或异常处理改变。

2.1.3 寄存器组织

ARM 处理器共有 37 个 32 位寄存器，分为 2 类：

- 31 个通用寄存器，包括程序计数器 PC。这些寄存器是 32 位的。
- 6 个状态寄存器，也是 32 位的，但只使用了其中的 12 位。

这些寄存器不能被同时访问，具体有哪些寄存器是可访问的，取决于处理器的工作状态和运行模式。寄存器被安排成部分重叠的组，每种处理器模式使用不同的寄存器组，如图 2-4 所示。在任何时候，15 个通用寄存器 R0～R14、程序计数器 PC、状态寄存器 CPSR 都是可访问的。

1. 通用寄存器

通用寄存器包括 R0～R15，可分为 3 类：

- 未分组寄存器 R0～R7；
- 分组寄存器 R8～R14；
- 程序计数器 PC(R15)。

(1) 未分组寄存器

在所有的运行模式下，未分组寄存器都指向同一个物理寄存器，没有特殊用途，因此，在中断或异常处理进行模式切换时，由于不同的处理器运行模式均使用相同的物理寄存器，可能会造成寄存器中数据的破坏，这一点在进行程序设计时应引起注意。

ARM状态下的通用寄存器与程序计数器

用户	系统	快中断	管理	中止	中断	未定义
R0	R0	R0	R0	R0	R0	R0
R1	R1	R1	R1	R1	R1	R1
R2	R2	R2	R2	R2	R2	R2
R3	R3	R3	R3	R3	R3	R3
R4	R4	R4	R4	R4	R4	R4
R5	R5	R5	R5	R5	R5	R5
R6	R6	R6	R6	R6	R6	R6
R7	R7	R7	R7	R7	R7	R7
R8	R8	◣R8_fiq	R8	R8	R8	R8
R9	R9	◣R9_fiq	R9	R9	R9	R9
R10	R10	◣R10_fiq	R10	R10	R10	R10
R11	R11	◣R11_fiq	R11	R11	R11	R11
R12	R12	◣R12_fiq	R12	R12	R12	R12
R13	R13	◣R13_fiq	◣R13_svc	◣R13_abt	◣R13_irq	◣R13_und
R14	R14	◣R14_fiq	◣R14_svc	◣R14_abt	◣R14_irq	◣R14_und
R15(PC)	R15(PC)	R15(PC)	R15(PC)	R15(PC)	R15(PC)	R15(PC)

ARM状态下的程序状态寄存器

用户	系统	快中断	管理	中止	中断	未定义
CPSR	CPSR	CPSR	CPSR	CPSR	CPSR	CPSR
		◣SPSR_fiq	◣SPSR_svc	◣SPSR_abt	◣SPSR_irq	◣SPSR_und

◣ =分组寄存器

图 2-4 ARM 寄存器组织

(2) 分组寄存器

分组寄存器每一次所访问的物理寄存器与处理器当前的运行模式有关。若要访问特定的物理寄存器而不依赖于当前的处理器模式，则要使用规定的名字。

对于 R8～R12 来说，每个寄存器对应两个不同的物理寄存器，当使用 fiq 模式时，访问寄存器 R8_fiq～R12_fiq；当使用除 fiq 模式以外的其他模式时，访问寄存器 R8_usr～R12_usr。

对于 R13 和 R14 来说，每个寄存器对应 6 个不同的物理寄存器，其中一个由用户模式与系统模式共用，另外 5 个物理寄存器对应于其他 5 种不同的运行模式。

采用以下记号来区分不同的物理寄存器：

R13_＜mode＞
R14_＜mode＞

其中，mode 为以下几种模式之一：

usr，fiq，irq，svc，abt，und。

寄存器 R13 在 ARM 指令中通常用作堆栈指针，称为 SP。每种运行模式均有自己独立的物理寄存器 R13，在用户应用程序的初始化部分，一般都要将 R13 初始化为指向其运行模式的栈空间。这样，当程序运行进入异常模式时，可以将需要保护的寄存器放入 R13 所指向的堆栈；而当程序从异常模式返回时，则从对应的堆栈中恢复被保护的寄存器。采用这种方式可以保证异常发生后程序的正常执行。

R14 也称做子程序链接寄存器(Subroutine Link Register)，简称链接寄存器 LR。当执行 BL 子程序调用指令时，R14 中得到 R15(程序计数器 PC)的备份。其他情况下，R14 用作通用寄

存器。与之类似，当发生中断或异常时，对应的分组寄存器 R14_svc，R14_irq，R14_fiq，R14_abt 和 R14_und 用来保存 R15 的返回值。

在每一种运行模式下，都可用 R14 保存子程序的返回地址。当用 BL 或 BLX 指令调用子程序时，将 PC 的当前值复制给 R14，执行完子程序后，又将 R14 的值复制回 PC，即可完成子程序的调用返回。下面是两种典型的子程序调用方法。

● 执行以下任意一条指令：

```
MOV    PC,LR
BX     LR
```

● 在子程序入口处使用以下指令将 R14 存入堆栈：

```
STMFD SP!,{<Regs>,LR}
```

对应的，使用以下指令可以完成子程序返回：

```
LDMFD SP!,{<Regs>,PC}
```

此外，当异常出现时，相应异常模式的 R14 也可被设置成异常返回地址。异常返回以与子程序返回类似的方法实现，但使用的指令稍有不同。

(3) 程序计数器

寄存器 R15 通常用作程序计数器 PC。在 ARM 状态下，R15 的位[1:0]为 0，位[31:2]用于保存 PC 值；在 Thumb 状态下，R15 的位[0]为 0，位[31:1]用于保存 PC 值。程序计数器的使用都有特殊目的，如读程序计数器、写程序计数器等。

读程序计数器：指令所读出 R15 的值是指令地址加 8 字节。ARM 指令始终是字对齐的，所以读出结果值的位[1:0]始终为 0(在 Thumb 状态下，位[0]始终是 0)。读 PC 主要用于快速地对邻近的指令和数据进行位置无关寻址，包括程序中的无关分支。

写程序计数器：写 R15 的结果通常是将 R15 的内容作为指令地址，并按此地址发生转移。由于 ARM 指令要求字对齐，因此通常要求写入到 R15 中值的位[1:0]＝0b00。Thumb 指令要求半字对齐，写入到 R15 中的位[0]忽略。这样指令的目的地址是 R15 中的内容与 0xFFFFFFFE 相“与”的结果。

R15 虽然也可用作通用寄存器，但一般不这么使用，因为对 R15 的使用有一些特殊限制，当违反了这些限制时，程序的执行结果是未知的。

由于 ARM 体系结构采用了多级流水线技术，因此对于 ARM 指令集而言，PC 总是指向当前指令的下两条指令的地址，即 PC 的值为当前指令的地址值加 8 字节。

在 ARM 状态下，任一时刻可以访问以上所讨论的 16 个通用寄存器和 1～2 个状态寄存器；在非用户模式(特权模式)下，则可访问特定模式分组寄存器。

2. 程序状态寄存器 PSR

ARM 体系结构包含 1 个当前程序状态寄存器 CPSR 和 5 个程序状态保存寄存器 SPSR。所有处理器模式下都可以访问当前程序状态寄存器。每种异常模式都有对应的程序状态保存寄存器，用户模式和系统模式不属于异常，因而没有程序状态保存寄存器。程序状态寄存器的定义如图 2-5 所示。其主要功能包括：

● 保存算术逻辑单元 ALU 中的当前操作信息；

● 控制允许和禁止中断；
● 设置处理器的运行模式。

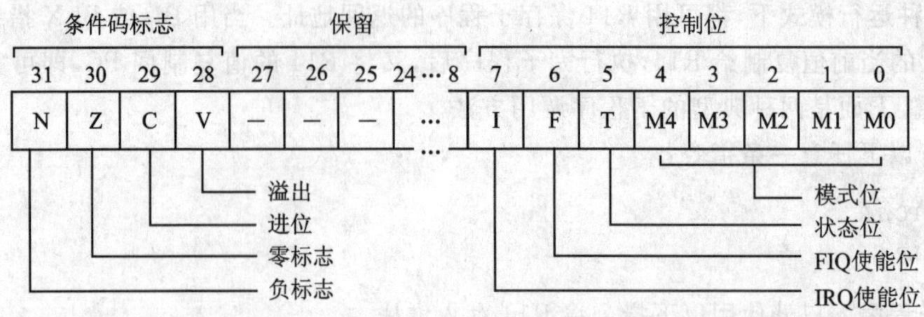

图 2-5　程序状态寄存器

(1) 条件码标志

图 2-5 中的 N,Z,C,V 均为条件码标志位，它们的内容可被算术或逻辑运算的结果所改变，并且可以决定某条指令是否被执行。在 ARM 状态下，绝大多数指令都是有条件执行的。在 Thumb 状态下，仅有分支指令是有条件执行的。

条件码标志位的具体含义如表 2-2 所列。

表 2-2　条件码标志的具体含义

标志位	含　义
N	当用两个补码表示的带符号数进行运算时，N=1 表示运算的结果为负数，N=0 表示运算的结果为正数或零
Z	Z=1 表示运算的结果为零，Z=0 表示运算的结果为非零
C	加法运算(包括比较指令 CMN)：当运算结果产生了进位时(无符号数溢出)，C=1，否则 C=0。 减法运算(包括比较指令 CMP)：当运算时产生了借位(无符号数溢出)，C=0，否则 C=1。 对于包含移位操作的非加/减运算指令，C 为移出值的最后一位。 对于其他非加/减运算指令，C 值通常不改变
V	对于加/减法运算指令，当操作数和运算结果为二进制补码表示的带符号数时，V=1 表示符号位溢出。 对于其他非加/减运算指令，V 值通常不改变

(2) 控制位

程序状态寄存器的低 8 位(包括 I,F,T 和 M[4:0])称为控制位，当发生异常时这些位可以被改变。如果处理器在特权模式下运行，则这些位也可以由程序修改。

中断禁止位 I,F：I=1 表示禁止 IRQ 中断，F=1 表示禁止 FIQ 中断。

标志位 I：该位反映处理器的运行状态，T=0 表示运行于 ARM 状态，T=1 表示运行于 Thumb 状态。

运行模式位 M[4:0]：M0,M1,M2,M3,M4 是运行模式位，它们的状态决定了处理器的运行模式。具体含义如表 2-3 所列。

由表 2-3 可知，并不是所有运行模式位的组合都能定义一个有效的处理器模式，其他组合可能会导致处理器进入一个不可恢复的状态。

程序状态寄存器 PSR 中的其余位为保留位，当改变 PSR 中的条件码标志位或控制位时，保留位不要改变，在程序中也不要使用保留位来存储数据。保留位将用于 ARM 版本的扩展。

表 2-3 运行模式位 M[4:0]的具体含义

M[4:0]	处理器模式	可访问的寄存器
0b10000	用户模式	PC,CPSR,R0～R14
0b10001	FIQ 模式	PC,CPSR, SPSR_fiq,R14_fiq,R8_fiq, R7～R0
0b10010	IRQ 模式	PC,CPSR, SPSR_irq,R14_irq,R13_irq,R12～R0
0b10011	管理模式	PC,CPSR, SPSR_svc,R14_svc,R13_svc,R12～R0
0b10111	中止模式	PC,CPSR, SPSR_abt,R14_abt,R13_abt, R12～R0
0b11011	未定义模式	PC,CPSR, SPSR_und,R14_und,R13_und, R12～R0
0b11111	系统模式	PC,CPSR(ARM v4 及以上版本), R14～R0

3. Thumb 状态下的寄存器组织

Thumb 状态下的寄存器集是 ARM 状态下寄存器集的一个子集,程序可以直接访问 8 个通用寄存器 R7～R0、程序计数器 PC、堆栈指针 SP、链接寄存器 LR 和 CPSR。每一种特权模式下都有一组 SP,LR 和 SPSR。图 2-6 所示为 Thumb 状态下的寄存器组织。

Thumb状态下的通用寄存器与程序计数器

用户	系统	快中断	管理	中止	中断	未定义
R0	R0	R0	R0	R0	R0	R0
R1	R1	R1	R1	R1	R1	R1
R2	R2	R2	R2	R2	R2	R2
R3	R3	R3	R3	R3	R3	R3
R4	R4	R4	R4	R4	R4	R4
R5	R5	R5	R5	R5	R5	R5
R6	R6	R6	R6	R6	R6	R6
R7	R7	R7	R7	R7	R7	R7
SP	SP	SP_fiq	SP_svc	SP_abt	SP_irq	SP_und
LR	LR	LR_fiq	LR_svc	LR_abt	LR_irq	LR_und
PC	PC	PC	PC	PC	PC	PC

Thumb状态下的程序状态寄存器

CPSR	CPSR	CPSR	CPSR	CPSR	CPSR	CPSR
		SPSR_fiq	SPSR_svc	SPSR_abt	SPSR_irq	SPSR_und

◣ =分组寄存器

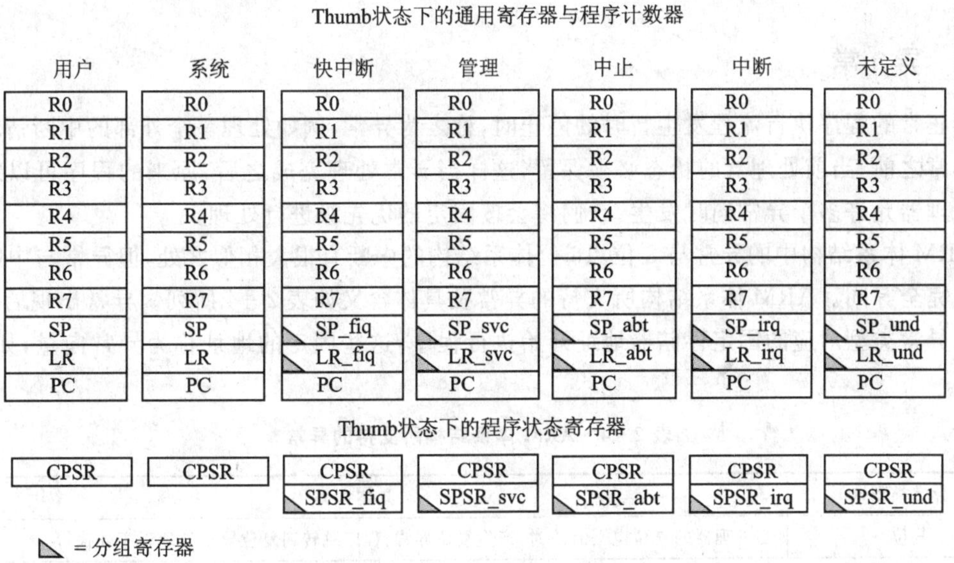

图 2-6 Thumb 状态下的寄存器组织

Thumb 状态下的寄存器组织与 ARM 状态下的寄存器组织的映射关系如图 2-7 所示。其中 Thumb 状态下的 R0～R7 与 ARM 状态下的 R0～R7 相同。Thumb 状态下的 CPSR 和 SPSR 与 ARM 状态下的 CPSR 和 SPSR 相同。Thumb 状态下的 SP 映射到 ARM 状态下的 SP(R13)。Thumb 状态下的 LR 映射到 ARM 状态下的 LR(R14)。Thumb 状态下的程序计数器 PC 映射到 ARM 状态下的 PC(R15)。

在 Thumb 状态下,高位寄存器 R8～R15 并不是标准寄存器集的一部分,但可使用汇编语言程序有限地访问这些寄存器,将其用作快速的暂存器。使用带特殊变量的 MOV 指令,数据可以在低位寄存器和高位寄存器之间进行传送;高位寄存器的值可以使用 CMP 和 ADD 指令进行比较或加上低位寄存器中的值。

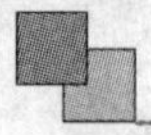

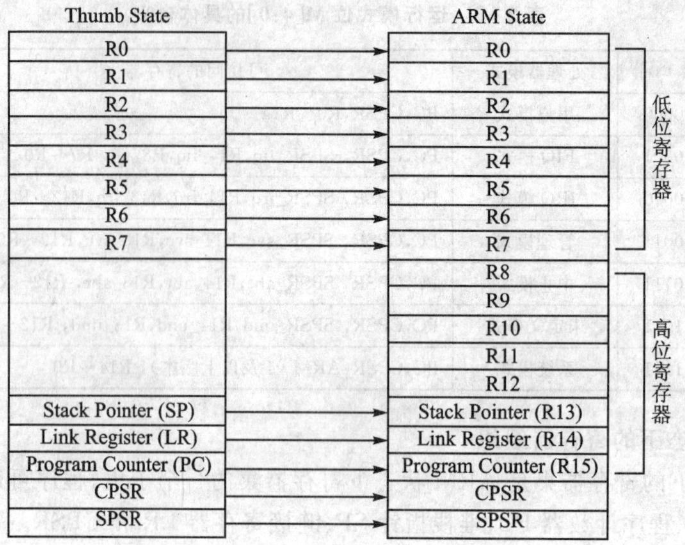

图 2-7　Thumb 状态下寄存器映射到 ARM 状态下寄存器

2.1.4　异　常

当正常的程序执行流程发生暂时的停止时，称之为异常，例如处理一个外部的中断请求。在处理异常之前，当前处理器的状态必须保留，这样当异常处理完成之后，原来的程序可以继续执行。处理器允许多个异常同时发生，它们将会按固定的优先级进行处理。

ARM 体系结构中的异常与 8 位/16 位体系结构的中断有很大相似之处，但异常与中断的概念并不完全等同。ARM 体系结构所支持的异常及具体含义如表 2-4 所列。异常出现后，ARM 强制从异常类型对应的固定存储器地址开始执行程序，这些固定的地址称为异常向量，如表 2-5 所列。

表 2-4　ARM 体系结构所支持的异常

异常类型	具体含义
复位	当处理器的复位电平有效时，产生复位异常，程序跳转到复位异常处理程序处执行
未定义指令	当 ARM 处理器或协处理器遇到不能处理的指令时，产生未定义指令异常。可使用该异常机制进行软件仿真
软件中断	该异常由执行 SWI 指令产生，可用于用户模式下的程序调用特权操作指令。可使用该异常机制实现系统功能调用
指令预取中止	若处理器预取指令的地址不存在，或该地址不允许当前指令访问，则存储器会向处理器发出中止信号，但当预取的指令被执行时，才会产生指令预取中止异常
数据中止	若处理器数据访问指令的地址不存在，或该地址不允许当前指令访问，则产生数据中止异常
IRQ(外部中断请求)	当处理器的外部中断请求引脚有效，且 CPSR 中的 I 位为 0 时，产生 IRQ 异常。系统的外设可通过该异常请求中断服务
FIQ(快速中断请求)	当处理器的快速中断请求引脚有效，且 CPSR 中的 F 位为 0 时，产生 FIQ 异常

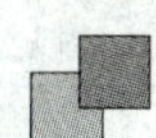

表2-5 异常向量表

异常	进入模式	向量地址
复位	管理模式	0x00000000
未定义指令	未定义模式	0x00000004
软件中断	管理模式	0x00000008
指令预取中止	中止模式	0x0000000C
数据中止	中止模式	0x00000010
保留	保留	0x00000014
IRQ	IRQ	0x00000018
FIQ	FIQ	0x0000001C

当多个异常同时发生时，系统根据固定的优先级决定异常的处理次序。异常优先级由高到低的排列次序如表2-6所列。

表2-6 异常优先级

优先级	异 常	优先级	异 常
1(最高)	复位	4	IRQ
2	数据中止	5	预取指令中止
3	FIQ	6(最低)	未定义指令，SWI

1. 各类异常的具体描述

(1) 复 位

ARM处理器一旦有复位输入，立刻停止执行当前指令。复位后，ARM处理器在禁止中断的管理模式下，从地址0x00000000开始执行指令。

(2) 未定义指令异常

当ARM处理器遇到不能处理的指令时，会产生未定义指令异常，一般出现以下两种情况：

- 当ARM处理器执行协处理器指令时，必须等待任一外部协处理器应答之后，才能真正执行这条指令。若协处理器没有应答，就会出现异常。
- 若试图执行未定义的指令，将会出现异常。

未定义指令异常可用于在没有硬件协处理器的系统上，进行协处理器软件仿真，或在软件仿真时进行指令扩展。

无论是在ARM状态还是在Thumb状态下，在仿真未定义指令后，处理器执行以下指令返回：

```
MOVS PC,R14_und
```

该指令恢复PC(从R14_und)和CPSR(从SPSR_und)的值，并返回到未定义指令后的下一条指令。

(3) 软件中断异常

软件中断指令SWI用于进入管理模式，常用于请求执行特定的管理功能函数。无论是在

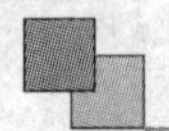

ARM 状态还是在 Thumb 状态下，完成 SWI 操作后处理器执行以下指令返回：

```
MOV   PC ,R14_svc
```

该指令恢复 PC(从 R14_svc)和 CPSR(从 SPSR_svc)的值，并返回到 SWI 的下一条指令。

(4) 指令预取中止异常

当指令预取访问存储器失败时，存储器系统向 ARM 处理器发出存储器中止(abort)信号，预取的指令被记为无效。若处理器试图执行无效指令，则产生预取中止异常。如果指令未被执行，如在指令流水线中发生了转移，则不会发生预取指令中止。在 ARM V5 及以上版本中，执行 BKPT 指令也会产生预取中止异常。

无论是在 ARM 状态还是在 Thumb 状态下，确定了中止的原因后，执行以下指令返回：

```
MOV   PC,R14_abt,#4
```

该指令恢复 PC(从 R14_abt)和 CPSR(从 SPSR_abt)的值，并重新执行中止的指令。

(5) 数据中止异常

数据中止发生在数据访问期间。存储器系统发出存储器中止信号，激活中止来响应数据访问(加载或存储)，数据被标记为无效。当发生数据中止时，根据指令的类型产生不同的动作：

- 数据转移指令 LDR,STR 回写到被修改的基址寄存器。中止处理程序必须注意这一点。
- 交换指令 SWP 中止好像没有被执行过一样(中止必须发生在 SWP 指令进行读访问时)。
- 块数据转移指令 LDM,STM 完成。当回写被设置时，基址寄存器被更新。

中止机制使指令分页的虚拟存储器系统能够实现。在这样一个系统中，处理器允许产生仲裁地址。当某一地址的数据无法访问时，存储器管理单元 MMU 通知产生了中止。中止处理程序必须找出中止的原因，使请求的数据可以被访问并重新执行被中止的指令。应用程序不必知道可用存储器的数量，也不必知道其被中止时所处的状态。

在修复产生中止的原因后，无论是在 ARM 状态还是在 Thumb 状态下，执行以下指令从中止模式返回：

```
MOV   PC,R14_abt,#8
```

该指令恢复 PC(从 R14_abt)和 CPSR(从 SPSR_abt)的值，并重新执行中止的指令。若中止的指令不需要执行，则使用以下指令返回：

```
MOV   PC,R14_abt,#4
```

(6) 中断请求异常

中断请求 IRQ 异常属于正常的中断请求，可通过对处理器的 nIRQ 端输入低电平产生。IRQ 的优先级低于 FIQ，当程序执行进入 FIQ 异常时，IRQ 可能被屏蔽。若将 CPSR 的 I 位置 1，则会禁止 IRQ 中断；若将 CPSR 的 I 位清零，则处理器会在指令执行完之前检查 IRQ 的输入。注意只有在特权模式下才能改变 I 位的状态。

不管是在 ARM 状态还是在 Thumb 状态下进入 IRQ 模式，皆可执行以下指令从 IRQ 模式返回：

```
SUBS  PC,R14_irq,#4
```

该指令将寄存器 R14_irq 的值减去 4 后，复制到程序计数器 PC 中，从而实现从异常处理程

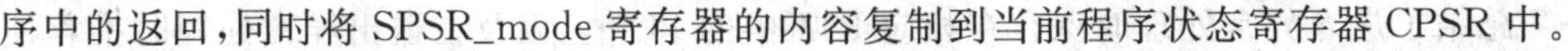

序中的返回,同时将 SPSR_mode 寄存器的内容复制到当前程序状态寄存器 CPSR 中。

(7) 快中断请求异常

快中断 FIQ 异常是为了支持数据转移或者通道处理而设计的。在 ARM 状态下,快中断模式有 8 个专用寄存器,用于满足寄存器保存的需要,并减小了系统上下文切换的开销。

若将 CPSR 的 F 位置 1,则会禁止 FIQ 中断;若将 CPSR 的 F 位清零,则处理器会在指令执行时检查 FIQ 输入。

注意: 只有在特权模式下才能改变 F 位的状态。

可由外部通过对处理器上的 nFIQ 端输入低电平产生 FIQ。

不管是在 ARM 状态还是在 Thumb 状态下进入 FIQ 模式,皆可执行以下指令从 FIQ 模式返回:

```
SUBS  PC,R14_fiq,#4
```

该指令将寄存器 R14_fiq 的值减去 4 后,复制到程序计数器 PC 中,从而实现从异常处理程序中的返回,同时将 SPSR_mode 寄存器的内容复制到当前程序状态寄存器 CPSR 中。

2. 对异常的进入和退出

当一个异常出现以后,ARM 处理器会执行以下几步操作进入异常:

① 将下一条指令的地址存入相应链接寄存器 LR,以便程序在处理异常返回时能从正确的位置重新开始执行。若异常从 ARM 状态进入,则 LR 寄存器中保存的是下一条指令的地址(当前 PC+4 或 PC+8,与异常的类型有关)。若异常是从 Thumb 状态进入,则在 LR 寄存器中保存当前 PC 加偏移量(当前 PC+4 或 PC+8,与异常的类型有关)。这样,异常处理程序就不需要确定异常是从何种状态进入的。例如,在软件中断 SWI 异常情况下,不管 SWI 是在 ARM 状态执行,还是在 Thumb 状态执行,指令“MOV PC,R14_svc”总是返回到下一条指令。

② 将 CPSR 复制到相应的 SPSR 中。

③ 根据异常类型,设置 CPSR 的运行模式位。

④ 强制 PC 从相关异常向量地址取下一条指令执行,从而跳转到相应异常处理程序处。

还可以设置中断禁止位,以阻止其他无法处理的异常嵌套。

如果异常发生时处理器处于 Thumb 状态,则当异常向量地址加载入 PC 时,处理器自动切换到 ARM 状态。ARM 处理器对异常的响应过程如下:

```
R14_<Exception mode> = Return Link
SPSR_<Exception mode> = CPSR
CPSR[4:0] = Exception mode number        /* 进入相应异常模式 */
CPSR[5] = 0                              /* 在 ARM 状态下执行 */
if <Exception mode> == Reset or FIQ then
CPSR[6] = 1                              /* 响应 FIQ 异常时,禁止新的 FIQ 异常 */
CPSR[7] = 1                              /* 禁止 IRQ 异常 */
PC = Exception Vector Address
```

异常处理完毕之后,ARM 处理器会执行以下几步操作退出异常:

① 将链接寄存器 LR 的值减去相应的偏移量后送到 PC 中。

② SPSR 复制回 CPSR 中。

③ 若在进入异常处理时设置了中断禁止位,要在此清除。

表 2-7 总结了进入异常处理时保存在相应 R14 中的 PC 值，以及在退出异常处理时推荐使用的指令。

表 2-7　异常进入与退出

异常或入口	返回指令	以前的状态		注
		ARM　R14_x	Thumb R14_x	
BL	MOV PC,R14	PC+4	PC+2	①
软件中断 SWI	MOVS PC,R14_svc	PC+4	PC+2	①
未定义指令	MOVS PC,R14_und	PC+4	PC+2	①
预取中止	SUBS PC,R14_abt,#4	PC+4	PC+4	①
快中断 FIQ	SUBS PC,R14_fiq,#4	PC+4	PC+4	②
中断 IRQ	SUBS PC,R14_irq,#4	PC+4	PC+4	②
数据中止	SUBS PC,R14_abt,#8	PC+8	PC+8	③
复位	无	—	—	④

注：① 在此 PC 应是具有预取中止的 BL/SWI/未定义指令/预取中止指令的地址。
② 在此 PC 是从 FIQ 或 IRQ 取得而没有被执行指令的地址。
③ 在此 PC 是产生数据中止的加载或存储指令的地址。
④ 系统复位时，保存在 R14_svc 中的值是不可预知的。

2.2 ARM 的寻址方式

寻址方式是处理器根据指令中给出的地址信息来寻找物理地址的方式。本节将介绍 ARM 指令系统支持的 9 种常见的寻址方式。

2.2.1 寄存器寻址

寄存器寻址是利用寄存器中的数值作为操作数，指令执行时直接取出寄存器的内容来操作，例如以下指令：

```
ADD    R0,R1,R2                    ;R0←R1 + R2
```

这条指令将寄存器 R1 和 R2 的内容相加，结果存放在寄存器 R0 中。操作数的顺序为：结果寄存器，第一操作数寄存器，第二操作数寄存器。

2.2.2 立即寻址

立即寻址也叫立即数寻址，是一种特殊的寻址方式，操作数本身就在指令中给出。只要取出指令，也就取到了操作数。这个操作数被称为立即数，对应的寻址方式叫做立即寻址。例如以下指令：

```
ADD  R0,R0,#1                   ;R0←R0 + 1
ADD  R0,R0,#0x3f                ;R0←R0 + 0x3f
```

在以上两条指令中，第二个源操作数即为立即数，要求以“#”为前缀，对于以十六进制表示

的立即数,还要求在“#”后加上“0x”或“&”。

2.2.3 寄存器偏移寻址

这种寻址方式是 ARM 指令集特有的,移位操作如图 2-8 所示,第二个寄存器操作数在与第一个操作数结合之前,选择进行移位操作,例如以下指令:

```
MOVS R3,R2,LSL #3        ;R2 的值左移 3 位,结果放入 R3 中,即 R0 = R2 × 8
ADD  R3,R2,R1,LSL #3     ;R1 的值左移 3 位,再与 R2 的值相加,结果放入 R3 中
```

可以采取的移位操作如下:

- LSL——逻辑左移。寄存器中字的低端空出位补 0。
- LSR——逻辑右移。寄存器中字的高端空出位补 0。
- ASR——算术右移。算术移位的对象是带符号数。在移位过程中必须保持操作数的符号不变。若源操作数为正数,则字的高端空出位补 0;若源操作数为负数,则字的高端空出位补 1。
- ROR——循环右移。从字的最低端移出的位填入字的高端空出位。
- RRX——带扩展的循环右移。按操作数所指定的数量向右循环移位,空位(位[31])用进位标志 C 填充。

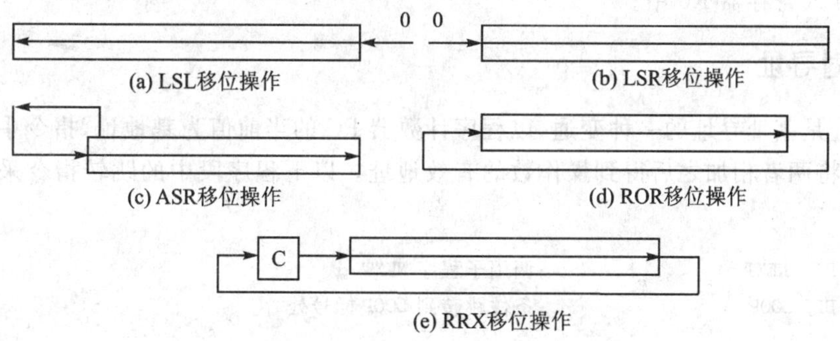

图 2-8 ARM 的移位操作过程

2.2.4 寄存器间接寻址

寄存器间接寻址是以寄存器中的值作为操作数的地址,而操作数本身存放在存储器中,例如以下指令:

```
ADD  R0,R1,[R2]       ;R0←R1 + [R2]
LDR  R0,[R1]          ;R0←[R1]
STR  R0,[R1]          ;[R1]←R0
```

第一条指令中,以寄存器 R2 的值作为操作数的地址,在该地址的存储器中取得一个操作数后与 R1 相加,结果存入寄存器 R0 中。

第二条指令将以 R1 的值为地址的存储器中的数据传送到 R0 中。

第三条指令将 R0 的值传送到以 R1 的值为地址的存储器中。

2.2.5 基址寻址

基址寻址是将寄存器(该寄存器一般称作基址寄存器)的内容与指令中给出的地址偏移量相加,形成操作数的有效地址。基址寻址方式用于访问基地址附近的存储单元,常用于查表、数组操作。采用基址寻址方式的指令常见有以下几种形式:

```
LDR R0,[R1,#4]          ;R0←[R1+4]
LDR R0,[R1,#4]!         ;R0←[R1+4],R1←R1+4
LDR R0,[R1],#4          ;R0←[R1],R1←R1+4
LDR R0,[R1,R2]          ;R0←[R1+R2]
```

第一条指令,将寄存器 R1 的内容加上 4 形成操作数的有效地址,从该地址取得操作数存入寄存器 R0 中。

第二条指令,将寄存器 R1 的内容加上 4 形成操作数的有效地址,从该地址取得操作数存入寄存器 R0 中,然后,R1 的内容自增 4 字节。

第三条指令,以寄存器 R1 的内容作为操作数的有效地址,从该地址取得操作数存入寄存器 R0 中,然后,R1 的内容自增 4 字节。

第四条指令,将寄存器 R1 的内容加上寄存器 R2 的内容形成操作数的有效地址,从该地址取得操作数存入寄存器 R0 中。

2.2.6 相对寻址

相对寻址是基址寻址的一种变通,以程序计数器 PC 的当前值为基地址,指令中的地址标号作为偏移量,将两者相加之后得到操作数的有效地址。以下程序段中的跳转指令采用了相对寻址方式:

```
        BL   NEXT          ;调用子程序 NEXT
        BEQ LOOP           ;条件跳转到 LOOP 标号处
          ⋮
LOOP    MOV R6,#1
          ⋮
NEXT    ……
```

2.2.7 多寄存器寻址

采用多寄存器寻址方式,一条指令可以完成多个寄存器值的传送。这种寻址方式可以用一条指令完成传送最多 16 个通用寄存器的值,例如以下指令:

```
LDMIA R0,{R1,R2,R3,R4}       ;R1←[R0]
                             ;R2←[R0+4]
                             ;R3←[R0+8]
                             ;R4←[R0+12]
```

该指令的后缀 IA 表示在每次执行完加载/存储操作后,R0 按字长度增加,因此,指令可将连续存储单元的值传送到 R1~R4。使用多寄存器寻址时,寄存器子集由小到大顺序排列,连续的寄存器可用短划线“-”连接,否则用逗号“,”隔开。

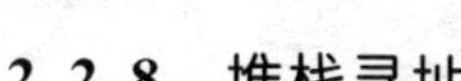

2.2.8 堆栈寻址

堆栈寻址是多寄存器寻址的一种特殊形式。堆栈是一种按特定顺序进行存取的存储区，操作堆栈的顺序可归结为“后进先出”或“先进后出”。堆栈寻址使用一个称作堆栈指针的专用寄存器指向一块存储区域(堆栈)，指针所指向的存储单元称为栈顶。存储器堆栈可分为两种：

- 向上生长：即向高地址方向生长，称为递增堆栈(Ascending Stack)。
- 向下生长：即向低地址方向生长，称为递减堆栈(Decending Stack)。

当堆栈指针指向最后压入堆栈的数据时，称为满堆栈(Full Stack)；而当堆栈指针指向下一个将要放入数据的空位置时，称为空堆栈(Empty Stack)。这样就有4种类型的堆栈工作方式，ARM微处理器支持这4种类型的堆栈工作方式，即

- 满递增堆栈：堆栈指针指向最后压入的数据，且由低地址向高地址生长。
- 满递减堆栈：堆栈指针指向最后压入的数据，且由高地址向低地址生长。
- 空递增堆栈：堆栈指针指向下一个要放入数据的空位置，且由低地址向高地址生长。
- 空递减堆栈：堆栈指针指向下一个要放入数据的空位置，且由高地址向低地址生长。

堆栈寻址指令举例如下：

```
STMFD  SP!,{R1 - R7,LR}          ;将 R1～R7,LR 入栈,满递减堆栈
LDMFD  SP!,{R1 - R7,LR}          ;数据出栈,放入 R1～R7,LR,满递减堆栈
```

2.2.9 块拷贝寻址

块拷贝寻址也是多寄存器寻址的一种特殊形式，通常用于内存拷贝。这种寻址方式利用多寄存器传送指令将一块数据从存储器的某个位置复制到另一个位置。

在进行数据复制时，先设置好源数据指针和目标数据指针，然后使用块拷贝寻址指令进行读取和存储。与堆栈寻址操作类似，根据基址寄存器的增长方向(向上增长还是向下增长)以及增长的先后(在加载/存储数据之前、之后)的不同，有4种对应关系，如表2-8所列。

表2-8 多寄存器指令映射

增长的先后 \ 增长的方向		向上增长		向下增长	
		满	空	满	空
增加	之前	STMIB STMFA			LDMIB LDMED
	之后		STMIA STMEA	LDMIA LDMFD	
减少	之前		LDMDB LDMEA	STMDB STMFD	
	之后	LDMDA LDMFA			STMDA STMED

块拷贝寻址如图2-9所示。图中说明了如何将3个寄存器存储到存储器中，以及使用自动寻址如何修改基址寄存器。执行指令之前的基址寄存器是R9，自动寻址之后的基址寄存器

是 R9′。

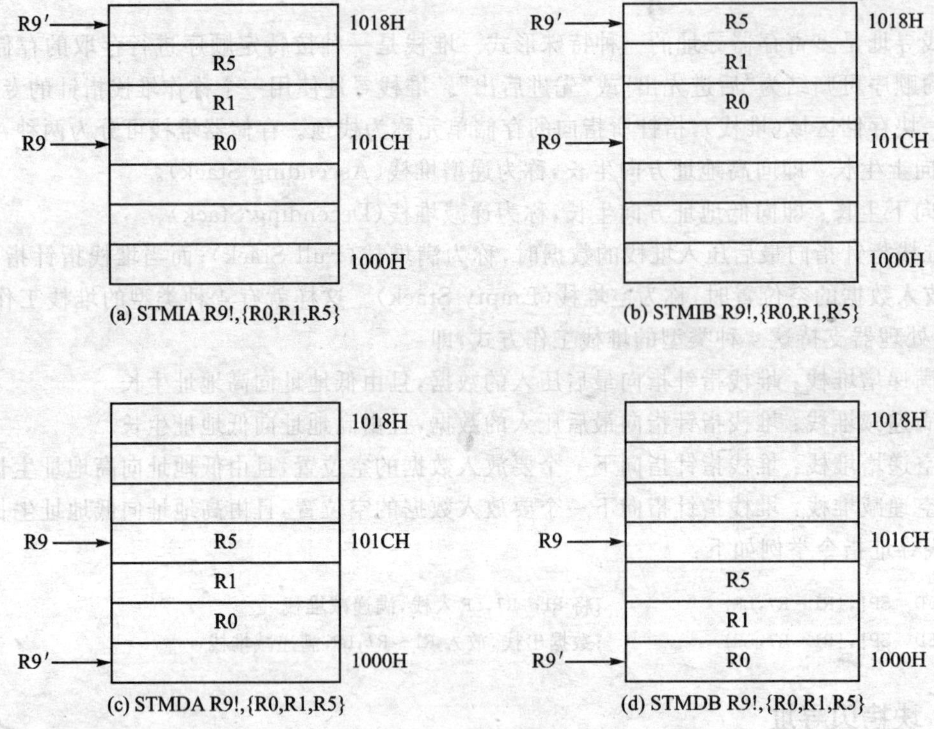

图 2-9　块拷贝寻址方式示意图

块拷贝寻址指令举例如下：

```
STMIA   R0!,{R1 - R7}        ;将 R1～R7 的数据保存到存储器中,存储器指针在保存第
                             ;一个值之后增加,增长方向为向上增长
STMIB   R0!,{R1 - R7}        ;将 R1～R7 的数据保存到存储器中,存储器指针在保存第
                             ;一个值之前增加,增长方向为向上增长
STMDA   R0!,{R1 - R7}        ;将 R1～R7 的数据保存到存储器中,存储器指针在保存第
                             ;一个值之后增加,增长方向为向下增长
STMDA   R0!,{R1 - R7}        ;将 R1～R7 的数据保存到存储器中,存储器指针在保存第
                             ;一个值之前增加,增长方向为向下增长
```

2.3　ARM 指令集

2.3.1　ARM 指令的功能与格式

ARM 处理器的指令集是加载/存储型的，采用加载/存储指令可以实现对系统存储器的访问，其他类型的指令则仅能处理寄存器中的数据，而且处理结果都要放回寄存器中。

ARM 处理器的指令可以分为数据处理指令、乘法与乘加指令、跳转指令、移位指令、加载/存储指令、批量数据加载/存储指令、数据交换指令、协处理器指令、异常指令和程序状态寄存器访问指令等。

ARM 指令的基本格式如下：

<opcode> {<cond>} {S} <Rd>,<Rn>,{<oprand2>}

其中，<>内的项是必需的，{}内的项是可选的。例如< opcode >是指令助记符，是必需的；而{<cond>}为指令执行条件，是可选的，如果不写，则默认为无条件执行。

opcode　指令助记符，如 LDR，STR 等。

cond　执行条件，如 EQ，NE 等。

S　是否影响 CPSR 寄存器的值，书写时影响，否则不影响。

Rd　目标寄存器。

Rn　第一个操作数寄存器。

oprand2　第二个操作数。

2.3.2　指令的条件域

当处理器工作在 ARM 状态时，几乎所有的指令均根据 CPSR 中条件码的状态和指令的条件域有条件地执行。当指令的执行条件满足时，指令被执行，否则指令被忽略。

每一条 ARM 指令包含 4 位条件码，位于指令的最高 4 位[31:28]。条件码共有 16 种，每种条件码可用两个字符表示，这两个字符可以添加在指令助记符的后面，和指令同时使用。例如，跳转指令 B 可以加上后缀 EQ 变为 BEQ，表示"相等则跳转"，即当 CPSR 中的 Z 标志置位时发生跳转。

在 16 种条件标志码中，只有 15 种可以使用，如表 2-9 所列，第 16 种(1111)为系统保留，暂时不能使用。

表 2-9　指令的条件码

条件码	助记符后缀	标　志	含　义
0000	EQ	Z 置位	相等
0001	NE	Z 清零	不相等
0010	CS	C 置位	无符号数大于或等于
0011	CC	C 清零	无符号数小于
0100	MI	N 置位	负数
0101	PL	N 清零	正数或零
0110	VS	V 置位	溢出
0111	VC	V 清零	未溢出
1000	HI	C 置位 Z 清零	无符号数大于
1001	LS	C 清零 Z 置位	无符号数小于或等于
1010	GE	N 等于 V	带符号数大于或等于
1011	LT	N 不等于 V	带符号数小于
1100	GT	Z 清零且(N 等于 V)	带符号数大于
1101	LE	Z 置位或(N 不等于 V)	带符号数小于或等于
1110	AL	忽略	无条件执行

2.3.3 指令分类说明

1. 数据处理指令

数据处理指令可分为数据传送指令、算术逻辑运算指令和比较指令等。

数据传送指令用于在寄存器和存储器之间进行数据的双向传输。

算术逻辑运算指令完成常用的算术与逻辑运算，该类指令不但将运算结果保存在目的寄存器中，同时更新CPSR中的相应条件标志位。

比较指令不保存运算结果，只更新CPSR中相应的条件标志位。

数据处理指令如表2-10所列。

表2-10 数据处理指令

指令助记符	指令功能描述	指令助记符	指令功能描述
MOV	数据传送指令	SUB	减法指令
MVN	数据取反传送指令	SBC	带借位减法指令
CMP	比较指令	RSB	逆向减法指令
CMN	反值比较指令	RSC	带借位的逆向减法指令
TST	位测试指令	AND	逻辑"与"指令
TEQ	相等测试指令	ORR	逻辑"或"指令
ADD	加法指令	EOR	逻辑"异或"指令
ADC	带进位加法指令	BIC	位清除指令

(1) MOV 指令

指令格式：MOV{条件}{S} 目的寄存器,源操作数

MOV指令可完成从另一个寄存器、被移位的寄存器或将一个立即数加载到目的寄存器。

条件码标志：若指定S,将根据运算结果更新标志N,Z和C,不影响V。

指令示例：

```
MOV    R1,R0              ;将 R0 的值传送到 R1
MOV    PC,R14             ;将 R14 的值传送到 PC,常用于子程序返回
MOV    R1,R0,LSL#3        ;将 R0 的值左移 3 位后传送到 R1
```

(2) MVN 指令

指令格式：MVN{条件}{S} 目的寄存器,源操作数

MVN指令可完成从另一个寄存器、被移位的寄存器或将一个立即数加载到目的寄存器。与MOV指令不同之处是在传送之前将源操作数按位取反,即把一个被取反的值传送到目的寄存器中。

条件码标志：若指定S,将根据运算结果更新标志N,Z和C,不影响V。

指令示例：

```
MVN    R0,#0              ;将立即数 0 取反传送到 R0 中,完成后 R0 = -1
```

(3) CMP 指令

指令格式：CMP{条件} 操作数1,操作数2

CMP 指令用于把一个寄存器的内容和另一个寄存器的内容或立即数进行比较，同时更新 CPSR 中条件标志位的值。该指令进行一次减法运算，但不存储结果，只更改条件标志位。标志位表示的是操作数 1 与操作数 2 的关系（大于、小于、相等），例如，若操作数 1 大于操作数 2，则此后的有 GT 后缀的指令将可以执行。

条件码标志：若指定 S，将根据运算结果更新标志 N，Z，C 和 V。

指令示例：

```
CMP    R1,R0         ;将 R1 的值与 R0 的值相减，根据结果设置 CPSR 的标志位
CMP    R1,#100       ;将 R1 的值与立即数 100 相减，根据结果设置 CPSR 的标志位
```

(4) CMN 指令

指令格式：CMN{条件} 操作数 1，操作数 2

CMN 指令用于把一个寄存器的内容和另一个寄存器的内容或立即数取反后进行比较，同时更新 CPSR 中条件标志位的值。该指令实际完成操作数 1 和操作数 2 相加，并根据结果更改条件标志位。

条件码标志：若指定 S，将根据运算结果更新标志 N，Z，C 和 V。

指令示例：

```
CMN    R1,R0         ;将 R1 的值与 R0 的值相加，根据结果设置 CPSR 的标志位
CMN    R1,#100       ;将 R1 的值与立即数 100 相加，根据结果设置 CPSR 的标志位
```

(5) TST 指令

指令格式：TST{条件} 操作数 1，操作数 2

TST 指令用于把一个寄存器的内容和另一个寄存器的内容或立即数进行按位“与”运算，并根据运算结果更新 CPSR 中条件标志位的值。操作数 1 是要测试的数据，操作数 2 是一个位掩码，该指令一般用来检测是否设置了特定的位。

条件码标志：若指定 S，将根据运算结果更新标志 N，Z，C 和 V。

指令示例：

```
TST    R1,#%1        ;用于测试在 R1 中是否设置了最低位（%表示二进制数）
TST    R1,#0xffe     ;将 R1 的值与立即数 0xffe 按位“与”，根据结果设置 CPSR 的标志位
```

(6) TEQ 指令

指令格式：TEQ{条件} 操作数 1，操作数 2

TEQ 指令用于把一个寄存器的内容和另一个寄存器的内容或立即数进行按位“异或”运算，并根据运算结果更新 CPSR 中条件标志位的值。该指令通常用于比较操作数 1 和操作数 2 是否相等。

条件码标志：若指定 S，将根据运算结果更新标志 N，Z，C 和 V。

指令示例：

```
TEQ    R1,R2         ;将 R1 的值与 R2 的值按位“异或”，根据结果设置 CPSR 的标志位
```

(7) ADD 指令

指令格式：ADD{条件}{S} 目的寄存器，操作数 1，操作数 2

ADD 指令用于把两个操作数相加，并将结果存放到目的寄存器中。操作数 1 应是一个寄存

器;操作数 2 可以是一个寄存器,被移位的寄存器或一个立即数。

条件码标志:若指定 S,将根据运算结果更新标志 N,Z,C 和 V。

指令示例:

```
ADD    R0,R1,R2             ;R0 = R1 + R2
ADD    R0,R1,#256           ;R0 = R1 + 256
ADD    R0,R2,R3,LSL#1       ;R0 = R2 + (R3 << 1)
```

(8) ADC 指令

指令格式:ADC{条件}{S} 目的寄存器,操作数 1,操作数 2

ADC 指令用于把两个操作数相加,再加上 CPSR 中的 C 条件标志位的值,并将结果存放到目的寄存器中。它使用一个进位标志位,这样就可以做比 32 位大的数的加法,注意不要忘记设置 S 后缀来更改进位标志。操作数 1 应是一个寄存器;操作数 2 可以是一个寄存器,被移位的寄存器或一个立即数。

条件码标志:若指定 S,将根据运算结果更新标志 N,Z,C 和 V。

指令示例:

以下指令序列完成两个 128 位数的加法,第一个数由高到低存放在寄存器 R7~R4 中,第二个数由高到低存放在寄存器 R11~R8 中,运算结果由高到低存放在寄存器 R3~R0 中:

```
ADDS    R0,R4,R8            ;加低端的字
AD CS   R1,R5,R9            ;加第二个字,带进位
AD CS   R2,R6,R10           ;加第三个字,带进位
AD C    R3,R7,R11           ;加第四个字,带进位
```

(9) SUB 指令

指令格式:SUB{条件}{S} 目的寄存器,操作数 1,操作数 2

SUB 指令用于把操作数 1 减去操作数 2,并将结果存放到目的寄存器中。操作数 1 应是一个寄存器;操作数 2 可以是一个寄存器,被移位的寄存器或一个立即数。该指令可用于有符号数或无符号数的减法运算。

条件码标志:若指定 S,将根据运算结果更新标志 N,Z,C 和 V。

指令示例:

```
SUB    R0,R1,R2             ;R0 = R1 - R2
SUB    R0,R1,#256           ;R0 = R1 - 256
SUB    R0,R2,R3,LSL#1       ;R0 = R2 - (R3 << 1)
```

(10) SBC 指令

指令格式:SBC{条件}{S} 目的寄存器,操作数 1,操作数 2

SBC 指令用于把操作数 1 减去操作数 2,再减去 CPSR 中的 C 条件标志位的反码,并将结果存放到目的寄存器中。操作数 1 应是一个寄存器;操作数 2 可以是一个寄存器,被移位的寄存器或一个立即数。该指令使用进位标志来表示借位,这样就可以做大于 32 位的减法,注意不要忘记设置 S 后缀来更改进位标志。该指令可用于有符号数或无符号数的减法运算。

条件码标志:若指定 S,将根据运算结果更新标志 N,Z,C 和 V。

指令示例:

```
SBCS    R0,R1,R2              ;R0 = R1 - R2 - ! C,根据结果设置 CPSR 的进位标志位
```

(11) RSB 指令

指令格式：RSB{条件}{S} 目的寄存器，操作数 1，操作数 2

RSB 指令称为逆向减法指令，用于把操作数 2 减去操作数 1，并将结果存放到目的寄存器中。操作数 1 应是一个寄存器；操作数 2 可以是一个寄存器，被移位的寄存器或一个立即数。该指令可用于有符号数或无符号数的减法运算。

条件码标志：若指定 S，将根据运算结果更新标志 N，Z，C 和 V。

指令示例：

```
RSB    R0,R1,R2              ;R0 = R2 - R1
RSB    R0,R1,#256            ;R0 = 256 - R1
RSB    R0,R2,R3,LSL#1        ;R0 = (R3 << 1) - R2
```

(12) RSC 指令

指令格式：RSC{条件}{S} 目的寄存器，操作数 1，操作数 2

RSC 指令用于把操作数 2 减去操作数 1，再减去 CPSR 中的 C 条件标志位的反码，并将结果存放到目的寄存器中。操作数 1 应是一个寄存器；操作数 2 可以是一个寄存器，被移位的寄存器或一个立即数。该指令使用进位标志来表示借位，这样就可以做大于 32 位的减法，注意不要忘记设置 S 后缀来更改进位标志。该指令可用于有符号数或无符号数的减法运算。

条件码标志：若指定 S，将根据运算结果更新标志 N，Z，C 和 V。

指令示例：

```
RSC    R0,R1,R2              ;R0 = R2 - R1 - ! C
```

(13) AND 指令

指令格式：AND{条件}{S} 目的寄存器，操作数 1，操作数 2

AND 指令用于对两个操作数进行逻辑“与”运算，并把结果放置到目的寄存器中。操作数 1 应是一个寄存器；操作数 2 可以是一个寄存器，被移位的寄存器或一个立即数。该指令常用于屏蔽操作数 1 的某些位。

条件码标志：若指定 S，将根据运算结果更新标志 N 和 Z，在计算操作数 2 时更新标志 C，不影响 V。

指令示例：

```
AND    R0,R0,#3              ;该指令保持 R0 的 0,1 位,其余位清零
```

(14) ORR 指令

指令格式：ORR{条件}{S} 目的寄存器，操作数 1，操作数 2

ORR 指令用于对两个操作数进行逻辑“或”运算，并把结果放置到目的寄存器中。操作数 1 应是一个寄存器；操作数 2 可以是一个寄存器，被移位的寄存器或一个立即数。该指令常用于设置操作数 1 的某些位。

条件码标志：若指定 S，将根据运算结果更新标志 N 和 Z，在计算操作数 2 时更新标志 C，不影响 V。

指令示例：

```
ORR      R0,R0,#3               ;该指令设置 R0 的 0,1 位,其余位保持不变
```

(15) EOR 指令

指令格式：EOR{条件}{S} 目的寄存器,操作数 1,操作数 2

EOR 指令用于对两个操作数进行逻辑“异或”运算,并把结果放置到目的寄存器中。操作数 1 应是一个寄存器;操作数 2 可以是一个寄存器,被移位的寄存器或一个立即数。该指令常用于反转操作数 1 的某些位。

条件码标志：若指定 S,将根据运算结果更新标志 N 和 Z,在计算操作数 2 时更新标志 C,不影响 V。

指令示例：

```
EOR      R0,R0,#3               ;该指令反转 R0 的 0,1 位,其余位保持不变
```

(16) BIC 指令

指令格式：BIC{条件}{S} 目的寄存器,操作数 1,操作数 2

BIC 指令用于清除操作数 1 的某些位,并把结果放置到目的寄存器中。操作数 1 应是一个寄存器;操作数 2 可以是一个寄存器,被移位的寄存器或一个立即数。操作数 2 为 32 位的掩码,如果在掩码中设置了某一位,则清除这一位。未设置的掩码位保持不变。

指令示例：

```
BIC  R0,R0,#%1011               ;该指令清除 R0 中的位 0,1 和 3,其余的位保持不变
```

2. 乘法指令与乘加指令

ARM 微处理器支持的乘法指令与乘加指令共有 6 条,可分为运算结果为 32 位和运算结果为 64 位两类,如表 2-11 所列。

表 2-11　乘法指令与乘加指令

指令助记符	指令功能描述	指令助记符	指令功能描述
MUL	32 位乘法指令	SMLAL	64 位有符号数乘加指令
MLA	32 位乘加指令	UMULL	64 位无符号数乘法指令
SMULL	64 位有符号数乘法指令	UMLAL	64 位无符号数乘加指令

与前面数据处理指令不同,指令中的所有操作数、目的寄存器必须为通用寄存器,不能对操作数使用立即数或被移位的寄存器,同时目的寄存器和操作数 1 必须是不同的寄存器。

(1) MUL 指令

指令格式：MUL{条件}{S} 目的寄存器,操作数 1,操作数 2

MUL 指令完成将操作数 1 与操作数 2 的乘法运算,并把结果的低 32 位放置到目的寄存器中,同时可以根据运算结果设置 CPSR 中相应的条件标志位。其中,操作数 1 和操作数 2 均为 32 位的有符号数或无符号数。

条件码标志：若指定 S,将根据运算结果更新标志 N 和 Z,不影响标志 C 和 V。

指令示例：

```
MUL     R0,R1,R2          ;R0 = R1 × R2
MULS    R0,R1,R2          ;R0 = R1 × R2,同时设置 CPSR 中的相关条件标志位
```

(2) MLA 指令

指令格式：MLA{条件}{S} 目的寄存器，操作数 1，操作数 2，操作数 3

MLA 指令完成将操作数 1 与操作数 2 的乘法运算，再将乘积加上操作数 3，并把结果的低 32 位放置到目的寄存器中，同时可以根据运算结果设置 CPSR 中相应的条件标志位。其中，操作数 1 和操作数 2 均为 32 位的有符号数或无符号数。

条件码标志：若指定 S，将根据运算结果更新标志 N 和 Z，不影响标志 C 和 V。

指令示例：

```
MLA     R0,R1,R2,R3              ;R0 = R1 × R2 + R3
MLAS    R0,R1,R2,R3              ;R0 = R1 × R2 + R3,同时设置 CPSR 中的相关条件标志位
```

(3) SMULL 指令

指令格式：SMULL{条件}{S} 目的寄存器低，目的寄存器高，操作数 1，操作数 2

SMULL 指令完成将操作数 1 与操作数 2 的乘法运算，把结果的低 32 位放置到目的寄存器低字节中，结果的高 32 位放置到目的寄存器高字节中，同时可以根据运算结果设置 CPSR 中相应的条件标志位。其中，操作数 1 和操作数 2 均为 32 位的有符号数。

条件码标志：若指定 S，将根据运算结果更新标志 N 和 Z，不影响标志 C 和 V。

指令示例：

```
SMULL    R0,R1,R2,R3             ;R0 = (R2 × R3)的低 32 位
                                 ;R1 = (R2 × R3)的高 32 位
```

(4) SMLAL 指令

指令格式：SMLAL{条件}{S} 目的寄存器低，目的寄存器高，操作数 1，操作数 2

SMLAL 指令完成将操作数 1 与操作数 2 解释为带符号的补码整数，执行这两个整数的乘法运算，并将乘积累加到目的寄存器中 64 位带符号补码整数上，最终结果的低 32 位放置到目的寄存器低字节中，最终结果的高 32 位放置到目的寄存器高字节中。同时根据运算结果设置 CPSR 中相应的条件标志位。其中，操作数 1 和操作数 2 均为 32 位的有符号数。

条件码标志：若指定 S，将根据运算结果更新标志 N 和 Z，不影响标志 C 和 V。

指令示例：

```
SMLAL    R0,R1,R2,R3             ;R0 = (R2 × R3)的低 32 位 + R0
                                 ;R1 = (R2 × R3)的高 32 位 + R1
```

(5) UMULL 指令

指令格式：UMULL{条件}{S} 目的寄存器低，目的寄存器高，操作数 1，操作数 2

UMULL 指令完成将操作数 1 与操作数 2 解释为无符号的整数，执行这两个整数的乘法运算，并把结果的低 32 位放置到目的寄存器低字节中，结果的高 32 位放置到目的寄存器高字节中，同时根据运算结果设置 CPSR 中相应的条件标志位。其中，操作数 1 和操作数 2 均为 32 位的无符号数。

条件码标志：若指定 S，将根据运算结果更新标志 N 和 Z，不影响标志 C 和 V。

指令示例：

```
UMULL    R0,R1,R2,R3             ;R0 = (R2 × R3)的低 32 位
```

```
                    ;R1 = (R2 × R3)的高 32 位
```

(6) UMLAL 指令

指令格式：UMLAL{条件}{S} 目的寄存器低，目的寄存器高，操作数 1，操作数 2

UMLAL 指令完成将操作数 1 与操作数 2 解释为无符号的整数，执行这两个整数的乘法运算，并将乘积累加到目的寄存器中 64 位无符号整数上，最终结果的低 32 位放置到目的寄存器低字节中，最终结果的高 32 位放置到目的寄存器高字节中。同时根据运算结果设置 CPSR 中相应的条件标志位。其中，操作数 1 和操作数 2 均为 32 位的无符号数。

条件码标志：若指定 S，将根据运算结果更新标志 N 和 Z，不影响标志 C 和 V。

指令示例：

```
UMLAL    R0,R1,R2,R3        ;R0 = (R2 × R3)的低 32 位 + R0
                            ;R1 = (R2 × R3)的高 32 位 + R1
```

3. 跳转指令

跳转指令用于实现程序流程的跳转，在 ARM 程序中有两种方法可以实现程序流程的跳转：使用专门的跳转指令或直接向程序计数器 PC 写入跳转地址值。

通过向程序计数器 PC 写入跳转地址值，可以实现在 4 GB 的地址空间中的任意跳转。在跳转之前结合使用“MOV LR,PC”等类似指令，可以保存将来的返回地址值，从而实现在 4 GB 连续的线性地址空间的子程序调用。

ARM 指令集中的跳转指令，可以完成从当前指令向前或向后的 32 MB 地址空间的跳转，共有 4 条指令，如表 2－12 所列。

表 2－12　跳转指令

指令助记符	指令功能描述	指令助记符	指令功能描述
B	跳转指令	BLX	带返回和状态切换的跳转指令
BL	带返回的跳转指令	BX	带状态切换的跳转指令

(1) B 指令

指令格式：B{条件}　　目标地址

B 指令是最简单的跳转指令。一旦遇到一个 B 指令，ARM 处理器将立即跳转到给定的目标地址，从那里继续执行。注意存储在跳转指令中的实际值是相对当前 PC 值的一个偏移量，而不是一个绝对地址，它的值由汇编器来计算(参见寻址方式中的相对寻址)。

指令示例：

```
B       Label              ;程序无条件跳转到标号 Label 处执行
CMP     R1,#0              ;当 CPSR 寄存器中的 Z 条件码置位时，程序跳转到标号 Label 处执行
BEQ     Label
```

(2) BL 指令

指令格式：BL{条件} 目标地址

BL 是另一个跳转指令，但跳转之前，会在寄存器 R14 中保存 PC 的当前内容，因此，可以通过将 R14 的内容重新加载到 PC 中，来返回到跳转指令之后的那个指令处执行。该指令是实现子程序调用的一个基本但常用的手段。

指令示例：

```
BL    Label              ;程序无条件跳转到标号 Label 处执行，同时将当前的 PC 值保存到 R14 中
```

(3) BLX 指令

指令格式：BLX{条件}　目标地址

BLX 指令跳转到指令中所指定的目标地址，并将处理器的工作状态由 ARM 状态切换到 Thumb 状态，该指令同时将 PC 的当前内容保存到寄存器 R14 中。因此，当子程序使用 Thumb 指令集，而调用者使用 ARM 指令集时，可以通过 BLX 指令实现子程序的调用和处理器工作状态的切换。同时，子程序的返回可以通过将寄存器 R14 值复制到 PC 中来完成。

指令示例：

```
BLX      R2
BLXNE    R0
BLX      thumbsub
```

(4) BX 指令

指令格式：BX{条件}　目标地址

BX 指令跳转到指令中所指定的目标地址，目标地址处的指令既可以是 ARM 指令，也可以是 Thumb 指令。

指令示例：

```
BX    R7
BXVS  R0
```

4. 移位指令

ARM 微处理器内嵌的桶型移位器(Barrel Shifter)，支持数据的各种移位操作，移位操作在 ARM 指令集中不作为单独的指令使用，它只能作为指令格式中一个字段，在汇编语言中表示为指令中的选项。例如，数据处理指令的第二个操作数为寄存器时，就可以加入移位操作选项，对它进行各种移位操作。移位操作包括 6 种类型，其中 ASL 和 LSL 是等价的，可以自由互换，如表 2-13所列。对于所有移位指令，其后的操作数可以是通用寄存器，也可以是立即数0～31。

(1) LSL(或 ASL)指令

指令格式：通用寄存器，LSL(或 ASL) 操作数

LSL(或 ASL)可完成对通用寄存器中的内容进行逻辑(或算术)的左移操作，按操作数所指定的数量向左移位，低位用零来填充。其中，操作数可以是通用寄存器，也可以是立即数 0～31。

指令示例：

```
MOV  R0,R1,LSL#2       ;将 R1 中的内容左移两位后传送到 R0 中
```

(2) LSR 指令

指令格式：通用寄存器，LSR 操作数

LSR 可完成对通用寄存器中的内容进行右移的操作，按操作数所指定的数量向右移位，左端用零来填充。其中，操作数可以是通用寄存器，也可以是立即数 0～31。

指令示例：

```
MOV   R0,R1,LSR#2              ;将 R1 中的内容右移两位后传送到 R0 中,左端用零来填充
```

(3) ASR 指令

指令格式：通用寄存器,ASR 操作数

ASR 可完成对通用寄存器中的内容进行右移的操作,按操作数所指定的数量向右移位,左端用第 31 位的值来填充,即最高位不变。其中,操作数可以是通用寄存器,也可以是立即数0～31。

指令示例：

```
MOV     R0,R1,ASR#2     ;将 R1 中的内容右移两位后传送到 R0 中,左端用第 31 位的值来填充
```

(4) ROR 指令

指令格式：通用寄存器,ROR 操作数

ROR 可完成对通用寄存器中的内容进行循环右移的操作,按操作数所指定的数量向右循环移位,左端用右端移出的位来填充。其中,操作数可以是通用寄存器,也可以是立即数 0～31。显然,当进行 32 位的循环右移操作时,通用寄存器中的值不改变。

指令示例：

```
MOV     R0,R1,ROR#2     ;将 R1 中的内容循环右移两位后传送到 R0 中
```

(5) RRX 指令

指令格式：通用寄存器,RRX 操作数

RRX 可完成对通用寄存器中的内容进行带扩展的循环右移的操作,按操作数所指定的数量向右循环移位,左端用进位标志位 C 来填充。其中,操作数可以是通用寄存器,也可以是立即数 0～31。

指令示例：

```
MOV     R0,R1,RRX#2     ;将 R1 中的内容进行带扩展的循环右移两位后传送到 R0 中
```

5. 加载/存储指令

ARM 微处理器支持加载/存储指令用于在寄存器和存储器之间传送数据,加载指令用于将存储器中的数据传送到寄存器,存储指令则完成相反的操作。常用的加载/存储指令如表 2-14 所列。

表 2-13 移位指令

指令助记符	指令功能描述
LSL	逻辑左移
ASL	算术左移
LSR	逻辑右移
ASR	算术右移
ROR	循环右移
RRX	带扩展的循环右移

表 2-14 常用的加载/存储指令

指令助记符	指令功能描述
LDR	字数据加载指令
LDRB	字节数据加载指令
LDRH	半字数据加载指令
STR	字数据存储指令
STRB	字节数据存储指令
STRH	半字数据存储指令

(1) LDR 指令

指令格式：LDR{条件} 目的寄存器，<存储器地址>

LDR 指令用于从存储器中将一个 32 位的字数据传送到目的寄存器中。该指令通常用于从存储器中读取 32 位的字数据到通用寄存器，然后对数据进行处理。

LDR 指令在程序设计中比较常用，且寻址方式灵活。寻址方式由两部分组成：一部分为一个基址寄存器，可以为任一个通用寄存器，另一部分为地址偏移量。

地址偏移量有以下 3 种格式。

① 立即数。立即数可以是一个无符号数值，可加到基址寄存器，也可以从基址寄存器中减去这个数值。

指令示例：

```
LDR    R1,[R0,#0x12]        ;R0+0x12 地址处的数据读出,保存到 R1 中,R0 的值不变
LDR    R1,[R0,#-0x12]       ;R0-0x12 地址处的数据读出,保存到 R1 中,R0 的值不变
```

② 寄存器。寄存器中的数值可加到基址寄存器中，也可以从基址寄存器减去这个数值。

指令示例：

```
LDR    R1,[R0,R2]           ;将 R0+R2 地址处的数据读出,保存到 R1 中,R0 的值不变
LDR    R1,[R0,-R2]          ;将 R0-R2 地址处的数据读出,保存到 R1 中,R0 的值不变
```

③ 寄存器及移位常数。寄存器移位后的数值可加到基址寄存器，也可以从基址寄存器中减去这个数值。

指令示例：

```
LDR    R1,[R0,R2,LSL#2]     ;将 R0+R2×4 地址处的数据读出,保存到 R1 中
LDR    R1,[R0,-R2,LSL#2]    ;将 R0-R2×4 地址处的数据读出,保存到 R1 中
```

按寻址方式的地址计算方法分，有以下 4 种形式。

① 零偏移。直接将操作数寄存器的值作为传送数据的地址，即地址偏移量为 0。

指令示例：

```
LDR    R0,[R1]              ;将存储器地址为 R1 的字数据读入寄存器 R0 中
```

② 前索引偏移。在传送数据之前，将偏移量加到操作数寄存器中，结果作为传送数据的地址。若使用后缀“!”，则结果写回到操作数寄存器中，不允许用 R15 作操作数寄存器。

指令示例：

```
LDR    R0,[R1,#8]!          ;将存储器地址为 R1+8 的字数据读入寄存器 R0 中,并将新
                            ;地址 R1+8 写入 R1 中
LDR    R0,[R1,R2]!          ;将存储器地址为 R1+R2 的字数据读入寄存器 R0 中,并将
                            ;新地址 R1+R2 写入 R1 中
```

③ 程序相对偏移。程序相对偏移是前索引形式的另一种版本，汇编器由 PC 计算偏移量，并将 PC 作为操作数寄存器生成前索引指令。不能使用后缀“!”。

指令示例：

```
LDR    R0,label             ;label 是程序标号,且必须在当前指令±4 KB 范围之内
```

④ 后索引偏移。将操作数寄存器中的值作为传送数据的地址。在传送数据之后，将偏移量加到操作数寄存器，结果写回操作数寄存器中，不允许用 R15 作操作数寄存器。

指令示例：

```
LDR    R0,[R1],R2          ;将存储器地址为 R1 的字数据读入寄存器 R0 中，并将新地
                           ;址 R1 + R2 写入 R1 中
LDR    R0,[R1],R2,LSL#2    ;将存储器地址为 R1 的字数据读入寄存器 R0 中，并将新地
                           ;址 R1 + R2×4 写入 R1 中
```

需要注意的是，大多数情况下，必须保证用于 32 位传送的地址是 32 位字对齐的。当以程序计数器 PC 作为目的寄存器时，指令从存储器中读取的字数据被当作目的地址，从而可以实现程序流程的跳转。

(2) LDRB 指令

指令格式：LDR{条件}B 目的寄存器，<存储器地址>

LDRB 指令用于从存储器中将一个 8 位字节数据传送到目的寄存器中，同时将寄存器的高 24 位清零。该指令通常用于从存储器中读取 8 位字节数据到通用寄存器中，然后对数据进行处理。当以程序计数器 PC 作为目的寄存器时，指令从存储器中读取的字节数据被当作目的地址，从而可以实现程序流程的跳转。偏移量格式、寻址方式与 LDR 指令相同。

指令示例：

```
LDRB   R0,[R1]         ;将存储器地址为 R1 的字节数据读入寄存器 R0 中，并将 R0 的高 24
                       ;位清零
LDRB   R0,[R1,#8]      ;将存储器地址为 R1 + 8 的字节数据读入寄存器 R0 中，并将 R0 的高
                       ;24 位清零
```

(3) LDRH 指令

指令格式：LDR{条件}H 目的寄存器，<存储器地址>

LDRH 指令用于从存储器中将一个 16 位半字数据传送到目的寄存器中，同时将寄存器的高 16 位清零。该指令通常用于从存储器中读取 16 位半字数据到通用寄存器，然后对数据进行处理。当程序计数器 PC 作为目的寄存器时，指令从存储器中读取的字数据被当作目的地址，从而可以实现程序流程的跳转。偏移量格式、寻址方式与 LDR 指令相同。

指令示例：

```
LDRH   R0,[R1]         ;将存储器地址为 R1 的半字数据读入寄存器 R0 中，并将 R0 的高 16
                       ;位清零
LDRH   R0,[R1,#8]      ;将存储器地址为 R1 + 8 的半字数据读入寄存器 R0 中，并将 R0 的高
                       ;16 位清零
LDRH   R0,[R1,R2]      ;将存储器地址为 R1 + R2 的半字数据读入寄存器 R0 中，并将 R0 的高
                       ;16 位清零
```

(4) STR 指令

指令格式：STR{条件} 源寄存器，<存储器地址>

STR 指令用于从源寄存器中将一个 32 位的字数据传送到存储器中。该指令在程序设计中比较常用，偏移量格式、寻址方式与 LDR 指令相同。

指令示例：

```
STR  R0,[R1],#8        ;将 R0 中的字数据写入以 R1 为地址的存储器中,并将新地址 R1+8
                       ;写入 R1 中
STR  R0,[R1,#8]        ;将 R0 中的字数据写入以 R1+8 为地址的存储器中
```

(5) STRB 指令

指令格式：STR{条件}B 源寄存器,<存储器地址>

STRB 指令用于从源寄存器中将一个 8 位字节数据传送到存储器中。该字节数据为源寄存器中的低 8 位。偏移量格式、寻址方式与 LDR 指令相同。

指令示例：

```
STRB  R0,[R1]          ;将寄存器 R0 中的字节数据写入以 R1 为地址的存储器中
STRB  R0,[R1,#8]       ;将寄存器 R0 中的字节数据写入以 R1+8 为地址的存储器中
```

(6) STRH 指令

指令格式：STR{条件}H 源寄存器,<存储器地址>

STRH 指令用于从源寄存器中将一个 16 位半字数据传送到存储器中。该半字数据为源寄存器中的低 16 位。偏移量格式、寻址方式与 LDR 指令相同。

指令示例：

```
STRH  R0,[R1]          ;将寄存器 R0 中的半字数据写入以 R1 为地址的存储器中
STRH  R0,[R1,#8]       ;将寄存器 R0 中的半字数据写入以 R1+8 为地址的存储器中
```

6. 批量数据加载/存储指令

ARM 微处理器支持批量数据加载/存储指令,可以一次在一段连续存储器单元和多个寄存器之间传送数据。批量数据加载指令用于将一段连续存储器中的数据传送到多个寄存器,批量数据存储指令则完成相反的操作。常用的批量数据加载/存储指令如表 2-15 所列。

LDM(或 STM)指令

指令格式：LDM(或 STM){条件}{类型} 基址寄存器{!},寄存器列表{^}

其中,{类型}为以下几种情况：

IA　每次传送后地址加 1;

IB　每次传送前地址加 1;

DA　每次传送后地址减 1;

DB　每次传送前地址减 1;

FD　满递减堆栈;

ED　空递减堆栈;

FA　满递增堆栈;

EA　空递增堆栈;

{!}为可选后缀,若选用该后缀,则当数据传送完毕之后,将最后的地址写入基址寄存器,否则基址寄存器的内容不改变。

基址寄存器不允许为 R15,寄存器列表可以为 R0～R15 的任意组合。

{^}为可选后缀,指令为 LDM 且寄存器列表中包含 R15,选用该后缀时,表示除了正常的数据传送之外,还将 SPSR 复制到 CPSR。同时,该后缀还表示传入或传出的是用户模式下的寄存器,而不是当前模式下的寄存器。

LDM(或 STM)指令用于从由基址寄存器所指示的一片连续存储器到寄存器列表所指示的多个寄存器之间传送数据,该指令的常见用途是将多个寄存器的内容入栈或出栈。

指令示例:

```
STMFD  R13!,{R0,R4-R12,LR}        ;将寄存器列表中的寄存器(R0,R4 到 R12,LR)存入堆栈
LDMFD  R13!,{R0,R4-R12,PC}        ;将堆栈内容恢复到寄存器(R0,R4 到 R12,LR)
```

7. 数据交换指令

ARM 微处理器所支持的数据交换指令,能在存储器和寄存器之间交换数据。数据交换指令有两条,如表 2-16 所列。

表 2-15　常用的批量数据加载/存储指令

指令助记符	指令功能描述
LDM	批量数据加载指令
STM	批量数据存储指令

表 2-16　数据交换指令

指令助记符	指令功能描述
SWP	字数据交换指令
SWPB	字节数据交换指令

(1) SWP 指令

指令格式:SWP{条件} 目的寄存器,源寄存器 1,[源寄存器 2]

SWP 指令用于进行字数据交换,将源寄存器 2 所指向的存储器中的字数据传送到目的寄存器中,同时将源寄存器 1 中的字数据传送到源寄存器 2 所指向的存储器中。显然,当源寄存器 1 和目的寄存器为同一个寄存器时,指令交换该寄存器和存储器的内容。

指令示例:

```
SWP   R0,R1,[R2]            ;将 R2 所指向的存储器中的字数据传送到 R0,同时将 R1 中的字数据
                            ;传送到 R2 所指向的存储单元
SWP   R0,R0,[R1]            ;该指令完成将 R1 所指向的存储器中的字数据与 R0 中的字数据交换
```

(2) SWPB 指令

指令格式:SWP{条件}B 目的寄存器,源寄存器 1,[源寄存器 2]

SWPB 指令用于进行字节数据交换,将源寄存器 2 所指向的存储器中的字节数据传送到目的寄存器中,目的寄存器的高 24 清零,同时将源寄存器 1 中的字节数据传送到源寄存器 2 所指向的存储器中。显然,当源寄存器 1 和目的寄存器为同一个寄存器时,指令交换该寄存器和存储器的内容。

指令示例:

```
SWPB   R0,R1,[R2]           ;将 R2 所指向的存储器中的字节数据传送到 R0,R0 的高 24 位清零
                            ;同时将 R1 中的低 8 位数据传送到 R2 所指向的存储单元
SWPB   R0,R0,[R1]           ;该指令完成将 R1 所指向的存储器中的字节数据与 R0 中的低
                            ;8 位数据交换
```

8. 协处理器指令

ARM 微处理器可支持多达 16 个协处理器,用于各种协处理操作。在程序执行的过程中,每个协处理器只执行针对自身的协处理指令,忽略 ARM 处理器和其他协处理器的指令。ARM 的协处理器指令主要用于 ARM 处理器初始化和 ARM 协处理器的数据处理操作,在 ARM 处理器的寄存器和协处理器的寄存器之间传送数据,以及在 ARM 协处理器的寄存器和存储器之间

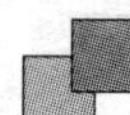

传送数据。ARM 协处理器指令如表 2-17 所列。

表 2-17 协处理指令

指令助记符	指令功能描述
CDP	协处理器数据操作指令
LDC	协处理器数据加载指令
STC	协处理器数据存储指令
MCR	ARM 处理器寄存器到协处理器寄存器的数据传送指令
MRC	协处理器寄存器到 ARM 处理器寄存器的数据传送指令

(1) CDP 指令

指令格式：CDP{条件} 协处理器编码，协处理器操作码 1，目的寄存器，源寄存器 1，源寄存器 2，协处理器操作码 2

CDP 指令用于 ARM 处理器通知 ARM 协处理器执行特定的操作。若协处理器不能成功完成特定的操作，则产生未定义指令异常。其中协处理器操作码 1 和协处理器操作码 2 为协处理器将要执行的操作，目的寄存器和源寄存器均为协处理器的寄存器，指令不涉及 ARM 处理器的寄存器和存储器。

指令示例：

```
CDP    P3,2,C12,C10,C3,4     ;该指令完成协处理器 P3 的初始化
```

(2) LDC 指令

指令格式：LDC{条件}{L} 协处理器编码，目的寄存器，[源寄存器]

LDC 指令用于将源寄存器所指向的存储器中的字数据传送到目的寄存器中。若协处理器不能成功完成传送操作，则产生未定义指令异常。其中，{L}选项表示指令为长读取操作，如用于双精度数据的传输。

指令示例：

```
LDC   P3,C4,[R0]             ;将 ARM 处理器的寄存器 R0 所指向的存储器中的字数据传送到协
                             ;处理器 P3 的寄存器 C4 中
```

(3) STC 指令

指令格式：STC{条件}{L} 协处理器编码，源寄存器，[目的寄存器]

STC 指令用于将源寄存器中的字数据传送到目的寄存器所指向的存储器中。若协处理器不能成功完成传送操作，则产生未定义指令异常。其中，{L}选项表示指令为长读取操作，如用于双精度数据的传输。

指令示例：

```
STC   P3,C4,[R0]             ;将协处理器 P3 的寄存器 C4 中的字数据传送到 ARM 处理器的寄存器
                             ;R0 所指向的存储器中
```

(4) MCR 指令

指令格式：MCR{条件} 协处理器编码，协处理器操作码 1，源寄存器，目的寄存器 1，目的寄存器 2，协处理器操作码 2

MCR 指令用于将 ARM 处理器寄存器中的数据传送到协处理器寄存器中。若协处理器不能成功完成操作，则产生未定义指令异常。其中协处理器操作码 1 和协处理器操作码 2 为协处理器将要执行的操作，源寄存器为 ARM 处理器的寄存器，目的寄存器 1 和目的寄存器 2 均为协处理器的寄存器。

指令示例：

```
MCR   P3,3,R0,C4,C5,6          ;该指令将 ARM 处理器寄存器 R0 中的数据传送到协处理器
                               ;P3 的寄存器 C4 和 C5 中
```

(5) MRC 指令

指令格式：MRC{条件} 协处理器编码，协处理器操作码 1，目的寄存器，源寄存器 1，源寄存器 2，协处理器操作码 2

MRC 指令用于将协处理器寄存器中的数据传送到 ARM 处理器寄存器中。若协处理器不能成功完成操作，则产生未定义指令异常。其中协处理器操作码 1 和协处理器操作码 2 为协处理器将要执行的操作，目的寄存器为 ARM 处理器的寄存器，源寄存器 1 和源寄存器 2 均为协处理器的寄存器。

指令示例：

```
MRC   P3,3,R0,C4,C5,6          ;该指令将协处理器 P3 的寄存器中的数据传送到 ARM 处理器寄存器中
```

9. 异常指令

ARM 微处理器所支持的异常指令如表 2-18 所列。

(1) SWI 指令

指令格式：SWI{条件} 24 位的立即数

SWI 指令用于产生软件中断，以便用户程序能调用操作系统的系统例程。操作系统在 SWI 的异常处理程序中提供相应的系统服务，指令中 24 位的立即数指定用户程序调用系统例程的类型，相关参数通过通用寄存器传递。当指令中 24 位的立即数被忽略时，用户程序调用系统例程的类型，由通用寄存器 R0 的内容决定，同时，参数通过其他通用寄存器传递。

指令示例：

```
SWI   0x02                     ;该指令调用操作系统编号为 02 的系统例程
```

(2) BKPT 指令

指令格式：BKPT　16 位的立即数

BKPT 指令产生软件断点中断，可用于程序的调试。

10. 程序状态寄存器访问指令

ARM 微处理器支持程序状态寄存器访问指令，用于在程序状态寄存器和通用寄存器之间传送数据，程序状态寄存器访问指令如表 2-19 所列。

表 2-18　异常指令

指令助记符	指令功能描述
SWI	软件中断指令
BKPT	软件断点中断指令

表 2-19　程序状态寄存器访问指令

指令助记符	指令功能描述
MRS	程序状态寄存器到通用寄存器的数据传送指令
MSR	通用寄存器到程序状态寄存器的数据传送指令

(1) MRS 指令

指令格式：MRS{条件}　通用寄存器,程序状态寄存器(CPSR 或 SPSR)

MRS 指令用于将程序状态寄存器的内容传送到通用寄存器中。该指令一般用在以下两种情况。

① 当需要改变程序状态寄存器的内容时,可用 MRS 将程序状态寄存器的内容读入通用寄存器,修改后再写回程序状态寄存器。

② 当在异常处理或进程切换时,需要保存程序状态寄存器的值,可先用该指令读出程序状态寄存器的值,然后保存。

指令示例：

```
MRS  R0,CPSR           ;传送 CPSR 的内容到 R0
MRS  R0,SPSR           ;传送 SPSR 的内容到 R0
```

(2) MSR 指令

指令格式：MSR{条件}　程序状态寄存器(CPSR 或 SPSR)_<域>,操作数

MSR 指令用于将操作数的内容传送到程序状态寄存器的特定域中。其中,操作数可以为通用寄存器或立即数。<域>用于设置程序状态寄存器中需要操作的位,32 位的程序状态寄存器可分为 4 个域：

- 位[31:24]为条件标志位域,用 f 表示；
- 位[23:16]为状态位域,用 s 表示；
- 位[15:8]为扩展位域,用 x 表示；
- 位[7:0]为控制位域,用 c 表示。

该指令通常用于恢复或改变程序状态寄存器的内容,在使用时,一般要在 MSR 指令中指明将要操作的域。

指令示例：

```
MSR  CPSR,R0           ;传送 R0 的内容到 CPSR
MSR  SPSR,R0           ;传送 R0 的内容到 SPSR
MSR  CPSR_c,R0         ;传送 R0 的内容到 SPSR,但仅仅修改 CPSR 中的控制位域
```

2.3.4　ARM 伪指令

ARM 伪指令不是 ARM 指令集中的指令,而是编译器设置的一种为方便编程的"假"指令。伪指令可以像其他 ARM 指令一样使用,但在编译时这些指令将被等效的 ARM 指令所取代。

1. ADR—小范围地址读取

ADR 伪指令将基于 PC 相对偏移的地址值或基于寄存器相对偏移的地址值读取到寄存器中。

指令格式：ADR{条件} reg,expr

其中：reg 为加载的目的寄存器。

expr 为程序相对偏移或寄存器相对偏移表达式,非字对齐时取值范围为－255～255 字节。字对齐时取值范围为－1 020～1 020 字节。

用法：

ADR 始终汇编为 1 条指令，汇编器用 1 条 ADD 指令或 SUB 指令来实现伪指令 ADR 的功能。若不能用 1 条指令实现，则产生错误，汇编失败。因为地址是程序相对偏移或寄存器相对偏移，ADR 产生与位置无关的代码。

指令示例：

```
start: MOV R0,#10
       ADR R4,start            ;=> SUB R4,PC,#0x0C
```

2. ADRL—中等范围地址读取

ADRL 伪指令将基于 PC 相对偏移的地址值或基于寄存器相对偏移的地址值读取到寄存器中。

指令格式：ADRL{条件} reg,expr

其中：reg 为加载的目的寄存器。

expr 为程序相对偏移或寄存器相对偏移表达式，非字对齐地址时取值范围为 64 KB，字对齐地址时取值范围为 256 KB。

用法：

ADRL 始终汇编为 2 条指令，即使地址可放入 1 条指令，也会产生第 2 条冗余指令。若汇编器不能将地址放入 2 条指令，则产生错误，汇编失败。若 expr 是程序相对偏移，则必须取值为与 ADRL 伪指令在统一代码区域的地址，否则链接后可能超出范围。

指令示例：

```
        ADRL r1,my_data + 0x2345   ;=> ADD r1,pc,#0x45
                                   ;=> ADD r1,r1,#0x2300
        DATA
my_data: DC32 0
```

3. LDR—大范围地址读取

LDR 伪指令将 32 位常量或一个地址加载到指定寄存器中。

指令格式：

LDR{条件}　reg,=expr/label_expr

其中：reg 为加载的目的寄存器。

expr 为 32 位立即数。

label_expr 为基于 PC 的地址表达式或外部表达式。

用法：

LDR 伪指令用于两个主要目的。

① 当立即数超出 MOV 和 MVN 指令范围而不能加载到寄存器中时，产生文字常量。

② 将程序相对偏移或外部地址加载到寄存器中。地址保持有效，而与链接器将包含 LDR 的代码区域放到何处无关。

指令示例：

```
LDR  R0,=0x12345               ;加载 32 位立即数 0x12345
LDR  R0,=DATA_BUF + 60         ;加载 DATA_BUF 地址 + 60
```

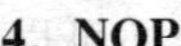

4. NOP

NOP 是空操作伪指令。

指令格式：

```
NOP
```

用法：

NOP 伪指令在汇编时将会被替换为 ARM 指令中的空操作，例如可能是 MOV R0,R0 指令等。另外 NOP 指令还可以用于软件延时。

2.4 Thumb 指令集

为兼容数据总线宽度为 16 位的应用系统，ARM 体系结构除了支持执行效率很高的 32 位 ARM 指令集以外，同时支持 16 位的 Thumb 指令集。Thumb 指令集是 ARM 指令集的一个子集，允许指令编码为 16 位的长度。与等价的 32 位代码相比较，Thumb 指令集在保留 32 位代码优势的同时，大大地节省了系统的存储空间。

Thumb 指令都有对应的 ARM 指令，而且 Thumb 的编程模型也对应于 ARM 的编程模型。在应用程序的编写过程中，只要遵循一定调用的规则，Thumb 子程序和 ARM 子程序就可以互相调用。

当处理器在执行 ARM 程序段时，称 ARM 处理器处于 ARM 工作状态；当处理器在执行 Thumb 程序段时，称 ARM 处理器处于 Thumb 工作状态。

与 ARM 指令集相比较，Thumb 指令集中的数据处理指令的操作数仍然是 32 位，指令地址也为 32 位，但 Thumb 指令集为实现 16 位的指令长度，舍弃了 ARM 指令集的一些特性，如大多数 Thumb 指令是无条件执行的，而几乎所有 ARM 指令都是有条件执行的；大多数 Thumb 数据处理指令的目的寄存器与其中一个源寄存器相同。

由于 Thumb 指令的长度为 16 位，即只用 ARM 指令一半的位数来实现同样的功能，所以，要实现特定的程序功能，所需 Thumb 指令的条数较 ARM 指令多。

Thumb 指令与 ARM 指令的区别一般有以下几点。

1. 分支指令

Thumb 分支指令用于程序相对转移，特别是条件跳转时与 ARM 指令相比，在跳转范围上有更多的限制，转向子程序只具有无条件的转移。

2. 数据处理指令

数据处理指令是对通用寄存器的操作。在许多情况下，Thumb 指令操作的结果，必须放入其中一个操作数寄存器中，而不是第 3 个寄存器中。数据处理操作比 ARM 状态的更少。访问寄存器 R8～R15 受到一定限制。除了 MOV 和 ADD 指令访问 R8 和 R15 之外，其他数据指令总是更新 CPSR 中的 ALU 状态标志。访问寄存器 R8～R15 的 Thumb 数据处理指令不能更新标志。

3. 单寄存器加载和存储指令

在 Thumb 状态下，这些指令只能访问寄存器 R0～R7。

4. 多寄存器加载和存储指令

LDM 和 STM 指令可以将任何范围为 R0～R7 的寄存器子集加载或存储。PUSH 和 POP

指令使用堆栈指针 R13 作为基址实现满递减堆栈。除了 R0～R7 之外，PUSH 指令还可以用于存储链接寄存器 R14，并且 POP 指令可用于加载 PC。

一般情况下，Thumb 指令与 ARM 指令的时间效率和空间效率关系为：

- Thumb 代码所需的存储空间约为 ARM 代码的 60%～70%；
- Thumb 代码使用的指令条数比 ARM 代码多约 30%～40%；
- 若使用 32 位的存储器，ARM 代码比 Thumb 代码快约 40%；
- 若使用 16 位的存储器，Thumb 代码比 ARM 代码快约 40%～50%；
- 与 ARM 代码相比，使用 Thumb 代码，存储器的功耗会降低约 30%。

显然，ARM 指令集与 Thumb 指令集各有优点，若对系统的性能要求较高，则应采用 32 位的存储器系统和 ARM 指令集；若对系统的成本及功耗要求较高，则应采用 16 位的存储器系统和 Thumb 指令集。当然，若两者结合使用，充分发挥各自的优点，将会取得更好的效果。

2.5 ARM 汇编语言程序设计

IAR 公司推出的 ARM 汇编器支持 ARM 汇编语言程序设计，与 IAR C 编译器结合可以支持与 C/C++语言的混合编程。本节介绍 ARM 汇编语言程序设计的一些基本概念，以及 C/C++与汇编语言的混合编程问题。

2.5.1 ARM 汇编语言程序规范

在 ARM 汇编语言程序中，以程序段为单位组织代码。段是相对独立的指令或数据序列，具有特定的名称。段可以分为代码段和数据段，代码段的内容为执行代码，数据段存放代码运行时需要用到的数据。一个汇编程序至少应该有一个代码段，当程序较长时，可以分割为多个代码段和数据段，多个段在程序编译、链接时最终形成一个可执行的映像文件。

可执行映像文件通常由以下几部分构成：

- 一个或多个代码段，代码段的属性为只读。
- 零个或多个包含初始化数据的数据段，数据段的属性为可读/写。
- 零个或多个不包含初始化数据的数据段，数据段的属性为可读/写。

链接器根据系统默认或用户设定的规则，将各个段安排在存储器中的相应位置。因此源程序中段之间的相对位置与可执行的映像文件中段的相对位置可能不会相同。例 2-1 是一个汇编语言源程序的简单例子。

【例 2-1】 简单的 ARM 汇编程序。

```
    NAME ASM_EXAMPLE                    ;定义一个名为 ASM_EXAMPLE 的程序模块
    PUBLIC __iar_program_start          ;定义默认程序入口符号
    SECTION `.text`:CODE:NOROOT(2)      ;定义代码段
    CODE32                              ;执行 32 位 ARM 指令
  __iar_program_start:                  ;默认程序入口
main: LDR     R0, = 0x3FF5000           ;将 32 位立即数 0x3FF5000 加载到寄存器 R0 中
      LDR     R1, = 0xFF                ;将立即数 0xFF 加载到寄存器 R1 中
      STR     R1,[R0]                   ;将 R1 中的数据存储到由 R0 内容指向的存储器地址
      MOV     R0, #0x10                 ;将立即数 0x10 传送给寄存器 R0 中
```

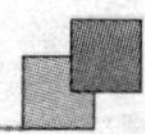

```
        MOV     R1,#0x03                ;将立即数 0x03 传送给寄存器 R1
        ADD     R0,R0,R1                ;将 R0 与 R1 的内容相加后传送给寄存器 R0
exit:   B exit                          ;跳转到本指令自身,程序停止运行
        END                             ;程序结束
```

1. 汇编语句格式

ARM 汇编程序中每一行的通用格式如下:

[标号[:]] 指令 操作数 [;注释]

其中,方括号为可选项,一条语句可以带标号。标号顶格书写时后面可不用冒号,非顶格书写时则后面必须用冒号。汇编器对标号字符是大小写敏感的。如果在标号名前面加1个问号"?"前缀,表示该标号为外部标号,且仅能通过汇编语言访问。如果在标号名前面加2个下划线"__"前缀,表示该标号为外部标号,能用C语言和汇编语言访问。没有前缀的标号为局部标号,仅能在本模块内访问。

指令可以是 ARM 处理器指令,也可以是汇编伪指令,程序中指令不能顶格书写。

操作数可以为单、双或三操作数形式,多操作数之间用逗号","隔开。

注释为可选项,注释必须以分号";"开始。

IAR 汇编器规定汇编语言程序文件的默认扩展名为".s",也可以用".asm"或".msa"作为扩展名。

2. 符　号

在汇编语言程序设计中,经常使用各种符号代替地址、变量和常量等,以增加程序的可读性。当符号代表地址时又称为标号。尽管符号的命名由编程者决定,但并不是任意的,必须遵循以下约定:

- 符号由大小写字母、数字以及下划线组成,符号不能用数字开头。
- 符号区分大小写,同名的大、小写符号会被认为是两个不同的符号。
- 符号在其作用范围内必须唯一。
- 自定义的符号名不能与系统的保留字相同。
- 符号名不应与指令助记符或伪指令同名。
- IAR 汇编器内部预定义符号以双下划线开头和结尾,如__IAR_SYSTEMS_ASM__。

3. 常　量

(1) 数字常量

数字常量有4种表示形式:

- 十进制数,如123,-456等;
- 十六进制数,如0x123,0FFFFH等;
- 八进制数,如1234q等;
- 二进制数,如1010b等。

(2) 字符和字符串常量

字符常量用一对单引号及中间的字符表示,字符串常量用一对双引号及中间的字符串表示,标准C语言中的转义字符也可以使用,如'A','B',"Hello"等。

(3) 布尔常量

布尔常量有TRUE和FALSE,分别表示非0值和0值。

2.5.2 IAR 汇编器支持的伪指令

在 ARM 汇编语言程序里，有一些特殊指令助记符。这些助记符与指令系统的助记符不同，没有相对应的操作码，通常称这些特殊指令助记符为伪指令。它们所完成的操作称为伪操作。伪指令在源程序中的作用是为完成汇编程序做各种准备工作的，它们仅在汇编过程中起作用，一旦汇编结束，伪指令的使命就完成了。

需要注意的是，除了前面介绍过的 ARM 伪指令外，还有其他一些依赖于汇编器的伪指令。不同汇编器所支持伪指令有所不同，下面介绍 IAR 汇编器支持的伪指令。

1. 模块控制伪指令

模块控制伪指令用于标记程序模块的起始与终止、指定模块名，以及设置模块属性。

(1) AAPCS

语法格式：AAPCS [INTERWORK [VFP] [⋯]]

AAPCS 伪指令用于设置模块属性，告知链接器模块中所有导出函数都将遵从 AEABI 依从性标准中的 ARM 体系结构过程调用标准。汇编器不会自动检验这种 AEABI 依从性，需要用户进行检验。

(2) END

语法格式：END

END 伪指令用于结束程序模块或整个汇编语言程序文件，一个汇编语言程序最后必须使用 END 伪指令，通知汇编器已经到了源程序结尾，结束汇编。

(3) NAME，PROGRAM，MODULE

语法格式：NAME 模块名

PROGRAM 模块名

NAME，PROGRAM 和 MODULE 伪指令用于定义一个程序模块。程序模块类似于 C 语言中的函数，是程序中相对独立的一个部分，它即使没有被调用，也会被链接器无条件地链接。

使用示例：

```
Name Main              ;定义程序模块
……
END                    ;结束
```

(4) PRESERVE8，REQUIRE8

PRESERVE8 和 REQUIRE8 伪指令用于设置模块属性，告知链接器模块中所有导出的函数都将遵从 AEABI 依从性标准。如果模块保存 8 字节对齐堆栈，则使用 PRESERVE8；如果模块希望 8 字节对齐堆栈，则使用 REQUIRE8。汇编器不会自动检验这种 AEABI 依从性，需要用户进行检验。

(5) RTMODEL

语法格式：RTMODEL 关键字字符串，值字符串

RTMODEL 伪指令用于声明模块的运行模式属性，以强制模块之间的一致性。所有被链接在一起的模块，其关键字必须具有相同值，或者其值为星号“*”。一个模块可能具有集中运行模式属性。

使用示例：

```
MODULE MOD_1                    ;模块 MOD_1 不能与模块 MOD_2 链接
    RTMODEL "foo","1"           ;因为运行模式"foo"的值不同
    RTMODEL "bar","XXX"         ;但可与模块 MOD_3 链接,因为运行模式"far"的值相同
    ……
END                             ;结束

MODULE MOD_2                    ;模块 MOD_2 可与模块 MOD_3 链接
    RTMODEL "foo","2"
    RTMODEL "bar","*"           ;运行模式"far"的值采用了"*",可与任何模块链接
    ……
END                             ;结束

MODULE MOD_3                    ;模块 MOD_3 既可与模块 MOD_2 链接,也可与模块 MOD_1 链接
    RTMODEL "bar","XXX"
    ……
END                             ;结束
```

2. 符号控制伪指令

符号控制伪指令用于定义模块之间的符号共享属性。

(1) EXTERN,EXTRN,IMPORT

语法格式：EXTERN 符号 [,符号] ……

EXTRN 符号 [,符号] ……

IMPORT 符号 [,符号] ……

EXTERN,EXTRN 和 IMPORT 伪指令用于通知汇编器要使用的标号在其他源文件中定义,但要在当前源文件中引用。

使用示例：

```
Name   Start                    ;程序模块 Start
EXTERN Main                     ;通知汇编器 Main 符号在其他源文件中定义
……
BL     Main                     ;在本模块中引用 Main 符号
END                             ;结束
```

(2) EXTWEAK

语法格式：EXTWEAK 符号 [,符号] ……

EXTWEAK 伪指令用于程序中导入一个外部符号,该符号可能未定义。

(3) OVERLAY

OVERLAY 伪指令用于识别符号,但该符号被忽略。

(4) PUBLIC,PUBWEAK

语法格式：PUBLIC 符号 [,符号] ……

PUBLIC 和 PUBWEAK 伪指令用于在程序中声明全局符号,该符号可在其他文件中引用。PUBWEAK 伪指令允许对同一个符号进行多次定义。如果一个包含由 PUBLIC 定义了符号的模块与其他包含由 PUBWEAK 定义了相同符号的模块链接,ILINK 链接器将采用 PUBLIC 定义的符号。

一个存储器段不能同时包含 PUBLIC 和 PUBWEAK 符号。

使用示例：

```
Name   Start                            ;程序模块 Start
PUBLIC   test                           ;声明一个全局符号 test
……
END                                     ;结束
```

(5) REQUIRE

语法格式：REQUIRE 符号

REQUIRE 伪指令用于将一个符号标记为已经被引用。

3. 模式控制伪指令

模式控制伪指令用于通知汇编器源，源程序中的指令是 32 位 ARM 模式还是 16 位 Thumb 模式，以及定义数据区。

(1) ARM,CODE32

ARM 和 CODE32 伪指令用于告诉汇编器，其后的指令为 32 位的 ARM 指令。

(2) THUMB,CODE16

THUMB 和 CODE16 伪指令用于告诉汇编器，其后的指令为 16 位的 THUMB 指令。

在使用 ARM 指令和 Thumb 指令混合编程的代码里，可用 ARM/CODE32 伪指令和 THUMB/CODE16 伪指令进行切换，但注意它们只通知汇编器其后指令的类型，并不能对处理器进行状态切换。

使用示例：

```
    MODULE example                      ;模块名
    SECTION MYCODE : CODE (2)
    THUMB                               ;通知汇编器其后的指令为 16 位 THUMB 指令
thumbEntryToFunction                    ;THUMB 函数入口
    BX PC                               ;转到 ARM 函数，改变指令执行模式
    NOP                                 ;该指令仅用于字节对齐
    ARM                                 ;通知汇编器其后的指令为 32 位 ARM 指令
armEntryToFunction                      ;ARM 函数入口
    …
END                                     ;结束
```

(3) DATA

DATA 伪指令用于在代码段内定义一个数据区。

使用示例：

```
    MODULE example                      ;模块名
    SECTION MYCODE : CODE (2)
    CODE16                              ;通知汇编器其后的指令为 16 位 THUMB 指令
my_code_label1
    ldr r0,my_data_label1
my_code_label2
    nop
```

```
    DATA                                      ;定义数据区
my_data_label1
    DC32 0x12345678
my_data_label2
    DC32 0x12345678
END                                           ;结束
```

4. 段定义伪指令

段定义伪指令用于定义程序中不同的段,并设定起始地址和对齐方式。

(1) ALIGNRAM,ALIGNROM

语法格式:ALIGNRAM 对齐

ALIGNROM 对齐[,填充值]

ALIGNRAM / ALIGNROM 伪指令用于设定数据/代码存储器地址边界的对齐方式,“对齐”是一个值为 2~30 的常数,并按 $2^{2\sim30}$ 设定对齐地址。ALIGNRAM 伪指令以数据增量方式对齐,ALIGNROM 伪指令以填充 0 字节方式对齐。

使用示例:

```
    NAME align
    SECTION MYDATA : DATA (6)        ;定义一个名为 MYDATA 的数据段,并以 64 字节边界对齐
    DATA
target1
    DS16 1                           ;2 字节数据
    ALIGNRAM 6                       ;以 64 字节边界对齐
Results
    DS8 64                           ;创建一个 64 字节的表格
target2
    DS16 1                           ;2 字节数据
    ALIGNRAM 3                       ;以 8 字节边界对齐
ages
    DS8 64                           ;创建另一个 64 字节的表格
    …
    END                              ;结束
```

(2) EVEN,ODD

语法格式:EVEN [填充值]

ODD [填充值]

EVEN 伪指令用于将程序计数器 PC 以偶数地址对齐,ODD 伪指令用于将程序计数器 PC 以奇数地址对齐。

(3) RSEG,SECTION

语法格式:RSEG 段名,[:存储器类型][(NO)ROOT|(NO)REORDER][(对齐)]

SECTION 段名,[:存储器类型][(NO)ROOT|(NO)REORDER][(对齐)]

RSEG 和 SECTION 伪指令用于定义一个新的存储器段,汇编器对所有段的起始地址分别初始化为 0,从而可以在任何时候进行段和模式切换,而不需要保存当前程序计数器 PC 的值。

使用示例:

```
        EXTERN subrtn,divrtn               ;定义外部符号
        SECTION MYDATA : DATA (2)          ;定义一个名为 MYDATA 的数据段
        DATA
functable:
f1:     DC32 subrtn
        DC32 divrtn
        SECTION MYCODE : CODE (2)          ;定义一个名为 MYCODE 的代码段
        CODE32
main:
        LDR R0, = f1                       ;获得外部符号地址
        LDR PC,[R0]                        ;跳转
        END                                ;结束
```

(4) SECTION_TYPE

语法格式：SECTION_TYPE 段类型{段标志}

SECTION_TYPE 伪指令用于设置新创见存储器段的 ELF 类型以及 ELF 标志，默认标志值为零。

5. 赋值伪指令

赋值伪指令用于为程序模块中的符号赋值。

(1) =,ALIAS,EQU

语法格式：标号＝表达式
　　　　　标号 ALIAS 表达式
　　　　　标号 EQU 表达式

伪指令 EQU 和＝可用于为程序模块中的常量、标号等赋值。用 EQU 定义的局部符号仅在其所在的模块内有效。采用 PUBLIC 伪指令声明其属性，可使之能被其他模块引用。引用其他模块内符号时，必须采用 EXTERN 伪指令声明其属性。

使用示例：

```
Test   EQU   50                       ;定义标号 Test 的值为 50
```

(2) ASSIGN,SET,SETA,VAR

语法格式：标号 ASSIGN 表达式
　　　　　标号 SET 表达式
　　　　　标号 SETA 表达式
　　　　　标号 VAR 表达式

伪指令 ASSIGN,SET,SETA,VAR 用于定义变量符号，采用 VAR 定义的符号不能用 PUBLIC 声明其属性。

使用示例：

```
cons   SET 1                          ;定义标号 cons 的值为 1
            ……
cons   SET cons * 3                   ;重新定义标号 cons 的值
```

(3) DEFINE

语法格式：标号 DEFINE 表达式

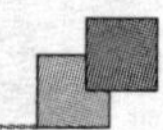

伪指令 DEFINE 用于定义在整个程序文件内都有效的全局符号，该符号可以被文件内所有程序模块引用，但不能在同一文件内重新定义。

使用示例：

```
DAT DEFINE 1                        ;定义标号 DAT 的值为 5
```

6. 条件汇编伪指令

条件汇编伪指令用于控制是否对源程序指令进行汇编生成目标代码。

(1) IF，ELSE，ELSEIF，ENDIF

语法格式：IF　　条件表达式

　　　　　　　　指令序列 1

　　　　　ELSE

　　　　　　　　指令序列 2

　　　　　ENDIF

条件汇编伪指令能根据设定条件的成立与否决定是否对指令序列进行汇编生成目标代码。若 IF 后面的逻辑表达式为真，则对指令序列 1 汇编生成目标代码，否则对指令序列 2 汇编生成目标代码。其中还可以用 ELSEIF 伪指令设定新条件。

使用示例：

```
DEFINE     Test                     ;定义一个全局变量 Test
……
IF         Test = TRUE
  指令序列 1
ELSE
  指令序列 2
ENDIF
```

7. 宏处理伪指令

宏处理伪指令可以将一段代码定义为一个整体，称为宏指令。

(1) MACRO，ENDM

语法格式：宏名 MACRO［，参数］［，参数］……

　　　　　　　指令序列

　　　　　　　ENDM

伪指令 MACRO 用于定义一个宏，伪指令 ENDM 用于结束宏定义。引用宏时必须使用定义的宏名，并可向宏中传递参数。

使用示例：

```
           EXTERN abort
errmac MACRO text
           BL abort
           DATA
           DC8 text,0
           ENDM
```

包含在 MACRO 和 ENDM 之间的指令序列称为宏定义体，在宏定义体的第一行应声明宏的原型(包含宏名、所需的参数),然后就可以在汇编程序中通过宏名来调用该指令序列。源程序被编译时,汇编器将宏调用展开,用宏定义中的指令序列代替程序中的宏调用,并将实际参数的值传递给宏定义中的形式参数。

(2) REPT,ENDR

语法格式:REPT 表达式

指令序列

ENDR

伪指令 REPT 用于指示汇编器将指定的指令序列进行重复汇编,伪指令 ENDR 指示汇编器重复汇编结束。重复次数由表达式的值确定。如果表达式的值为 0,则不进行任何操作。

(3) REPTC,ENDR

语法格式:REPTC 符号,替换字符串

……

ENDR

伪指令 REPTC 用于在宏展开时用替换字符串中的单个字符逐次替换符号。

使用示例:

```
banner REPTC chr,"Read"
        MOV R0,#'chr' ;Pass char in R0 as parameter
        BL plotc
        ENDR
```

宏展开后成为:

```
        MOV R0,#'R'
        BL plotc
        MOV R0,#'e'
        BL plotc
        MOV R0,#'a'
        BL plotc
        MOV R0,#'d'
        BL plotc
```

(4) REPTI,ENDR

语法格式:REPTI 符号,替换字符串 [,替换字符串] ……

……

ENDR

伪指令 REPTI 用于在宏展开时用整个替换字符串替换符号。

使用示例:

```
REPTI a,base,count,init
        LDR R1, = a
        STRB R0,[R1,#0]
        ENDR
```

宏展开后成为:

```
LDR R1, = base
STRB R0,[R1,#0]
LDR R1, = count
STRB R0,[R1,#0]
LDR R1, = init
STRB R0,[R1,#0]
```

8. 数据定义伪指令

数据定义伪指令用于定义临时值或保留存储器空间。

(1) DC8,DCB

语法格式:标号 DC8 表达式

标号 DCB 表达式

DC8 和 DCB 伪指令用于分配一片连续 8 位字节存储单元,并用伪指令中指定的表达式初始化。

使用示例:

```
Str  DCB"This is a test!"          ;分配一片连续的8位字节存储单元并初始化
```

(2) DC16,DCW

语法格式:标号 DC16 表达式

标号 DCW 表达式

DC16 和 DCW 伪指令用于分配一片连续 16 位半字存储单元,并用伪指令中指定的表达式初始化。

使用示例:

```
DataTest    DCW    1,2,3          ;分配一片连续16位半字存储单元并初始化
```

(3) DC32,DCD

语法格式:标号 DC32 表达式

标号 DCD 表达式

DC32 和 DCD 伪指令用于分配一片连续 32 位字存储单元,并用伪指令中指定的表达式初始化。

使用示例:

```
DataTest    DCD    4,5,6          ;分配一片连续32位字存储单元并初始化
```

(4) DF32,DF64

语法格式:标号 DF32 表达式

标号 DF64 表达式

DF32 和 DF64 伪指令分别用于为单精度和双精度浮点数分配一片连续的字存储单元,并用伪指令中指定的表达式初始化。每个单精度的浮点数占据一个字单元,每个双精度的浮点数占据两个字单元。

使用示例:

```
FDataTest    DF64    2E115,-5E7  ;分配一片连续的字存储单元并初始化为指定的双精度浮点数
```

(5) DS8,DS16,DS24,DS32

语法格式：标号 DS8 表达式

标号 DS16 表达式

标号 DS24 表达式

标号 DS32 表达式

DS8,DS16,DS24,DS32 伪指令分别用于保留 8 位字节,16 位半字,24 位字,32 位字的存储器空间。

使用示例：

```
Dataspace  DS8     100          ;保留 100 个 8 位字节存储器空间
```

9. 汇编控制伪指令

汇编控制伪指令用于控制汇编器的操作。

(1) $,INCLUDE

语法格式：$ 文件名

INCLUDE 文件名

$和 INCLUDE 伪指令用于在当前源文件中将另一个源文件包含进来。

使用示例：

```
$ mymacros.s                    ;在当前源文件中包含另一个源文件 mymacros.s
```

(2) CASEOFF,CASEON

CASEOFF 和 CASEON 伪指令分别用于禁止和允许大小写字符敏感。当使用了 CASEOFF 伪指令时,所有符号将以大写字母保存,例如 label 和 LABEL 将视为相同。

使用示例：

```
        CASEOFF
label:  NOP
        BL  LABEL
LABEL:  NOP                     ;错误,LABEL 已经被定义
        END
```

(3) LTORG

在使用 ARM 伪指令 LDR 加载地址数据时,要在适当的位置加入 LTORG 声明一个数据区,把要加载的数据保存在数据区内,再用 LDR 指令读出数据。LTORG 伪指令通常放在无条件分支或子程序返回指令后面,这样处理器不会错误地将数据区中的数据当作指令执行。

(4) RADIX

RADIX 伪指令用于在程序中声明当前使用的数制形式。

使用示例：

```
CODE32
RADIX 16D                       ;声明当前使用十六进制数
MOV R0,#12                      ;此处立即数为 12H
END
```

10. C 语言风格预处理伪指令

IAR 汇编器支持如表 2-20 所列 C 语言风格预处理伪指令。

表 2-20　C 语言风格预处理伪指令

伪指令	说　明
#define	为变量、标号等赋值
#elif	在#if...#endif 条件块中引入新条件
#else	条件为假时对指令进行汇编
#endif	结束#if,#ifdef,#ifnde 条件块
#error	产生错误信息
#if	条件为真时对指令进行汇编
#ifdef	符号被定义时对指令进行汇编
#ifndef	符号未定义时对指令进行汇编
#include	包含文件
#line	改变源代码行号或源文件名
#message	输出提示信息
#undef	取消定义

除了上面介绍的 10 种伪指令之外，IAR 汇编器还支持列表控制和帧调用信息两种伪指令，由于这两种伪指令对于汇编语言程序设计影响不大，且它们都可以在 IAR EWARM 中加以控制，这里不再详细介绍。

2.5.3　简单汇编语言程序设计

1. 基本运算程序

【例 2-2】　使用 ADD,SUB,LSL,LSR,AND,ORR 等 ARM 指令完成基本数学和逻辑运算。

```
X EQU 45                                ;定义变量 X,并赋值为 45
Y EQU 64                                ;定义变量 Y,并赋值为 64
Z EQU 87                                ;定义变量 Z,并赋值为 87
    NAME EX2
    PUBLIC __iar_program_start
    SECTION .text:CODE:NOROOT(2)
    CODE32
__iar_program_start
main: MOV    R0,#X                      ;R0 = X
      MOV    R0,R0,LSL#2                ;R0 = X*4
      MOV    R1,#Y                      ;R1 = Y
      ADD    R2,R0,R1,LSR #1            ;R2 = X*4 + Y/2
      MOV    SP,#0X1000
      STR    R2,[SP]                    ;X*4 + Y/2 存入 0x1000 地址处
      MOV    R0,#Z                      ;R0 = Z
```

```
        AND     R0,R0,#0XFF                 ;取 R0 的低八位
        MOV     R1,#Y                       ;R1 = Y
        ADD     R2,R0,R1,LSR #1             ;R2 = Z + Y/2
        LDR     R0,[SP]                     ;R0 = X * 4 + Y/2
        MOV     R1,#0X01
        ORR     R0,R0,R1                    ;R0 = R0 + 1
        MOV     R1,R2                       ;R1 = Z + Y/2
        ADD     R2,R0,R1,LSR #1             ;R2 = (Z + Y/2)/2 + (X * 4 + Y/2)
STOP:   B       STOP                        ;停止
        END                                 ;程序结束
```

2. 分支程序

【例 2-3】 简单分支程序,利用跳转指令根据不同条件调用不同的子程序。

```
NUM  EQU 8                                  ;定义用于条件判断的无符号数
     NAME EX3
     PUBLIC __iar_program_start
     SECTION `.text`:CODE:NOROOT(2)
     CODE32
__iar_program_start
main:   MOV     R0,#9                       ;R0,R1,R2 装入初值
        MOV     R1,#3
        MOV     R2,#2
        CMP     R0,#NUM                     ;比较 R0 与 NUM 的大小
        BHI     TOSUB                       ;若 R0>NUM,则调用减法子程序
        BL      DOADD                       ;否则调用加法子程序
        B       STOP                        ;转移至程序结束点
TOSUB:  BL      DOSUB                       ;调用减法子程序
STOP:   B       STOP                        ;停止
DOADD:  ADD     R0,R1,R2                    ;加法子程序
        MOV     PC,LR                       ;返回
DOSUB:  SUB     R0,R1,R2                    ;减法子程序
        MOV     PC,LR                       ;返回
        END                                 ;程序结束
```

3. 循环程序

循环结构有 do_while 和 while 两种形式,前者先执行循环体,再判断条件,而后者是先判断条件,再执行循环体。

【例 2-4】 利用条件跳转指令实现 do_while 循环。

```
        NAME EX4
        PUBLIC __iar_program_start
        SECTION `.text`:CODE:NOROOT(2)
        CODE32
__iar_program_start
main:   LDR     R1,=SRCSTR                  ;伪指令,R1 指向第一个字符串
        LDR     R0,=DSTSTR                  ;伪指令,R0 指向第二个字符串
```

```
STRCOPY:
        LDRB  R2,[R1],#1              ;从第一个字符串中加载 1 字节,且 R1 自加 1
        STRB  R2,[R0],#1              ;存储到第二个字符串,且 R0 自加 1
        CMP   R2,#0                   ;判断第一个字符串是否到达结束符
        BNE   STRCOPY                 ;未结束,继续复制
STOP:   B     STOP                    ;停止
        DATA
SRCSTR:                               ;定义第一个字符串
        DCB "FIRST STRING",0
DSTSTR:                               ;定义第二个字符串
        DCB "",0
        END                           ;结束
```

【例 2-5】 利用条件跳转指令实现 while 循环。

```
        NAME EX5
        PUBLIC __iar_program_start
        SECTION .text:CODE:NOROOT(2)
        CODE32
__iar_program_start
main:   LDR   R1, = SRCSTR            ;R1 指向第一个字符串
        LDR   R0, = DSTSTR            ;R0 指向第二个字符串
STRCOPY:
        LDRB  R2,[R1],#1              ;从第一个字符串中加载 1 字节,且 R1 自加 1
        CMP   R2,#0                   ;判断第一个字符串是否到达结束符
        BEQ   STOP                    ;是,则结束
        STRB  R2,[R0],#1              ;否,则存储到第二个字符串,且 R0 自加 1
        B     STRCOPY                 ;继续
STOP:   B     STOP                    ;停止
        DATA
SRCSTR:                               ;定义第一个字符串
        DCB "FIRST STRING",0
DSTSTR:                               ;定义第二个字符串
        DCB "",0
        END                           ;结束
```

2.6 用汇编语言编写系统启动程序

基于 ARM 的芯片多数为复杂片上系统,这种复杂系统里的多数硬件模块都是可配置的,需要由软件来设置其需要的工作状态。C 语言具有模块性和可移植性的特点,大部分基于 ARM 的应用系统程序都采用 C 语言编写,但是系统启动时在进入 C 语言的 main 函数之前,需要有一段启动程序来完成对 ARM 芯片内部集成外围功能初始化、存储器配置以及地址重映射等任务,这类工作直接面对处理器内核和硬件控制器进行编程,用 C 语言较难实现,因此基于 ARM 芯片的嵌入式系统启动程序通常采用汇编语言编写。

ARM 公司仅设计内核并出售给其他半导体厂商，其他厂商购买内核授权后，加入自己的集成外围功能，然后生产出各具特色的 ARM 核芯片，从而导致 ARM 核处理器芯片丰富多样，但同时也使得每一种 ARM 核芯片的启动代码差别很大，难以编写出统一的启动代码。IAR 公司在对 ARM 核处理器的支持上，针对以上特点，提供了一个用汇编语言编写的基本启动程序，但并不完整，其中不足部分由芯片厂商提供，也可以由用户自己编写。

2.6.1 编写启动程序的一般规则

ARM 核处理器复位后从 0x00000000 地址开始读取指令。最简单的方法是将应用程序放在映射空间地址为 0 的 ROM 中，这样当执行第一条指令时，应用程序就从复位向量 0x00000000 开始执行。这种方法有很多缺点，与 RAM 相比，ROM 存储宽度小(8 位或 16 位)且速度较慢，访问它需要更多等待时间，这将降低处理器对异常的处理速度。如果将异常向量表放在 ROM 中，代码将无法修改向量表，因此对于提高执行速度和异常处理来说，将地址为 0 的空间映射成 RAM 会更好。RAM 中的程序无法掉电保存，必须将 ROM 放在加电后的 0 地址，以保证有效的复位向量，然后再使用重映射命令将 RAM 放在 0 地址，并将异常向量从 ROM 复制到 RAM 中。

编写启动程序应遵循以下一般规则。

1. 设置入口指针

启动程序首先必须定义入口指针，而且整个应用程序只有一个入口指针，通常应用程序的入口地址为 0。

2. 设置异常向量

ARM7 处理器要求中断向量表必须设置在从 0 地址开始，连续 8×4 字节的空间，分别是复位、未定义指令、软件中断、预取中止、数据中止、保留、IRQ 和 FIQ，如表 2-21 所列。

表 2-21 异常向量表

异常种类	地 址	说 明
复位	0x00000000	处理器复位
未定义指令	0x00000004	处理器或协处理器都不能识别当前正在执行的指令
软件中断 SWI	0x00000008	用户定义的同步中断指令，允许程序运行在用户模式
预取中止	0x0000000C	处理器试图执行一条从非法地址预取指令
数据中止	0x00000010	数据传输指令从非法地址读取或向其存储数据
保留	0x00000014	保留为以后扩展之用
IRQ	0x00000018	处理器 IRQ 引脚为低且 CPSR 的 I 位为 0
FIQ	0x0000001C	处理器 FIR 引脚为低且 CPSR 的 F 位为 0

向量表通常放在存储器底部，每个异常分配 1 字的空间。由于没有分配足够的空间存储异常处理的所有代码，所以每个向量入口包含一条跳转指令或加载 PC 的指令，以执行适当的转移到具体异常处理程序。如果 ROM 定位于 0 地址，则向量表由一系列固定的用以指向每个异常的指令组成，否则向量必须被动态初始化。可以在启动程序中添加一段代码，使其在运行时将向量表复制到 0 地址开始的存储器空间。对于没有使用的中断，使其指向一个只含返回指令的哑函数，以防止错误中断引起系统混乱。

3. 初始化片内集成外围功能

启动程序代码与芯片特性有紧密联系，不同公司生产的 ARM 核处理器，其片内集成了不同的外围功能，编写启动程序时应根据芯片和应用系统要求对它们进行合适的初始化。例如对外部总线接口的初始化，配置时钟锁相环（PLL），配置先进中断控制器（AIC），禁止看门狗电路（WDT）等。

4. 初始化存储器系统

有些 ARM 核芯片可通过对寄存器编程来对系统存储器进行初始化，而对于较复杂系统通常由 MMU 来管理内存空间。为正确运行应用程序，在初始化期间应将系统需要读/写的数据和变量从 ROM 复制到 RAM 里；一些要求快速响应的程序，如中断处理程序，也需要在 RAM 中运行；如果使用 Flash，对 Flash 的擦除和写入操作也一定要在 RAM 里运行。

5. 初始化堆栈寄存器

系统堆栈初始化取决于用户使用了哪些中断，以及系统需要处理哪些错误类型。一般来说管理堆栈模式必须初始化。如果使用了 IRQ 中断，则 IRQ 堆栈也必须初始化，并且必须在允许中断之前进行；如果使用了 FIQ 中断，则 FIQ 堆栈也必须初始化。并且必须在允许中断之前进行。一般在简单的嵌入式系统中不使用中止状态堆栈和未定义指令堆栈，但为了调试方便，最好还是将其初始化。如果系统使用了 DRAM 或其他外设，还需要设置相关的寄存器，以确定其刷新频率，数据总线宽度等信息。

6. 改变处理器模式和状态

此时可以通过清除 CPSR 寄存器中的中断控制位来允许中断，这里是安全开启中断的最早点。这个阶段处理器仍处于管理模式下，如果程序需要在用户模式下运行，可在此处切换用户模式并初始化用户模式堆栈指针。

7. 跳转到 C 语言主程序

在从启动程序跳转到 C 语言程序的 main 函数之前，还需要初始化数据存储空间。通常加入一段循环代码对数据存储空间清 0，这样做的主要原因是 C 语言中没有初值的变量默认值均为 0。已经初始化变量的初值必须从 ROM 中复制到 RAM 中，其他变量的初值必须为 0。

2.6.2 IAR EWARM 软件包提供的系统启动程序

IAR EWARM 软件包提供的系统启动程序代码 cstartup.s，位于 ARM\src\lib\arm 目录下，实际应用中可以根据具体芯片及应用系统要求进行适当修改，以适应不同场合的需要。

```
;----------------------------------------------------------------------------
        MODULE   ? cstartup
        ;存储器段声明
        SECTION IRQ_STACK:DATA:NOROOT(3)
        SECTION FIQ_STACK:DATA:NOROOT(3)
        SECTION CSTACK:DATA:NOROOT(3)
;----------------------------------------------------------------------------
;DLIB 库中包含本文件模块，可以采用自定义启动模块进行替换，自定义模块中应
;定义 PUBLIC 符号__iar_program_start 或其他用户起始符号。替换时只要将用户
;自定义启动模块文件加入到项目中即可
;----------------------------------------------------------------------------
```

```
        SECTION .intvec:CODE:NOROOT(2)
        PUBLIC  __vector
        PUBLIC  __vector_0x14
        PUBLIC  __iar_program_start
        EXTERN  Undefined_Handler
        EXTERN  SWI_Handler
        EXTERN  Prefetch_Handler
        EXTERN  Abort_Handler
        EXTERN  IRQ_Handler
        EXTERN  FIQ_Handler

        ARM

__iar_init$$done:                               ;完成复制初始化之前不需要向量表

__vector:
        ;所有默认异常句柄(复位除外)都按 weak 符号定义。应用程序中定义的句柄
        ;具有更高的优先级
        LDR     PC,Reset_Addr                   ;复位
        LDR     PC,Undefined_Addr               ;未定义指令
        LDR     PC,SWI_Addr                     ;软件中断(SWI/SVC)
        LDR     PC,Prefetch_Addr                ;预取中止
        LDR     PC,Abort_Addr                   ;数据中止
__vector_0x14:
        DCD     0                               ;保留
        LDR     PC,IRQ_Addr                     ;IRQ
        LDR     PC,FIQ_Addr                     ;FIQ

    DATA

Reset_Addr:     DCD     __iar_program_start
Undefined_Addr: DCD     Undefined_Handler
SWI_Addr:       DCD     SWI_Handler
Prefetch_Addr:  DCD     Prefetch_Handler
Abort_Addr:     DCD     Abort_Handler
IRQ_Addr:       DCD     IRQ_Handler
FIQ_Addr:       DCD     FIQ_Handler

;---------------------------------------------------------------------
;?cstartup-系统底层初始化代码。复位后从此处开始运行
;CPU 为 ARM 状态、管理模式、禁止中断
;---------------------------------------------------------------------

        SECTION .text:CODE:NOROOT(2)
;        PUBLIC  ?cstartup
        EXTERN  ?main
```

```
    REQUIRE __ vector
        ARM
__ iar_program_start:
? cstartup:
;---------------------------------------------------------------------------
;在这里加入设置堆栈指针之前所需要的初始化代码
;
;初始化堆栈指针
;以下方式适用于任何异常堆栈：FIQ,IRQ,SVC,ABT,UND,SYS
;用户模式使用与系统模式相同的堆栈
;堆栈段必须在链接器命令文件中定义,并且已经在上面声明
;---------------------------------------------------------------------------
;模式,对应于 CPSR 寄存器的 0～5 位

MODE_MSK   DEFINE    0x1F              ;用于 CPSR 模式位的位屏蔽
MODE_BITS  DEFINE    0x1F              ;用于 CPSR 模式位的位屏蔽
USR_MODE   DEFINE    0x10              ;用户模式
FIQ_MODE   DEFINE    0x11              ;快中断请求模式
IRQ_MODE   DEFINE    0x12              ;中断请求模式
SVC_MODE   DEFINE    0x13              ;管理模式
ABT_MODE   DEFINE    0x17              ;中止模式
UND_MODE   DEFINE    0x1B              ;为定义指令模式
SYS_MODE   DEFINE    0x1F              ;系统模式

        MRS     r0,cpsr                ;初始 PSR 值

        ;设置 IRQ 中断堆栈指针
        BIC     r0,r0,#MODE_MSK        ;清零模式位
        ORR     r0,r0,#IRQ_MODE        ;设置 IRQ 模式位
        MSR     cpsr_c,r0              ;改变模式
        LDR     sp,=SFE(IRQ_STACK)     ;IRQ_STACK 堆栈结束
        BIC     sp,sp,#0x7             ;保证 SP 为 8 字节对齐

        ;设置 FIQ 中断堆栈指针
        BIC     r0,r0,#MODE_MSK        ;清零模式位
        ORR     r0,r0,#FIQ_MODE        ;设置 FIR 模式位
        MSR     cpsr_c,r0              ;改变模式
        LDR     sp,=SFE(FIQ_STACK)     ;FIQ_STACK 堆栈结束
        BIC     sp,sp,#0x7             ;保证 SP 为 8 字节对齐

        ;设置一般堆栈指针
        BIC     r0 ,r0,#MODE_MSK       ;清零模式位
        ORR     r0 ,r0,#SYS_MODE       ;设置系统模式位
        MSR     cpsr_c,r0              ;改变模式
        LDR     sp,=SFE(CSTACK)        ;CSTACK 堆栈结束
```

```
        BIC     sp,sp,#0x7              ;保证 SP 为 8 字节对齐

#ifdef __ARMVFP__
        ;允许 VFP 协处理器
        MOV     r0,#0x40000000          ;设置 VFP 中的 EN 位
        FMXR    fpexc,r0                ;FPEXC,清零其他
;------------------------------------------------------------------------
;将缓冲区清 0 以禁止下溢出。为满足 IEEE754 标准,应删除以下代码并安装合适
;的异常句柄
;------------------------------------------------------------------------
        MOV     r0,#0x03000000          ;置位 VFP 中的 FZ 和 DN 位
        FMXR    fpscr,r0                ;FPSCR,清零其他
#endif

;在这里加入更多初始化代码

        B       ?main
        END
```

第 3 章

IAR EWARM 集成开发环境

3.1 下拉菜单

IAR EWARM 软件包中集成了几乎所有必需的工具：C/C＋＋编译器，汇编器，链接器，库管理器，源程序文本编辑器，带有 Make 功能的项目管理器，C－SPY 高级语言调试器等。IAR EWARM 集成环境提供下拉菜单和快捷工具按钮两种操作方式，下拉菜单中有多种选项。各个选项若能够采用快捷键操作，则在该选项右边列出了对应的块捷键。使用熟练后可以不用下拉菜单而直接采用快捷键，或通过主窗口中的工具条按钮进行操作。

3.1.1 File 菜单

File 菜单如图 3－1 所示，分为 6 栏。第一栏用于文件和工作区操作，其中右边的箭头表示该选项还有对应的子菜单；第二栏用于保存和关闭工作区操作；第三栏用于保存文件操作；第四栏用于设置页面大小和打印操作；第五栏用于快速打开最近使用过的文件和工作区，其中右边的箭头表示该选项还有对应的子菜单；第六栏用于退出 IAR EWARM 集成开发环境。

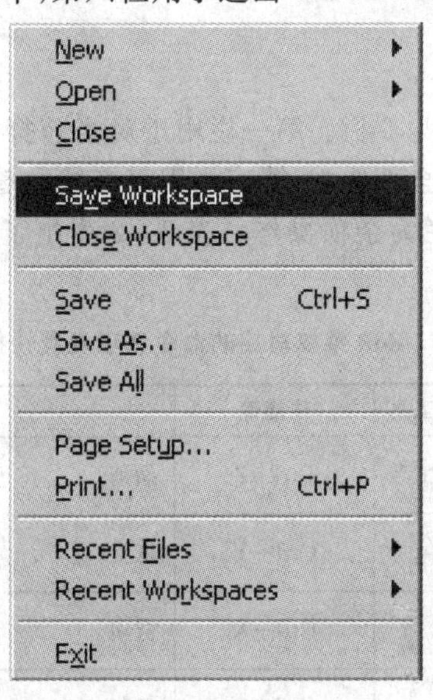

图 3－1 File 菜单

表 3-1 列出了 File 菜单对应的各个命令选项及其快捷键和快捷工具按钮。

表 3-1　File 菜单对应的命令选项及其快捷操作

命令选项	快捷工具	快捷键	说　明
New>File		Ctrl+N	进入子菜单，创建新文件
New>Workspace			进入子菜单，创建新工作区
Open>File		Ctrl+O	进入子菜单，打开已有文件
Open>Workspace			进入子菜单，打开已有工作区
Open>Header/Source File		Ctrl+Shift+H	进入子菜单，打开与当前文件对应的头文件/源文件，并从当前文件窗口跳到新打开的文件窗口。该命令也可以在编辑窗口通过快捷菜单操作
Save Workspace			保存工作区
Close Workspace			关闭工作区
Save		Ctrl+S	保存当前文件
Save as			保存并重新命名当前文件
Save All			保存当前所有文件
Page Setup			设置打印机
Print		Ctrl+P	打印当前文件
Recent Files>			进入子菜单，打开最近用过的文件
Recent WorkSpaces>			进入子菜单，打开最近用过的工作区
Exit			退出 IAR EWARM

3.1.2　Edit 菜单

Edit 菜单如图 3-2 所示，分为 6 栏。第一栏用于对当前打开的文件进行编辑修改操作；第二栏用于对当前打开文件的内容全部选中；第三栏用于查找和替换操作；第四栏用于导引操作；第五栏用于代码模板操作；第六栏为杂项操作。表 3-2 列出了 Edit 菜单对应的各个命令选项及其快捷键和快捷工具按钮。

表 3-2　Edit 菜单对应的命令选项及其快捷操作

命令选项	快捷工具	快捷键	说　明
Undo		Ctrl+Z	撤销
Redo		Ctrl+Y	恢复
Cut		Ctrl+X	剪切
Copy		Ctrl+C	复制

续表 3-2

命令选项	快捷工具	快捷键	说明
Paste		Ctrl+V	粘贴
Paste Special			选择剪贴板中最近内容进行粘贴
Select All		Ctrl+A	选中当前编辑窗口的全部内容
Find and Replace>Find		Ctrl+F	进入子菜单,在当前编辑窗口中查找指定内容
Find and Replace>Find Next		F3	进入子菜单,在当前编辑窗口中向前查找
Find and Replace>Find Previous		Shift+F3	进入子菜单,在当前编辑窗口中向后查找
Find and Replace>Find Next (Selected)		Ctrl+F3	进入子菜单,在当前编辑窗口选定内容中向前查找
Find and Replace>Find Previous (Selected)		Ctrl+Shift+F3	进入子菜单,在当前编辑窗口选定内容中向后查找
Find and Replace>Replace		Ctrl+H	进入子菜单,在当前编辑窗口中替换指定内容
Find and Replace>Find in Files		Ctrl+Shift+F	进入子菜单,在多个文件中查找指定内容
Find and Replace>Incremental Search		Ctrl+I	进入子菜单,递增查找
Navigate>Go To		Ctrl+G	进入子菜单,在当前编辑窗口跳到指定的行、列处
Navigate>Toggle Bookmark		Ctrl+F2	进入子菜单,在当前编辑窗口光标所在处设置/取消书签标记
Navigate>Go to Bookmark		F2	进入子菜单,在当前编辑窗口跳到设置的书签标记处
Navigate> Navigate Backward		Alt+←	进入子菜单,后向导引到历史查找点
Navigate> Navigate Forward		Alt+→	进入子菜单,前向导引到历史查找点
Navigate>Go to Definition		F12	进入子菜单,光标跳转到指定的函数或数据定义点
Code Templates>Insert Template		Ctrl+Shift+Space	进入子菜单,在当前编辑窗口插入代码模板
Code Templates>Edit Templates			进入子菜单,编辑代码模板
Next Error/Tag		F4	在当前编辑窗口显示下一个错误/标记
Previous Error/Tag		Shift+ F4	在当前编辑窗口显示前一个错误/标记
Complete		Ctrl+Space	试图完成一个字符输入
Match Brackets		Ctrl+B	选中当前编辑窗口一对匹配括号之间的内容

续表 3-2

命令选项	快捷工具	快捷键	说 明
Auto Indent		Ctrl+T	C/C++源程序文本自动缩进
Block Comment		Ctrl+K	将指定的程序块注释掉
Block Uncomment		Ctrl+Shift+K	恢复被注释掉的指定程序块
Toggle Breakpoint		F9	在源代码窗口当前光标处设置/取消一个断点
Enable/Disable Breakpoint		Ctrl+ F9	在源代码窗口当前光标处允许/禁止一个断点

Undo Ctrl+Z
Redo Ctrl+Y
Cut Ctrl+X
Copy Ctrl+C
Paste Ctrl+V
Paste Special...
Select All Ctrl+A
Find and Replace ▸
Navigate ▸
Code Templates ▸
Next Error/Tag F4
Previous Error/Tag Shift+F4
Complete Ctrl+Space
Match Brackets Ctrl+B
Auto Indent Ctrl+T
Block Comment Ctrl+K
Block Uncomment Ctrl+Shift+K
Toggle Breakpoint F9
Enable/Disable Breakpoint Ctrl+F9

图 3-2 Edit 菜单

3.1.3 View 菜单

View 菜单如图 3-3 所示，分为 3 栏。第一栏用于显示信息窗口、工作区窗口和源浏览窗口；第二栏用于显示断点窗口；第三栏用于显示快捷工具条和状态栏。编辑状态和调试状态 View 菜单的内容有所不同，表 3-3 列出了编辑状态下 View 菜单对应的各个命令选项及其功能，调试状态下 View 菜单可以显示更多窗口，请参见第 4 章的内容。

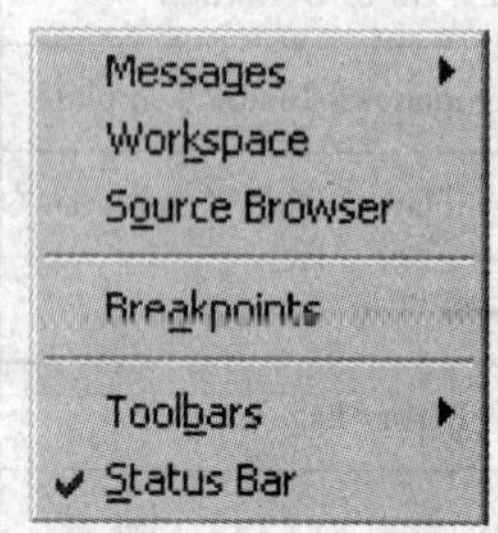

图 3-3 View 菜单

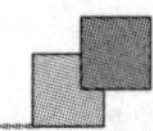

表 3-3 编辑状态下 View 菜单对应的命令选项及其功能

命令选项	功 能
Messages>Build	进入子菜单,显示创建信息窗口
Messages>Find in Files	进入子菜单,显示文件查找信息窗口
Messages>Tool Output	进入子菜单,显示工具输出信息窗口
Messages>Debug Log	进入子菜单,显示调试日志信息窗口
Workspace	显示工作区窗口
Source Browser	显示源浏览窗口
Breakpoints	显示断点窗口
Toolbars>Main	进入子菜单,显示/关闭主快捷工具条
Toolbars>Debug(调试状态)	进入子菜单,显示/关闭调试快捷工具条
Status Bar	显示/关闭状态栏

3.1.4 Project 菜单

Project 菜单如图 3-4 所示,分为 8 栏。第一栏用于为项目添加文件或组;第二栏用于删除操作;第三栏用于创建新项目操作;第四栏用于设置当前项目选项操作;第五栏用于源代码控制

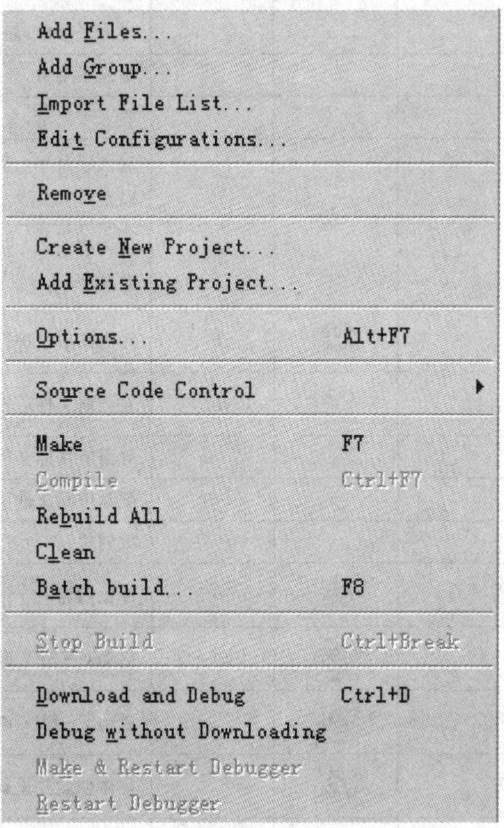

图 3-4 Project 菜单

操作;第六栏用于编译、链接操作;第七栏用于停止编译操作;第八栏用于启动调试操作。表3-4列出了 Project 菜单对应的各个命令选项及其快捷键和快捷工具按钮。

表 3-4 Project 菜单对应的命令选项及其快捷操作

命令选项	快捷工具	快捷键	说 明
Add Files			为当前项目添加文件
Add Group			为当前项目添加组
Import File List			导入已有的项目
Edit Configurations			配置当前项目
Remove			删除工作区内的项目、组或文件
Create New Project			创建新项目
Add Existing Project			向工作区添加已有的项目
Options			设置项目选项
Source Code Control>Check In			进入子菜单,登记文件
Source Code Control>Check Out			进入子菜单,检验文件
Source Code Control>Undo Check Out			进入子菜单,撤销检验文件
Source Code Control>Get Latest Version			进入子菜单,获得最近版本
Source Code Control>Compare			进入子菜单,版本比较
Source Code Control>History			进入子菜单,显示版本历史
Source Code Control>Properties			进入子菜单,显示文件属性
Source Code Control>Refresh			进入子菜单,文件刷新
Source Code Control> Conect Project to SCC Project			进入子菜单,建立 IAR 项目与 SCC 项目之间的联系
Source Code Control> Disconect Project to SCC Project			进入子菜单,撤销 IAR 项目与 SCC 项目之间的联系
Make		F7	对当前项目进行整体创建
Compile		Ctrl+F7	对当前文件进行编译
Rebuild All			对当前目标文件全部重新创建
Clean			删除中间文件
Batch Build			批创建
Stop Build			停止创建
Download and Debug		Ctrl+D	启动 C-SPY 调试器并装入当前项目
Debug without Downloading			启动 C-SPY 调试器但不重新装入当前项目
Make & Restart Debugger			整体创建并重新启动调试器
Restart Debugger			重新启动调试器

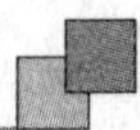

在进行项目配置的时候，可能需要选择配置文件所在的目录路径以及所使用的参数，表3-5所列为可用的参数变量。

表3-5 参数变量表

变 量	说 明
CUR_DIR	当前目录
CUR_LINE	当前行
$CONFIG_NAME$	当前创建配置名，如 Debug 或 Release
EW_DIR	IAR EWARM 的顶层目录，例如 c:\program files\iar systems\embedded workbench5.0
EXE_DIR	输出可执行文件目录
$FILE_BNAME$	无扩展名的文件名
$FILE_BPATH$	无扩展名的完整路径
$FILE_DIR$	已激活文件的目录，无文件名
$FILE_FNAME$	无路径的已激活文件名
$FILE_PATH$	已激活文件的完整路径（编辑窗口、项目窗口、信息窗口）
$LIST_DIR$	输出列表文件目录
OBJ_DIR	输出目标文件目录
$PROJ_DIR$	项目目录
$PROJ_FNAME$	无路径的项目名
$PROJ_PATH$	项目文件的完整路径
$TARGET_DIR$	主输出文件目录
$TARGET_BNAME$	无路径、无扩展名的主输出文件名
$TARGET_BPATH$	无扩展名的主输出文件的完整路径
$TARGET_FNAME$	无路径主输出文件名
$TARGET_PATH$	主输出文件路径
$TOOLKIT_DIR$	已激活产品目录，例如 c:\program files\iar systems\embedded workbench 5.0\arm
$_ENVVAR_$	ENVVAR 为环境变量，位于 $_ 和 _$ 之间的任意名都将扩展为系统环境变量

3.1.5 Tools 菜单

Tools 菜单如图 3-5 所示，分为 2 栏。第一栏用于 IAR EWARM 集成开发环境的选项配置；第二栏用于外部工具、文件扩展名及编辑器的配置操作。表 3-6 列出了 Tools 菜单对应的各个命令选项及其功能。

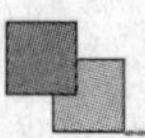

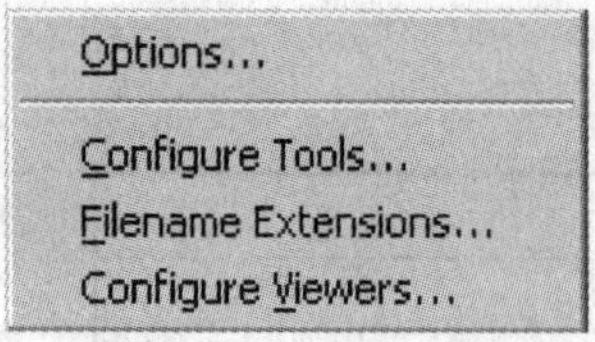

图 3-5　Tools 菜单

表 3-6　Tools 菜单对应的命令选项

命令选项	功　能
Option	弹出 IAR EWARM 集成环境配置对话框
Configure Tools	弹出外部工具配置对话框
Filename Extensions	弹出创建工具对应的文件扩展名配置对话框
Configure Viewers	弹出文件编辑器配置对话框

3.1.6　Window 菜单

Window 菜单如图 3-6 所示，分为 2 栏。第一栏用于关闭窗口和工具条；第二栏用于窗口和工具条调整操作。表 3-7 列出了 Window 菜单对应的各个命令选项及其快捷键和功能。

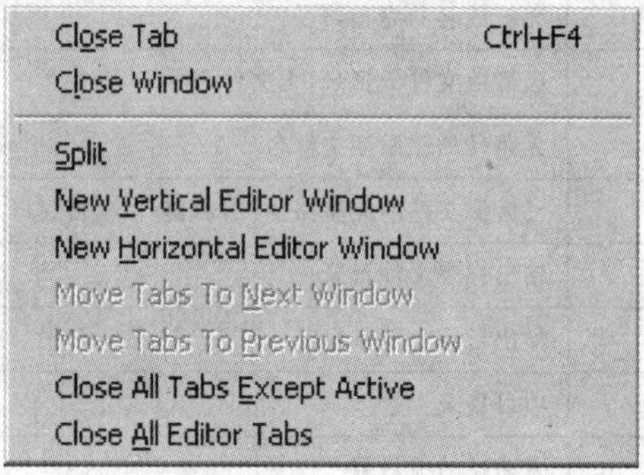

图 3-6　Window 菜单

表 3-7　Window 菜单对应的命令选项及其快捷键和功能

命令选项	快捷键	功　能
Close Tab	Ctrl＋F4	关闭已激活的 Tab
Close Window		关闭已激活的编辑窗口
Split		将编辑窗口分成 2 个或 4 个小窗口，以便同时观察文件的不同部分
New Vertical Editor Window		以垂直方式打开一个新编辑窗口
New Horizontal Editor Window		以水平方式打开一个新编辑窗口
Move Tabs To Next Window		将当前窗口中的所有 Tab 移到下一个窗口
Move Tabs To Previous Window		将当前窗口中的所有 Tab 移到前一个窗口
Close All Tabs Except Active		关闭已激活 Tab 之外的所有 Tab
Close All Editor Tabs		关闭编辑窗口中所有 Tab

3.1.7　Help 菜单

Help 菜单如图 3-7 所示，分为 4 栏。第一栏用于列出目录、索引和搜索；第二栏用于打开 IAR EWARM 参考手册、C/C＋＋编译器参考手册、MISRA C 参考手册、汇编器参考手册、版本迁移指南、PowerPac RTOS 参考手册、GNU 工具参考手册以及 IAR 产品升级信息等；第三栏用于进入 IAR 网站等；第四栏用于打开 IAR EWARM 启动窗口、显示产品信息及安装记录等。表 3-8 列出了 Help 菜单对应的各个命令选项及其功能。

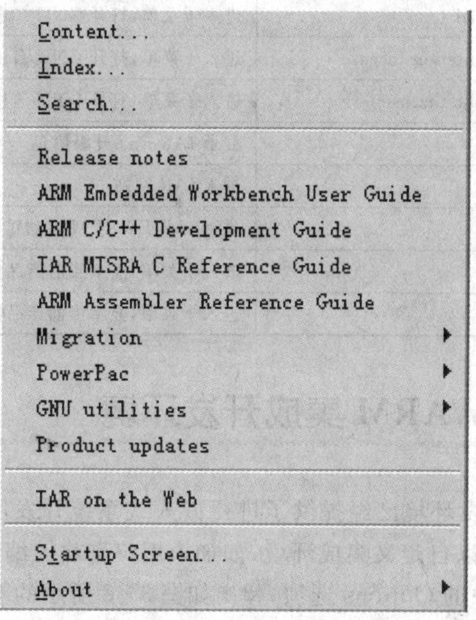

图 3-7　Help 菜单

表 3-8　Help 菜单对应的选项命令

命令选项	功　能
Content	打开 IAR EWARM 帮助目录窗口
Index	打开 IAR EWARM 帮助索引窗口
Search	打开 IAR EWARM 帮助搜索窗口
Release notes	显示最新版本信息
ARM Embedded Workbench User Guide	打开 IAR EWARM 用户指南
ARM C/C++ Development Guide	打开 C/C++编译器指南
IAR MISRA C Reference Guide	打开 MISRA C 参考指南
ARM Assembler Reference Guide	打开汇编器参考指南
Migration>ARM Embedded Workbench Migration Guide	进入子菜单，打开 IAR EWARM 版本迁移指南
Migration>ADS Migration Guide	进入子菜单，打开 ADS 到 IAR EWARM 迁移指南
Migration>RealView Migration Guide	进入子菜单，打开 Realview 到 IAR EWARM 迁移指南
PowerPac> PowerPac Release notes	进入子菜单，打开 PowerPac 版本信息
PowerPac> PowerPac RTOS User Guide	进入子菜单，打开 PowerPac RTOS 用户指南
PowerPac> PowerPac RTOS ARM Supplement	进入子菜单，打开 PowerPac RTOS ARM 增补指南
PowerPac> PowerPac File System User Guide	进入子菜单，打开 PowerPac 文件系统用户指南
PowerPac> PowerPac USB User Guide	进入子菜单，打开 PowerPac USB 用户指南

续表 3-8

命令选项	说　明
PowerPac> PowerPac TCP/IP User Guide	进入子菜单,打开 PowerPac TCP/IP 用户指南
GNU utilities>GNU binutils manual	进入子菜单,打开 GNU 二进制工具手册
GNU utilities>GNU Free Documentation License	进入子菜单,打开 GNU 自由文件许可证
GNU utilities> GNU General Public License	进入子菜单,打开 GNU 通用公共许可证
Product updates	显示 IAR 产品升级信息
IAR on the Web	进入 IAR 网站
Startup Screen	显示 IAR EWARM 启动对话框
About>Product Info	进入子菜单,显示当前产品信息
About>Install Log	进入子菜单,显示当前产品安装信息

3.2 定制 IAR EWARM 集成开发环境

IAR EWARM 集成开发环境已经提供了进行嵌入式系统开发所需的几乎所有工具。为了适应不同用户的需要,还可以自定义集成环境,如加入用户喜欢的编辑器和源代码控制系统等。

单击 Tools 下拉菜单中的 Options 选项,弹出如图 3-8 所示的 IDE Options 对话框,通过该对话框左边选项栏,选择不同的选项卡,分别用于字体、快捷键、语言、编辑器、提示信息、项目管理、源代码控制、调试器、堆栈、寄存器过滤器、Terminal I/O 窗口等的配置。

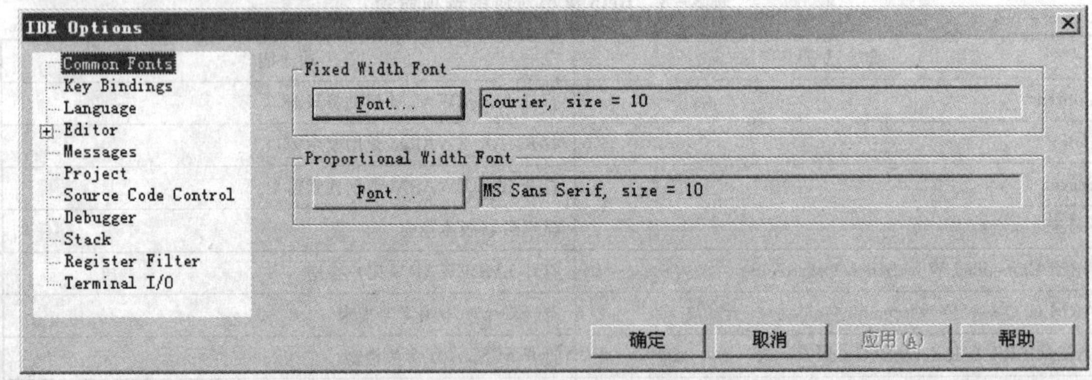

图 3-8　IDE Options 对话框

除了采用默认的文件扩展名,用户还可以增加其他文件扩展名。单击 Tools 下拉菜单中的 Filename Extensions 选项,弹出如图 3-9 所示对话框。单击对话框中的 Edit 按钮,弹出如图 3-10 所示对话框,选择并双击希望修改或增加文件扩展名的工具,弹出如图 3-11 所示对话框,选中 Override 复选框,并在下面栏内输入希望采用的文件扩展名。

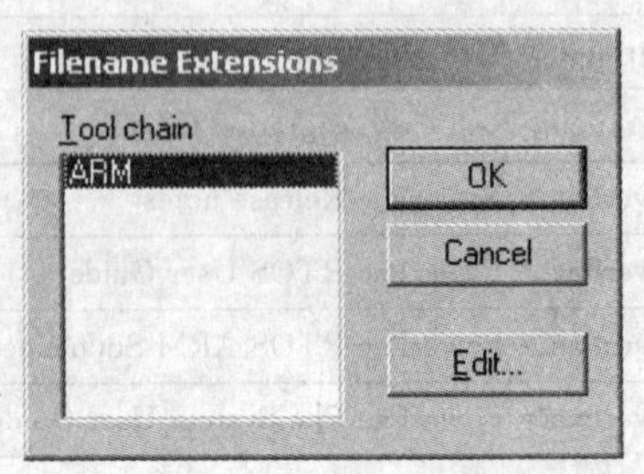

图 3-9　文件扩展名修改窗口

用户还可以通过 Tools 菜单添加外部工具,单击

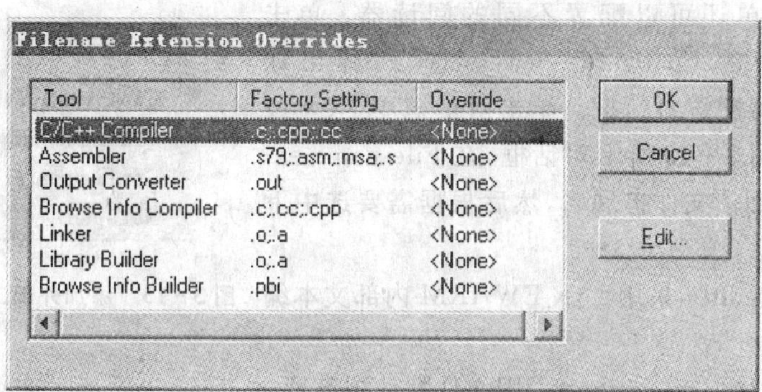

图 3-10 IAR EWARM FOR ARM 工具对应默认文件扩展名覆盖对话框

Tools 下拉菜单中的 Configure Tools 选项，弹出如图 3-12所示工具配置对话框，单击 New 按钮添加一个外部工具。例如希望将 Windows 的记事本 Notepad 作为外部工具添加到 IAR EWARM 中，可以在 Command 栏内输入 Windows 记事本所在目录及其可执行文件名，或者单击 Browse 按钮，找到记事本所在目录并双击其文件名。完成后所添加的外部工具会出现在 Tools 菜单中，如图 3-13 所示。

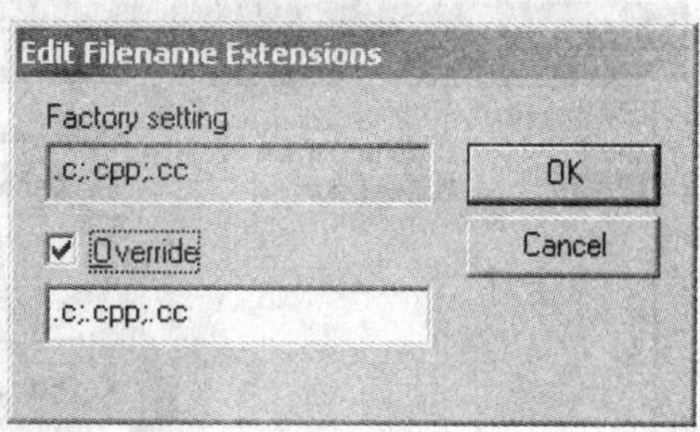

图 3-11 修改文件扩展名窗口

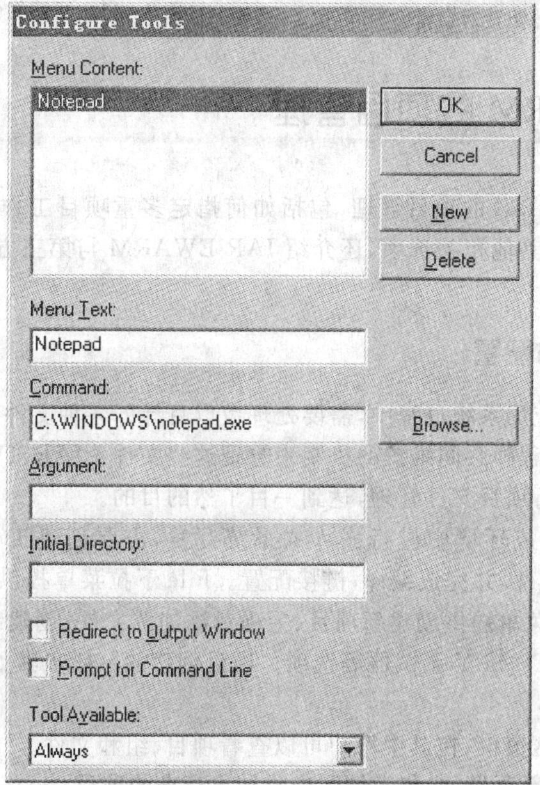

图 3-12 工具配置对话框

通过 Tools 菜单还可以配置不同的阅读器。单击 Tools 下拉菜单中的 Configure Viewers 选项，弹出如图 3－14所示阅读器配置对话框。单击对话框中 New 或 Edit 按钮，弹出如图 3－15 所示对话框，在 File name extensions 栏内输入阅读文件扩展名，然后根据需要选中下面的复选框：

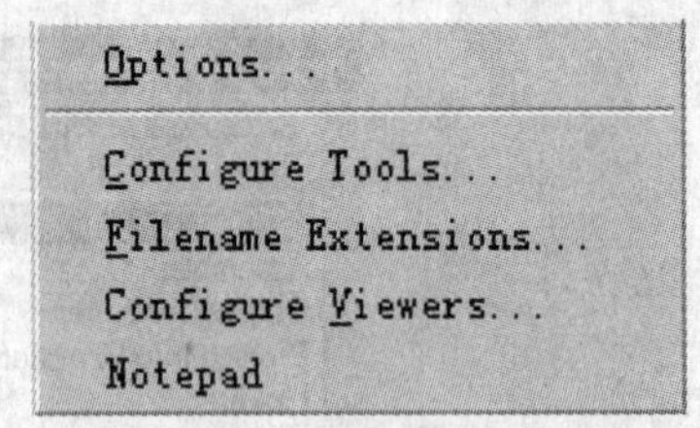

图 3－13　添加外部工具后的 Tools 菜单

Built－in text editor 采用 IAR EWARM 内部文本编辑器；

Use file explorer associations 采用文件默认浏览器；

Command line 采用命令行设定阅读工具。

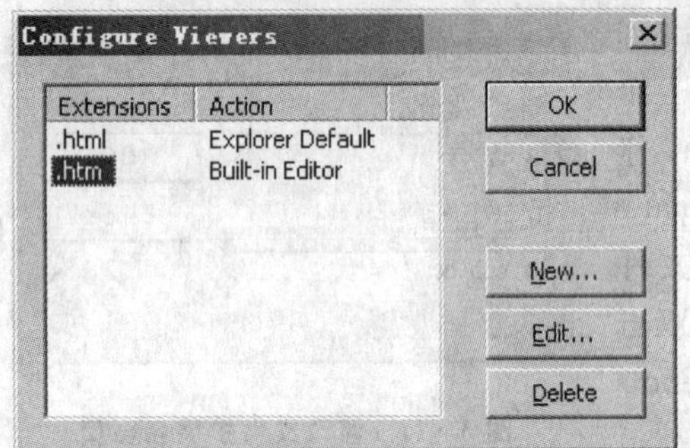

图 3－14　阅读器配置对话框

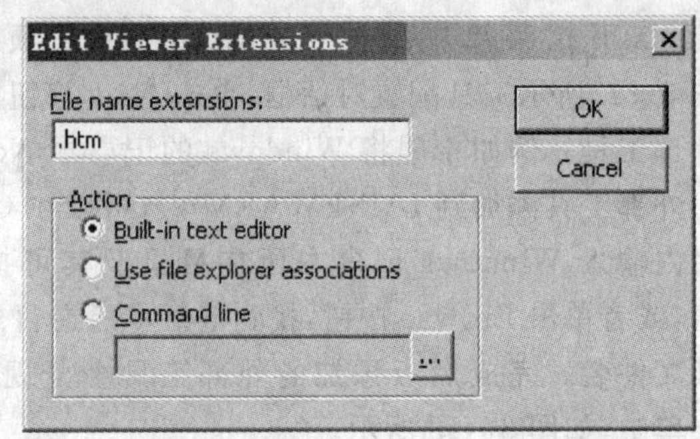

图 3－15　阅读文件扩展名编辑对话框

3.3　IAR EWARM 的项目管理

本节介绍 IAR EWARM 的项目管理，包括如何指定多重项目工作区、配置项目创建属性、为项目添加组、源文件及其他相关选项，还介绍 IAR EWARM 与第三方源代码控制系统交互联系的步骤。

3.3.1　项目的创建与配置

在开发大型嵌入式应用系统过程中，需要处理数以百计的各种文件，必须使用一种具有轻松导航功能，并且由多个工程师共同维护的机制来管理这些文件。IAR EWARM 允许用户以分层目录树的逻辑结构来进行项目文件管理，达到一目了然的目的。

在 IAR EWARM 集成环境中进行嵌入式系统开发，需要创建工作区（Workspace）、项目（Project）、组（Group）、文件，并完成编译、链接配置。File 下拉菜单提供创建工作区和源程序文件的选项。Project 下拉菜单提供创建新项目、为项目添加源文件、创建组、设定项目配置、编译、链接、源代码控制、启动 C－SPY 调试器等选项。项目创建的一般步骤如下。

1. 创建工作区

显示一个空的工作区窗口，在其中用户可以查看项目、组和文件。

2. 在工作区中创建新项目，或向工作区中添加已存在的项目

创建一个新项目时，可以使用“项目模板”（Project templates），有适用于 C 语言程序、C＋＋

语言程序、汇编程序以及库的相应模板。

3. 创建组

一个大型项目中可能包含多个文件，用户可以为每个项目定义一个或多个组，将相关源文件集中放在一个组中，还可以定义多级子组而形成一个逻辑层次结构。按默认设置，每一个组都包含在项目的创建配置中，也可以指定一个不包含在项目创建配置中的特定组。

4. 为项目添加文件

源文件可以直接放置在项目节点下面，也可以位于层次组结构中。当文件数量较多时，后者更为方便。按默认设置，每一个文件都包含在项目的创建配置中，也可以指定一个不包含在项目创建配置中的特定文件，只有包含在创建配置中的文件才会被编译、链接而生成输出代码。

一个项目编译、链接成功后，其中所有的包含文件和生成文件，都会以逻辑层次结构方式显示在工作区窗口中。

注意：创建配置的设定，会影响到对源文件进行编译时所用的包含文件，也就是说，对于不同的创建配置，编译完成后与源文件相关联的包含文件可能有所不同。

5. 设定新的创建配置

每个添加到工作区中的项目，都会自动生成两个默认创建配置：Debug（调试）和 Release（发布），两者的不同在于优化、调试信息和输出格式等配置不同。在 Release 配置中，应用程序将不包含任何调试信息。用户可以设定一个新的配置，新设定的创建配置，不必使用同一个工具链。

6. 删除项目中的组件

需要时可以删除项目中不必要的组件。

3.3.2 项目文件导航

有两种对项目文件进行导航的方式：使用工作区（Workspace）窗口或者源代码浏览（Source Browser）窗口。工作区窗口显示源文件、附属文件以及输出文件的逻辑层次结构图。源代码浏览窗口则显示根据工作区窗口中的创建配置，按字母顺序显示全局符号的逻辑层次结构，如变量、函数和类型定义等，对于类（Classes），任何基类都会显示出来。

通过工作区窗口可以访问在程序开发过程中的项目和相关文件。在工作区窗口底部单击想要查看的项目标签，窗口将显示该项目对应的逻辑层次结构，其中各部分含义如图 3－16 所示。

对每个已经创建的文件而言，都会在与之相应的 Output 文件夹中生成相应输出文件，如目标文件和列表文件等。还有一个与项目相关的 Output 文件夹，其中包括与该项目相关的输出文件，如该项目的最终可执行文件和链接器映像信息文件等。此外，还将显示所有包含头文件，其依赖关系一目了然。

单击工作区窗口顶部的项目配置下拉菜单，可以按不同的创建配置进行显示，如图 3－16 所示为按 Debug 配置的显示结果。

单击工作区窗口底部的 Overview 标签，将显示所有项目的总览图。

如果希望在源代码浏览窗口中浏览与当前项目相关的全局符号信息，则先单击 Tools 下拉菜单中的 Options 选项，在弹出对话框的左侧选择 Project，然后选中该选项卡中的 Generate browse information 复选框。完成编译、链接之后再单击 View 下拉菜单中的 Source Browser 选项，弹出如图 3－17 所示源代码浏览窗口，双击窗口内的一个符号，光标将自动跳到相关源程序

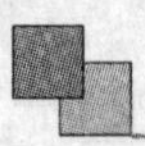

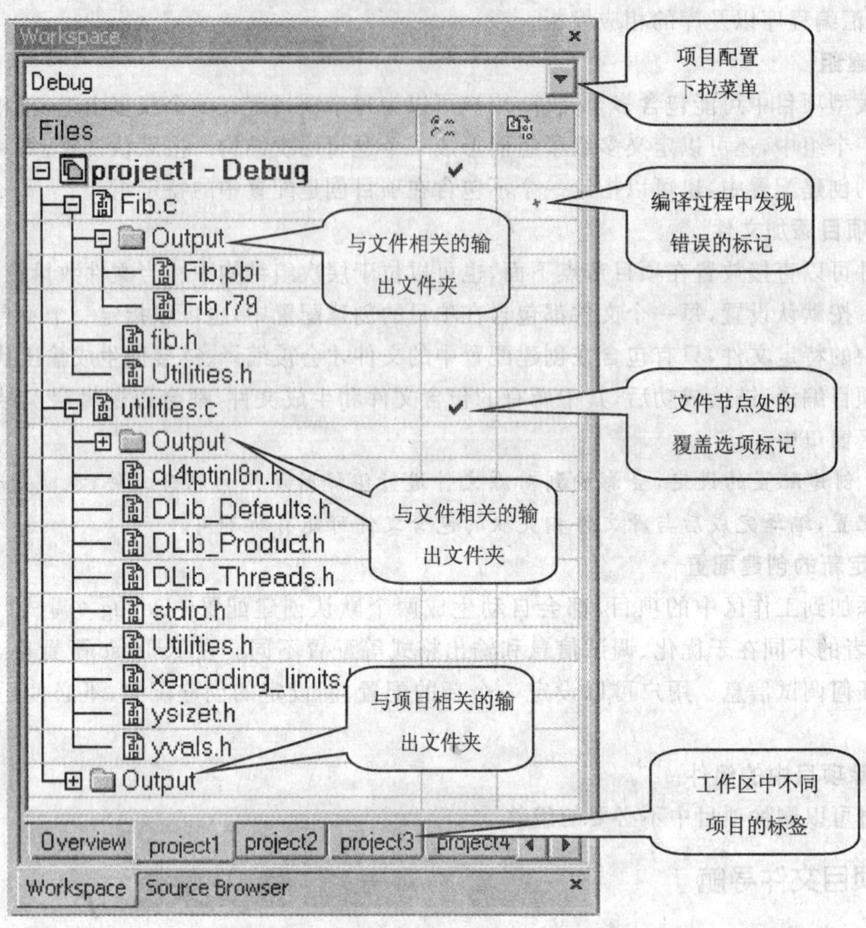

图 3-16　工作区项目逻辑层次结构图

图 3-17　源代码浏览窗口

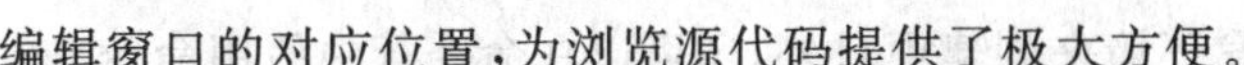

编辑窗口的对应位置，为浏览源代码提供了极大方便。

源代码浏览信息是持续更新的，用户在编辑源文件或打开一个新项目时，都会有一段短暂的延迟，用以信息更新。

3.3.3 源代码控制

IAR EWARM 能够识别和接受任何已经安装的第三方源代码控制系统，前提是该系统接口符合微软公司发行的 SCC(源代码控制)接口规范。在集成开发环境中，用户可以将一个 IAR EWARM 项目链接到一个外部 SCC 项目，并可以进行大部分常规操作。

为了将 IAR EWARM 项目链接到一个源代码控制系统，用户应该熟悉其所用源代码控制系统的客户端应用。关于客户端应用的详细信息，请参见客户端应用所提供的文档说明。

注意：即便是某些最基本的概念，不同的源代码控制系统也会使用不同的命名，考虑到这方面的问题是非常重要的。

任何源代码控制系统均使用客户端应用来管理集中的文档。在这个文档中，用户保存了项目文件的复制。IAR EWARM 对 SCC 的集成，使得用户可以直接在集成环境中进行最常见的 SCC 操作，但是很多任务仍然需要在客户端程序中执行。采用如下步骤即可将一个 IAR EWARM 项目链接到一个 SCC 系统：

1. 在 SCC 客户端应用中建立一个 SCC 项目

使用 SCC 客户端工具建立一个工作目录，用于存放那些准备进行源代码控制的 IAR EWARM 项目文件。这些文件可以放在几个子目录中，但必须位于同一个根目录下。特别的，所有源文件必须以 ewp 项目文件的形式位于相同的目录下，或者位于同一根目录下的不同子目录中。关于详细操作步骤，请参见 SCC 客户端应用程序所提供的文档。

2. 在 IAR EWARM 中链接项目

先在工作区窗口中选中希望创建 SCC 的项目，单击 Project 下拉菜单中的 Source Code Control>Add Project To Source Control 选项。如果用户系统中安装了 SCC 软件，将会出现一个 SCC 对话框，让用户选择具体链接到哪一个 SCC 项目。

当 IAR EWARM 项目已经链接到 SCC 项目时，在工作区窗口中将出现一个包含 SCC 状态的信息列，其中不同图标表示不同的状态，同时会出现表示状态组合的图标。

注意：这些状态组合的集成完全取决于所使用的 SCC 客户端程序的情况。

单击 Tools 下拉菜单中的 Options 选项，然后单击 Source Code Control 选项卡，可以实现定制源代码控制系统。

3.4 应用程序创建

所谓“创建”(build)的意思，就是对项目中所有源程序进行整体编译、链接，生成最终可执行文件的过程。本节讨论应用程序的创建过程，并介绍如何使用第三方工具来扩展工具链。

3.4.1 程序创建

程序创建过程包含如下步骤：设定选项、启动创建、更正创建过程中检测到的错误。使用 Batch Build(批创建)命令可以优质、高效地完成创建过程，并允许在一次操作中同时执行多个创

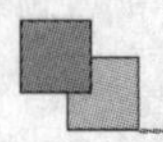

建进程。除了使用 IAR EWARM 集成开发环境来创建项目外，还可以在命令行中使用命令 iarbuild.exe 来创建项目。

1. 设定选项

要确定用户的应用程序如何创建，必须设定一个或多个创建选项配置，每个配置都有自身的设定，互相独立。所有选项设定都位于工作区窗口中不同的栏里。例如，用作调试的选项配置不应高度优化，这样生成的输出文件才适合于调试。相反，创建最终目标输出的选项配置，则需要高度优化，这样生成的输出文件才适合于进行 flash 或 EEPROM 编程。对每个创建选项配置，用户都可以在项目级、组级和文件级上进行设定。许多选项只能在项目级上进行设定，因为它们会影响整体创建配置，这些选项包括 General Options（一般选项）、linker（链接器）、debug（调试）等。其他如编译器和汇编器选项，可以将项目级上的设定作为整体创建配置的默认值。

可以通过特定选项实现对项目级设定进行覆盖，比如对于一组指定文件，可以通过选项 Override inherited settings 来设定覆盖继承，新的设定将影响这个组内的所有文件和文件组。

注意：有一个关于设定选项的重要限制，如果用户在文件级上设定配置（或文件级覆盖），那么更高级别的选项将不会影响到该文件。

2. 使用选项对话框

在工作区窗口内选取一个项目或文件后，单击 Project 下拉菜单中的 Options 选项，弹出如图 3-18 所示的创建选项配置对话框，用户可以通过该对话框为工作区内选定的项目或文件设定相关配置。

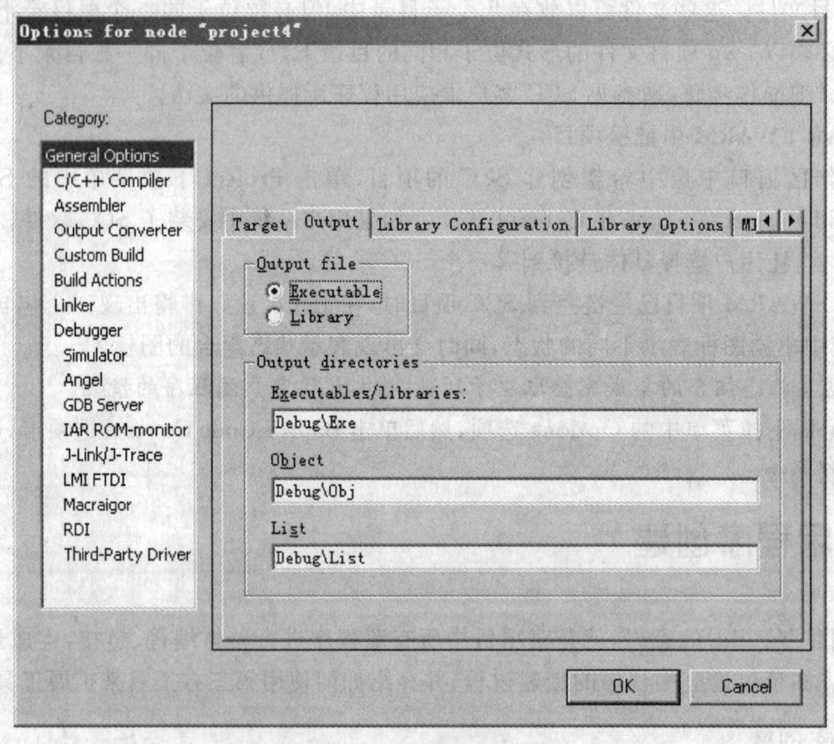

图 3-18　创建选项配置对话框

图 3-18 所示对话框左侧的 Category 栏中有多个选项，允许用户选择不同的创建工具。例

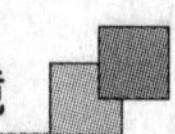

如在 General Options 选项中的 Output 选项卡上设定 Library 为输出文件，则 Category 栏中的 Linker 选项将被替换为 Library Builder 选项。Category 栏中的 General Options，Linker 和 Debugger 等选项，只能设定为整体项目创建配置，不能用于单个文件和文件组，其他选项则既可以设定为整体项目创建配置，也可以设定为单个文件或文件组的创建配置。

Category 栏中每一个选项都对应有多个选项卡，用于设定不同的创建配置。例如 General Options 选项对应的 Target 选项卡，用于设定 Processor variant(处理器类型)，Endian mode(大小端模式)及 FPU(浮点处理单元)等。

选择相关选项卡，很容易根据需要实现创建配置设定。如果希望采用出厂默认值，只要单击选项卡中的 Factory Settings 按钮即可。

关于各个选项卡中每个选项的详细信息，请参见 IAR EWARM 的在线帮助文档。

注意：如果用户添加了一个系统不能识别扩展名的源文件，则不能对该源文件设定创建配置选项。

3. 创建项目

Project 下拉菜单中提供了 4 种创建选项：Make(项目整体创建)，Compile(单文件编译)，Rebuild All(全部重新创建)和 Batch Build(批创建)。其中 Make，Compile 和 Rebuild All 可在后台运行，使用户能在创建项目时继续进行编辑或其他操作。使用批创建选项可以同时对多个配置进行创建。单击 Project 下拉菜单中的 Batch Build 选项，将弹出一个允许用户创建、编辑批处理配置的对话框，用于定义一个或多个不同的批处理命令，从而可以快捷地创建合适的配置(如 Release 或 Debug)，而不用创建整个工作区。

4. 修正创建过程中的错误

编译器、汇编器和调试器，已经完全集成在 IAR EWARM 开发环境中。单击 Tools 下拉菜单中的 Options 选项，从弹出的对话框中选择 Messages 选项卡，在 Show build messages 栏中选择输出创建信息级别。如果在项目创建过程中发现源代码文件存在错误，错误信息将显示在 Build Messages(创建信息)窗口，双击其中的错误信息，光标将直接跳到源文件中出现错误的位置，以便于修改，修改之后应对项目进行重新创建，直到没有错误为止。

3.4.2 扩展工具链

IAR EWARM 支持 Custom Build(自定义创建)，允许扩展标准的工具链，支持运行外部工具。

在工作区窗口内选取一个项目，单击 Project 下拉菜单中的 Options 选项，从弹出对话框的 Category 栏中选择 CustomBuild，进入如图 3-19 所示用户工具配置选项卡，设定自定义创建选项。用户必须指定外部工具的名称，同时还应指定这些外部工具所需的命令行选项，以及其生成的输出文件名，可以使用参数变量来取代文件路径。

在 Filename extensions 栏内输入希望以用户工具处理的文件扩展名，可以指定多个文件扩展名，相互之间用逗号、分号或空格作为分隔。

在 Command line 栏内输入执行外部工具的命令行。

在 Output files 栏内输入外部工具的输出文件名。

在 Additional input files 栏内，输入外部工具创建期间所使用的附加文件名(称为独立文件)。若附加文件经过修改，则需要重新创建。

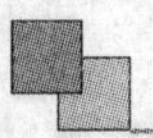

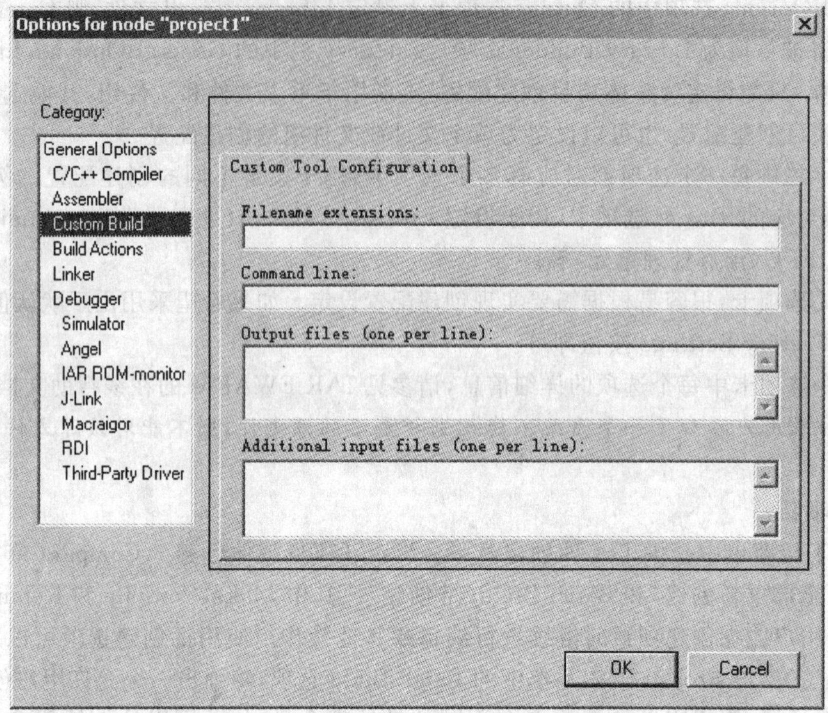

图 3-19 用户工具配置选项卡

运行扩展外部工具的方式与运行 IAR EWARM 内部标准工具相同。外部工具与其输入/输出文件的关系,类似于 C/C++编译器、c 文件、h 文件和 o 文件间的关系。用户可以指定用作外部工具的输入文件扩展名。如果输入文件发生改变,外部工具的运行情况与 c 文件改变后编译器的运行情况相似,在其他输入文件(如包含文件)中的变化都将被检测出来。

3.5 IAR EWARM 编辑器

本节介绍如何使用 IAR EWARM 内部集成编辑器,还介绍如何自定义编辑器,以及如何使用外部编辑器。

3.5.1 IAR EWARM 编辑器的使用

IAR EWARM 内部集成编辑器允许并行编辑多个文件,并提供所有编辑器应具备的特性,如无限制的撤销和重复、自动执行、拖动和放置等。此外,还提供针对软件环境的特定功能,如对源程序中的关键字以彩色显示、段缩进和源文件内部函数导航,还能识别 C/C++语言元素,如括号匹配等。

1. 编辑文件

在编辑窗口内,可以对打开的源程序文件进行编辑、查看和修改。如果用户打开了多个文件,它们将被编排在一个标签组中,允许用户同时打开多个编辑窗口。

编辑器窗口如图 3-20 所示,源文件在编辑窗口中都有一个对应的文件名标签,同时文件名还会出现在窗口右上角的下拉菜单中。单击标签或下拉菜单中的文件名,使之成为激活状态以

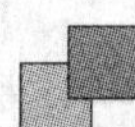

便于编辑。如果文件具有只读属性,则在编辑窗口左下角将显示一个锁状图标;如果文件修改后还未保存,文件名后将显示一个星号“*”标记。

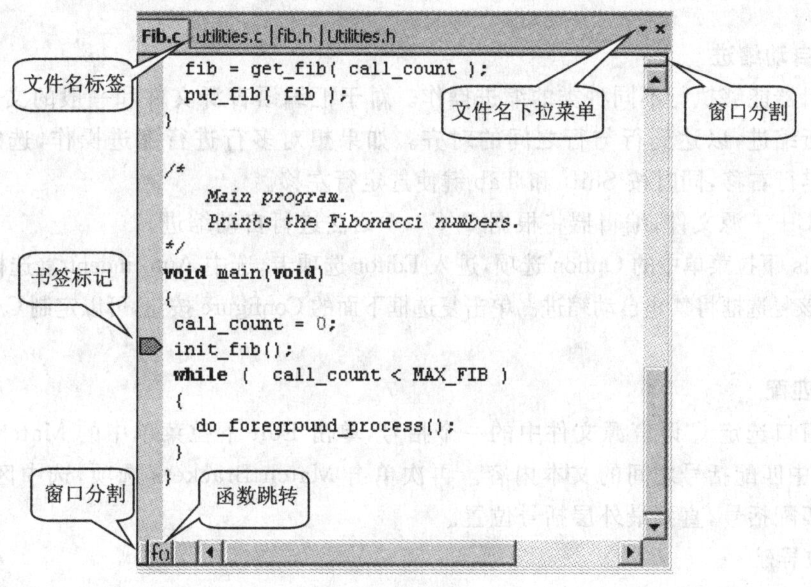

图 3-20　编辑器窗口

2. 查看 DLIB 库函数的参考信息

如果用户需要了解 C 或 C++库函数的语法,只要在编辑窗口中选中库函数名,然后按 F1 键,就会弹出一个关于该函数的文档帮助信息。

3. 使用并自定义编辑命令和快捷键

Edit 下拉菜单提供了在编辑窗口进行编辑和搜索的相关命令选项,也可以在编辑窗口中单击右键,弹出的快捷菜单中也有此类命令项。此外还提供了编辑的快捷键操作,要改变默认的快捷键设定,单击 Tools 下拉菜单中的 Options 选项,进入 Key Bindings(按键设定)选项卡,可以设定用户自定义快捷键。

4. 加入书签标记

单击 Edit 下拉菜单中的 Navigate>Toggle Bookmark(切换书签)选项,可以在编辑窗口源文件指定位置添加或取消书签标记,添加书签标记后,单击 Edit 下拉菜单中的 Navigate>Go to Bookmark 选项,立即跳转到书签标记处。

5. 分割编辑窗口

用户可以横向或纵向将编辑窗口划分为多个长方形区域,从而可以查看同一源文件的不同部分。双击编辑窗口内的分割栏,或者将它拖到窗口的中央位置,可以对编辑窗口进行分割,也可以使用 Window 下拉菜单中的 Split 选项来分割编辑窗口。在已分割的窗口中双击分割栏,或者将它拖到滚动栏的末尾,即可恢复完整窗口。

6. 拖放文本

用户可以轻松地在一个编辑窗口中选中文本,并将其拖动至新位置,或在不同窗口间移动文本。

7. 语法颜色设置

源文件中的 C 或 C++关键字、C 或 C++注释、汇编指令和注释、预处理程序指令、字符串等,IAR EWARM 编辑器可以自动识别,并以不同颜色显示。单击 Tools 下拉菜单中的 Options 选项,进入 Editor>Colors and Fonts(编辑器颜色与字体设定)选项卡,可以自定义编辑器颜色和字体。

8. 文本自动缩进

文本编辑器能够执行不同种类的缩进操作。对于汇编语言源文件和一般的文本文件,编辑器自动进行行缩进,以达到行与行之间的对齐。如果想对多行进行缩进操作,选定这些行,按 Tab 键使选定行右移,同时按 Shift 和 Tab 键使选定行左移。

对于 C/C++源文件,编辑器将根据 C/C++语法进行自动缩进。

单击 Tools 下拉菜单中的 Option 选项,进入 Editor 选项卡,选中 Auto indent 复选框将允许自动缩进,不选中该复选框将禁止自动缩进。单击复选框下面的 Configure 按钮,可以定制 C/C++的自动缩进设置。

9. 括号匹配

在编辑窗口选定 C 语言源文件中的一个括号,单击 Edit 下拉菜单中的 Match Brackets 选项,将自动选中匹配括号之间的文本内容。再次单击 Match Brackets 选项,选中区域将向外扩展到下一层匹配括号,直到最外层括号位置。

10. 函数导航

单击编辑窗口左下角的 Go to function 按钮,将弹出一个函数显示窗口,显示所有在当前源文件中定义的函数,双击函数名可以直接跳转到该函数所在位置。

11. 显示状态信息

编辑文本时,可以单击 View 下拉菜单中的 Status Bar 选项调出状态栏,察看当前编辑点所在的行号与列号。

12. 查找与替换

编辑器提供快捷的查找与替换操作。在工具栏上 Quick search 文本框内输入希望查找的内容并回车,立即进入查找,光标自动跳到找到的文本位置。若未找到,则弹出一个提示信息框。这是在当前编辑窗口中最便捷的查找方式,查找过程中按 Esc 键将取消查找操作。此外 File 下拉菜单中还提供了 Find,Replace,Find in files 等查找与替换操作。

3.5.2 定制编辑环境

IAR EWARM 提供用户定制编辑环境操作。单击 Tools 下拉菜单中的 Options 选项,进入 Editor>External Editor(外部编辑器)选项卡,选中 Use External Editor 复选框,借助于 Type 下拉菜单,可以使用如下两种方式定制外部编辑器。

1. 使用 Command Line 命令

如图 3-21 所示,在 Editor 栏输入需要运行的编辑器命令,如

C:\WINDOWS\NOTEPAD.EXE

在 Arguments 栏输入参数变量,如

$FILE_PATH$

此时双击工作区窗口内的文件名,将以标准 Windows 记事本作为当前文本编辑器。

2. 使用 DDE 命令

如图 3-22 所示,在 Editor 栏输入合适的外部编辑器命令,如

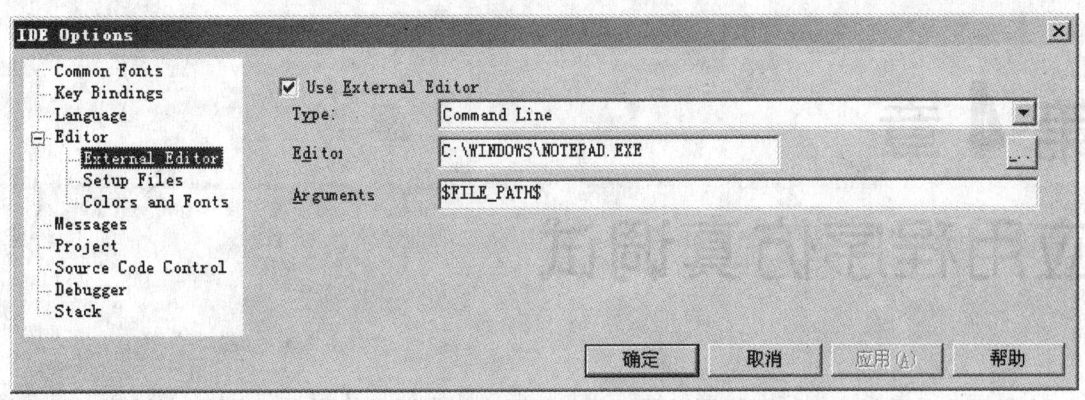

图 3-21　使用命令行设置外部编辑器

C:\CW32\CW32.EXE

在 Service 栏中，输入外部编辑器的 DDE 服务名，如

Codewright

在 Command 栏中，输入送往编辑器的一组命令串，如

SystemBufEditFile $FILE_PATH$

$FILE_PATH$ MovToLine CUR_LINE

DDE 服务名和命令串取决于用户所使用的外部编辑器，详细说明请参考外部编辑器用户手册，查到合适的设定。

命令串应该以以下格式输入：

DDE - Topic CommandString

DDE - Topic CommandString

在此例中使用的命令串打开一个指定文件的外部编辑器，光标将定位于打开文件的当前行处，比如在一个文件中搜索一个串，或在消息窗口中双击一条错误信息。

可以使用参数变量，关于参数变量更多信息，请参见 3.1.4 小节的表 3-5。

此时双击工作区窗口内的文件名，文件将被自动加载到指定的外部编辑器中。

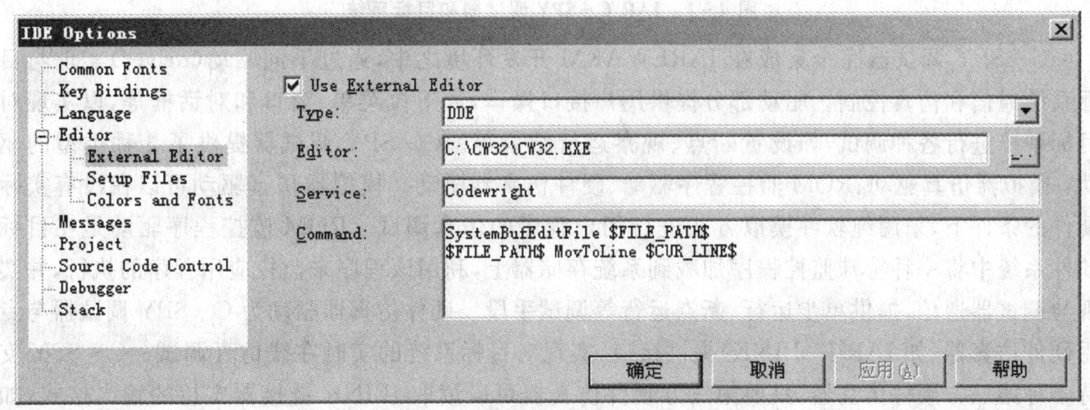

图 3-22　使用 DDE 设置外部编辑器

第4章 应用程序仿真调试

本章阐述采用IAR C-SPY调试器进行应用程序仿真调试的原理和方法，介绍关于调试的一般概念、C-SPY调试器的特殊设置以及如何利用硬件仿真器J-Link将C-SPY与目标硬件相结合实现在线仿真。

用户目标系统设计完之后，需要采用仿真和调试来检验其能否正常工作。有多种仿真调试方法，图4-1所示为采用C-SPY调试器进行用户目标系统仿真的一般框图。

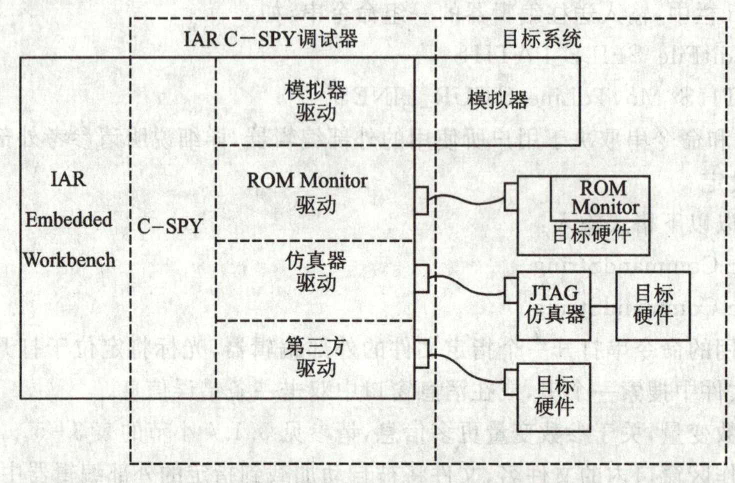

图4-1 IAR C-SPY调试器和目标系统

C-SPY调试器完全集成在IAREWARM开发环境之中，通过不同驱动(driver)实现与目标系统通信和仿真控制。驱动部分提供用户接口操作，如下拉菜单、窗口和对话框等，以实现对目标系统进行各种调试，如设置断点、观察运行结果等。C-SPY调试器提供了3种类型的驱动：模拟器仿真驱动、ROM监控程序驱动、硬件仿真器驱动。模拟器仿真驱动可以在没有实际硬件的条件下，采用纯软件模拟方式进行用户程序的仿真调试。ROM监控程序驱动是在目标硬件系统中将一种特殊监控程序加载到系统存储器上，利用该程序来监控应用程序的执行，并实现与调试器通信，提供单步运行、断点运行等调试手段。硬件仿真器驱动为C-SPY调试器与专用硬件仿真器(如IAR J-LINK)提供接口，实现对目标系统的实时在线仿真调试。C-SPY支持多种第三方硬件仿真器，只要第三方硬件仿真器可以读取ILINK链接器支持的输出格式，如ELF/DWARF，Intel-extended，Motorola等，就可以与C-SPY调试器配合使用。用户可以在IAR EWARM环境中安装多个C-SPY驱动，根据实际需要选择合适的驱动。

4.1　IAR C－SPY 调试器环境

C－SPY 调试器是一种完全集成在 IAR EWARM 中的高级语言调试器，它与 IAR ARM C/C++编译器和 IAR ARM 汇编器协同工作，可以在同一环境中进行应用程序开发和调试。在调试过程中，可以在调试器窗口修改源代码，但这些修改只有退出调试器并重新编译之后才能生效。在开发过程中，可以在源代码窗口程序文本的任何地方设置断点，即使调试器没有运行，也可以查看并修改断点定义，断点在调试窗口中用高亮方式显示。

在 IAR EWARM 环境中单击 Project 下拉菜单中的 Download and Debug 选项，或单击快捷图标启动 C－SPY，进入调试器主界面，原来编辑状态下已经打开的窗口仍然处于打开状态，不受影响，此外还将打开相关的 C－SPY 调试窗口，如图 4－2 所示。

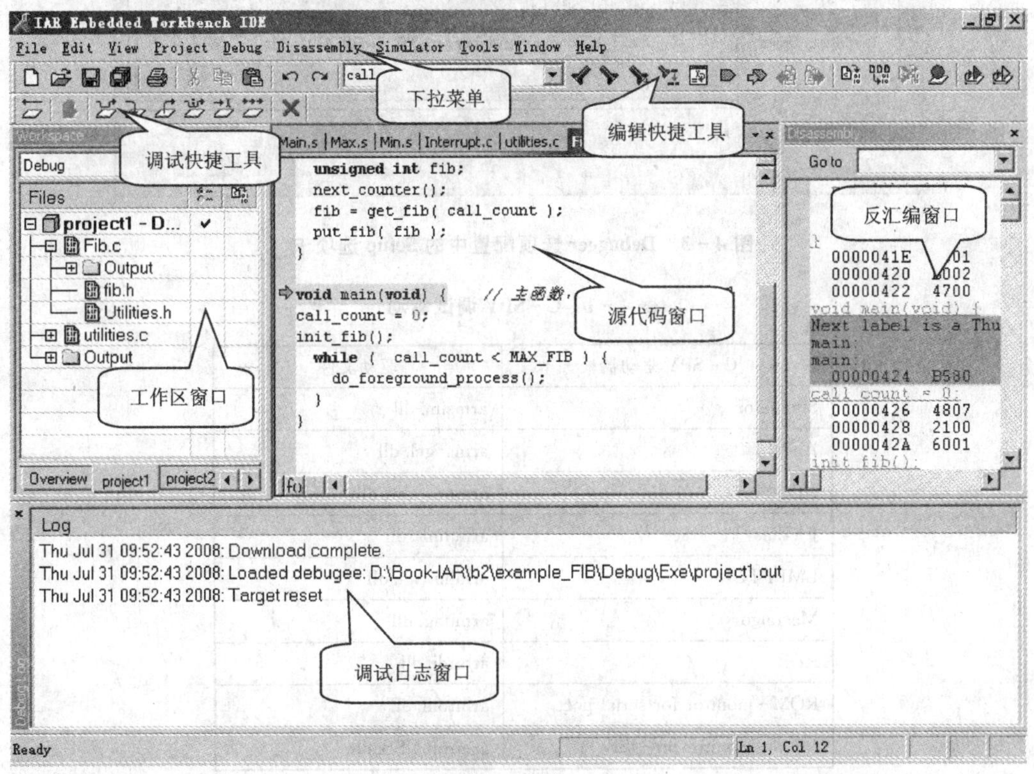

图 4－2　C－SPY 主界面

启动 C－SPY 调试器之前，应先配置调试器的相关选项。在 IAR EWARM 环境中单击 Project 下拉菜单中的 Options 选项，从弹出对话框的 Category 栏选择 Debugger，即可进入调试器配置选项卡，其中 Setup 选项卡如图 4－3 所示。

首先要选择合适的调试驱动，单击 Setup 选项卡中 Driver 栏的下拉列表框，按表 4－1 所列选择合适的驱动。其中 Simulator 为模拟器仿真驱动，适用于应用程序前期简单逻辑调试或一般运算程序调试，其他均为硬件仿真驱动，需要有相应的硬件仿真器与之配套，譬如 J－Link/J－Trace 驱动就需要通过 USB 接口连接 IAR J－Link 硬件仿真器。

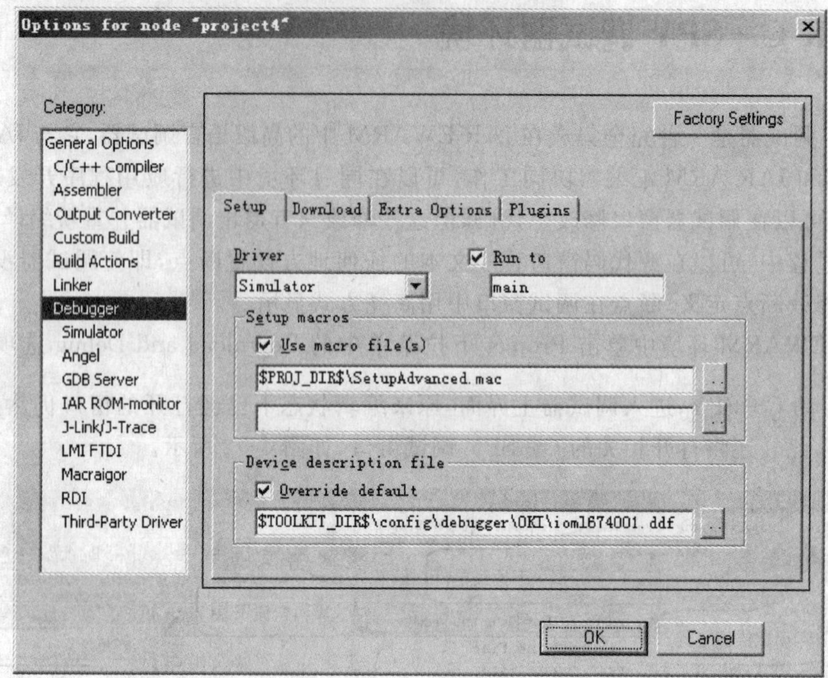

图 4-3　Debugger 选项配置中的 Setup 选项卡

表 4-1　C-SPY 调试驱动

C-SPY 驱动器	驱动文件
Simulator	armsim.dll
Angel	armangel.dll
GDB Server	armgdbserv.dll
J-Link/J-Trace	armjlink.dll
LMI FTDI	armlmiftdi.dll
Macraigor	armjtag.dll
RDI	armrdi.dll
ROM-monitor for serial port	armrom.dll
ROM-monitor for USB	armromUSB.dll

对于特定驱动，在选定之后还需要做进一步设置。例如选定 IAR 硬件仿真器 J-Link 调试驱动，还要再次选取 Category 栏中 Debugger>J-Link，弹出硬件仿真器配置对话框。图 4-4 所示为 J-Link 选项配置中的 Setup 选项卡，其中可以设置 J-Link 硬件仿真器的复位方式以及 JTAG 速度。在图 4-4 中单击 Connection 标签，打开如图 4-5 所示选项卡，在 Communication 栏中设置 J-Link 仿真器与主机的通信方式，在 Interface 栏中设置仿真器接口，在 JTAG scan chain 栏中设置仿真器扫描链。

通过如图 4-3 所示 Debugger 选项配置中的 Setup 选项卡，还可以进行一些其他设置。选中 Run to 复选框，在它下面的文本框内输入一个 C 语言函数名、汇编语言标号或者直接指定程序地

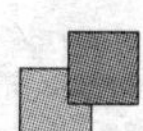

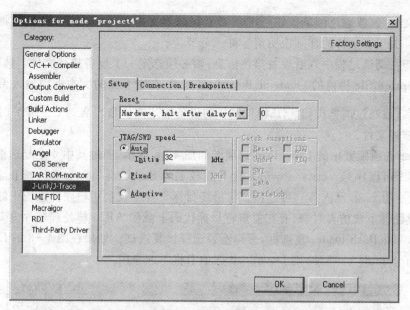

图 4-4 J-Link 选项配置中的 Setup 选项卡

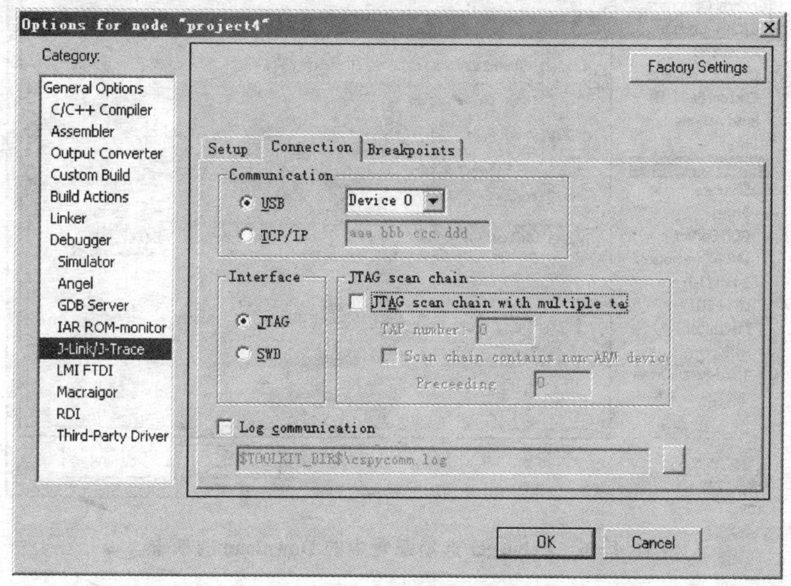

图 4-5 J-Link 选项配置中的 Connection 选项卡

址，可以在启动 C-SPY 调试器并完成复位后，使程序运行到指定的位置，默认位置为 C 语言的 main 函数处。如果不选中 Run to 复选框，则启动 C-SPY 调试器后光标将停留在复位地址。

使用 Run to 命令，实际上是由用户在指定位置处设定了一个断点，C-SPY 将使程序运行到此断点处暂停。如果用户系统断点资源有限，当 C-SPY 启动时没有可用的断点，将弹出一条警告信息，提示用户进行单步调试，这将非常耗时。用户可以选择继续执行单步调试或者选择在第一条指令处暂停。如果在第一条指令处暂停，调试器将用 PC(程序计数器)来记录默认的复位地址，而不是用户在 Run to 复选框下文本框中指定的地址。

选中图 4-3 中 Setup Macros 栏内的 Use macro file(s)复选框，在它下面的文本框内输入希望加载的宏文件名(或通过浏览按钮...选择带路径的宏文件名),启动 C-SPY 时将自动加载选定的宏文件。关于宏文件的详细说明请参见 4.7 节。

如果希望在调试过程中查看设备描述信息,则必须选定一个设备描述文件。选中图 4-3 中 Device description file 栏内的 Override default 复选框,在它下面的文本框内输入希望加载的设备描述文件名(或通过浏览按钮...选择带路径的设备描述文件名),启动 C-SPY 时将自动加载选定的设备描述文件。

Debugger 选项配置中的 Download 选项卡如图 4-6 所示,通过其中 4 个复选框:Attach to program(粘贴到程序)、Verify download(下载校验)、Suppress download(禁止下载)和 Use flash loader(使用 flash 录入器),可以设置将最终目标文件下载到用户硬件系统中的方法。使用 J-Link 进行硬件系统仿真时,只有在需要将目标代码下载到 ARM 核处理器片内 FLASH 中调试时,才选择 Use flash loader 复选框,否则不要选择该复选框。如果在图 4-3 的 Driver 下拉列表框中选择了 Simulator 驱动,则 Download 选项卡将不起作用。

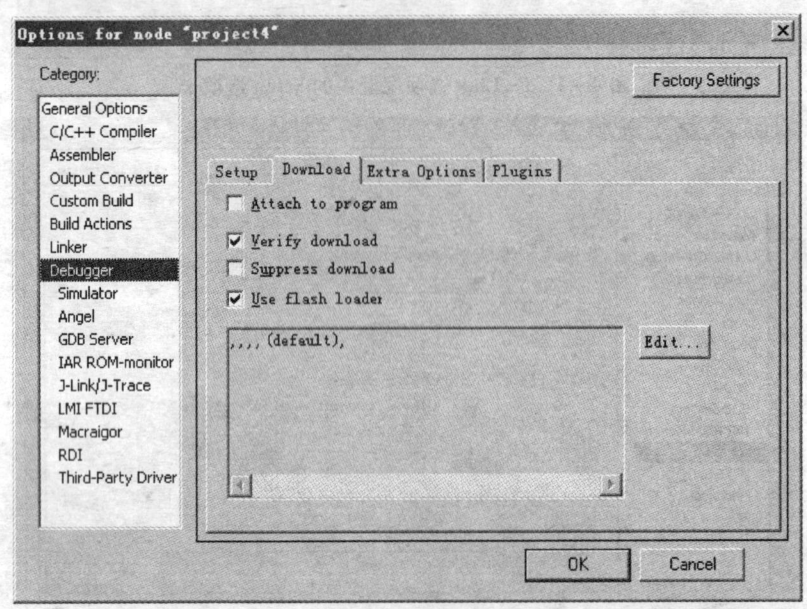

图 4-6　Debugger 选项配置中的 Download 选项卡

Debugger 选项配置中的 Extra Options 选项卡如图 4-7 所示。选中 Use command line options 复选框,然后在它下面的文本框中输入希望采用的命令,实现用命令行方式与 C-SPY 调试器接口。

Debugger 选项配置中的 Plugins 选项卡如图 4-8 所示,用于指定在调试阶段需加载的 C-SPY 插件模块并启用其功能。例如选用实时操作系统 μC/OS-Ⅱ插件模块,则可以在调试过程中随时打开任务列表、队列、信号量、邮箱等 RTOS 特定组件窗口,使用户能够更方便地调试基于实时操作系统的应用程序。

C-SPY 调试器配置完成之后,就可以启动它来调试用户的应用程序。单击 View 下拉菜单中的 Messages>Debug Log 选项,打开调试日志窗口,从中可以查看调试器的纪录信息,如诊断和跟踪信息等;也可以将这些信息转存到一个文件中。通过 Debug 下拉菜单中的 Logging>Set

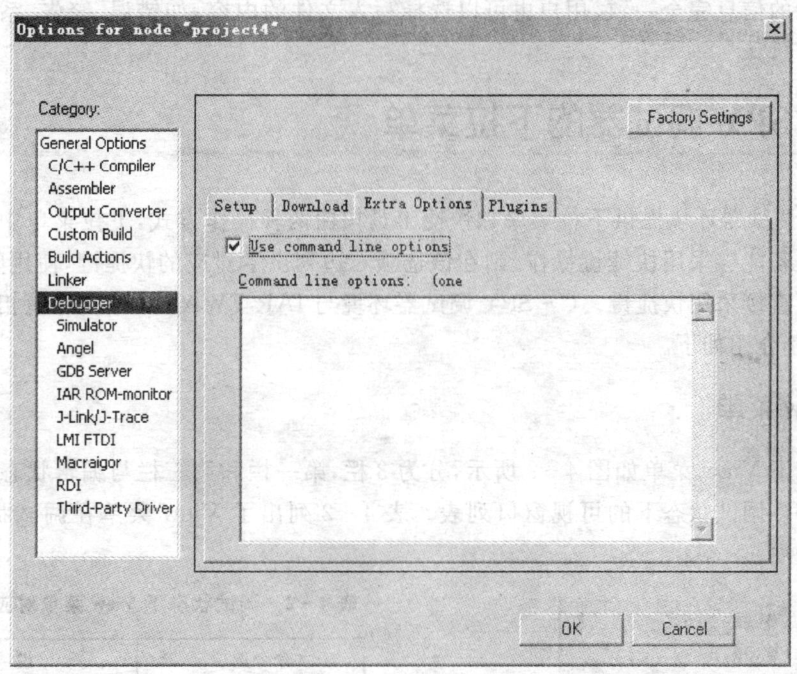

图 4-7 Debugger 选项配置中的 Extra Options 选项卡

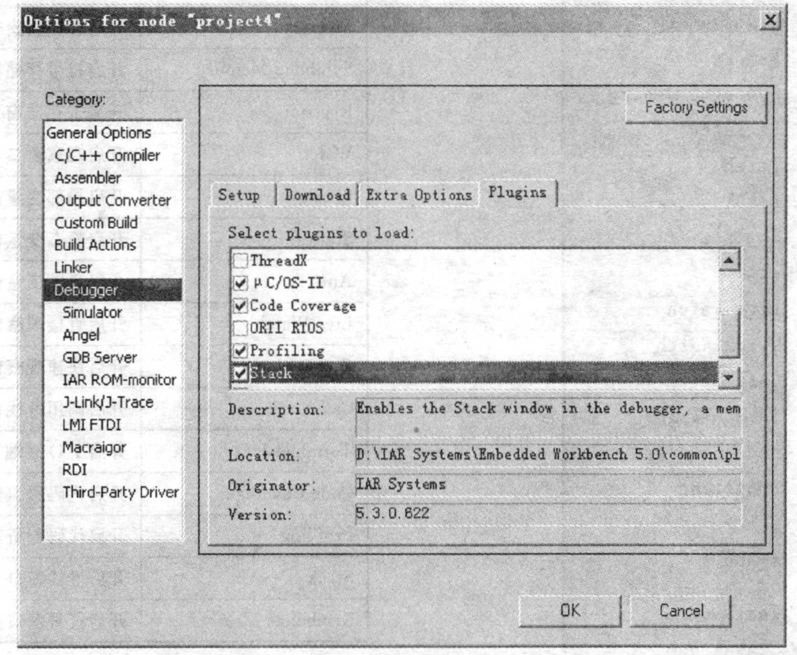

图 4-8 Debugger 选项配置中的 Plugins 选项卡

Log File 选项，可以将 C-SPY 的调试记录信息转存到一个文件中。这样有两个好处：一是该文件可以由其他编辑工具打开，用户可以在该文件中查询一些特定的信息；二是以文件方式记录关于控制执行的历史信息，比如触发断点的内容等。按默认设置，该文件中的纪录信息与调试日

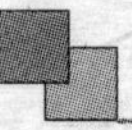

志窗口中显示的信息完全一致，用户也可以选择写入文件的内容，如错误、警告、系统信息、用户信息等。

4.2 C-SPY 调试器的下拉菜单

C-SPY 调试器环境提供下拉菜单和快捷工具按钮两种操作方式，下拉菜单中有多种选项，其中各个选项若能够采用快捷键操作，则在该选项右边列出了对应的快捷键，使用熟练后可以不用下拉菜单而直接采用快捷键。C-SPY 调试器环境与 IAR EWARM 编辑环境相比，增加 3 个下拉菜单，分别介绍如下。

4.2.1 View 菜单

调试状态下 View 菜单如图 4-9 所示，分为 3 栏，第一栏和第三栏与编辑状态基本相同，第二栏增加了许多调试状态下的可视窗口列表。表 4-2 列出了 View 菜单在调试状态下第二栏的各个命令选项。

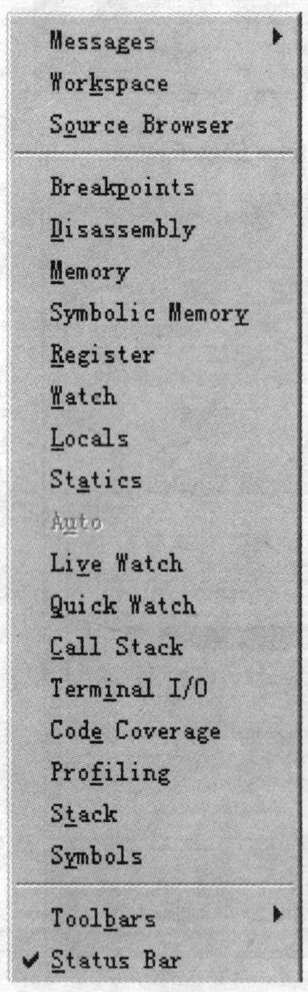

图 4-9 View 菜单

表 4-2 调试状态下 View 菜单对应的命令选项

命令选项	说 明
Breakpoints	开启断点窗口
Disassembly	开启反汇编窗口
Memory	开启存储器窗口
Symbolic Memory	开启符号存储器窗口
Register	开启寄存器窗口
Watch	开启观察窗口
Locals	开启局部变量窗口
Statics	开启静态变量窗口
Auto	开启自动变量窗口
Live Watch	开启直接观察窗口
Quick Watch	开启快速观察窗口
Call Stack	开启调用堆栈窗口
Terminal I/O	开启 I/O 终端窗口
Code Coverage	开启代码覆盖窗口
Profiling	开启代码剖析窗口
Stack	开启堆栈窗口
Symbols	开启符号窗口

4.2.2 Debug 菜单

Debug 菜单如图 4－10 所示，分为 4 栏。第一栏用于启动程序全速运行、中止程序运行和复位操作；第二栏用于退出 C－SPY 调试器环境；第三栏用于调试程序时采用不同执行方法；第四栏用于更新窗口显示信息、配置宏文件和调试日志记录文件。表 4－3 列出了 Debug 菜单对应的各个命令选项及其快捷键和快捷工具按钮。

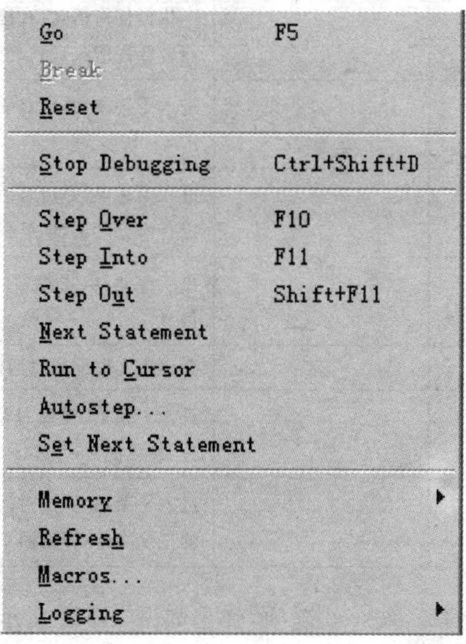

图 4－10 Debug 菜单

表 4－3 Debug 菜单对应的命令选项及其快捷操作

命令选项	快捷工具	快捷键	说 明
Go		F5	启动程序从当前位置全速运行
Break			中止程序运行
Reset			复位目标处理器
Stop Debugging		Ctrl＋Shift＋D	退出 C－SPY 调试器，返回编辑环境
Step Over		F10	单步执行一条 C 语句或汇编指令，不跟踪进入 C 函数或汇编语言子程序
Step Into		F11	跟踪执行一条 C 语句或汇编指令，跟踪进入 C 函数或汇编语言子程序
Step Out		Shift＋F11	启动 C 函数或汇编语言子程序从当前位置开始执行，并返回到调用该函数或子程序的下一条语句

续表 4-3

命令选项	快捷工具	快捷键	说　明
Next Statement			直接运行到下一条语句
Run to Cursor			从当前位置运行到光标指定处
Autostep			弹出对话框用于设定自动单步执行的方法，详见图 4-11
Set Next Statement			不执行任何语句，直接将 PC 定位到光标指定位置（注意可能破坏程序流程）
Memory>Save			进入子菜单，弹出对话框用于设定存储器保存区域，详见图 4-12
Memory>Restore			进入子菜单，弹出对话框用于从保存的文件内容恢复到指定存储器区域，详见图 4-13
Refresh			更新存储器、寄存器、观察和局部变量等窗口内的显示信息
Macros			弹出宏文件配置对话框，用于设置宏命令，详见图 4-14
Logging>Set Log File			进入子菜单，弹出对话框用于设置调试日志信息记录文件，详见图 4-15
Logging > Set Terminal I/O Log File			进入子菜单，弹出对话框用于设置 Terminal I/O 窗口信息的记录文件，详见图 4-16

单击 Debug 下拉菜单中的 Autostep 选项，弹出如图 4-11 所示对话框。在该对话框的下拉列表框中，可以将自动单步设置为 Step Into（Source level），Step Over（Source level），Next Statement，Step over（Instruction level）和 Step Over（Instruction level） 5 种类型中的一种，在 Delay 文本框中输入每次单步执行的延时时间，单击 Start 按钮即可开始以设定的方式自动单步运行。

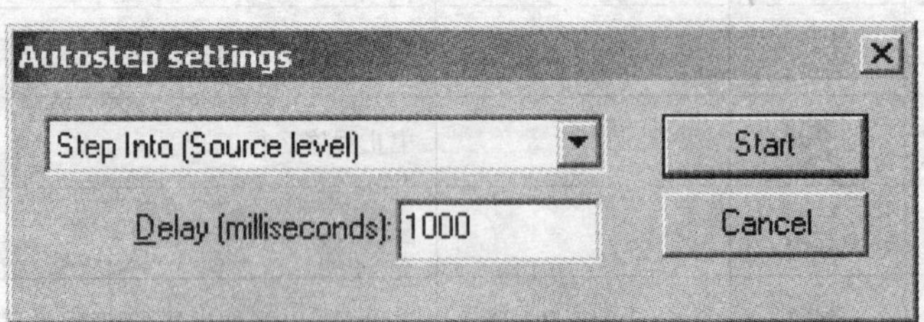

图 4-11　Autostep setting 对话框

单击 Debug 下拉菜单中的 Memory>Save 选项，进入子菜单，弹出如图 4-12 所示对话框。从 Zone 下拉列表框中选择存储器，在 Start address 文本框内输入起始地址，在 Stop address 文本框内输入结束地址，从 File format 下拉列表框中选择存储格式，在 Filename 文本框内输入希望保存的文件名，单击 Save 按钮即可将指定的存储器区域内容保存到文件中去。

单击 Debug 下拉菜单中的 Memory>Restore 选项，进入子菜单，弹出如图 4-13 所示对话框。从 Zone 下拉列表框中选择存储器，在 Filename 文本框内输入保存存储器内容的文件名，单

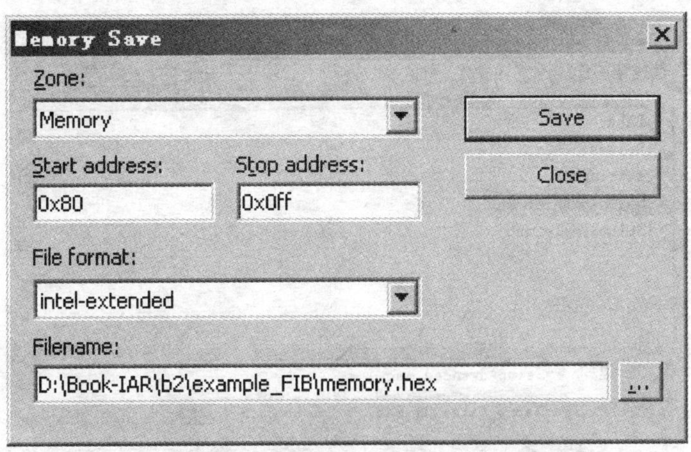

图 4－12　Memory Save 对话框

击 Restore 按钮即可将文件内容恢复到指定的存储器中。

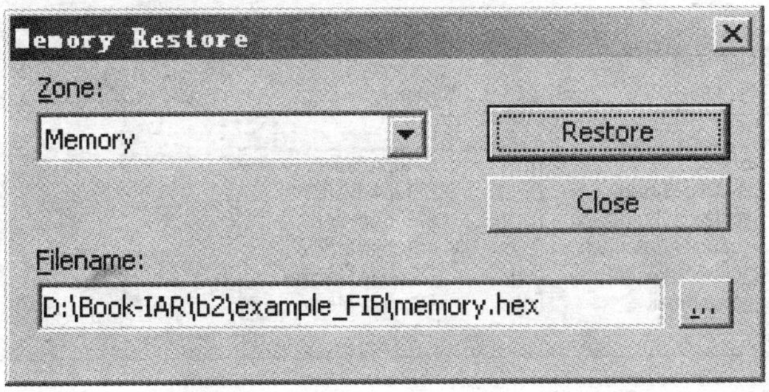

图 4－13　Memory Restore 对话框

单击 Debug 下拉菜单中的 Macros 选项，弹出如图 4－14 所示对话框，从“查找范围”下拉列表框内选取希望使用的宏文件，单击 Add 按钮将其加入到 Selected Macro Files 栏中，再单击 Register 按钮进行注册，调试日志(Debug log)窗口将显示已经装入指定的宏文件。通过 Registered Macros 选项区域内的单选按钮，可以选择显示已经注册的宏函数。单击 Remove 按钮可以删除指定的宏文件。系统宏函数无法删除，并且总是被注册的。

单击 Debug 下拉菜单中的 Logging>Set Log File 选项，弹出如图 4－15 所示对话框，选中 Enable log file 方形复选框，在 Include 选项区域内选择希望纪录的信息类型，在 Log file 下面的文本框内输入记录文件名及其路径；也可以单击 按钮选择记录文件名及其路径(可以使用参数变量)，单击 OK 按钮即可在指定目录下生成一个调试日志记录文件。

单击 Debug 下拉菜单中的 Logging> Set Terminal I/O Log File 选项，弹出如图 4－16 所示对话框，选中 Enable Terminal I/O log file 方形复选框，在下面的文本框内输入记录文件名及其路径；也可以单击 按钮选择记录文件名及其路径(可以使用参数变量)，单击 OK 按钮即可在指定目录下生成一个 Terminal I/O 记录文件。

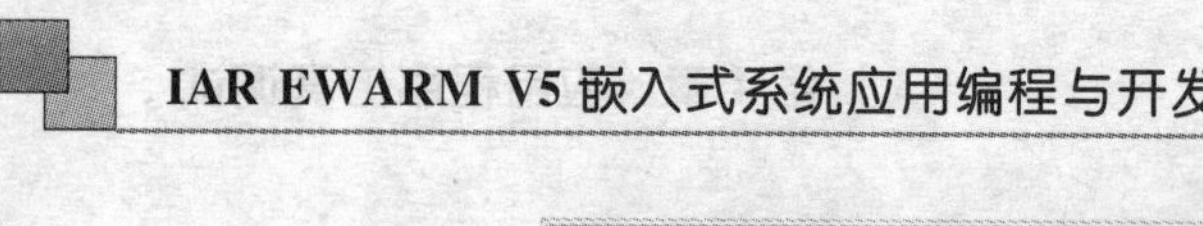

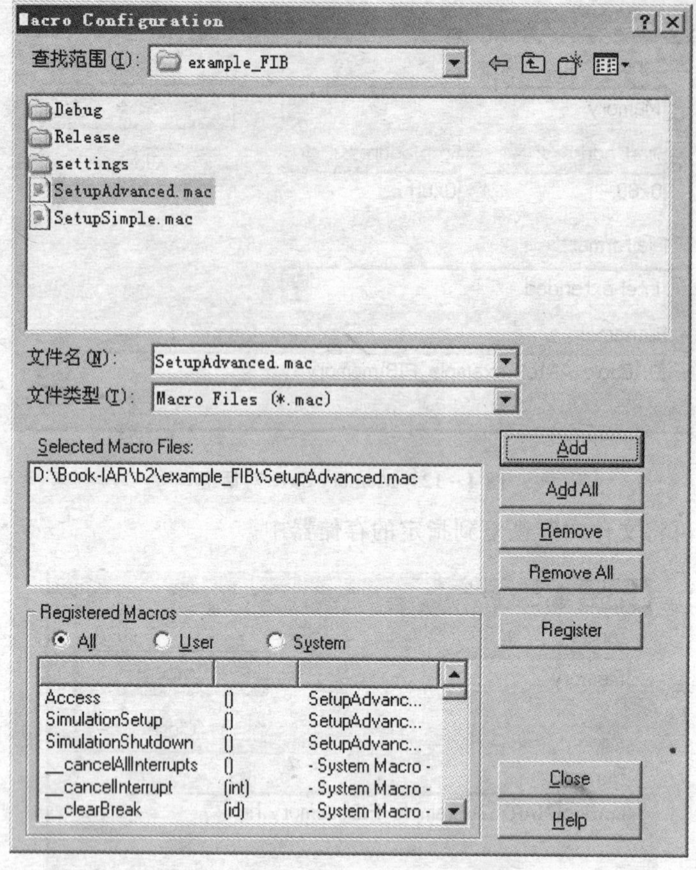

图 4-14　Macro Configuration 对话框

图 4-15　Log File 对话框

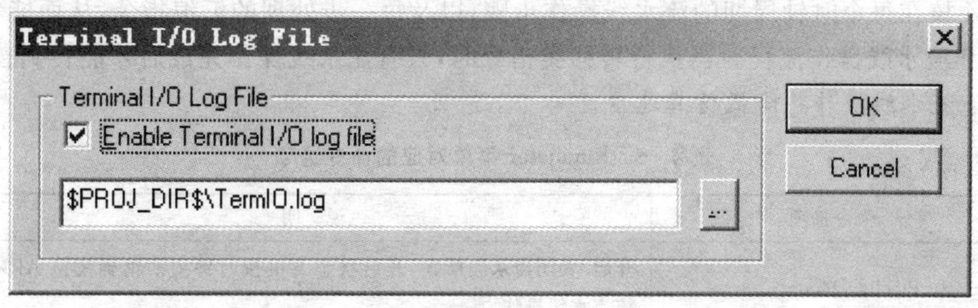

图 4－16　Terminal I/O Log File 对话框

4.2.3　Disassembly 菜单

Disassembly 菜单如图 4－17 所示，其中各个选项用于选择反汇编窗口中采用的反汇编模式，表 4－4 列出了 Disassembly 菜单对应的各个命令选项。

Disassemble in Thumb mode
Disassemble in ARM mode
Disassemble in Current processor mode
✔ Disassemble in Auto mode

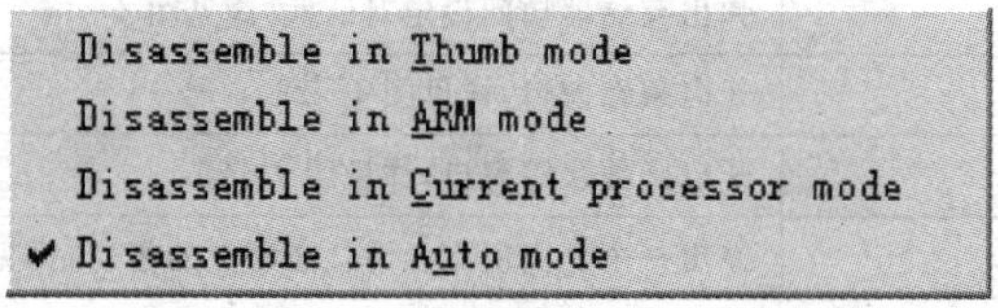

图 4－17　Disassembly 菜单

表 4－4　Disassembly 菜单对应的命令选项

命令选项	说　明
Disassemble in Thumb mode	以 Thumb 方式进行反汇编
Disassemble in ARM Mode	以 ARM 方式进行反汇编
Disassemble in Current processor mode	以当前处理器方式进行反汇编
Disassemble in Auto mode	以自动方式进行反汇编，这也是默认方式

从 Disassembly 菜单选择不同反汇编方式，必须对反汇编窗口进行几次上下滚动之后才能使之得到更新。

4.2.4　Simulator 菜单

在配置 C－SPY 调试器时，如果选择了 Simulator 驱动，将在下拉菜单条中生成 Simulator 菜单，如图 4－18 所示，专门用于纯软件模拟仿真调试。纯软件模拟仿真除了具备 C－SPY 调试器所有特点之外，还有一个突出特点，即不需要硬件目标系统，就可以对程序逻辑的正确性进行测试。表 4－5 列出了 Simulator 菜单对应的各个命令选项。

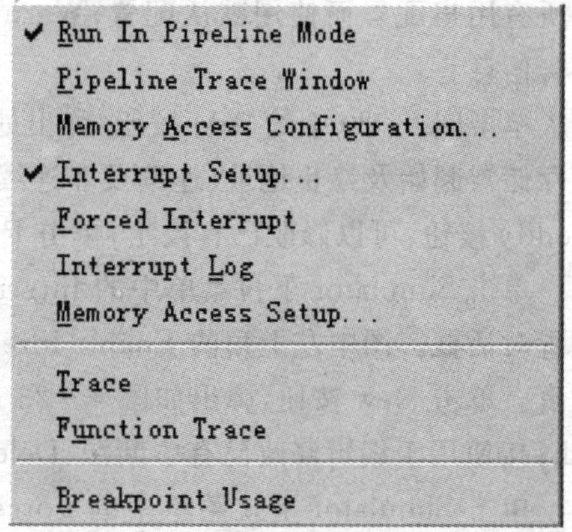

图 4－18　Simulator 菜单

单击 Simulator 下拉菜单中的 Pipeline Trace Window 选项，弹出如图 4－19 所示流水线观察窗口，显示 ARM 核在每个时钟周期的流水线操作步骤，以及每一步处理的汇编指令，从而能精确仿真每条指令和流水线操作流程。当执行转移类指令时，只有流水线操作完成后才能转到普通模式。

注意：流水线操作将降低仿真速度。

表 4－5　Simulator 菜单对应的命令选项

命令选项	说　明
Run In Pipeline Mode	开启/关闭流水线模式，开启状态下可按时钟周期精确模拟 ARM 核流水线操作
Pipeline Trace Window	开启流水线观察窗口，详见图 4－19
Memory Access Configuration	弹出存储器访问配置对话框，详见图 4－20
Interrupt Setup	弹出一个允许进行模拟中断仿真配置的对话框，详见图 4－22
Forced Interrupt	开启强制中断窗口，详见图 4－24
Interrupt Log	开启中断日志窗口，详见图 4－25
Memory Access Setup	弹出存储器访问设定对话框，详见图 4－26
Trace	开启跟踪窗口，详见图 4－28
Function Trace	开启函数跟踪窗口，详见图 4－29
Breakpoint Usage	弹出一个列出所有激活状态断点的窗口，详见图 4－30

Stage	Address	Opcode	Mnemonic	Operands	Commer	Comments
IF:	000081FC	FFF7	BL	__DebugBreak	; 0x81EC	; 0x81EC
Cycle 13267						
WB:						
MEM:						
EX:	000081FA	F7FF	;	pre BL/BLX		
ID:	000081FC	FFF7	BL	__DebugBreak	; 0x81EC	; 0x81EC
IF:	000081FE	E7FE	B	0x0081FE		

Pipeline View

图 4－19　流水线观察窗口

单击 Simulator 下拉菜单中的 Memory Access Configuration 选项，弹出如图 4－20 所示存储器访问配置对话框，可以指定访问特定存储器地址范围所需要的时钟周期数，用于在流水线模式下定制存储器访问时间和总线宽度。对话框左下角 Use default cost only 方形复选框，用于禁止所有用户配置而使用默认配置；Warn about unspecified accesses 复选框，用于产生意外访问警告信息。

单击图 4－20 中的 Add 按钮，弹出如图 4－21 所示存储器访问时间设定对话框，从中可以指定存储器起始及终止地址、连续及非连续读/写时钟周期以及总线宽度。如果在图 4－20 中单击 Modify 按钮，可以修改已有设定；单击 Remove 按钮，则删除已有设定。

单击 Simulator 下拉菜单中的 Interrupt Setup 选项，将弹出如图 4－22 所示模拟中断仿真配置对话框。图中左上角的 Enable interrupt simulation 方形复选框，用于允许/禁止模拟中断仿真。单击 New 按钮，弹出如图 4－23 所示中断源编辑对话框，用于添加需要仿真的中断源；Edit 按钮用于编辑修改已有中断源；Delete 按钮用于删除已有中断源。

单击 Simulator 下拉菜单中的 Forced Interrupts 选项，将弹出如图 4－24 所示强制中断窗口，其中列出了所有可用中断源，选择一个中断源并单击 Trigger 按钮，即可强制产生该中断，这

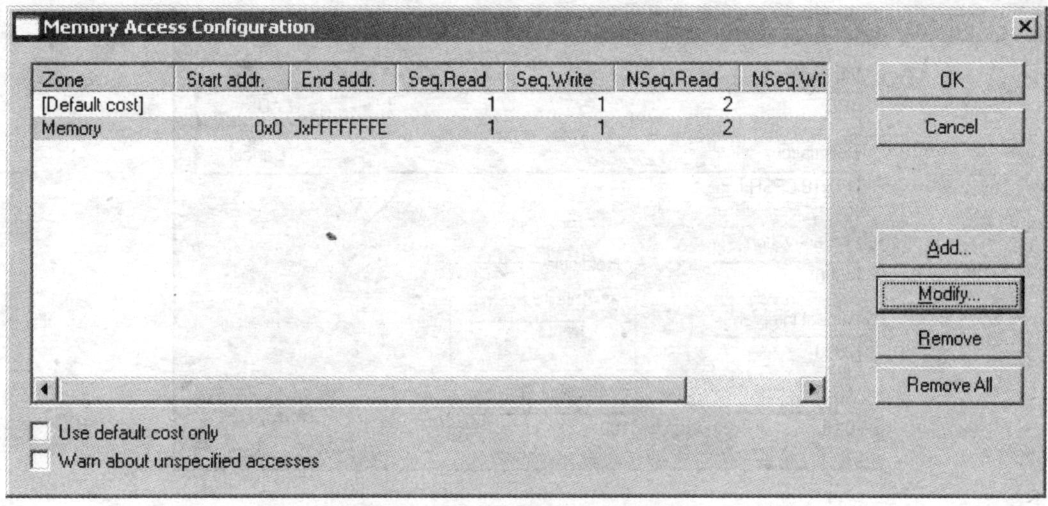

图 4-20　存储器访问配置对话框

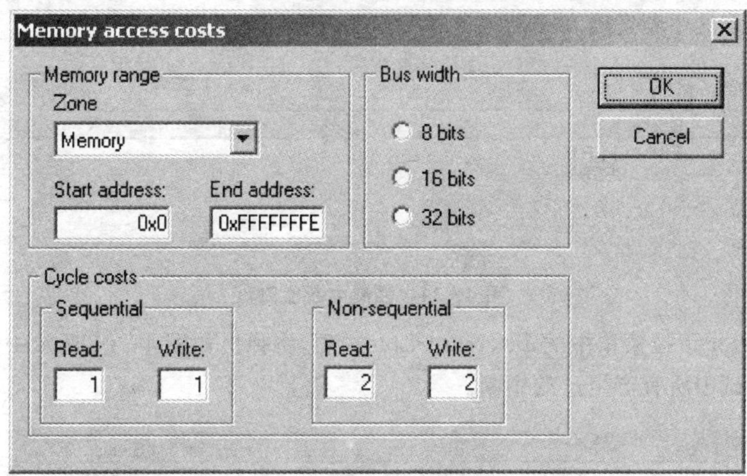

图 4-21　存储器访问时间设定对话框

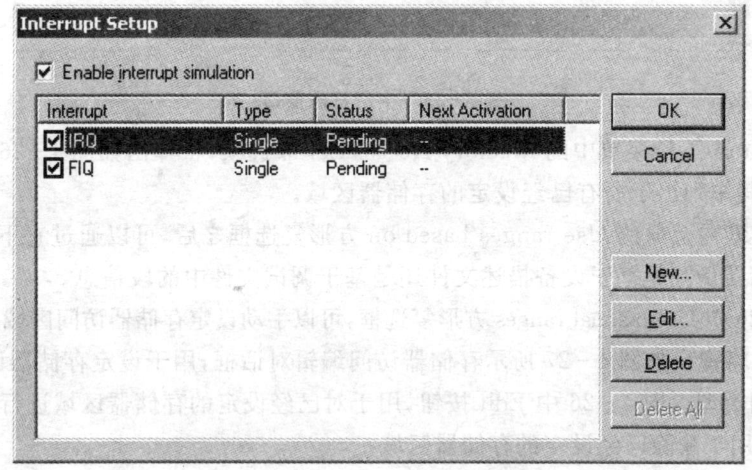

图 4-22　模拟中断仿真配置对话框

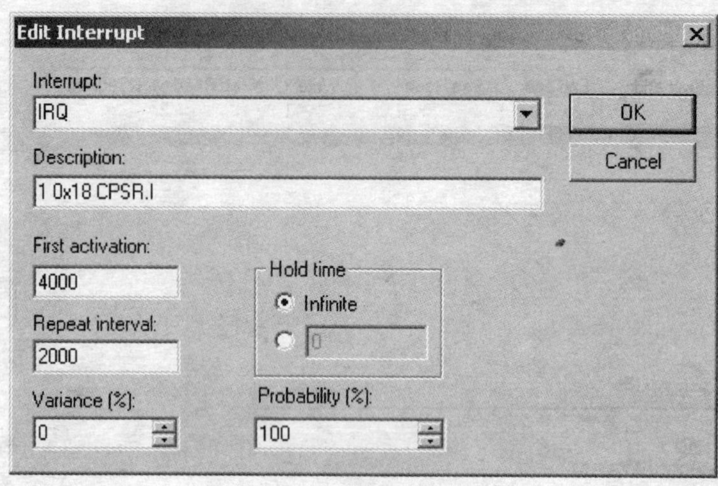

图 4-23 中断源编辑对话框

对于检查用户系统的中断逻辑和中断服务特别有用。

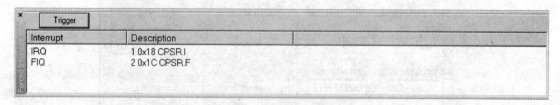

图 4-24 强制中断窗口

单击 Simulator 下拉菜单中的 Interrupt Log 选项，将弹出如图 4-25 所示中断日志窗口，其中列出了程序调试中所有产生过的中断。

Cycles	PC	Interrupt	Number	Status
4001	0x8272	IRQ	3	Triggered
13267	0x81EC	FIQ	8	Forced

图 4-25 中断日志窗口

单击 Simulator 下拉菜单中的 Memory Access Setup 选项，将弹出如图 4-26 所示存储器访问设定对话框，其中列出了所有已经设定的存储器区域。

选择图 4-26 左上角的 Use ranges based on 方形复选框之后，可以通过它下面两个圆形复选框来指定存储器访问是基于设备描述文件还是基于调试文件中的段信息。

选择图 4-26 中 Use manual ranges 方形复选框，可以手动设定存储器访问区域。单击图 4-26 中的 New 按钮，将弹出如图 4-27 所示存储器访问编辑对话框，用于设定存储器区域的起始/终止地址以及访问类型。图 4-26 中 Edit 按钮，用于对已经设定的存储器区域进行修改；图 4-26 中 Delete 按钮，用于删除已经设定的存储器区域。

单击 Simulator 下拉菜单中的 Trace 选项，将弹出如图 4-28 所示指令跟踪窗口，用于跟踪显示已经执行的机器指令序列。

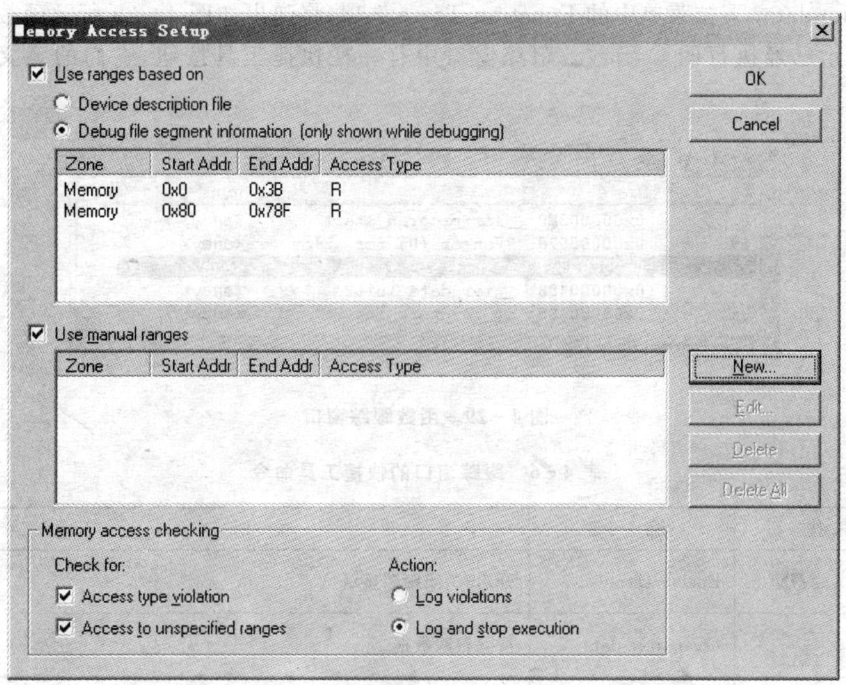

图 4－26　存储器访问设定对话框

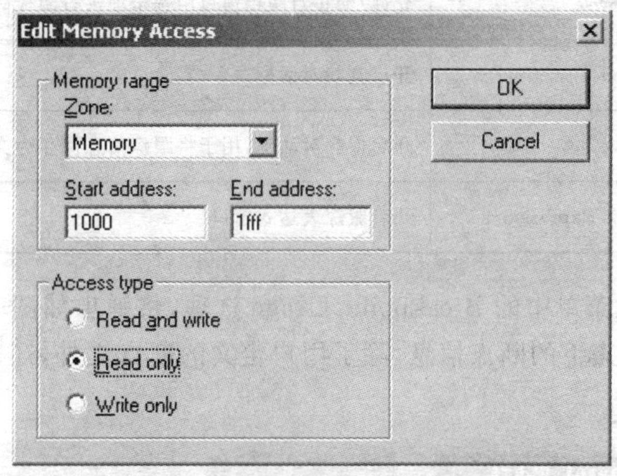

图 4－27　存储器访问编辑对话框

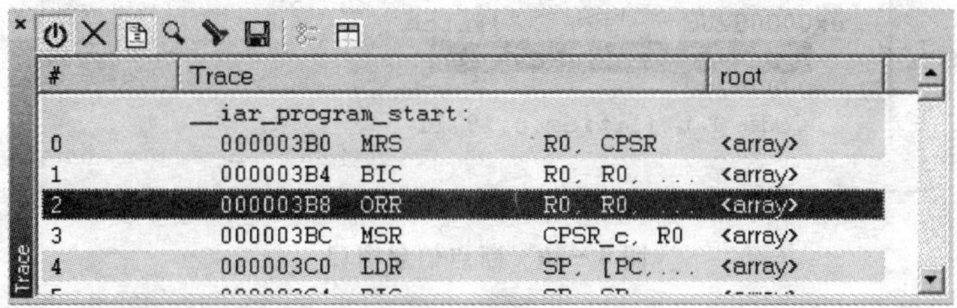

图 4－28　指令跟踪窗口

单击 Simulator 下拉菜单中的 Function Trace 选项，将弹出如图 4-29 所示函数跟踪窗口，用于跟踪显示已经执行的 C 函数。跟踪窗口中有一栏快捷工具按钮，它们的意义如表 4-6 所列。

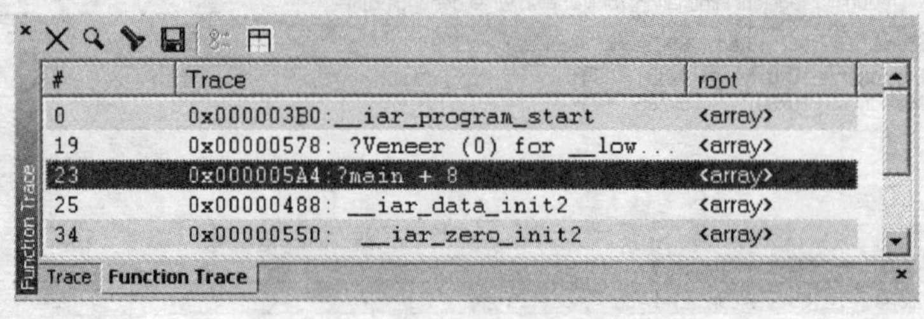

图 4-29 函数跟踪窗口

表 4-6 跟踪窗口的快捷工具命令

按 钮	命 令	说 明
	Enable/Disable	开启/关闭跟踪显示
	Clear trace data	清除跟踪数据
	Toggle Source	允许/禁止源代码与反汇编同时显示
	Browse	允许/禁止对跟踪窗口中选定项进行源代码浏览
	Find	开启查找对话框
	Save	开启保存对话框，用于将跟踪信息保存为文本文件
	Edit Expressions	开启跟踪表达式窗口

单击 Simulator 下拉菜单中的 Breakpoint Usage 选项，将弹出如图 4-30 所示断点信息窗口，用于显示所有激活状态下的断点信息，除了用户定义的断点之外，还包括 C-SPY 调试器使用的内部断点。

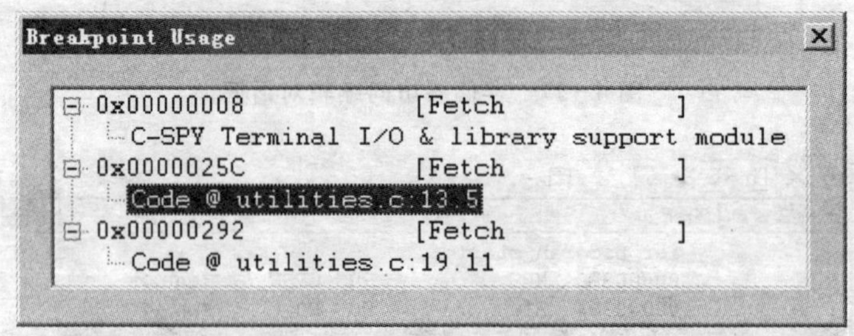

图 4-30 断点信息窗口

4.3　用 C－SPY 调试用户程序

用 C－SPY 调试应用程序时，允许用户采用源代码调试模式、反汇编调试模式以及混合调试模式。在源代码调试模式下，编辑器窗口中显示 C 语言源代码程序，用户可以单步运行程序，同时监控变量和数据的值，这是应用程序开发最快捷的方式。在反汇编调试模式下，可以打开反汇编窗口，显示应用程序的助记符和汇编指令，每次准确地执行一条汇编指令，从而可以关注程序的关键部分，并对硬件进行精确的控制。在混合调试模式下，同时打开源代码窗口和反汇编窗口，以便于观察 C 语言语句与汇编语言指令代码之间的关系。不管采用哪种模式，调试过程中都可以随时显示或修改寄存器和存储器的内容。

4.3.1　程序执行方式

用 C－SPY 调试用户程序时，可以通过 Debug 下拉菜单选择不同的程序执行方式，如单步运行、全速运行和断点运行等。

1. 单步运行方式

C－SPY 调试器提供了 4 种单步运行命令：Step Into，Step Over，Step Out 和 Next Statement，下面用一个具体例子来说明它们的不同之处。

【例 4－1】 下面是一段 C 语言程序，假设程序已经运行到 Main()函数中的 f()函数调用处（黑体字 f(5)处）：

```
int value;

int g(int i){
    i = i + 1;
    return i;
}

int f(int n){
    value = g(n - 1) + g(n - 2) + g(n - 3);
    return value;
}

void main(void){
    f(5);
    value ++ ;
}
```

此时若采用 Step Into 单步运行，将跟踪进入 f()函数子进程的第一步点 g(n－1)处：

```
int f(int n) {
    value = g(n - 1) + g(n - 2) + g(n - 3);
    return value;
}
```

接着再次使用 Step Into 单步运行，将跟踪进入到 g()函数的语句 i=i+1；由此可见，Step Into 单步运行命令无论是否在同一函数内，总是控制程序从当前位置运行至正常控制流中的下一个步点。

下面再来看看 Step Over 单步运行命令。如果在跟踪进入 f()函数的 g(n-1)处时接着使用 Step Over，将运行到 g(n-2)函数调用处，由此可见，Step Over 单步运行命令，在同一函数中将运行至下一步点，而不会跟踪进入调用函数内部：

```
int f(int n) {
    value = g(n-1) + g(n-2) + g(n-3);
    return value;
}
```

显然，如果再次使用 Step Over 单步运行，将运行到 g(n-3)函数调用处。这里 g(n-2)和 g(n-3)并不是一个语句，其作用与 g(n-1)相同，因此用户可以跳过这些雷同部分，采用 Next Statement 单步运行命令直接执行到下一语句 return value：

```
int f(int n) {
    value = f(n-1) + f(n-2) + f(n-3);
    return value;
}
```

使用 Step Into 单步运行命令跟踪进入一个函数体内之后，如果不想一直跟踪到该函数末尾，则可以使用 Step Out 单步运行命令，立即执行完整个函数调用并返回到调用语句的下一条语句：

```
void main(void){
    f(5);
    value ++;
}
```

当用户程序中包含很多嵌套函数调用的 C 语言语句时，使用 Step Into 单步运行命令，可以逐层进入一个复杂语句中的单一函数并跟踪其运行过程，这对于分析程序流程和逻辑关系十分有用。使用 Step Into 单步运行命令将显著降低程序运行速度，如果不需要详细跟踪每一个执行细节，则可以采用 Step Out 和 Next Statement 单步运行命令加快执行速度。

C-SPY 调试器在程序运行的每一步，都以绿色高亮条来标识对应的 C/C++源代码或汇编语言指令，对于没有函数调用的简单语句，整个语句都以高亮显示。如果程序停在一个带有函数调用的语句处，C-SPY 将把第一个调用设为高亮显示，这样可以更为清晰地标识出 Step Into 和 Step Over 单步运行的含义。

有时，在源代码窗口中用高亮条标识的语句使用普通白色来标识一个变量，这是由于当程序计数器(PC)位于一条汇编指令处，该指令是一条源代码语句的一部分，但并不位于步进点处而引起的。这种情况在反汇编调试模式下，从反汇编窗口经常可以见到。只有当程序计数器(PC)位于源代码语句的第一条指令处，才使用常规高亮条显示。

2. 全速运行方式

C-SPY 调试器提供一条全速运行命令 Go，从当前位置开始，一直运行到一个断点或程序

末尾。

3. 使用断点暂停程序运行

C-SPY 调试器提供了丰富的断点功能，用户可以在程序中设置不同类型的断点，在特定位置暂停程序运行。这些位置既可以位于用户想检验程序逻辑性是否正确的代码段，也可以位于用户想查看何时以及如何进行数据交换的数据存取段。当采用 C-SPY 模拟器(Simulator)调试程序时，有时需要利用一种特殊的断点来实现硬件设备的仿真。

C-SPY 调试器还提供了一条 Run to Cursor 命令，使程序运行至光标所在的源代码处暂停，这实际上是一种特殊断点方式，Run to Cursor 命令还可以在反汇编窗口以及堆栈调用窗口使用。

关于断点系统的详细介绍和如何使用不同类型断点的方法，请参见 4.5 节的内容。

4. 中止程序运行

在运行程序过程中，可以随时采用 Debug 下拉菜单中的 Break 命令选项，或快捷工具条上的 Break 按钮 中止程序运行。

5. 运行至程序末尾时停止

通常嵌入式应用程序是一个无限循环，即不会使用一般的退出方式。然而，有些情况下需要采用控制退出，比如在调试阶段往往需要采用控制退出。用户可以将程序与一个包含退出标号的特殊库链接在一起，C-SPY 将自动在标号上设置一个断点，用以停止程序运行。具体方法是在进入 C-SPY 调试器之前，单击 Project 下拉菜单中的 Options 选项，在弹出对话框左侧的 Category 栏内选择 General Options，然后在 Library Configuration 选项卡的 Library low-level interface implementation 选项栏中，选择 Semihosted 圆形复选框。

6. 利用 Terminal I/O 窗口实现输入/输出

采用 C-SPY 模拟器(Simulator)调试程序时，利用 Terminal I/O 窗口和 stdin，stdout 库函数，可以在没有实际硬件的条件下，实现输入/输出操作。为此应在进入 C-SPY 调试器之前，单击 Project 下拉菜单中的 Options 选项，在弹出对话框左侧的 Category 栏内选择 General Options，然后在 Library Configuration 选项卡的 Librarylow-level interface implementation 选项栏中，选择 Semihosted 或 IAR breakpoint 圆形复选框。这样在用 C-SPY 模拟器调试程序时，就可以从 Terminal I/O 窗口实现输入/输出操作了。此外，还可以利用 C-SPY 模拟器 Debug 下拉菜单中的 Logging>Set Terminal I/O Log File 选项，将 Terminal I/O 窗口的输入/输出结果保存到一个文件中。

4.3.2 用 Call Stack 窗口跟踪函数调用

在程序调试中往往希望能对函数的调用过程进行跟踪，利用 IAR C/C++编译器生成的扩展逆追踪信息。C-SPY 可以在调试用户程序过程中，跟踪显示当前调用函数内容，以方便调试和修改源代码中的错误。

在 C-SPY 调试状态下，单击 View 下拉菜单中的 Call Stack 选项，开启如图 4-31 所示调用堆栈窗口，其中显示的是程序调试过程中函数调用的列表，并将当前函数置顶。需要在调用链中检查某个函数时，只要双击该函数名，与该函数有关的所有窗口(包括源代码窗口、局部变量窗口、寄存器窗口及观察窗口等)都将更新显示它的调用结构。在源代码和反汇编窗口中，绿色亮

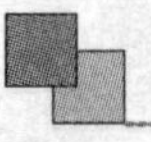

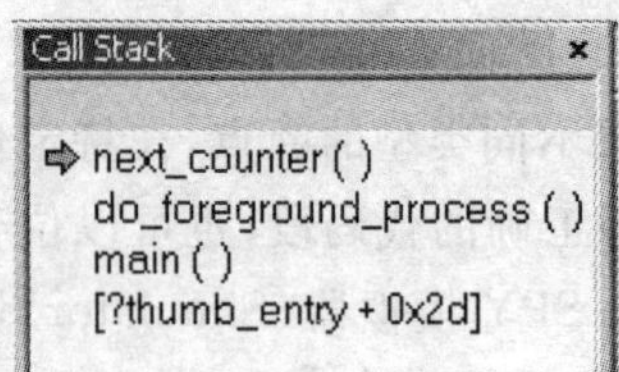

图 4-31　调用堆栈窗口

条表示当前的调用结构，黄色亮条表示其他调用结构。一个函数通常不会使用所有的寄存器，在寄存器窗口中以虚线表示未使用的寄存器。在调用堆栈窗口内右击，利用快捷菜单可以很方便地实现跳转到函数源代码、显示函数参数、运行到光标处以及设置断点等操作。

汇编源代码不会自动包含任何逆追踪信息。如果希望在汇编模块中看到调用链，则要在源代码中添加恰当的 CFI 汇编指示符。详见 IAR 汇编器参考手册。

4.4　变量和表达式

IAR C/C++编译器具有多种优化功能，经过恰当的配置，编译器可以尽可能地优化应用程序。如果在配置中选择较高层次的优化处理，应用程序的优化程度将更高，生成的目标代码长度更短，速度更快。但优化处理之后可能导致源代码与生成的目标代码之间不再具有一一对应关系，从而给调试带来困难。如果用户需要在调试过程中了解更多的程序运行信息，应该使用较低级别的优化选项进行编译，待程序调试到一定程度以后，再采用较高级别的优化选项重新进行编译。

4.4.1　C-SPY 表达式

C-SPY 允许在调试过程中检验源程序定义的变量和表达式，还允许用户定义用于计算表达式值的宏变量和宏函数。C-SPY 表达式可以包含除函数调用之外任何类型的 C 表达式，表达式中可以使用 C/C++符号、汇编符号、寄存器名和汇编标号、C-SPY 宏函数、C-SPY 宏变量等。

下面是一些有效的 C-SPY 表达式：

```
i + j
i = 42
#asm_label
#R2
#PC
my_macro_func(19)
```

1. C 符号

C 符号是指用户在 C 语言源程序中定义的符号，如变量、常量和函数等。C 符号可以通过其名称进行调用。

2. 汇编符号

汇编符号可以是汇编标号或寄存器名，如通用寄存器 R0～R14、特殊功能寄存器如程序计数器 PC 和状态寄存器 CPSR，SPSR 等。如果使用了设备描述文件，所有存储器映像的外围单元，如 I/O 接口等，则都可以像 CPU 寄存器一样作为汇编符号使用。在 C-SPY 表达式中使用汇编符号时要冠以井号“#”，例如：

```
#PC++                    //程序计数器 PC 增量
```

```
myptr = ＃label7                    //将标号＃label7 的整数地址赋给 myptr
```

要尽量避免汇编标号名与 CPU 寄存器名出现雷同，不得已一定要使用与 CPU 寄存器同名的汇编标号时，必须在标号名上添加单引号“`”(ASCⅡ码 0x60)，例如：

```
＃PC                                 //程序计数器 PC
＃`PC`                               //汇编标号 PC
```

3. 宏函数

宏函数由 C－SPY 变量定义和宏语句组成。宏变量在应用程序外部进行定义和分配，分配宏变量时要同时指定其值和类型。在一个 C－SPY 表达式中，当 C 符号名与 C－SPY 宏变量名发生雷同时，C－SPY 宏变量名具有高优先权。

关于 C－SPY 使用宏函数和宏变量的详细信息，请参见 4.7 节的内容。

4.4.2　察看变量和表达式

可以通过以下几种方式来察看变量和表达式的值。

在源代码窗口中将鼠标指向希望察看的变量，对应的值将显示在该变量旁边。图 4－32 中小矩形框所示内容就是对应变量 MAX_FIB 的值。

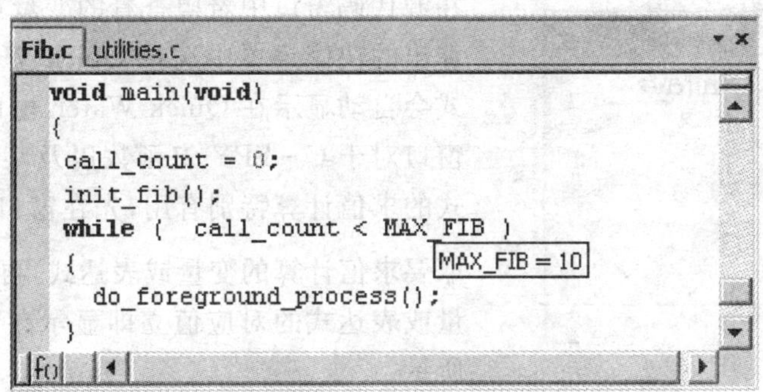

图 4－32　从源代码窗口中直接察看变量

单击 View 下拉菜单中的 Auto 选项，开启的 Auto 窗口中将自动显示与当前语句相关变量和表达式的值，如图 4－33 所示。

单击 View 下拉菜单中的 Locals 选项，开启的 Locals 窗口中将显示当前运行函数的局部变量和函数参数值，如图 4－34 所示。

Auto

Expression	Value
⊟ get_fib	0x000081A0
└	0x000081A0
call_count	1

图 4－33　利用 Auto 窗口察看变量

Locals

Expression	Value
out	1
dec	10
temp	32773

图 4－34　利用 Locals 窗口察看变量

单击 View 下拉菜单中的 Watch 选项，开启 Watch 窗口，在窗口的 Expression 栏定义用户希望查看的变量和表达式，也可以直接从源代码窗口将变量和表达式拖到 Expression 栏，对应变量和表达式的值将随程序执行而不断更新显示，如图 4-35 所示。单击 View 下拉菜单中的 Live Watch 选项，开启 Live Watch 窗口，用于观察全局变量，用法与 Watch 窗口类似。

Watch

Expression	Value	Location	Type
call_count	0	0x00100000	int
MAX_FIB	10		int

Auto Watch

图 4-35　利用 Watch 窗口察看变量

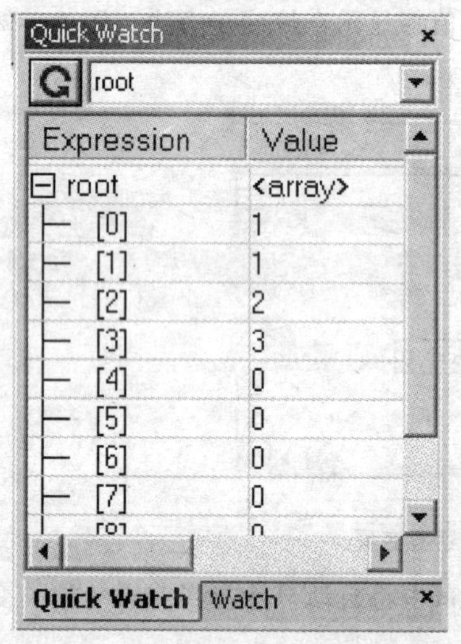

图 4-36　利用 Quick Watch 窗口察看变量

C-SPY 调试器还提供了一个 Quick Watch（快速查看）窗口，帮助用户快速查看变量、表达式的值。在源代码窗口中希望查看的变量或表达式上右击，在弹出的快捷菜单中选择 Quick Watch，该变量或表达式会自动显示在 Quick Watch 窗口中。Quick Watch 窗口对于 C-SPY 宏函数以及某些特殊变量或表达式的求值计算特别有用，先在窗口的下拉列表框内选取要求值计算的变量或表达式，再单击图标，该变量或表达式的对应值立即显示在窗口中，如图 4-36 所示。

上述所有窗口使用起来都很方便，用户可以在窗口内添加、修改和删除变量或表达式，每个窗口都具有右键功能，提供了丰富的快捷菜单命令选项，如改变显示格式、将 Quick Watch 窗口中的变量或表达式加入到 Watch 窗口等。

4.5　断　点

C-SPY 调试器的断点系统，允许用户在调试过程中设置不同类型的断点，以便使程序在某些关键位置暂停运行。用户可以设置 code（代码）断点，以检查程序逻辑结构是否正确；也可以设置 data（数据）断点，以观察数据是如何变化的。在使用 Simulator 模拟器仿真时，还可以设置 immediate（立即）断点和特殊条件断点，例如在不中断程序运行的情况下运行一个 C-SPY 宏函数，利用宏函数完成一系列复杂的动作，来模拟实际硬件操作等。

用户设置的所有断点都会在 Breakpoints 窗口中列表显示，通过该窗口可以方便地观察、允许（enable）和禁止（disable）这些断点。不一定要进入 C-SPY 调试器才能设置断点，在编辑源

程序代码时就可以设置断点，但只有进入 C-SPY 调试状态后断点才能生效。

4.5.1 定义断点

可以采用多种方法定义断点，最简单的方法是先将鼠标指向源代码窗口（或者反汇编窗口）中希望设置断点位置左边的灰色空白处，再双击；也可以在选取了希望设置断点位置后，单击 Edit 下拉菜单中的 Toggle Breakpoint 选项；或直接单击快捷工具图标，都可以在指定位置设置一个断点，同时源代码窗口相应语句位置将以高亮红色显示，左边空白处还将显示一个红色圆点，如图 4-37 所示。

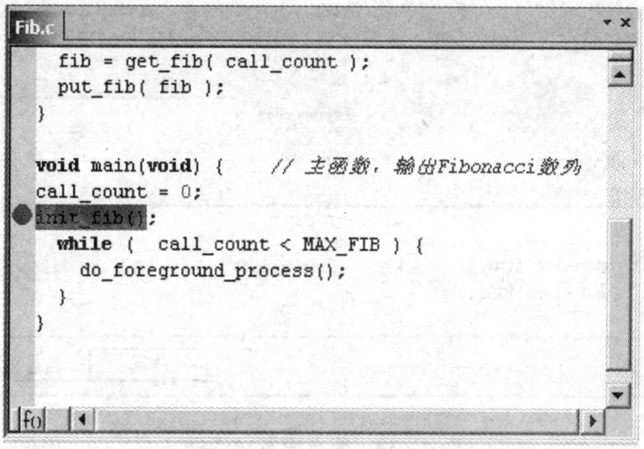

```
Fib.c
  fib = get_fib( call_count );
  put_fib( fib );
}

void main(void) {     // 主函数，输出Fibonacci数列
call_count = 0;
init_fib();
  while (  call_count < MAX_FIB ) {
    do_foreground_process();
  }
}
```

图 4-37 设置断点后的源代码窗口

1. 在存储器窗口中设置断点

先在存储器窗口中选取希望设置断点的某一段区域，再右击，从弹出的快捷菜单中选择 Set Date Breakpoint 选项，即可在指定存储器地址上设置数据断点。存储器窗口中设置的数据断点并不以高亮方式显示，用户可以使用 Breakpoints 窗口进行查看、编辑和删除操作。所有在存储器窗口中定义的数据断点在满足读、写条件时将被触发，并在调试期间都将被保存。

注意： *在存储器窗口中设置不同类型的断点，必须有相应的驱动支持。*

2. 使用对话框设置断点

单击 View 下拉菜单中的 Breakpoints 选项，打开断点窗口。在断点窗口中右击，选择快捷菜单中的 New Breakpoint 进入子菜单，如图 4-38 所示。根据需要选择断点类型如 Code，Log，Data 和 Imm 等，进入一个断点对话框中进行具体断点设置。

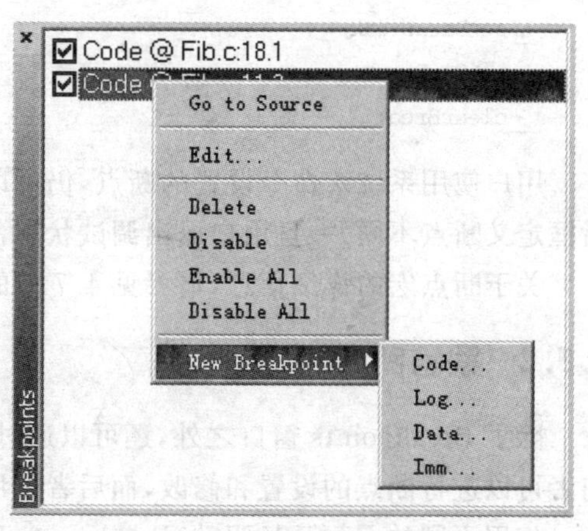

图 4-38 断点窗口中的快捷菜单

对于已经存在的断点，可单击快捷菜单中的 Edit，进入对话框修改断点设置，如图 4-39 所示。在调试期间，通过断点对话框设置的所有断点都将予以保存。

断点设置对话框中的 Action 栏用于将一个

C－SPY调试器操作与断点相连。例如可在 Action 栏的 Expression 文本框内输入一个 C－SPY 宏函数名，当断点被触发时程序停止运行，而 C－SPY 调试器将执行这个宏函数。断点设置对话框中的 Conditions 栏用于设置断点条件。在 Conditions 栏的 Expression 文本框内输入条件表达式，同时选中 Condition true 复选框，则只有当满足设定条件时才会触发该断点。

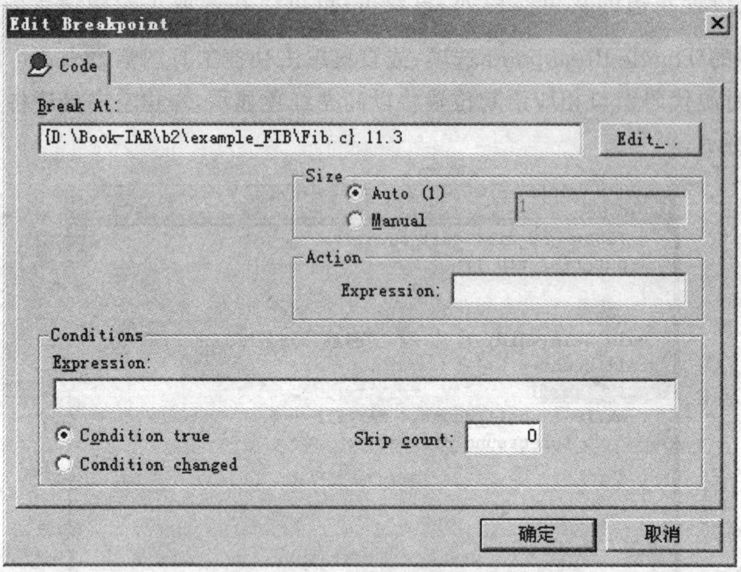

图 4－39　断点设置对话框

利用断点可以跟踪错误的函数参数，例如一个带指针参数的函数可能被错误地以 NULL 参数进行调用，此时可以在该函数第一行设置一个条件断点，并将条件设为当参数为 0 时为"真"，从而当程序运行中发生上述错误时就会触发断点而导致运行暂停。

3. 使用系统宏命令设置断点

用户可以通过宏文件，利用内嵌系统宏命令来设置断点，并在启动 C－SPY 调试器时运行该宏文件，使这些断点自动生成。可以使用如下断点宏命令：

__setCodeBreak
__setDataBreak
__setSimBreak
__clearBreak

用户使用系统宏命令设置的断点，仍可以通过 Breakpoints 窗口进行查看和编辑，与使用对话框定义断点不同，一旦用户退出调试状态，使用系统宏命令定义的断点就被删除。

关于断点宏的详细信息，请参见 4.7 节的内容。

4.5.2　察看断点

除了 Breakpoints 窗口之外，还可以通过 Breakpoint Usage 窗口察看断点，它们的区别在于前者可以进行断点的设置和修改，而后者仅用于察看断点的使用情况。

使用不同的 C－SPY 驱动，Breakpoint Usage 窗口的启动有所不同。使用模拟器调试驱动时，通过 Simulator 下拉菜单中的 Breakpoint Usage 选项启动，使用 IAR J－Link 仿真器驱动

时，则通过 J - Link 下拉菜单中的 Breakpoint Usage 选项启动。启动后 Breakpoint Usage 窗口如图 4 - 40 所示。

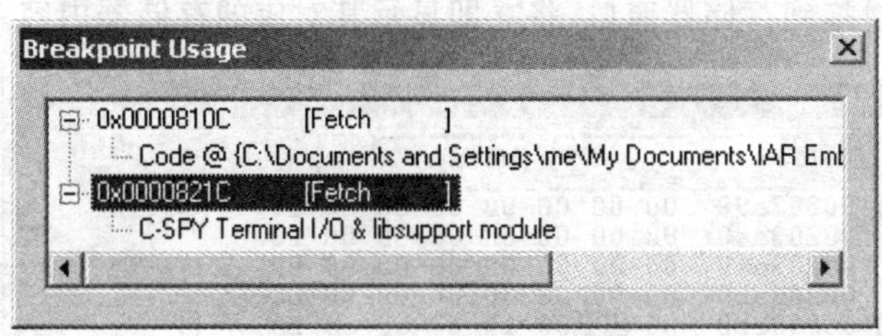

图 4 - 40　断点使用窗口

Breakpoint Usage 窗口列出了目标系统中所有的断点集合，包括当前用户定义断点和 C - SPY 内嵌宏定义断点。每个断点的地址和类型信息都被显示出来，并且还显示了所有断点的底层信息，与在 Breakpoints 窗口中显示的信息有联系，但又不完全一致。

底层断点的数量过多时，将导致调试器单步执行，这将明显降低执行速度。因此，在调试器系统中断点数量应有所限制，这样才能保证 Breakpoint Usage 窗口能有效应用于识别所有的用户断点，检查目标系统所支持的激活断点数量，可能情况下通过配置调试器以便更好地使用断点。

调试系统中主要有用户断点和 C - SPY 断点。

用户断点由用户定义，通常一个用户断点消耗一个底层断点，也可能一个用户断点消耗多个底层断点，或者多个用户断点共用同一个底层断点。

C - SPY 自身也占用断点。C - SPY 在如下情况下将设置断点：

- 在 C - SPY 调试状态下选择了 Runto 或单步运行命令，调试器运行时将设置临时断点。在 Breakpoint Usage 窗口中不可见这些临时断点。
- 在项目配置过程中选择了 Semihosted 或者 IAR breakpoint 选项，调试器运行时将设置临时断点。这些类型的断点将在 Breakpoint Usage 窗口中显示。

另外，C - SPY 调试器插件模块，如实时操作系统用到的模块，也将占用额外的断点。

4.6　察看存储器和寄存器

C - SPY 中采用术语 Zone 来表示一个指定的存储器区域。有 4 种存储器区域：Memory，Memory8，Memory16 和 Memory32。它们通常用在存储器窗口和反汇编窗口中，并且可由用户选择采用哪种存储器区域，从而可以控制存储器读/写访问宽度。对于普通存储器而言，可以采用默认存储器区域；但对于某些输入/输出寄存器，需要采用 8，16 或 32 位访问宽度才能得到正确的结果。

4.6.1　使用存储器窗口

在 C - SPY 调试状态下，单击 View 下拉菜单中的 Memory 选项，开启存储器窗口，如图 4 - 41所示。在 Go to 文本框内输入地址后回车，光标立即跳到指定地址处。在 Memory 右侧的下拉列表框中，可以选择不同的存储器区域。可以同时打开多个窗口，指定显示存储器区域并允许进行编辑，从而可方便地监控不同存储器区域。窗口显示内容分为 3 列，最左边一列显示目前查看的地址。中间一列以用户选定的格式显示存储器内容，最右边一列以 ASCII 码显示存储器内容。将一个指定变量拖到存储器窗口，将立即显示其对应的存储器内容。

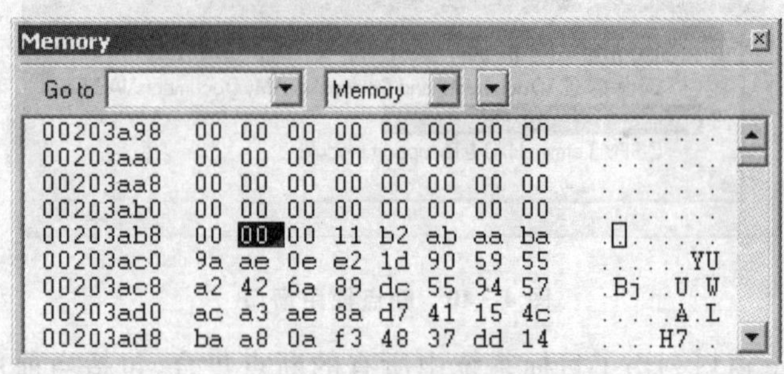

图 4-41　存储器窗口

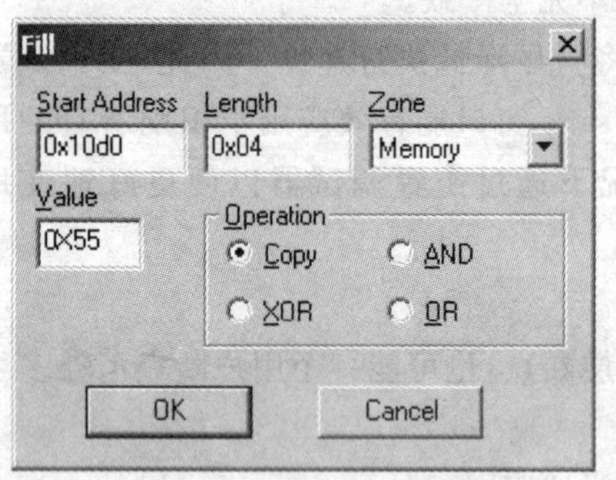

图 4-42　Memory Fill 对话框

在存储器窗口中右击，可以方便地通过快捷菜单中的命令选项实现对存储器进行操作，如单击快捷菜单中的 Memory Fill 命令，弹出如图 4-42 所示的对话框，在 Start Address 文本框中，输入起始地址，在 Length 文本框中输入地址长度，在 Zone 文本框中选择需要填充的存储器区域，在 Value 文本框中输入填充值，在 Operation 选项区选择合适的操作选项，单击 OK 按钮即可将希望值填充到指定的存储器区域。其他快捷菜单操作命令还有编辑、设置数据断点等。

4.6.2　使用寄存器窗口

在 C-SPY 调试状态下单击 View 下拉菜单中的 Register 选项，开启寄存器窗口，如图 4-43所示。每当程序暂停执行时，寄存器窗口将以高亮方式显示当前被改变的寄存器内容。双击某个寄存器的内容，可以进行编辑修改。

Register

CPU Registers

R0	= 0x00000000	⊞SPSR	= 0x00000000	R13_irq	= 0x00102128
R1	= 0x0000836C	PC	= 0x00008104	R14_irq	= 0x00000000
R2	= 0x00008370	R8_fiq	= 0x00000000	⊞SPSR_irq	= 0x00000000
R3	= 0x00100000	R9_fiq	= 0x00000000	R13_und	= 0x00000000
R4	= 0x00008105	R10_fiq	= 0x00000000	R14_und	= 0x00000000
R5	= 0x000080C7	R11_fiq	= 0x00000000	⊞SPSR_und	= 0x00000000
R6	= 0x00008005	R12_fiq	= 0x00000000	R8_usr	= 0x00000000
R7	= 0x000080BD	R13_fiq	= 0x00000000	R9_usr	= 0x00000000
R8	= 0x00000000	R14_fiq	= 0x00000000	R10_usr	= 0x00000000
R9	= 0x00000000	⊞SPSR_fiq	= 0x00000000	R11_usr	= 0x00000000
R10	= 0x00000000	R13_svc	= 0x00000000	R12_usr	= 0x00008099
R11	= 0x00000000	R14_svc	= 0x00000000	R13_usr	= 0x00102028
R12	= 0x00008099	⊞SPSR_svc	= 0x00000000	R14_usr	= 0x000080C7
R13 (SP)	= 0x00102028	R13_abt	= 0x00000000	CYCLECOUNTER	= 205
R14 (LR)	= 0x000080C7	R14_abt	= 0x00000000	CCTIMER1	= 205
⊞CPSR	= 0x600000FF	⊞SPSR_abt	= 0x00000000	CCTIMER2	= 205

图 4-43　寄存器窗口

默认状态下调试器中只含有一个寄存器组 CPU Registers，用户可以将这些寄存器分成不同的寄存器组。单击 Tools 下拉菜单中的 Options 选项，在弹出的对话框左侧，选择 Register Filter，进入如图 4-44 所示寄存器设置对话框，通过修改寄存器过滤设置，来改变寄存器窗口的显示方式。

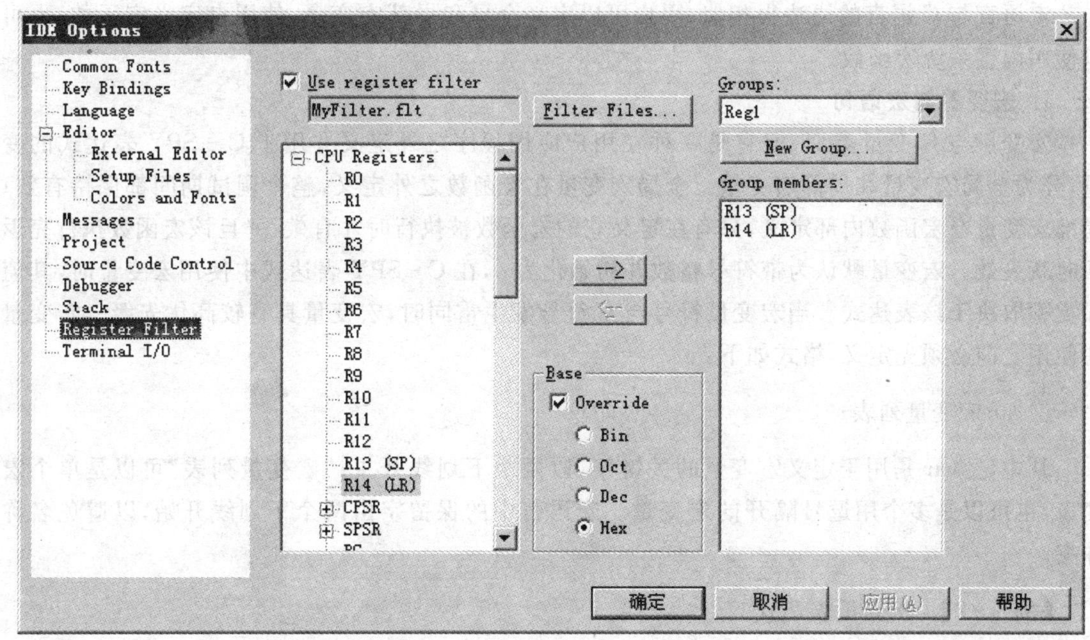

图 4-44 寄存器过滤设置

在图 4-44 所示对话框中，选择 Use register filter 方形复选框，允许使用寄存器过滤文件，单击 New Group 按钮，在弹出的对话框中，填入希望设置的寄存器分组名(如 Reg1)，然后从左侧 CPU Registers 栏中选择希望分配到该组的寄存器，双击该寄存器名即可将其分配到新设置的寄存器组中。这样，在打开寄存器窗口时，除了可以显示 CPU Registers 组的寄存器内容之外，还可以选择显示 Reg1 组的寄存器内容。还可以同时打开几个寄存器窗口，以便于同时跟踪不同的寄存器组。

4.7 C-SPY 宏系统

C-SPY 调试器包含一个完整的宏系统，使仿真调试过程能够按用户设定自动进行，模拟外围设备，并可与复杂断点和中断仿真一起使用来完成各种任务。

C-SPY 宏对于以下操作非常有用：自动执行调试过程，如跟踪输出信息、打印变量值、设置断点等；配置硬件，如对硬件寄存器进行初始化等；开发小的调试工具，如计算堆栈深度等；采用模拟器调试时进行外围设备仿真。宏可以单独使用，也可以与复杂断点及中断仿真一起使用。

宏系统具有如下特性：宏语言和 C 语言十分相似，用户可以编写自己的宏函数。预定义系统宏能实现一系列有用的功能，如打开和关闭文件，设置断点和定义中断仿真等。宏设置函数可用于规定何时运行宏函数，用户还可以在宏设置文件中定义自己的宏函数。可以采用对话框方式对宏函数和宏文件进行查看、编辑、注册和运行。

宏命令对于用户定义断点很有用,它可以使断点完全符合用户要求。只要编写一个宏文件并执行,就可以自动建立特定的仿真环境。

4.7.1 宏语言

宏语言与C语言的语法很相似,用户可以定义全局和局部宏变量,使用自定义宏函数,也可以使用内置系统宏函数。

1. 宏变量与宏语句

宏变量与C变量类似,但它是一种在用户应用程序之外定义并用于C-SPY表达式的变量,分为全局宏变量和局部宏变量。全局宏变量在宏函数之外定义,整个调试期间都保持有效;局部宏变量在宏函数内部定义,只有在定义它的宏函数被执行时才有效,一旦该宏函数执行完返回时就失效。宏变量默认为带符号整数并初始化为0,在C-SPY表达式中使用宏变量时,其值和类型取决于该表达式。当宏变量符号与C符号发生雷同时,宏变量具有较高优先级。宏变量在使用之前必须先定义,格式如下:

__var 宏变量列表;

其中,__var是用于定义宏变量的关键字,以两个下划线开头;"宏变量列表"可以是单个宏变量,也可以是多个用逗号隔开的宏变量。宏语言中的保留字由两个下划线开始,以避免名称冲突。

【例4-2】 宏变量表达式。

```
__var myvar1, myvar2;    //定义宏变量,默认为带符号整数,初值为0
myvar1 = 3.5;            //宏变量myvar1为浮点数类型,其值为3.5
myvar2 = (int *)i;       //宏变量myvar2为整数指针类型,其值与i相同
```

宏语句与C语句相类似,包括一般语句、if条件语句、for循环语句、while循环语句、return返回语句以及复合语句等。

采用输出宏语句可以在调试日志窗口输出表达式的值或直接输出字符串,格式如下:

__message 参数列表;

其中,__message是输出宏语句关键字,"参数列表"是合法的C-SPY表达式或用逗号隔开的字符串。

注意: 输出宏语句必须在宏函数中使用,当宏函数被执行时输出语句才有效。

【例4-3】 输出宏语句。

```
execUserSetup() {
var1 = 42;
var2 = 37;
__message "The values of var1 and var2 are ", var1, " and", var2;
}
```

输出结果:The values of var1 and var2 are 42 and 37

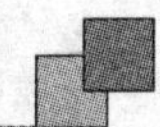

输出宏语句中可以在输出变量后面使用格式化字符,有效的格式化字符如下:

:%b　　　　　　//按二进制输出

:%o　　　　　　//按八进制输出

:%d　　　　　　//按十进制输出

:%x　　　　　　//按十六进制输出

:%c　　　　　　//按字符输出

【例4-4】 格式化输出宏语句。

```
execUserSetup() {
cvar = 'A';
__message "The character '", cvar: %c, "'has the decimal value ", cvar;
__message 'A', " is the numeric value of the character ",'A': %c;
}
```

输出结果: The character 'A'has the decimal value 65

　　　　65 is the numeric value of the character A

2. 宏函数

C-SPY允许使用3种类型的宏函数:自定义宏函数、设置宏函数和系统宏函数。

自定义宏函数是由用户按满足某种特殊需要而定义的一种宏函数,一般格式如下:

```
宏函数名(参数列表){
    宏体
}
```

其中,"宏函数名"是符合宏语言规则的标识符,注意不要与宏语言关键字雷同;"参数列表"是用逗号隔开的宏参数;"宏体"是一系列宏变量和宏语句。宏函数在调用过程中对参数类型及返回值不作检查。

【例4-5】 自定义宏函数。

```
__var oldvalue;
CheckLatest(value) {
oldvalue;
    if (oldvalue ! = value) {
    __message "Message: Changed from ", oldvalue, " to ", value;
    oldvalue = value;
    }
}
```

设置宏函数实际上是以特殊宏语言关键字为函数名的一种自定义函数,C-SPY调试器运行到某些特殊阶段,将调用这些设置宏函数来完成特定功能。用户在加载应用程序之前,可以使用execUserPreload()宏函数对特定的存储器区域进行清理,例如初始化CPU寄存器或存储器映像I/O等。

C-SPY系统提供了7种用于设置宏函数名的特殊关键字:execUserPreload,execUserFlashInit,execUserSetup,execUserFlashReset,execUserReset,execUserExit和execUserFlashExit。表 4-7 列出了设置宏函数应完成的功能及调用点。

注意：设置宏函数与系统宏函数不同，它的函数体需要用户根据具体需要自行编写。

表 4-7　设置宏函数应完成的功能及调用点

设置宏函数	说　明
execUserPreload()	C-SPY 与目标系统已经建立通信，在下载目标应用程序之前调用。用于对正确装入数据至关重要的存储器和寄存器进行初始化
execUserFlashInit()	在闪存写入程序(flash loader)被下载到 RAM 之前调用。通常用于为闪存写入建立存储器映像。该宏函数只有对闪存编程时才调用，并仅用于闪存写入功能
execUserSetup()	在目标应用程序下载之后调用。用于建立存储器映像、断点、中断、注册宏文件等
execUserFlashReset()	在闪存写入程序(flash loader)已下载到 RAM，但还未运行之前调用。该宏函数只有对闪存编程时才调用，并仅用于闪存写入功能
execUserReset()	每次发布复位命令时调用。用于建立和恢复数据
execUserExit()	结束调试任务时调用。用于保存状态数据等
execUserFlashExit	结束调试任务时调用。用于保存状态数据等。该宏函数对于闪存写入程序(flash loader)特别有用

注意：如果在系统启动时执行的宏文件中定义了中断或断点(采用 execUserSetup)，强烈推荐在关闭系统时予以删除(采用 execUserExit)。这是因为模拟器(simulator)在两次调试任务之间会保存中断或断点，如果不予以删除，每次执行 execUserSetup 宏时又会再次复制，从而极大地影响程序执行速度。

系统宏函数是 C-SPY 系统内部预定义宏函数，函数名前面有两个下划线，可以直接调用。表 4-8 列出了所有 C-SPY 系统宏函数及其功能。

表 4-8　C-SPY 系统宏函数及其功能

系统宏函数	说　明
__cancelAllInterrupts() 参数：　无。 返回值：int 0	取消所有已定义的中断，仅用于模拟器
__cancelInterrupt(interrupt_id) 参数：　__orderInterrupt() 的返回值。 返回值：成功返回 0，否则返回非 0 值	取消指定中断，仅用于模拟器
__clearBreak(break_id) 参数：　任何定义了断点的宏函数返回值。 返回值：int 0	清除用户定义的断点
__closeFile(filehandle) 参数：　宏函数__openFile 的文件句柄。 返回值：int 0	关闭由宏函数__openFile 打开的文件

续表 4-8

系统宏函数	说明
__disableInterrupts() 参数: 无。 返回值: 成功返回 0,否则返回非 0 值	禁止产生中断,仅用于模拟器
__driverType(driver_id) 参数: 根据不同驱动选择相应字符串,如模拟器选"sim"。 返回值: 成功返回 1,否则返回 0	检查当前 C-SPY 驱动是否与宏函数参数一致。 例: __driverType("sim") 如采用模拟器驱动,则返回 1,否则返回 0
__emulatorSpeed(speed) 参数: 以 Hz 为单位的仿真器速度,0 为自动速度检测。 返回值: 成功返回仿真器原来速度或 0,否则返回-1	设置仿真器时钟速度,适用于 J-Link 仿真器。例: __emulatorSpeed(0) 仿真器速度设为自动检测
__emulatorStatusCheckOnRead(status) 参数: 默认为 0,允许检测,1 为禁止检测。 返回值: int 0	允许/禁止驱动器在每次读操作之后进行 CPSR 校验。主要用于对某些 CPU(如 TMS470R1B1M)进行 JTAG 连接初始化。 例: __emulatorStatusCheckOnRead(1) 禁止在读取存储器时进行数据中止检测
__enableInterrupts() 参数: 无。 返回值: 成功返回 0,否则返回非 0 值	允许产生中断。仅用于模拟器
__evaluate(string, valuePtr) 参数: string 为表达式字符串。 valuePtr 为指向保存有结果的宏变量指针。 返回值: 成功返回 int 0,否则返回 int 1	将输入字符串翻译成表达式并进行评估。评估结果保存在由 valuePtr 指向的变量中。 例: __evaluate("i+3", &myVar) 若 i 已经定义为 5,则 myVar 的值将为 8
__gdbserver_exec_command("string") 参数: 发送到 GDB 服务器的字符串或命令。 返回值: 无	向 GDB 服务器发送字符串或命令。仅用于 GDB 服务器接口
_hwReset(halt_delay) 参数: halt_delay 为复位脉冲终点到 CPU 暂停之间的延时值(毫秒)。参数设为 0,则 CPU 在复位后立即暂停。 返回值: >=0 为仿真器实际延时值; -1 为仿真器不支持延时暂停; -2 为仿真器不支持硬复位	使仿真器产生硬复位,并暂停 CPU。适用于任何 JTAG 接口。 例: __hwReset(0); 复位并暂停 CPU
__hwResetWithStrategy(halt_delay, strategy) 参数: halt_delay 为延时值(毫秒),设为 0,则 CPU 在复位后立即暂停。 Strategy 为 CPU 复位方式选择,0 为复位后暂停,1 为在地址 0x00 处设置断点并暂停,2 为软件复位(适用于 Analog 器件) 返回值: >=0 为仿真器实际延时值; -1 为仿真器不支持延时暂停; -2 为仿真器不支持硬复位; -3 为仿真器不支持 CPU 复位方式选择	执行硬件复位,并在延时之后暂停 CPU。适用于 J-Link 仿真器。 例: __hwResetWithStrategy(0,1); 复位 CPU,并在存储器 0x00 地址暂停

续表 4-8

系统宏函数	说 明
__jlinkExecCommand(cmdstr) 参数：J-Link 命令字符串。 返回值：Int 0	用于 J-Link 仿真器。向 J-Link 仿真器发送底层命令
__jtagCommand(ir) 参数：2　SCAN_N 命令 4　RESTART 命令 12　INTEST 命令 14　IDCODE 命令 15　BYPASS 命令 返回值：Int 0	用于 J-Link 仿真器。向 JTAG 指令寄存器 IR 发送底层命令。 例：__jtagCommand(14)； Id=__jtagData(0,32)； 返回 ARM 目标器件的 JTAG ID
__jtagCP15IsPresent() 参数：无。 返回值：若 CP15 可用，则返回 1，否则返回 0	检测协处理器 CP15 是否可用。用于 J-Link 仿真器
__jtagCP15ReadReg(CRn, CRm, op1, op2) 参数：ARM 处理器的寄存器和操作数(详见 ARM MRC 指令)，操作数 op1 总为 0。 返回值：ARM 处理器的寄存器值	读取 CP15 寄存器并返回其值。用于 J-Link 仿真器
__jtagCP15WriteReg(CRn, CRm, op1, op2, value) 参数：ARM 处理器的寄存器和操作数(详见 ARM MRC 指令)，操作数 op1 总为 0，value 为写入值。 返回值：无	向 CP15 寄存器写入值。用于 J-Link 仿真器
__jtagData(dr, bits) 参数：dr 为 32 位数据寄存器值； bits 为 dr 中有效数据位，用作参数和返回值。 返回值：返回操作结果	用于 J-Link 仿真器。向 JTAG 数据寄存器 DR 发送底层命令。 例：__jtagCommand(14)； Id=__jtagData(0,32)； 返回 ARM 目标器件的 JTAG ID
__jtagRawRead(bitpos, numbits) 参数：bitpos 为 JTAG 返回数据的起始位； numbits 为读取位数，最大值为 32。 返回值：JTAG 的读取数据	返回值读取 JTAG 的数据。用于 J-Link 仿真器
__jtagRawSync() 参数：无。 返回值：Int 0	向 JTAG 接口发送数据。用于 J-Link 仿真器
__jtagRawWrite(tdi, tms, numbits) 参数：tdi 为发送到 TDI 引脚的数据； tms 为发送到 TDI 引脚的数据； Numbits 为发送的数据位数，最大值为 64； 数据以最低位(LSB)开始发送。 返回值：累积数据包中的位位置	传输到 JTAG 接口的累积数据。若 32 位数据不够用，可多次调用本函数。JTAG 接口的数据输出线 TMS 和 TDI 可分别控制。用于 J-Link 仿真器

续表 4-8

<table>
<tr><th>系统宏函数</th><th>说　明</th></tr>
<tr><td>__jtagResetTRST()
参数：无。
返回值：成功返回 0，否则返回非 0 值</td><td>通过 JTAG 的 TRST 信号复位 ARM TAP 控制器。用于 J-Link 仿真器</td></tr>
<tr><td>__openFile(file, access)
参数：　file 为文件名；
access 为 r 或 w，分别表示 ASCII 读和 ASCII 写。
返回值：成功返回有效文件句柄，否则返回无效文件句柄</td><td>在当前项目所在目录中打开一个用于 I/O 操作的文件，也可用参数变量(如 $PROJ_DIR$，$TOOLKIT_DIR$等)指定文件目录。
例：　__var filehandle;
filehandle = _openFile("Debug\\Exe\\test.tst", "r");
if (filehandle) {
/* successful opening */
}</td></tr>
<tr><td>__orderInterrupt(specification, first_activation, repeat_interval, variance, infinite_hold_time, hold_time, probability)
参数：specification 为中断字符串；
first_activation 为首次激活时间(整数周期数)；
repeat_interval 为重复间隔(整数周期数)；
variance 为时间变化率(百分数)；
infinite_hold_time 为无限保持，无限为 1，其他为 0；
hold_time 为保持时间(整数)；
probability 为概率值(百分数)。
返回值：返回一个无符号长整型标识符；若发生中断字符串错误，则返回－1</td><td>产生中断，仅用于模拟器。
例：__orderInterrupt("IRQ", 4000, 2000, 0, 1, 0, 100);
产生 IRQ 中断，在 4000 个周期后首次激活，重复间隔为 2000，时间变化率为 0，采用无限保持，保持时间为 0，概率值为 100%</td></tr>
<tr><td>__popSimulatorInterruptExecutingStack(void)
参数：void。
返回值：无</td><td>通知中断仿真系统中断句柄已经执行完毕。用于模拟器</td></tr>
<tr><td>__readFile(file, value)
参数：　file 为文件句柄；
value 为指向宏变量的指针。
返回值：成功返回 0，否则返回非 0 值</td><td>从指定文件中顺序读取十六进制数，将其转换为无符号长整型并分配给参数 value。
例：__var number;
if(__readFile(myFile, &number) == 0) {
//Do something with number
}</td></tr>
<tr><td>__readFileByte(file)
参数：　file 为文件句柄。
返回值：出错或 EOF 返回－1，否则返回 0～255 之间的数</td><td>从指定文件中读取一个字节。
例：__var byte;
while ((byte=__readFileByte(myFile)) != -1){
//Do something with byte
}</td></tr>
</table>

续表 4-8

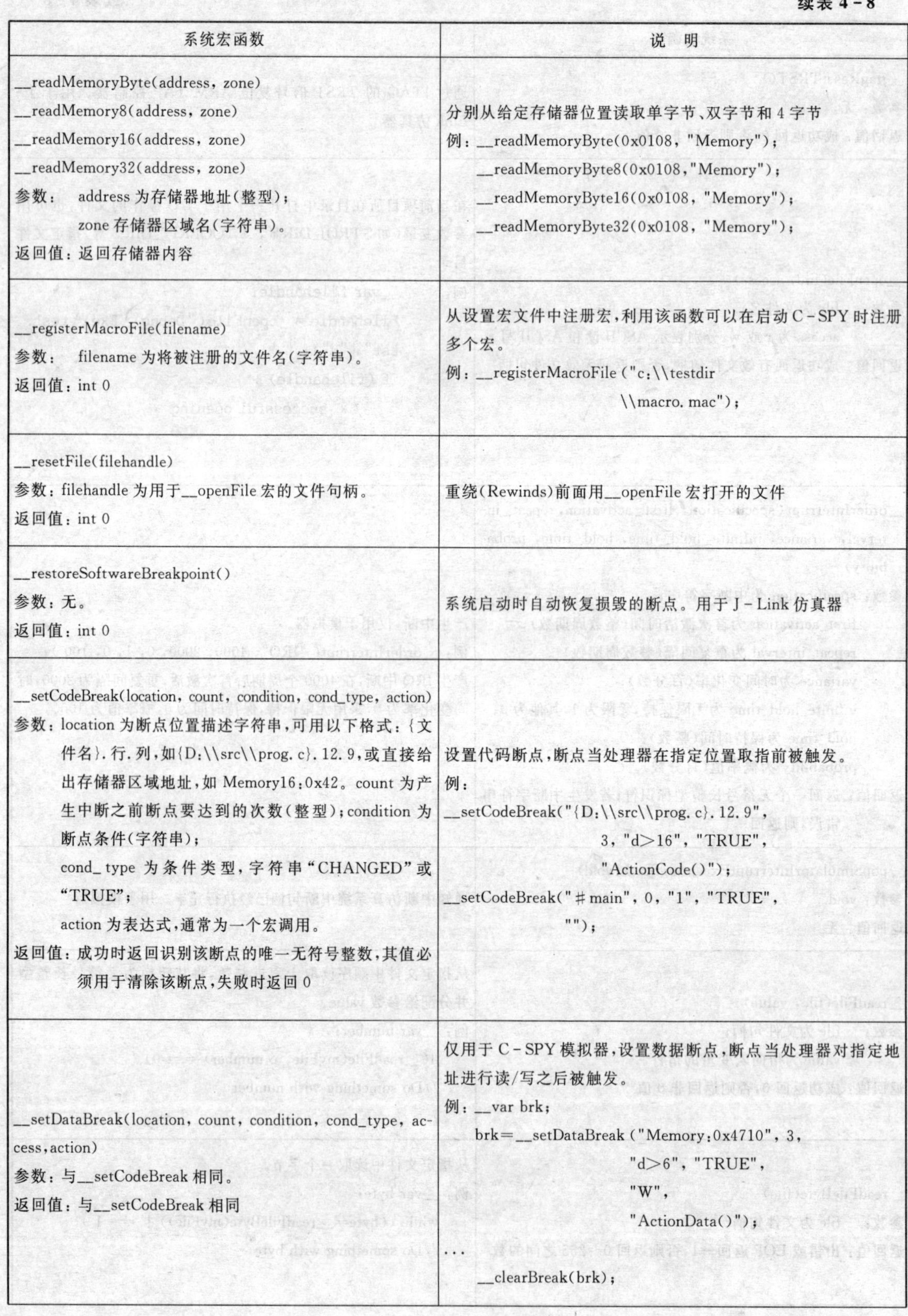

系统宏函数	说　明
__readMemoryByte(address, zone) __readMemory8(address, zone) __readMemory16(address, zone) __readMemory32(address, zone) 参数：　address 为存储器地址(整型)； 　　　　zone 存储器区域名(字符串)。 返回值：返回存储器内容	分别从给定存储器位置读取单字节、双字节和 4 字节 例：__readMemoryByte(0x0108, "Memory")； 　　__readMemoryByte8(0x0108,"Memory")； 　　__readMemoryByte16(0x0108, "Memory")； 　　__readMemoryByte32(0x0108, "Memory")；
__registerMacroFile(filename) 参数：　filename 为将被注册的文件名(字符串)。 返回值：int 0	从设置宏文件中注册宏，利用该函数可以在启动 C-SPY 时注册多个宏。 例：__registerMacroFile ("c:\\testdir 　　　　\\macro. mac")；
__resetFile(filehandle) 参数：filehandle 为用于__openFile 宏的文件句柄。 返回值：int 0	重绕(Rewinds)前面用__openFile 宏打开的文件
__restoreSoftwareBreakpoint() 参数：无。 返回值：int 0	系统启动时自动恢复损毁的断点。用于 J-Link 仿真器
__setCodeBreak(location, count, condition, cond_type, action) 参数：location 为断点位置描述字符串，可用以下格式：{文件名}.行.列，如{D:\\src\\prog. c}. 12. 9，或直接给出存储器区域地址，如 Memory16:0x42。count 为产生中断之前断点要达到的次数(整型)；condition 为断点条件(字符串)； cond_type 为条件类型，字符串"CHANGED"或"TRUE"； action 为表达式，通常为一个宏调用。 返回值：成功时返回识别该断点的唯一无符号整数，其值必须用于清除该断点，失败时返回 0	设置代码断点，断点当处理器在指定位置取指前被触发。 例： __setCodeBreak("{D:\\src\\prog. c}. 12. 9", 　　3, "d>16", "TRUE", 　　"ActionCode()")； __setCodeBreak("#main", 0, "1", "TRUE", 　　"")；
__setDataBreak(location, count, condition, cond_type, access, action) 参数：与__setCodeBreak 相同。 返回值：与__setCodeBreak 相同	仅用于 C-SPY 模拟器，设置数据断点，断点当处理器对指定地址进行读/写之后被触发。 例：__var brk； brk=__setDataBreak ("Memory:0x4710", 3, 　　"d>6", "TRUE", 　　"W", 　　"ActionData()")； … __clearBreak(brk)；

续表 4-8

系统宏函数	说 明
__setSimBreak(location, access, action) 参数：location 为断点位置描述字符串，格式与 __setCodeBreak 相同； access 为存储器访问类型，R 为读，W 为写； action 为表达式，通常为一个宏调用。 返回值：成功时返回识别该断点的唯一无符号整数，其值必须用于清除该断点；失败时返回 0	仅用于 C-SPY 模拟器
__sleep(time) 参数：time 为调试器休眠时间，单位为 ms。 返回值：int 0	使调试器休眠指定的时间。 例：__sleep(1000000)
__sourcePosition(linePtr, colPtr) 参数：linePtr 为指向存储在 line number 中变量的指针； colPtr 为指向存储在 column number 中变量的指针。 返回值：成功返回文件名字符串，否则返回空字符串	返回文件名字符串
__strFind(string, pattern, position) 参数：string 为被查找字符串； pattern 为待查找字符串； position 为起始查找点，默认为 0 点。 返回值：找到时返回该点位置，未找到返回－1	在一个字符串中查找另一个字符串。 例：__strFind("Compiler", "pile", 0)=3 __strFind("Compiler", "foo", 0)=-1
__subString(string, position, length) 参数：string 为从中摘取子字符串的给定字符串； position 为子字符串摘取位置； length 为子字符串摘取长度。 返回值：从给定字符串中摘取的子字符串	从给定字符串中摘取子字符串。 例：__subString("Compiler", 0, 2)="Co" __subString("Compiler", 3, 4)="pile"
__toLower(string) 参数：string 为任意字符串。 返回值：已转换字符串	将给定字符串转换为小写。 例：__toLower("IAR")="iar" __toLower("Mix42")="mix42"
__toString(C_string, maxlength) 参数：string 为任意非结束字符串； Maxlength 最大返回宏字符串长度。 返回值：宏字符串	将 C 字符串转换成宏字符串。 例：假设应用程序中包含语句 char const * hptr="Hello World!"; 执行宏调用__toString(hptr, 5)之后， 将返回宏字符串 Hello
__toUpper(string) 参数：string 为任意字符串。 返回值：已转换字符串	将给定字符串转换为大写。 例：toUpper("string")="STRING"

续表 4-8

系统宏函数	说　明
__writeFile(file, value) 参数：file 为文件句柄； value 为整型数。 返回值：int 0	将一个十六进制整数写入文件。__writeFile 通常与__readFile 成对使用
__writeFileByte(file, value) 参数：file 为文件句柄； value 为整型数 0～255。 返回值：int 0	向文件中写入 1 字节

__writeMemoryByte(value, address, zone)
__writeMemory8(value, address, zone)
__writeMemory16(value, address, zone)
__writeMemory32(value, address, zone)
参数：value 为待写入值(整型数)；
address 为存储器地址(整型数)；
zone 为存储器区域(字符串)。
返回值：int 0
	向指定存储器位置写入单、双或 4 字节。
	例：__writeMemoryByte (0x2F, 0x8020, "Memory");
	__writeMemory8(0x2F, 0x8020, "Memory");
	__writeMemory16(0x2FFF, 0x8020, "Memory");
	__writeMemory32(0x5555FFFF, 0x8020, "Memory");

4.7.2 使用 C-SPY 宏

用户在使用 C-SPY 宏之前，先要创建一个宏文件并在其中定义宏函数，然后在 C-SPY 调试器中注册该宏文件，加载并运行其中的宏函数。调试过程中，可以列出所有可用的宏函数。可以采用如下几种方式注册、加载并运行 C-SPY 宏。

1. 启动 C-SPY 时使用设置宏函数注册宏文件

可以在 C-SPY 启动过程中注册宏文件。启动 C-SPY 调试器前，指定一个加载宏文件；在该文件中，调用系统宏函数__registerMacroFile，动态地选择注册宏文件；每次启动 C-SPY 调试器时，将自动注册指定的宏文件。用户可以在加载宏文件中根据表 4-7 的规定使用设置宏函数，并根据需要和表 4-8 的规定来确定在不同阶段运行不同的系统宏函数。

首先创建一个文本文件(扩展名为 mac)作为加载宏文件，用于定义自己的宏函数。例如创建宏文件 Mymacfile. mac，其中包含如下内容：

```
execUserSetup() {
...
__registerMacroFile(MyMacroUtils.mac);
    __registerMacroFile(MyDeviceSimulation.mac);
}
```

这里使用了设置宏函数 execUserSetup()，它将在用户应用程序下载到目标板之后运行。在设置宏函数 execUserSetup()中，调用了系统宏函数__registerMacroFile，用于注册宏文件

MyMacroUtils. mac 和 MyDeviceSimulation. mac。

在启动 C-SPY 前，单击 Project 下拉菜单中的 Options 选项，在弹出对话框左侧 Category 列表框内选择 Debugger，并选择 Setup 选项卡，在该选项卡中选择 Setup macros 选项区域中的方形复选框 Use macro file(s)，并在其下面的文本框内输入刚刚创建的宏文件名，如图 4-45 所示。该宏文件将在 C-SPY 启动时被加载，并且当用户应用程序下载到目标板之后运行设置宏函数 execUserSetup()，通过它注册两个指定的宏文件。

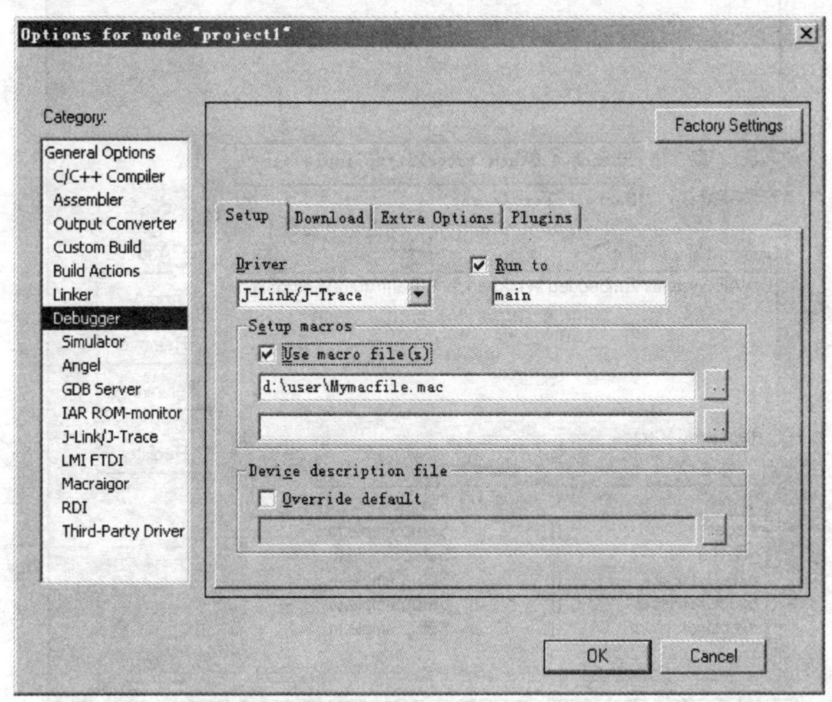

图 4-45 配置加载宏文件对话框

2. C-SPY 运行中使用宏配置对话框注册宏文件

在 C-SPY 调试器运行过程中，可以通过对话框来注册宏。在 C-SPY 调试状态下，单击 Debug 下拉菜单中的 Macros 选项，弹出如图 4-46 所示 Macro Configuration(宏配置)对话框；在"文件名"下拉列表框内，输入带路径的宏文件名后单击 Add 按钮，将其加入到 Selected Macro Files 框中；然后单击 Register 按钮，即可将选中的宏文件进行注册，通过对话框的 Registered Macros 选项区域可以察看已经注册的宏函数。选择 All 复选框将列出所有已注册的宏函数，选择 User 复选框将列出已注册的用户宏函数，选择 System 复选框将列出所有系统宏函数。退出 C-SPY 调试器后，已注册的宏函数将被释放，并且在下一个调试进程中不会被自动注册。

3. 通过快速察看窗口运行宏函数

快速查看(Quick Watch)窗口，可以帮助用户快速查看变量、表达式并计算它们的值，同时还可以利用该窗口，动态地选定何时运行一个宏函数。

下面是一个检查看门狗定时器(WDT)状态的宏函数，将其另存为宏文件 MymacWDT. mac，并通过宏配置对话框注册该宏文件。

```
WDTstatus() {
```

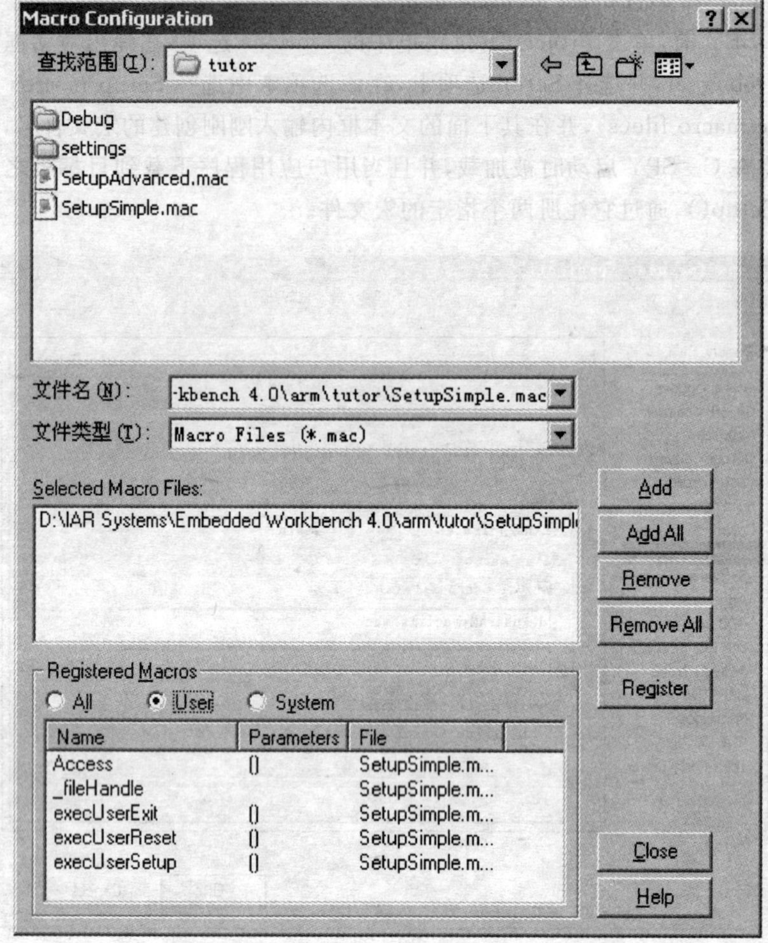

图 4-46　通过宏配置对话框注册宏文件

```
if (__WD_SR & 0x01 ! = 0)                    //Checks the status of WDOVF
    return "Watchdog triggered";             //C-SPY macro string used
else
    return "Watchdog not triggered";         //C-SPY macro string used
}
```

在源代码编辑窗口中打开 MymacWDT 宏文件，选择宏函数名 WDTstatus()并右击，在弹出的快捷菜单中选择 Quick Watch 选项，该宏函数将自动显示在 Quick Watch 窗口中，如图 4-47所示。单击窗口左上角的按钮，启动运行该宏函数，运行结果立即显示在窗口中。Quick Watch 窗口对于启动运行宏函数特别有用，用户可以在调试应用程序过程中，随时根据需要启动一个宏函数，根据其运行状态判断当前目标程序的逻辑功能是否正确。

4. 将宏函数与断点相连

用户可以把宏函数连接到一个断点上，断点被触发时自动运行宏函数，从而使应用程序在某些特殊位置暂停运行，并完成某些特殊操作，如生成日志文件，将变量值、字符或寄存器如何变化等信息记录在日志文件中以便于分析。下面举例说明如何创建一个日志宏函数并将它与一个断

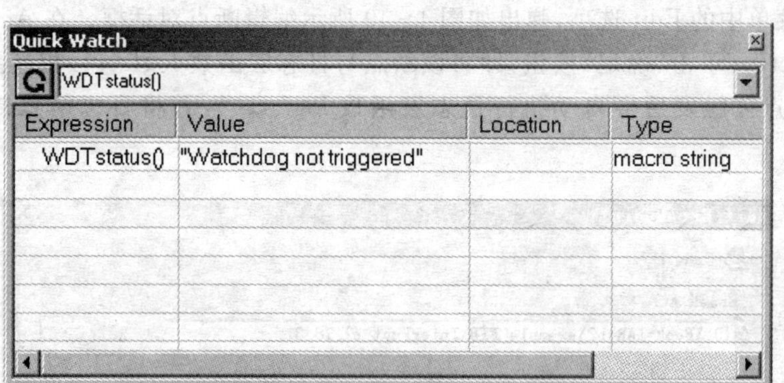

图 4-47　通过快速察看窗口运行宏函数

点相连。

假设用户的应用程序源代码中一个 C 函数为：

```
int fact(int x) {
...
}
```

创建一个宏文件 MymacLOG. mac，其中包含如下日志宏函数：

```
logfact() {
    __var x;
    __message "fact(" ,x, ")";
}
```

其中，__message 语句的作用是将日志信息传到调试日志窗口。

通过宏配置对话框注册 MymacLOG. mac 宏文件。

将光标放在源代码窗口用户程序的 fact()函数第一条语句处，单击快捷工具按钮设置一个断点。单击 View 下拉菜单中的 Breakpoints 选项，从弹出的 Breakpoints 对话框中选择刚才设置的断点并右击，弹出如图 4-48 所示的快捷菜单。

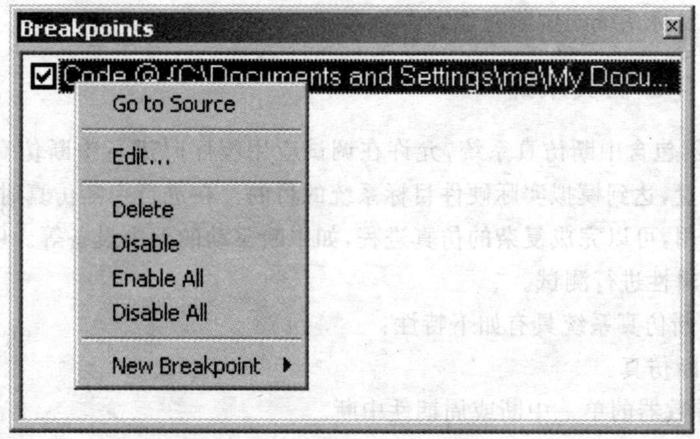

图 4-48　断点窗口的快捷菜单

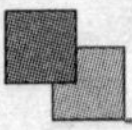

单击快捷菜单中的 Edit 选项，弹出如图 4－49 所示编辑断点对话框。在 Action 选项区输入宏函数名 logfact()，单击“确定”按钮，即将该断点与日志宏函数 logfact()相连。启动用户程序全速运行，当断点被触发后会自动执行日志宏函数 logfact()，并将日志信息传送到调试日志窗口。

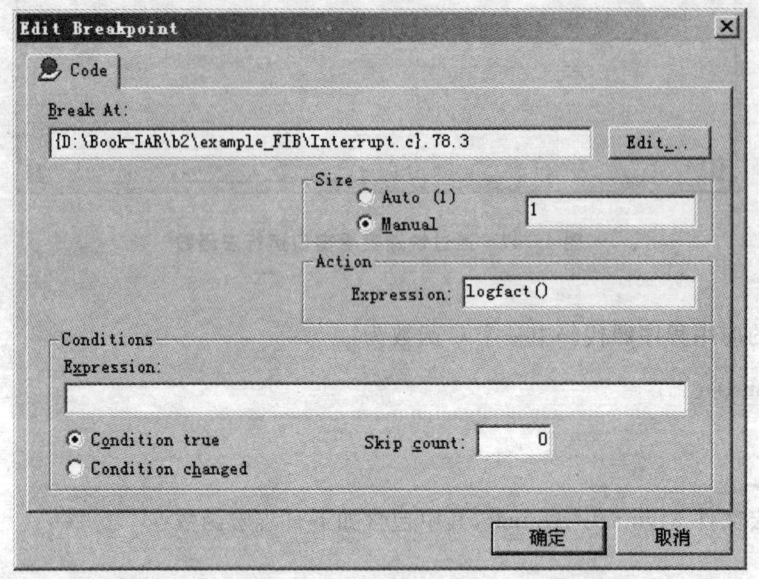

图 4－49　在编辑断点对话框中使断点与宏函数相连

关于采用宏函数连接断点的方法来仿真串口输入例子，请参见本书第 1 章中模拟中断仿真的内容。

4.8　利用 C－SPY 模拟器进行中断仿真

C－SPY 模拟器可以在没有实际硬件的条件下进行中断仿真，以检测应用程序的逻辑性是否正确。本节介绍 C－SPY 模拟器的中断仿真系统，以及如何对模拟器中断仿真进行配置，使其能够正确反映硬件目标系统的中断功能。

4.8.1　C－SPY 中断仿真系统

C－SPY 模拟器包含中断仿真系统，允许在调试应用程序时进行中断仿真。用户可以对中断仿真系统进行配置，达到模拟实际硬件目标系统的目的。在进行中断仿真时，配合 C－SPY 宏函数和断点一起使用，可以完成复杂的仿真进程，如中断驱动的外围设备等。中断仿真还可以对中断服务程序的逻辑性进行测试。

- C－SPY 中断仿真系统具有如下特性：
- ARM 核中断仿真。
- 基于循环计数器的单一中断或周期性中断。
- 对于不同器件的预定义中断。
- 可以对保持时间、概率、时间变化进行配置。

● 可以采用对话框或 C－SPY 系统宏来进行中断仿真配置。

● 可以采用立即方式激活中断，也可以采用基于用户定义参数的方式激活中断。

● 利用中断日志窗口可以连续显示每一个已定义中断的状态。

为了使中断仿真能够尽可能地模拟目标硬件上的真实中断，用户可以配置如图 4－50 所示的参数：Activation time(触发时间)，Repeat interval(重复间隔)，Hold time(保持时间)，Variance(变化量)。

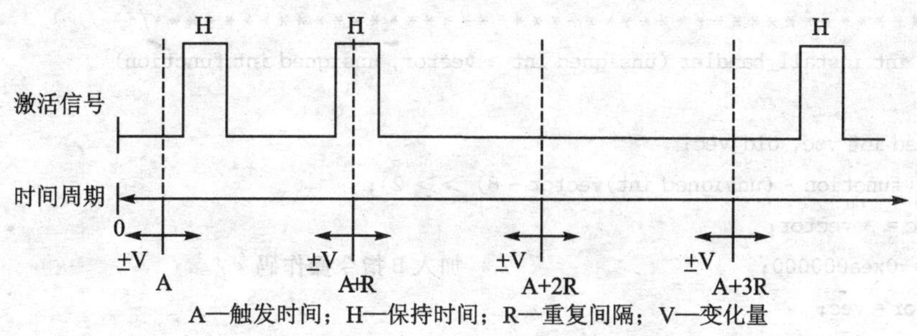

图 4－50　仿真中断参数配置

模拟中断仿真系统，使用循环计数器来确定何时生成一个中断，由用户指定基于循环计数器的仿真触发时间。C－SPY 模拟器在循环计数器运行到指定的触发时间时，就会生成一个中断。中断只能在两条指令间生成，即一个完整的汇编指令，不管需要占用多少时间周期，都必须在中断生成前被执行。

用户可以通过指定参数 Repeat interval(重复间隔)，定义中断生成周期，即生成一个新的中断所需周期数。此外，中断周期还与另外两个参数 Probability(概率)和 Variance(变化量)有关，这两个参数都以百分比计，前者用于统计一个周期时间内实际出现的中断次数，后者用于统计重复间隔。利用这些参数来确保中断仿真的随机性。用户还可以设定一个 Hold time(保持时间)参数，用于描述一个中断在没有被执行时需要保持多长时间，直至被删除。

中断仿真系统默认为打开状态，如果不需要使用中断仿真系统，可以将它关闭以提高仿真速度。可以根据需要采用 Interrupts 对话框或采用 C－SPY 系统宏命令来打开或关闭中断系统。已定义的中断将一直保持，除非用户将其删除。

4.8.2　中断仿真系统的使用

本节通过一个具体例子来说明采用 C－SPY 模拟器进行中断仿真的方法，介绍中断设置对话框 、强迫中断窗口、用于中断的 C－SPY 系统宏以及中断日志窗口的使用。

在 IAR EWARM 集成开发环境中，创建一个新的工作区和项目，并给项目添加如例 4－6 所示定时器中断仿真源程序文件。本例采用 IRQ 异常来处理系统定时器中断。每产生一次定时器中断，使变量 ticks 加 1，当 ticks 加到 100 时退出应用程序。

【例 4－6】　定时器中断仿真源程序。

```
#pragma language = extended
#include <intrinsics.h>              //本征函数头文件
#include <arm_interrupt.h>           //ARM 核中断向量定义头文件
#include <oki/ioml674001.h>          //当前器件的说明头文件
```

```
#include <stdio.h>                          //标准输入/输出头文件

int ticks = 0;                              //定义全局变量

/****************中断服务程序安装函数****************
* 在"vector"向量地址处放置一条跳转到"function"函数的转移指令,实现将"function" * 函数安装到
由"vector"指定的向量地址。返回值为"function"函数原来的地址。
*********************************************/
unsigned int install_handler (unsigned int * vector, unsigned int function)
{
  unsigned int vec, old_vec;
  vec = ((function - (unsigned int)vector - 8) >> 2);
  old_vec = * vector;
  vec |= 0xea000000;                        /* 加入 B 指令操作码 */
  * vector = vec;
  old_vec &= ~0xea000000;
  old_vec = ( old_vec << 2 ) + (unsigned int)vector + 8;
  return(old_vec);
}

//IRQ 句柄
__irq __arm void timer(void) {              //仅使用系统定时器中断,故不需要检查中断源
  ticks += 1;
  TMOVFR_bit.OVF = 1;                       //清除系统定时器溢出标志
}

void main( void ) {
  //IRQ 设置代码
  install_handler(irqvec, (unsigned int)timer);
  __enable_interrupt();                     //允许中断
  //定时器设置代码
  ILC0_bit.ILR0 = 4;                        //系统定时器中断优先级
  TMRLR_bit.TMRLR = 1E5;                    //系统定时器重装初值
  TMEN_bit.TCEN = 1;                        //允许系统定时器
  while (ticks < 100);                      //等待
  printf("Done\n");
}
```

单击 Project 下拉菜单中的 Option 选项,从弹出对话框左侧 Category 框中选择 General Options 选项,并选择 Target 选项卡,在该选项卡的 Processor variant 选项区内选择 Device 复选框,单击按钮并选取希望采用的 ARM 核芯片,如图 4-51 所示。

C-SPY 模拟器能够完全仿真 ARM 核中断系统,并达到与目标硬件中断系统相同的结果。ARM 核中断的执行,取决于全局中断允许位的状态;可屏蔽中断的执行,同样也取决于其相应中断允许位的状态。不同芯片公司生产的 ARM 核处理器,具有不同的特殊功能寄存器,它们的

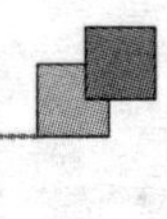

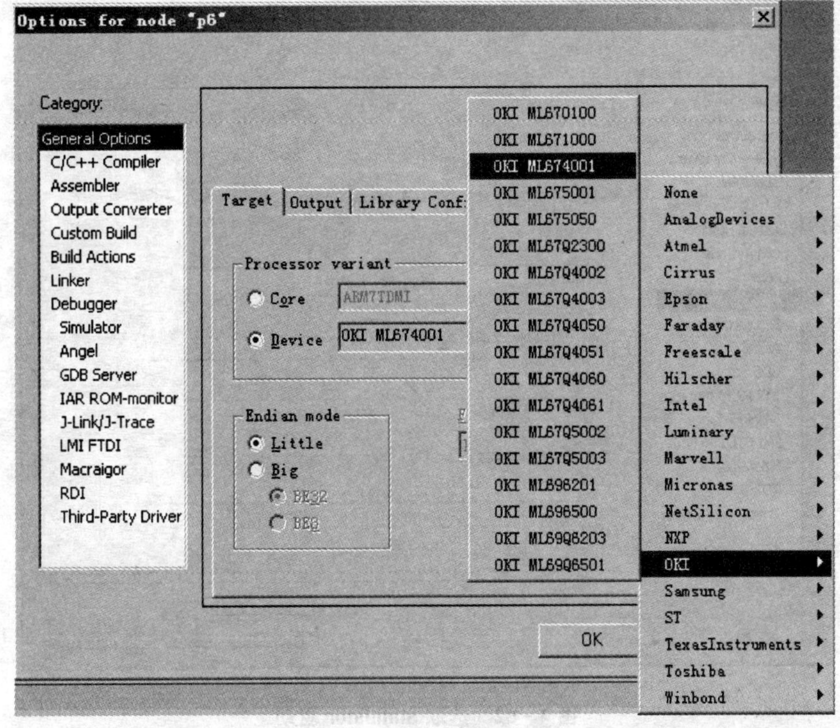

图 4-51　选取希望采用的器件

中断允许位不尽相同。为了使 C-SPY 模拟器能对 ARM 核不同派生器件的中断系统进行正确仿真，必须了解当前使用器件关于中断描述的详细信息，这类信息由设备描述文件(扩展名为 ddf)提供。建议用户尽量按照图 4-51 选取希望采用的 ARM 核芯片，选定后 C-SPY 系统将自动根据所选芯片来配置相应的设备描述文件，用户可以在 IAR EWARM 安装目录下的子目录 arm\config\debugger 中找到各种 ARM 核处理器的预配置 ddf 文件。

单击 Project 下拉菜单中的 Option 选项，从弹出对话框左侧 Category 框中选择 Debugger 选项，并选择 Setup 选项卡，在该选项卡的 Driver 下拉列表框内选择 Simulator 驱动，如图 4-52 所示。

为了能在 C-SPY 模拟器中进行中断仿真，可以通过中断对话框进行相关中断设置。单击按钮进入调试状态，然后单击 Simulator 下拉菜单中的 Interrupt Setup 选项，弹出中断仿真配置对话框，先选择该对话框左上角的 Enable interrupt simulation 复选框，启用中断仿真，再单击该对话框右边的 New 按钮，进入中断源编辑对话框，按图 4-53 所示为本例中断仿真设置参数。

在 Interrupt 下拉列表框中选取 IRQ 中断。

Description 文本框将根据所选中断类型自动列出对该中断的描述，对于使用系统宏__orderInterrupt 描述的中断，Description 将显示空值。

在 First activation 文本框内输入 4000，表示首次触发中断所需要的循环计数器周期数。

在 Repeat interval 文本框内输入 2000，表示中断重复间隔所需要的循环计数器周期数。

在 Variance 列表框内选择时间变化率，以重复间隔的百分数表示。在该时间范围内，中断可在任意时刻发生。例如，重复间隔为 100，变化率为 5%，那么中断将发生在 $T=95$ 和 $T=105$

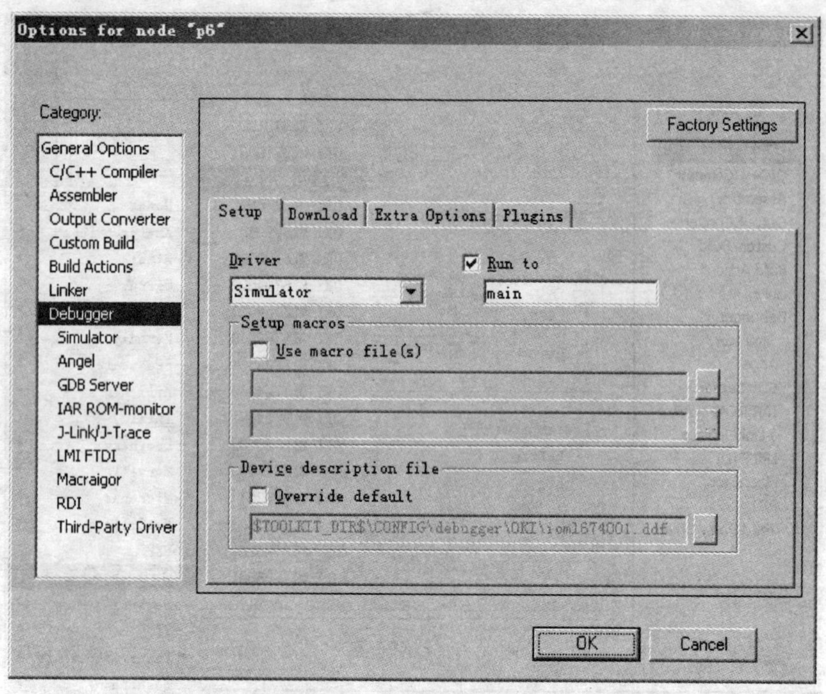

图 4-52　选取 Simulator 驱动

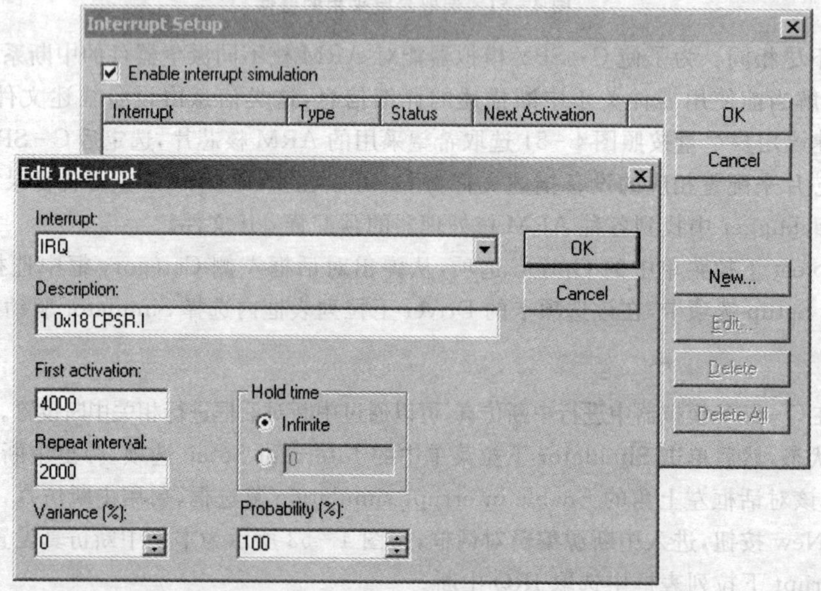

图 4-53　中断参数设置

之间的任一时刻。本例中变化率取 0，表示严格按 2000 个计数器周期重复产生中断。

在 Hold time 选项区域内选择保持时间，以周期为单位，表示一个未被处理的中断，从等待处理到被删除之间的保持时间。如果选择 Infinite，则相应的等待状态位将一直保持置位状态，直到该中断被处理或者被删除。

在 Probability 列表框内选择中断发生的概率，以百分数为单位。

设置完成后单击 OK 按钮，C－SPY 模拟器即可预期要求进行中断仿真。在中断仿真过程中单击 Simulator 下拉菜单中的 Interrupt Log 选项，可以打开中断日志窗口察看中断产生情况，如图 4－54 所示，窗口中各项内容含义如表 4－9 所列。中断日志窗口处于打开状态时，其内容将随着程序的执行而连续更新。

Cycles	PC	Interrupt	Number	Status
4000	0x8164	IRQ	0	Triggered
4000	0x0018	IRQ	0	Executing
6001	0x8166	IRQ	0	Triggered
6001	0x0018	IRQ	0	Executing
6003	0x810C	IRQ	1	Forced
6014	0x0018	IRQ	1	Executing
8001	0x8166	IRQ	0	Triggered

Interrupt Log Window　Ready

图 4－54　中断日志窗口

表 4－9　中断日志窗口内容说明

列	说　明
Cycles	中断触发的时间点，以计数周期为单位
PC	中断触发时的程序计数器 PC 的值
Interrupt	设备描述文件中定义的中断
Number	中断号，用于区分相同类型的不同中断
Satus	中断状态（Trigged，Forced，Executing，Finished，Expired），其中 Trigged：中断超过其触发时间，已被触发。 Forced：与 Trigged 相同，但是该中断是由强制中断窗口触发。 Executing：中断正在执行中。 Finished：中断已经被执行。 Expired：没有执行中断，中断保持时间已过期

单击 Simulator 下拉菜单中的 Forced Interrupt 选项，打开强制中断窗口，如图 4－55 所示，选中一个中断如 IRQ，单击该窗口内的 Trigger 按钮，可以立即强制执行该中断，这种方法对于想要检查其中断逻辑和中断程序的合理性十分有用。

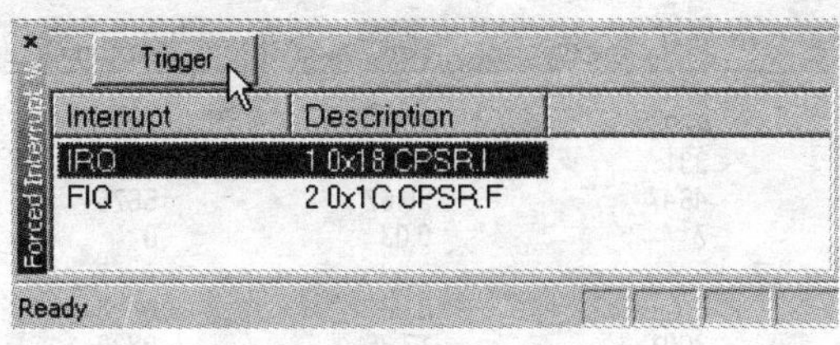

图 4－55　强制中断窗口

采用 C－SPY 模拟器进行中断仿真时，利用系统宏函数可以在启动 C－SPY 模拟器的时候自动完成中断设置；另外利用宏文件还可以将中断仿真的定义存为文本文件，以便使参与项目开发的多个工程师能共享这些文件。与中断有关的系统宏函数有 __enableInterrupts()，__disableInterrupts()，__orderInterrupt()，__cancelInterrupt ()，__cancelAllInterrupts 和__popSimulatorInterruptExecutingStack()，关于它们的详细描述请参见表 4－8。

4.9 应用程序分析

C－SPY 模拟器具有函数剖析和代码覆盖功能，用于对应用程序进行分析以确定其运行中的瓶颈问题。本节介绍如何使用 C－SPY 模拟器的函数剖析和代码覆盖功能组件的方法，并非所有 C－SPY 驱动中都包含此功能，应用中需查阅相关驱动文档说明。

4.9.1 函数级剖析

C－SPY 的剖析器可以找出程序运行过程中对一个给定激发信号耗时最长的函数，从而使用户能够集中精力研究如何更好地对这些函数进行优化，如在编译时选择速度优化模式，或者将函数移到能更高效寻址的存储器中运行等。使用剖析器窗口前，必须对用户项目按表 4－10 所列 Options 选项进行配置。

表 4－10 激活剖析器的 Options 选项配置

Category	配　置
C/C++ Compiler	Output> Generate debug information
Linker	Output> Include debug information in output
Debugger	Plugins> Profiling

目标程序创建完成后启动 C－SPY，单击 View 下拉菜单中的 Profiling 选项打开剖析窗口，并单击按钮开启剖析器，同时单击按钮开启自动刷新剖析记录。启动程序全速运行，当运行到一个断点或程序结束时，窗口中将显示对当前程序所有函数运行的剖析记录结果，如图 4－56所示。

Function	Calls	Flat Time (cycles)	Flat Time (%)	Accumulated Tim...	Accumulated Tim...
InitUart	1	83	0.37	83	0.37
Outside main	0	269	1.20	269	1.20
__DebugBreak	332	331	1.47	331	1.47
__dwrite	331	4647	20.67	5675	25.24
__exit	1	7	0.03	0	0.00
__low_level_init	1	0	0.00	0	0.00
__segment_init	1	0	0.00	0	0.00
__write	331	3001	13.35	9220	41.01
_exit	0	0	0.00	0	0.00

图 4－56 剖析窗口

单击剖析窗口中某列的表头，可以显示该列对应的完整列表信息。列表中的灰色部分表示该函数被一个不含源代码的函数（编译时不带调试信息）所调用，当一个函数由不含自身源代码

的函数调用时，如库函数，则没有耗时测试。单击剖析窗口中的按钮，可以使剖析记录结果以条状百分比列表显示，如图4-57所示。

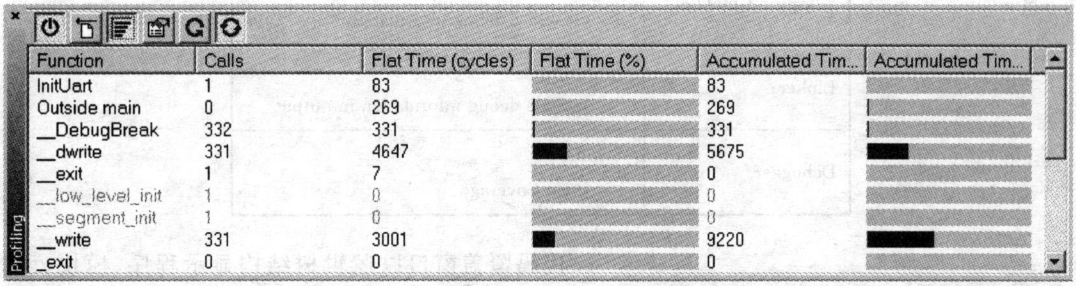

Function	Calls	Flat Time (cycles)	Flat Time (%)	Accumulated Tim...	Accumulated Tim...
InitUart	1	83		83	
Outside main	0	269		269	
__DebugBreak	332	331		331	
__dwrite	331	4647		5675	
__exit	1	7		0	
__low_level_init	1	0		0	
__segment_init	1	0		0	
__write	331	3001		9220	
_exit	0	0		0	

图4-57 条状百分比显示的剖析窗口

选择剖析窗口中某个函数并单击按钮，弹出一个剖析细节窗口，用于显示与该函数有关的调用和被调用详细信息，如图4-58所示。如果希望将剖析窗口的内容保存为一个文件，只要在该窗口中右击，在弹出的快捷菜单中选择Save As命令即可。

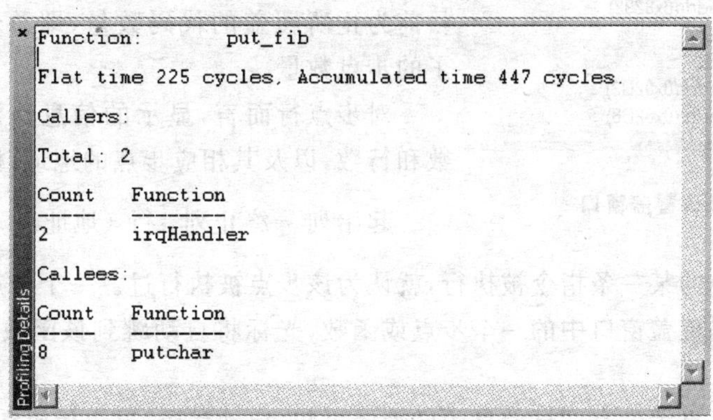
Function: put_fib

Flat time 225 cycles, Accumulated time 447 cycles.

Callers:

Total: 2

Count	Function
2	irqHandler

Callees:

Count	Function
8	putchar

图4-58 剖析细节窗口

4.9.2 代码覆盖分析

C-SPY模拟器具有代码覆盖功能，用于帮助用户确认是否所有程序代码都得到执行，这对于鉴别程序代码中是否有不能被执行的部分特别有用。

使用代码覆盖窗口前，必须对用户项目按表4-11所列Options选项进行配置。

在C-SPY调试状态下单击View下拉菜单中的Code Coverage选项，打开如图4-59所示代码覆盖窗口，其中显示的是当前代码覆盖分析状态报告，即哪些部分代码在分析开始后至少执行了一次。IAR C/C++编译器在应用程序每条语句以及每个函数调用处，以step point(步点)形式生成详细的步进信息。代码覆盖分析状态报告包括关于所有模块和函数的步进信息，以百分比统计了所有已经执行过的步点数量，并列出了所有还没有执行过的步点。代码覆盖窗口中的按钮功能与剖析窗口相同。

表 4-11 激活剖析器的 Options 选项配置

Category	配 置
C/C++ Compiler	Output> Generate debug information
Linker	Output> Include debug information in output
Debugger	Plugins> Code Coverage

代码覆盖窗口以逻辑树结构显示程序、模块、函数和步点等信息，下列图标用来标识各点的当前状态：

- 红色菱形图标表示 0%的代码被执行；
- 绿色菱形图标表示 100%的代码被执行；
- 红绿色菱形图标表示部分代码被执行；
- 黄色菱形图标表示有一个步点未被执行。

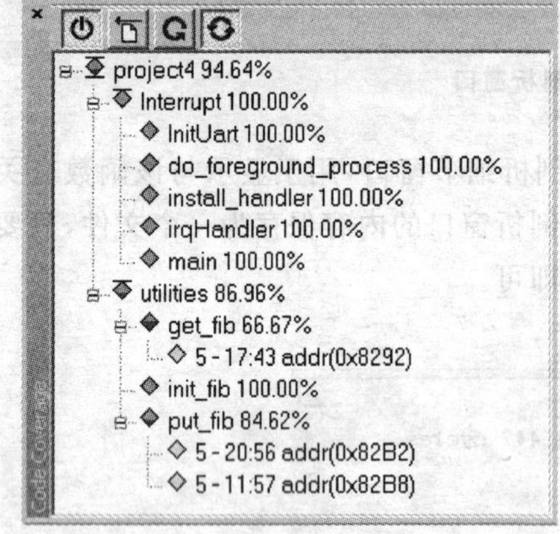

图 4-59 代码覆盖窗口

每个程序模块和函数行末尾的百分数，显示了到目前为止所覆盖的代码数量，即总步点数中已经执行了的步点数量。

对步点行而言，显示的信息是源代码窗口中的列数和行数，以及其相应步点的地址，格式如下：

起始列 - 终止列 :行（地址）

只要一个步点中的某一条指令被执行，就认为该步点被执行过。一个步点被执行后，将从窗口中删除。双击代码覆盖窗口中的一个步点或函数，光标将自动跳到该函数在代码窗口中的位置，便于进行分析。

代码覆盖窗口只显示带有调试信息的已编译语句，启动代码、退出代码和库函数代码不会在窗口中显示。如果希望将代码覆盖窗口的内容保存为一个文件，只要在窗口中右击，在弹出的快捷菜单中选择 Save As 命令即可。

4.10 C-SPY 硬件仿真系统

4.10.1 硬件仿真流程

C-SPY 调试器除了可以采用 Simulator 驱动进行模拟仿真之外，还可以采用 RDI，J-Link/J-Trace，GDB Server Macraigor，Angel 以及 ROM-monitor 等硬件仿真器驱动，对用户目标系统进行实时在线仿真调试。采用硬件驱动对用户应用系统进行在线实时仿真时，可以选择将用户程序代码下载到芯片的 Flash 中进行调试，也可以选择将用户程序代码下载到芯片的 RAM 中进行调试，同时还可以利用 C-SPY 的宏系统对调试过程进行设置，图 4-60 所示为在 Flash 中进行代码调试的流程，图 4-61 所示为在 RAM 中进行代码调试的流程。

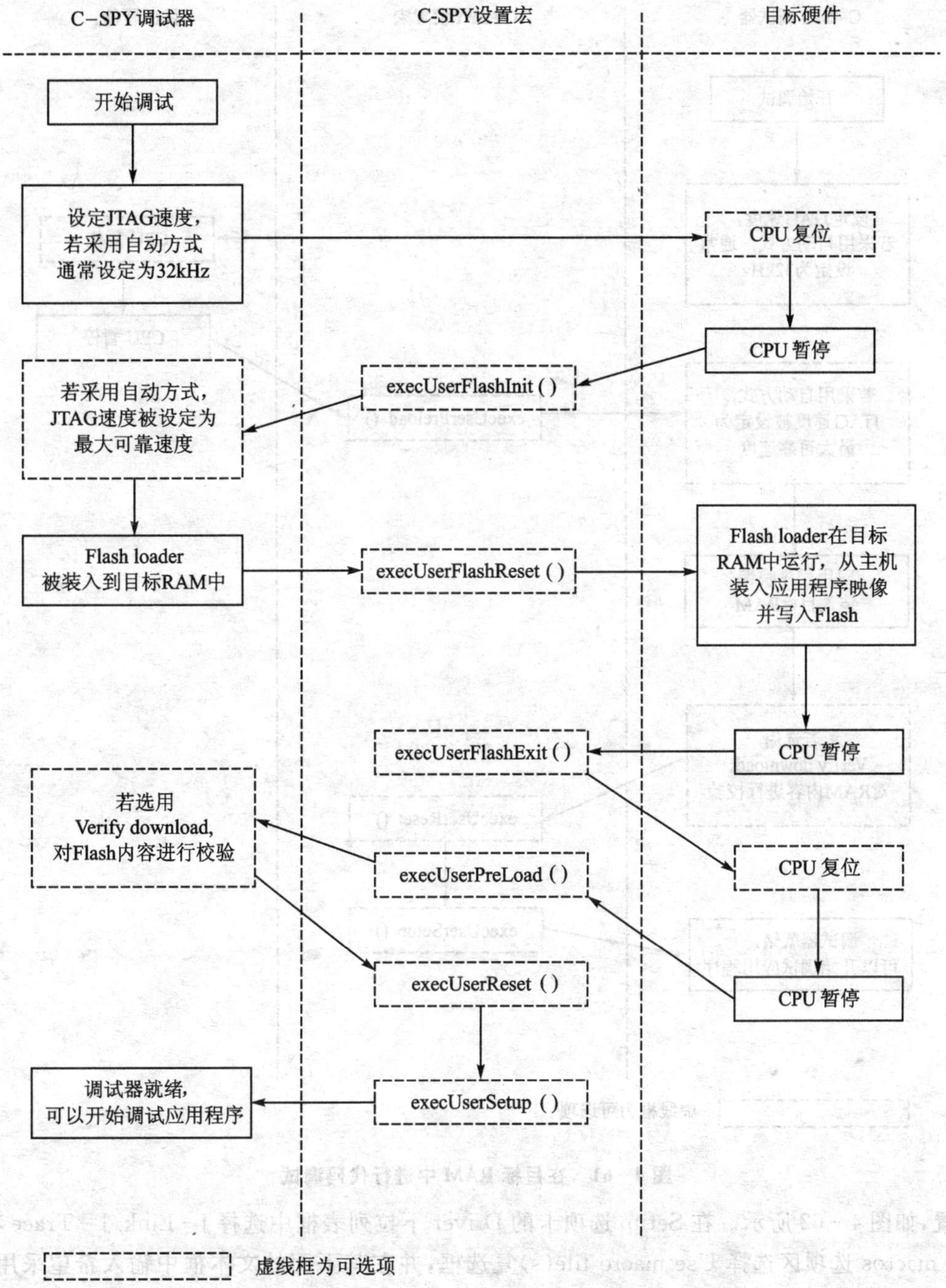

图 4-60　在目标 Flash 中进行代码调试

4.10.2　采用 IAR J-Link 进行硬件系统仿真调试

为了能够应用 C-SPY 调试器与 IAR J-Link 仿真器相配合进行硬件系统仿真调试，需要进行调试器系统相关选项配置。在 IAR EWARM 环境中单击 Project 下拉菜单中的 Options 选项，从弹出对话框的 Category 列表框中选择 Debugger 项，并选择 Setup 选项卡，进行 J-Link 驱

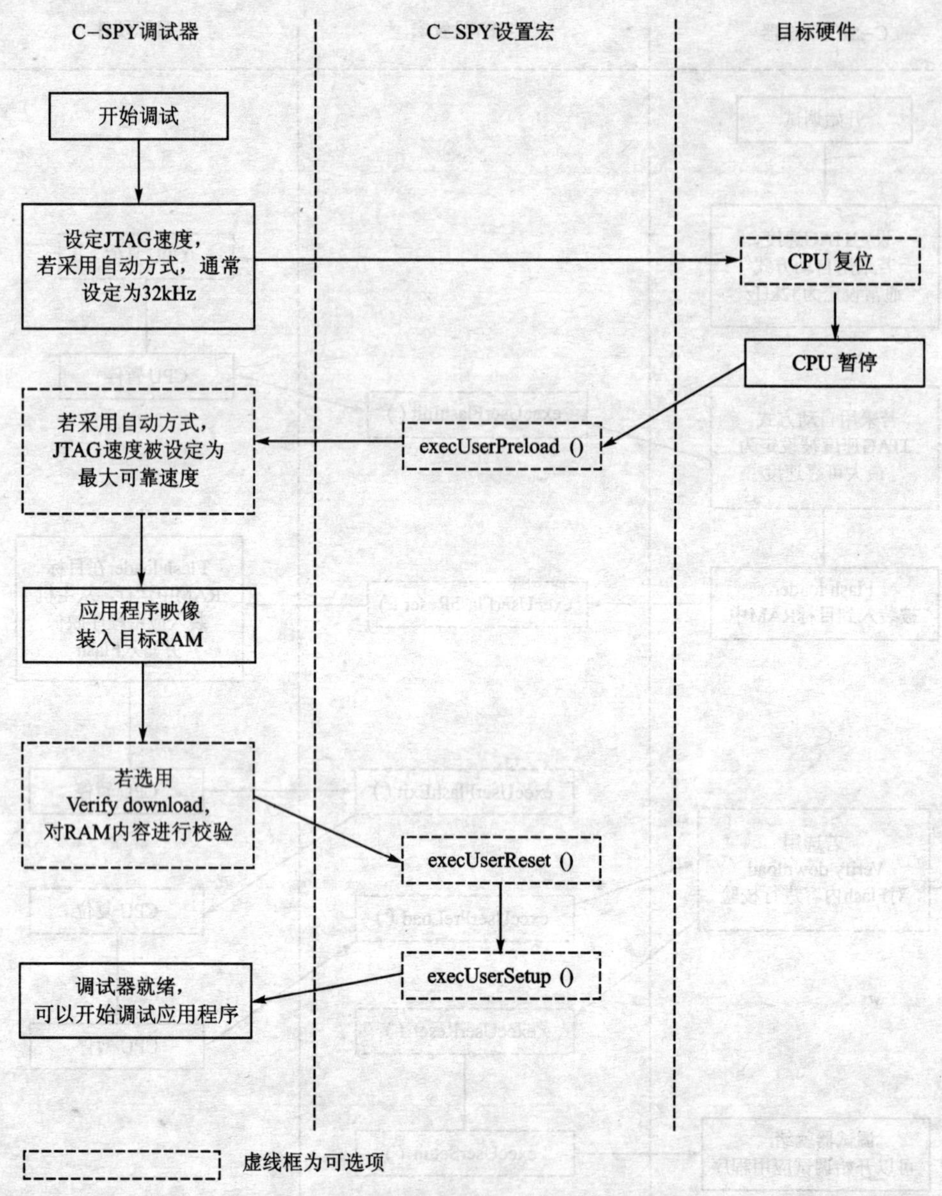

图 4-61　在目标 RAM 中进行代码调试

动配置，如图 4-62 所示。在 Setup 选项卡的 Driver 下拉列表框中选择 J-Link/J-Trace 项，在 Setup macros 选项区选择 Use macro file(s)复选框，并在其下面的文本框中输入希望采用的宏配置文件名。

如果需要将应用程序代码下载到 Flash 存储器中进行调试，创建(build)整体项目时应生成两种输出文件，一种是以 out 为扩展名的 ELF/DWARF 格式文件，out 文件中包含调试信息；另一种是以 sim 为扩展名的 simple-code 格式文件，sim 文件将被下载到目标系统的 Flash 存储器中。

通过如图 4-63 所示 Download 选项卡来设定下载方式。该选项卡中各复选框的含义和使用方法如下：

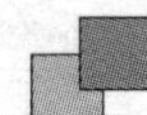

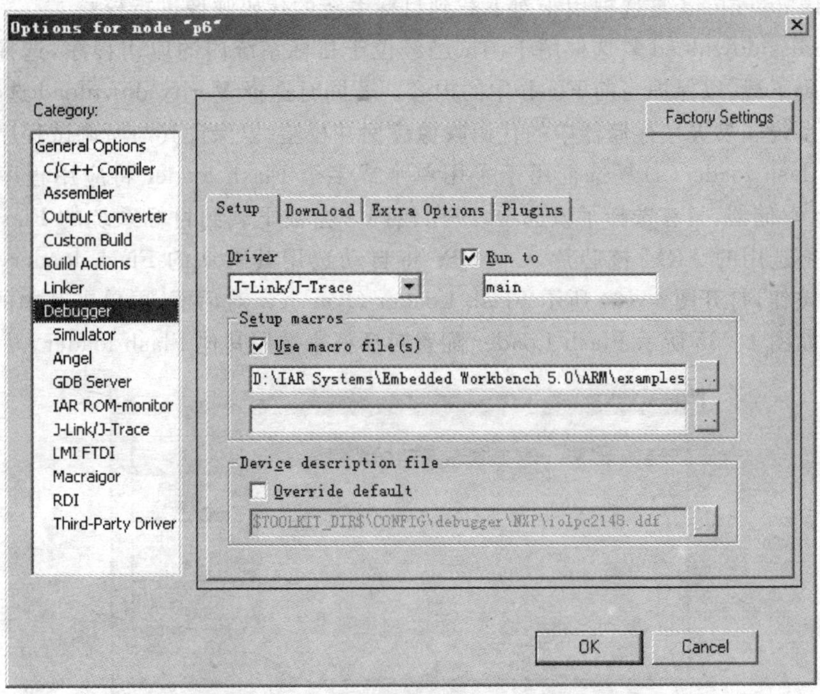

图 4-62　Debugger 选项配置中的 Setup 选项卡

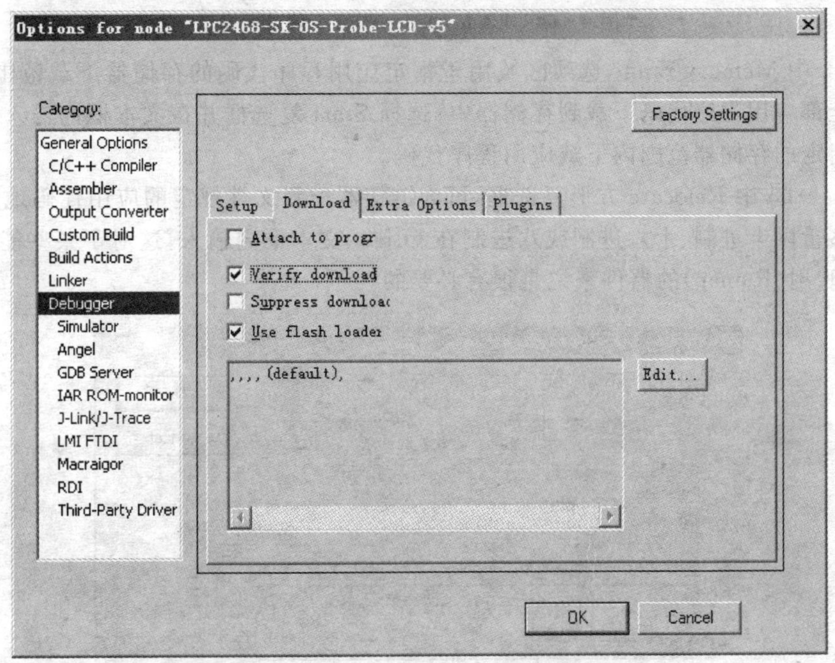

图 4-63　Debugger 选项配置中的 Download 选项卡

- Attach to program 复选框用于使调试器粘贴到运行中应用程序的当前位置，而不复位目标系统。采用此选项时不要选择 Setup 选项卡中的 Run to 复选框，以避免出现无法预知的后果。

- Verify download 复选框用于对下载到目标系统的代码映像进行校验。
- Suppress download 复选框用于调试已经位于目标系统内的应用程序，选择该选项将禁止代码下载，以保护当前 Flash 中的内容。若同时选择 Verify download 选项，调试器将目标系统非易失性存储器中的代码映像读回并校验，以保证其与所调试程序的一致性。
- Use flash loader(s)复选框用于采用单个或多个 Flash loader 将应用程序代码下载到 Flash 存储器，只有选择了该选项，应用代码才会被下载到目标系统的 Flash 存储器中。根据所选用的 ARM 核芯片，C-SPY 将自动选用其默认的 Flash loader，也可以单击 Edit 按钮，打开图 4-64 所示 Flash Loader Overview 对话框，再单击其中的 New 按钮，打开如图 4-65 所示 Flash Loader 配置对话框来选用其他 Flash loader。

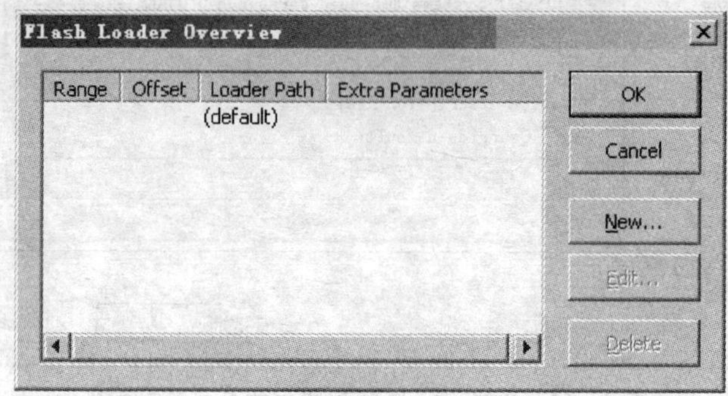

图 4-64 Flash Loader Overview 对话框

图 4-65 中 Memory range 选项区域用于指定应用程序代码的存储器下载范围。选择 All 复选框，将全部应用程序代码下载到存储器中；选择 Start 复选框并在文本框内输入起始和终止地址，将在指定的存储器范围内下载应用程序代码。

选择图 4-65 中 Relocate 方形复选框，可为链接器配置文件规定的应用代码地址添加一个偏移量，偏移量以十进制、十六进制或八进制在 Offset 文本框内输入，这对于某些能将 Flash 存储器进行重映射(Remap)的器件来说是很有必要的。

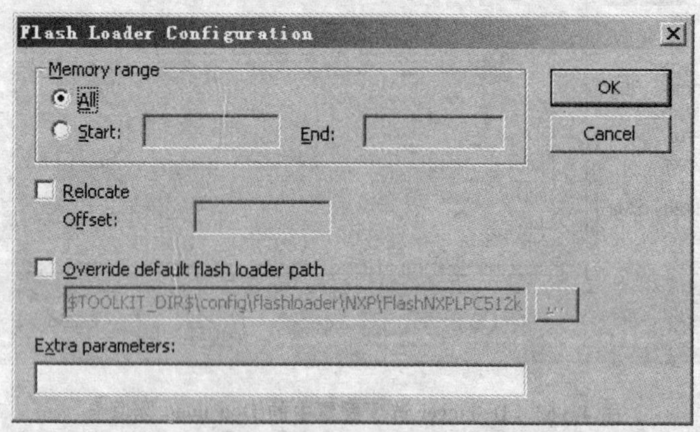

图 4-65 Flash Loader 配置对话框

如果不想采用默认的 Flash Loader，可以选择图 4-65 中 Override default flash loader path 方形复选框，并在下面的文本框内输入希望采用的 Flash Loader 文件名。Extra parameters 文

本框用于输入某些 Flash Loader 所需要的额外控制参数,具体参数请查阅相关手册。

J-Link 驱动配置和下载方式配置完成后,再次选择 Category 列表框中的 J-Link/J-Trace 选项进行硬件仿真器配置,其中 Setup 选项卡如图 4-66 所示。Reset 下拉列表框用于选择启动调试器时采用的复位方式,可选复位方式如表 4-12 所列。

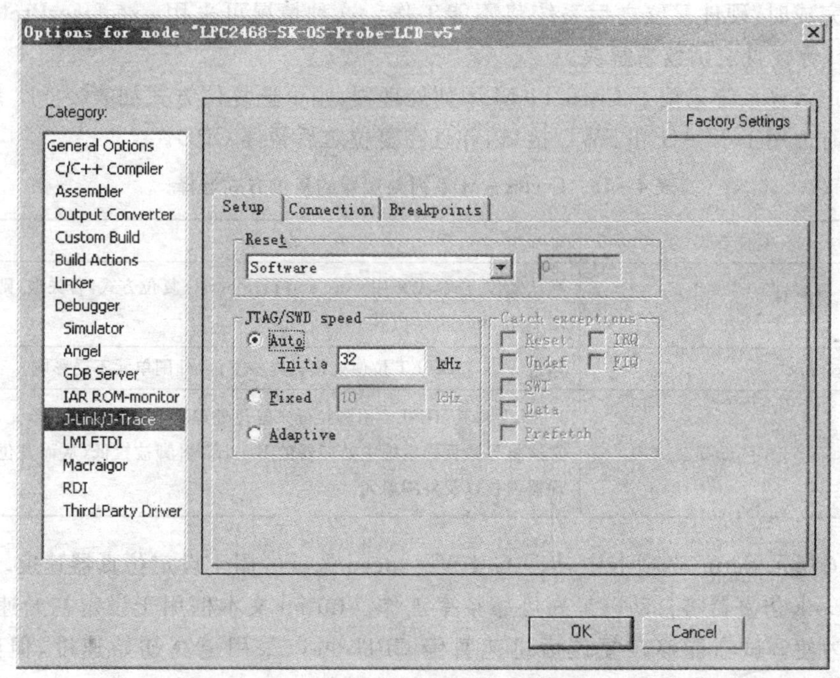

图 4-66 J-Link 选项配置中的 Setup 选项卡

表 4-12 复位方式选择

复位方式	说 明
Hardware, halt after delay (ms)	硬件复位,在右面文本框内输入延时时间,默认延时时间为 0,以便尽快暂停处理器。这种方式用于保证当 C-SPY 调试器开始访问时处理器芯片处于完全工作状态
Hardware, halt using Breakpoint	硬件复位,复位后 J-Link 将试图通过一个断点来暂停 CPU。通常从复位之后到暂停,CPU 还可以执行几条指令
Hardware, halt at 0	硬件复位,并在 0 地址处设置一个断点来暂停 CPU。注意:并非所有 ARM 处理器都支持这种方式
Hardware, halt using DBGRQ	硬件复位,复位后 J-Link 将试图通过使用 DBGRQ 来暂停 CPU。通常从复位之后到暂停,CPU 还可以执行几条指令
Software	软件复位,将 PC 设置为程序入口地址
Software, Analog devices	软件复位,采用针对 ADuC7xxx 处理器的复位序列,仅适用于 Analog Devices 公司的器件
Hardware, NXP LPC	硬件复位,NXP LPC 处理器。仅适用于 NXP 公司的器件
Hardware, Atmel AT91SAM7	硬件复位,针对 Atmel AT91SAM7 处理器。仅适用于 Atmel 公司的器件

通常 C－SPY 调试器的复位为软件复位，它不会改变用户目标系统的设置，而仅仅将 PC 和 CPSR 寄存器恢复为初始状态。若选择硬件复位方式，则 C－SPY 调试器在开始调试时产生一个初始硬件复位信号，采用代码下载到 Flash 中调试时，将在下载完成后产生复位信号。

硬件复位方式对于具有底层设置的用户系统可能存在问题，例如当底层设置中存储器和时钟配置尚未完成时，硬件复位之后系统将不能工作。这种情况可采用 execUserPreload()，execUserReset()等设置宏函数来解决。

如果用户目标系统采用了 Cortex－M 系列处理器，则可选复位方式如表 4－13 所列。这些复位方式同时适用于 JTAG 和 SWD 接口，并且在复位之后暂停 CPU。

表 4－13　Cortex－M 系列处理器的复位方式选择

复位方式	说　明
Normal	默认复位方式，先采用 Core and peripherals 复位方式，若失败，则采用 Core only 复位方式
Core only	通过 VECTRESET 位使处理器内核复位，外围单元不受影响
Core and peripherals	J－Link 将其 RESET 引脚拉低来复位处理器内核以及外围单元，通常这将导致目标系统中处理器的 RESET 引脚被拉低，从而复位处理器内核以及外围单元

图 4－66 所示 Setup 选项卡中，JTAG/SWD speed 选项区用于设定仿真器速度。选择 Auto 复选框，J－Link 仿真器将自动以最高可靠频率工作。Initial 文本框用于设定初始速度，默认值为 32 kHz，为使调试器能够在复位后迅速暂停 CPU，可以采用更高初始速度，但必须在 1～12 000 kHz之间。

选择 Fixed 复选框，并在其后的文本框内输入速度值，将使 J－Link 仿真器以固定速度工作，速度值必须在 1～12 000 kHz 之间。如果出现 JTAH 通信问题，适当降低速度也许能够解决。

选择 Adaptive 复选框，可用于具有 RTCK JTAG 信号的 ARM 器件，自动调整仿真器速度。

在图 4－66 中单击 Connection 标签，打开图 4－67 所示的 Connection 选项卡。Communication 选项区域内的 USB 和 TCP/IP 圆形复选框，用于设置 J－Link 仿真器与主机的连接方式，通常采用 USB 连接方式。TCP/IP 方式用于与远程 J－Link 服务器连接，此时应在其后的文本框内输入合适的 IP 地址。

Interface 选项区域内的 JTAG 和 SWD 圆形复选框，用于设置 J－Link 仿真器与目标系统的接口方式。JTAG 为默认接口方式，对于 Cortex－M3 处理器可以采用串行输出 SWD(serial－wire output)接口方式。

JTAG scan chain 选项区用于设置 JTAG 扫描链。如果在 JTAG 扫描链中存在多个器件，则应选择 JTAG scan chain with multiple targets 复选框，同时应在 TAP number 文本框内指定希望连接的测试访问端口号。选择 Scan chain contains non－ARM devices 复选框，允许对 ARM 器件和其他器件如 FPGA 等混合调试。

选择 Log communication 复选框可以将 C－SPY 调试器与目标系统之间的通信以文件形式记录下来。

在图 4－66 中单击 Breakpoints 标签，打开如图 4－68 所示的 Breakpoints 选项卡。Default

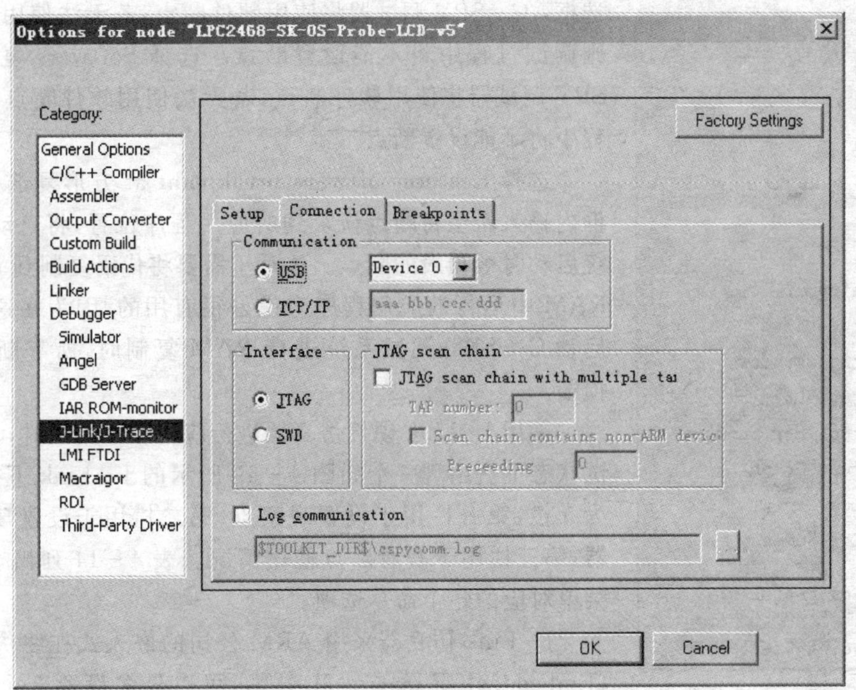

图 4-67　J-Link 选项配置中的 Connection 选项卡

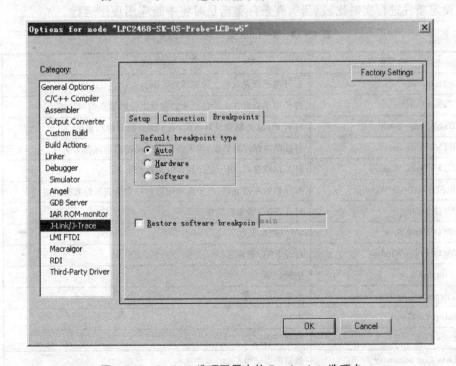

图 4-68　J-Link 选项配置中的 Breakpoints 选项卡

breakpoint type 选项区域内有 3 个圆形复选框，用于设置默认断点类型。选择 Auto 复选框，C-SPY 调试器将尝试使用软件断点，若无法使用软件断点时，则使用硬件断点。选择 Hardware 复

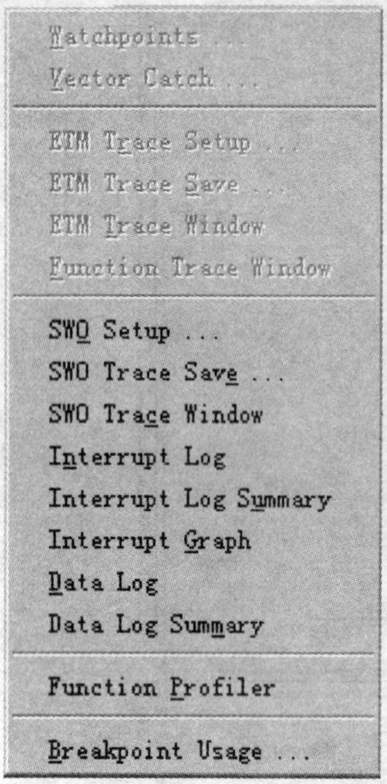

Watchpoints ...
Vector Catch ...
ETM Trace Setup ...
ETM Trace Save ...
ETM Trace Window
Function Trace Window
SWO Setup ...
SWO Trace Save ...
SWO Trace Window
Interrupt Log
Interrupt Log Summary
Interrupt Graph
Data Log
Data Log Summary
Function Profiler
Breakpoint Usage ...

图 4-69　J-Link 下拉菜单

选框，C-SPY 调试器将使用硬件断点，若无法使用硬件断点，则调试过程中将不能设置断点。选择 Software 复选框，C-SPY 调试器将使用软件断点，若无法使用软件断点，则调试过程中将不能设置断点。

选择 Restore software breakpoint at 方形复选框，在文本框内输入希望将断点恢复到的应用程序位置，将自动恢复在系统启动时被损毁的断点。这对于需要将代码复制到 RAM 并在 RAM 中运行的应用程序来说是很有用的，因为在这种情况下启动 C-SPY 调试系统进行 RAM 复制时，所有断点都将被损毁。

采用 J-Link 硬件仿真器进行应用程序调试时，C-SPY 调试状态下会出现一个如图 4-69 所示的 J-Link 下拉菜单，分为 5 栏，第一栏用于设置观察点，第二栏用于设置 Trace 仿真器，第三栏用于查看断点使用情况。表 4-14 列出了 J-Link 菜单对应的各个命令选项。

J-Link 仿真器采用 ARM 公司的嵌入式在线仿真宏单元 (EmbeddedICE macrocell) 技术，可以最多设置 2 个硬件观察点。宏单元对地址总线、数据总线、CPU 控制信号以及外部输入信号与设定条件进行实时比较，当所有条件都满足时将中断应用程序运行。

表 4-14　J-Link 菜单对应的命令选项

命令选项	说　明
Watchpoints	打开用于设置观察点的对话框
Vector Catch	打开用于直接在中断向量表的向量上设置断点的对话框
ETM Trace Setup	打开 ETM 跟踪设置对话框，用于配置捕获跟踪信息
ETM Trace Save	打开跟踪保存对话框，用于将捕获的跟踪数据保存为文件
ETM Trace Window	打开跟踪窗口，用于显示捕获的跟踪数据
Function Trace Window	打开函数跟踪窗口，用于显示跟踪窗口中捕获跟踪数据子集
SWO Setup	打开 SWO 设置对话框
SWO Trace Save	SWO 跟踪保存
SWO Trace Window	打开 SWO 跟踪窗口
Interrupt Log	中断记录
Interrupt Log Summary	中断记录汇总
Interrupt Graph	中断图示
Data Log	数据断点记录
Data Log Summary	数据断点记录汇总
Function Profiler	函数剖析
Breakpoint Usage	打开断点使用对话框，列出所有活动断点

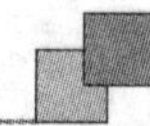

单击J-Link下拉菜单第1栏中的Watchpoints选项，弹出如图4-70所示对话框。该对话框中各选项的含义和使用方法如下：

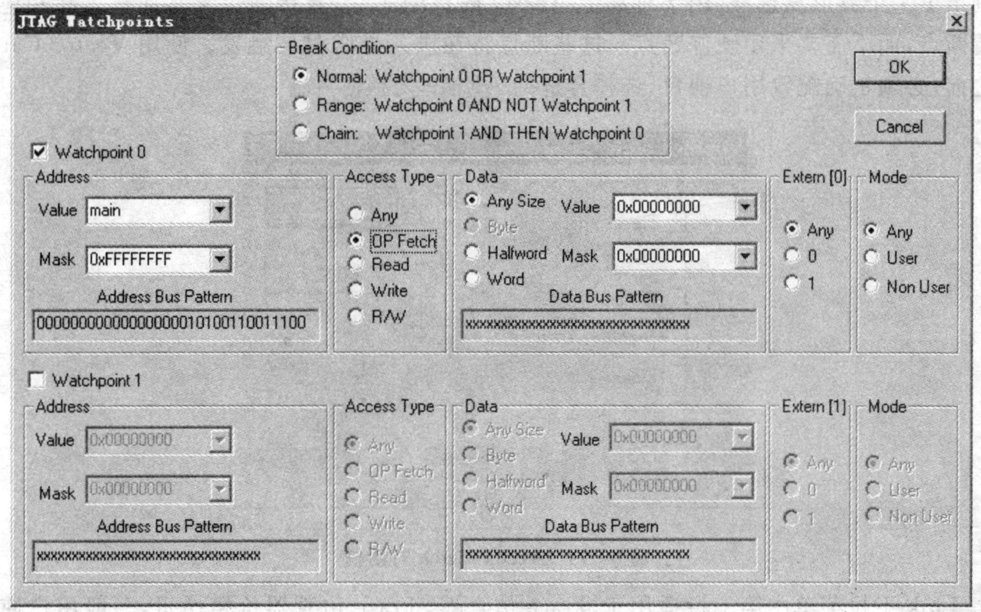

图4-70 观察点设置对话框

- Break Condition栏用于设置观察点的中断条件。Normal为单独使用两个观察点。Range为将两个观察点结合成为一段观察范围，用观察点0定义起始值，用观察点1定义终止值。Chain为观察点1的触发使观察点0准备好，然后当观察点0触发时中断应用程序运行。
- 选择Watchpoint0或Watchpoint1复选框，设置单个或两个观察点。若观察点超过允许个数，将显示出错提示信息。
- Address选项区域用于设置观察点地址总线条件。在Value文本框内输入观察点地址(地址值或函数名)，在Mask文本框内输入掩码数值(通常为0xFFFFFFFF)。Address Bus Pattern栏将自动显示进行地址总线比较时的符合值。
- Access Type选项区域用于设置观察点访问类型。其中列出了5个访问类型，Any为任意，OP Fetch为指令操作码读取，Read为数据读，Write为数据写，R/W为数据读/写，可根据需要选择其中之一。
- Data选项区域用于设置观察点数据总线条件。在Value文本框内输入观察点数据(数据或表达式值)，在Mask文本框内键入掩码数值(通常为0xFFFFFFFF)。Data Bus Pattern栏将自动显示进行数据总线比较时的符合值。Data选项区域表示数据类型，共有任意(Any Size)、字节(Byte)、半字(Halfword)和字(Word)4种，可根据需要选中其中之一。
- Extern选项区域用于定义外部输入信号状态。若选择Any复选框，则忽略外部输入信号状态，也可以选择0或1指定外部输入信号状态。
- Mode选项区域用于定义观察点须满足的CPU模式。Any为忽略CPU工作模式，User为CPU应工作于用户模式，Non User为CPU应工作除用户模式之外的其他模式如系统，未定义，中止，IRQ，FIQ 等模式。

单击 J-Link 下拉菜单第一栏中的 Vector Catch 选项，弹出如图 4-71 所示对话框，该对话框中列出了 7 个方形复选框，用于对基于 ARM9 内核的芯片，直接通过异常向量表在相应向量上设置断点，而不需要采用硬件断点。这些断点将在进入异常时被触发。使用 Vector Catch 对话框之前，必须正确配置用户项目，选择合适的 ARM9 内核芯片。

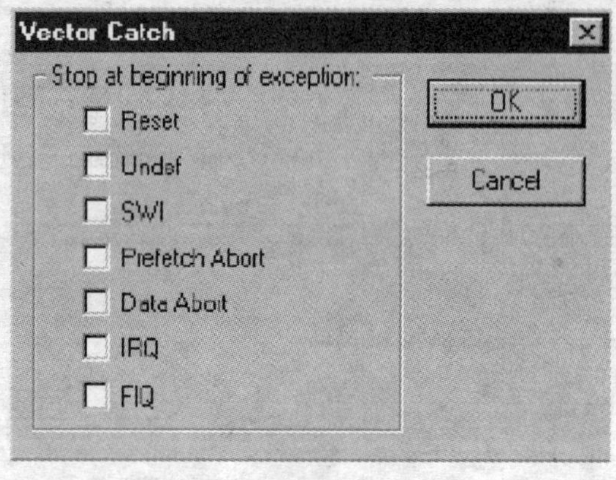

图 4-71　Vector Catch 对话框

J-Link 下拉菜单中第二栏适用于 Trace 仿真器，Trace 仿真器价格昂贵，一般用户使用较少，需要时请查阅相关手册。

J-Link 下拉菜单中第三栏用于对具有串行输出（SWO）通信接口的器件（如 Cortex-M 处理器），采用 V6 版本以上 J-Link 仿真器以 SWD 接口方式进行调试。单击 Project 下拉菜单中的 Options 选项，从弹出对话框的 Category 列表框中选择 J-Link/J-Trace 选项，并选择 Connection 选项卡，再选中 Interface 栏中的 SWD 圆形复选框，如图 4-72 所示。

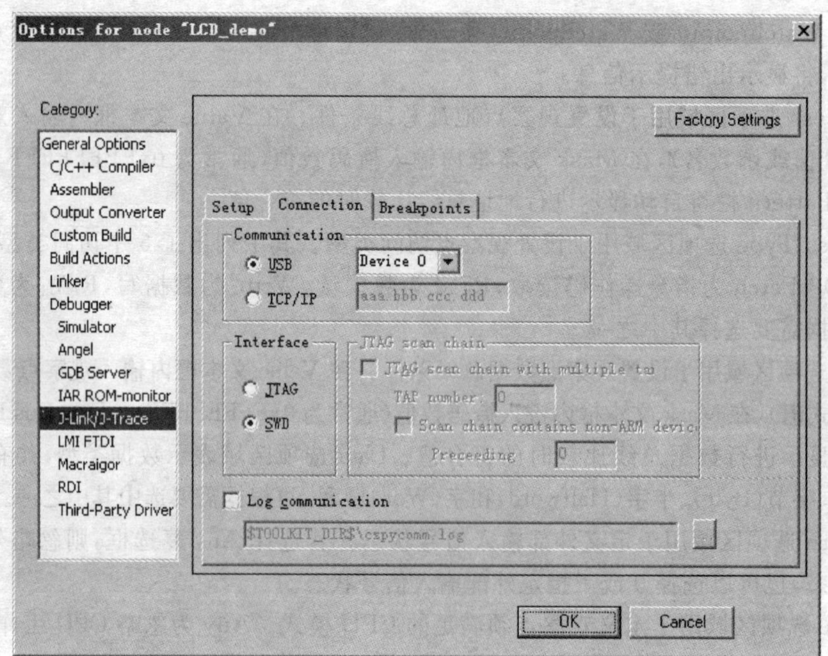

图 4-72　J-Link 选项配置中的 Connection 选项卡

启动 C-SPY 调试器，单击 J-Link 下拉菜单中的 SWO Setup 选项，弹出如图 4-73 所示 SWO 设置对话框，该对话框中各选项的含义和使用方法如下：

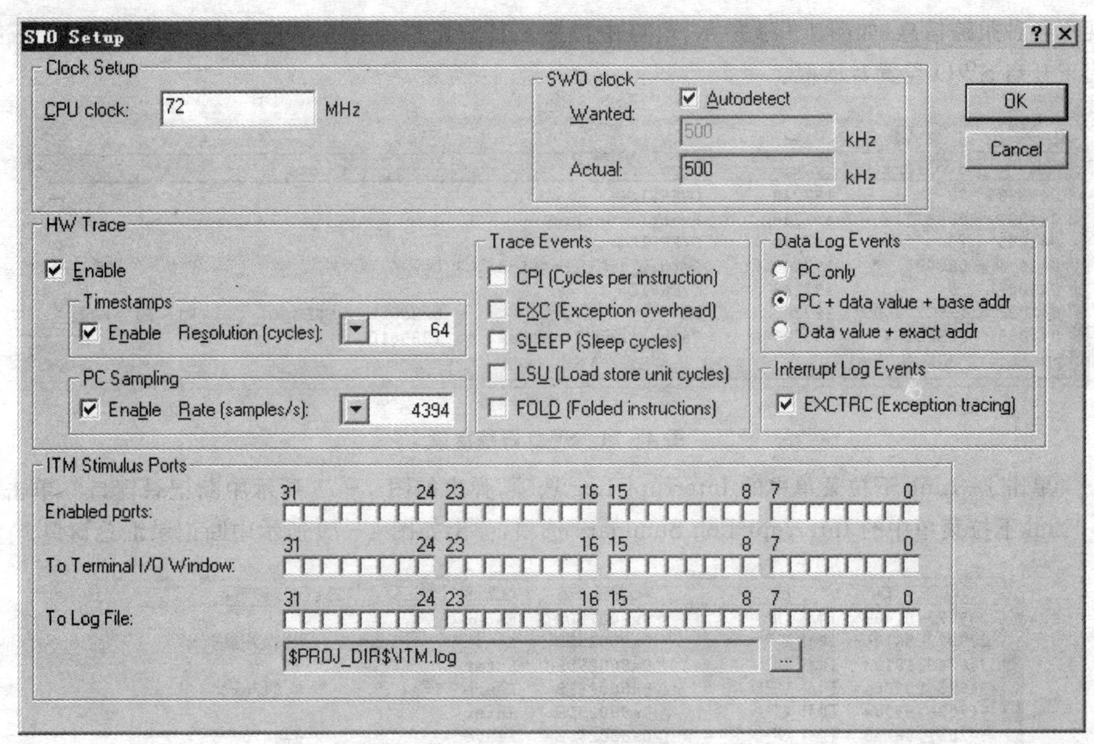

图 4-73 SWO 设置对话框

- Clock Setup 栏用于设置 CPU 时钟和 SWO 时钟：在 CPU clock 后面的文本框内直接输入时钟频率；选中 SWO clock 下面的 Autodetect 复选框时，将自动采用 J-Link 仿真器所能识别的最高频率；不选 Autodetect 复选框时，则应在 Wanted 文本框内输入希望采用的仿真器频率，实际使用频率将显示在 Actual 文本框内。
- HW Trace 栏用于设置 Trace 窗口中的显示信息，先要选中 Enable 复选框，然后才能进行设置。通过 Timestamps 栏的复选框及其后面的下拉列表框，可以选择硬件跟踪包或 timestamps 的分辨率。通过 PC Sampling 栏的复选框及其后面的下拉列表框，可以选择对程序计数器 PC 的采样率。采样率不能设置过高，最高采样率取决于 SWO 时钟频率以及通过 SWO 通信通道传输的数据量。
- Trace Events 栏用于设置允许进行跟踪的各种事件。如果 SWO 频率过低，某些事件可能导致 SWO 通信通道溢出而无法工作。
- Data Log Events 栏用于设置数据断点记录事件。
- Interrupt Log Events 栏用于设置中断记录事件。
- ITM Stimulus Ports 栏用于在不停止执行程序的情况下，从应用程序向调试器主机发送数据。选择 Enabled ports 栏的复选框，可以允许总共 32 个数据端口。只有被允许的端口，才可以通过 SWO 通信通道向调试器发送数据。选择 To Terminal I/O Window 栏的复选框，可以规定向终端输入/输出窗口发送数据的端口。选择 To Log File 栏的复选框，可以规定向日志文件发送数据的端口。

通过 SWO 设置对话框允许进行硬件跟踪后，在调试过程中可以随时打开 SWO 跟踪窗口，观察各种跟踪信息，如图 4－74 所示，窗口中快捷工具按钮栏的意义参见表 4－6，其中按钮用于开启 SWO 设置对话框。

Index	SWO Packet	Cycles	Event	Value	Trace	
041093	70	197248	OVERFLOW			
041094	0509	197248	Event counters	9		
041095	70	197248	OVERFLOW			
041096	0E0030	197248	Return to Exception...	0		
041097	70	197248	OVERFLOW			
041098	179C170008	197248	PC	0x080...	SUBS	R1, R1, #0x1
041099	F0BAD254	88953088	Packet and Timestam...	1386810		

图 4－74　SWO 跟踪窗口

单击 J－Link 下拉菜单中的 Interrupt Log 选项，弹出如图 4－75 所示中断记录窗口。单击 J－Link下拉菜单中的 Interrupt Log Summary 选项，弹出如图 4－76 所示中断记录汇总窗口。

Time	Interrupt	Address	Action	Execution Time
239677.014us	TIM1_UP	0x80025DB	Enter	
239677.861us	TIM1_UP	0x80025DB	Leave	0.847us
346749.181us	TIM1_UP	0x80025DB	Enter	
346750.028us	TIM1_UP	0x80025DB	Leave	0.847us
547036.833us	TIM1_UP	0x80025DB	Enter	
547037.681us	TIM1_UP	0x80025DB	Leave	0.847us

图 4－75　中断记录窗口

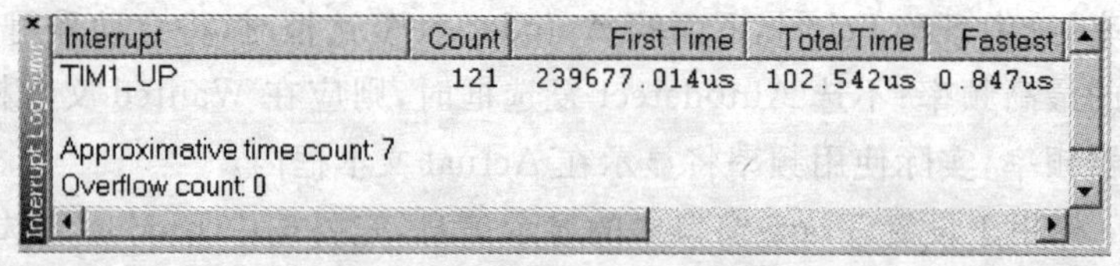

Interrupt	Count	First Time	Total Time	Fastest
TIM1_UP	121	239677.014us	102.542us	0.847us

Approximative time count: 7
Overflow count: 0

图 4－76　中断记录汇总窗口

为了保证中断记录和中断记录汇总窗口的显示正确，必须在 SWO 设置对话框中使能 Interrupt Log Events 栏内的复选框，同时还要在中断记录和中断记录汇总窗口内弹出快捷菜单，并选择其中的 Enable 选项，如图 4－77 所示。

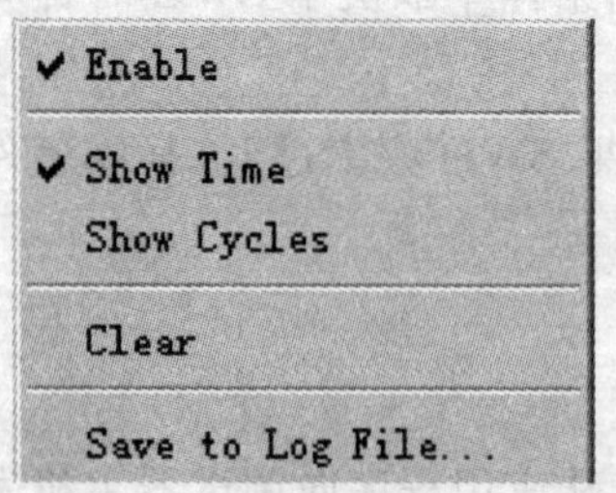

图 4－77　中断记录窗口的快捷菜单

单击 J－Link 下拉菜单中的 Interrupt Graph 选项，弹出如图 4－78 所示中断图示窗口，为了保证显示正确的中断图示，必须在 SWO 设置对话框中使能 Interrupt Log Events 栏内的复选框，同时还要在中断图示窗口的快捷菜单中选择 Enable 选项。另外中断图示还可以通过按键＋和-进行放大和缩小调整。

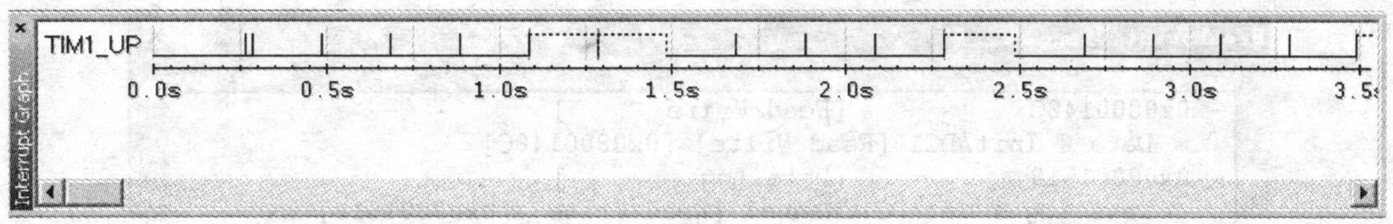

图 4-78　中断图示窗口

单击 J-Link 下拉菜单中的 Data Log 选项，弹出如图 4-79 所示数据断点记录窗口，单击 J-Link下拉菜单中的 Data Log Summary 选项，弹出如图 4-80 所示数据断点记录汇总窗口。为了保证显示正确，必须先设置合适的数据断点，同时在 SWO 设置对话框中使能 Data Log Events栏内的复选框，还要在数据断点记录窗口的快捷菜单中选择 Enable 选项。

Data Log

Time	Program Counter	0x200003F2	Address	0x200003F3	Address
890505.792us	0x08000318			R 0x6A	@ 0x200003F3-
971030.389us	0x0800031E			W 0x9D	@ 0x200003F3-
1s 326129.01...	0x0800033E	R 0x03	@ 0x200003F2+?		
1s 427018.09...	0x08000344			W 0x36	@ 0x200003F3-
1s 780502.72...	0x08000318			R 0x9D	@ 0x200003F3-
1s 865695.29...	0x0800031E			W 0xD0	@ 0x200003F3-

图 4-79　数据断点记录窗口

Data Log Summary

Data	Total Accesses	Read Accesses	Write Accesses
0x200003F2	2	2	0
0x200003F3	11	4	6

Overflow count: 0

图 4-80　数据断点记录汇总窗口

单击 J-Link 下拉菜单第四栏的 Function Profiler 选项，弹出图 4-81 所示函数剖析窗口。

Function Profiler

Function	Calls	Flat Time	Flat Time (%)	Acc. Time	Acc. Time (%)
GPIO_Init(GPIO_TypeDef*, ...		1055	0.26		
GPIO_ReadInputData(GPIO_...		32	0.01		
GPIO_WriteBit(GPIO_TypeD...		153	0.04		
GetADC1Channel(Int8U)		4	0.00		
HD44780RdIO()		1243	0.31		
HD44780RdStatus()		45	0.01		
HD44780SetE(Boolean)		227	0.06		

图 4-81　函数剖析窗口

J-Link 下拉菜单中第五栏用于查看 C-SPY 系统断点使用情况，单击该栏内 Breakpoint Usage 选项，打开断点使用窗口，显示当前已经激活的所有断点信息，如图 4-82 所示。

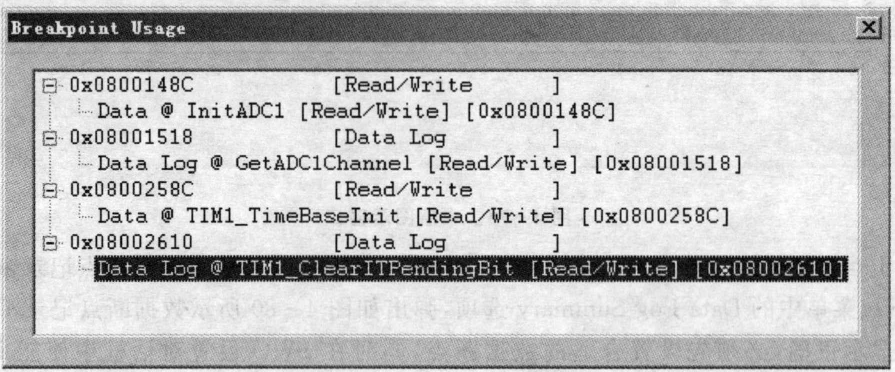
Breakpoint Usage
0x0800148C [Read/Write]
Data @ InitADC1 [Read/Write] [0x0800148C]
0x08001518 [Data Log]
Data Log @ GetADC1Channel [Read/Write] [0x08001518]
0x0800258C [Read/Write]
Data @ TIM1_TimeBaseInit [Read/Write] [0x0800258C]
0x08002610 [Data Log]
Data Log @ TIM1_ClearITPendingBit [Read/Write] [0x08002610]

图 4-82 断点使用窗口

第 5 章 IAR C/C++编译器

IAR EWARM 中集成支持 ARM 处理器的 C/C++编译器,它支持符合 ANSI 标准的 C 或 C++编程语言,提供符合 ISO/ANSI C 和 C++标准的 IAR DLIB 运行库,支持 IEEE 754 格式的浮点数、多字节参数和局部参数。IAR C/C++编译器提供灵活的变量分配能力,可直接采用 C 或者 C++语言编写中断函数,支持 MISRA C 编程规则并提供涵盖所有 127 条规则的 MISRA C 校验模块,支持 IAR 扩展的嵌入式 C++特性,如模板、名字空间、多重虚拟外设、标准模板库(STL)等。IAR C/C++编译器采用优化技术产生高效的目标代码,可选择以代码大小或运行速度进行目标代码优化,并可设置多重优化级别。本章从软件开发的角度介绍 IAR C/C++编译器基础知识及应用方法。

5.1 IAR C/C++编译器的选项配置

可以直接在 IAR EWARM 集成开发环境中引用支持 ARM 核的 IAR C/C++编译器,并且能够在集成环境中进行各种选项配置,使应用变得更加简单、方便。

5.1.1 基本选项配置

在工作区(Workspace)中选定一个项目,单击 Project 下拉菜单中的 Options 选项,弹出选项配置对话框,从左边 Category 列表框内选择 General Options 进入基本选项配置。

图 5-1 所示为基本选项配置中的 Target 选项卡,Processor variant(处理器类型)选项区域中的 Core 复选框用于设置 ARM 核,默认为 ARM7TDMI-S,也可以从其左边的下拉列表框中选择其他 ARM 核,例如 ARM9,ARM11 或 Xscal 等。建议使用时尽可能根据当前所用 ARM 芯片,选中 Device 复选框,单击其右边的按钮,从弹出的文本框内选择所用器件,这样 IAR EWARM 会根据所选芯片自动设置器件描述文件,以便于调试。如果所选 ARM 芯片含有浮点数协处理器,则可在 FPU 下拉列表框内选取合适的浮点处理单元。Endian mode 选项区域用于选择大小端模式,默认为 Little。

图 5-2 所示为基本选项配置中的 Output 选项卡。Output file 选项区域用于设置编译后生成的输出文件类型,可选择 Executable(生成执行代码)或 Library(生成库文件)。Output directories 选项区域用于设置输出文件目录,默认执行代码文件目录为 Flash Debug\Exe,目标文件目录为 Flash Debug\Obj,列表文件目录为 Flash Debug\List,也可设置其他目录。

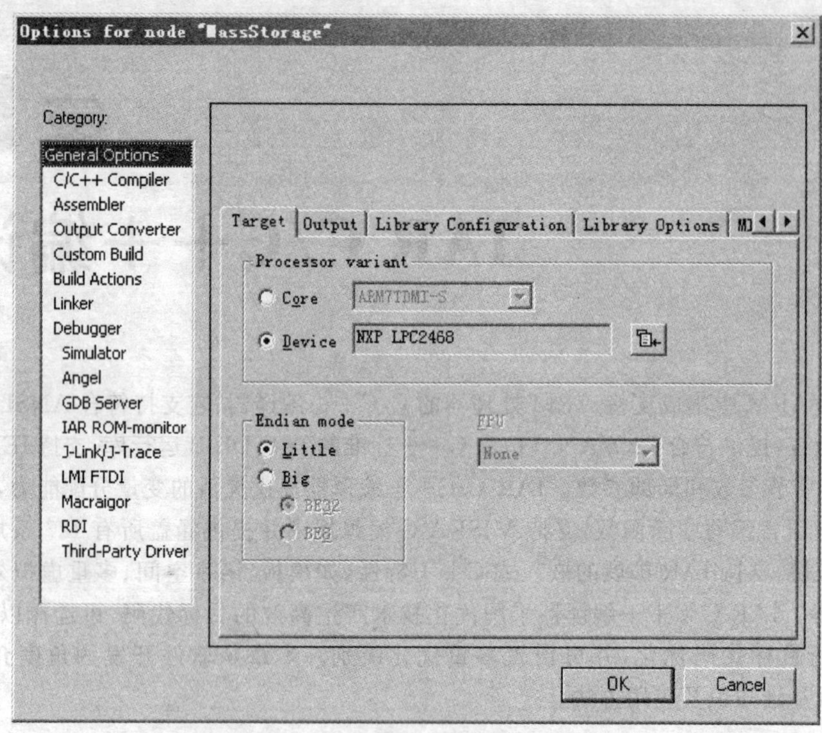

图 5－1　基本选项配置中的 Target 选项卡

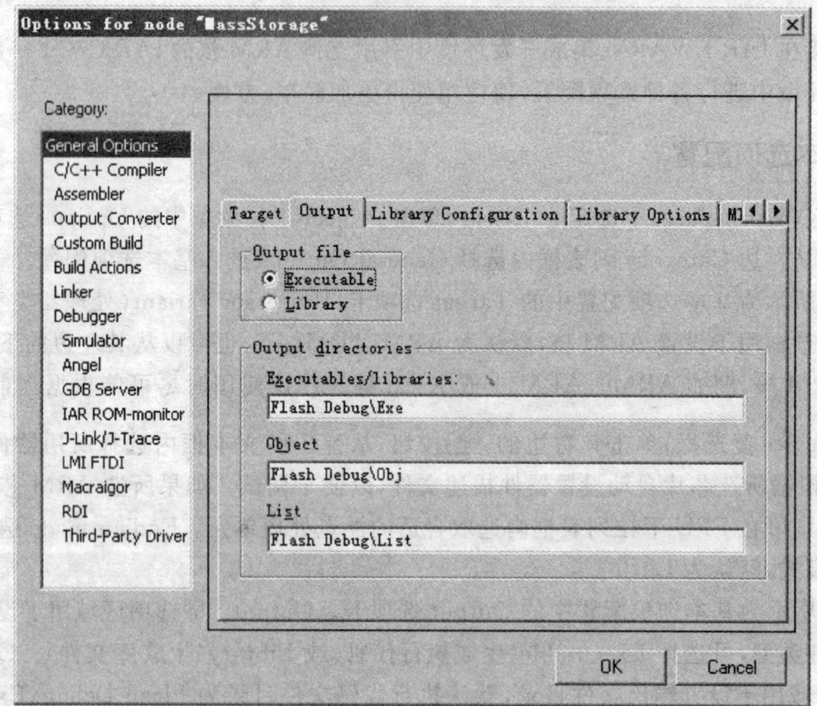

图 5－2　基本选项配置中的 Output 选项卡

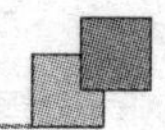

图 5-3 所示为基本选项配置中的 Library Configuration 选项卡。IAR C/C++编译器提供了 DLIB 库,支持 ISO/ANSI C 和 C++以及 IEEE754 标准的浮点数。通过 Library 下拉列表框选择希望采用的运行库。选择 None 表示应用程序不链接运行库;选择 Normal 表示链接普通运行库,其中没有 locale 接口和 C locale,不支持文件描述符,printf and scanf 不支持多字节操作,strtod 不支持十六进制浮点数操作。选择 Full 表示链接完整运行库,其中包含 locale 接口,C locale,支持文件描述符,printf and scanf 支持多字节操作,strtod 支持十六进制浮点数操作。选择 Custom 表示链接用户自定义库,此时应在 Configuration 文本框内指定用户自己的库配置文件。若选择 Library low-level interface implementaion 选项区域中的 None 复选框,则在应用程序调试过程中不使用 DLIB 库提供的底层调试接口;若选择 Semihosted 或 IAR breakpoint 复选框,则在应用程序调试过程中使用 DLIB 库提供的底层调试接口,如通过 Terminal I/O 窗口实现输入/输出等。

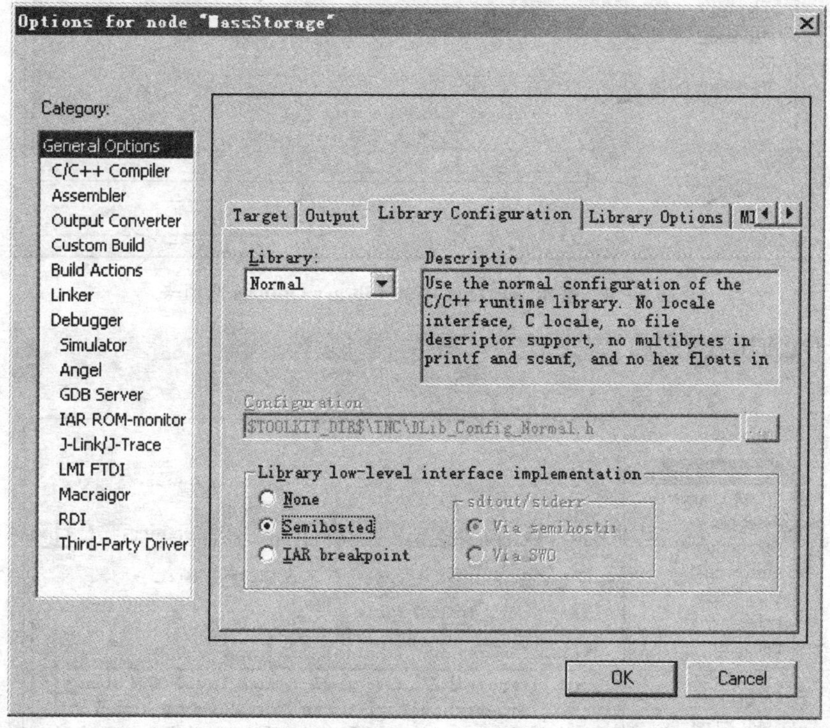

图 5-3　基本选项配置中的 Library Configuration 选项卡

图 5-4 所示为基本选项配置中的 Library Options 选项卡。通过 Printf formatter 和 Scanf formatter 选项区域中的下拉列表框,可以分别设置 Printf 和 Scanf 函数支持的输出/输入格式,可用格式包括 Full,Large,Small 和 Tiny。

图 5-5 所示为基本选项配置中的 MISRA-C 选项卡。选择 Enable MISRA-C 复选框后,单击 All 按钮选择所有 MISRA-C 规则校验模块,单击 Required 按钮选择必须的 MISRA-C 规则校验模块,单击 None 按钮将不选择 MISRA-C 规则校验模块。用户还可以通过 Set Active MISRA-C Rules 选项区域内的复选框增选或删除 MISRA-C 规则校验模块。

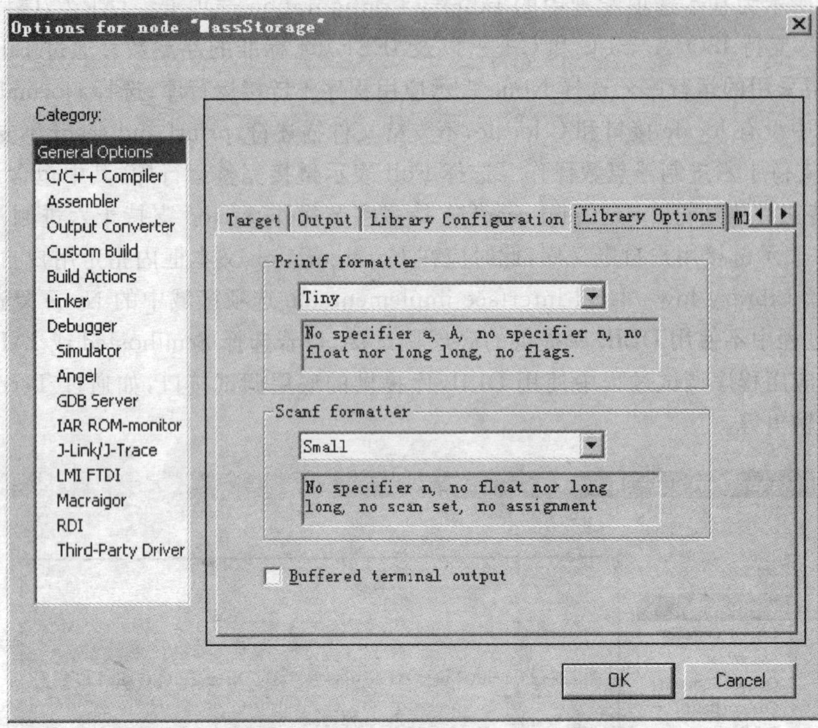

图 5-4 基本选项配置中的 Library Options 选项卡

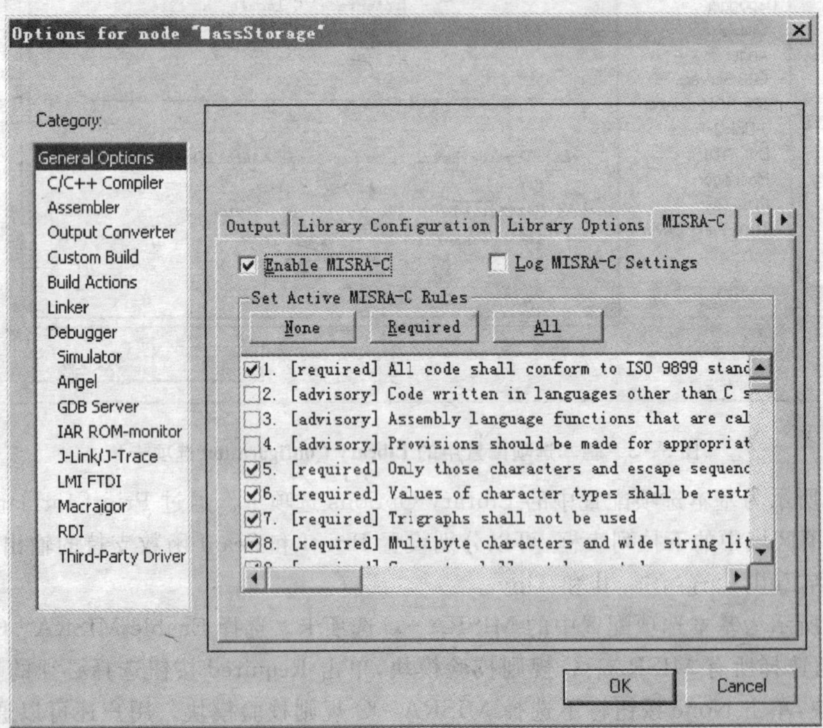

图 5-5 基本选项配置中的 MISRA-C 选项卡

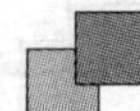

5.1.2　C/C++编译器选项配置

图 5-6 所示为编译器选项配置中的 Language 选项卡，单击选项配置窗口左边 Category 列表框内的 C/C++ Compiler 选项，进入 C/C++编译器选项配置，对应有多个选项卡，用于设定不同的配置选项。每个编译器选项卡的右上角都有一个 Factory Settings 按钮，单击该按钮将自动设置默认选项。每个编译器选项卡中都有一个 Multi-file Compilation 复选框，选择该复选框，允许编译器将多个文件作为一个编译单元进行编译，从而实现各程序文件之间的交互优化，例如内联、交叉调用、交叉跳转等。若同时选择下面的 Discard Unused Publics 选项，则将丢弃未使用的公共变量及公共函数。

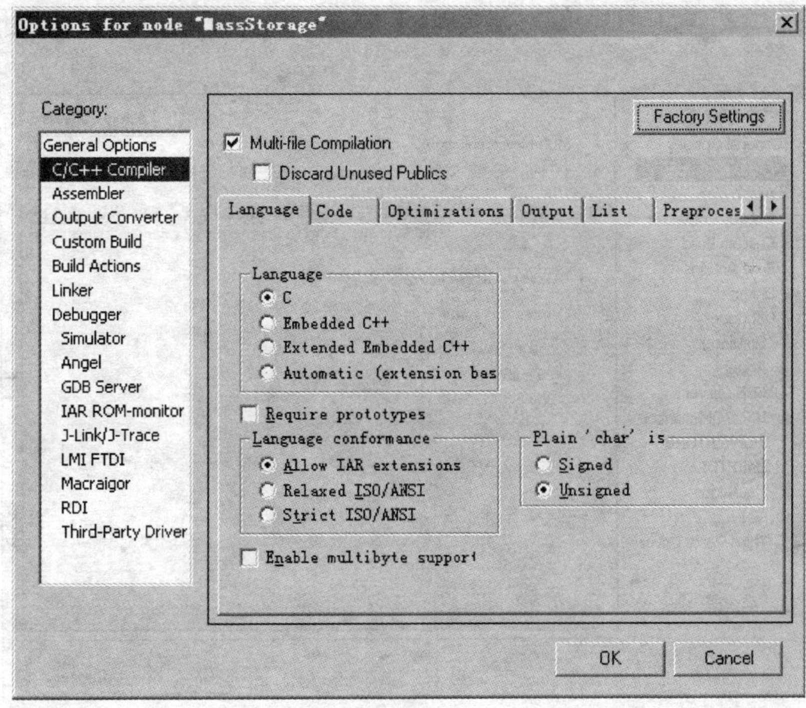

图 5-6　编译器选项配置中的 Language 选项卡

图 5-6 所示中各选项的含义及用法如下：

- Language 选项区域用于设置希望采用的编程语言，默认为 C。如果选择 Automatic 复选框，则根据源程序文件的扩展名自动选择。扩展名为". C"时作为 C 源程序进行编译，扩展名为". CPP"时作为扩展嵌入式 C++源程序进行编译。
- Require prototypes 复选框用于强制编译器检查所有函数是否具有合适的原型。调用未声明过的函数、定义未声明原型的公共函数、采用未包含原型的函数指针进行直接函数调用等都将导致编译出错。
- Language conformance 选项区域用于设置是否允许 IAR C/C++语言扩展，默认为允许。选择 Relaxed ISO/ANSI 复选框，将禁止 IAR C/C++语言扩展，但并不要求严格符合 ISO/ANSI 标准；选择 Strict ISO/ANSI，将禁止 IAR C/C++语言扩展，且要求严格符合 ISO/ANSI 标准。

● Plain 'char' is 选项区域用于设置 char 类型数据的符号。通常编译器将 char 作为无符号类型对待，若选择 Signed 复选框，则作为带符号类型对待。需要注意的是，运行库是按无符号类型编译的，因此链接运行库时选择 Signed 复选框，可能导致类型不匹配错误。

● 选择 Enable multibyte support 复选框，允许在 C 或 C++源程序文件中使用多字节字符，默认状态下不允许在 C 或 C++源程序文件中使用多字节字符。

图 5-7 所示为编译器选项配置中的 Code 选项卡，选择 Generate interwork code 复选框，可在编译时生成 ArM 及 Thumb 混合代码，并且可以调用混合库函数。Processor mode 选项区域用于选择处理器模式，默认为 Thumb 模式。

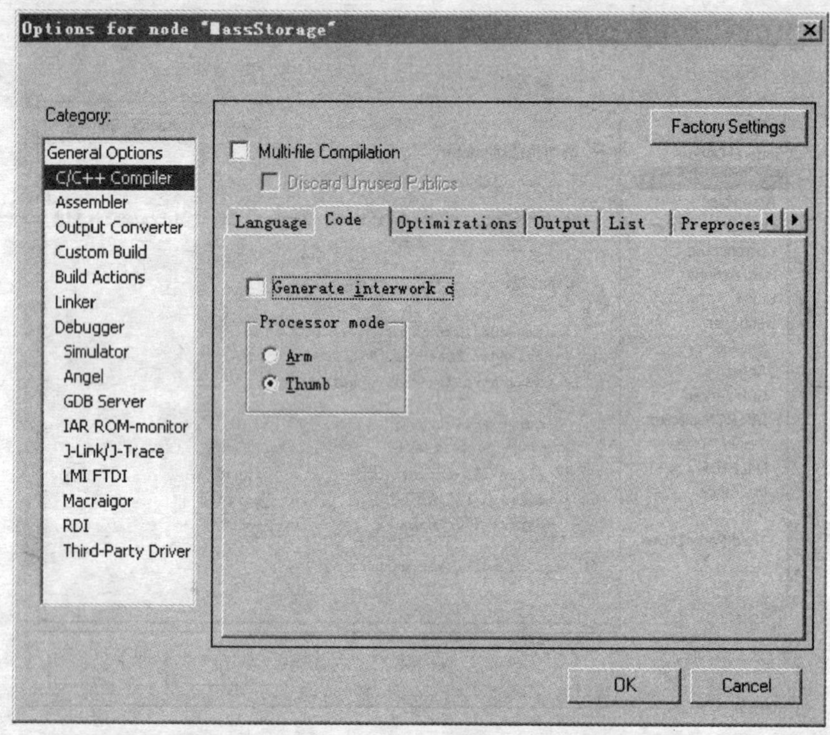

图 5-7 编译器选项配置中的 Code 选项卡

图 5-8 所示为编译器选项配置中的 Optimizations 选项卡，用于设置编译器的优化方法和优化级别。通过 Level 选项区域可选择不同的优化级别：None(不优化，对调试支持最好)、Low(低级优化)、Medium(中级优化)和 High(高级优化)；若选择的优化级别为 High，还可通过下拉列表框选择 Balanced(平衡)、Size(代码大小)或 Speed(运行速度)，来决定高级优化方法。根据所选择的优化级别，Enabled 选项框内将自动选择不同的优化项目。

图 5-9 所示为编译器选项配置中的 Output 选项卡。选择 Generate debug information 复选框，将使编译器在生成的目标代码中包含适用于 C-SPY 和其他调试器所需要的附加信息，这会使目标代码的长度增加，若不想要这些附加信息，请不要选中该复选框。

IAR C/C++编译器将函数代码放入指定的存储器段中，供 ILINK 链接器使用。默认情况下函数代码被放置在名为".text"的存储器段中。如果不想使用默认的存储器段，可在 Code

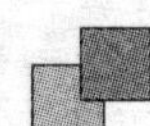

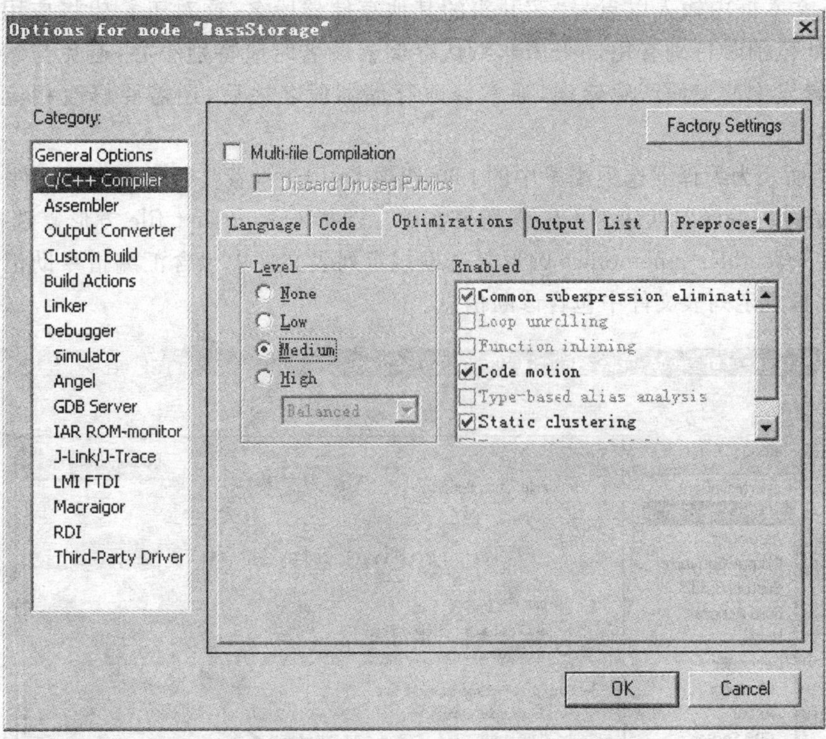

图5-8　编译器选项配置中的Optimizations选项卡

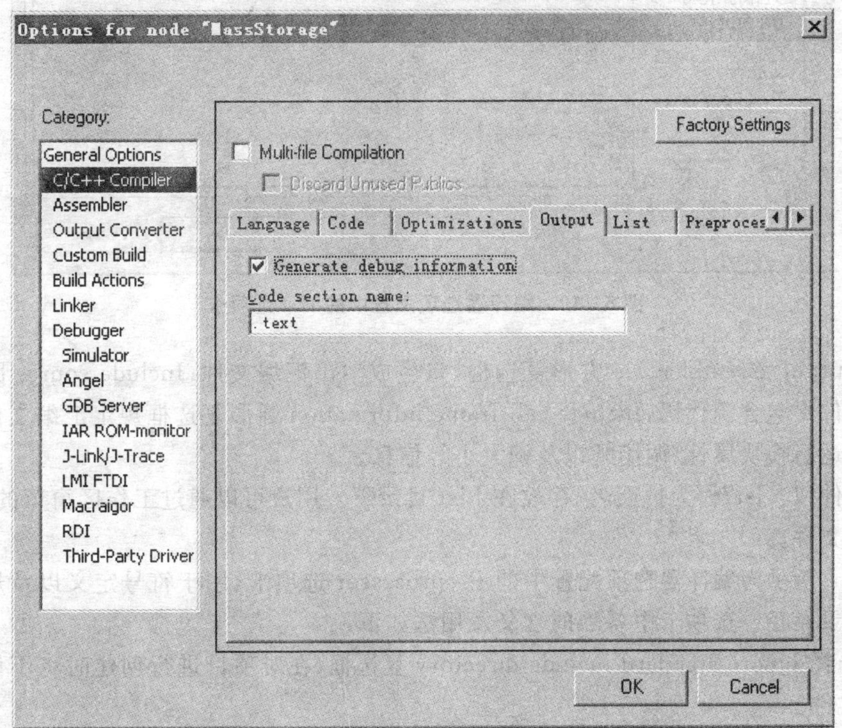

图5-9　编译器选项配置中的Output选项卡

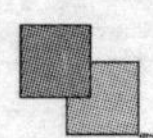

section name 文本框内输入以点号“.”开头的其他存储器段名，这对于希望将应用程序代码放置在不同地址范围时特别有用。采用非默认存储器段名时应特别小心，避免与编译器或链接器的默认设置发生冲突而产生错误，通常修改存储器段名之后，还需要修改相应的链接器配置文件。

图 5-10 所示为编译器选项配置中的 List 选项卡，用于设置是否生成列表文件，以及列表文件所包含的信息。编译器默认为不生成列表文件。选择 Output list file 方形复选框，将生成输出列表文件；Assembler mnemonics 圆形复选框规定列表文件中包含汇编指令助记符；Diagnostics 圆形复选框规定列表文件中包含诊断信息。

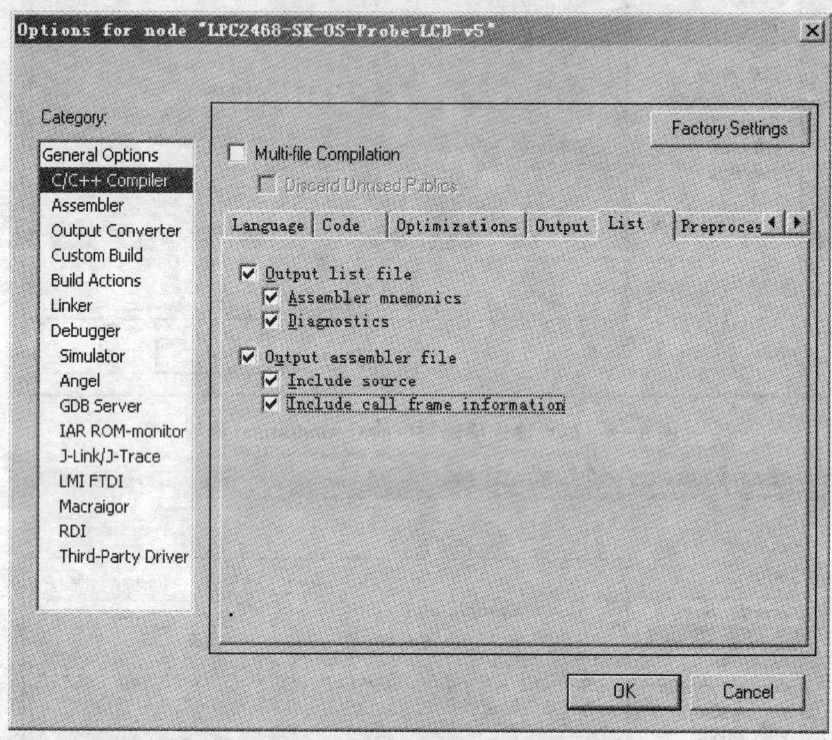

图 5-10　编译器选项配置中的 List 选项卡

选择 Output assembler file 方形复选框，将生成输出汇编文件；Include source 圆形复选框规定汇编文件中包含源代码；Include call frame information 圆形复选框规定汇编文件中包含编译器生成的运行模块属性、调用帧以及帧大小等信息。

列表文件以“.lst”作为扩展名，存放在 List 目录下。用户可以通过工作区窗口的 Output 目录打开列表文件。

图 5-11 所示为编译器选项配置中的 Preprocessor 选项卡，用于符号定义以及规定包含文件所在的目录路径。选项卡中各项的含义及用法如下：

- 若选择 Ignore standard include directory 复选框，在对项目进行创建时将不使用标准包含文件。
- Additional include directories 文本框用于添加包含文件路径。添加时应输入包含文件所在的完整路径名，可以采用参数变量，当前项目所在路径为“$PROJ_DIR$”，IAR

EWARM 软件的安装目录路径为“$TOOLKIT_DIR$”。

- Preinclude 文本框用于指定编译器读入源文件之前的包含文件，这对于源代码中某处的整体修改特别有用，如定义某个新符号等。
- Defined symbols 文本框用于指定原本应在源程序文件中定义的符号，直接在文本框内输入希望定义的符号即可。该选项的作用与在源程序文件开始处使用 # define 语句相同。

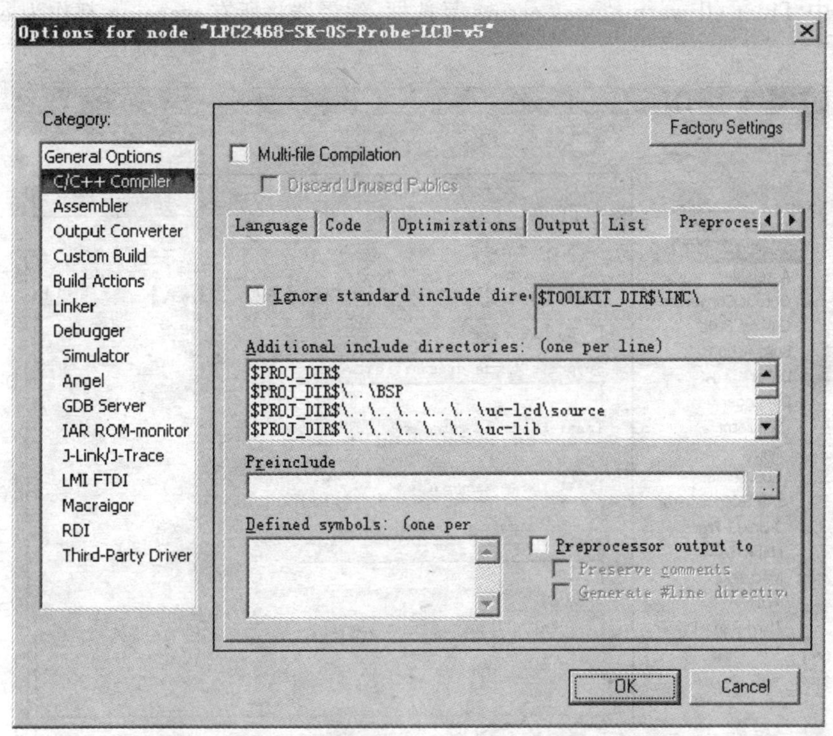

图 5-11 编译器选项配置中的 Preprocessor 选项卡

默认状态下编译器不生成预处理器输出文件，若希望生成预处理器输出文件可以选择 Preprocessor output to file 复选框，同时可通过其下面的 Preserve comments 复选框和 Generate # line directives 复选框，决定是否在生成的预处理器输出文件中保留注释或产生行号。

图 5-12 所示为编译器选项配置中的 Diagnostics 选项卡，用于规定诊断信息的分类和显示。编译过程中可能产生 3 种错误诊断信息：remark（注意）、warning（警告）和 error（错误）。remark 是一种次要的诊断信息，表明按源程序结构生成的代码可能出现不正常。warning 表示源程序中存在错误，但编译过程不会停止。error 表示源程序中存在违反 C/C++语言规则的现象，将导致无法生成目标代码。error 信息不能被禁止，也不能重新分类。Diagnostics 选项卡中各项的含义及用法如下：

- 编译器在默认状态不产生 remark 诊断信息，若选择 Enable remarks 复选框，则允许编译器产生 remark 诊断信息。
- Suppress these diagnostics 文本框用于设定禁止输出诊断信息的标签记号，例如希望禁止 warning 信息 Pe117 和 Pe177，直接在文本框内输入 Pe117,Pe177 即可。

● Treat these as remarks 文本框用于将一些诊断信息作为 remark 处理，例如希望将 warning 信息 Pe177 作为 remark 处理，直接在文本框内输入 Pe177 即可。

● Treat these as warnings 文本框用于将一些诊断信息作为 warning 处理，例如希望将 remark 信息 Pe826 作为 warning 处理，直接在文本框内输入 Pe826 即可。

● Treat these as errors 文本框用于将一些诊断信息作为 error 处理，例如希望将 warning 信息 Pe117 作为 error 处理，直接在文本框内输入 Pe117 即可。

● 若选中 Treat all warnings as errors 复选框，编译器将所有 warning 都作为 error 处理。

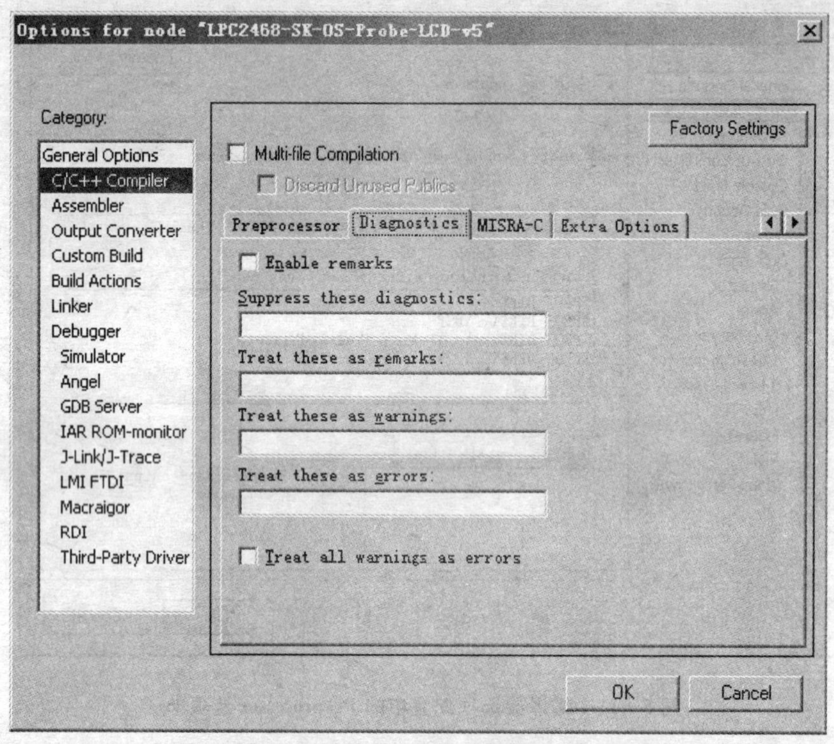

图 5-12　编译器选项配置中的 Diagnostics 选项卡

IAR C/C++编译器的大多数命令都可以通过前面介绍的配置选项卡直接设置，还有一些命令则需要通过如图 5-13 所示的 Extra Options 选项卡进行设置。先在选项卡中选择 Use command line options 复选框，然后直接在下面文本框内逐行输入命令选项。

命令选项可以使用短名或长名，某些选项同时使用短名和长名。短名选项由 1 个短划线开始，后面跟一个单字符组成，如-e，-z 等。长名选项由 2 个短划线开始，后面跟单个字符或多个字符，如--char_is_signed。

命令选项还可以带有参数，如-z3，--diagnostics_tables=文件名等。

表 5-1 列出了需要通过图 5-13 所示 Extra Options 选项卡进行设置的 IAR C/C++编译器命令选项。

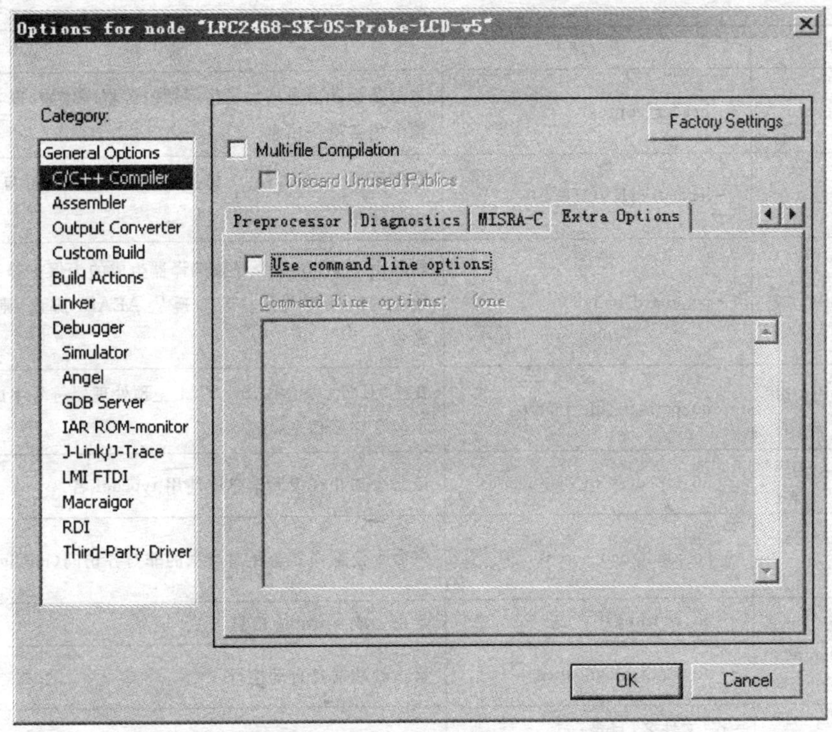

图5-13 编译器选项配置中的Extra Options选项卡

表5-1 需要通过Extra Options选项卡进行设置的IAR C/C++编译器命令选项

命令选项	语 法	说 明
-- aapcs	-- aapcs={std|vfp}	指定调用协议。可用参数如下： std 函数调用时浮点型参数及返回值将使用CPU寄存器。 vfp 函数调用时将使用VFP寄存器，采用vfp参数所生成的代码与AEBI代码不兼容
-- aeabi	-- aeabi	生成遵从AEABI协议的目标代码
-- dependencies	-- dependencies[=[i|m]]{文件名|目录}	生成一个输出文件，其中列出了编译过程所打开的头文件。可用参数如下： i 仅列出文件名。 m 以makefile风格列出文件名
-- diagnostics_tables	-- diagnostics_tables{文件名|目录}	在指定文件中列出所有可能的诊断信息。不能与其他命令一起使用
-- enum_is_int	-- enum_is_int	该命令强制所有枚举类型至少为4字节
-- error_limit	-- error_limit=n	规定在停止编译之前允许的error数量。可用参数如下： n 停止编译之前允许的error数量，0为无限制，默认值为100
-f	-f 文件名	使编译器从指定文件中读取命令选项，指定文件的扩展名为".xcl"

续表 5-1

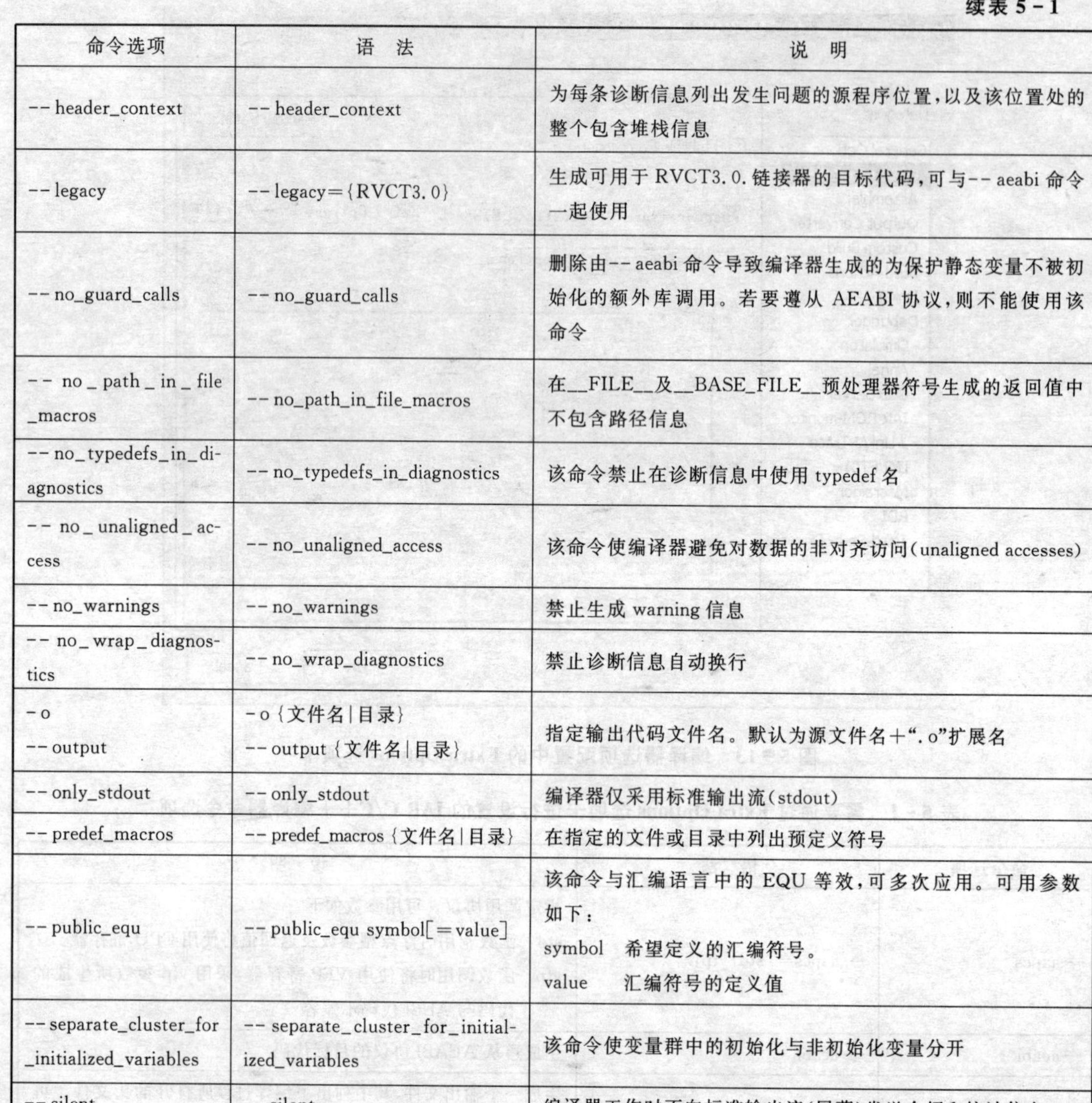

命令选项	语 法	说 明
-- header_context	-- header_context	为每条诊断信息列出发生问题的源程序位置，以及该位置处的整个包含堆栈信息
-- legacy	-- legacy={RVCT3.0}	生成可用于 RVCT3.0.链接器的目标代码，可与-- aeabi 命令一起使用
-- no_guard_calls	-- no_guard_calls	删除由-- aeabi 命令导致编译器生成的为保护静态变量不被初始化的额外库调用。若要遵从 AEABI 协议，则不能使用该命令
-- no_path_in_file_macros	-- no_path_in_file_macros	在__FILE__及__BASE_FILE__预处理器符号生成的返回值中不包含路径信息
-- no_typedefs_in_diagnostics	-- no_typedefs_in_diagnostics	该命令禁止在诊断信息中使用 typedef 名
-- no_unaligned_access	-- no_unaligned_access	该命令使编译器避免对数据的非对齐访问(unaligned accesses)
-- no_warnings	-- no_warnings	禁止生成 warning 信息
-- no_wrap_diagnostics	-- no_wrap_diagnostics	禁止诊断信息自动换行
-o -- output	-o {文件名|目录} -- output {文件名|目录}	指定输出代码文件名。默认为源文件名+".o"扩展名
-- only_stdout	-- only_stdout	编译器仅采用标准输出流(stdout)
-- predef_macros	-- predef_macros {文件名|目录}	在指定的文件或目录中列出预定义符号
-- public_equ	-- public_equ symbol[=value]	该命令与汇编语言中的 EQU 等效，可多次应用。可用参数如下： symbol　希望定义的汇编符号。 value　汇编符号的定义值
-- separate_cluster_for_initialized_variables	-- separate_cluster_for_initialized_variables	该命令使变量群中的初始化与非初始化变量分开
-- silent	-- silent	编译器工作时不向标准输出流(屏幕)发送介绍和统计信息
-- warnings_affect_exit_code	-- warnings_affect_exit_code	该命令将使得 warnings 也会产生 non-zero 退出代码

5.2 数据类型

ARM 处理器能够处理的数据有 32 位长度的字(Word)、16 位长度的半字(Halfword)和 8 位长度的字节(Byte)。在 ARM 存储器组织中，半字必须与 2 字节边界对齐，字必须与 4 字节边界对齐，即半字必须开始于偶数地址，字必须开始于 4 的倍数的字节地址。

下面是一个结构体类型数据结构：

```
struct str {
    long a;
```

```
    char b;
};
```

其中包括一个 long 型(4 字节)和一个 char 型(1 字节)成员数据,虽然该结构体只需要使用 5 字节,但是按 4 字节边界对齐方式存储时,它的总长度却是 8 字节。

ARM 体系结构可以用两种方法存储字数据,称为小端格式和大端格式。小端存储格式为默认存储格式,在小端存储格式中,字数据的低字节存储在低地址中,字数据的高字节存储在高地址中。与小端存储格式相反,在大端格式中,字数据的高字节存储在低地址中,而字数据的低字节则存储在高地址中。

5.2.1 基本类型数据

IAR C/C++编译器支持 ISO/ANSI C 标准的基本类型数据。

1. 整型数据

表 5-2 列出了基本整型数据的位长、值域和字节对齐方式。

表 5-2 基本整型数据

数据类型	长 度/位	值 域	字节对齐
bool	8	0～1	1
char	8	0～255	1
signed char	8	−128～127	1
unsigned char	8	0～255	1
short	16	−32 768～32 767	2
signed short	16	−32 768～32 767	2
unsigned short	16	0～65 535	2
signed int	32	$-2^{31}\sim2^{31}-1$	4
unsigned int	32	$0\sim2^{32}-1$	4
signed long	32	$-2^{31}\sim2^{31}-1$	4
unsigned long	32	$0\sim2^{32}-1$	4
signed long long	64	$-2^{63}\sim2^{63}-1$	4
unsigned long long	64	$0\sim2^{64}-1$	4

C++语言默认状态支持 bool 类型数据。用户编程时如果允许语言扩展,则可以在 C 语言源程序中包含头文件 stdbool.h,然后使用 bool 类型数据,同时还可以使用布尔值 false 和 true。

IAR C/C++编译器使用最短的带符号类型数据来保存枚举(enum)常数。用户编程时如果允许语言扩展或者采用 C++语言编程,则枚举(enum)类型常数也可以使用 signed long,unsigned long,signed long long,unsigned long long 等类型数据。为了使编译器能采用较大的类型,应使用尽可能大的值来定义枚举(enum)常数,例如:

```
/* Disables usage of the char type for enum */
enum Cards{ Spade1, Spade2,
```

```
DontUseChar = 257};
```

对于 char 类型,编译器默认为 unsigned char。用户编程时如果使用了编译器选项-- char_is_signed,则可以将 char 类型默认为 signed char,但是库函数仍采用 unsigned char 类型。

数据类型 wchar_t 是一种整数类型,其值域为所支持局部变量中的全部宽字符集。C++语言默认支持 wchar_t 数据类型,用户也可以在 C 语言源程序中包含头文件 stddef. h 后使用 wchar_t 类型数据。

ISO/ANSI C 标准规定采用 int,signed int 和 unsigned int 作为整数位域的基类型。IAR C/C++编译器采用 unsigned int 作为整数位域。在允许语言扩展条件下,可以使用任意整数类型作为位域。表达式中位域的类型与基类型相同。

编译器默认按从最高位到最低位的方式安排位域成员,例如,在大端(Big - Endian)模式下定义如下结构体:

```
struct example
{
  char a;
  short b : 10;
  int c : 6;
};
```

如果按 32 位数据处理,结构体各成员变量在内存中的排列如图 5 - 14 所示,可见各成员位域之间存在交迭。

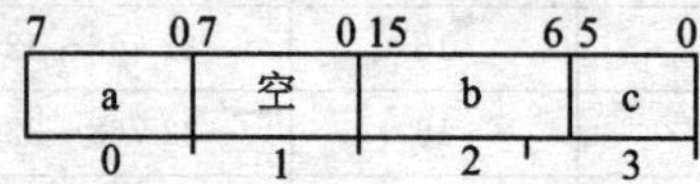

图 5 - 14 默认方式下结构体各成员的位域排列

采用预编译命令 #pragma bitfields=disjoint_types,可以强迫各成员位域之间不允许交迭,如图 5 - 15 所示。

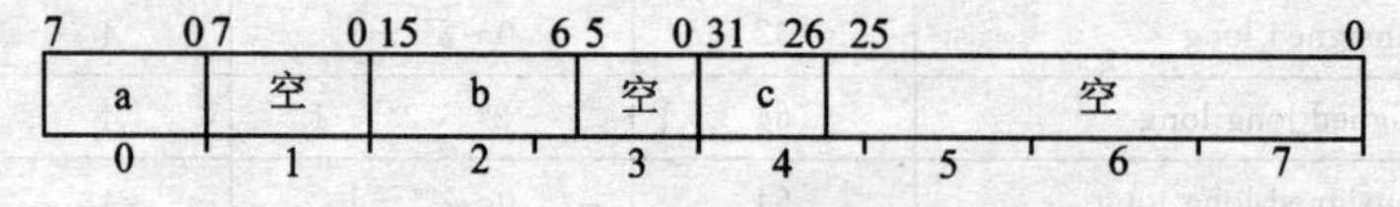

图 5 - 15 非默认方式下结构体各成员的位域排列

采用预编译命令 #pragma bitfields=reversed_disjoint_types,可以按从最低位到最高位的方式安排位域成员,并且各成员位域之间不允许交迭。

2. 浮点型数据

浮点数符合 IEEE—754 标准,采用 32 位单精度或 64 位双精度表示。32 位单精度浮点数格式如图 5 - 16 所示。

图 5 - 16 32 位单精度浮点数格式

其中，S 为符号位，其值为 0，表示正；为 1，表示负。E 为阶码，占用 8 位二进制数。M 为尾数的小数部分，占用 23 位二进制数。尾数的整数部分永远为 1，因此不予保存，但它是隐含存在的。小数点位于隐含的整数位 1 的后面。32 位单精度浮点数的数值范围是$(-1)^S \times 2^{E-127} \times (1.M)$，其精度相当于 7 位十进制数。

64 位双精度浮点数格式如图 5-17 所示。

63	62 … 52	51 … 0
S	EEEEEEEEEEE	MMMMMMMMMMMMMMMMMMMMMMMMMMMMMMMMMMMMMMMMMMMMMMMMMMMM

图 5-17 64 位双精度浮点数格式

其中，S 为符号位，其值为 0，表示正；为 1，表示负。E 为阶码，占用 11 位二进制数。M 为尾数的小数部分，占用 52 位二进制数。尾数的整数部分永远为 1，因此不予保存，小数点位于隐含的整数位 1 的后面。64 位双精度浮点数的数值范围是$(-1)^S \times 2^{E-1023} \times (1.M)$，其精度相当于 15 位十进制数。

浮点数为 0 时，其尾数和阶码均设为 0。符号位设为 0，表示正 0；设为 1，表示负 0。

浮点数为无穷时，其阶码设为最大值，尾数设为 0，符号位设为 0，表示正无穷；设为 1，表示负无穷。

浮点数为非数(NaN)时，其阶码设为最大正数值。尾数设为非 0 值，符号位的值忽略。

小于正常值的浮点数用非规格化数表示，其缺点是可能使精度降低。非规格化数的阶码设为 0，其尾数不包含隐含的整数 1。32 位单精度非规格化浮点数的数值范围是$(-1)^S \times 2^{1-127} \times (0.M)$，64 位双精度非规格化浮点数的数值范围是$(-1)^S \times 2^{1-1023} \times (0.M)$。

5.2.2 指针类型数据

IAR C/C++支持 2 种类型的指针：函数指针和数据指针。所有指针均为 32 位，其长度范围为 0x0～0xFFFFFFFF。

声明函数指针时在星号"*"前面插入属性，例如：

```
typedef void (__thumb__interwork * IntHandler) (void);
```

也可以采用如下#pragma 预编译命令：

```
#pragma type_attribute = __thumb__interwork
typedef void IntHandler_function(void);
typedef IntHandler_function * IntHandler;
```

指针类型的强制转换具有如下特性：

- 采取截断方式将一个整型数据强制转换为更小类型的指针。
- 采取 0 扩展方式将一个无符号整型数据强制转换为更大类型的指针。
- 采取符号扩展方式将一个带符号整型数据强制转换为更大类型的指针。
- 采取截断方式将一个指针强制转换为更小类型的整型数据。
- 采取 0 扩展方式将一个指针强制转换为更大类型的整型数据。
- 数据指针与函数指针之间不能进行强制转换。
- 函数指针强制转换为整型数据时结果不确定。

size_t 为无符号整型数据，用于保存某个目标的最大长度，IAR C/C++编译器中 size_t 的长度为 32 位。

ptrdiff_t 为带符号整型数据，用于保存指向同一数组中不同元素的 2 个指针之间的差值，IAR C/C++编译器中 ptrdiff_t 的长度为 32 位。

intptr_t 为带符号整型数据，用于保存 void * 类型数据，IAR C/C++编译器中 intptr_t 的长度为 32 位。

uintptr_t 与 intptr_t 等价，但它为无符号整型数据。

5.2.3 结构体类型数据

结构体成员数据按其声明顺序保存，第一个成员占据最低存储器地址。

结构体(struct)和枚举(union)类型继承其成员数据的对齐方式，结构体自身按其最大成员的对齐方式进行对齐；此外，结构体长度会进行调整，以便让其数组成员对齐。

结构体成员总是按其声明顺序和对齐方式分配存储器。

对于下面的结构体：

```
struct {
  char c;
  short s;
} s;
```

各成员数据在存储器中的安排如图 5-18 所示，整个结构体按 2 字节对齐，因此必须在 char 型数据 c 后面插入一个空字节。

可以用预编译命令 #pragma pack 来改变结构体成员的对齐方式，此时结构体成员仍按其声明顺序分配存储器空间，但空字节被压缩。例如：

```
#pragma pack(1)
  struct {
  char c;
  short s;
} s;
```

各成员在存储器中的安排如图 5-19 所示，无空字节。

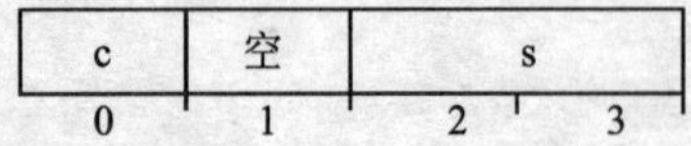

图 5-18 结构体各成员的对齐方式

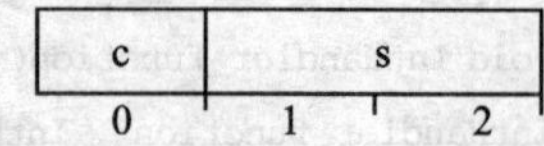

图 5-19 结构体各成员的压缩对齐方式

一般不建议使用压缩对齐方式，尤其当采用指针进行结构体成员数据访问时，压缩对齐方式可能导致程序出错。

5.2.4 类型限定符

根据 ISO/ANSI C 标准，volatile 和 const 都是类型限定符。

1. 声明 volatile 对象

volatile 字面意思是“易于挥发的”。用这个关键字来描述一个变量时，意味着给该变量赋值

(写入)之后,马上再读取,写入的值与读取的值可能不一样,所以它称为“易于挥发的”。

在以下3种情况下需要将对象声明为 volatile:

- 共享访问,即在多任务环境中几个任务共享一个对象。
- 触发访问,例如当发生某个访问时会影响存储器映像 SFR 的内容。
- 修正访问,例如当对象内容以编译器不可知的方式发生改变。

ISO/ANSI 标准定义了一种抽象机,用于管理对声明为 volatile 对象的访问。IAR C/C++编译器认为对声明为 volatile 对象的读/写操作都是一种访问,访问单位或者为整个对象,或者为对象的一个组成成员,如数组、结构体、类或联合等的组成成员。例如:

```
char volatile a;
a = 5;              /* 写入 */
a + = 6;            /* 先读取再写入 */
```

对声明为 volatile 对象的访问需要遵循以下规则:

① 所有访问均为保护方式。

② 所有访问均为完全访问,即访问整个对象。

③ 所有访问均按抽象机给定的顺序进行。

④ 所有访问均为非中断方式访问。

IAR C/C++编译器对所有8位、16位、32位标量的访问均按以上规则进行,对压缩结构体(packed structure)中非对齐的16位和32位成员的访问除外。对所有其他类型数据的访问,则仅遵循第一条规则。

2. 声明 const 对象

const 限定符指明一个数据对象(无论是直接访问还是通过指针访问)是不可改写的。一个指向声明为 const 数据对象的指针,既可以指向常量对象,也可以指向非常量对象。应尽可能地使用声明为 const 的指针(const pointer),这可以改善编译器对生成代码的优化,同时可以减少由于错误修改数据而导致应用程序崩溃的风险。

声明为 const 的静态和全局对象被放置在 ROM 中。

对于C++而言,前面讨论过的所有简单C数据类型都可以使用,但需要在运行时初始化的对象不能放置在 ROM 中。另外在使用嵌入式C++时可能有些例外,例如不能使用汇编语言代码访问类成员。

5.3 数据存储方式

ARM 核可以寻址4 GB 连续线性存储器空间,地址范围为 0x0000000~0xFFFFFFFF,其中包含 ROM,RAM,特殊功能寄存器以及外围功能单元。存储器的典型应用方式有如下3种:

- 堆栈(stack)。在函数执行期间使用,函数运行结束返回后失效。
- 静态存储器(static memory)。一旦分配,将在整个应用程序执行期间保持有效,全局和静态变量位于该空间。这里“静态”的意思是指在程序运行期间分配给变量的存储器数量不会发生改变。
- 堆(heap)。存储器一旦分配为堆,将一直保持有效,直到应用程序明确将其释放回系统。这种存储器对于只有当程序执行期间才知道对象个数的应用系统特别有用,但对于存储器容量有限或需要长期运行的应用系统具有潜在危险。

5.3.1 堆栈与自动变量

函数内部定义的非静态变量称为自动变量，其中一小部分位于处理器的工作寄存器中，其余部分都将位于堆栈中。与堆栈相比，访问工作寄存器的速度更快，而且所需要的存储器更少。自动变量的生存期为函数执行期间，函数返回时其在堆栈中分配的存储器空间将被释放。

堆栈可以包含如下内容：

- 局部变量和非寄存器保存的参数。
- 表达式的临时结果。
- 非寄存器传递的函数返回值。
- 中断期间的处理器状态。
- 函数返回之前需要恢复的处理器内部寄存器。

堆栈是一块固定的存储器区域，分为两部分。第一部分包含已经分配给主调和被调函数的存储器空间；第二部分包含可自由分配的存储器空间。两者之间的分界称为“栈顶”，堆栈指针SP指向“栈顶”。调整堆栈指针即可进行堆栈存储器分配。

函数不能引用包含自由存储器的堆栈区域，因为一旦发生中断，中断服务函数可能分配、修改甚至取消堆栈存储器分配。

堆栈的主要优点是位于程序中不同部分的函数可以使用相同的存储器空间来存储数据。与堆不同，堆栈不会碎裂而导致存储器泄漏。

函数可以自我调用，即递归调用，每次调用都可将其自身数据保存到堆栈中。

堆栈的工作特点决定了它不能保存那些希望在函数返回后仍然有效的数据，从而可能产生潜在危险。例如下面函数的返回值为指向变量 x 的指针，而变量 x 的生存期在函数返回时已经结束。

```
int * MyFunction(){
  int x;
      ... do something ...
  return &x;
}
```

另一个问题是堆栈溢出。当多个函数嵌套调用且每个函数所需堆栈空间之和大于总堆栈空间，或者采用递归函数时，都可能发生堆栈溢出。

5.3.2 动态存储器与堆

用于定位于堆中对象的存储器一直保持有效，直到该对象被明确释放。这种存储方式对于由运行期间才能决定数据量的应用系统特别有用。采用 C 编程时可以用标准库函数 malloc，calloc 及 realloc 来进行存储器分配，采用库函数 free 来释放存储器；采用 C++编程时可以用特殊关键字 new 来进行存储器分配，用特殊关键字 delete 来释放存储器。

采用堆分配对象的应用系统必须仔细设计，如果不能在堆中分配对象，将导致应用中止；若应用程序中使用了过多存储器，将导致堆耗尽；若不再使用的存储器未及时释放，将导致堆占满。

每一块已分配的存储器都需要几字节作为管理之用。对于分配大量小块存储器的应用系

统,这种管理更为重要。

堆还存在碎裂问题,即许多自由存储器空间被已经分配对象的存储器所隔开。此时如果要为一个新对象分配存储器,即使总自由空间容量大于该对象所需容量,但每个自由空间容量均小于对象所需容量,则将不能进行存储器分配。反复多次进行存储器分配和释放操作,将使堆的碎裂问题增大。因此需要长时间运行的应用系统,要避免使用在堆中分配存储器。

5.4 扩展关键字

IAR C/C++编译器规定了函数或数据对象的属性,用来支持 ARM 处理器的特殊性能。属性分为 type attribute(类型属性)和 object attribute(对象属性)两种。类型属性影响函数或数据对象的外部性能,对象属性影响函数或数据对象的内部性能。

类型属性影响函数的调用方式以及数据对象的访问方式,这意味着既要在定义函数或数据对象时规定它们的属性,同时还需要在声明时规定它们的属性。

IAR C/C++编译器提供了关于函数和数据对象类型属性的扩展关键字。

用于函数的类型属性关键字有:__arm,__fiq,__interwork,__irq,__swi,__thumb。

用于数据对象的类型属性关键字有:__big_endian,const,__little_endian,__packed,volatile。

可以直接在源程序中使用这些关键字,也可以使用预处理器命令#pragma type_attribute 来指定关键字。

对于函数而言,类型属性关键字应放在其返回类型之前,或者放在圆括号中,例如:

```
__irq __arm void my_handler(void);
```

或者:

```
void (__irq __arm my_handler)(void);
```

也可以采用如下预处理器命令:

```
#pragma type_attribute = __irq __arm
void my_handler(void);
```

对于数据对象而言,类型属性关键字的使用方法与类型限定符 const 和 volatile 相同,例如下面的语句规定以小端方式来访问数据对象 i,j,k,l:

```
__little_endian int i, j;
int __little_endian k, l;
```

也可以采用如下预处理器命令:

```
#pragma type_attribute = __little_endian
int i, j;
```

注意:如果明确声明了存储器的属性,则预处理器命令将失效。

对于数据指针而言,类型属性关键字的使用方法与类型限定符 const 和 volatile 相同,例如下面的语句规定以小端方式来访问数据指针:

```
int __little_endian * p;    /* 以小端方式访问 int 数据指针 */
int * __little_endian p;    /* 以小端方式访问 int 数据指针 */
__little_endian int * p;    /* 以小端方式访问 int 数据指针 */
```

对象属性仅影响函数或数据对象的内部性能，而不会影响函数的调用方式以及数据对象的访问方式，这意味着只要在定义函数或数据对象时规定它们的属性就可以了。

用于变量的对象属性关键字有：__no_init。

用于函数的对象属性关键字有：__intrinsic，__nested，__noreturn，__ramfunc。

同时用于函数和变量的对象属性关键字有：location，__root，__weak。

对象属性关键字必须放在类型前面。例如下面的语句使得系统启动时不会对数组 myarray 进行初始化：

```
__no_init int myarray[10];
```

也可以采用如下预处理器命令：

```
#pragma object_attribute = __no_init
int myarray[10];
```

注意：对象属性关键字不能与关键字 typedef 一起使用。

表 5-3 所列为 IAR C/C++编译器提供的扩展关键字。

表 5-3 IAR C/C++编译器提供的扩展关键字

关键字	说　明
__arm	使函数以 ARM 模式运行
__big_endian	声明函数使用大端数据格式
__fiq	声明快中断函数
__interwork	控制函数以交互方式运行
__intrinsic	该关键字保留为编译器内部使用
__irq	声明中断函数
__little_endian	声明函数使用小端数据格式
__nested	允许__irq 中断函数嵌套
__no_init	支持非易失性存储器
__noreturn	通知编译器已声明的函数不会返回
__packed	将数据类型的对齐方式减为 1
__ramfunc	使函数在 RAM 中运行
__root	保证即使未使用的函数或变量也被包含到目标代码中
__swi	声明软件中断函数
__thumb	使函数以 Thumb 模式运行
__weak **Declares a symbol to be externally weakly linked**	声明一个用于外部弱链接的符号

下面逐条说明扩展关键字的使用方法。

1. __arm

关键字__arm使函数以ARM模式运行。声明为__arm模式的函数只能被以ARM模式运行的函数调用。若声明中还同时使用了__interwork关键字,则还能够被以Thumb模式运行的函数调用。声明为__arm模式的函数不能被声明为__thumb函数。

应用示例:

```
__arm int func1(void);
```

2. __big_endian

关键字__big_endian用于访问以大端格式存储的变量。当对ARM v6以上处理器进行编译时,可以使用__big_endian关键字。

应用示例:

```
__big_endian long my_variable;
```

3. __fiq

关键字__fiq用于声明快中断函数。所有中断函数都必须采用ARM模式编译,用__fiq声明的函数不能带参数,也没有返回值。

应用示例:

```
__fiq __arm void interrupt_function(void);
```

4. __interwork

采用关键字__interwork声明的函数既可以被以ARM模式运行的函数调用,也可以被以Thumb模式运行的函数调用。

注意:采用_interwork编译器选项时,函数默认为interwork方式。

应用示例:

```
typedef void (__thumb __interwork * IntHandler)(void);
```

5. __intrinsic

该关键字保留为编译器内部使用。

6. __irq

关键字__irq用于声明中断函数。所有中断函数都必须采用ARM模式编译,用__irq声明的函数不能带参数,也没有返回值。

应用示例:

```
__irq __arm void interrupt_function(void);
```

7. __little_endian

关键字__little_endian用于访问以小端格式存储的变量。当对ARM v6以上处理器进行编译时,可以使用__big_endian关键字。

应用示例:

```
__little_endian long my_variable;
```

8. __nested

关键字__nested用于修改中断函数的入口和出口代码,从而允许中断嵌套,即一个中断函

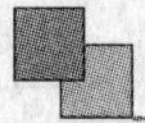

数在执行期间可以被另一个函数所中断，且不会导致程序状态寄存器 SPSR 和链接寄存器 R14 发生覆盖。只有采用关键字_irq 声明的中断函数才允许产生中断嵌套。

注意：采用_nested 关键字时要求处理器工作于用户(USER)或系统(SYSTEM)模式。

应用示例：

```
__irq __nested __arm void interrupt_handler(void);
```

9. __no_init

关键字__no_init 用于将数据对象放置在非易失性存储器中，从而禁止系统启动时对变量进行初始化。

应用示例：

```
__no_init int settings[10];
```

10. __noreturn

关键字__noreturn 用于通知编译器某个函数没有返回值，例如 abort 和 exit 函数。编译器对于采用了关键字__noreturn 的函数可以进行更高效的优化。

应用示例：

```
__noreturn void terminate(void);
```

11. __ramfunc

关键字__ramfunc 用于使函数在 RAM 中运行。它将创建 2 个代码段(code section)：一个用于执行 RAM 函数，一个用于 ROM 初始化。如果采用关键字__ramfunc 定义的函数企图访问 ROM，将导致编译器产生警告，这可以简化程序升级，例如改写部分 Flash 存储器。需要时可以禁止产生警告。用__ramfunc 定义的函数默认存储在名为 CODE_I 的存储器段中。

应用示例：

```
__ramfunc int FlashPage(char * data, char * page);
```

12. __packed

关键字__packed 用于将数据对象声明为 1 字节对齐，它有如下用途：

- 与结构体或联合体类型一起使用时，结构体或联合体成员均按 1 字节对齐，从而使各成员之间没有空字节，同时每个成员还将获得__packed 类型属性。
- 与其他类型一起使用时，其结果类型与原类型一致，但按 1 字节对齐。

普通指针可以隐含地转换为__packed 指针，反之，则需要强制转换。

注意：访问非自然对齐的数据类型，可能导致代码变大，运行速度变慢。

应用示例：

```
__packed struct X {char ch; int i;};        /* 没有空字节 */
void foo (struct X * xp)                    /* 这里不需要关键字__packed */
{
  int * p1 = &xp->1;                        /* Error:"int *">"int __packed * " */
  int __packed * p2 = &xp->i;               /* OK */
  char * p2 = &xp->ch;                      /* OK, char not affected */
}
```

13. __ root

带有__ root属性的函数或变量，只要包含(include)它们的模块，无论其是否被引用，都将被保留到目标代码中。程序模块总是被包含的，而库模块只有需要时才被包含。

应用示例：

```
__ root int myarray[10];
```

14. __ swi

关键字__ swi用于声明软件中断函数。它插入一条SVC(以前为SWI)指令，以及一个用于适当函数调用的软件中断号码。声明为__ swi的函数可以带参数，同时具有返回值。关键字__ swi使编译器为特殊软件中断函数生成正确的返回序列。软件中断函数遵循与普通函数一样的带参数和返回值的调用协议，但堆栈使用不同。

关键字__ swi还需要一个由预编译命令＃pragma swi_number＝number规定的软件中断号码，该号码用作传递给所生成汇编指令SWI的参数，还可用于SVC中断句柄，例如SWI_Handler，在包含多个软件中断函数的系统中选择一个软件中断函数。软件中断号码应该在函数声明时指定而不要在函数定义中指定，一般在包含头文件中指定。

注意：所有中断函数都必须采用ARM模式编译，需要时可以采用关键字__ arm或预编译命令＃pragma type_attribute＝__ arm来改变默认运行模式。

应用示例：

```
/* 在包含头文件中声明软件中断函数 */
#pragma swi_number = 0x23
__ swi int swi0x23_function(int a, int b);
...
/* 调用该函数 */
...
int x =  swi0x23_function(1, 2);  /* 将被 SVC 0x23 所取代，因此链接器不再寻找
                                     swi0x23_function */


/* 在应用代码的某个地方也可以这样定义软件中断函数 */
...
__ swi __ arm int the_actual_swi0x23_function(int a, int b)
{
  ...
  return 42;
}
```

15. __ thumb

关键字__ thumb使函数以Thumb模式运行。声明为__ thumb模式的函数只能被以Thumb模式运行的函数调用，若声明中还同时使用了__ interwork关键字，则能够被以ARM模式运行的函数调用。声明为__ thumb模式的函数不能被声明为__ arm函数。

应用示例：

```
__thumb int func2(void);
```

16. __weak

在符号的外部声明上使用关键字__weak，将使所有对该符号的引用在 weak 模块内进行。仅有 weak 引用的符号在链接时不会被包含到可执行映像中。这种引用将获得 0 值。

应用示例：

```
extern __weak int foo(void);
int fp = foo;
void g(void)
  {
    if (fp) fp();
  }
```

5.5 函 数

除了符合 ISO/ANSI C 标准之外，IAR C/C++编译器还提供其他若干用于编写 C 函数的扩展功能，例如生成不同 CPU 模式代码(ARM 或 Thumb)、RAM 中运行函数、使用中断及操作系统编程基元、函数优化、硬件访问等。这些功能可通过编译器选项、扩展关键字、pragma 指令以及本征函数来实现。

5.5.1 CPU 模式和 RAM 中运行函数

在 IAR EWARM 集成开发环境中，可以通过编译器选项配置中的 Code 选项卡(如图 5-7 所示)来设置当前项目所采用的 CPU 模式，也可以使用关键字__arm 和__thumb 来规定单个函数的 CPU 模式，还可以使用混合模式(interwork)。

编译器对于函数调用总是试图生成最为有效的汇编指令，可以在 4 GB，即 0x0～0xFFFFFFFF 的连续存储器空间内定位程序代码。每个代码模块限制为 4 MB。

所有代码指针均为 4 字节。代码指针与数据指针之间的强制转换有一些限制，详见 5.2.2 小节的内容。

使用关键字__ramfunc 可以定义 RAM 中运行函数，例如：

```
__ramfunc void foo(void);
```

RAM 中运行函数与任何初始化变量一样，在系统启动时从 ROM 复制到 RAM 中。

采用关键字__ramfunc 声明的函数若试图访问 ROM，将导致编译器产生警告。

若整个存放代码和常数的存储器处于禁止状态(如整个 Flash 存储器被擦除)，则仅存放在 RAM 中的函数及数据可用。中断必须被禁止，除非中断向量和中断服务程序都存放在 RAM 中。

位于 ROM 中的文字字符串及其他常数可用位于 RAM 中的初始化变量代替，例如下面位于 ROM 中的常数和字符串定义语句：

```
const int myc[] = { 10, 20 };      //myc initializer in DATA_C (ROM)
msg("Hello");                      //String literal in DATA_C (ROM)
```

可用如下语句代替：

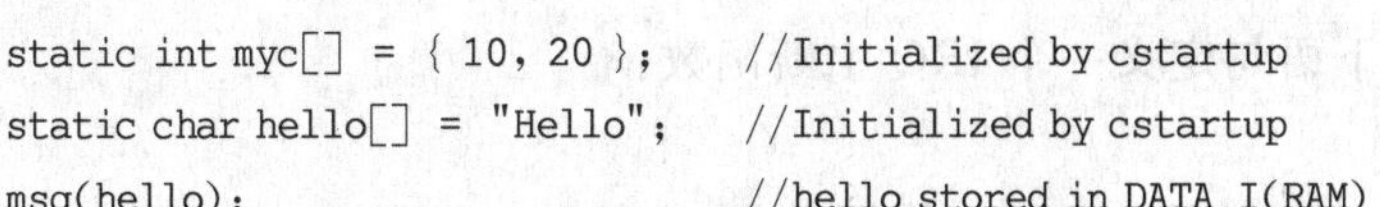

```
static int myc[] = { 10, 20 };      //Initialized by cstartup
static char hello[] = "Hello";      //Initialized by cstartup
msg(hello);                         //hello stored in DATA_I(RAM)
```

本书第6章中有更多关于从ROM复制到RAM的描述。

5.5.2 用于中断、并发及操作系统编程的基元

IAR C/C++编译器提供如下用于中断、并发及操作系统相关编程的基元：

- 扩展关键字：__irq，__fiq，__swi，__nested。
- 本征函数：__enable_interrupt，__disable_interrupt，__get_interrupt_state，__set_interrupt_state。
- 对于ARM Cortex-M系列处理器提供额外的编程基元。

1. 中断函数

嵌入式系统经常采用中断的方法来检测外部事件。中断发生时，处理器停止当前正在执行的代码，转而执行中断服务程序。由于已经保存发生中断前处理器的状态，故中断服务程序执行完毕后能返回到原来的断点继续执行。

IAR C/C++编译器支持ARM核的IRQ中断、FIQ快中断和SWI软件中断，可以直接采用C语言编写中断函数。中断函数必须采用ARM模式编译，如果用户正在使用的是Thumb模式，应采用扩展关键字__arm或#pragma type_attribute=__arm指令将其转换到ARM模式。

每个中断函数都在异常向量表中有一个相关向量地址，异常向量表的起始地址为0。

2. 安装异常函数

所有中断函数和软件中断句柄都必须安装到向量表中，这可以通过汇编语言编写的系统启动文件cstartup.s来实现。

标准运行库中对异常向量表的处理是跳转到一个预定义的无限循环函数。一旦发生任何未被应用程序处理的异常，都将被该循环函数捕获。预定义循环函数被定义为weak符号，链接器只有在没有发现同名符号时，才会将weak符号包含到应用代码中。如果定义了一个与weak符号相同的符号，则新定义符号将得到优先链接。

启动文件cstartup.s中定义如下异常函数名，并通过标准运行库中的异常向量引用：

```
Undefined_Handler
SWI_Handler
Prefetch_Handler
Abort_Handler
IRQ_Handler
FIQ_Handler
```

用户只要定义一个与上面同名的异常函数，就可以建立自己的异常句柄。例如采用如下语句即可定义一个IRQ中断函数：

```
__irq __arm void IRQ_Handler()
{
}
```

采用 C++编程时，可用如下语句定义一个 IRQ 中断函数：

```
extern "C"
{
  __irq __arm void IRQ_Handler(void);
}
  __irq __arm void IRQ_Handler()
{
}
```

中断函数必须遵循 C 语言与汇编语言之间的调用协议。第 8 章汇编语言接口中还将介绍更多关于中断服务函数运行环境的内容。

3. IRQ 中断和 FIQ 中断

声明 IRQ 中断函数可以采用扩展关键字__irq，也可以采用预编译命令

```
#pragma type_attribute = __irq。
```

例如：

```
__irq __arm void interrupt_function(void);
```

声明 FIQ 中断函数可以采用扩展关键字__fiq，也可以采用预编译命令

```
#pragma type_attribute = __fiq。
```

例如：

```
__fiq __arm void interrupt_function(void);
```

需要注意的是，IRQ 中断函数和 FIQ 中断函数都不能带有参数，也没有返回值。

4. 中断嵌套

如果在执行中断服务程序过程中产生了另外一个中断，存储在 LR 寄存器的中断函数返回地址将被第二个 IRQ 中断所覆盖，SPSR 寄存器的内容也将被破坏。关键字__irq 自身并不保存和恢复 LR 和 SPSR 寄存器，为了使中断句柄能够完成处理嵌套中断必需的步骤，除了关键字__irq 之外，还必须使用关键字__nested。编译器为嵌套中断句柄生成的函数入口序列，将从 IRQ 模式切换到系统模式。应保证已经建立了 IRQ 栈和系统栈。采用默认启动文件 cstartup.s，将正确建立 IRQ 栈和系统栈。

编译器仅支持生成 IRQ 嵌套中断句柄。下面的例子采用 ARM 向量中断控制器 VIC 处理嵌套中断。

应用示例：

```
__irq __nested __arm void interrupt_handler(void) {
  void (*interrupt_task)();
  unsigned int vector;
  vector = VICVectAddr;  //获得中断向量
  VICVectAddr = 0;       //VIC 中断应答
  interrupt_task = (void(*)())vector;
  __enable_interrupt();  //开中断，允许其他 IRQ 中断
  (*interrupt_task)();   //执行与本中断相关的任务
```

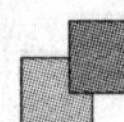

```
}
```

注意：使用关键字__nested要求处理器为用户模式或系统模式。

5. 软件中断

软件中断函数比其他中断函数略微复杂，它需要从应用程序代码中调用软件中断句柄，并且可以带有参数和返回值，其中断函数略微复杂。

为了从应用程序代码中调用软件中断函数，需要采用汇编指令 SVC ＃immed，其中 immed 是作为软件中断号码(swi_number)引用的整形数值。编译器通过采用关键字__swi 或预编译命令＃pragma swi_number 来声明软件中断函数，提供了从 C/C++源程序隐含生成汇编指令的简单方法。

__swi 中断函数可按如下方式声明：

```
#pragma swi_number = 0x23
__swi __arm int swi_function(int a, int b);
```

在这种情况下，在该函数被调用的地方将生成汇编指令 SVC 0x23。

软件中断函数遵循与普通函数一样的关于参数传递和返回值的调用协议，但堆栈的使用有所不同。

软件中断句柄被中断向量调用，负责找回软件中断号码，从而调用合适的软件中断函数。由于不能从 C/C++源程序找回软件中断号码，软件中断句柄必须用汇编语言编写。

软件中断函数可以用 C/C++语言编写。函数定义时采用关键字__swi，可以使编译器生成适合于指定软件中断函数的返回顺序。

如果应用程序中需要采用软件中断，则必须建立软件中断堆栈(SVC_STACK)指针，同时必须为该堆栈分配空间。可以在系统启动文件 cstartup.s 中，与其他堆栈一起建立 SVC_STACK 指针。

6. 中断操作

当中断异常出现后，ARM 处理器会执行如下操作：

- 根据异常类型改变工作模式。
- 将下一条指令的地址存入相应链接寄存器 LR 中，以便程序在处理异常返回时能从正确的位置重新开始执行。
- 将 CPSR 复制到相应的 SPSR 中。
- 置 1 CPSR.7 位，禁止 IRQ 中断；置 1 CPSR.6 位，禁止 FIQ 中断。
- 强制 PC 从相应异常向量地址取下一条指令(通常是一条跳转指令)，从而跳转到相应的中断处理程序执行。

注意：如果在中断函数中允许了中断，必须在中断服务程序中将中断返回所需要使用的特殊功能寄存器予以保存，以便返回之用，使用关键字__nested 将自动完成这一操作。

7. ARM Cortex-M 系列的中断

ARM Cortex-M 系列处理器的中断机制有所不同，因此编译器提供的编程基元也不相同。在 ARM Cortex-M 系列处理器中，采用与普通函数相同的方法进入中断服务或者从中断返回，因此编译时不能采用关键字__irq，__fiq 和__nested，也不能使用本征函数__get_CPSR 和__set_CPSR。如果需要编写中断或其他异常句柄，则应当先复制 cstartup_M.c 文件，然后修改其中的向量表。向量表是一个名为__vector_table 的数组，主程序和 C-SPY 调试器都需要引用该数组名才能定位向量表。如果需要对 ARM Cortex－M 系列处理器内部寄存器进行操作，则可以采用内联汇编。

8. C++与特殊函数类型

C++成员函数可以采用特殊函数类型来声明，其限制为中断函数必须是静态函数。下面是一个采用特殊函数类型声明中断函数的例子。

```
class Device {
  static __irq void handler();
};
```

5.5.3 本征函数

采用本征函数可以直接进行处理器底层操作，这对于时序要求严格的场合十分有用。本征函数被编译成为内联汇编代码，如单条指令或一段指令序列。本征函数名以 2 个下划线开始，使用时应将头文件 intrinsics.h 包含到源程序文件中。表 5－4 所列为 IAR C/C++编译器支持的本征函数。

表 5－4 IAR C/C++编译器支持的本征函数

本征函数	说 明
unsigned char __CLZ(unsigned long);	插入一条 CLZ 指令。对于 ARM v5 以上结构有效
void __disable_fiq(void);	禁止 FIQ 中断。只能在特权模式下使用，不能用于 Cortex－M 处理器
void __disable_interrupt(void);	禁止 IRQ 和 FIQ 中断。对于 Cortex－M 处理器，通过 PRIMASK 寄存器中的第 0 位，来升高执行优先级别。只能在管理模式下使用
void __disable_irq(void);	禁止 IRQ 中断。只能在特权模式下使用，不能用于 Cortex－M 处理器
void __DMB(void);	插入一条 DMB 指令。对于 ARM v7 以上结构有效
void __DSB(void);	插入一条 DSB 指令。对于 ARM v7 以上结构有效
void __enable_fiq(void);	允许 FIQ 中断。只能在特权模式下使用，不能用于 Cortex－M 处理器
void __enable_interrupt(void);	允许 IRQ 和 FIQ 中断。对于 Cortex－M 处理器，通过 PRIMASK 寄存器中的第 0 位，来升高执行优先级别。只能在管理模式下使用
void __enable_irq(void);	允许 IRQ 中断。只能在特权模式下使用，不能用于 Cortex－M 处理器
unsigned long __get_BASEPRI(void);	返回 BASEPRI 寄存器的值。只能在特权模式下使用，且仅用于 Cortex－M 处理器
unsigned long __get_CONTROL(void);	返回 CONTROL 寄存器的值。只能在特权模式下使用，且仅用于 Cortex－M 处理器
unsigned long __get_CPSR(void);	返回 CPSR 寄存器的值，只能在特权模式下使用，且要求 CPU 为 ARM 状态，不能用于 Cortex－M 处理器
unsigned long __get_FAULTMASK(void);	返回 FAULTMASK 寄存器的值。只能在特权模式下使用，且仅用于 Cortex－M 处理器

__istate_t __get_interrupt_state(void);	返回全局中断状态。返回值可作为本征函数__set_interrupt_state 的参数，只能在特权模式下使用，且不能在使用了编译选项—aeabi 时使用。
	例子：
	`__istate_t s = __get_interrupt_state();`
	`__disable_interrupt();`
	`/* Do something */`
	`__set_interrupt_state(s);`

续表 5-4

本征函数	说　明
unsigned long __ get_PRIMASK(void);	返回 PRIMASK 寄存器的值。只能在特权模式下使用,且仅用于 Cortex - M 处理器
Void __ISB(void);	插入一条 ISB 指令,对于 ARM v7 以上结构有效
unsigned long __ LDREX(unsigned long *);	插入一条 LDREX 指令,对于 ARM v6 以上结构有效,且要求 CPU 为 ARM 状态
void __ MCR(__ ul coproc, __ ul opcode_1, __ ul src, __ ul CRn, __ ul CRm, __ ul opcode_2);	插入一条协处理器写指令 MCR。向协处理器寄存器写入一个值,要求 CPU 为 ARM 状态。除 src 之外的参数都将在 MCR 指令操作码中进行编码,因此必须为常数。可使用的参数如下: coproc　　为协处理器数 0…15; opcode_1　为协处理器特殊操作代码; src　　　为写入协处理器的值; CRn　　　为被写入的协处理器寄存器; CRm　　　为附加协处理器寄存器,不用时置 0; opcode_2　为附加协处理器特殊操作代码,不用时置 0
unsigned long __ MRC(__ ul coproc, __ ul opcode_1, __ ul CRn, __ ul CRm, __ ul opcode_2);	插入一条协处理器读指令 MRC。返回指定协处理器寄存器的值,要求 CPU 为 ARM 状态。除 src 之外的参数都将在 MRC 指令操作码中进行编码,因此必须为常数。可使用的参数如下: coproc　　为协处理器数 0…15; opcode_1　为协处理器特殊操作代码; src　　　为写入协处理器的值; CRn　　　为被写入的协处理器寄存器; CRm　　　为附加协处理器寄存器,不用时置 0; opcode_2　为附加协处理器特殊操作代码,不用时置 0
void __ no_operation(void);	插入一条空操作指令
signed long __ QADD (signed long, signed long);	插入一条 QADD 指令。对于 ARM v5E 结构有效
signed long __ QDSUB (signed long, signed long);	插入一条 QDSUB 指令。对于 ARM v5E 结构有效
int __ QFlag(void);	返回 Q 标志,表示是否发生过溢出/饱和。对于 ARM v5E 或 ARM v6 结构有效,且要求 CPU 为 ARM 状态
signed long __ QSUB (signed long, signed long);	插入一条 QSUB 指令。对于 ARM v5E 结构有效
unsigned long __ QSUB8(unsigned long, unsigned long);	插入一条 QSUB8 指令。对于 ARM v6 结构有效,且要求 CPU 为 ARM 状态
unsigned long __ QSUB16 (unsigned long, unsigned long);	插入一条 QSUB16 指令。对于 ARM v6 结构有效,且要求 CPU 为 ARM 状态
unsigned long __ QSAX(unsigned long, unsigned long);	插入一条 QSAX 指令。对于 ARM v6 结构有效,且要求 CPU 为 ARM 状态

续表 5-4

本征函数	说　明
void __ reset_Q_flag(void);	清除 Q 标志,表示是否发生过溢出/饱和。对于 ARM v5E 或 ARM v6 结构有效,且要求 CPU 为 ARM 状态
unsigned long __ REV(unsigned long);	插入一条 REV 指令。对于 ARM v6 以上结构有效
unsigned signed long __ REVSH(short);	插入一条 REVSH 指令。对于 ARM v6 以上结构有效
unsigned long __ SADD8(unsigned long, unsigned long);	插入一条 SADD8 指令。对于 ARM v6 以上结构有效,且要求 CPU 为 ARM 状态
unsigned long __ SADD16 (unsigned long, unsigned long);	插入一条 SADD16 指令。对于 ARM v6 以上结构有效,且要求 CPU 为 ARM 状态
unsigned long __ SASX(unsigned long, unsigned long);	插入一条 SASX 指令。对于 ARM v6 以上结构有效,且要求 CPU 为 ARM 状态
unsigned long __ SEL (unsigned long, unsigned long);	插入一条 SEL 指令。对于 ARM v6 以上结构有效,且要求 CPU 为 ARM 状态
void __ set_BASEPRI(unsigned long);	设置 BASEPRI 寄存器的值。只能在特权模式下使用,且仅用于 Cortex-M 处理器
void __ set_CONTROL(unsigned long);	设置 CONTROL 寄存器的值。只能在特权模式下使用,且仅用于 Cortex-M 处理器
void __ set_CPSR(unsigned long);	设置 CPSR 寄存器的值,只改变控制域(位 0～位 7)。只能在特权模式下使用,要求 CPU 为 ARM 状态。且不能用于 Cortex-M 处理器
void __ set_FAULTMASK (unsigned long);	设置 FAULTMASK 寄存器的值。只能在特权模式下使用,且仅用于 Cortex-M 处理器
void __ set_interrupt_state(__ istate_t);	将中断状态恢复到由__get_interrupt_state 函数所返回的值
void __ set_PRIMASK(unsigned long);	设置 PRIMASK 寄存器的值。只能在特权模式下使用,且仅用于 Cortex-M 处理器
unsigned long __ SHADD8 (unsigned long, unsigned long);	插入一条 SHADD8 指令。对于 ARM v6 以上结构有效,且要求 CPU 为 ARM 状态
unsigned long __ SHADD16 (unsigned long, unsigned long);	插入一条 SHADD16 指令。对于 ARM v6 以上结构有效,且要求 CPU 为 ARM 状态
unsigned long __ SHASX(unsigned long, unsigned long);	插入一条 SHASX 指令。对于 ARM v6 以上结构有效,且要求 CPU 为 ARM 状态
unsigned long __ SHSUB8 (unsigned long, unsigned long);	插入一条 SHSUB8 指令。对于 ARM v6 以上结构有效,且要求 CPU 为 ARM 状态
unsigned long __ SHSUB16 (unsigned long, unsigned long);	插入一条 SHSUB16 指令。对于 ARM v6 以上结构有效,且要求 CPU 为 ARM 状态
unsigned long __ SHSAX(unsigned long, unsigned long);	插入一条 SHSAX 指令。对于 ARM v6 以上结构有效,且要求 CPU 为 ARM 状态

续表 5-4

本征函数	说明
signed long __SMUL(signed short, signed short);	插入一条16位乘法指令。对于ARM v5E结构有效,且要求CPU为ARM状态
unsigned long __SSUB8(unsigned long, unsigned long);	插入一条SSUB8指令。对于ARM v6以上结构有效,且要求CPU为ARM状态
unsigned long __SSUB16(unsigned long, unsigned long);	插入一条SSUB16指令。对于ARM v6以上结构有效,且要求CPU为ARM状态
unsigned long __SSAX(unsigned long, unsigned long);	插入一条SSAX指令。对于ARM v6以上结构有效,且要求CPU为ARM状态
unsigned long __STREX(unsigned long, unsigned long);	插入一条STREX指令。对于ARM v6以上结构有效,且要求CPU为ARM状态
unsigned long __UADD8(unsigned long, unsigned long);	插入一条UADD8指令。对于ARM v6以上结构有效,且要求CPU为ARM状态
unsigned long __UADD16(unsigned long, unsigned long);	插入一条UADD16指令。对于ARM v6以上结构有效,且要求CPU为ARM状态。
unsigned long __UASX(unsigned long, unsigned long);	插入一条UASX指令。对于ARM v6以上结构有效,且要求CPU为ARM状态
unsigned long __UHADD8(unsigned long, unsigned long);	插入一条UHADD8指令。对于ARM v6以上结构有效,且要求CPU为ARM状态
unsigned long __UHADD16(unsigned long, unsigned long);	插入一条UHADD16指令。对于ARM v6以上结构有效,且要求CPU为ARM状态
unsigned long __UHASX(unsigned long, unsigned long);	插入一条UHASX指令。对于ARM v6以上结构有效,且要求CPU为ARM状态
unsigned long __UQADD8(unsigned long, unsigned long);	插入一条UQADD8指令。对于ARM v6以上结构有效,且要求CPU为ARM状态
unsigned long __UQADD16(unsigned long, unsigned long);	插入一条UQADD16指令。对于ARM v6以上结构有效,且要求CPU为ARM状态
unsigned long __UQASX(unsigned long, unsigned long);	插入一条UQASX指令。对于ARM v6以上结构有效,且要求CPU为ARM状态
unsigned long __UQSUB8(unsigned long, unsigned long);	插入一条UQSUB8指令。对于ARM v6以上结构有效,且要求CPU为ARM状态
unsigned long __UQSUB16(unsigned long, unsigned long);	插入一条UQSUB16指令。对于ARM v6以上结构有效,且要求CPU为ARM状态
unsigned long __UQSAX(unsigned long, unsigned long);	插入一条UQSAX指令。对于ARM v6以上结构有效,且要求CPU为ARM状态
unsigned long __USAX(unsigned long, unsigned long);	插入一条USAX指令。对于ARM v6以上结构有效,且要求CPU为ARM状态

续表 5-4

本征函数	说　明
unsigned long __USUB8(unsigned long, unsigned long);	插入一条 USUB8 指令。对于 ARM v6 以上结构有效，且要求 CPU 为 ARM 状态
unsigned long __USUB16 (unsigned long, unsigned long);	插入一条 USUB16 指令。对于 ARM v6 以上结构有效，且要求 CPU 为 ARM 状态

5.6 Pragma 预编译命令

Pragma 预编译命令用于控制编译过程，如存储器分配、是否允许扩展关键字、是否输出警告信息等。IAR C/C++编译器提供的预编译命令符合 ISO/ANSI C 标准，适当使用 Pragma 预编译命令可使源程序更为清晰明了，同时编译后生成的目标代码也将更为简洁。下面介绍各条 Pragma 预编译命令的意义和使用格式。

1. ＃pragma bitfields＝{ disjoint_types|joint_types|reversed_disjoint_types|reversed|default}

该命令控制位域成员的顺序。可用参数如下：

disjoint_types　位域成员按从最高位到最低位安排，不同类型成员之间不允许交叠。

joint_types　位域成员按字节顺序安排，成员之间允许交叠。

reversed_disjoint_types　位域成员按从最低位到最高位安排，不同类型成员之间不允许交叠。

reversed　这是 reversed_disjoint_types 的别名。

default　默认方式为 joint_types。

2. ＃pragma data_alignment＝表达式

该命令使变量的对齐要求更为严格。可以在变量的静态和动态存储期间使用该命令，命令中表达式的值必须是 2 的乘方(1,2,4 等)。在变量的动态存储期间使用该命令时，每个函数根据调用规则有一个允许对齐上限值。

3. ＃pragma diag_default＝tag[,tag,...]

该命令将诊断信息级别调整为默认值或按命令行中给定的 tag 值。例如：

```
#pragma diag_default = Pe117
```

4. ＃pragma diag_error＝tag[,tag,...]

该命令将诊断信息级别调整为指定的 error 值。例如：

```
#pragma diag_error = Pe117
```

5. ＃pragma diag_remark＝[tag,tag,...]

该命令将诊断信息级别调整为指定的 remark 值。例如：

```
#pragma diag_remark = Pe177
```

6. ＃pragma diag_suppress＝tag[,tag,...]

该命令以指定的 tag 值抑制诊断信息。例如：

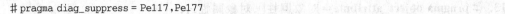

```
#pragma diag_suppress = Pe117,Pe177
```

7. #pragma diag_warning=tag[,tag,...]

该命令将诊断信息级别调整为指定的 warning 值。例如：

```
#pragma diag_warning = Pe826
```

8. #pragma include_alias"原头文件" "替换头文件"

#pragma include_alias <原头文件> <替换头文件>

该命令可以为头文件提供别名，这对于替换头文件和指定文件路径特别有用。该命令必须位于#include 命令之前，并且要求"替换头文件"与相应包含文件完全一致。例如：

```
#pragma include_alias <stdio.h> <C:\MyHeaders\stdio.h>
#include <stdio.h>
```

9. #pragma inline[=forced]

该命令建议编译器将紧跟在命令后面声明的函数内联到调用函数中(即在调用函数体内展开)。是否发生内联，取决于编译器的试探结果。这类似于 C++的 inline 关键字，但可用于 C 程序。如果使用了 forced 选项，将禁止编译器试探而强制进行内联。若内联失败(不能用于某些函数类型，如 printf)，则输出错误信息。

注意：当编译器的优化级别选项为 None 或 Low 时，将不会发生内联操作。

10. #pragma language={extended|default}

该命令用于开启 IAR 语言扩展或采用命令行规定的语言设定。

extended 选项为开启 IAR 语言扩展，同时关闭命令行选项-- strict_ansi。

default 选项为使用命令行规定的语言设定。

11. #pragma location={address|NAME }

该命令用于指定在命令后面声明的变量绝对地址，可选参数 address 为绝对地址，NAME 为用户定义的存储器段名。变量必须以关键字__ no_init 或 const 声明。例如：

```
#pragma location = 0xFFFF0400
__no_initchar PORT1;                /* 变量 PORT1 被定位于地址 0xFFFF0400 */
```

该命令可以接受指定变量或函数所在存储器段位置的字符串，例如：

```
#pragma location = "foo"
char PORT1;                         /* 变量 PORT1 被定位于 foo 存储器段 */
#define FLASH _Pragma("location = \"FLASH\"")
...
FLASH int i;                        /* 变量 i 被定位于 FLASH 存储器段 */
```

12. #pragma message(提示信息)

该命令使编译器在完成对一个文件编译之后从 stdout 输出提示信息，例如：

```
#ifdef TESTING
#pragma message("Testing")
#endif
```

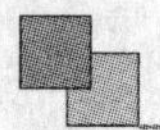

13. ＃pragma object_attribute＝对象属性[,对象属性...]

该命令以指定的对象属性来声明变量或函数。可用于变量的对象属性有__no_init;可同时用于函数和变量的对象属性有 location,__root 和__weak;可用于函数的对象属性有__intrinsic,__nested,__noreturn 和__ramfunc。

紧跟在命令后面定义的标识符将受到影响,被修正的是对象而不是其类型。使用扩展关键字__no_init 可以抑制启动代码对变量的初始化。使用扩展关键字__root 可以确保函数或数据对象即使没有引用也被包含到目标代码中。使用扩展关键字__ramfunc 可使函数在 RAM 中运行。例如:

```
#pragma object_attribute = __no_init
#char bar;
```

14. ＃pragma optimize＝参数[参数...]

该命令仅对紧跟在命令后面的函数有效,用于降低优化级别或关闭某些指定的优化操作。可用参数如下:

balanced|size|speed	规定优化方式;
none|low|medium|high	规定优化级别;
no_code_motion	关闭代码移动;
no_cse	关闭公共子表达式剔除;
no_inline	关闭函数内联;
no_tbaa	关闭基于类型的别名分析;
no_unroll	关闭循环展开;
no_scheduling	关闭指令调度。

注意: 不能同时采用代码速度和代码大小优化,也不能在命令中使用宏。如果该命令规定的优化级别高于编译器选项规定的优化级别,命令将被忽略。例如:

```
#pragma optimize = speed
int small_and_used_often()
{
  ...
}
#pragma optimize = size no_inline
int big_and_seldom_used()
{
...
}
```

15. ＃pragma pack(n)

＃pragma pack()

＃pragma pack({push|pop}[,name][,n])

该命令用于指定结构体和联合体成员的对齐方式。其中,n 为 1,2,4,8 或 16,表示对齐方式,不用 n 时按默认方式对齐;name 为压栈或出栈的对齐标号。

命令＃pragma pack(n)使结构体按参数 n 对齐,其中,n 为 1,2,4,8 或 16。

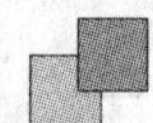

命令＃pragma pack()使结构体恢复按默认方式对齐。

命令＃pragma pack(pop [,name] [,n])使标号 name 出栈，并使结构体按参数 n 对齐。标号 name 和对齐方式 n 均为可选项。若省略 name，则仅移动栈顶对齐方式；若省略 n，则按从堆栈弹出的值对齐。

命令＃pragma pack(push [,name] [,n])将当前对齐方式用标号 name 压栈，并使结构体按参数 n 对齐。标号 name 和对齐方式 n 均为可选项。

注意：访问对齐方式不正确的结构体对象时，程序代码将变大，速度也将变慢。因此当程序需要访问很多这样的对象时，最好将它们按正确方式对齐，而不要采用 pack 方式对齐。

16. ＃pragma __printf_args

该命令用于使函数具有 printf 风格的格式字符串，调用该函数时编译器将检查函数的每个参数是否正确。例如：

```
#pragma __printf_args
int printf(char const *,...);
/* Function call */
printf("%d",x); /* Compiler checks that x is a double */
```

17. ＃pragma required＝符号

该命令确保第二个符号所要求的符号出现在链接输出文件中。命令必须放在第二个之前。例如：

```
const char copyright[] = "Copyright by me";
...
#pragma required = copyright
int main()
{...}
```

即使应用程序中没有用到字符串"Copyright by me"，它仍将被链接到输出文件中。

18. ＃pragma rtmodel＝"key","value"

该命令为模块增添运行属性，其中 key 为指定运行模块属性的字符串，value 为指定运行模块属性之值的字符串，当 value 为星号“＊”时相当于没有指定属性。

该命令对于保持模块之间的一致性特别有用。所有链接到一起以及定义了相同运行属性的模块，必须具有相同的属性值。例如：

```
#pragma rtmodel = "I2C","ENABLED"
```

如果一个包含上述定义的模块与另一个没有相关运行方式定义的模块进行链接，将产生错误。

注意：编译器与定义运行属性以两个下划线开头，不要与用户自定义属性混淆。

19. ＃pragma __scanf_args

该命令用于使函数具有 scanf 风格的格式字符串，调用该函数时编译器将检查函数的每个参数是否正确。例如：

```
#pragma __scanf_args
int printf(char const *,...);
```

```
/* Function call */
scanf("%d",x); /* Compiler checks that x is a double */
```

20. #pragmasection="NAME" [align]

该命令定义一个可用于存储器段操作符__section_begin 和__section_end 的存储器段名，其中 NAME 为段名，align 为对齐方式。对一个指定的段而言，所有的段声明都必须具有相同的存储器类型属性和对齐方式。例如：

```
#pragma section = "MYHUGE" __huge 4
```

21. #pragma swi_number=数字

该命令与__sei 扩展关键字一起用作编译器生成 SWC 指令的参数，并可用于具有多个软件中断函数的系统中选择一个软件中断函数。例如：

```
#pragma swi_number = 17
```

22. #pragma type_attribute=类型属性[,类型属性...]

该命令用于指定非 ISO/ANSI 标准的 IAR 特殊类型属性。函数类型属性有__arm，__fiq，__interwork，__irq，__swi 和 __thumb；数据类型属性有__big_endian，const，__little_endian，__packed 和 volatile。下面的命令为 foo 函数生成 Thumb 模式代码：

```
#pragma type_attribute = __thumb
void foo(void)
{
}
```

上述命令与下面采用扩展关键字__thumb 声明的函数等效：

```
__thumb void foo(void)
{
}
```

5.7 IAR C 语言扩展

为适应嵌入式系统编程的需要，IAR C/C++编译器对 ISO/ANSI 标准 C 语言进行了必要的扩展，这些扩展也适用于 C++语言编程。IAR EWARM 集成开发环境默认允许 IAR C 语言扩展，需要时也可以禁止 IAR C 语言扩展。通过使用 IAR C 语言扩展，用户可以完全控制目标核的资源和特性，从而可以对应用系统进行仔细的微调。IAR C 语言扩展分为重要扩展、有用扩展和次要扩展，分别介绍如下。

5.7.1 重要扩展

1. 类型属性和对象属性

声明变量和函数等实体时，可以带有类型和对象属性。类型属性影响函数的调用方式以及数据对象的访问方式，既要在定义函数或数据对象时规定它们的类型属性，同时需要在声明时规定它们的类型属性。对象属性仅影响函数或数据对象的内部性能，而不会影响函数的调用方式

以及数据对象的访问方式，因此只要在定义函数或数据对象时规定它们的对象属性就可以了。

2. 在绝对地址或指定存储器段内进行定位

采用操作符@或预编译命令＃pragma location 可以将全局和静态变量定位到一个绝对地址，或者将函数或变量定位到一个指定的存储器段中。绝对定位变量必须采用关键字__ no_init 或 const 进行声明，并且不能带有初始式。

应用示例：

```
__no_init int x @ 0x1000;
#pragma location = 0x1004
__no_init const int beta;
```

指定存储器段可以是预定义存储器段，也可以是用户自定义存储器段。也可以是编译器选项__section 将变量或函数定位到一个指定存储器段。

应用示例：

```
__no_init int alpha @ "NOINIT";    /* 在用户自定义存储器段中定位数据变量 */
#pragma location = "CONSTANTS"
const int beta;
void f(void) @ "FUNCTIONS";        /* 在指定存储器段中定位函数 */
void g(void) @ "FUNCTIONS"
{
}
#pragma location = "FUNCTIONS"
void h(void);
```

3. 对齐方式

每一种数据类型都有其自己的对齐方式，若希望改变固有的对齐方式，则可以采用关键字__ packed 或预编译命令＃pragma pack 和＃pragma data_alignment。若希望使用某个对象的对齐方式，则可以用操作符__ ALIGNOF __()。使用操作符__ ALIGNOF __()时有两种格式：__ ALIGNOF __ (类型)和 __ ALIGNOF __ (表达式)。

4. 匿名结构体或联合体

IAR C/C++编译器支持匿名结构体或联合体。下面的例子中，函数 f 可以直接访问包含在结构体 s 中的匿名联合体成员，而不需要明确指出联合体名。

应用示例：

```
struct s
{
  char tag;
  union
  {
     long l;
    float f;
  };
} st;
```

```
void f(void)
{
  st.l = 5;
}
```

允许在整个文件范围内使用匿名结构体或联合体作为全局变量、外部变量或静态变量。这可以用于声明I/O寄存器。下面的例子采用匿名联合体在地址address处声明了一个I/O寄存器,采用匿名结构体声明了I/O寄存器中的两位way和out。

应用示例:

```
__no_init volatile
union
{
  unsigned char IOPORT;
  struct
  {
    unsigned char way: 1;
    unsigned char out: 1;
  };
} @ address;
```

下面是一个使用上述匿名结构体或联合体的例子。

应用示例:

```
void test(void)
{
  IOPORT = 0;
  way = 1;
  out = 1;
}
```

5. 位域和非标准类型

在ISO/ANSI C中,结构体的位域必须为int或unsigned int类型。IAR C语言扩展支持使用任何整数或枚举类型,这样做的优点是可以使结构体变得更小。例如下面结构体中采用unsigned char类型来保存3个位。

应用示例:

```
struct str{
  unsigned char bitOne : 1;
  unsigned char bitTwo : 1;
  unsigned char bitThree : 1;
};
```

6. 专用存储器段操作符__section_begin和__section_end

专用存储器段操作符语法格式如下:

```
void * __section_begin(指定存储器段)
void * __section_end(指定存储器段)
```

注意：也可以使用别名__segment_begin 与__sfb，以及别名__segment_end 与__sfe。

操作符__section_begin 返回指定存储器段第一个字节的地址，操作符__section_end 返回指定存储器段后面第一个字节的地址。这对于采用@操作符或#pragma location 与编译命令在用户定义存储器段中进行数据或函数定位特别有用。

指定存储器段必须是一个文字字符串，并且已经用预编译命令#pragma section 进行声明。在下面的例子中，操作符__section_begin 的类型为 void __huge *。

应用示例：

```
#pragma section = "MYSECTION"
...
section_start_address = __section_begin("MYSECTION");
```

5.7.2 有用扩展

1. 内联汇编

内联汇编可以在函数内部插入汇编指令，可以采用关键字 asm 和扩展关键字__asm。如果使用了编译器选项--strict_ansi，则只允许采用扩展关键字__asm。语法格式为：

```
asm("字符串");
```

其中，字符串可以是有效汇编指令，也可以是数据定义符号，但不能是注释。可以编写连续多条内联汇编指令，例如：

```
asm ( "Label: nop\n"
      " b Label");
```

其中，\n 为换行符。内联汇编指令中允许定义和使用局部标号。

2. 混合文字

采用如下语法格式可以创建混合文字：

```
int *p = (int []) {1,2,3};              /* 创建指向匿名数组的指针 */
structX *px = &(structX) {5,6,7};       /* 创建指向匿名结构体的指针 */
```

注意：未声明为 const 的混合文字可以被修改。嵌入式 C++不支持混合文字。

3. 结构体尾部的不完整数组

结构体中最后一个成员可以是一个不完整数组，从而可以将一块存储器同时分配给结构体自身和数组，而不管该数组的大小。

注意：结构体中不能只有该数组一个成员，否则结构体的大小将为0，而这在 ISO/ANSI C 标准中是不允许的。

应用示例：

```
struct str
{
  char a;
  unsigned long b[];
};
struct str * GetAStr(int size)
```

```
{
  return malloc(sizeof(struct str) +
              sizeof(unsigned long) * size);
}
void UseStr(struct str * s)
{
  s->b[10] = 0;
}
```

不完整数组将与结构体中其他成员一样进行对齐。

4. 十六进制浮点常数

浮点常数可以用十六进制形式表示。格式如下：

```
0xMANTp{+|-}EXP
```

其中，MANT 为十六进制尾数，包括一个可选的小数点，EXP 为以 2 为底的指数。例如：

```
0xA.8p2 等价于 10.8 * 2^2;
0x1p0 等价于 1。
```

5. 结构体与数组中的指定初始式

结构体或数组的任何初始化都可以带有一个指定名。指定名由一个或多个标识符及紧跟其后面的初始式组成。对结构体而言，其标识符为".成员名"；对数组而言，其标识符为"[常数索引表达式]"。C++不支持指定初始式。

应用示例：

```
Struct
{
  int i;
  int j;
  int k;
  int l;
  short array[10];
} u =
  {
    .l = 6, /* 结构体成员 l 初始化为 6 */
    .j = 6, /* 结构体成员 j 初始化为 6 */
    8,    /* 结构体成员 k 初始化为 8 */
    .array[7] = 2, /* 数组元素[7]初始化为 2 */
    .array[3] = 2, /* 数组元素[3]初始化为 2 */
    5,             /* 数组元素[4] = 5 */
    .k = 4         /* 结构体成员 k 重新初始化为 4 */
  };
```

标识符规定初始化的目标成员。如果一个成员被多次初始化，只有最后一次初始化有效。下面的例子是对联合体成员进行初始化。

应用示例：

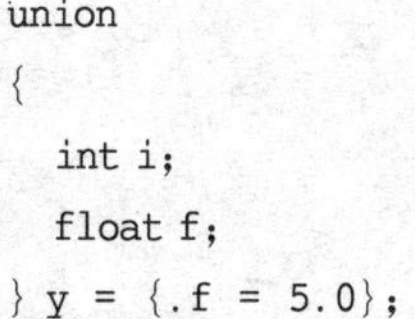

```
union
{
  int i;
  float f;
} y = {.f = 5.0};
```

下面的例子是设置数组长度且最后一个元素进行初始化。

应用示例：

```
char array[] = {[10] = 'a'};
```

5.7.3 次要扩展

1. 不完整类型的数组

一个数组可以将不完整结构体、联合体和枚举作为其成员类型。这些类型必须在数组使用之前完成。

2. 前向枚举声明

IAR C 语言扩展允许用户先声明枚举名，然后再指定其支持表列。

3. 结构体或联合体尾部分号缺失

如果结构体或联合体尾部分号缺失，将产生警告。

4. null 和 void

对指针进行操作，必要时指向 void 的指针总是被隐含转换为另一种类型，同时 null 指针常数总是被隐含转换为正确的类型。

5. 静态初始式中将指针强制转换为整型数据

初始式中，如果整型数据足够大，则可以将指针常数值强制转换为整型数据值。以截断方式将指针强制转换为较小的整形数据；以零扩展方式将指针强制转换为较大的整形数据；数据指针与函数指针之间不允许强制转换；函数指针强制转换为整形数据，将导致不可预知的结果。

6. 获取寄存器变量的地址

ISO/ANSI C 对获取寄存器变量的地址视为非法，IAR C/C++编译器允许获取寄存器变量的地址，但将产生警告。

7. 双重说明

对大小(size)和符号(sign)进行双重说明，如 short short 或 unsigned unsigned，将产生编译错误。

8. long float 等价于 double

Long float 类型等价于 double 类型。

9. typedef 重复声明

允许在同一段代码内重复进行 typedef 声明，但将产生警告。

10. 混合指针类型

允许对非同一但可交换类型的指针进行分配，例如 unsigned char * 与 char *，但将产生警告。允许将字符串常数分配给指向任意字符的指针，并且不会产生警告。

11. 非顶级常数

对于增加了非顶级类型限定符的目标类型，允许进行指针分配，还允许对这种指针进行比较和获取差值。

12. non－lvalue 数组

non－lvalue 数组在使用时被转换为指向该数组第一个元素的指针。

13. 预编译命令尾部的注释

如果不采用严格 ISO/ANSI 编译方式，则允许在预处理器命令尾部使用注释，该语言扩展支持对以往代码的编译，但不建议以这种方式编写新代码。

14. 枚举表列尾部的额外逗号

允许在枚举表列尾部放置额外逗号，在严格 ISO/ANSI 模式下，将产生警告。

应用示例：

```
enum {
   kOne,
   kTwo, /* This is now allowed. */
};
```

15. 括号"}"前面的标号

ISO/ANSIC 标准规定，标号后面至少应跟一条语句。因此在一段代码结束处放置标号是非法的，编译器将产生警告。

16. 空白声明

允许进行空白声明(仅有一个分号)。这对于采用预编译命令进行编译时特别有用。下面的例子采用 debug 模式编译时，宏 DEBUG_ENTER 和 DEBUG_LEAVE 可以定义为完成某些工作，在采用 release 模式编译时，该宏将成为空白，仅留下一个分号。

应用示例：

```
void test(){
   DEBUG_ENTER();
   do_something();
   DEBUG_LEAVE();
}
```

17. 单值初始化

ISO/ANSIC 标准要求，所有静态数组、结构体、联合体的初始化表达式都必须位于括号中。IAR C/C＋＋编译器允许单值初始式不带括号，但将产生警告。

应用示例：

```
struct str
{
   int a;
} x = 10;
```

18. 其他代码范围内的声明

在其他代码范围内的外部和静态声明为可见。下面的例子中可以在函数结尾使用变量 y，它应该仅在 if 语句内可见，这时将产生警告。

应用示例：

```
int test(int x)
{
  if (x)
  {
    extern int y;
    y = 1;
  }
  return y;
}
```

19. 将函数名展开为带有函数上下文的字符串

在函数体内使用__ func __或 __ FUNCTION __符号,可以将函数名作为上下文展开为字符串。使用__ PRETTY_FUNCTION __符号,还可以包含参数类型和返回类型。例如当使用了__ PRETTY_FUNCTION __符号后,其结果将为:

```
"void func(char)"
```

5.8 使用 C++

IAR C/C++编译器支持 2 级 C++语言:工业标准嵌入式 C++和 IAR 扩展嵌入式 C++。

5.8.1 一般介绍

嵌入式 C++由工业联盟 Embedded C++ Technical Committee 所定义,它是 C++编程语言的一个子集,主要用于嵌入式系统编程。

1. 标准嵌入式 C++

支持如下 C++特性:

- 类 (Classes)。这是用户定义的一种数据类型,不仅包含数据结构,还包含对数据的操作。
- 虚函数提供多态性,即一个操作在不同类中具有不同作用。
- 操作码与函数名超载。只要参数表列提供了足够的差异,允许多个操作码或函数同名。
- 采用操作码 new 和 delete 进行类型安全(Type - safe)存储器管理。
- 内联函数,特别适用于内联扩展。

有一些 C++特性不能被标准嵌入式 C++所支持,譬如某些新增加的 ISO/SNSI C++特性等。由于支持开发工具较少,因而可能存在移植问题。标准嵌入式 C++不具有如下 C++特性:

- 模板;
- 多重虚拟继承;
- 异常处理;
- 运行类型信息;
- 新 cast 语法(dynamic_cast, static_cast, reinterpret_cast, const_cast);
- 名字空间;

● 可变(Mutable)属性。

嵌入式 C++库与完整 C++库存在如下区别：

● 不包含标准模板库(STL)；
● 流、字符串和复数不支持模板使用；
● 不包含与异常处理和运行类型信息相关的库特性(except,stdexcept,typeinfo)。

2. 扩展嵌入式 C++

IAR EC++对标准嵌入式 C++做了如下扩展：

● 支持完整模板；
● 支持多重虚拟继承；
● 支持名字空间；
● 支持可变(Mutable)属性；
● 支持新 cast 语法(dynamic_cast, static_cast,reinterpret_cast, const_cast)。

IAR 编译器产品包括经过裁减的(无异常处理、多重继承和运行类型信息)标准模板库(STL),以适用于扩展嵌入式 C++。

IAR C/C++编译器默认使用 C 编译特性,需要使用 EC++特性时必须先进行相关配置。

注意： 采用扩展嵌入式 C++编译的程序模块与采用非扩展嵌入式 C++编译的程序模块具有完全兼容的链接特性。

5.8.2 C++特性描述

1. 类

C++中的 class 和 struct 类可以带有静态和非静态成员数据及成员函数。非静态成员函数还可以进一步分为虚拟成员函数、非虚拟成员函数、建构函数和析构函数。静态成员数据、静态成员函数和非静态非虚拟成员函数都可以使用所有 IAR 编译器的特殊类型和对象属性。

对于非静态虚拟成员函数而言,只要指向该成员函数的指针能够被隐含转换为默认函数指针类型,就可以使用所有 IAR 编译器的特殊类型和对象属性,而建构函数、析构函数和非静态成员数据不能具有任何 IAR 属性。

定位操作符@可用于静态成员数据及任意成员函数。

应用举例：

```
class A
{
  public:
    static __no_init int i @ 0x60;        //未初始化的变量定位于地址 0x60
    static __thumb void f();               //静态 Thumb 函数
    __thumb void g();                      //Thumb 函数
    virtual __thumb void th();             //假定为交互模式
    virtual __arm void ah();               //假定为交互模式
};
virtual void m() const volatile @ "SPECIAL";  //m()放在 SPECIAL
```

2. 函　数

具有 extern "C"链接的函数与具有 C++链接的函数兼容。

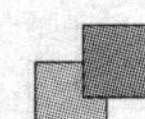

应用举例：

```
extern "C" {
  typedef void (*fpC)(void);                //C函数
}void (*fpCpp)(void);                       //C++函数

fpC f1;
fpCpp f2;
void f(fpC);
f(f1);                                      //总可以运行
f(f2);                                      //fpCpp与fpC兼容
```

3. 模　板

扩展嵌入式C++支持标准C++模板，但不支持export关键字。采用双向查找方式实现模板，意味着必须在任何需要的地方插入关键字typename。每次使用模板时所有对模板的定义都应该为可见，即头文件和源文件中必须包含模板定义。

标准模板库STL已经过裁减，C-SPY调试器对STL具有内建显示支持。

4. 派生cast

扩展嵌入式C++可以使用如下派生cast：

const_cast<t2>(t)，static_cast<t2>(t)，reinterpret_cast<t2>(t)。

5. 可变属性

扩展嵌入式C++支持可变属性。一个可变(mutable)符号即使在整个类对象为常数时，仍可发生变化。

6. 名字空间

扩展嵌入式C++支持名字空间特性。这意味着用户可以使用名字空间进行代码分割，但要注意库不能放入STD名字空间。

7. std名字空间

标准嵌入式C++和扩展嵌入式C++都不能使用std名字空间。如果程序中需要引用std名字空间中的符号，应将std定义为空。

应用举例：

```
#define std                                  //std定义为空
```

8. 指向成员函数的指针

指向成员函数的指针只能是默认函数指针，或者能够被隐含转换为默认函数指针。使用指向成员函数的指针时，要保证所有被指向的函数都位于默认存储器空间内。

应用举例：

```
class X {
public:
    __arm void af();
    __thumb void tf();
};
void (__arm X::*ap)() = &X::af;             //假定为交互模式
```

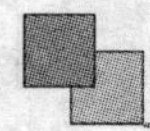


```
void (__thumb X:: * tp)() = &X::tf;              //假定为交互模式
```

9. 使用中断和嵌入式 C++析构函数

如果允许中断且中断函数使用包含析构函数的类对象，则当程序退出或从主程序返回时可能遇到问题。如果中断发生在对象被毁损之后，将不能保证程序正常运行。为了避免发生这种情形，应保证从主程序返回或调用 exit，abort 时禁止中断。

为避免中断，应在调用_exit 之前先调用本征函数__ disable_interrupt。

5.8.3 C++语言扩展

IAR C/C++编译器支持如下 C++语言扩展，使用之前必须先在编译器配置中允许语言扩展选项，否则将产生错误。

① 在类中定义 friend 时，可以省略关键字 class。

应用示例：

```
class B;
class A
{
  friend B;                                    //使用 IAR C++ 扩展时的写法
  friend class B;                              //标准写法
};
```

② 类中可以定义标量常数。

应用示例：

```
class A
{
  const int size = 10;//使用 IAR C+ + 扩展时的写法
  int a[size];
};
```

根据标准写法，则应采用已初始化的静态成员数据。

③ 在定义类成员时，可以采用限定名。

应用示例：

```
struct A
{
  int A::f();                                  //使用 IAR C++ 扩展时的写法
  int f();                                     //标准写法
};
```

④ 允许在指向具有 C 链接(extern "C")函数的指针与指向 C++链接(extern "C++")函数的指针之间使用隐含类型转换。

应用示例：

```
extern "C" void f();                           //具有 C 链接的函数
void ( * pf) ()                                //pf 指向具有 C++ 链接的函数
          = &f;                                //指针隐含转换
```

根据标准写法,指针必须采用显式转换。

⑤ 在包含?操作符的构造中,如果第二或第三个操作数为字符串文字时,该操作数可以被隐含转换为 char * or wchar_t *。

应用示例:

```
char *P = x ? "abc" : "def";            //使用 IAR C++扩展时的写法
char const *P = x ? "abc" : "def";      //标准写法
```

⑥ 不仅在顶级函数声明中可以指定默认参数,在 typedef 声明、指向函数的指针声明、指向成员函数的指针声明中也可以指定默认参数。

⑦ 在包含非静态局部变量的函数和包含非求值表达式(例如 sizeof 表达式)的类中,该表达式可能会引用非静态局部变量,但是会产生警告。

第6章

IAR ILINK 链接器

IAR ILINK 链接器是一款功能强大的嵌入式软件开发工具,它不但适合于链接大型、可重定位、多模块、C/C++和C/C++与汇编混合程序代码,而且适合于链接小型、单模块、绝对定位的汇编语言程序代码。

ILINK 链接器将C编译器或汇编器生成的单个或多个可重定位目标文件,与经过挑选的单个或多个目标库文件相链接,最终生成工业标准 ELF 格式的可执行映像文件。ILINK 链接器将自动装入应用程序需要链接的用户库和标准 C/C++库模块,并且剔除重复和多余的部分。ILINK 可以链接 ARM 和 Thumb 代码以及混合代码。通过自动插入附加指令(veneers),ILINK 链接器可以保证任何调用和跳转都能达到正确的目的,需要时还将切换处理器状态。

ILINK 链接器根据配置文件来分别规定目标系统存储器映像的代码和数据区域,配置文件还支持应用程序初始化过程的自动处理,通过复制初始式来完成全局变量区域和代码区域的初始化。ILINK 链接器的最终输出为 ELF 格式(包括 DWARF 调试信息)的绝对目标文件,该文件可以被下载到 C-SPY 或任何支持 ELF/AWARF 格式的调试器进行仿真调试,也可以用于进行 EPROM 编程。IAR EWARM 软件包中提供了许多处理 ELF 文件的工具。

6.1 模块与段

一个可重定位目标文件包含一个模块,由如下部分组成:

- 若干代码或数据段;
- 规定各种信息(如所用器件等)的运行属性;
- 可选的 DWARF 格式调试信息;
- 所有已使用的全局和外部符号表。

段实际上是一种包含数据或代码的存储器逻辑映像。每一个段由若干部分段组成,部分段是最小链接单位,从而允许链接器只对那些需要引用的段进行链接。段可以位于 RAM 中,也可以位于 ROM 中。在常规嵌入式应用中,放置在 RAM 中的段没有内容,它们仅占据空间。每个段都具有段名和段类型。常用段类型如下:

code	可执行代码;
readonly	只读常量;
readwrite	已初始化的读/写变量;
zeroinit	未初始化变量。

除了上述段类型之外(包含代码和数据的段是应用程序的一部分),最终目标文件还包括许多其他类型的段,例如包含调试信息的段等。编译器对应用项目进行编译时将数据和函数安排到各个不同的段,链接器再根据链接命令文件的配置规则将各个段定位到合适的物理存储器中。表 6-1 列出了 IAR EWARM 编译、链接工具所使用的各种段及其功能说明。

表 6-1　段名及其功能说明

段　名	说　明	存储器空间
.bss	保存未初始化的静态和全局变量	RAM
CSTACK	保存 User 和 System 模式所使用的堆栈	RAM
.cstart	保存启动代码	RAM
.data	保存初始化的静态和全局变量,包括初始式	RAM
.data_init	保存段.data 的初始式,该段由链接器生成	RAM
.difunct	保存 C++程序使用的动态初始化向量	RAM
HEAP	保存用于动态分配数据的堆,该段只有在采用 DLIB 库时才会被用到	RAM
.iar.dynexit	保存 atexit 调用表	RAM
.intvec	保存异常向量,必须位于 0x00～0x3F 地址范围	ROM
IRQ_STACK	保存 IRQ 异常堆栈,需要时还可加入 FIQ, SVC, ABT 和 UND 异常堆栈,同时必须修改 cstartup.s 文件中的异常堆栈指针。对于 Cortex-M 处理器,不需要该段	RAM
.noinit	保存用关键字__no_init 声明的静态和全局变量	RAM
.rodata	保存常量	ROM
.text	保存除系统初始化之外的程序代码	ROM

6.2　链接过程

由 IAR 编译器和汇编器生成目标文件及库文件中的可重定位模块,必须经过链接之后才能成为可执行文件。IAR ILINK 链接器的一般链接过程如下:

- 决定哪些模块需要被链接到应用程序中。由目标文件提供的模块总是需要的,对于库文件,只需要那些提供被链接模块引用全局符号定义的模块。
- 基于被链接模块的属性来选择需要采用的标准库文件。
- 从被链接模块中决定哪些段需要被链接到应用程序中去。只有应用程序确实需要段才会得到链接。有多种决定所需要段的方法,例如__root 目标属性、#pragma required 预编译命令、keep 链接器命令等。对于段发生重复的场合,只需要链接一个段。
- 在合适的地方,将初始化变量和代码安排在 RAM 中。initialize 命令将导致链接器生成附加段,以便于从 ROM 中复制到 RAM 中。每个通过复制来实现初始化的段,都被分成两部分,一部分用于 ROM,一部分用于 RAM。即使不需要手工初始化,链接器也会为启动代码安排初始化过程。
- 根据链接器配置文件来决定段的定位地址。通过复制实现初始化的段将出现两次,一次用于 ROM，一次用于 RAM。在段定位过程中，链接器还将增加必要的 veneers 代码，以保证任何转移或调用能够到达正确的目的地址，或者实现 CPU 状态的正确切换。

- 生成包含可执行映像和调试信息的绝对目标文件，这涉及解析段之间的符号引用以及变量定位。
- 生成可选的列表文件，其中包括段的定位结果、每个全局符号的地址以及模块与库文件所使用存储器汇总。

整个链接过程如图 6-1 所示。

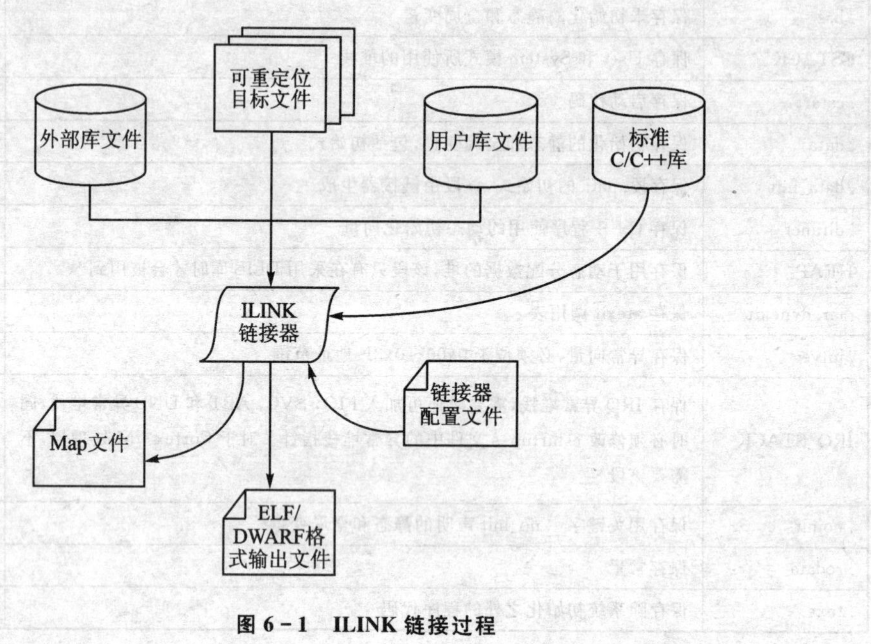

图 6-1　ILINK 链接过程

6.2.1　根据链接器配置文件进行段定位

ILINK 链接器根据链接器配置文件在存储器中进行段定位，配置文件中的命令行选项规定段的位置，从而保证应用系统能够在目标芯片上运行。链接器配置文件需要规定：

- 可寻址的存储器空间；
- 不同的存储器地址区域；
- 不同的地址块；
- 段是否需要初始化；
- 如何将各个段安排到合适的存储器区域内。

链接器配置文件由一系列声明命令组成，链接过程将由这些命令进行管理。用户可以对同一个源代码采用具有不同命令的链接器配置文件重新创建，以便在不同派生芯片上运行。下面是一个简单配置文件例子：

```
/* 定义最大可寻址存储器空间 */
define memory Mem with size = 4G;
/* 可寻址空间内的存储器区域 */
define region ROM = Mem:[from 0x00000 size 0x10000];
define region RAM = Mem:[from 0x20000 size 0x10000];
```

```
/* 创建堆栈 */
define block STACK with size = 0x1000, alignment = 8 { };
/* 初始化处理 */
do not initialize { section .noinit };
initialize by copy { readwrite };           /* 初始化读/写段,不包括未初始化段 */
/* 在确定地址上定位起始代码 */
place at start of ROM { readonly section .cstartup };
/* 定位代码与数据 */
place in ROM { readonly };                  /* 在 ROM 中定位常量及初始式:.rodata 及.data_init */
place in RAM { readwrite, block STACK }; /* 在 RAM 中定位 .data,.bss,.noinit 及 STACK */
```

配置文件中首先定义了一个最大可寻址空间为 4 GB 的存储器 Mem,并且在 Mem 中定义了 ROM 和 RAM 存储区域,每个区域为 64 KB。然后创建了一个 4 KB 的 STACK 块,作为应用程序堆栈。创建块是用户进行段定位的基本方法,它可用于段的分组,也可用于规定存储器大小和定位区域。接下来定义了变量初始化的处理方法,初始式被安排在 ROM 中,并在启动应用程序时复制到 RAM 区。最后,配置文件将各个段定位到可用存储器区域。起始代码从 ROM 区的开始处定位,{}之内的内容为段选择,其他只读段也被定位于 ROM 区。需要注意的是在进行定位时,段选择{readonly section . cstartup}比{ readonly }具有更高的优先级。读/写段和堆栈块被定位于 RAM 区。

图 6-2 所示为应用程序在 Mem 存储器中的定位示意图。

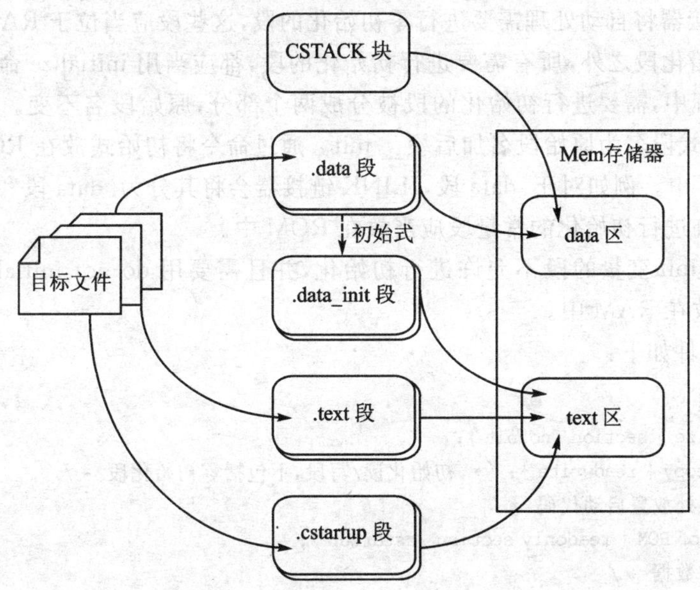

图 6-2 应用程序在 Mem 存储器中的定位示意图

配置文件中除了用于声明和定义的标准命令之外,还可能包括如下命令:

- 将一段存储器进行映像,以便可用多种方法进行寻址。
- 处理条件命令。
- 创建用于应用程序的符号定义。
- 详细规定一条命令所适用的段选择。

- 详细规定代码和数据的初始化。

6.2.2 系统启动时的初始化

ISO/ANSI C 标准规定，所有静态变量(即分配了固定存储器地址的变量)，需要在系统启动时进行初始化并附以初值。如果没有明确附以初值，则初值为 0。如果变量声明时用了关键字__no_init，则编译器在编译时将不对其进行初始化。

编译器对各种类型的初始化变量生成明确的段类型，如表 6-2 所列。

表 6-2 初始化变量及其段类型

变量声明	源代码	段类型	段　名	段内容
初始化变量	int i;	读/写	.bss	无
零初始化变量	int i = 0;	读/写	.bss	无
非零初始化变量	int i = 6;	读/写	.data	初始式
未初始化变量	__no_init int i;	读/写	.noinit	无
常量	const int i = 6;	只读	.rodata	常数
代码	__ramfunc void Myfunc() {}	读/写代码	.textrw	代码

注：静态变量群可能将零初始化变量与初始化数据一起组合在.data 段中。

ILINK 链接器与系统启动程序一起完成变量初始化工作，用户需要进行如下初始化配置：

- ILINK 链接器将自动处理需要进行零初始化的段，这些段应当位于 RAM 中。
- 除了零初始化段之外，所有需要进行初始化的段，都应当用 initialize 命令列出来。通常在链接过程中，需要进行初始化的段被分成两个部分，原始段名不变。内容放在初始式段中，初始式段名为原始段名加后缀__init。通过命令将初始式放在 ROM 中，初始化段放在 RAM 中。例如对于.data 段，ILINK 链接器会将其分为.data 段和.data_init 段。
- 包含不允许进行初始化的常量段应当放在 ROM 中。
- 保存__no_init 变量的段不允许进行初始化，并且需要用 do not initialize 命令列出来。这些段应放在 RAM 中。

链接器配置文件如下：

```
/* 初始化处理 */
do not initialize { section .noinit };
initialize by copy { readwrite }; /* 初始化读/写段，不包括零初始化段 */
/* 在固定地址处放置启动代码 */
place at start of ROM { readonly section .cstartup };
/* 放置代码和数据 */
place in ROM { readonly };          /* 在 ROM 中放置常量及初始式 .rodata 和.data_init */
place in RAM { readwrite,           /* 放置.data,.bss,.noinit 及 STACK 段 */
               block STACK };
```

6.3 链接器配置文件命令

ILINK 链接器根据链接器配置文件将各种段在存储器中进行正确的定位，使之能够符合用

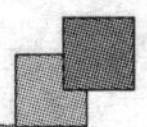

户应用系统的存储器设计。链接器配置文件由一系列配置命令组成，每种命令完成对应的配置工作。

6.3.1　定义存储器与定义存储区域命令

链接器配置文件采用 define memory 命令定义可寻址存储器空间，采用 define region 命令定义放置应用程序代码和数据的存储区域。存储区域是存储器空间内的一段连续地址空间，定义存储区域时可以采用区域表达式。

1. define memory 命令

功能：定义给定长度的存储器空间。该命令设定配置文件所使用存储器的可寻址范围，大多数处理器需要定义一个存储器空间，有些处理器可能需要定义多个存储器空间，例如哈佛结构的处理器需要两个不同的存储器空间，一个用于存放代码，另一个用于存放数据。

格式：define memory *name* with size = *size_expr* [,*unit-size*];

参数：*name*　　存储器名；

size_expr　　存储器长度；

unit-size　　长度单位，缺省为字节表达式，可以是位表达式。

举例：/＊定义 4 GB 长度的存储器空间 Mem ＊/

define memory Memwith size = 4G;

2. define region 命令

功能：定义存储器区域。一个区域可由一个或多个地址范围组成，每个范围内地址必须连续，但几个范围之间不必是连续的。

格式：define region *name* = *region-expr*;

参数：*name*　　区域名；

region-expr　　区域表达式。

举例：/＊在 ROM 存储器 Mem 中定义长度为 0x10000、地址从 0x0 开始的存储器区域 ＊/

define region ROM = Mem:[from 0x0 size 0x10000];

/＊在 ROM 存储器 Mem 中定义一段地址从 0x0～0xFFFF 的存储器区域 ＊/

define region ROM = Mem:[from 0x0 to 0xFFFF];

6.3.2　存储区域

存储区域为一段不重叠的存储器地址范围。

1. 区域符号

功能：区域符号由存储器名和存储器地址范围组成，包括起始地址和地址长度。可以明确规定区域长度，也可以通过指定区域最终地址来隐含规定区域长度。存储区域可以跨越零地址。采用 repeat 选项可以创建包含几个地址范围的重复区域，重复区域的默认偏移量(displacement)为区域长度，也可以指定偏移量。

格式：*memory-name*:[from *expr* { to *expr* | size *expr* } [repeat *expr* [displacement *expr*]]]

参数：*memory-name*　　存储器名；

expr　　表达式。

举例：/＊定义一个跨越零地址，长度为 5 字节的存储器区域 ＊/

Mem:[from -2 to 2]

/＊采用 repeat 选项在同一个存储器内定义包含 3 个地址范围的存储器区域 ＊/

Mem:[from 0 size 0x100 repeat 3 displacement 0x1000]

/＊上例的定义结果如下 ＊/

Mem:[from 0 size 0x100]

Mem:[from 0x1000 size 0x100]

Mem:[from 0x2000 size 0x100]

2. 区域表达式

功能：区域表达式用于表示一段或多段存储器地址范围，通常采用集合论中的并集符号(|)、交集符号(&)、差集符号(—)来组成表达式。这些符号的含义如下：

- A|B　　表示所有元素或者位于 A 中，或者位于 B 中；
- A&B　　表示所有元素同时位于 A 中和 B 中；
- A—B　　表示所有元素位于 A 中，但不位于 B 中。

举例：

```
/*在 Mem 存储器中定义起始于 0x1000,终止于 0x2FFF 的地址范围 */
Mem:[from 0x1000 to 0x1FFF] | Mem:[from 0x1500 to 0x2FFF]

/*在 Mem 存储器中定义起始于 0x1500,终止于 0x1FFF 的地址范围 */
Mem:[from 0x1000 to 0x1FFF] &Mem:[from 0x1500 to 0x2FFF]

/*在 Mem 存储器中定义起始于 0x1000,终止于 0x14FF 的地址范围 */
Mem:[from 0x1000 to 0x1FFF] - Mem:[from 0x1500 to 0x2FFF]

/*在 Mem 存储器中定义 2 段地址范围,第 1 段起始于 0x1000,终止于 0x1FFF,
  第 2 段起始于 0x2501,终止于 0x2FFF */
Mem:[from 0x1000 to 0x2FFF] - Mem:[from 0x2000 to 0x24FF]
```

3. 空区域

功能：空区域不包含任何存储器地址范围。如果链接时使用空区域来放置单个或多个段，ILINK 链接器将会报错。

举例：

```
/*在 Mem 存储器中,根据分组条件,将未分组区域定义为具有 0x10000 字节的 1 段地址范围,或者定义为具有 0x8000 字节与具有 0x7000 字节的 2 段地址范围 */
define region Code = Mem:[from 0 size 0x10000];
```

```
if (Banked) {
        define region Bank = Mem:[from 0x8000 size 0x1000];
} else {
        define region Bank = [];
}
define region NonBanked = Code - Bank;
```

6.3.3 段选择命令

段选择是通过 section－selector 命令和 except 命令来规定 ILINK 链接命令所应用的各种段。所有符合 section－selector 命令规定的段都将被选中，而 except 命令中的段将被排除在外。符合条件包括段属性、段名、目标或库文件名。有些链接命令需要更为详细的段选择功能，这时可以采用 extended－selector 命令。

1. section－selector 命令

功能：用包含在{}内的段属性、段名、目标文件名作为符合条件来选择各种段。可以省略以上 3 个条件中的 1 个或 2 个，若省略段属性，则可以选中任意段。在定义块时{}内可以不包含任何符合条件。

格式：{[section－selector][,section－selector...]}

其中 section－selector 为：[段属性][section 段名][object 文件名]

段属性包括：[ro [code | data] | rw [code | data] | zi]

参数：
- ro 或 readonly　只读段。
- rw 或 readwrite　读/写段。
- zi 或 zeroinit　零初始化段，需要在系统启动时用 0 进行初始化。
- code　代码段。
- data　数据段。
- 段名　允许采用通配符？表示单个字符，采用通配符＊表示任意字符。若省略段名，选择段时将不受段名限制。
- 文件名　允许采用通配符？表示单个字符，采用通配符＊表示任意字符。若省略文件名，选择目标时将不受文件名限制。

举例：

```
/*选择所有读/写段 */
    {rw}

/*仅选择.mydata*段 */
{section .mydata* }

/*选择目标文件 special.o 中的.mydata*段 */
{ section .mydata* object special.o}
```

2. extended－selector 命令

功能：该命令除了具有 section－selector 命令的功能之外，还提供在段、块或覆盖中按最先或最后方式存放的功能。采用该命令可以创建内联块定义，从而更为精确地控制各种段的安排。

格式：{[extended - selector][,extended - selector...]}

其中 extended - selector 为：

[first | last]{section - selector | block name

[inline - block - def]|overlay name }

inline - block - def 为：

[block - params] extended - selectors

参数：first　在区域、块或覆盖中最先存放。

Last　在区域、块或覆盖中最后存放。

Name　块或覆盖名。

举例：

```
/＊定义 First 块，用于保存.first 段 ＊/
define block First { section .first };

/＊定义 Table 块，其中最先存放前面定义的 First 块 ＊/
define block Table{ first block First };

/＊上例也可采用如下等效命令实现 ＊/
define block Table { first block First { section .first }};
```

6.3.4 段处理命令

段处理命令描述 ILINK 链接器如何处理各种包含可执行映像文件的段。采用 place at 和 place in 命令可以将具有相同属性的段放置到预先定义的存储区域内。采用 define block 命令可以创建具有给定长度和对齐方式的空段、顺序保存不同类型的段等。采用 define overlay 命令可以创建一段包含若干覆盖映像的存储器空间。采用 initialize 和 do not initialize 命令可以控制应用程序的启动过程，例如在系统启动时进行全局变量初始化、完成代码复制等，初始式可以采用不同方式保存。采用 keep 命令可以对应用程序没有引用的段予以保留，这等价于汇编器和编译器中的 root 概念。

1. define block 命令

功能：定义一个包含一系列段的地址块，它可以是个空块，例如堆栈、堆等。

格式：define block name [with param, param...]{extended - selectors}

[except{section_selectors}];

其中　param 可为下述之一：

size ＝ 表达式；

maximum size ＝表达式；

alignment ＝表达式；

fixed order。

参数：name　块名；

size　　　　　　块的大小；

maximum size　　块大小的上限；

alignment　　　　最小对齐字节数；

fixed order　　　按照固定顺序放置段，省略时按任意顺序放置段。

举例：

```
/*定义一个大小为0x1000字节的块用作堆，按8字节对齐 */
define block HEAP with size = 0x1000, alignment = 8{ };

/*定义一个包含两个段的块，段的属性为读/写 */
define block MYBLOCK1 = {section section1, section section2, rw };
```

2. define overlay 命令

功能：定义一个包含一系列段并且可以覆盖使用的地址块。该命令在存储器中创建一个覆盖使用区，这对于具有多个子应用的系统十分有用。每个子应用映像文件被放在ROM中，同时开辟一个RAM覆盖M区用于所有子应用，子应用运行时，将其从ROM复制到RAM覆盖M区。被覆盖的段必须分成ROM和RAM，用户需要考虑所有必要的复制工作。

格式：define overlay name [with param, param...]{extended-selectors}
[except{section_selectors}];

其中　param可为下述之一：

size = 表达式；

maximum size =表达式；

alignment =表达式；

fixed order。

参数：name　　　　块名；

size　　　　　　块的大小；

maximum size　　块大小的上限；

alignment　　　　最小对齐字节数；

fixed order　　　按照固定顺序放置段，省略时按任意顺序放置段。

举例：

```
/*下面定义中section1段和section2段将在MyOverlay中被覆盖 */
define overlay MyOverlay { section section1 };
define overlay MyOverlay { section section2};
```

3. initialize 命令

功能：将初始化段分成两部分，一部分存放初始式，另一部分存放初始化数据。可以选择是自动(initialize by copy)还是手动(initialize manually)进行系统启动初始化。在自动方式下采用auto压缩选项，ILINK链接器将为初始式自动选择合适的压缩算法，并在系统启动时的初始化过程中予以恢复。也可以手动选择不同的算法。该命令不影响零初始化段。initialize by copy命令不会影响那些必须在初始化之前运行的段，包括__low_level_init函数及其参考引用。从程序入口标号所能到达的任何值都需要进行初始化，除非通过具有__iar_init $ $ done 标号的部分段到达。该命令还可用于进行其他复制操作，例如将代码从慢速 ROM 复制到快速 RAM 中运行等。

格式：initialize {by copy | manually}[with *param*, *param*...]{*section-selectors*}
[except{section_selectors}];

参数：by copy　　程序启动时自动执行初始化。

manually　　程序启动时不自动执行初始化。

param　　可以是：packing = { none | compress1 | compress2 | auto }
copy routine = *functionname*

packing 表示是否压缩数据，缺省是 auto；

functionname 表示是否使用自己的复制函数来取代缺省函数。

举例：

```
/*程序启动时自动将读/写段从 ROM 复制到 RAM */
initialize by copy { rw };
place in RAM { rw };
place in ROM { ro };

/*对初始式位于 FLASH 中的特殊段进行初始化 */
initialize by copy with packing = none,
                     copy routine = my_init{ section .special };
place in RAM { section .special };
place in ROM { section .special_init };
```

4. do not initialize 命令

功能：规定在程序启动时不需要初始化的段。仅用于__no_init 声明的变量段(.noinit)。

格式：do not initialize { *section-selectors* }[except{ section-selectors }];

参数：*section-selectors* 详见 6.3.3 小节段选择命令

举例：

```
/*程序启动时不对段名以_noinit 结尾的读/写段进行初始化 */
do not initialize { rw section . *_noinit };
place in RAM { rw section . *_noinit };
```

5. keep 命令

功能：规定所有选中的段都被保持在可执行映像中，即使这些段没有被引用仍然如此。

格式：keep { *section-selectors* } [except { section-selectors }];

举例：keep { section .keep* } except { section .keep };

6. place at 命令

功能：把一系列段和块放置在某个具体的地址，或者放置在一个区域的开始或结束处。两条不同的 place at 命令不能使用相同地址。在相同区域中，place at 命令放置的段和块将位于 place in 命令放置的段和块前面。命令中不能使用空区域。段和块在区域中按任意顺序存放，若要按指定顺序存放，请使用 define block 命令。

格式：place at {address *memory*[:*expr*]|start of *region_expr* | end of *region_expr* }

{*extended - selectors*}[except{section - selectors}];

参数：*memory* 存储器名；

expr 地址值，该地址必须在 memory 所定义的范围内；

region_expr 区域名；

extended - selectors 详见 6.3.3 小节段选择命令；

section - selectors 详见 6.3.3 小节段选择命令。

举例：

```
/* 在 ROM 区的起始处放置只读段.startup */
place at start of ROM { readonly section .startup };

/* 在 Mem 存储器的 0x0 地址放置.intvec 段 */
place at address MEM:0x0 { section .intvec };
```

7. place in 命令

功能：把一系列段和块放置在某个区域中。段和块将按任意顺序放置，若要按指定顺序存放，请使用 define block 命令。

格式：place in *region_expr* {*extended - selectors*}{section - selectors}];

参数：*region_expr* 区域名；

extended - selectors 详见 6.3.3 小节段选择命令；

section - selectors 详见 6.3.3 小节段选择命令。

举例：

```
/* 在 ROM 区中放置只读段 */
place in ROM { readonly };

/* 在 ROM 区中放置目标文件 myfile.o 的.text 段 */
place in ROM { section .text object myfile.o };

/* 在 RAM 区中放置 HEAP 块,CSTACK 块和 IRQ_STACK 块 */
place in RAM { block HEAP, block CSTACK, block IRQ_STACK };
```

6.3.5 定义符号命令

采用定义符号命令可以规定某个符号的值。在配置文件或表达式中使用符号可以增加文件的可读性，还可以将其导出用于应用程序或调试器。

1. define symbol 命令

功能：为某个符号规定具体的值。符号不能被重新定义，符号不能带双下划线前缀或单下划线加大写字母前缀。

格式：define [exported] symbol name = expr;

参数：name 符号名；

expr 值表达式。

举例：

```
/*定义一个值为4的符号 my_symbol */
define symbol my_symbol = 4;

/*定义 ROM 区域起始地址 */
Define region_ROM_start = 0x08000000;
```

2. export symbol 命令

功能：定义导出符号，该符号可以在可执行映像及全局变量表中使用。应用程序或调试器可以引用该符号。

格式：export symbol name;

参数：name　　符号名。

举例：

```
/*定义一个导出符号 my_symbol */
export symbol my_symbol;
```

6.3.6 结构命令

结构命令允许在配置文件中设置条件、包含文件等，从而可以按条件执行配置命令，或者将单个配置文件分解为多个不同包含文件。

1. if 命令

功能：该命令用于在配置文件中设置条件，其功能类似于C语言中的if语句。

格式：if (*expr*) {*directives*[} else if (*expr*) {*directives*][} else {*directives*]}

参数：*expr*　　条件表达式；

　　directives　　配置命令。

举例：

```
/*在 Mem 存储器中，根据分组条件，将未分组区域定义为具有 0x10000 字节的1段地址范围，或者定义
   为具有 0x8000 字节与具有 0x7000 字节的2段地址范围 */
define region Code = Mem:[from 0 size 0x10000];
if (Banked) {
    define region Bank = Mem:[from 0x8000 size 0x1000];
} else {
    define region Bank = [];
}
define region NonBanked = Code - Bank;
```

2. include 命令

功能：该命令用于在配置文件中设置包含文件，其功能类似于C语言中的#include语句。

格式：include *filename*;

参数：*filename*　　带路径的被包含文件名。

6.3.7 图形化配置工具

除了采用上述配置命令完全手工撰写链接器配置文件之外，IAR EWARM 集成环境还为用

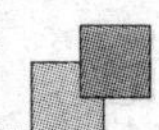

户提供了一个界面友好的图形化工具，用于编辑配置文件的一些基本符号。单击 Project 下拉菜单中的 Options 选项，弹出选项配置对话框，从左边 Category 列表框内选择 Linker 进入链接器选项配置，如图 6-3 所示。

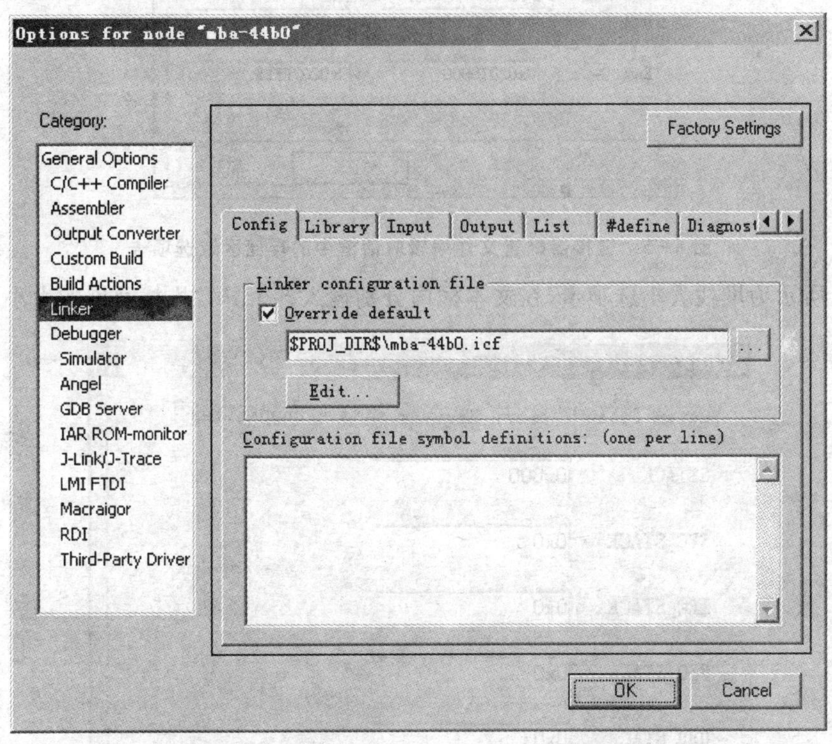

图 6-3　链接器选项配置中的 Config 选项卡

在图 6-3 所示 Config 选项卡中，选择 Linker configuration file 栏内的 Override default 复选框，输入带路径的链接器配置文件名，再单击 Edit 按钮，弹出链接器配置文件编辑对话框，其中提供了 3 个选项卡，分别用于配置异常向量表的起始地址、存储器区域的起始和终止地址、堆栈与堆的大小等。图 6-4 所示为异常向量表选项卡，在文本框内输入向量表的起始地址。

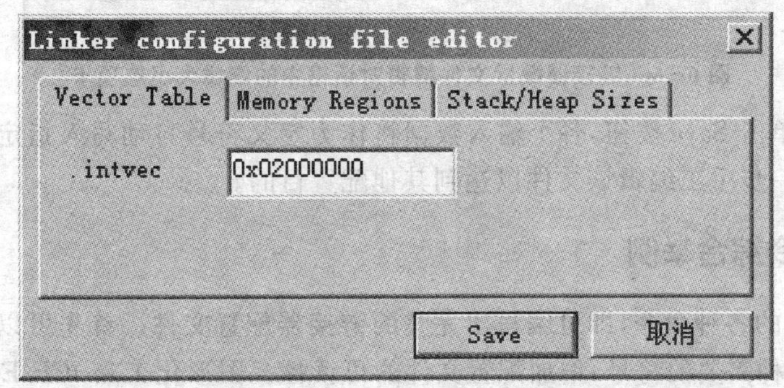

图 6-4　链接器配置文件编辑对话框中的异常向量表选项卡

图 6-5 所示为存储区域选项卡，在文本框内分别输入 ROM 和 RAM 区域的起始与终止地址。

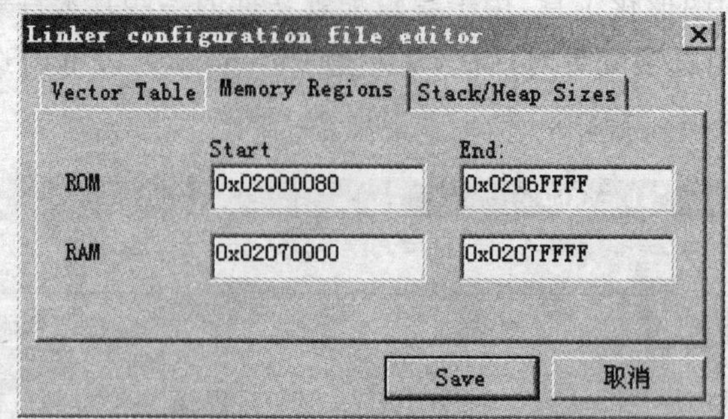

图 6-5　链接器配置文件编辑对话框中的存储区域选项卡

图 6-6 所示为堆栈大小选项卡，在文本框内分别输入各个异常堆栈及堆的大小。

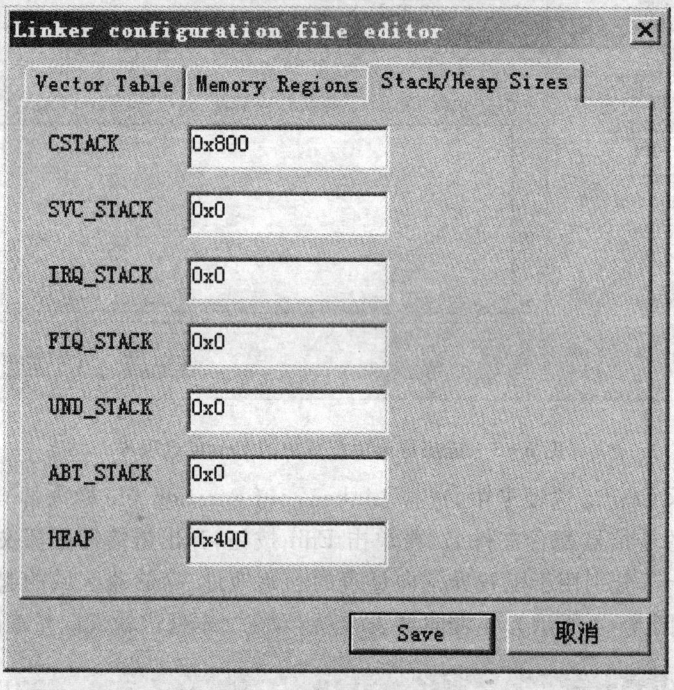

Linker configuration file editor

Vector Table　Memory Regions　Stack/Heap Sizes

CSTACK　0x800

SVC_STACK　0x0

IRQ_STACK　0x0

FIQ_STACK　0x0

UND_STACK　0x0

ABT_STACK　0x0

HEAP　0x400

Save　取消

图 6-6　链接器配置文件编辑对话框中的堆栈大小选项卡

输入完成后，单击 Save 按钮，各个输入数据将作为定义符号自动写入指定的链接器配置文件中，用户可以进一步手工编辑该文件以达到其他配置目的。

6.3.8　配置命令综合举例

采用前面介绍的各种命令，即可编写出完整的链接器配置文件。首先可以利用图形化工具 ICF Editor 定义各种需要的符号，增加配置文件的可读性。图形化工具 ICF Editor 会自动在每个定义符号前面冠以前缀__ICFEDIT_，如果不用图形化工具 ICF Editor 编辑配置文件，这些符号名可以任意定义。

【例 6-1】　利用图形化工具 ICF Editor 设置各种符号，包括异常向量表的起始地址，ROM，RAM 的起止地址和堆栈的大小等。

```
/ * - Specials - * /
define symbol __ICFEDIT_intvec_start__ = 0x02000000;
/ * - Memory Regions - * /
define symbol __ICFEDIT_region_ROM_start__    = 0x02000080;
define symbol __ICFEDIT_region_ROM_end__      = 0x0206FFFF;
define symbol __ICFEDIT_region_RAM_start__    = 0x02070000;
define symbol __ICFEDIT_region_RAM_end__      = 0x0207FFFF;
/ * - Sizes - * /
define symbol __ICFEDIT_size_cstack__    = 0x800;
define symbol __ICFEDIT_size_heap__      = 0x400;
```

接着需要定义可寻址的存储器空间，以及 ROM 和 RAM 所对应的地址区域。

【例 6-2】 定义最大长度为 4 GB 的可寻址存储器空间，并利用例 6-1 中所设置的符号来定义 ROM 和 RAM 所对应的地址区域。

```
define memory mem with size = 4G;
define region ROM_region    = mem:[from __ICFEDIT_region_ROM_start__
                                   to __ICFEDIT_region_ROM_end__];
define region RAM_region    = mem:[from __ICFEDIT_region_RAM_start__
                                   to __ICFEDIT_region_RAM_end__];
```

接着需要创建各种块，用于存放堆栈和堆。

【例 6-3】 创建 CSTACK 块和 HEAP 块，分别用于存放堆栈和堆，均为 8 字节对齐。

```
define block CSTACK    with alignment = 8, size = __ICFEDIT_size_cstack__   { };
define block HEAP      with alignment = 8, size = __ICFEDIT_size_heap__     { };
```

接着需要进行初始化设置。

【例 6-4】 对所有读/写属性的段，如. data，. bss 等设置为自动初始化，而对于. noinit 这个段则不做初始化处理。

```
initialize by copy { readwrite };
do not initialize  { section .noinit };
```

最后对所有段在地址空间中所处的位置进行配置。

【例 6-5】 将只读的异常向量表. intvec 放置在 0x02000000 地址处，然后将余下的只读段以任意顺序存放在 ROM 中，将读/写段和堆栈、堆这些块以任意顺序存放在 RAM 中。

```
place at address mem:__ICFEDIT_intvec_start__ { readonly section .intvec };
place in ROM_region   { readonly };
place in RAM_region   { readwrite,
                        block CSTACK, block HEAP };
```

将例 6-1～例 6-5 的内容组合在一起，就是一个基本链接器配置文件的全部内容。

6.4 链接应用程序

为了正确地链接应用程序，通常需要考虑如下事项：

- 定义存储器空间；
- 放置不同的段；
- 在应用程序中保持模块；
- 在应用程序中保持符号和段；
- 应用程序的启动；
- 建立堆栈和堆；
- 对默认初始化进行修改；
- 定义控制应用程序的符号；
- 标准库处理；
- 输出非 ELF/DWARF 格式的文件；
- Veneers 代码。

IAR EWARM 软件包提供了一个通用链接器配置文件 generic. icf，位于 config 目录下，用户可以根据自己的需要对该文件进行适当修改，就可以满足链接要求。需要注意的是，不同应用项目对链接器配置文件的要求不同，应根据具体情况进行考虑。

6.4.1 定义存储器空间

通常采用 define 命令来定义存储器空间，所定义的每个存储器区域都必须与实际目标硬件相符合。通过察看存储器映像(map)文件，可以了解当前项目需要使用的代码和数据存储器空间。

应用示例：

```
/* 定义 4GB 的可寻址存储器空间 */
define memory Mem with size = 4G

/* 定义 64KB 的 RAM 区域，起始地址为 0x20000 */
define region RAM = Mem:[from 0x20000 size 0x10000];
```

1. 添加存储区域

需要增加存储器区域时，可以采用 defin region 命令。

应用示例：

```
/* 定义第二个长度为 128KB 的 ROM 区域，起始地址为 0x80000 */
define region ROM2 = Mem:[from 0x80000 size 0x20000];
```

2. 将不同地址范围合并到一个存储区域中

采用区域表达式可以将不同地址范围合并到一个存储区域中。

应用示例：

```
/* 定义包含两个地址范围的第二个 ROM 区域，第一个起始地址为 0x80000，长度为 128 KB，第二个起始地
   址为 0xC0000，长度为 32 KB */
define region ROM2 = Mem:[from 0x80000 size 0x20000]
                   | Mem:[from 0xC0000 size 0x08000];
```

也可以采用如下等效命令：

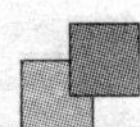

```
define region ROM2 = Mem:[from 0x80000 to 0xC7FFF]
                     - Mem:[from 0xA0000 to 0xBFFFF];
```

3. 在新存储器空间添加存储区域

需要在新存储器空间添加存储区域时，可以采用如下命令：

应用示例：

```
/* 定义第二个可寻址存储器空间 */
define memory Mem2 with size = 64k;
/* 在新存储器空间中定义长度为 64KB 的常数区域，起始地址为 0x0 */
define region CONSTANT = Mem2:[from 0 size 0x10000];
```

4. 定义新存储器空间的单位

若新存储器空间不是以字节为单位，则需要定义它所使用的单位。

应用示例：

```
/* 定义可位寻址的存储器空间 */
define memory Bit with size = 256, unitbitsize = 1;
```

5. 共享存储器空间

若用户使用的 ARM 核处理器能够采用几种不同的寻址方式，比如对哈佛结构的存储器进行寻址，或者能够在同一个存储器内使用不同的地址，则可以采用 define sharing 命令来定义共享存储器空间。

应用示例：

```
/* Mem2 中头 32 KB 长度的存储器空间被映射到最后 32 KB 存储器空间 */
define sharing Mem2:[from 0 size 0x8000] <=> Mem2:[from 0x8000 size 0x8000];

/* Mem2 中的位地址空间被映射到 32 KB 存储器空间 */
define sharing Bit:[from 0 size 256] <=> Mem2:[from 0 size 32];
```

6.4.2 放置段

用户可以采用 place in 命令，对通用链接器配置文件 generic.icf 中关于段的放置方式进行修改，以适应自己的需要。通过察看存储器映像(map)文件，可以了解不同段在存储器空间中的放置结果。

应用示例：

```
/* 将具有只读内容的段放置在 ROM 区域 */
place in ROM {readonly};

/* 将常数符号放置在 CONSTANT 区域 */
place in CONSTANT {readonly section .rodata};
```

1. 在存储器空间指定地址处放置段

采用 place at 命令可以将段放置在存储器空间的指定地址处。

应用示例：

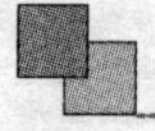


```
/* 在 Mem 存储器的地址 0x0 处放置.vectors 段 */
place at address Mem:[0] {readonly section .vectors};
```

2. 在存储区域中最先或最后放置段

在存储器区域中最先放置段与最后放置段是类似的。

应用示例：

```
/* 将.vectors 段放置在 ROM 区域的起始处 */
place at start of ROM {readonly section .vectors};
```

3. 定义并放置用户自己的段

用户可以不用 IAR EWARM 软件工具默认的段，而创建自己的段来保存特定代码或数据。采用 place in 命令可以将用户段放置在需要的存储器区域。

应用示例：

```
/* 为编译器创建一个段 */
#pragma section = "MyOwnSection";
const int MyVariable @ "MyOwnSection" = 5;

/* 为汇编器创建一个段 */
SECTION MyOwnSection:CONST
DCB 5,6,7,8
END

/* 将 MyOwnSection 段放置在 ROM 区 */
place in ROM {readonly section MyOwnSection};
```

6.4.3 在 RAM 中保留空间

应用程序通常需要保留一些未被初始化的存储器空间作为暂存区域，例如堆栈和堆。链接时很容易做到这一点，用户只需要创建一个指定长度的块并将其放置在存储器空间，例如可以在链接器配置文件中写入如下命令：

```
define block TempStorage with size = 0x1000, alignment = 4 { };
place in RAM { block TempStorage };
```

在应用程序中写入如下代码：

```
#pragma section = "TempStorage"
char * temp_storage()
{
    return __section_begin("TempStorage");
}
```

6.4.4 保持模块、符号与段

作为目标文件链接的模块总是被保持的，也就是说它将在被链接的应用程序中发挥作用。作为库文件链接的模块，则只有在引用时才会被包含到应用程序中。为了保证库模块总是被包

含到应用程序之中，请使用GNU二进制工具ar将模块从库中释放出来。

默认情况下，ILINK链接器会删除应用程序不需要的段和全局符号。用户可以在源代码中采用符号属性或者采用ILINK链接器的keep选项（在链接器配置文件中使用keep命令）来保持应用程序中不需要的符号或段。

6.4.5 应用程序入口、建立堆栈与程序出口

默认情况下，应用程序入口为启动文件cstartup.s开始处定义的__iar_program_start标号，该标号还通过ELF实现与任何调试器的通信。也可以单击Project下拉菜单中的Options选项，弹出选项配置对话框，从左边Category列表框内选择Linker进入链接器选项配置，选择Library选项卡中的Override default program entry复选框，并在文本框内输入自定义程序入口标号。

建立堆栈时，堆栈长度通过链接器配置文件中的CSTACK块来定义，例如：

```
define block CSTACK with size = 0x2000, alignment = 8{ };
define block IRQ_STACK with size = 64, alignment = 8{ };
```

用户可以根据自己的需要来改变CSTACK块的大小。

建立堆时，堆长度通过链接器配置文件中的HEAP块来定义，例如：

```
define block HEAP with size = 0x1000, alignment = 8{ };
place in RAM {block HEAP};
```

用户可以根据自己的需要来改变HEAP块的大小。

默认情况下，应用程序最多可以调用atexit函数32次。根据不要出口的需要，可以通过链接器配置文件来增加或减少atexit函数的调用次数。例如：

```
define symbol __iar_maximum_atexit_calls = 10;
```

6.4.6 修改默认初始化过程

默认情况下，应用程序在启动时进行存储器初始化。ILINK链接器将建立初始化过程并选择合适的压缩算法。如果默认初始化过程不能满足需要，用户可以在链接器配置文件中通过如下手段更为精确地控制初始化过程。

1. 选择压缩算法

可以采用initialize命令来选择不同的压缩算法。例如在链接器配置文件中采用如下命令：

```
initialize by copy with packing = zeros { readwrite };
```

2. 覆盖默认的复制函数

可以在initialize命令中采用自己的复制函数作为参数来覆盖默认的复制函数。用户自己的复制函数可以在程序启动多次调用，这对于需要采用特殊代码进行复制的应用程序而言十分有用。例如在链接器配置文件中采用如下命令：

```
/* 初始化特殊段 */
initialize by copy with packing = none,
            copy routine = my_initializers { section .special };
```

```
place in RAM { section .special };
place in ROM { section .special_init };
```

应用程序中用户复制函数应具有如下形式：

```
void copy_routine(char *dst, char const *src, unsigned long size);
```

3. 手工初始化

采用 initialize manually 命令，可以完全手工控制初始化过程。该命令使 ILINK 链接器对于每个涉及的段都创建另一个附加段，用于保存初始化数据，但并不进行具体复制工作。这对于段覆盖而言十分有用，例如在链接器配置文件中采用如下命令：

```
/* 段 MYOVERLAY1 和 MYOVERLAY2 将在段 MyOverlay 中被覆盖 */
define overlay MyOverlay { section MYOVERLAY1 };
define overlay MyOverlay { section MYOVERLAY2 };
/* 分离覆盖段，但在系统启动时不进行初始化工作 */
initialize manually { section MYOVERLAY* };
/* 在每个块中放置初始式段 */
define block MyOverlay1InRom { section MYOVERLAY1_init };
define block MyOverlay2InRom { section MYOVERLAY2_init };
/* 放置覆盖段和初始式 */
place in RAM { overlay MyOverlay };
place in ROM { block MyOverlay1InRom, block MyOverlay2InRom };
/* 将 RAMCODE 段拆分为只读段和读/写段 */
initialize by copy { section RAMCODE };
/* 定义块 */
define block RamCode { section RAMCODE };
define block RamCodeInit { section RAMCODE_init };
/* 分别放置在 ROM 和 RAM 中 */
place in ROM { block RamCodeInit };
place in RAM { block RamCode };
```

应用程序中可以采用如下代码完成从 ROM 到 RAM 的复制工作：

```
#include <string.h>
#pragma section = "MyOverlay"
#pragma section = "MyOverlay1InRom"
void SwitchToOverlay1()
{
    char *target = __section_begin("MyOverlay");
    char *source = __section_begin("MyOverlay1InRom");
    char *source_end = __section_end("MyOverlay1InRom");
    memcpy(target, source, source_end - source);
}
```

4. 初始化代码——从 ROM 复制到 RAM 中

应用程序有时需要将代码从 ROM 复制到 RAM 中运行，ILINK 链接器在整个代码范围内很容易完成这项工作。对于单个函数而言，则可以采用关键字__ramfunc 来实现。在链接器配

置文件中，先列出需要用 initialize 命令进行初始化的代码段，然后再将初始式和初始化段分别放置在 ROM 和 RAM 中。

应用示例：

```
/* 将 RAMCODE 段拆分为只读段和读/写段 */
initialize by copy { section RAMCODE };
/* 定义块 */
define block RamCode { section RAMCODE }
define block RamCodeInit { section RAMCODE_init };
/* 分别放置在 ROM 和 RAM 中 */
place in ROM { block RamCodeInit };
place in RAM { block RamCode };
```

5. 从 RAM 中运行全部代码

如果需要在系统启动时将整个应用代码全部从 ROM 复制到 RAM 中运行，则可以采用如下链接器配置命令：

```
initialize by copy { readonly, readwrite }
```

其中，Readonly 将作用于所有具有只读属性的代码和数据，但不包括需要进行初始化的代码和数据。readwrite 将作用于所有静态初始化变量，并在系统启动时进行初始化。

如果存在__low_level_init 函数，由于对它的调用发生在初始化之前，因此该函数及其所需要的任何数据都不会从 ROM 复制到 RAM 中。某些场合(譬如 ROM 内容在系统启动之后不再可用)用户需要避免在启动代码和其他代码中使用相同的函数。如果还有其他不需要复制的内容，应将它们放在 except 语句中，例如中断向量表等。建议不要将 C++动态初始化表复制到 RAM 中，因为它们只需要读取一次，以后就再也用不着了。例如在链接器配置文件中采用如下命令：

```
/*不复制中断向量表和 C++ 初始化表 */
initialize by copy { readonly, readwrite }
except { section .intvec, section .init_array }
```

6.4.7 其他处理

1. ILINK 链接器与应用程序的相互作用

ILINK 链接器提供了定义符号的命令行选项--config_def 和--define_symbol，用于控制应用程序。用户还可以使用在链接器配置文件中定义的符号，来表示相邻存储器区域的起始和终止位置。

采用 ILINK 链接器命令行选项—redirect 可以改变符号引用。这对于选择某个函数的执行方式十分有用，例如选择 DLIB 库中 printf 和 scanf 函数的格式等。

2. 标准库处理

默认情况下，ILINK 链接器会根据每个目标文件的运行属性和库选项，自动决定标准库中哪些部分将被链接到应用程序中去。可以采用链接选项--no_library_search 来禁止自动包含库文件，此时，用户必须明确指出每个需要包含的库文件。

3. 生成非 ELF/AWARF 格式的输出文件

ILINK 链接器只能生成 ELF/AWARF 格式的输出文件，如果需要生成非 ELF/AWARF 格式的输出文件，必须采用 ielftool 工具进行转换。

4. veneers 代码

veneers 代码是由 ILINK 链接器生成并且能够插入到程序中的小段代码。当跳转目的地超越当前状态的转移范围时，必须生成 veneers 代码。以下情况需要采用 veneers 代码：

- ARM 核处理器工作时，如果在 Thumb 状态下调用 ARM 函数，或者在 ARM 状态下调用 Thumb 函数，需要采用 veneers 代码来转换处理器状态。如果 ARM 核处理器支持 BLX 指令，则不需要采用 veneers 代码来转换处理器状态。
- 函数调用时如果不能以正常方式到达目标点，采用 veneers 代码就可以使函数调用成功到达目标点。

6.5 ILINK 链接器的选项配置

IAR EWARM 集成开发环境可以直接引用 ILINK 链接器，并且能够在集成环境中进行各种选项配置，使应用变得简单方便。在工作区（Workspace）中选定一个项目，单击 Project 下拉菜单中的 Options 选项，弹出选项配置对话框，从左边 Category 列表框内选择 Linker 进入链接器选项配置。

图 6-7 所示为链接器配置中的 Config 选项卡，用于选择 ILINK 链接器配置文件。先在 Linker configuration file 栏中选择 Override default 复选框，再在文本框中输入带路径的配置文件名。

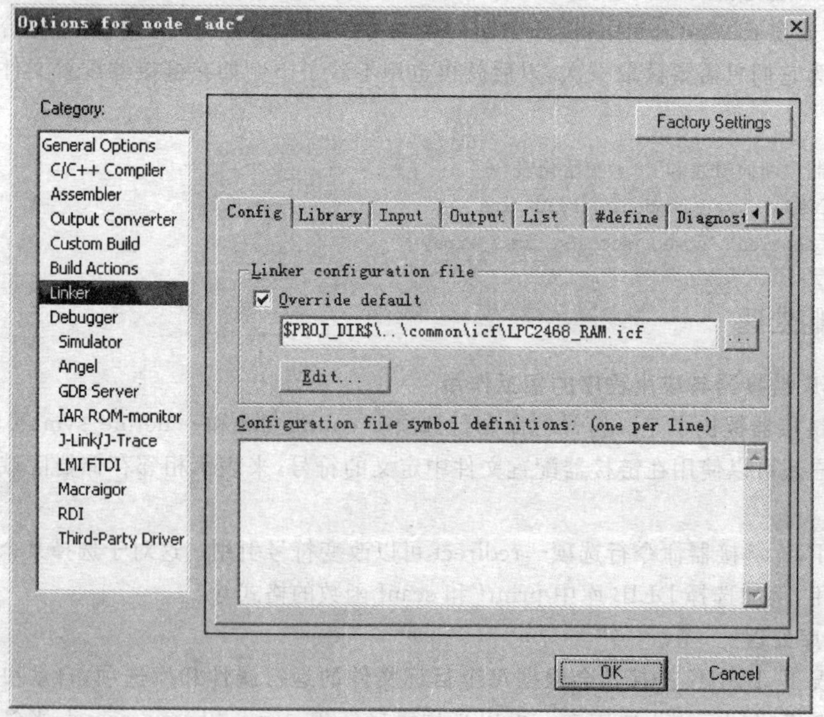

图 6-7 链接器配置中的 Config 选项卡

图 6-8 所示为链接器配置中的 Library 选项卡,用于设置 ILINK 链接器的运行库。若选择 Automatic runtime librarys 选项框,链接器将根据用户的项目配置自动选择合适的运行库。如果希望在链接过程中包含更多其他库模块,可以在 Additional libraries 文本框内逐行输入指定的库模块。通常应用程序的默认入口标号为__iar_program_start,若希望采用别的入口标号,可以先选择 Override default program entry 方形复选框,然后选择 Entry symbol 圆形复选框,并在它后面的文本框内输入指定的入口标号;或者选择 Defined by application 圆形复选框,由应用程序本身来定义入口。

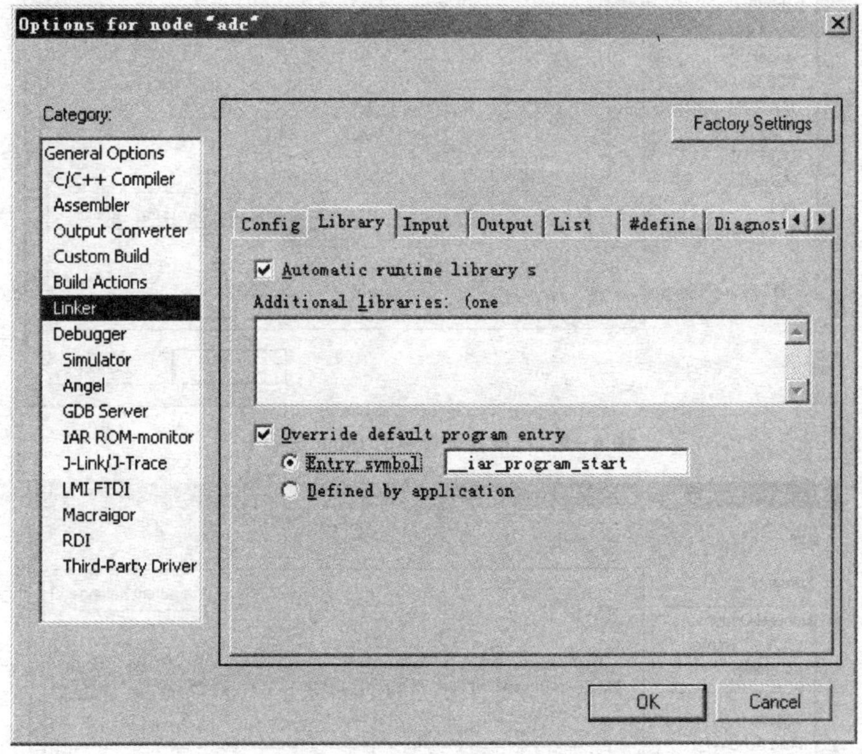

图 6-8　链接器配置中的 Library 选项卡

图 6-9 所示为链接器配置中的 Input 选项卡,用于设置 ILINK 链接器对输入的处理。通常链接器仅保持应用程序所需要的符号,如果希望某些符号总被包含在最终应用程序中,则可以在 Keep symbols 文本框内逐行输入指定的符号。Raw binary image 栏用于链接二进制文件,在 File 文本框内输入二进制文件名,在 Symbol 文本框内输入放置二进制数据段中定义的符号,在 Section 文本框内输入放置二进制数据的段名,在 Align 文本框内输入放置二进制数据段的对齐方式。二进制文件的全部内容都被放置到指定的段中,因此文件中只能包含纯二进制数据。放置二进制文件的段,只有在应用程序引用指定符号时才会被链接。

图 6-10 所示为链接器配置中的 Output 选项卡,用于设置 ILINK 链接器生成的输出文件。在 Output file 文本框内输入指定的输出文件名(默认为当前项目名),文件扩展名为.out。若选择了 Include debug information in output 复选框,将使链接器生成包含 DWARF 调试信息的 ELF 格式输出文件。

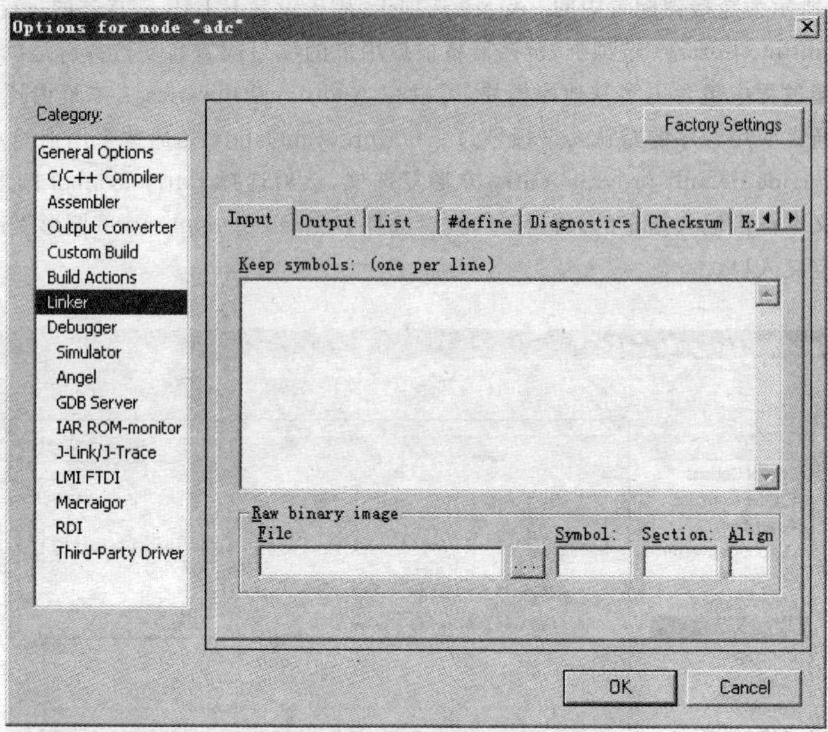

图 6-9　链接器配置中的 Input 选项卡

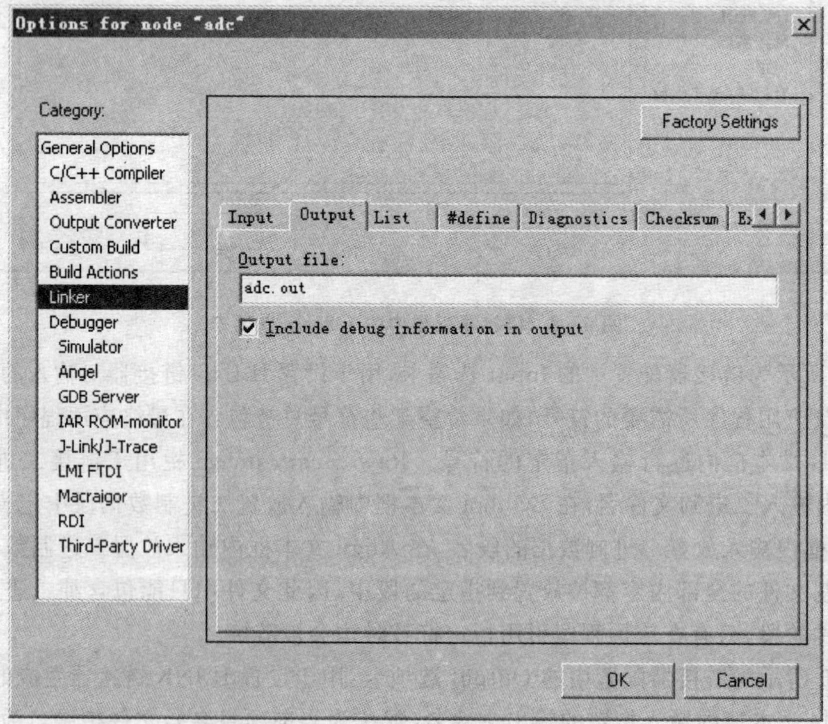

图 6-10　链接器配置中的 Output 选项卡

图 6-11 所示为链接器配置中的 List 选项卡，用于设置 ILINK 链接器生成的列表文件。选择 Generate linker map file 复选框，使链接器生成扩展名为.map 的存储器映像文件。选择 Generate log file 复选框，使链接器生成扩展名为.log 的链接日志文件，通过下面 4 个方形复选框，可以进一步决定日志文件的记录项目，日志文件可以帮助了解可执行映像是如何生成的。

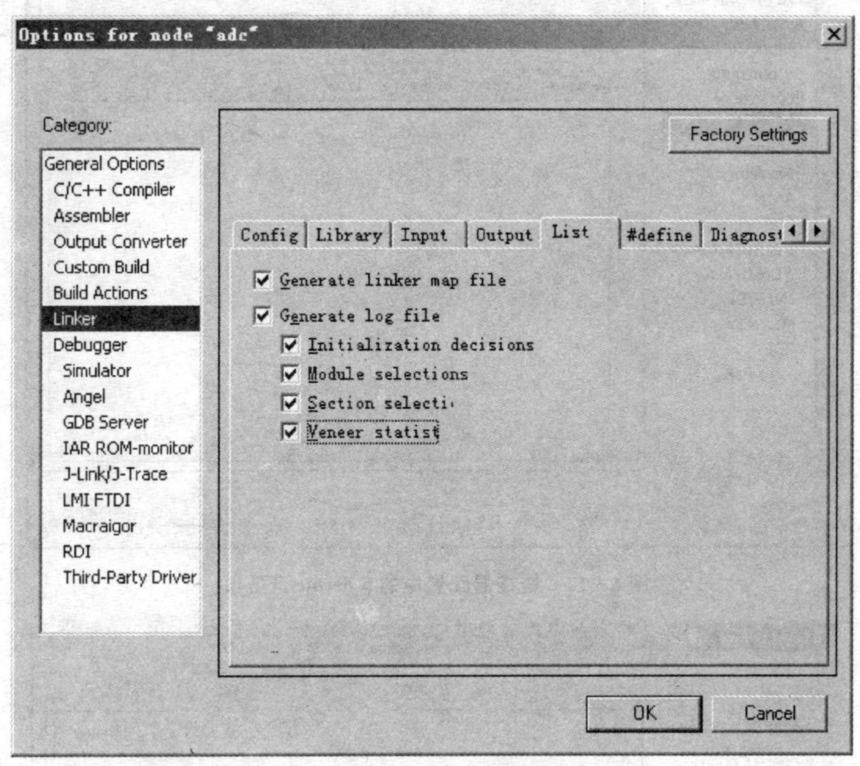

图 6-11 链接器配置中的 List 选项卡

图 6-12 所示为链接器配置中的 # define 选项卡，用于定义 ILINK 链接器工作时的绝对符号。在 Define symbols 文本框内逐行输入希望定义的符号，例如 TESTVER=1(注意等号两侧没有空格)。不能重复定义已存在的符号，否则链接器将报错。

图 6-13 所示为链接器配置中的 Diagnostics 选项卡，用于 ILINK 链接器诊断信息的分类和显示方式。不太严重的诊断信息称为 remarks，它表示所生成的可执行代码结构不太合理。默认情况下链接器不产生 remarks，选择 Enable remarks 复选框，使链接器产生 remarks。通过 Suppress these diagnostics 文本框可以抑制某些诊断信息，例如希望抑制警告信息 Pe117 和 Pe177，可直接在该文本框内输入 Pe117，Pe177。致命错误信息不能被抑制和重新分类。通过 Treat these as remarks 文本框，可以将某些诊断信息作为 remarks，例如希望将警告信息 Pe117 作为 remarks，可直接在该文本框内输入 Pe117。通过 Treat these as warnings 文本框，可以将某些诊断信息作为警告，例如希望将 remark 信息 Pe286 作为警告，可直接在该文本框内输入 Pe286。通过 Treat these as errors 文本框，可以将某些诊断信息作为致命错误，例如希望将警告信息 Pe117 作为致命错误，可直接在该文本框内输入 Pe117。选择 Treat all warnings as errors

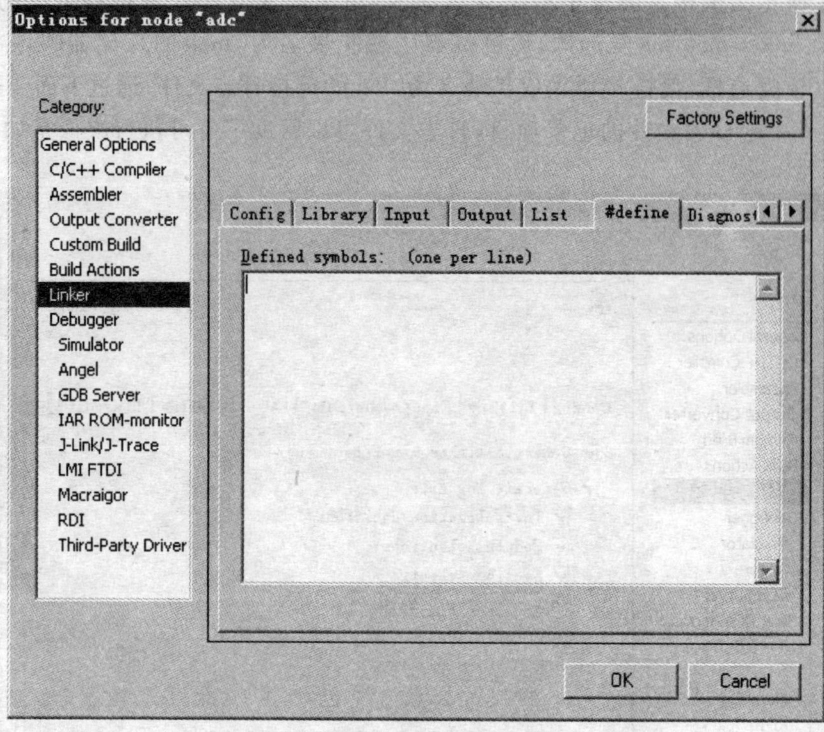

图 6-12 链接器配置中的#define 选项卡

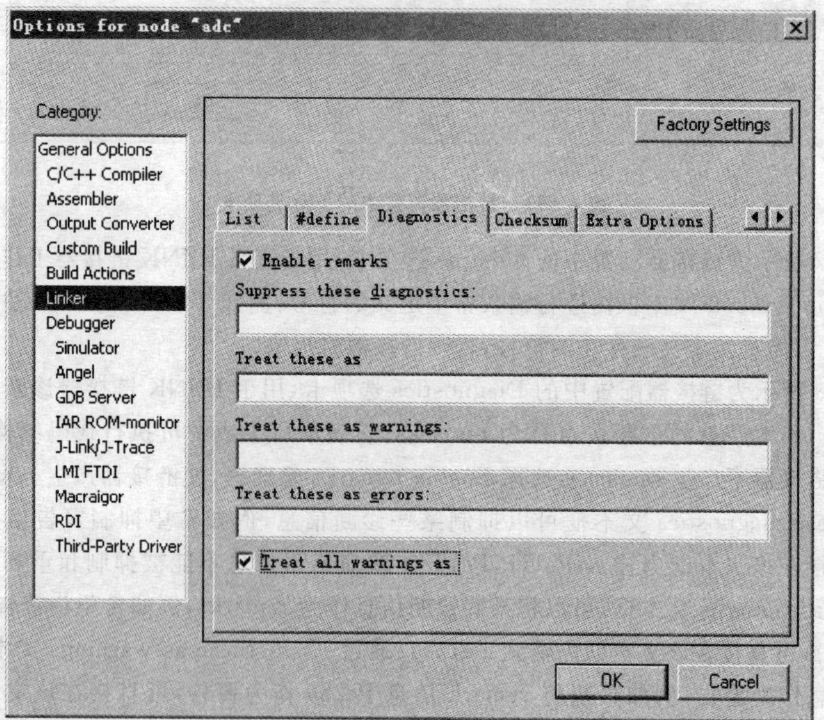

图 6-13 链接器配置中的 Diagnostics 选项卡

复选框，使链接器将所有警告都作为致命错误。一旦出现致命错误，链接器将不会生成可执行映像文件。

图 6-14 所示为链接器配置中的 Checksum 选项卡，用于详细规定如何生成可执行代码。选择 Fill unused code memory 复选框，可以用指定数据来填充未使用的存储器空间。在 Fill 文本框内输入填充数据，在 Start 和 End address 文本框内分别输入存储器起始和终止地址。选择 Generate checksum 复选框，可以生成校验和。Size 文本框用于规定校验和的字节数，其值为 1,2,4；Alignment 文本框用于规定校验和的对齐方式，默认为 2 字节对齐。4 个复选框 Arithmetic sum，CRC16，CRC32 和 Crc polynomial 分别用于规定不同的校验和生成算法。通过 Complement 下拉列表框，可以规定校验和采用 1 的补码或 2 的补码。通过 Bit order 下拉列表框，可以规定校验和输出格式，默认格式为 MSB first。通过 Initial 文本框，可以输入校验和的初始值。

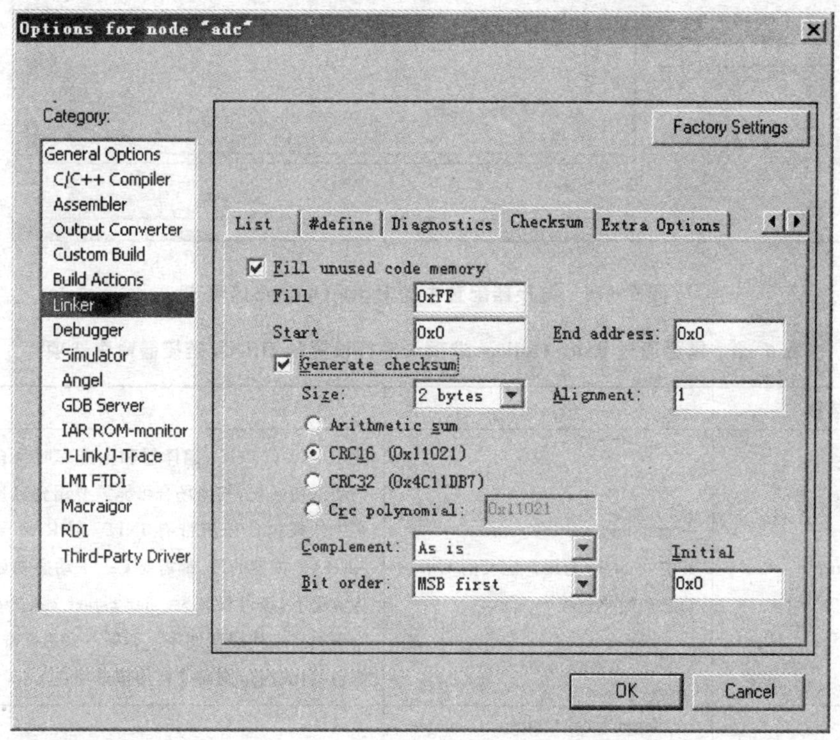

图 6-14 链接器配置中的 Checksum 选项卡

ILINK 链接器的大多数命令选项，都可以通过前面介绍的配置选项卡进行设置；还有一些命令，则需要通过如图 6-15 所示的 Extra Options 选项卡进行设置。先在 Extra Options 选项卡中选择 Use command line options 复选框，然后在下面文本框内逐行输入命令选项。

表 6-3 列出了需要通过 Extra Options 选项卡进行设置的 ILINK 链接器命令选项。

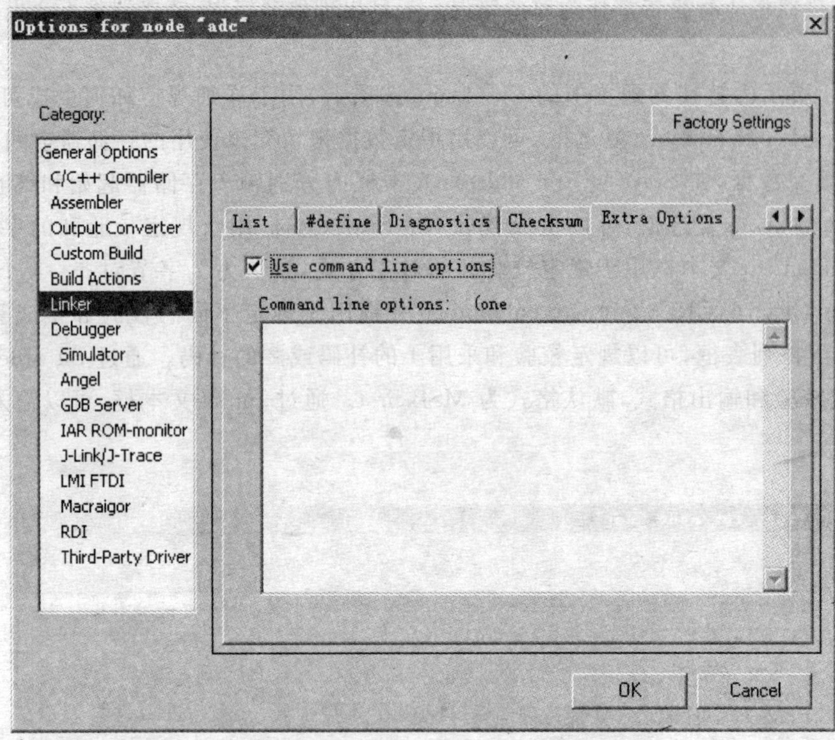

图 6-15　链接器配置中的 Extra Options 选项卡

表 6-3　需要通过 Extra Options 选项卡进行设置的 ILINK 链接器命令选项

命令选项	语　法	说　明
--cpp_init_routine	--cpp_init_routine *routine* 其中，*routine* 为用户定义的 C++动态初始化过程	使用 IAR C/C++编译器和标准库时将自动进行 C++动态初始化，其他场合可能需要用到该选项。用户程序中如果包含任何带有 INIT_ARRAY 或 PREINIT_ARRAY 类型的段，都需要 C++动态初始化过程。默认情况下，该过程名为__iar_cstart_call_ctors，并被标准库中的启动代码所调用。如果不采用标准库，而采用其他初始化过程，则需要使用该选项
--diagnostics_tables	--diagnostics_tables {*filename*|*directory*} 其中，*filename* 为文件名，*directory* 为目录	在指定文件中列出所有可能的诊断信息。不允许与其他选项一起使用
--error_limit	--error_limit=n 其中，n 为正整数。	用于规定链接器停止链接之前允许出现的错误个数，默认为 100
--export_builtin_config	--export_builtin_config *filename* 其中，*filename* 为文件名	将所采用的默认配置导出为指定文件
-f	-f *filename* 其中，*filename* 为文件名	迫使链接器从指定文件中读取命令行选项。命令文件中可以包含多条命令

续表 6-3

命令选项	语　法	说　明
--force_output	--force_output	迫使链接器即使存在链接错误时仍然生成可执行映像输出文件
--no_fragments	--no_fragments	禁止处理段碎片。通常 IAR 应用工具会向链接器传送段碎片信息，链接器通过这些信息将未使用的代码和数据删除，从而使可执行映像文件的长度达到最小化
--no_remove	--no_remove	不删除未使用的段
--no_veneers	--no_veneers	即使可执行映像需要时也不插入 veneers 代码。此时链接器将产生定位错误
--no_warnings	--no_warnings	禁止链接器产生警告信息
--no_wrap_diagnostics	--no_wrap_diagnostics	禁止诊断信息自动换行
--only_stdout	--only_stdout	迫使链接器采用标准输出 stdout
--pi_veneers	--pi_veneers	迫使链接器生成位置无关的 veneers 代码，该代码长度比普通 veneers 代码大，且运行速度慢
--place_holder	--place_holder ***symbol*** [，***size*** [，***section*** [，***alignment***]]] 其中，***symbol*** 为符号名。***size*** 为 ROM 大小，默认为 4 字节。**section** 为所使用的段名，默认为.text。*alignment* 为段对齐，默认为 1	在 ROM 中保留一定空间以备其他工具进行填充（如 ichecksum 工具计算出的校验和）。每次使用该选项，都会产生一个给定符号名、大小和对齐的段。应用程序可以使用该符号来引用所生成的段
--redirect	--redirect ***from_symbol=to_symbol*** 其中，***from_symbol*** 为源符号。***to_symbol*** 为目标符号	将对一个符号的引用转向另一个符号
--silent	--silent	使链接器不向标准输出流（通常为显示屏）发送引导和最终统计信息，不影响链接错误和警告信息的显示
--warnings_affect_exit_code	--warnings_affect_exit_code	默认情况下，出口代码不受警告信息的影响。只有错误信息，才会产生非零出口代码。该选项使链接器对警告信息也产生非零出口代码

第7章

DLIB 库运行环境

本章阐述应用系统的运行环境,包括 DLIB 运行库选项配置、修改运行库、代换库模块、创建自定义库等,使应用程序达到最优化。介绍系统初始化和终止,阐述应用程序在调用 main 函数之前应完成哪些操作,以及如何定制初始化过程。另外,还介绍 locale(见 7.6 节)和文件 I/O 等功能配置,以及如何得到 C-SPY 调试器支持。最后介绍如何避免将不兼容模块链接在一起。

7.1 运行环境简介

嵌入式应用对运行环境的要求取决于应用本身和目标硬件系统。IAR DLIB 库运行环境可以与 IAR C-SPY 调试器协同使用。为使应用能够适合于目标硬件,用户必须对运行环境做适当调整。

1. 运行环境功能

IAR DLIB 库运行环境支持 ISO/ANSI C 以及嵌入式 C++标准,包括标准模板库。运行环境由运行库和包含文件组成。运行库中包括根据这些标准定义的各种函数,包含文件定义了各种库函数的接口。运行库发售时提供预编译库和源代码,分别位于\arm\lib 和\arm\src\lib 目录下。

库运行环境对目标系统提供如下特殊支持。

- 硬件特性支持包括:通过本征函数(intrinsic functions)直接进行处理器底层操作,如寄存器处理函数等;包含文件中提供了集成外围单元和中断定义;支持向量浮点数(VFP)协处理器。
- 运行环境支持启动和退出代码以及某些底层库函数的接口。
- 对某些函数提供特殊编译器支持,如浮点算法函数等。

库运行环境还支持对堆容量进行裁剪,以适应特殊硬件和应用系统的要求。

2. 库选择

用户应根据应用系统硬件的要求来配置运行环境。所需要的功能越多,应用目标代码将越大。

IAR EWARM 集成开发环境提供了一套预编译运行库,用户可以采用以下方法对其进行定制,以满足运行环境要求:

- 设置库选项,如选择 scanf 的输入格式和 printf 的输出格式,规定堆栈(stack)和堆(heap)的容量等。

● 替换某些库函数，如用定制的启动代码替换默认启动代码。

● 选择对某些标准库函数的支持级别，例如在 library configuration 栏选择 normal 或 full 选项，可以选择是否提供对 locale、文件描述符以及多字节字符操作的支持。

此外用户还可以对库进行重新创建，建立自己的库配置，从而达到对运行环境的完全控制。

注意：用户应用项目必须能正确查找库、包含文件以及库配置文件所在位置，这样 ILINK 链接器将为应用系统自动选择合适的预编译库。

3. 需要创建定制库的场合

创建一个定制库的过程是很复杂的，需要仔细考虑。只有在以下情况才需要创建定制库：

● 预编译库中没有提供所要求的选项或硬件支持。

● 用户希望使用自己的库配置以支持 locale、文件描述符以及多字节字符操作等。

4. 库配置

可以通过库配置文件来设置运行库的支持级别，如 locale、文件描述符以及多字节字符操作等。库配置文件中包含了运行环境应该具有哪些功能的信息，用于在编译应用项目时对运行库和所需要的头文件进行裁剪。应用项目所需要的运行环境功能越少，编译后得到的代码将越小。表 7－1 列出了可用的 DLIB 库配置。

表 7－1　可用的 DLIB 库配置

库配置	说　明
Normal DLIB	无 locale 接口，C locale，不支持文件描述符，printf 和 scanf 不支持多字节字符，strtod 不支持十六进制浮点数
Full DLIB	全 locale 接口，C locale，支持文件描述符，printf 和 scanf 支持多字节字符，strtod 支持十六进制浮点数

除了表 7－1 列出的配置外，用户还可以通过重新创建库来修改配置。库配置文件描述了库是如何创建的，它只有在对库进行重新创建之后才会发生改变，预编译库是根据默认库配置文件创建的。

7.2　使用预编译库

预编译库以 3 组库函数发售：

● C/C＋＋标准库函数，包括所有按 ISO/ANSI C/C＋＋标准定义的函数，例如 printf 和 scanf 函数等。

● 运行时支持函数，包括系统启动函数、初始化函数、浮点运算函数、ABI 支持函数以及部分 ISO/ANSI C/C＋＋标准函数等。

● 调试支持函数，这是一些支持半主机(semihosting)接口的调试函数。

每个函数文件按结构、CPU 模式、交互工作方式、Normal 或 Full 库配置、浮点数操作、大端或小端方式等特性组合进行配置。

在 IAR EWARM 集成环境中选择适当的配置选项后，ILINK 链接器会根据用户设定，调入正确的库文件和库配置文件。库目标文件位于 arm\lib 目录下，库配置文件位于 arm\inc 目录下。

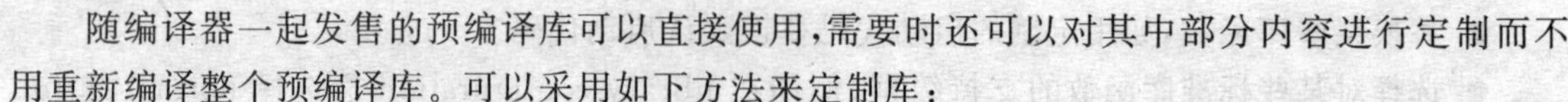

随编译器一起发售的预编译库可以直接使用,需要时还可以对其中部分内容进行定制而不用重新编译整个预编译库。可以采用如下方法来定制库:

- 通过配置选项来设置 scanf 和 printf 的输入/输出格式,以及堆(heap)和栈(stack)的容量。
- 采用用户定制模块来代换默认库模块。

可以进行定制的库内容如下:

- printf 和 scanf 函数格式;
- 启动和终止代码;
- 底层输入/输出;
- 文件输入/输出;
- 底层环境函数;
- 底层信号函数;
- 底层时间函数;
- 堆(heap)容量、栈(stack)容量以及存储器段的大小。

7.2.1 设置库选项

设置库选项是一种最简单的修改运行环境的方法。库选项包括替换 scanf 和 printf 函数的默认输入/输出格式以及设置堆栈(stack)和堆(heap)的容量。

1. 选择 printf 函数的输出格式

printf 函数所使用的默认格式为_Printf,其代码庞大,其中包括许多嵌入式应用不需要的功能。为了减小存储器消耗,标准 C/C++库中还提供了另外 3 种代码较小的格式:_PrintfLarge,_PrintfSmall 和_PrintfTiny。表 7-2 列出了 printf 函数所支持的输出格式。

表 7-2 printf 函数所支持的输出格式

格式功能	_PrintfFull	_PrintfLarge	_PrintfSmall	_PrintfTiny
多字节支持	注	注	注	不支持
基本限定符:c,d,i,o,p,s,u,X,x,%	支持	支持	支持	支持
浮点限定符:a 与 A 分类符	支持	不支持	不支持	不支持
浮点限定符:e,E,f,F,g,G	支持	支持	不支持	不支持
转换限定符:n	支持	支持	不支持	不支持
格式标志:空格,+,-,#,0	支持	支持	支持	不支持
长度修饰符:h,l,L,s,t,Z	支持	支持	支持	不支持
域宽度和精度,包括星号 *	支持	支持	支持	不支持
long long 类型支持	支持	支持	不支持	不支持

注:取决于采用何种库配置。

在 IAR EWARM 集成环境中,可以通过基本选项配置中的 Library Configuration 选项卡,根据表 7-2 选择需要的 printf 函数输出格式。

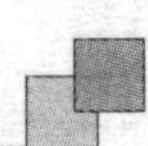

2. 选择 scanf 函数的输入格式

scanf 函数所使用的默认格式为_Scanf，其代码庞大，其中包括许多嵌入式应用不需要的功能。为了减小存储器消耗，标准 C/C++库中还提供了另外 2 种代码较小的格式函数：_ScanfLarge 和_ScanfSmall。表 7-3 列出了 scanf 函数所支持的输入格式。

表 7-3　scanf 函数所支持的输入格式

格式功能	_PrintfFull	_PrintfLarge	_PrintfSmall
多字节支持	注	注	注
基本限定符：c,d,i,o,p,s,u,X,x,%	支持	支持	支持
浮点限定符：a 与 A 分类符	支持	不支持	不支持
浮点限定符：e,E,f,F,g,G	支持	不支持	不支持
转换限定符：n	支持	不支持	不支持
扫描集：[、]	支持	支持	不支持
分配禁止：*	支持	支持	不支持
long long 类型支持	支持	不支持	不支持

注：取决于采用何种库配置。

在 IAR EWARM 集成环境中，可以通过基本选项配置中的 Library Configuration 选项卡，根据表 7-3 选择需要的 scanf 函数输入格式。

7.2.2　替换库模块

实际应用中预编译库的某些模块可能不能满足要求，如输入/输出、启动代码等，这时可以采用定制的函数模块来替换原有的库模块，而不需要对整个预编译库进行重新创建。可以被替换的库模块文件位于\arm\src\lib 目录下。

注意：替换默认的输入/输出库模块后，C-SPY 调试器对该模块的支持自动关闭，例如替换__write模块后 C-SPY 将不再支持 Terminal I/O 窗口。

在 IAR EW 集成开发环境中，可以按如下步骤来替换库模块：

① 将需要替换的库模块文件 library_module.c 复制备份到用户项目目录。

② 对备份文件进行适当修改，例如添加用户自己的功能函数等，保存为原来的文件名 library_module.c。

③ 将修改好的文件添加到用户项目中。

④ 重新创建用户项目。

创建完成后，应用程序中将使用新定制的用户模块，而不再使用原来的默认库模块。

7.3　创建和使用定制库

在某些特殊场合，当 IAR C/C++编译器提供的预编译库不能满足要求时，用户可以创建一个自己的定制库。一般过程如下：

① 建立一个库项目；

② 根据需要修改库功能；

③ 创建用户定制库；

④ 在应用项目中使用自己的定制库。

1. 建立库项目

IAR EWARM 集成环境提供了一个用于定制库的项目模板 templproj. ewp，位于\arm\config\template\project\dlib 目录下。该项目包含了完整的 DLIB 库，用户可以根据需要修改其基本配置选项。需要注意的是，选项配置应对整个项目设置，而不要仅在文件级上设置选项，以使选项配置能对整个项目起作用，而不是仅对某个文件起作用。

2. 修改库功能

根据需要修改库配置文件并创建自己的库，从而实现对诸如 locale、文件描述符、支持多字节字符操作等功能。修改库配置文件将导致运行环境增加或删除部分功能。

库功能取决于一套配置符号。默认库功能配置符号的值，由头文件 Dlib_defaults. h 定义。用户定制库必须具有基于 DLIB_Config_Normal. h 或 DLIB_Config_Full. h 的库配置文件，用来对运行库和系统头文件做必要的裁剪。

3. 创建定制库

在库项目中打开 DLIB_Config_Normal. h 或 DLIB_Config_Full. h，根据需要重新设置库功能配置符号的值，完成后即可对定制库进行创建。

4. 使用定制库

用户定制库创建完成后，在 IAR EWARM 环境下按如下步骤加以使用：

① 单击 Project 下拉菜单中的 Options 选项，从弹出对话框的 Category 栏中选择 General Options 项，选择 Library Configuration 选项卡。

② 从 Library 下拉列表框内选择 Custom。

③ 在 Configuration 文本框内输入用户定制库配置文件所在路径及文件名。

④ 再从 Category 栏中选择 Link 项，选择 Library 选项卡，在 Additional libraries 文本框内输入用户定制库文件所在路径及文件名。

⑤ 按以上选项设置创建用户应用程序项目，其中使用的将是用户自己的定制库，而不再是默认的 IAR DLIB 库。

7.4 系统启动和终止

完成系统启动与终止流程的源代码文件分别为 cstartup. s，cmain. s，cexit. s 和 low_level_init. c，前 3 个文件位于\ARM\src\lib\arm 目录下，最后一个文件位于\ARM\src\lib\目录下。对于 Cortex－M 处理器而言，将用 cstartup_M. s 或 cstartup_M. c 取代 cstartup. s，这两个文件位于\ARM\src\lib\thumb 目录下。

7.4.1 系统启动

系统启动期间，进入 main 函数之前，先要执行一段初始化过程，完成对目标硬件及 C/C＋＋环境的初始化。目标硬件初始化过程如图 7－1 所示。

目标硬件初始化包括以下几个步骤：

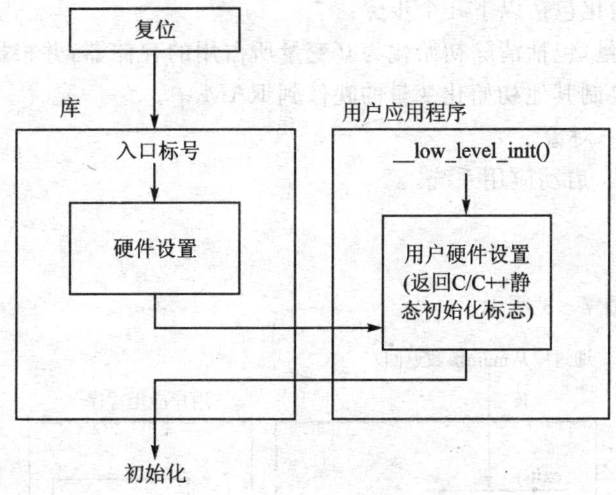

图 7-1　目标硬件初始化过程

① CPU 复位后程序跳转到启动模块 cstartup 中的入口标号__ iar_program_start 处；

② 异常堆栈指针被初始化为指向各个相应存储器段的尾部；

③ 堆栈指针被初始化为指向 CSTACK 块的尾部；

④ 根据需要将 CPU 模式设为 ARM 或 Thumb；

⑤ 调用__ low_level_init 函数，对应用系统进行底层初始化。

注意： 对于 Cortex-M 处理器，复位后 CPU 将根据 cstartup_M.c 文件定义的向量表--vector_table 对 PC 和 SP 进行初始化。

C/C++环境初始化过程如图 7-2 所示。

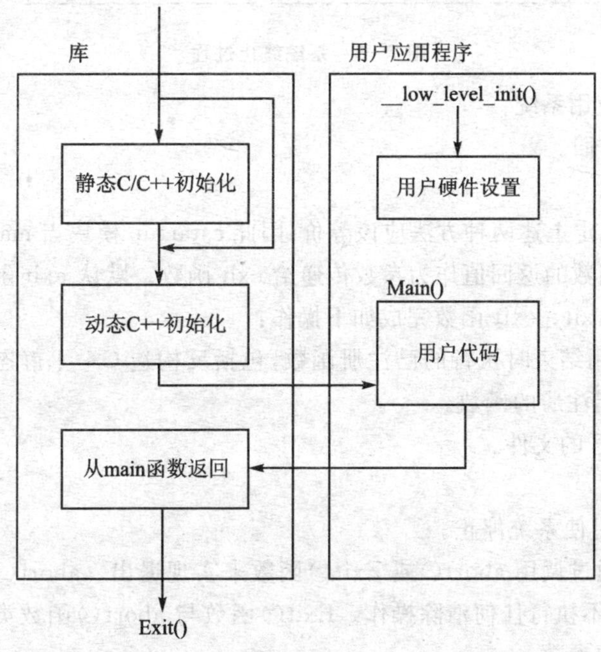

图 7-2　C/C++环境初始化过程

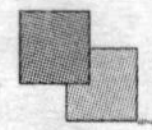

C/C++环境初始化包括以下几个步骤：

① 初始化静态变量，包括清除初始化为 0 变量所占用的存储器，并根据__low_level_init 函数的返回值从 ROM 复制其他初始化变量的映像到 RAM 中。

② 构造静态 C++对象。

③ 调用 main 函数，启动应用系统。

7.4.2 系统终止

系统终止过程如图 7-3 所示。

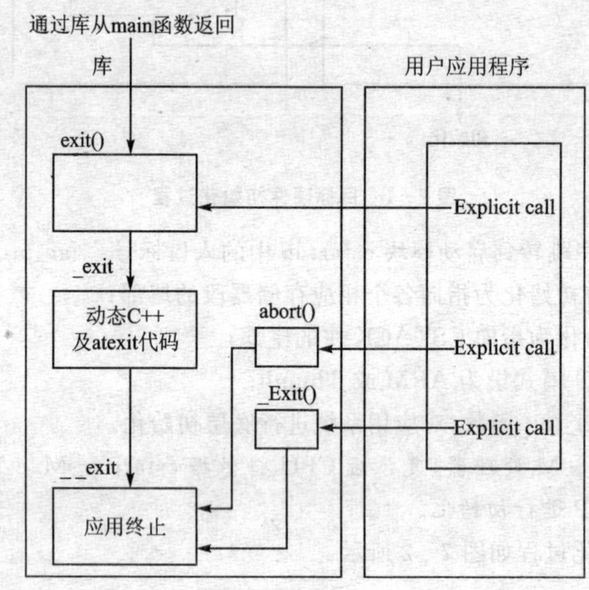

图 7-3 系统终止过程

有两种方法终止应用系统：

① 从 main 函数返回。

② 调用 exit 函数。

ISO/ANSI 标准规定上述两种方法应该等价，因此 cstartup 模块当 main 函数返回时将调用 exit 函数，并将 main 函数的返回值作为参数传递给 exit 函数。默认 exit 函数以 C 语言编写，它调用一个小汇编函数_exit，_exit 函数完成如下操作：

① 调用需要在应用结束时执行的已注册函数，包括反构造 C++静态和全局变量，以及与标准 C 函数 atexit 一起注册的函数。

② 关闭所有已打开的文件。

③ 调用__exit。

④ 当到达__exit 时使系统停止。

应用系统也可以通过调用 abort()或 Exit()函数来实现退出。abort()函数通过调用__exit 使应用系统暂停，并且不执行任何清除操作。Exit()函数与 abort()函数类似，但 Exit()函数接受传递退出状态信息的参数。

如果用户的应用项目希望在退出时执行某些额外操作，如使系统复位等，可以自己编写满足

需要的 Exit()函数。

应用项目在链接时如果采用了半主机(semihosted)接口,常规__exit 和 abort 函数将被与C-SPY调试器有关的另外特殊函数取代,C-SPY 调试器自动调用这些函数并模拟实现应用程序的终止操作。

7.4.3 定制系统初始化

很多时候需要对系统初始化代码进行定制,例如应用系统需要对存储器映像特殊功能寄存器(SFRs)进行初始化,或者需要忽略 cstartup 模块对数据段的默认初始化操作等。这些可以通过修改__ low_level_init 代码实现,该代码在对数据段进行初始化之前由 cmain. s 调用。

系统初始化源代码文件 cstartup. s 和 low_level_init. c 位于\arm\src\lib 目录下,通常应避免直接修改这些文件而应修改备份文件。

注意: 无论是修改__low_level_init 代码还是修改 cstartup 代码,都不需要重新创建库文件。通常不需要定制 cmain. s 或 cexit. s 文件。

1. 底层初始化

IAR C/C++编译器提供了两个底层初始化文件:C 源代码文件 low_level_init. c 和汇编源代码文件 low_level_init. s,后者是预编译运行环境的一部分。采用 C 源代码文件有一个局限,由于此时还未进行变量初始化,C 文件中不能使用静态初始化变量。函数 low_level_init 的返回值,决定是否需要由 cstartup 进行数据段的初始化操作。当返回值为 0 时,将不进行数据段初始化。

2. 修改启动文件

如果定制后的__ low_level_init 代码能够满足要求,就不要再修改 cstartup. s 文件。如果确实需要修改 cstartup. s,应将其备份文件添加到应用项目中,并按替换库模块的方式处理。

对于 Cortex-M 处理器,需要修改 cstartup_M. c 备份文件,才能使用中断或其他异常句柄。

7.5 标准输入/输出

头文件 stdio. h 中定义了 3 种标准输入/输出函数:stdin,stdout 和 stderr。如果应用程序中使用了其中某个函数,譬如 printf 或 scanf,用户需要根据实际硬件修改底层函数功能。有一些初等 I/O 函数,C/C++通过这些初等函数实现所有输入/输出功能,用户可以根据不同目标硬件特性,对这些函数进行定义,从而实现特殊输入/输出功能。

7.5.1 实现底层输入/输出特性

可以通过编写__ read 和__ write 函数,来定制底层输入/输出功能,这两个函数的源代码模板位于\arm\src\lib 目录下。

注意: 定制底层输入/输出功能不需要重新创建运行库,但编写用户自己的__ read 和__ write 函数时应该考虑 C-SPY 调试器的接口功能。

下面是一个定制__ write 函数,它通过存储器映像 I/O 实现对 LCD 显示器的写操作。

```
__no_init volatile unsigned char LCD_IO @ address;
size_t __write(int Handle, const unsigned char * Buf,size_t Bufsize)
```

```
{
  size_t nChars = 0;
  /* Check for the command to flush all handles */
  if (Handle == -1)
  {
    return 0;
  }
    /* 检查 stdout and stderr,仅在允许文件描述符时才做此检查 */
  if (Handle != 1 && Handle != 2)
  {
    return -1;
  }
  for (/* Empty */; Bufsize > 0; --Bufsize)
  {
    LCD_IO = *Buf++;
     ++nChars;
  }
  return nChars;
}
```

下面是一个定制__read 函数，它通过存储器映像 I/O 实现对键盘的读操作。

```
__no_init volatile unsigned char KB_IO @ address;
size_t __read(int Handle, unsigned char *Buf, size_t BufSize)
{
  size_t nChars = 0;
  /* 检查 stdin,仅在允许文件描述符时才做此检查 */
  if (Handle != 0)
  {
    return -1;
  }
  for (/*Empty*/; BufSize > 0; --BufSize)
  {
    unsigned char c = KB_IO;
    if (c == 0)
    break;
    *Buf++= c;
    ++nChars;
  }
  return nChars;
}
```

7.5.2 配置 printf 和 scanf 的符号

创建应用项目时可能需要考虑 scanf 和 printf 函数的输入/输出格式。如果编译器提供的格式不能满足要求，可以通过重新创建运行库来定制其他格式。scanf 和 printf 函数的默认格式

由头文件 DLIB_Defaults.h 中的配置符号定义。

表 7－4 列出了 printf 函数的配置符号。

表 7－4　printf 函数的配置符号

配置符号	支持功能
_DLIB_PRINTF_MULTIBYTE	支持多字节字符操作
_DLIB_PRINTF_LONG_LONG	支持 long long 类型(限制符 ll)
_DLIB_PRINTF_SPECIFIER_FLOAT	支持浮点数
_DLIB_PRINTF_SPECIFIER_A	支持十六进制浮点数
_DLIB_PRINTF_SPECIFIER_N	支持计数输出(%n)
_DLIB_PRINTF_QUALIFIERS	支持限制符 h,l,L,v,t,z
_DLIB_PRINTF_FLAGS	支持标志符＋,－,＃,0
_DLIB_PRINTF_WIDTH_AND_PRECISION	支持宽度和精度
_DLIB_PRINTF_CHAR_BY_CHAR	支持逐字符输出或缓冲输出

表 7－5 列出了 scanf 函数的配置符号。

表 7－5　scanf 函数的配置符号

配置符号	支持功能
_DLIB_SCANF_MULTIBYTE	支持多字节操作
_DLIB_SCANF_LONG_LONG	支持 long long 类型(限制符 ll)
_DLIB_SCANF_SPECIFIER_FLOAT	支持浮点数
_DLIB_SCANF_SPECIFIER_N	支持计数输出(%n)
_DLIB_SCANF_QUALIFIERS	支持限制符 h,j,l,t,z,L
_DLIB_SCANF_SCANSET	支持扫描集([＊])
_DLIB_SCANF_WIDTH	支持宽度
_DLIB_SCANF_ASSIGNMENT_SUPPRESSING	支持禁止分配([＊])

用户可以参考表 7－4 和表 7－5,根据应用需要定义自己合适的格式配置符号。

7.5.3　文件输入/输出

运行库中包含许多功能强大的文件输入/输出函数,使用时应加以定制以满足目标硬件的要求。为了简化针对硬件的定制调整,所有输入/输出函数仅调用一个小型初等函数集,一个函数完成一个规定任务,如__open 函数用于打开文件,__write 函数用于字符输出等。

注意: 仅当运行库配置为 full 时才支持文件输入/输出功能,换句话说,只有允许了配置符号__DLIB_FILE_DESCRIPTOR 时,运行库才支持文件输入/输出操作,否则不能使用带有 FILE ＊参数的函数。

表 7－6 列出了底层文件输入/输出模板文件及其功能说明。

表 7-6　底层文件输入/输出模板文件及其功能说明

输入/输出函数	模板文件	功能说明
__close()	close. c	关闭文件
__lseek()	lseek. c	设置文件位置标志
__open()	open. c	打开文件
__read()	read. c	从缓冲区输入字符
__write()	write. c	将字符输出到缓冲区
remove()	remove. c	移除文件
rename()	rename. c	重命名文件

初级函数根据文件描述符识别输入/输出操作，譬如打开文件等，通常与 stdin，stdout 和 stderr 相关的文件描述符分别为 0，1 和 2。

注意：如果链接库时采用了 I/O 调试支持，将自动链接 C-SPY 调试器中底层 I/O 函数，以便实现交互调试。

7.6　locale

locale 是 C 语言中支持国际化的标志，也就是一系列语言文化规则，包括货币流通符号、不同字符设置、多字节字符编码等。用户根据所采用的运行库得到不同级别的 locale 支持。支持越多，代码将越大，因此应从实际应用需要出发来考虑合适的 local 支持。

DLIB 库提供两种应用方式：

① 带 locale 接口，可以在运行期间切换不同 locale。

② 无 locale 接口，应用中选用 locale 由硬件实现。

1. 预编译库所支持的 locale

预编译库对 locale 的支持级别取决于库配置。

- 所有预编译库仅支持 C locale。
- 采用 full 配置的库支持 locale 接口。对于带 locale 接口的预编译库，仅默认支持运行期间多字节字符编码转换。
- 采用 normal 配置的库不支持 locale 接口。

如果用户需要不同的 locale 支持，必须重新创建运行库。

2. 定制 locale 支持

重新创建运行库时可以选择以下 locale：

- 标准 C locale；
- POSIX locale；
- 广泛的欧洲 locale。

(1) locale 配置符号

运行库是否支持 locale 接口，由库配置文件中定义的_DLIB_FULL_LOCALE_SUPPORT 配置符号决定。局部配置符号_LOCALE_USE_LANG_REGION 和_ENCODING_USE_ENCODING 定义了所有支持的 locale 和编码，如下所示：

```
#define _DLIB_FULL_LOCALE_SUPPORT 1
#define _LOCALE_USE_C                    /* C locale */
#define _LOCALE_USE_EN_US                /* US english */
#define _LOCALE_USE_EN_GB                /* UK english */
#define _LOCALE_USE_SV_SE                /* Swedish in Sweden */
```

详细配置符号请见头文件 DLib_Defaults.h。需要定制 locale 支持时，只需要简单地根据需要定义 locale 配置符号即可。

注意：在 C 或汇编源代码中使用多字节字符时，应保证选择了正确的 locale 符号。

(2) 创建不支持 locale 接口的库

当配置符号_DLIB_FULL_LOCALE_SUPPORT 设为 0 时，运行库不支持 locale 接口，这意味着将使用硬件 locale。函数 setlocale 不可用，不能在运行期间改变 locale。

(3) 创建支持 locale 接口的库

当配置符号_DLIB_FULL_LOCALE_SUPPORT 的默认设置为 1 时，运行库支持标准 C locale，用户可以根据需要定义多个配置符号。函数 setlocale 可用，能在运行期间改变 locale。

3. 运行中切换 locale

程序运行期间使用标准库函数 setlocale 来切换 locale。函数 setlocale 有 2 个参数，第 1 个参数是 locale 类，格式为 LC_XXX。第 2 个参数是描述 locale 的字符串，可以是前面 setlocale 函数的返回值，也可以按以下格式定义：

xx_YY 或 xx_YY.encoding

其中，xx 规定语言编码，YY 规定地区限定符，encoding 规定应采用的多字节编码。xx_YY 部分与配置符号_LOCALE_USE_XX_YY 一致，可以在库配置文件中定义。

下面是一个在芬兰使用瑞典语和 UTF8 多字节编码的 locale 配置示例：

```
setlocale (LC_ALL, "sv_FI.Utf8");
```

7.7　环境交互及其他

7.7.1　环境交互

根据 C 标准，应用程序可以采用 getenv 和 system 函数实现环境交互(通常不用 putenv 函数)。getenv 函数在由全局变量__environ 指向的字符串中查找由函数参数规定的关键词，找到，则返回关键词的值；找不到，则返回 0 值。默认字符串为空。

为了创建或编辑字符串中的关键词，用户必须定义一系列以 null 结尾的字符串，每个字符串的格式如下：

```
key = value\0;
```

最后一个字符串必须为空，然后将字符串序列赋值给变量__environ。例如：

```
const char MyEnv[] = "Key = Value\0Key2 = Value2\0";
__environ = MyEnv;
```

如果处理更为复杂的环境变量，则需要编写并执行用户自己的 getenv 函数，甚至 putenv 函数,但不需要创建运行库。源代码模板文件 getenv. c 和 environ. c 位于\arm\src\lib 目录下。

如果使用 system 函数,则需要用户自己编写。库中的 system 函数只简单返回-1。

注意:如果链接项目时采用了 I/O 调试支持,getenv 和 system 函数将被 C-SPY 调试器的派生函数替换。

1. signal 和 raise 函数

可以使用默认的 signal 和 raise 函数。如果这些函数不能满足应用要求,用户还可以自行编写,且不需要重新创建运行库。源代码模板文件 Signal. c 和 Raise. c 位于\arm\src\lib 目录下。

2. time 函数

执行 clock,time 和__getzone 函数,可以启动时间和日期函数功能。这不需要重新创建运行库。源代码模板文件 clock. c,time. c,getzone. c 位于\arm\src\lib 目录下。默认执行__getzone 函数采用 UTC 作为时间区域。

注意:如果链接项目时采用了 I/O 调试支持,clock 和 time 函数将被 C-SPY 调试器的派生函数替换,并返回主机的时间值。

3. strtod 函数

当库配置为 normal 时,strtod 函数不接受十六进制浮点数。需要使 strtod 函数接受十六进制浮点数时,应允许库配置文件中的配置符号_DLIB_STRTOD_HEX_FLOAT,并重新创建运行库。

4. assert

如果链接项目时采用了运行调试支持,将通过标准终端输出信息。如果用户不希望采用运行调试支持,则应将源代码文件 xreportassert. c 添加到用户项目中,此时__Reportassert 函数将产生声明通知。代码文件 xreportassert. c 位于\arm\src\lib\dlib 目录下。定义 NDEBUG 符号将关闭声明通知,这也是 IAR EWARM 集成环境中 Release project 的默认设置,而 Debug project 则没有定义 NDEBUG 符号。

5. atexit 函数

链接器为 atexit 函数调用分配一块静态存储器空间,atexit 函数的默认调用次数为 32,可以通过配置文件来改变此数目,例如采用如下语句可保留 10 次调用所需空间:

```
define symbol __iar_maximum_atexit_calls = 10;
```

7.7.2 C-SPY 调试器运行接口

链接项目时采用选项 Semihosted 或 IAR breakpoint,可以启动 C-SPY 调试器运行接口支持。这时,表 7-7 所列的 C-SPY 派生函数将被链接到应用程序中去。

表 7-7 C-SPY 派生函数

C-SPY 派生函数	功能说明
abort	C-SPY 通知应用程序已经调用了 abort
clock	返回主机时钟
__close	关闭相关主机文件
__exit	C-SPY 通知应用程序已经结束
__open	打开主机文件

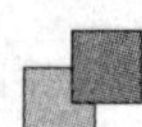

续表 7-7

C-SPY 派生函数	功能说明
__read	stdin，stdout，stderr 被定向到终端 I/O 窗口，所有其他文件都将从相关主机文件输入
remove	向调试日志窗口写入一段信息并返回－1
rename	向调试日志窗口写入一段信息并返回－1
_ReportAssert	处理失效声明
__seek	查找主机文件
system	向调试日志窗口写入一段信息并返回－1
time	返回主机时间
__write	stdin,stdout,stderr 被定向到终端 I/O 窗口，所有其他文件都将从相关主机文件输出

1. 底层调试器运行接口

底层调试器运行接口用于调试器与被调试应用系统之间的通信，利用主机终端实现输入/输出和文件操作等，这在应用开发的早期十分有用，譬如在对 Flash 存储器进行输入/输出操作之前，可以先通过主机进行文件输入/输出，还可以在没有实际 I/O 硬件时利用 stdin 和 stdout 函数完成输入/输出调试，或者输出调试跟踪信息。

2. 调试器终端 I/O 窗口

为了能够使用终端 I/O 窗口，应用程序必须链接 I/O 调试支持。调用__ read 或__ write 函数时，将通过 C-SPY 终端 I/O 窗口实现数据输入/输出。需要注意的是，终端 I/O 窗口不会自动开启，必须人工开启。

3. 加速终端输出

在某些系统上，由于主机与目标硬件之间需要进行相互通信，可能导致终端输出速度降低。为此，在 DLIB 库中包含了一个__ write_buffered 函数，用于取代__ write 函数，__ write_buffered 函数先对输出进行缓冲，然后再一次送往调试器，从而加速终端输出。该函数需要使用 80 字节的 RAM 存储器。在 IAR EWARM 集成环境中，进入基本选项配置中的 Library Options 选项卡，选择其中方形复选框 Buffered terminal output，或者采用如下链接命令：--redirect __ write=__ write_buffered，都可以实现加速终端输出。

7.7.3 模块一致性检查

开发应用程序时，必须保证没有同时使用不兼容的模块，例如异步串行通信端口 UART 可以采用两种工作方式，用户需要在不同应用模块中分别规定 UART 的工作模式。IAR 编译工具使用一整套预定义模块运行属性，来检测应用模块的一致性。

1. 模块运行属性

模块运行属性由一个指定关键字及其相关值组成，只有属性匹配的模块才能被链接在一起。如果属性相关值为"*"号，则可与任何其他相关值匹配。下面用一个例子来说明，目标文件可以定义两个运行属性：color 和 taste，其相关值如表 7-8 所列。其中 file1 不能与任何其他目标文件链接，因为其 color 属性不匹配；file4 与 file5 不能互相链接，因为它们的 taste 属性不匹配；file2 与 file3 可以互相链接，也可以与 file4 或 file5 单独链接，但不能与 file4 和 file5 同时链接。

表 7-8 模块运行属性举例

目标文件	color	taste	目标文件	color	taste
file1	blue	未定义	file4	red	spicy
file2	red	未定义	file5	red	lean
file3	red	*			

2. 使用模块运行属性

C/C++源程序中可以采用预编译命令＃pragma rtmodel 定义模块运行属性，例如：

```
#pragma rtmodel = "uart", "mode1"
```

汇编源程序中可以采用汇编伪指令 RTMODEL 定义模块运行属性。例如：

```
RTMODEL "color", "red"
```

注意：预定义运行属性以 2 个下划线开头，用户自定义运行属性不要与预定义属性相同，以免混淆。

链接项目时 IAR ILINK 链接器将检查模块的运行属性，如果发现不兼容模块，将产生错误提示信息，确保不兼容模块不被链接。

7.8 库函数

IAR C/C++编译器提供符合 ISO/ANSI C 和C++标准的 DLIB 库，其中包含丰富的库函数，支持 IEEE754 浮点数格式，可以配置为支持不同的 locale、文件描述符、多字节字符操作等。大部分库函数不用修改，可以直接应用。IAR ILINK 链接器将只把那些应用中所需要的库函数模块包含到目标代码中。

可重入函数能同时供主程序和其他中断程序调用，使用已定位静态数据的函数为不可重入函数。大多数 DLIB 库函数为可重入函数，以下部分为不可重入函数：

- 堆(heap)函数：malloc，free，realloc，calloc 以及 C++操作符：new 和 delete。
- 时间函数：asctime，localtime，gmtime，mktime。
- 多字节函数：mbrlen，mbrtowc，mbsrtowc，wcrtomb，wcsrtomb，wctomb。
- 使用文件操作的 I/O 函数：printf，scanf，getchar，putchar。
- 其他函数：setlocale，rand，atexit，strerror，strtok。

此外，还有如下一些共用相同存储器的函数也是不可重入函数：

exp，exp10，ldexp，log，log10，pow，sqrt，acos，asin，atan2，cosh，sinh，strtod，strtol，strtoul。

应用 DLIB 库时需要注意，在中断服务程序中不要使用不可重入函数，也可采用互斥(mutex)等措施来防止调用不可重入函数。

7.8.1 头文件

DLIB 库提供多个不同的头文件，包括 C 头文件和 C++头文件，它们定义了库函数原型。使用库之前必须根据需要在源程序中用"＃include"命令将合适的头文件包含进来，否则将不能

实现库函数调用并导致编译链接错误。

1. C 头文件

表 7－9 所列为 DLIB 库的 C 头文件。

表 7－9 DLIB 库的 C 头文件

头文件	用 途	头文件	用 途
assert. h	函数执行时强制声明	signal. h	控制各种异常条件
ctype. h	分类字符	stdarg. h	访问变化参数
errno. h	测试库函数提供的错误报告代码	stdbool. h	增加 C 程序对布尔变量的支持
float. h	测试浮点数类型	stddef. h	几种有用的类型和宏定义
inttypes. h	为 stdint. h 文件中定义的所有类型定义格式	stdint. h	提供整型特性
		stdio. h	输入/输出操作
iso646. h	iso646. h 标准头文件	stdlib. h	完成多种库操作
limits. h	测试整数类型	string. h	各种字符串操作
locale. h	调整不同文化设定	time. h	时间和数据格式转换
math. h	普通计算函数	wchar. h	宽字符支持
setjmp. h	执行非局部转向语句	wctype. h	宽字符分类

2. C++头文件

表 7－10 所列为嵌入式 C++头文件。

表 7－10 嵌入式 C++头文件

头文件	用 途	头文件	用 途
complex	定义支持复数算术的类	new	声明几种存储器分配和释放函数
exception	定义几种控制异常处理函数	ostream	定义完成插入操作的类
fstream	定义几种操作外部文件的 I/O 流类	sstream	定义几种操作字符串容器的 I/O 流类
iomanip	声明几种带参数的 I/O 流操作		
ios	定义 I/O 流类的基类	stdexcept	定义几种有用的异常报告类
iosfwd	在必须定义之前先行声明几种 I/O 流类	streambuf	定义用于 I/O 流操作缓冲的类
		string	定义实现字符串容器的类
iostream	声明操作标准流的 I/O 流对象	strstream	定义几种操作存储器内部字符序列的 I/O 流类
istream	定义完成抽取操作的类		

表 7－11 所列为 DLIB 库的附加嵌入式 C++头文件。

表 7－12 所列为扩展嵌入式 C++标准模板库(STL)头文件。

用 C++编程时可以应用 C 标准库函数。C++库可以与标准 C 库中的 15 个头文件协同工作，头文件有新型和传统型两种形式，例如 cassert(新型)和 assert. h(传统型)。

表 7－13 所列为 DLIB 库的新型 C 头文件形式。

3. 用作本征函数的库函数

以下 C 库函数在一定条件下将作为本征函数，并生成内联汇编代码而不是普通函数调用：

memcpy，memset，strcat，strcmp，strcpy，strlen。

表 7-11 DLIB 库的附加嵌入式 C++头文件

头文件	用 途	头文件	用 途
fstream. h	定义几种操作外部文件的 I/O 流类	iostream. h	声明操作标准流的 I/O 流
iomanip. h	声明几种带参数的 I/O 流操作	new. h	声明几种存储器分配和释放函数

表 7-12 扩展嵌入式 C++标准模板库头文件

头文件	用 途	头文件	用 途
algorithm	定义几种队列的通用操作	memory	定义存储器管理工具
deque	双端队列容器	numeric	执行队列的一般数字操作
functional	定义几种函数对象	queue	顺序队列容器
hash_map	基于混杂算法（hash algorithm）的关联容器映像	set	关联容器集
		slist	队列容器单联列表
hash_set	基于混杂算法的关联容器集	stack	队列容器堆栈
iterator	定义通用迭代操作	utility	定义几种实用部件
list	队列容器双联列表	vector	向量队列容器
map	关联容器映像		

表 7-13 DLIB 库的新型 C 头文件形式

头文件	用 途	头文件	用 途
cassert	函数执行时强制声明	cstdarg	访问变化参数
cctype	分类字符	cstdbool	增加对 C 中布尔数据类型的支持
cerrno	测试库函数提供的错误报告代码	cstddef	几种有用的类型和宏定义
cfloat	测试浮点数类型	cstdint	提供整型特性
cinttypes	为 stdint. h 文件中定义的所有类型定义格式	cstdio	输入/输出操作
		cstdlib	完成多种库操作
climits. h	测试整数类型	cstring	各种字符串操作
clocale	调整不同文化设定	ctime	时间和数据格式转换
cmath. h	普通计算函数	cwchar	宽字符支持
csetjmp	执行非局部转向（goto）语句	cwctype	宽字符分类
csignal	控制各种异常条件		

7.8.2 附加 C 函数

IAR DLIB 库包含了一些取自于 C99 标准的附加 C 函数，并由如下头文件给出其原型定义。

- ctype. h；
- inttypes. h；
- math. h；

- stdbool. h；
- stdint. h；
- stdio. h；
- stdlib. h；
- wchar. h；
- wctype. h；

ctype. h

在 ctype. h 头文件中定义了 C99 函数 isblank。

inttypes. h

在 inttypes. h 头文件中定义了所有 stdint. h 文件中用于 printf，scanf 及其派生函数的输入/输出格式。

math. h

在 math. h 头文件中，所有函数以 float 和 long double 派生形式出现，并分别带有后缀字符 f 和 l，如 sinf 和 sinl 等。

定义了如下 C99 宏符号：

HUGE_VALF，HUGE_VALL，INFINITY，NAN，FP_INFINITE，FP_NAN，FP_NORMA，FP_SUBNORMAL，FP_ZERO，MATH_ERRNO，MATH_ERREXCEPT，math_errhandling。

定义了如下 C99 宏函数：fpclassify，signbit，isfinite，isinf，isnan，isnormal，isgreater，isless，islessequal，islessgreater，isunordered。

增加了 C99 类型定义：float_t，double_t。

stdbool. h

采用 IAR 语言扩展后，stdbool 头文件允许使用 bool 类型。

stdint. h

stdint 头文件提供整型特性。

stdio. h

在 stdio. h 头文件中定义了如下 C99 函数：vscanf，vfscanf，vsscanf，vsnprintf，snprintf。为 printf，scanf 及其所有派生函数增加了 C99 标准功能。

定义了如下不支持文件操作的 I/O 功能函数：

__ write_array（相当于 stdout 中的 fwrite 函数），__ ungetchar（相当于 stdout 中的 ungetc 函数），__ gets（相当于 stdin 中的 fgets 函数）。

stdlib. h

在 stdlib. h 头文件中定义了如下 C99 函数：_Exit，llabs，lldiv，strtoll，strtoull，atoll，strtof，strtold。为 strtod 函数增加了 C99 标准功能。

定义了__ qsortbbl 函数，它提供采用双排序算法（bubble sort algorithm）的排序功能，这对于仅使用有限堆栈的应用系统特别有用。

wchar. h

在 wchar. h 头文件中定义了如下 C99 函数：vfwscanf，vswscanf，vwscanf，wcstof，wcstolb。

wctype. h

在 wctype. h 头文件中定义了 C99 函数 iswblank。

第 8 章

汇编语言接口

尽管C语言具有许多优点,但在涉及系统硬件操作或对时序要求较为严格的场合,仍需要采用汇编语言编程或C语言与汇编语言混合编程。

8.1 C语言与汇编语言混合编程

IAR C/C++编译器提供了3种C/C++与汇编语言混合编程方法:C语言本征函数、汇编语言程序、内联汇编。用户可以根据需要选择一种合适的方法。

8.1.1 C语言本征函数

编译器提供了少量用C语言编写的预定义本征函数,可以直接进行底层处理器操作而不需要采用汇编语言编程。本征函数在对时序要求严格的场合十分有用。本征函数的使用类似于普通函数调用,但它是一种编译器能够识别的"内建"(built-in)函数,编译器将它转换为单条指令或一段简单指令序列。

与使用内联汇编相比,本征函数的优点在于编译器具有完整信息,可以实现指令序列与工作寄存器及变量之间的无缝接口。编译器还可以对本征函数的指令序列进行优化,而对内联汇编则无法优化。因此,使用本征函数可以将优化后的指令序列集成到应用系统中。

8.1.2 汇编语言程序

采用汇编语言与C语言混合编程时需要解决诸如:C语言程序与汇编语言程序相互调用、参数传递、全局变量访问等问题。采用汇编语言与C语言混合编程具有如下优点:

- 可以明确定义函数调用。
- 程序代码易读、易懂。
- 方便进行程序代码优化。

进行函数调用和返回指令序列处理,需要增加一些额外负担,编译器会将某些寄存器作为暂存寄存器使用,但在很多场合下这些额外负担可以通过优化处理而得到补偿,而采用内联汇编,则不能保证与编译器生成的代码能够很好地接口。

采用汇编语言与C语言混合编程时,需要解决如下问题:

- 如何编写能够从C程序中进行调用的汇编语言程序。
- 汇编语言程序中参数的传递方法,以及被调用函数的返回值处理。

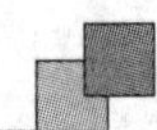

- 汇编语言程序如何调用C语言函数。
- 汇编语言程序如何访问C程序中的全局变量。

8.1.3 内联汇编

采用内联汇编,可以直接在C/C++函数中插入汇编代码。在C语言源程序中可以采用关键字asm来插入汇编指令,如下面的例子所示,该例子还说明了使用内联汇编可能存在的风险。

【例8-1】 采用内联汇编插入汇编指令。

```
bool flag;
void foo()
{
while(! flag)
{
  asm(" ldr r2,[pc,#0]      \n"          /* r2 = address of flag */
    " b . +8                \n"          /* jump over constant */
    " DCD flag              \n"          /* address of flag */
    " ldr r3,[pc,#0]        \n"          /* r3 = address of PIND */
    " b . +8                \n"          /* jump over constant */
    " DCD PIND              \n"          /* address of PIND */
    " ldr r0,[r3]           \n"          /* r0 = PIND */
    " str r0,[r2]");                     /* flag = r0 */
  }
}
```

本例中编译器未注意到对变量flag的分配,这意味着其周边代码不能期望依赖于内联汇编语句。内联汇编指令被简单地插入到程序中指定位置,其副作用是可能没有考虑其周边代码的影响。例如寄存器或存储器单元发生变化后,为了使程序中其他代码能够正确工作,必须在插入的指令序列中对寄存器或存储器单元进行恢复。

内联汇编指令序列与C/C++程序生成的周边代码之间没有很好定义的接口,这可能导致将来编译器升级之后对整体程序维护的不便。此外使用内联汇编还有如下一些限制:

- 编译器将不对内联汇编指令序列进行优化。
- 汇编伪指令CODE16,CODE32,ARM,THUMB将导致错误,还有一些汇编伪指令根本不能使用。

不能控制对齐操作,例如DC32指令可能导致Thumb代码对齐错误。

- 不能访问自动变量。
- 不支持交替寄存器名、助记符和运算符。

因此最好避免使用内联汇编。如果没有合适的本征函数,建议采用汇编语言程序来代替内联汇编,因为调用汇编语言函数不会使系统性能降低太多。

8.2 ARM过程调用标准ATPCS

采用C语言与汇编语言混合编程,必须遵守一定的调用规则,如寄存器使用、参数传递等。

ARM 公司专门为此制定了一个 ARM－Thumb 过程调用标准 ATPCS(ARM－Thumb Procedure Call Standard),这个标准规定了如何通过寄存器传递函数参数和返回值,定义了函数调用过程中寄存器使用规则、堆栈使用规则、参数传递规则以及函数返回值规则等。通过 ATPCS 可以方便地实现 C 语言程序与汇编语言程序相互调用。

8.2.1 寄存器使用规则

ATPCS 对 ARM 和 Thumb 指令集中 16 个寄存器 R0～R15 的使用规则作了如下规定。

① 寄存器 R0～R3 用来传递参数。被调用的函数或子程序,在返回前无须恢复 R0～R3 的内容。

② 寄存器 R4～R11 用来保存局部变量。对于一个遵循 ATPCS 调用规则的函数,在进入函数时,必须保存 R4～R11 中被函数破坏的寄存器,在函数返回时恢复它们的值。一般保存和恢复指令为:

```
STMFD    SP!,{R4 - R11,LR}          ;把寄存器的值压入堆栈
LDMFD    SP!, {R4 - R11,PC}         ;从堆栈中恢复寄存器的值
```

如果实际中仅用到 R4～R11 中部分寄存器,则只要对用到的寄存器予以保存和恢复,从而提高指令执行效率。

③ 寄存器 R12 用作过程调用中的暂存寄存器。

④ 寄存器 R13 用作堆栈指针 SP,保存当前处理器模式堆栈的栈顶。在函数或子程序中,R13 不能用于其他用途,进入和退出函数或子程序时,R13 的值必须相等。

⑤ 寄存器 R14 用作链接寄存器 LR,保存函数或子程序的返回地址。当返回地址保存在堆栈中时,R14 可以用于其他用途。

⑥ R15 用作程序计数器 PC,保存处理器下一条要取得指令的地址,不能用于其他用途。

注意: 只有寄存器 R0～R7,SP,LR 和 PC 可以在 Thumb 状态下使用,其中 R7 常常作为 Thumb 状态的工作寄存器。

8.2.2 堆栈使用规则

ATPCS 规定数据堆栈为满递减堆栈,即堆栈指针指向最后压入的数据,堆栈增长方向为由高地址向低地址增长,并且对堆栈的操作是 8 字节对齐的。在汇编语言程序中采用伪指令 PRESERVE8 来告诉链接器,本汇编语言程序的数据堆栈是 8 字节对齐的,因此要求包含外部调用的程序必须采用 8 字节对齐的数据堆栈。

8.2.3 参数传递及函数返回值规则

当函数或子程序的参数个数小于或等于 4 时,采用 R0～R3 来传递参数。如果参数个数超过 4 个,就必须采用堆栈来传递参数。参数传递时,先将参数存放在连续的内存单元,然后依次传递到 R0～R3 中。如果参数多于 4 个,将剩余的参数以后进先出方式压入数据堆栈,也就是说,最后一个参数最先入栈。由于通过寄存器传递参数的效率远高于通过堆栈传递,因此应尽量使函数或子程序的参数少于 4 个。

函数返回时,若结果为 32 位整数,函数值通过寄存器 R0 返回;若结果为 64 位整数,函数值

通过寄存器 R0 和 R1 返回。表 8-1 和表 8-2 分别列出了函数参数传递和函数返回值规则。

表 8-1 函数参数传递规则

参数类型	参数个数			
	1	2	3	4
char	R0	R1	R2	R3
short	R0	R1	R2	R3
int/long	R0	R1	R2	R3
float	R0	R1	R2	R3
32 位指针	R0	R1	R2	R3
32 位结构体	R0	R1	R2	R3
long long	R0,R1	R2,R3	堆栈	堆栈
double	R0,R1	R2,R3	堆栈	堆栈
64 位结构体	R0,R1	R2,R3	堆栈	堆栈

表 8-2 函数返回值规则

返回值类型	寄存器	返回值类型	寄存器	返回值类型	寄存器
char	R0	float	R0	long long	R0,R1
short	R0	32 位指针	R0	double	R0,R1
int/long	R0	32 位结构体	R0	64 位结构体	R0,R1

8.3 混合编程举例

8.3.1 汇编语言程序调用 C 语言函数

汇编语言程序调用 C 语言函数，调用之前，应必须根据 C 语言函数中需要的参数个数，按 ATPCS 规则完成参数传递，然后再利用 B 或 BL 指令进行调用。下面例子中，在汇编语言程序中调用具有 5 个参数的 C 语言函数。前 4 个参数通过寄存器 R0～R3 传递，第 5 个参数通过堆栈传递，然后再调用 C 语言函数，调用完成后函数的返回值在 R0 中。

【例 8-2】 汇编语言程序调用具有 5 个参数的 C 语言函数。

汇编语言程序文件 ex2_asm.s 列表如下：

```
        NAME ex2_asm                    ;定义程序模块
        EXTERN sum                      ;声明外部 C 语言函数
        PUBLIC __iar_program_start
        SECTION .text:CODE(2)           ;定义代码段
    CODE32                              ;执行 32 位 ARM 指令
__iar_program_start
main:   MOV     R0,#100                 ;前 4 个参数通过 R0～R3 传递
        MOV     R1,#100
```

```
          MOV     R2,#100
          MOV     R3,#100
          STMFD   SP!,{R4}                    ;第 5 个参数通过堆栈传递
          MOV     R4,#100
          STMIA   SP,{R4}
          BL      sum                         ;调用 C 语言函数,返回值在 R0 中
exit:     B exit                              ;停止
          END                                 ;程序结束
```

C 语言函数文件 ex2_c.c 列表如下:

```
int sum(int a,int b,int c,int d,int e){
  return a+b+c+d+e;                           //计算 5 个参数的和并返回
}
```

8.3.2 汇编语言程序访问 C 语言函数的全局变量

汇编语言程序与 C 语言程序之间除了可以按照 ATPCS 规则进行参数传递外,还可以通过访问全局变量的方式进行参数传递。全局变量只能通过地址间接访问,为了访问 C 语言程序中的全局变量,先要在汇编语言程序中采用伪指令 extern 来声明外部全局变量,然后将其地址装入寄存器,再通过间接寻址方式获取全局变量的值,根据需要进行更新之后再重新存回其地址中去。

根据全局变量的类型,汇编语言程序可以采用如下装载/存储指令进行访问。

① 对于 unsigned char 类型变量,采用 LDRB/STRB 指令访问。

② 对于 unsigned short 类型变量,采用 LDRH/STRH 指令访问。

③ 对于 unsigned int 类型变量,采用 LDR/STR 指令访问。

④ 对于 signed char 类型变量,采用 LDRSB/STRSB 指令访问。

⑤ 对于 signed short 类型变量,采用 LDRSH/STRSH 指令访问。

⑥ 对于小于 8 字的结构体型变量,可以采用 LDM/STM 指令来访问整个变量;对于结构体变量中的数据成员,可以采用相应的 LDR/STR 指令访问,此时需要知道数据成员相对于结构体起始地址的偏移量。

【例 8-3】 通过访问全局变量实现汇编语言程序与 C 语言程序之间的数据传递。

汇编语言程序文件 ex3_asm.s 列表如下:

```
          NAME ex3_asm                        ;定义程序模块
          EXTERN test                         ;声明外部 C 语言函数
          EXTERN aa,bb,cc,dd,ee               ;声明在 C 语言函数中定义的全局变量
          PUBLIC __iar_program_start
          SECTION .text:CODE(2)               ;定义代码段
          CODE32                              ;执行 32 位 ARM 指令
__iar_program_start
main:     LDR     R1,=aa                      ;读取变量 aa 的地址到 R1
          LDR     R0,[R1]                     ;读取变量 aa 的值到 R0
          ADD     R0,R0,#100                  ;更新变量 aa 的值
```

```
        STR     R0,[R1]                 ;重新存回到地址中
        LDR     R1, = bb                ;读取变量 bb 的地址到 R1
        LDR     R0,[R1]                 ;读取变量 bb 的值到 R0
        ADD     R0,R0,#100              ;更新变量 bb 的值
        STR     R0,[R1]                 ;重新存回到地址中
        LDR     R1, = cc                ;读取变量 cc 的地址到 R1
        LDR     R0,[R1]                 ;读取变量 cc 的值到 R0
        ADD     R0,R0,#100              ;更新变量 cc 的值
        STR     R0,[R1]                 ;重新存回到地址中
        LDR     R1, = dd                ;读取变量 dd 的地址到 R1
        LDR     R0,[R1]                 ;读取变量 dd 的值到 R0
        ADD     R0,R0,#100              ;更新变量 dd 的值
        STR     R0,[R1]                 ;重新存回到地址中
        LDR     R1, = ee                ;读取变量 ee 的地址到 R1
        LDR     R0,[R1]                 ;读取变量 ee 的值到 R0
        ADD     R0,R0,#100              ;更新变量 ee 的值
        STR     R0,[R1]                 ;重新存回到地址中
        BL      test                    ;调用 C 语言函数
exit:   B exit                          ;停止
        END                             ;程序结束
```

C 语言程序文件 ex3_c. c 列表如下：

```
#include "stdio.h"
int aa,bb,cc,dd,ee;                     //定义全局变量
void test(void){
   printf(" %d\n",aa + bb + cc + dd + ee);
}
```

8.3.3　C 语言程序调用汇编语言子程序

在 C 程序中调用汇编语言子程序，首先应采用关键字 extern 来声明将要调用的汇编语言子程序模块名，声明中形式参数的个数要与汇编语言模块中需要的变量个数一致，并且参数传递要满足 ATPCS 规则。

【例 8-4】 C 语言程序调用汇编语言子程序实现字符串复制。

C 语言程序文件 ex4_c. c 列表如下：

```
#include "stdio.h"
extern void strcpy(char *d,char *s);     //声明外部汇编语言程序模块名

void main(void) {
   char *srcstr = "First string - source ";
   char *desstr = "Second string - destination ";
   printf("Before copying:\n");
   printf(" %s\n %s\n",srcstr,desstr);
   strcpy(desstr,srcstr);
```

```
    printf("After copying:\n");
    printf(" %s\n %s\n",srcstr,desstr);
}
```

汇编语言子程序模块文件 ex4_asm.s 如下：

```
        NAME ex4_asm                    ;定义程序模块
        PUBLIC strcpy                   ;定义程序入口符号
    SECTION `.text`:CODE(2)             ;定义代码段
    CODE32                              ;执行 32 位 ARM 指令
strcpy: LDRB R2,[R1],#1
        STRB R2,[R0],#1
        CMP  R2,#0
        BNE  strcpy
        MOV  PC,LR
exit:   B exit                          ;停止
        END
```

8.3.4 通过 C 语言程序框架生成汇编语言程序

当被调用的汇编语言子程序较为复杂，或者需要进行较多的参数传递时，编写汇编语言程序不是一件容易的事。为简化编写汇编语言程序的复杂程度，可以先编写一个 C 程序框架，再将其编译为汇编列表文件，让编译器自动完成一般规则操作，然后根据需要修改汇编列表文件并作为将被调用的汇编语言程序。程序框架中只需要声明所用变量，对变量进行简单访问，函数体语句可以根据用户需要添加。

注意：必须为每个被调函数编写 C 程序框架。

【例 8-5】 C 语言程序框架。

```
long gLong;
double gDouble;
long func(long arg1, double arg2)
{
    long locLong = arg1;
    gLong = arg1;
    gDouble = arg2;
    return locLong;
}

int main()
{
    long locLong = gLong;
    gLong = func(locLong, gDouble);
    return 0;
}
```

将上例以 temp.c 为文件名存盘，作为 C 语言程序框架文件。在 IAR EWARM 集成环境中

创建一个项目,并将C语言程序框架文件temp.c添加到项目中。从工作区选择temp.c文件,单击Project下拉菜单中的Options选项,从弹出选项配置对话框左边Category列表框中选择C/C++ Compiler进入选项配置,并选择Override inherited settings复选框。在List选项卡中选择Output assembler file复选框及其下面的Include source复选框。特别要注意在Optimization选项卡中将优化级别设为Low,编译时采用低级优化配置,以便访问局部和全局变量。如果采用高级优化配置,所需要的对局部变量的访问可能会被优化掉。函数声明不受优化级别的影响。按以上配置选项对temp.c文件进行编译后所生成的temp.s汇编语言程序文件,位于Debug\List目录,列表如下。

```
        NAME temp
        PUBLIC func
        PUBLIC gDouble
        PUBLIC gLong
        PUBLIC main
        SECTION `.bss`:DATA:NOROOT(2)
//      1 long gLong;
gLong:
        DS8 4

        SECTION `.bss`:DATA:NOROOT(3)
//      2 double gDouble;
gDouble:
        DS8 8

        SECTION `.text`:CODE:NOROOT(2)
        THUMB
//      3 long func(long arg1, double arg2) {
//      4    long locLong = arg1;
//      5    gLong = arg1;
func:
        LDR      R1,??DataTable4   ;; gLong
        STR      R0,[R1,# +0]
//      6    gDouble = arg2;
        LDR      R1,??DataTable3   ;; gDouble
        STM      R1!,{R2,R3}
        SUBS     R1,R1,# +8
//      7    return locLong;
        BX       LR                ;; return
//      8 }
//      9

        SECTION `.text`:CODE:NOROOT(2)
        THUMB
//     10 int main() {
main:
```

```
        PUSH    {R7,LR}
//  11    long locLong = gLong;
        LDR     R0,?? DataTable4   ;; gLong
        LDR     R0,[R0,# + 0]
//  12    gLong = func(locLong, gDouble);
        LDR     R1,?? DataTable3   ;; gDouble
        LDM     R1!,{R2,R3}
        SUBS    R1,R1,# + 8
        BL      func
        LDR     R1,?? DataTable4   ;; gLong
        STR     R0,[R1,# + 0]
//  13    return 0;
        MOVS    R0,# + 0
        LDR     R1,[SP,# + 4]
        ADD     SP,SP,# + 8
        BX      R1                 ;; return
//  14 }

        SECTION `.text`:CODE:NOROOT(2)
        DATA
?? DataTable3:
        DC32    gDouble

        SECTION `.text`:CODE:NOROOT(2)
        DATA
?? DataTable4:
        DC32    gLong
        END
```

8.3.5 C++程序调用汇编语言子程序

C程序调用规则对C++函数不适用，特别重要的一点是仅用函数名不足以识别一个C++函数，还需要函数类型和函数作用范围来保证安全链接及解决过载问题。另外，非静态成员函数会获得额外的隐含参数，即this指针。但是采用C链接时调用协议是适用的，因此可以采用如下声明方式从C++程序调用汇编语言子程序。

```
extern "C"
{
  int my_routine(int x);
}
```

为了与非静态成员函数等效，隐含指针this应转换为显式：

```
class X;
extern "C"
{
```

```
  void doit(X * ptr, int arg);
}
```

可以将汇编语言子程序调用限制在一个成员函数中，在允许函数内联条件下，采用内联成员函数来排除额外调用负担：

```
class X
{
public:
  inline void doit(int arg) { ::doit(this, arg); }
};
```

8.4 调用规则总结

本节对采用汇编语言与C语言混合编程涉及的调用规则做一个总结，譬如参数传递及函数返回值等问题。还必须知道应保留多少工作寄存器给汇编语言程序使用，若工作寄存器保留过多，将导致程序效率降低；若工作寄存器保留太少，又可能导致程序出错。

1. 函数声明

C语言规定，函数被调用之前必须先声明。例如：

```
int a_function(int first, char * second);
```

函数 a_function 被声明为具有1个整型参数和1个指针型参数，函数返回值为整型。

2. 在C++源代码中采用C链接

C++中，函数可以具有C或C++链接，从C++程序调用汇编语言子程序最简单的方法，就是使C++函数具有C链接。下面是一个声明具有C链接的函数例子：

```
extern "C"
{
  int f(int);
}
```

也可以采用如下声明方式，以便在C或C++中共享头文件：

```
#ifdef __cplusplus
extern "C"
{
#endif
  int f(int);
#ifdef __cplusplus
}
#endif
```

3. 暂存、保留和特殊寄存器

ARM处理器的CPU通用寄存器分为暂存寄存器、保留寄存器和特殊寄存器，分别介绍如下。

(1) 暂存寄存器

R0～R3,R12 可以用作函数的暂存寄存器,其内容在函数调用期间可能被破坏。一个函数在调用其他函数时仍需保留的寄存器的值,应在调用期间保存到堆栈中。

(2) 保留寄存器

R4～R11 为保留寄存器,保留寄存器的值在函数调用期间不会被破坏。被调函数可以将保留寄存器用于其他目的,但必须在使用之前保存其值,在函数退出时恢复其值。

(3) 特殊寄存器

寄存器 R13 用作堆栈指针 SP,它必须总是指向堆栈中最后一个元素,发生中断时,SP 所指位置以下的所有元素都可能被破坏。在函数入口和出口处,堆栈指针必须 8 字节对齐。函数中堆栈指针必须总是字对齐。出口时 SP 的值必须与入口时一致。

寄存器 R15 专门用作程序计数器 PC。

寄存器 R14 用作链接寄存器 LR,它在函数入口时保存函数的返回地址。

4. 函数参数

可以利用寄存器或堆栈向函数传递参数,利用寄存器比利用堆栈更为有效,因此应尽可能利用寄存器来传递参数。由于可用寄存器是有限的,不能利用寄存器传递的参数将通过堆栈传递。

中断函数不能带有参数,但软件中断函数可以带有参数和返回值。

软件中断函数不能像普通函数一样使用堆栈。执行 SVC 指令时,处理器将切换到管理模式,并使用管理堆栈。因此,如果在中断之前应用程序不在管理模式下运行,就不能通过堆栈来传递参数。

(1) 隐含参数

除了有函数声明和定义时的可见参数之外,还可能有隐含参数。当函数的返回值为大于 32 位的结构体时,保存该结构体的存储器区域将作为一个额外参数传递,且总是作为第一个参数。

对于非静态 C++成员函数,this 指针将作为第一个参数传递(如果有返回结构指针,将位于结构指针之后)。

(2) 寄存器参数

可用于参数传递的寄存器为 R0～R3,如表 8-3 所列。

表 8-3 参数传递所使用的寄存器

传递参数	使用的寄存器
标量、单精度(32 位)浮点数、小于 32 位的浮点数	R0～R3
long long 类型、双精度(64 位)数据	寄存器对 R0～R1 或 R2～R3

为参数分配寄存器时从左往右依次进行,首先为第一个参数分配可用的寄存器,无寄存器可用时采用堆栈传递参数。

调用具有小于 32 位值参数的函数时,应将参数扩展为 32 位。带符号数采用符号位扩展,无符号数采用 0 扩展。

(3) 堆栈参数

堆栈参数存储在以堆栈指针所指地址开始的存储器中。图 8-1 所示为使用堆栈传递参数的示意图。堆栈指针所指地址单元以下(朝低地址方向)为被调函数能够使用的自由空间。第一个栈参数保存在堆栈指针所指向的地址单元,第二个栈参数保存在下一个能够被 4 整除的地址

单元，其余参数以此类推。被调函数返回时由主调函数负责清除堆栈存储器。

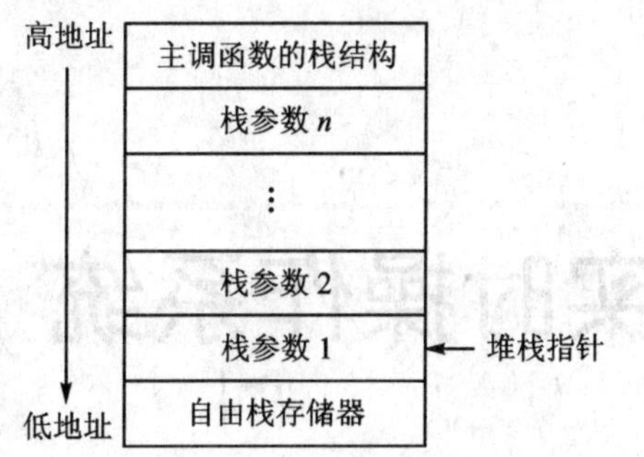

图 8－1　使用堆栈传递参数示意图

函数入口时，堆栈存储器应为 8 字节对齐。

5. 函数返回值

非 void 类型函数的返回值可以为标量(如整型数据或指针)，也可以为浮点数或结构体。返回值所使用的寄存器通常为 R0 或 R0～R1，如表 8－4 所列。

表 8－4　返回值所使用的寄存器

返回值	使用的寄存器
小于 32 位的标量、结构体、单精度(32 位)浮点数	使用 R0
大于 32 位的结构体存储器地址	使用 R0
long long 类型、双精度(64 位)数据	使用 R0～R1

如果返回值小于 32 位，应将其扩展为 32 位。带符号数采用符号位扩展，无符号数采用 0 扩展。被调函数返回时，由主调函数负责清除堆栈存储器。

6. 返回地址处理

汇编语言函数在调用结束后，通过跳转到由链接寄存器 LR 指向的地址返回到主调函数。进入函数时，用一条指令将非暂存寄存器和 LR 寄存器压入堆栈；退出函数时用一条指令将返回值直接从堆栈弹出到程序计数器 PC。例如：

```
PUSH {R4 - R6,LR}          /* 函数入口 */
...
POP {R4 - R6,PC}           /* 函数出口 */
```

第 9 章

PowerPac 实时操作系统

IAR Systems 公司推出的 PowerPac for ARM 是一种经过整合、适合于 ARM 嵌入式应用的中间件家族，包括丰富功能的实时操作系统、高性能的文件系统、USB 设备协议栈以及 TCP/IP 协议栈等，可广泛应用于不同产业中的嵌入式系统，如工业测量与控制、电信、医疗以及消费类电子产品等。无缝集成到 IAR EWARM 集成环境中，即使面对最复杂的应用也能提供完整的开发环境，IAR PowerPac for ARM 支持 ARM7，ARM9，ARM9E，ARM10E，ARM11，SecurCore，Cortex M3 和 XScale 器件，并且为不同厂商的 ARM 芯片提供了丰富的范例和板级支持包。本章介绍 IAR PowerPac for ARM 的主要特性、PowerPac RTOS 实时操作系统基础知识以及在 IAR EWARM 集成环境中的应用方法。

9.1 PowerPac RTOS 的主要特性

IAR PowerPac RTOS 是一种基于优先级控制的实时操作系统，它具有很高的优化性能，对 RAM 和 ROM 空间的占用极小，可以根据需要进行速度和功能方面的优化，非常适合于嵌入式实时应用开发。PowerPac RTOS 内核支持中断，可应用于对时间要求严格的场合，提供完善的任务通信管理机制，如邮箱、事件、不同种类的信号量等，所有任务和通信都可以被动态创建、删除和配置，并且可以进行优先级控制。IAR PowerPac RTOS 的主要特性如下：

- 有抢占式任务调度，高达 255 个优先级；
- 有同优先级任务循环调度，快速任务切换；
- 有禁止整个任务或程序段的优先级翻转；
- 有无限的任务数、信号量、邮箱；
- 有无限的软件定时器(仅受内存大小限制)，可自由设置定时分辨率；
- 有完全中断支持，大多数 API 函数可以在中断服务程序中调用；
- 有极短的中断延时时间，允许中断嵌套，中断处理过程中允许任务切换；
- 有内核采用汇编语言编写，可以通过 C,C++和汇编语言调用所有 API 函数。

IAR PowerPac RTOS 对存储器的需求如表 9-1 所列。

表 9-1 PowerPac RTOS 对存储器的需求

存储器占用	字节数
内核对 ROM 的占用	约为 3 000
内核对 RAM 的占用	51
每个任务控制块对 RAM 的占用	32
每个资源信号量对 RAM 的占用	8
每个计数信号量对 RAM 的占用	2
每个邮箱对 RAM 的占用	20
每个软件定时器对 RAM 的占用	20
每个事件对 RAM 的占用	0
每个任务最小堆栈对 RAM 的占用	56

IAR PowerPacFile System 是一种嵌入式文件系统，可以用于任何存储介质，基于任何硬件访问接口函数。它是一个对速度、多功能性和最小内存需求等进行过优化的高性能库，其模块化结构能保证只有使用到的函数被链接，从而使占用的 ROM 空间达到最小。IAR PowerPac File System 的主要特性如下：

- 支持与 MS-DOS/Windows 兼容的 FAT12，FAT16，FAT32 文件系统；
- 有多设备驱动程序支持，允许同时访问不同类型的硬件；
- 有多介质支持，允许同时访问不同类型硬件；
- 有操作系统支持，允许多线程环境下的文件操作；
- 用户可以像调用 ANSI C 头文件一样调用 API 函数；
- 有非常简单的设备驱动结构，便于支持用户硬件；
- 提供了 RAMdisk，MMC 卡（SPI 和卡模式），SD 卡（SPI 和卡模式），CF 卡，IDE 硬盘，NOR Flash，NAND Flash 等存储设备的驱动；
- 高度模块化，以保证对存储器的最小占用。

IAR PowerPac 文件系统由不同的层组成，其层结构如图 9-1 所示。

IAR PowerPac USB 是一款嵌入式 USB 设备协议栈，它具有小封装和预集成特性，设计之初的目的就是和 IAR EWARM 集成开发环境一起工作在具有 USB 设备控制器的嵌入式系统上。它由 3 层构成：硬件访问驱动、USB 内核、USB 类驱动或批量通信组件，如图 9-2 所示。

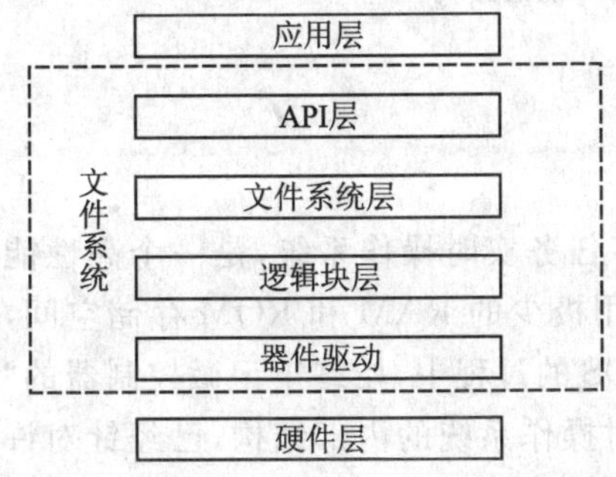

图 9-1 IAR PowerPac 文件系统的层结构

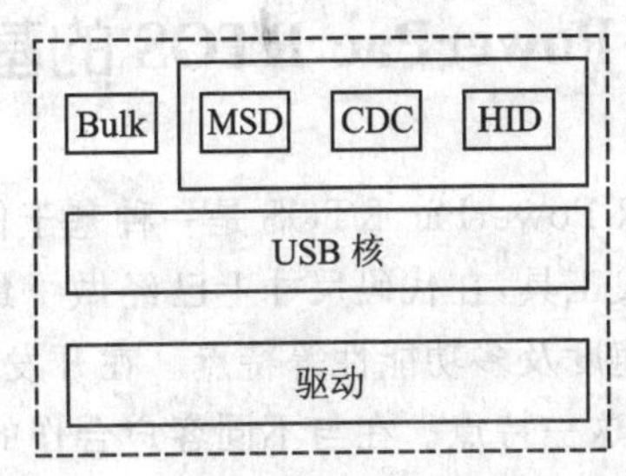

图 9-2 IAR PowerPac USB 的组成层

IAR PowerPac USB 的主要特性如下：

- 满足大多数普通 USB 设备的驱动；
- 可与 USB 1.1 或 USB 2.0 设备连用；
- 通过 USB 2.0 可在快速系统上获得最高传输速率；
- 小封装；
- 提供大量 ARM 器件的实用范例项目。

IAR PowerPac USB 包含如图 9-3 所示的组件。

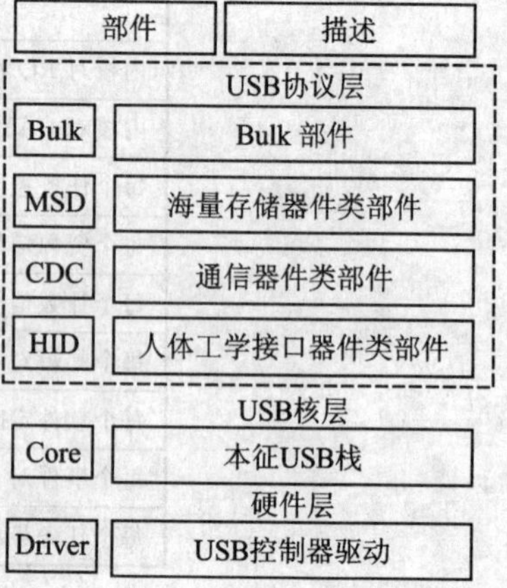

图 9-3　IAR PowerPac USB 的组件

IAR PowerPac TCP/IP 是一款嵌入式 TCP/IP 协议栈，具有小封装和预集成特性，主要特性如下：

- DNS，DHCP（client），Telnet，TCP，UDP，IP，ARP，ICMP 协议；
- HTTP server；
- HTTP 应用范例；
- 经过高度优化，从而使存储器占用达到最小，且具有高速度；
- 标准 socket 接口；
- 零数据复制，从而获得高性能；
- 链接仅受可用存储器的限制；
- 可将代码编译成为库，从而实现零编译配置；
- 与 PowerPac RTOS 紧密集成；
- 提供所支持 ARM 器件的实用范例项目。

IAR PowerPac TCP/IP 的层结构如图 9-4 所示。

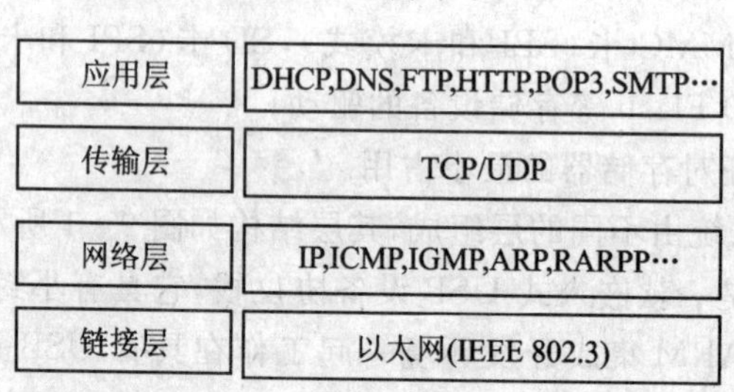

图 9-4　IAR PowerPac TCP/IP 的层结构

9.2　PowerPac RTOS 的基础知识

IAR PowerPac RTOS 是一种基于优先级控制的多任务实时操作系统，是一个高性能的嵌入式开发工具，在代码尺寸上已经做了最佳优化，只占用极少的 RAM 和 ROM 存储空间，同时具有高速度及多功能性等特点。在开发 PowerPac RTOS 的过程中，始终牢记微控制器的"资源有限性"这一特点。在与不同客户合作的过程中，该实时操作系统的内部结构，已经针对许多应用做了优化，可以满足行业的需求。IAR PowerPac RTOS 的特点包括：

- 具有抢占式调度，确保执行进入就绪态的优先级最高的任务。

- 具有相同优先级任务的循环调度。
- 抢占优先级能够在整个任务群或一部分程序中被禁用。
- 有高达 255 个优先级。
- 每个任务都可以有自己的优先级,任务响应能根据应用需求被精确定义。
- 有无限的任务个数(仅受可用内存的限制)。
- 有无限的信号量个数(仅受可用内存的限制)。
- 有两种类型的信号量:资源型和计数型。
- 有无限的邮箱个数(仅受可用内存的限制)。
- 初始化邮箱时,可以自由定义信息的大小和数量。
- 有无限的软件定时器个数(仅受可用内存的限制)。
- 每个任务有 8 位事件。
- 可自由选择定时器的定时分辨率(默认值为 1ms)。
- 有容易接受的时间变量。
- 有电源管理,可使耗电量达到最小。
- 有全中断支持,中断可以调用任何函数(需要等待数据的函数除外),也可以生成,删除或改变任务的优先级。中断可以唤醒或挂起任务,并且可以通过邮箱、信号量、事件等与其他任务进行通信。有极短的中断延迟时间。允许中断嵌套。
- IAR PowerPac RTOS 具有自己的中断堆栈(可选)。
- 调试器执行运行时间检查,简化开发。
- 有快速有效且更小的代码。
- 有最小 RAM 耗用。
- 内核采用汇编语言编写。
- 可与 C 语言或汇编语言程序接口。
- 提供微控制器硬件初始化代码。

9.2.1 任 务

任务就是在 CPU 中运行的一段程序。CPU 在某一时刻只能执行一个任务的系统,称为单任务系统。通常,实时操作系统 RTOS,应允许在单个 CPU 上执行多个任务。所有任务的执行,都可以认为是完全占有 CPU。任务调度意味着 RTOS 可以激活和挂起每一个任务。

单任务系统本质上是一个无限循环,在循环中调用相应的系统函数执行合适的操作(任务级)。由于没有采用实时操作系统内核,所以必须利用中断服务程序来实现时间相关部分的操作或临界操作(中断级)。这种系统通常用于小型、简单或对实时性要求不高的场合。图 9-5 所示为单任务系统中任务级操作与中断级操作的关系。

单任务系统很少存在优先级抢占和同步问题。没有使用实时内核,只需要一个堆栈,这意味着 ROM 空间较小,而且用作堆栈的 RAM 空间也较小。如果程序很大,单任务系统将难以维护。因为一段代码不能被另一段代码打断(只能通过中断服务程序打断),一段代码的响应时间取决于系统中所有其他代码的执行时间,因此实时性很差。

多任务系统采用不同的任务调度机制来决定对 CPU 利用率。协作式多任务系统期望所有任务协调执行。每个任务只有通过调用系统函数执行任务切换才能被暂停,即自我放弃 CPU

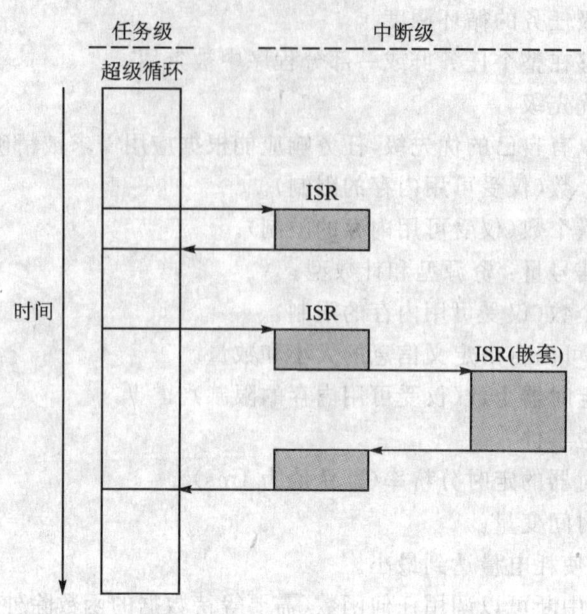

图 9-5　单任务系统中任务级操作与中断级操作的关系

的控制权。这意味着当一个任务执行完成前，CPU 不会执行其他任务。图 9-6 所示为协作式多任务系统的运行情况，中断服务程序使一个更高优先级的任务就绪，如果不执行任务切换，中断完成时 CPU 将返回到被中断的任务继续执行，直到该任务完成，调用一个系统函数以释放 CPU 控制权，并将 CPU 控制权交给那个优先级更高、且已进入就绪态的任务，这个优先级更高的任务才能够得到执行。

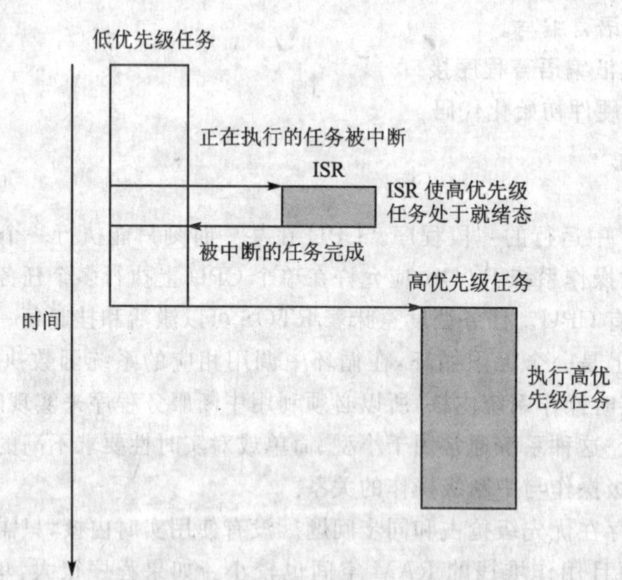

图 9-6　协作式多任务系统的运行过程

抢占式多任务系统中，最高优先级的任务一旦就绪，总能得到 CPU 的控制权。当一个运行着的任务使一个更高优先级的任务进入就绪态，当前任务的 CPU 控制权就被剥夺了，或者说被

挂起了，那个更高优先级的任务立刻得到 CPU 的控制权。如果是中断服务程序使一个更高优先级的任务进入就绪态，中断完成时，中断的任务被挂起，更高优先级的任务开始运行。抢占式多任务系统非常适合于对系统响应时间要求很高的场合，PowerPac RTOS 属于抢占式多任务系统，其运行过程如图 9-7 所示。

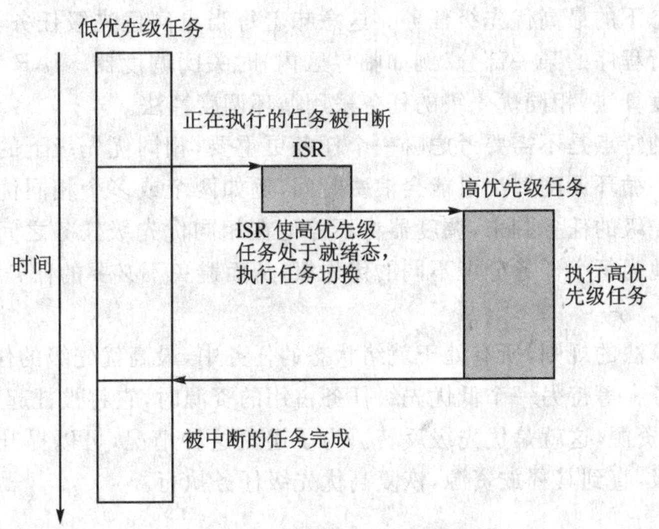

图 9-7　抢占式多任务系统的运行过程

9.2.2　任务调度

任务调度就是根据一定算法来决定哪个任务执行。所有调度算法都有一个共同点：区别处于就绪状态下任务和由于某种原因（延时、等待消息、信号、事件等）被挂起的任务，选择一个在就绪状态下的任务并激活它（执行任务代码）。当前正在执行的任务处于运行态。调度算法的主要不同之处，在于如何分配就绪态任务的执行时间。

1. 循环调度算法

循环调度算法中，调度器根据任务清单，一个任务执行完毕就使之休眠，同时激活下一个就绪状态下的任务。循环调度算法执行过程如图 9-8 所示。循环调度可以适用于抢占式和协作式多任务系统中。在对任务响应时间要求不高或所有任务都具有相同优先级的场合，所有任务都处于同一个优先级，它们周期性地循环占有 CPU，执行时间是预先确定的，称为时间片，所有任务都具有单独定义的时间片长度，此时采用循环调度算法，可以达到很好的效果。

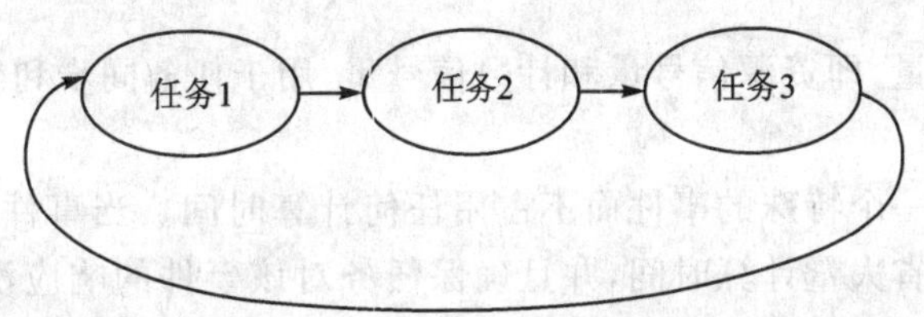

图 9-8　循环调度算法执行过程

2. 优先级调度算法

实际应用中，不同的任务需要不同的响应时间。例如一个包括电机、键盘和显示器的应用系

统，电机需要比键盘和显示器更快的响应时间。当显示更新时，需要控制电机运转。这时必须采用抢占式多任务系统。循环调度可以工作，但不能保证对电机响应时间的特殊要求，此时可以考虑采用优先级调度算法。

优先级调度算法中，每一个任务都分配了一个优先级。任务的执行顺序取决于它的优先级，调度器激活就绪状态下的最高优先级任务。这意味着每当更高优先级任务就绪时，它将立即得到执行。可以在执行程序的某一部分(例如临界区内)时关闭调度器。IAR PowerPac 实时操作系统采用优先级调度算法，相同优先级的任务采用循环调度算法。

循环调度算法的特点是不需要考虑哪一个任务更重要，相同优先级下的任务不能占用超过规定时间片的时间。循环调度算法可能会浪费时间，例如两个或多个相同优先级的任务已经就绪并且没有更高优先级的任务到来，调度器将不停地在相同优先级任务之间进行切换。优先级调度算法能更有效地为每个任务分配不同的优先级，从而避免不必要的任务切换。

3. 优先级反转

按优先级调度算法的规则，所有处于就绪状态的任务中，最高优先级的任务将被激活。但是当这个高优先级任务在等待另一个低优先级任务占用的资源时，它将被挂起，并继续执行低优先级任务，直到其释放资源，这就是优先级反转。为了避免这种情况，可以提升使用共享资源的低优先级任务的优先级，直到其释放资源，恢复高优先级任务执行。

9.2.3 任务间通信

在多任务系统中，各个任务相互独立工作。因为它们都工作在同一个应用中，有时需要任务间相互通信。任务间通信最简单的办法是采用全局变量。某些情况下，任务间通过全局变量通信是可行的，但是大多数情况不宜采用这种方法。例如一个全局变量的值改变时，如果希望同步开始执行另一个任务，则需要检测这个变量的值。这不仅浪费宝贵的计算时间，而且响应时间还取决于检测全局变量的次数。

多个任务协同工作时，经常需要交换数据、与其他任务同步、确保每次只有一个任务使用共享资源。IAR PowerPac RTOS 提供了邮箱、队列、信号量、事件等通信机制。

1. 邮箱和队列

在本质上，邮箱是一个由 RTOS 管理的数据缓冲区，用于给任务发送消息。即使多任务和中断试图同时访问，它也不会发生冲突。当邮箱收到新的信息时，RTOS 会自动激活，等待该消息的任务，如果需要，也可自动切换到这个任务。队列与邮箱的工作方式一样，但是处理的信息比邮箱大。

2. 信号量

有两种类型的信号量，即资源信号量和计数信号量，用于任务同步和管理共享资源。

3. 事　件

一个任务可以等待一个特殊的事件而不占用任何计算时间。当事件发生时，激活等待该事件的任务。这样可以节省大量计算时间，并且确保任务对该事件的响应没有延迟。典型的事件有等待检测数据、按键按下、接收到命令或字符、外部时钟脉冲到来等。

9.2.4 任务切换

实时多任务系统，让多个任务像一个个单任务程序，准同步地运行在单个 CPU 上。多任务

系统中,一个任务包含 3 个部分:

① 程序代码,通常放在 ROM 中;

② 堆栈,放在可以通过堆栈指针访问的 RAM 中;

③ 任务控制块,放在 RAM 中。

堆栈与单任务系统中堆栈功能相同:存储函数调用时的返回地址、参数、局部变量,临时存储计算的中间结果和寄存器值。每个任务都有其独立的堆栈。

任务控制块是任务创建时分配给它的一个数据结构,其中包含任务的状态信息、堆栈指针、任务优先级、当前任务状态(就绪、等待、挂起等)和其他管理数据。这些信息保证了被中断的任务能够从它被中止的地方继续执行。任务控制块只能被操作系统访问。

图 9-9 所示为通过堆栈实现任务切换过程。调度器挂起一个等待状态下的任务(Task0)并将 CPU 的寄存器保存到该任务的堆栈内,然后通过存放在 Task n 堆栈里的 CPU 寄存器值和堆栈指针,激活一个更高优先级的任务。

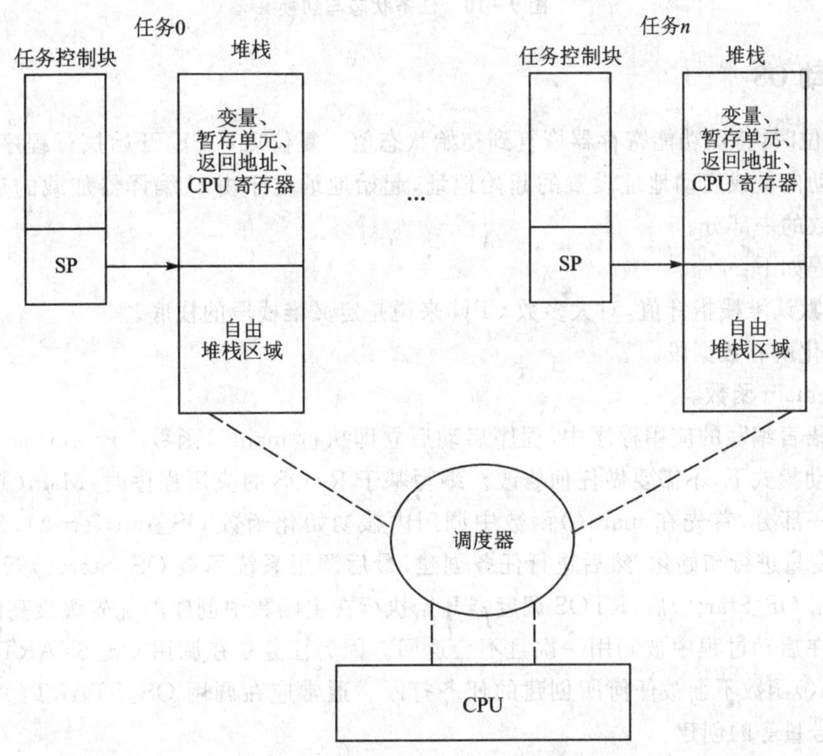

图 9-9 通过堆栈实现任务切换

每个任务在给定时间内都会处于某个特定状态。任务创建时,自动进入就绪态(TS_READY)。处于就绪态的任务可以被激活,每一次只能激活一个就绪态的任务。如果有更高优先级的任务就绪,这个高优先级任务被先激活,低优先级任务则保持就绪态。

激活了的任务可能被延迟或等待一定时间,在这种情况下它将进入延迟状态(TS_DELAY),而下一个就绪状态的最高优先级任务被激活。

激活了的任务可能需要等待一个事件(信号量、邮箱、队列),如果事件还没有发生,任务将进入等待状态,下一个就绪态的最高优先级任务被激活。

不存在的任务，不受 PowerPac RTOS 管理，表明没有被创建或已停止。

图 9-10 所示为所有可能的任务状态和它们之间的切换。

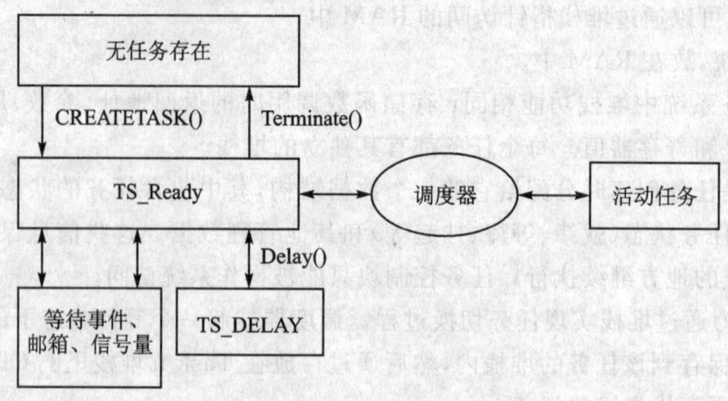

图 9-10　任务状态与切换

9.2.5　启动 OS

CPU 复位时，特殊功能寄存器恢复到初始状态值。复位后，CPU 开始执行程序，PC 寄存器指向通过启动向量或启动地址设置的起始地址，起始地址位于由 C 编译器加载的启动模块中，是标准库函数的一部分。

启动过程如下：

- 装载默认堆栈指针值，对大多数 CPU 来说是定义堆栈段的栈底。
- 初始化所有数据段。
- 调用 main 函数。

采用 C 语言编写的应用程序中，程序启动后立即执行 main()函数。PowerPac RTOS 工作在标准 C 启动模式下，不需要做任何修改。编写基于 RTOS 的应用程序时，Main()函数仍然是应用程序的一部分，首先在 main()函数中调用内核初始化函数 OS_InitKern()，对 PowerPac RTOS 系统变量进行初始化，然后进行任务创建，最后调用系统函数 OS_Start()开始进行多任务处理。调用 OS_Start()后，RTOS 调度器开始执行在主函数中创建的优先级最高的任务，OS_Start()仅仅在启动过程中被调用一次且不会返回。因为任务是在调用 OS_START()之后才开始执行，main()函数不会被任何所创建的任务打断。通常应在调用 OS_START()之前完成任务、邮箱、信号量等的创建。

【例 9-1】　基于 PowerPac RTOS 的典型应用程序。

```
#include "RTOS.H"
OS_STACKPTR int StackHP[128], StackLP[128];                    /* 任务堆栈 */
OS_TASK TCBHP, TCBLP;                                          /* 任务控制块 */

/**************************************************************
* 高优先级任务函数 *
**************************************************************/
static void HPTask(void) {
```

```
  while (1) {
    OS_Delay (10);
  }
}

/*****************************************************
 * 低优先级任务函数 *
*****************************************************/
static void LPTask(void) {
  while (1) {
    OS_Delay (50);
  }
}

/*****************************************************
 * main()函数 *
*****************************************************/
void main(void) {
  OS_InitKern();                                          /* OS 初始化 */
  OS_InitHW();                                            /* OS 所需要的硬件初始化 */
  OS_CREATETASK(&TCBHP, "HP Task", HPTask, 100, StackHP); /* 至少创建一个任务 */
  OS_CREATETASK(&TCBLP, "LP Task", LPTask, 50, StackLP);
  OS_Start();                                             /* 启动多任务 */
}
```

9.3 任务管理

PowerPac RTOS 中运行的任务需要任务控制块、堆栈以及用 C 语言编写的标准代码。编写任务代码时应遵循以下规则：

- 任务不能带有参数；
- 应用程序中不能直接调用任务；
- 任务没有返回值；
- 任务必须是无限循环或自我终止的；
- 任务创建后，由 OS_START()函数启动调度器后才开始执行。

【例 9-2】 无限循环的任务代码。

```
void Task1(void) {
  while(1) {
    DoSomething()                    /* 进行某些操作 */
    OS_Delay(1);                     /* 延时，使其他任务获得调度机会 */
  }
}
```

【例 9-3】 自我终止的任务代码。

```
void Task2(void) {
  char DoSomeMore;
    do {
      DoSomeMore = DoSomethingElse()      /* 进行某些操作 */
      OS_Delay(1);                        /* 延时,使其他任务获得调度机会 */
    } while(DoSomeMore);
  OS_Terminate(0);                        /* 任务自我终止 */
}
```

任务代码编写完成后还必须创建到 ROTS 中去。有不同的创建方式,PowerPac RTOS 提供一种简单的宏,使得多数情况下创建任务比较简单且效率高。如果需要动态地创建和删除任务,还提供了一种可以细化调整参数的 API 函数来进行任务创建。对于大部分应用,例如在初始化阶段,用宏的方式创建任务能够运行良好。PowerPac RTOS 提供了包括任务创建在内的多种任务管理 API 函数,如表 9-2 所列。

表 9-2　任务管理 API 函数

API 函数	说　明
OS_CREATETASK()	用于创建任务的宏
OS_CreateTask()	创建一个任务
OS_CREATETASK_EX()	用于创建带参数任务的宏
OS_CreateTaskEx()	创建一个带参数的任务
OS_Delay()	挂起任务一段指定时间
OS_DelayUntil()	挂起任务直到某一指定时间
OS_SetPriority()	给任务设置优先级
OS_GetPriority()	返回任务的优先级
OS_SetTimeSlice()	给任务设置时间片值
OS_Suspend()	挂起任务
OS_Resume()	递减挂起任务的计数值,计数值减为零时恢复执行任务
OS_GetSuspendCnt()	返回挂起任务的计数值
OS_Terminate()	终止任务
OS_WakeTask()	立即结束任务延迟
OS_IsTask()	确定任务块是否属于一个有效任务
OS_GetTaskID()	返回当前正在执行的任务 ID
OS_GetpCurrentTask()	返回当前正在执行的任务控制块的指针

9.4　软件定时器

软件定时器是这样一种对象:在延迟一段规定时间之后,调用用户指定的程序。通过宏 OS_CREATETIMER()可以定义无限个软件定时器。软件定时器可以像硬件定时器那样停止、启动和重新触发。定义软件定时器时,必须指定一个在延时时间结束后被调用的程序。软件定

时器程序类似于中断服务程序，它们具有比所有任务都更高的优先级，代码应该尽量简短。

在允许中断的情况下，软件定时器由 PowerPac RTOS 系统调用，它们可以被任意硬件中断所打断。通常，软件定时器运行在单次激发模式，这意味着它们仅执行一次并且仅调用其回调函数一次。通过在回调函数中调用 OS_RetriggerTimer()函数，软件定时器将以其初始延迟时间重新启动，并作为自由运行的定时器。

通过调用 OS_GetTimerStatus()，OS_GetTimerValue()和 OS_GetTimerPeriod()函数，可以检测软件定时器的状态。

软件定时器的超时值以整数形式存储，在 8/16 位 CPU 上其长度为 16 位，在 32 位 CPU 上其长度为 32 位。比较运算以带符号数实现，这意味着，在 8/16 位的 CPU 上数值为 15 位，在 32 位 CPU 上数值为 31 位。另一个需要考虑的因素是在临界区所花费的最大时间。软件定时器可能在临界区内定时时间到，由于不能从临界区调用定时器程序(定时器被挂起)，系统花费在临界区内的最大时间需要被扣除。在大多数系统中，挂起的时间不大于一个时钟节拍。为安全起见，假设系统在临界区内连续运行不多于 255 个时钟节拍，并且在 RTOS.h 文件中定义了一个宏 OS_TIMER_MAX_TIME 来确定最大超时值。通常情况下，对于 8/16 位系统，该宏的值为 0x7F00；对于 32 位系统，该宏的值为 0x7FFFFF00。如果系统在临界区内运行超过 255 时钟节拍，则应该使用更短的超时设定。

扩展软件定时器的功能与普通软件定时器类似，不同之处在于它所调用的用户程序以 void 指针作为参数。

PowerPac RTOS 提供的软件定时器 API 函数如表 9-3 所列。

表 9-3 软件定时器 API 函数

API 函数	说 明
OS_CREATETIMER()	用于创建并启动软件定时器的宏
OS_CreateTimer()	创建软件定时器，但不启动
OS_StartTimer()	启动指定的定时器
OS_StopTimer()	停止指定的定时器
OS_RetriggerTimer()	以其初值重启指定的定时器
OS_SetTimerPeriod()	为指定的定时器设置一个新的重装初值
OS_DeleteTimer()	停止并删除指定的定时器
OS_GetTimerPeriod()	返回指定定时器的当前重装值
OS_GetTimerValue()	返回指定定时器的剩余定时值
OS_GetTimerStatus()	返回指定定时器的当前状态
OS_GetpCurrentTimer()	返回指向超时定时器数据结构的指针
OS_CREATETIMER_EX()	创建并启动扩展软件定时器
OS_CreateTimer_Ex()	创建扩展软件定时器，但不启动
OS_StartTimer_Ex()	启动指定的扩展软件定时器
OS_StopTimer_Ex()	停止指定的扩展软件定时器
OS_RetriggerTimer_Ex()	以其初值重启指定的软件定时器
OS_SetTimerPeriod_Ex()	为指定的扩展软件定时器设置一个新的重装初值

续表 9-3

API 函数	说　明
OS_DeleteTimer_Ex()	停止并删除指定的扩展定时器
OS_GetTimerPeriod_Ex()	返回指定扩展定时器的当前重装值
OS_GetTimerValue_Ex()	返回指定扩展定时器的剩余定时值
OS_GetTimerStatus_Ex()	返回指定扩展定时器的当前状态
OS_GetpCurrentTimer_Ex()	返回指向超时扩展定时器数据结构的指针

9.5 资源信号量

资源信号量用于管理共享资源,避免由于同时使用一个资源而引起的冲突。被管理的资源可以是不可重入的程序,显示器之类的硬件,每次只能允许一个任务写入的 Flash 存储器,每次只能由一个任务控制的电机等。

在 PowerPac 操作系统中,任何任务在使用一个资源时,首先要通过调用系统函数 OS_Use()或 OS_Request()进行声明。如果有资源可用,任务将继续执行,同时该资源对其他任务屏蔽。如果另一个任务要使用正在被前一个任务使用的资源时,这另一个任务将被挂起,直到前一个任务释放了该资源。如果第一个任务再次调用 OS_Use()来使用该资源,则该任务不会被挂起,因为该资源只对其他任务屏蔽。

资源信号量包括一个计数器,用于记录某个任务通过调用 OS_Request() 或 OS_Use()来请求使用资源的次数。当计数器为 0 时,资源被释放,这意味着调用 OS_Unuse()的次数应当与调用 OS_Use()或 OS_Request()的次数严格一致,否则资源将继续对其他任务屏蔽。另外,任务不能通过调用 OS_Unuse()来释放一个自己并没有使用的资源。在 PowerPac 操作系统的调试版本中,任务对一个不属于自己的信号量调用 OS_Unuse()函数,将会引起 OS_Error()错误处理。

下面是一个使用资源信号量的例子。有两个完全独立的任务访问 LCD 显示器,LCD 是需要用资源信号量保护的共享资源。一个任务不能中断另一个正在向 LCD 写入数据的任务,否则将导致写入错误,因此 LCD 只能一次被一个任务访问。任务在访问 LCD 之前,先要调用 OS_Use()进行声明(如果资源被屏蔽,则自动等待),LCD 写入操作完成后,再调用 OS_Unuse()释放该资源。

【例 9-4】 使用资源信号量。

```
OS_STACKPTR int StackMain[100], StackClock[50];
OS_TASK TaskMain,TaskClock;
OS_SEMA SemaLCD;
void TaskClock(void) {
  char t = -1;
  char s[] = "00:00";
  while(1) {
    while (TimeSec == t) Delay(10);
    t= TimeSec;
```

```
    s[4] = TimeSec % 10 + '0';
    s[3] = TimeSec/10 + '0';
    s[1] = TimeMin % 10 + '0';
    s[0] = TimeMin/10 + '0';
    OS_Use(&SemaLCD);                              /* 保证没有其他任务使用 LCD */
    LCD_Write(10,0,s);                             /* 向 LCD 写入数据 */
    OS_Unuse(&SemaLCD);                            /* 释放 LCD */
  }
}

void TaskMain(void) {
  signed char pos ;
  LCD_Write(0,0,"Software tools by IAR Systems ! ") ;
  OS_Delay(2000);
  while (1) {
    for ( pos = 14 ; pos >= 0 ; pos-- ) {
      OS_Use(&SemaLCD);                            /* 保证没有其他任务使用 LCD */
      LCD_Write(pos,1,"train ");                   /* 向 LCD 写入数据 */
      OS_Unuse(&SemaLCD);                          /* 释放 LCD */
      OS_Delay(500);
    }
    OS_Use(&SemaLCD);                              /* 保证没有其他任务使用 LCD */
    LCD_Write(0,1," ") ;                           /* 向 LCD 写入数据 */
    OS_Unuse(&SemaLCD);                            /* 释放 LCD */
  }
}

void InitTask(void) {
    OS_CREATERSEMA(&SemaLCD);                      /* 创建资源信号量 */
    OS_CREATETASK(&TaskMain, 0, Main, 50, StackMain);  /* 创建任务 */
    OS_CREATETASK(&TaskClock, 0, Clock, 100, StackClock);
}
```

在多任务应用系统中，访问共享资源时应自动调用 OS_Use()和 OS_Unuse()，这样就可以像在单任务系统中一样放心使用共享资源。

【例 9－5】 使用资源信号量。

```
OS_RSEMA RDisp;                                    /* 定义资源信号量 */
void UseDisp() {                                   /* 使用显示器之前被调用的函数 */
    OS_Use(&RDisp);
}

void UnuseDisp() {                                 /* 使用显示器之后被调用的函数 */
    OS_Unuse(&RDisp);
}
void DispCharAt(char c, char x) {
```

```
    UseDisp();
    LCDGoto(x, y);
    LCDWrite1(ASCII2LCD(c));
    UnuseDisp();
}
void DISPInit(void) {
    OS_CREATERSEMA(&RDisp);
}
```

PowerPac RTOS 提供的资源信号量 API 函数如表 9-4 所列。

表 9-4 资源信号量 API 函数

API 函数	说　明
OS_CREATERSEMA()	用于创建资源信号量的宏
OS_Use()	声明一个资源信号量并对其他任务屏蔽
OS_Unuse()	释放任务正在使用的资源信号量
OS_Request()	请求指定的资源信号量,并对其他任务屏蔽
OS_GetSemaValue()	返回指定资源信号量计数器的值
OS_GetResourceOwner()	返回指向当前使用资源的任务指针
OS_DeleteRSema()	删除指定的资源信号量

9.6 计数信号量

计数信号量是一种由 PowerPac 操作系统管理的计数器,它们不像资源信号量、事件或邮箱那样频繁使用,但当任务需要等待单次或多次信号时,计数信号量是十分有用的。这种信号量可以从任意点、任意任务或任何中断中以任意方式访问。

【例 9-6】 使用计数信号量。

```
OS_STACKPTR int Stack0[96], Stack1[64];          /* 任务堆栈 */
OS_TASK TCB0, TCB1;                              /* 任务控制块 */
OS_CSEMA SEMALCD;
void Task0(void) {
  Loop:
    Disp("Task0 will wait for task 1 to signal");
    OS_WaitCSema(&SEMALCD);
    Disp("Task1 has signaled !!");
    OS_Delay(100);
    goto Loop;
}

void Task1(void) {
  Loop:
    OS_Delay(5000);
```

```
    OS_SignalCSema(&SEMALCD);
    goto Loop;
  }

void InitTask(void) {
    OS_CREATECSEMA(&SEMALCD);                          /* 创建信号量 */
    OS_CREATETASK(&TCB0, NULL, Task0, 100, Stack0);    /* 创建 Task0 */
    OS_CREATETASK(&TCB1, NULL, Task1, 50, Stack1);     /* 创建 Task1 */
}
```

PowerPac RTOS 提供的计数信号量 API 函数如表 9-5 所列。

表 9-5　计数信号量 API 函数

API 函数	说　明
OS_CREATECSEMA()	用于创建零初值计数信号量的宏
OS_CreateCSema()	创建计数信号量并赋予一个指定的初值
OS_SignalCSema()	信号量计数器的值增量
OS_SignalCSemaMax	信号量计数器的值增量到指定的最大值
OS_WaitCSema()	信号量计数器的值减量
OS_CSemaRequest()	如果可用,信号量计数器的值减量
OS_WaitCSemaTimed	如果在指定时间内可得到信号量,则计数器的值减量
OS_GetCSemaValue()	返回指定信号量计数器的值
OS_SetCSemaValue()	设置指定信号量计数器的值
OS_DeleteCSema()	返回指定信号量计数器的值

9.7　邮　箱

9.6 节中介绍了使用信号量来实现任务同步,但是信号量不能在任务间传递数据。可以通过缓冲区实现任务间数据传递,即在每次访问缓冲区时用资源信号量。这种方法将导致系统效率下降,另外,还无法在中断处理程序中访问缓冲区,因为中断处理不允许等待资源信号量。

另一种实现任务间数据传递的方法是采用全局变量。在这种情形下,每次访问全局变量时必须关中断。这种方法也有缺点。对一个任务来说,等待字符被放入缓冲区,而不检查包含缓冲区内字符数量的全局变量是很困难的。还有一种方法,就是每次将字符写入缓冲区时通过某个事件来通知任务,这就是采用消息邮箱来实现任务间数据传递的方法。

邮箱是由实时操作系统管理的一种缓冲区,像普通缓冲区一样操作,可以向其中写入和读取各种消息。邮箱通常以先进先出(FIFO)方式工作,先写入的消息先被收到。

邮箱的数量取决于可用存储器容量,其中对消息的限制为

1<=消息长度<=127 字节,

1<=消息数量 x<=32 767。

这些限制可以保证高效的编码和管理。如果需要处理长度大于 127 字节的消息,可以采用

后面介绍的队列方法。

邮箱可以作为键盘缓冲区应用。在键盘应用程序中采用任务、软件定时器或者中断服务程序来进行按键检测。当检测到有键被按下时,将对应的按键消息存入作为键盘缓冲区的邮箱中,处理键盘输入的任务,从邮箱获取按键消息。通常按键消息为单字节的键值代码,因此该消息的长度为 1 字节。用邮箱作为键盘缓冲区的优势在于高效的管理,其可靠性高,无需额外开销。任务不必轮询缓冲区,只要简单地对某个特定邮箱调用 OS_GetMail()函数,就可以轻松等待按键键值。储存在邮箱中的键值数量,仅取决于创建邮箱时所设定的邮箱缓冲区大小。

邮箱也可以作为串行 I/O 缓冲区应用。串行 I/O 通常用于辅助中断处理程序。采用邮箱可使对这些中断处理程序的通信变得非常容易。任务程序和中断处理程序,都可以在邮箱中存储或接收消息。与键盘缓冲区一样,消息长度为一个字符。

对于中断驱动发送,由任务调用 OS_PutMail()或 OS_PutMailCond()函数将字符存入邮箱;当一个新字符可以被发送时,激活中断处理程序,并通过调用 OS_GetMailCond()函数接收该字符。

对于中断驱动接收,由收到一个新字符而激活的中断处理程序通过调用 OS_PutMailCond()函数将字符存入邮箱,任务通过调用 OS_GetMail()或 OS_GetMailCond()函数接收该字符。

邮箱还可以作为任务命令发送缓冲区应用。创建一个任务来控制电机,给这个任务下命令的简单方式是定义一个命令结构体作为邮箱消息,消息的长度就是这个结构体的长度。

需要在较短时间内传输大量数据时,传输时间是一个关键参数。在很多情况下,邮箱被简单地用于保存和发送单字节消息,如前面介绍的使用邮箱实现串行接口对字符的接收或发送,或使用邮箱作为键盘缓冲区等。为了减小管理邮箱的时间开销,PowerPac RTOS 提供了单字节邮箱函数。通用邮箱函数 OS_PutMail(), OS_PutMailCond(), OS_GetMail()和 OS_GetMailCond()可以每次传递 1～127 字节长度的消息。对应的单字节函数 OS_PutMail1(), OS_PutMailCond1(), OS_GetMail1(), and OS_GetMailCond1()每次传递 1 字节长度的消息,并以相同的方式工作。由于管理简单,执行速度更快。如果需要采用邮箱传递大量的单字节数据,建议使用单字节邮箱函数。

PowerPac RTOS 提供的邮箱 API 函数如表 9-6 所列。

表 9-6 邮箱 API 函数

API 函数	说 明
OS_CREATEMB()	建立一个邮箱的宏
OS_PutMail()	在邮箱中存入一个新消息,消息长度预先定义
OS_PutMail1()	在邮箱中存入一个新的单字节消息
OS_PutMailCond()	如果邮箱还能再接收消息,存入一个预定义长度的新消息
OS_PutMailCond1()	如果邮箱还能再接收消息,存入一个新的单字节消息
OS_PutMailFront()	在所有其他消息前面存入预定义长度的新消息,它将被最先取出
OS_PutMailFront1()	在所有其他消息前面存入单字节消息,它将被最先取出
OS_PutMailFrontCond()	如果邮箱还能再接收消息,则在所有其他消息前面存入预定义长度的新消息

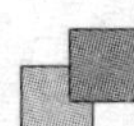

续表 9-6

API 函数	说　明
OS_PutMailFrontCond1()	如果邮箱还能再接收消息，则在所有其他消息前面存入单字节消息
OS_GetMail()	从邮箱中取出预定义长度的消息
OS_GetMail1()	从邮箱中取出单字节消息
OS_GetMailCond()	如果消息存在，则从邮箱中取出预定义长度的消息
OS_GetMailCond1()	如果消息存在，则从邮箱中取出单字节消息
OS_GetMailTimed()	如果消息在一定时间内可用，则取出预定义长度的消息
OS_WaitMail()	一直等到消息可用，但不取出消息
OS_ClearMB()	清空指定邮箱中的消息
OS_GetMessageCnt()	返回指定邮箱中消息的数量
OS_DeleteMB()	删除指定邮箱

9.8 队　列

上一节描述了使用邮箱进行任务间通信的方法。邮箱只能用于处理具有固定数据长度的少量消息，当任务间通信需要传输大量消息或可变长度消息时，就需要采用队列方式。

队列由一个数据缓冲区和一个由实时操作系统管理的控制结构组成。队列类似普通缓冲区，可以对消息进行存取操作。队列遵循先进先出(FIFO)规则，即先存入的消息被先取出。

队列和邮箱有3个主要不同点：

① 队列可以容纳不同长度的消息。消息放入队列时，消息长度以参数形式传递。

② 从队列中取出消息时，不是复制消息，而是返回一个指向消息的指针和消息长度。当消息写入队列时仅对数据复制一次，从而增强了队列的性能。

③ 取出消息的函数必须在对消息进行处理后，删除消息。

队列的数量和大小仅仅受到可用存储空间大小的限制，任何数据结构都可以写入队列，消息长度不固定。

PowerPac RTOS提供的队列API函数如表9-7所列。

表 9-7　队列 API 函数

API 函数	说　明
OS_Q_Create()	建立并且初始化队列
OS_Q_Put()	将一个给定长度的消息存入队列
OS_Q_GetPtr()	从队列中取出消息
OS_Q_GetPtrCond()	如果队列中有消息，则取出消息，否则返回而不挂起
OS_Q_GetPtrTimed()	如果队列中有消息，则在一定时间内取出消息
OS_Q_Purge()	删除队列中最后取出的消息
OS_Q_Clear()	删除队列中全部消息
OS_Q_GetMessageCnt()	返回队列中消息的数量

9.9 任务事件

任务事件是另一种任务间通信的方式。与信号量和邮箱不同，任务事件是针对单一、特定接受者的消息。换句话说，任务事件只能发送给特定的任务。

使用任务事件的目的是使一个任务等待一个特殊事件的发生，或等待几个事件中的一个事件发生。处于等待事件任务保持未激活状态，直到事件被另一个任务、软件定时器或中断处理程序触发。事件可以为任意形式，如输入信号的改变，定时器定时时间到，按键按下，收到一个字符，执行了一条命令等。

每个任务都有1字节(8位)掩码，这意味着一个任务可以接收和分辨8个不同的事件。任务通过调用 OS_WaitEvent()函数等待由位掩码指定的事件，只要有一个事件发生，就必须通过调用 OS_SignalEvent()函数来通知该任务，等待任务立即转换到就绪状态，一旦变成所有就绪状态中最高优先级的任务，它就会按照调度器规则被激活。

PowerPac RTOS 提供的任务事件 API 函数如表 9-8 所列。

表 9-8 任务事件 API 函数

API 函数	说明
OS_WaitEvent()事件存储区	等待由位掩码指定的事件，并在事件发生后清除事件存储区
OS_WaitSingleEvent()	等待由位掩码指定的事件，并在事件发生后仅清除该事件
OS_WaitEventTimed()	在一定时间内等待事件发生，并在事件发生后清除事件存储区
OS_WaitSingleEventTimed()	在一定时间内等待事件发生，并在事件发生后仅清除该事件
OS_SignalEvent()	为指定任务通知事件发生
OS_GetEventsOccurred()	为指定任务返回已经发生的事件列表
OS_ClearEvents()	返回事件的状态，并且清除指定任务的事件

9.10 事件对象

事件对象是另一种通信和对象同步的方法。与任务事件不同，事件对象是单独的对象，不属于任何一个任务。

事件对象的目的是使一个或多个任务等待某个特定事件的发生。任务可以保持挂起状态，直到另一个任务通过软件定时器或中断处理程序触发了事件。事件可以为任意形式，如输入信号的变化，定时器定时时间到，按键按下，收到一个字符，执行一条命令等。与任务事件相比，信号函数不需要知道哪一个任务在等待事件的发生。

PowerPac RTOS 提供的事件对象 API 函数如表 9-9 所列。

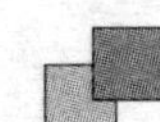

表 9-9 事件对象 API 函数

API 函数	说 明
OS_EVENT_Create()	创建事件对象,事件对象必须创建之后才能使用
OS_EVENT_Wait()	等待事件
OS_EVENT_WaitTimed()	在规定时间内等待事件
OS_EVENT_Set()	设定事件或者使等待任务恢复执行
OS_EVENT_Reset()	清除或者重设事件为未设定状态
OS_EVENT_Pulse()	设定事件,恢复执行等待的任务,然后重设事件
OS_EVENT_Get()	返回事件对象的状态
OS_EVENT_Delete()	删除事件对象

9.11 堆类型内存管理

ANSI C 提供了一些基本动态内存管理函数,如 malloc,free 和 realloc 等,这些函数只有在编译器特定运行库中存在线程安全实现时才是线程安全的。它们只能在单任务系统中调用,或者在多任务系统中按顺序调用。PowerPac RTOS 为这些函数提供了任务安全的派生函数,它们在 ANSI 标准函数名前面冠以前缀 OS_,即 OS_malloc(),OS_free()和 OS_realloc()。这些线程安全的派生函数使用标准 ANSI 程序,通过使用资源信号量保证对这些函数的调用为连续。

堆类型内存管理函数,属于 PowerPac RTOS 库函数,如果不被引用,将不占用资源。需要注意的是这些函数可能存在另一个问题,作为堆使用的内存可能存在碎片。这可能导致虽然内存总量足够,但在单个存储器块中却没有足够的可用内存来满足分配请求。

PowerPac RTOS 提供的堆类型内存管理 API 函数如表 9-10 所列。

表 9-10 堆类型内存管理 API 函数

API 函数	说 明
OS_malloc()	分配一段内存空间
OS_free()	释放以前分配的内存空间
OS_realloc()	改变内存分配的大小

9.12 固定块大小的内存池

固定块大小的内存池包含许多数量明确、大小固定的内存块。这个内存池所处的位置,每个块的大小以及这些块的数量都是在应用程序运行时通过对函数 OS_MEMF_CREATE()的访问来设置的。固定内存池的优点是能在一个很短,确定的时间段里为任意一个任务分配一个内存块。

PowerPac RTOS 提供的内存池 API 函数如表 9-11 所列。

表 9-11　内存池 API 函数

API 函数	说　明
OS_MEMF_Create	创建固定块内存池
OS_MEMF_Delete	删除固定块内存池
OS_MEMF_Alloc	从给定内存池中分配内存块。如果块不可用，则等待
OS_MEMF_AllocTimed	从给定内存池中分配内存块。如果块不可用，等待一段规定时间之后不再等待
OS_MEMF_Request	如果可用，则从给定内存池中分配内存块
OS_MEMF_Release	从给定内存池中释放内存块
OS_MEMF_FreeBlock	从任意内存池中释放内存块
OS_MEMF_GetNumFreeBlocks	返回内存池中可用内存块的数量
OS_MEMF_IsInPool	如果内存池中有内存块，则返回 1
OS_MEMF_GetMaxUsed	返回在同一段时间内存池中使用内存块的最大数量
OS_MEMF_GetNunBlocks	返回内存池中内存块的数量
OS_MEMF_GetBlockSize	返回给定内存池中内存块的大小

9.13 堆　栈

堆栈是一段内存空间，用于保存函数调用时的返回地址、参数和局部变量以及一些临时变量。除非 CPU 提供单独的堆栈供中断函数使用，中断服务程序也使用堆栈来保存返回地址和标志寄存器。一个单任务程序需要一个堆栈。在多任务系统中，每个任务都需要有一个属于它自己的堆栈。

堆栈需要规定一个最小存储空间，这个空间是在最坏嵌套条件下，由所有程序使用的堆栈总和来决定的。如果堆栈空间太小，由于堆栈溢出将导致严重的程序错误。PowerPac RTOS 可以监视堆栈空间的大小，当检测到堆栈溢出时，会调用程序出错函数 OS_Error()，但是 PowerPac RTOS 不能可靠地检测堆栈溢出。将堆栈空间定义为比所需要的空间大并没有太多坏处，只是浪费了一些内存空间而已。

1. 系统堆栈

应用程序在调用 OS_Start()函数启动 PowerPac RTOS 之前，将会用到系统堆栈。调用 OS_Start()函数启动 RTOS 后，系统堆栈仅在没有任务执行时由 RTOS 调度器、软件定时器及其回调程序使用。

2. 任务堆栈

每一个 PowerPac RTOS 任务都有一个单独的堆栈，堆栈的位置和大小是在任务创建过程中定义的。一个任务堆栈的最小空间主要取决于 CPU 和编译器。

3. 中断堆栈

为减少多任务环境中堆栈空间的大小，一些处理器对于中断服务程序采用特定的堆栈区域（称为硬件中断堆栈）。如果没有硬件中断堆栈，就需要为每一个任务堆栈添加中断服务程序的

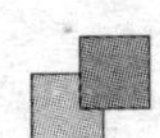

堆栈空间。

即使 CPU 不支持硬件中断堆栈，PowerPac RTOS 也支持为中断设置单独堆栈，这种支持是通过在中断服务程序开始处调用 OS_EnterIntStack()函数，在中断服务程序即将结束时调用 OS_LeaveIntStack()函数来实现的。对于 CPU 已经支持硬中断堆栈或者不支持单独中断堆栈的场合，这些函数的调用将视为空宏。

PowerPac RTOS 提供的堆栈 API 函数如表 9-12 所列。

表 9-12 堆栈 API 函数

API 函数	说 明
OS_GetStackSpace()	返回任务堆栈未被使用的部分

9.14 中 断

当 CPU 正在处理某件事情的时候，外部发生的某一事件(如电平的改变、脉冲边沿跳变、定时器溢出等)请求 CPU 迅速去处理，于是 CPU 暂时中断当前的工作，转去处理所发生的事件，处理完该事件以后，再回到原来被中断的地方，继续原来的工作，这样的过程称为中断。中断使 CPU 能对各种事件做出迅速反应，提高工作效率。

当中断发生时，CPU 暂停正在执行的任务，保存当前工作寄存器，并转去执行一个称为 ISR 的中断服务子程序。ISR 执行完成后，程序返回到就绪状态中最高优先级的任务。一般中断是可屏蔽的，它们可以在任何时候发生，除非它们被 CPU 的“关中断”指令所屏蔽。ISR 可以嵌套，即在一个 ISR 中可以识别并执行另一个 ISR。

9.14.1 中断延时

中断延时是指从中断请求开始到执行中断服务程序第一条指令的时间间隔。

每个计算机系统都有中断延时。中断延时取决于不同因素，甚至在相同计算机系统中也可能不同，需要考虑的是最坏情况下的中断延时。

1. 中断延时产生的原因

- 首先中断延时是由硬件产生的，中断请求信号需要与 CPU 时钟同步。根据同步逻辑，在中断请求到达 CPU 内核前，一般会有 3 个 CPU 时钟周期丢失。
- CPU 需要执行完当前指令，这个指令可能占据大量时钟周期。在很多系统中，除法、多重乘法和内存拷贝指令都需要占据大量时钟周期。此外，内存访问也需要占据额外的时钟周期。在 ARM7 系统中，指令 STMDB SP!，{R0-R11，LR}就是典型最坏情况下的指令。该指令将 13 个 32 位寄存器存储到堆栈中，CPU 需要 15 个时钟周期。
- 内存系统在等待状态下可能需要额外的时钟周期。
- 执行完当前指令后，CPU 进行模式切换或将寄存器的值压入堆栈。一般来说，前者所需要的 CPU 时钟周期较少。
- 现代 CPU 大都采用流水线方式工作。一条指令的执行发生在流水线的不同阶段。当指令到达最后阶段时，执行该指令。模式切换改变了流水线，因而需要额外的时钟周期。

2. 其他原因

根据系统所用类型不同,中断延时还有其他原因。

- 缓存线路填充产生的延时。如果系统中有一个或多个缓存,而它们可能并不包含所需数据,这时则不仅需要从内存加载数据,而且在许多情况下,需要执行完整的线路填充,即从内存中读取多个字的数据。
- 回写缓存产生的延时。一个缓存错误将导致整行被替换。如果该行被标记为错误,就需要回写到主内存中,这将导致额外的延时。
- 执行 MMU 转换表产生的延时。

转换表运行要占据相当的时间,尤其是当它们涉及潜在的慢主存访问时。

- 应用程序产生的延时。应用程序禁止中断也会产生额外的延时。
- 中断程序产生的延时。大多数系统,在 ISR 中重新开放一个中断,会增加延时。
- RTOS 产生的延时。RTOS 系统需要临时关闭中断,以便调用 RTOS 的 API 函数,这将增加了中断延时。PowerPac RTOS 系统仅关闭低优先级的中断,因此并不影响高优先级中断的延时。

3. 零中断延时

严格意义上的零中断延时,对于上面的描述来说是不可能的。这里所讲的零中断延时是指高优先级的中断延时不受 RTOS 影响。

4. 高/低优先级中断

大多数 CPU 支持不同优先级的中断。不同优先级产生以下两种影响:

- 如果同时产生了不同优先级的中断,拥有较高优先级的中断将会得到优先处理,对应的 ISR 将会被先执行。
- 低优先级中断源不能中断高优先级的中断服务程序。

中断优先级别的多少取决于 CPU 和中断控制器。PowerPac RTOS 能区分两种不同级别的中断,即高优先级和低优先级中断。它们的区别在于:低优先级中断会调用 PowerPac RTOS 的 API 函数,从而导致 RTOS 引起的延时。高优先级中断不会调用 PowerPac RTOS 的 API 函数,因此没有因 RTOS 引起的延时,即高优先级具有零延时。ARM 处理器支持 IRQ 中断和 FIQ 快中断。使用 PowerPac RTOS 时,FIQ 被视为高优先级中断。

9.14.2 中断处理规则

1. 一般规则

中断处理有若干规则,适用于单任务系统及 PowerPac RTOS 多任务系统。

- 保存和恢复寄存器的值。中断处理必须完全恢复任务环境,这个环境一般仅由寄存器组成,因此中断服务程序(ISR)开始执行时应保存所有寄存器,中断服务程序结束时再予以恢复。
- 中断处理必须尽快完成。中断处理应该只用于保存一个接收值或者仅触发一个常规任务操作,它不应该处于等待状态或执行轮循操作。

2. 抢占式多任务处理的其他规则

PowerPac RTOS 这样的抢占式多任务系统,需要知道正在执行的程序是当前任务的一部分,还是一个中断处理程序。这是因为 PowerPac RTOS 在执行一个中断处理的过程中不能进

行任务切换，只能在中断处理结束后才能执行任务切换。

如果任务切换发生在一个 ISR 执行期间，那么当被中断了的任务再次变成当前任务后，继续执行 ISR。这一点对于中断处理来说不成问题，因为它已经关中断，并且不会调用任何 PowerPac RTOS 函数。这就导致了下面一条规则：

● 重新开放了中断或者使用了任何 PowerPac RTOS 函数的中断函数，在执行其他命令之前，都需要先调用 OS_EnterInterrupt()函数，并在返回前，调用 OS_LeaveInterrupt()或 OS_ LeaveInterruptNoSwitch()函数作为最后命令。

  如果 ISR 使一个更高优先级的任务就绪，那么任务切换就会发生在程序 OS_LeaveInterrupt()当中。当被中断的任务再次就绪时，ISR 结束执行。调试中断程序时请不要混淆。这已经被证明为在中断服务程序中进行任务切换初始化的有效手段。

  如果在中断服务程序结束时不需要快速任务激活，则可用 OS_ LeaveInterruptNoSwitch()函数来代替。

3. 从 ISR 中调用 PowerPac RTOS 函数

从 ISR 中调用 PowerPac RTOS 函数之前，必须告知 RTOS 有中断服务程序正在运行。

4. 中断嵌套

默认情况下，在 ISR 中中断是关闭的。在中断处理中重新开放中断，会允许更多同级或比当前中断程序更高级的中断执行，这称为中断嵌套，其执行过程如图 9-11 所示。

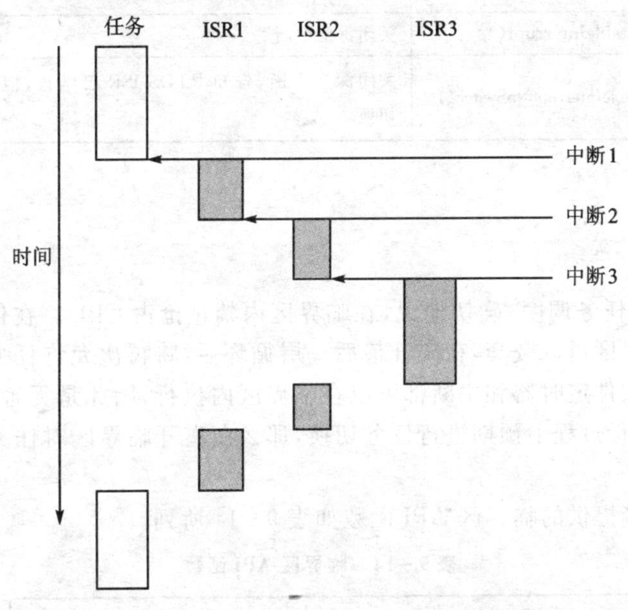

图 9-11　中断嵌套的执行过程

对应用程序来说，要求中断延时尽量短。在 ISR 中开放或关闭中断，必须由 PowerPac RTOS 提供的函数来完成。可以在中断处理过程中使用 OS_EnterNestableInterrupt()和 OS_LeaveNestableInterrupt()来重新开放中断。中断嵌套将导致跟踪变得困难，因此不建议在中断处理时开放中断。OS_EnterNestableInterrupt()函数用于在 ISR 中开放中断并且防止进一步的任务切换；OS_LeaveNestableInterrupt()函数用于在中断程序结束前关中断，从而恢复到默认状态。

5. 不可屏蔽中断

PowerPac RTOS 通过关中断执行原子操作，但是不可屏蔽中断不能被关闭，这意味着它能中断这些原子操作。因此，对不可屏蔽中断的使用应该特别小心，并且应在没有调用任何 PowerPac RTOS 函数的情况使用。

PowerPac RTOS 提供的中断 API 函数如表 9－13 所列。

表 9－13　中断 API 函数

API 函数	说　明
OS_EnterInterrupt()	告知 RTOS 中断程序正在执行
OS_LeaveInterrupt()	告知 RTOS 中断程序运行结束，执行 ISR 任务切换
OS_LeaveInterruptNoSwitch()	告知 RTOS 中断程序运行结束，但不执行 ISR 任务切换
OS_IncDI()	关中断计数器(OS_DICnt)加 1，并关中断
OS_DecRI()	关中断计数器(OS_DICnt)减 1，计数器为 0 时开中断
OS_DI()	关中断，不改变关中断计数器的值
OS_EI()	无条件开中断
OS_RestoreI()	根据关中断计数器的值，恢复中断标志状态
OS_EnterNestableInterrupt()	重新开中断，同时 RTOS 内部临界区域计数器加 1，从而关闭更多任务切换
OS_LeaveNestableInterrupt()	关闭深层中断
OS_LeaveNestableInterruptNoSwitch()	关闭深层中断，告知 RTOS ISR 已结束，但不执行任务切换

9.15　临界区

在临界区内禁止任务调度，确切地说，在临界区内禁止抢占 CPU。在任务执行的任何阶段都能定义临界区，临界区可以嵌套，在离开最后一层循环后，将再次允许任务调度。中断在临界区内仍然是合法的，软件定时器和中断都可以在临界区内执行，因此是无害的，不过也没什么好处。如果在临界区执行过程中预期进行任务切换，那么在离开临界区时任务切换能够得到正确的执行。

PowerPac RTOS 提供的临界区 API 函数如表 9－14 所列。

表 9－14　临界区 API 函数

API 函数	说　明
OS_EnterRegion()	告知 OS 临界区域开始
OS_LeaveRegion()	告知 OS 临界区域结束

9.16　系统变量

定义系统变量是为了对操作系统的工作有更深入的理解，同时使调试变得更容易。不要改

变任何系统变量的值，系统变量是可访问的，并且没有声明为常量，但它们只能通过 PowerPac RTOS 函数来改变。有些系统变量是非常有用的，尤其是时间变量。

1. OS_Time

这是以节拍(通常为 1 ms)为单位的时间变量。时间变量有一个时间单位分辨率，通常为 1/1 000 s，它是介于两次连续调用 PowerPac RTOS 中断处理之间的时间。使用 OS_GetTime() 函数或 OS_GetTime32()函数，可以实现对这个变量的直接访问，

2. OS_TimeDex

该变量仅作内部使用。它包含下一个任务切换的时间或定时器预期激活的时间。如果满足 ((int)(OS_Time - OS_TimeDex)) >= 0，则检测任务列表和定时器列表，以便激活一个任务或定时器。激活之后，OS_TimeDex 将会分配给下一任务或将要激活的定时器作为时间标记。

9.17 目标系统的配置

启动 PowerPac RTOS 不需要任何配置，已经提供了启动项目，可以在用户系统中执行；提供了配置定义文件 RTOSInit.c 的源代码，其中包含一些硬件相关函数，如表 9-15 所列。根据不同需要对该文件进行适当修改，即可适应大部分嵌入式系统应用的需要。该文件是与应用程序一起编译和链接的。

表 9-15 硬件相关函数

函 数	说 明
OS_InitHW()	初始化用于产生中断的硬件定时器。PowerPac RTOS 需要一个定时器中断来确定何时激活等待延迟期满的任务，何时调用软件定时器以及保持时间变量为最新
OS_Idle()	只要没有其他任务(或中断服务程序)处于就绪态准备执行，就一直执行空循环
OS_GetTime_Cycles()	周期性读取时间标志，周期长度取决于系统
OS_ISR_Tick()	PowerPac RTOS 定时器中断处理。使用不同定时器时，要经常检查特定中断向量

1. 设置系统频率

RTOSInit.c 文件中用 OS_FSYS 来定义系统频率，单位为 Hz。改变 OS_FSYS 的值，就改变了系统频率。

2. 使用不同定时器来产生 PowerPac RTOS 的节拍中断

PowerPac RTOS 通过在 OS_InitHW()函数中对定时器进行初始化，实现每毫秒产生一次定时器中断。如果希望采用不同定时器，可以修改 OS_InitHW()函数对选定的定时器进行初始化。更多关于初始化的信息，请参阅 RTOSInit.c 文件中的注释。

3. 改变节拍频率

PowerPac RTOS 通常每毫秒产生一次中断，采用 OS_FSYS 来计算系统定时器每秒中断 1 000次的重装值，因此中断频率为 1 kHz。也可以采用更低或更高的中断频率。如果选择不同

于 1 kHz 的中断频率，时间变量 OS_Time 的值将不再是 1 ms 的倍数。如果选择 1 ms 的倍数作为节拍时间，基本时间单位将通过宏 OS_CONFIG()配置为 1 ms。基本时间单位并不要求必须是 1 ms，也可以是 100 μs，10 ms 或其他值。对大多数应用程序来说，选择 1 ms 较为适合。

4. 宏配置 OS_CONFIG()

在定时器中断间隔为 1 ms 的倍数以及采用 1 ms 作为延时基准时间的情况下，可以采用宏 OS_CONFIG()来配置 PowerPac RTOS。OS_CONFIG()决定了系统频率以及 RTOS 每个节拍需要多少个系统时间单位。

【例 9-7】 每次 RTOS 定时器中断，使时间变量 OS_Time 加 1。这是 PowerPac RTOS 的默认配置。

```
OS_CONFIG(8000000,8000);     /* 配置 OS：系统频率，节拍数/中断 */
```

【例 9-8】 每次 RTOS 定时器中断，使时间变量 OS_Time 加 2。

```
OS_CONFIG(8000000,16000);    /* 配置 OS：系统频率，节拍数/中断 */
```

如果基本定时器被初始化为 500 Hz，将导致 PowerPac RTOS 每 2 ms 产生一次定时器中断，这时调用 OS_Delay(10)函数，将产生 20 ms 左右的延时；如果采用例 9-8 的配置，则调用 OS_Delay(10)时，将产生大约 10 ms 左右的延时。

5. 省电模式

很多 CPU 支持省电模式(STOP/HALT/IDLE)，在系统空闲时减少对电能的消耗。只要定时器中断可以在每个 RTOS 节拍唤醒系统，或者利用其他中断源激活任务，这些模式就可以被用来节省电源消耗。必要时，可以通过修改 OS_Idle()函数使 CPU 在空闲时切换到省电模式，该函数位于 RTOSInit.c 文件中。

9.18 定时测量

IAR PowerPac RTOS 支持低分辨率和高分辨率两种基本类型的运行时间测量，用来计算用户代码任一部分的执行时间。低分辨率测量以节拍作为时间基准，高分辨率测量则基于一个称为周期的时间单位，该周期的长度取决于定时器时钟频率。

9.18.1 低分辨率测量

低分辨率测量中系统时间变量 OS_Time 是以节拍或毫秒为单位来衡量的。低分辨率函数 OS_GetTime()和 OS_GetTime32()，可以返回时间变量的当前值。采用低分辨率测量很简单，在用户代码开始执行之前获得一次系统时间变量值，执行完成后再获得一次时间变量值，两次时间变量值之差就是用户代码的执行时间。

采用低分辨率测量具有潜在的不准确性。例如节拍时间为 1 ms，时间变量 OS_Time 将随着每个节拍中断或隔 1 ms 加 1。如果中断实际上发生在 1.4 个节拍，而系统时间变量仍将以 1 个节拍为单位来测量，这样就会导致测量误差。随着运行时间的增加，这个问题会越来越严重。低分辨率测量需要进行 2 次，每次测量误差可能高达 1 个节拍，最高误差可达 2 个节拍。

图 9-12 所示为低分辨率测量的工作过程。可以看到对用户代码执行时间的测量从0.5 ms

开始，到 5.2 ms 结束，实际运行时间应为 5.2－0.5＝4.7(ms)。然而当节拍以 1 ms 为单位时，第一次调用 OS_GetTime()函数的返回值为 0，第二次调用的返回值为 5，这样计算得到的代码执行时间将为 5－0＝5(ms)。由此可见，低分辨率测量存在误差，但是这种方法具有速度快的特点，对于许多应用而言已经可以满足需要，因此在某些情况下，它比高分辨率测量更为常用。

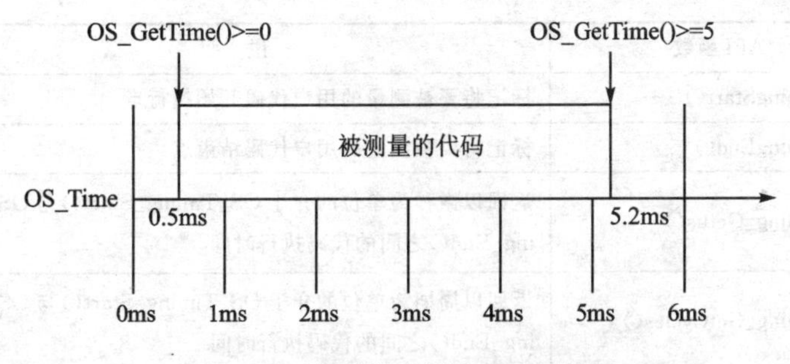

图 9－12 低分辨率测量的工作过程

PowerPac RTOS 提供的低分辨率测量 API 函数如表 9－16 所列。

表 9－16 低分辨率测量 API 函数

API 函数	说 明
OS_GetTime()	以节拍为单位返回当前系统时间
OS_GetTime32()	以节拍(tick)的 32 位值返回当前系统时间

9.18.2 高分辨率测量

高分辨率测量的分辨率取决于所使用的 CPU，典型值为 1 μs，它比低分辨率测量要精确 1 000倍。

与采用单个节拍为计时单位不同，高分辨率测量采用对已完成的节拍周期进行计数。如图 9－13 所示，假设 CPU 有一个定时器以 10 MHz 的频率运行，并且正在计数。每个节拍的周期数为 10 MHz/1 kHz＝10 000。这意味着，对于每一个节拍中断，定时器都将重新从 0 开始重新计数到 10 000。对用户代码执行时间的测量以调用 OS_Timing_Start()函数开始，计算出 5 000 个周期，以调用 OS_Timing_End()函数结束，计算出 52 000 个周期(这两个值都保持内部跟踪)。因此用户代码的执行时间为 52 000－5 000＝ 47 000 个周期，相当于 4.7 ms。

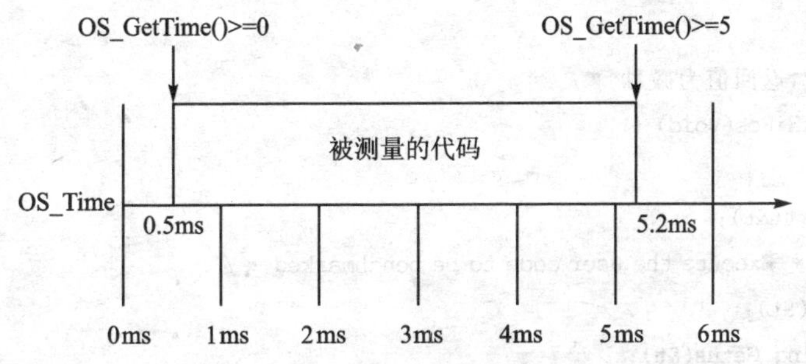

图 9－13 高分辨率测量的工作过程

可以采用 OS_Timing_GetCycles()函数返回的周期数作为用户代码执行时间，更常用的是

OS_Timing_Getus()函数，它返回以微秒为单位的值作为用户代码执行时间。在本例中，OS_Timing_Getus()函数的返回值为 4 700 μs。

PowerPac RTOS 提供的高分辨率测量 API 函数如表 9-17 所列。

表 9-17　高分辨率测量 API 函数

API 函数	说　明
OS_TimingStart()	标记将要被测量的用户代码开始执行点
OS_TimingEnd()	标记将要被测量的用户代码结束点
OS_Timing_Getus()	返回以微秒为单位的介于 OS_Timing_Start()与 OS_Timing_End()之间的代码执行时间
OS_Timing_GetCycles()	返回以周期为单位的介于 OS_Timing_Start()与 OS_Timing_End()之间的代码执行时间

【例 9-9】　采用低分辨率和高分辨率测量同一代码的执行时间。

```
#include "RTOS.H"
#include <stdio.h>

OS_STACKPTR int Stack[1000];                    /* 任务堆栈 */
OS_TASK TCB;                                    /* 任务控制块 */
volatile int Dummy;
void UserCode(void) {
  for (Dummy = 0; Dummy < 11000; Dummy++);      /* 花费一定时间 */
}
/* 低分辨率测量，返回值为毫秒(节拍数) */
int BenchmarkLoRes(void) {
  int t;
  t = OS_GetTime();
  UserCode(); /* Execute the user code to be benchmarked */
  t = OS_GetTime() - t;
  return t;
}

/* 高分辨率测量，返回值为微秒 */
OS_U32 BenchmarkHiRes(void) {
  OS_U32 t;
  OS_Timing_Start(&t);
  UserCode(); /* Execute the user code to be benchmarked */
  OS_Timing_End(&t);
  return OS_Timing_Getus(&t);
}

void Task(void) {
```

```
    int tLo;
    OS_U32 tHi;
    char ac[80];
    while (1) {
      tLo = BenchmarkLoRes();
      tHi = BenchmarkHiRes();
      sprintf(ac, "LoRes: %d ms\n", tLo);
      OS_SendString(ac);
      sprintf(ac, "HiRes: %d us\n", tHi);
      OS_SendString(ac);
    }
}

/*********************************************************
 * main 函数
 *********************************************************/
void main(void) {
    OS_InitKern();                  /* OS 初始化 */
    OS_InitHW();                    /* 硬件初始化 */
    /* 这里至少应创建一个任务 */
    OS_CREATETASK(&TCB, "HP Task", Task, 100, Stack);
    OS_Start();                     /* 启动 OS */
}
```

本例输出结果如下：

```
LoRes: 7 ms
HiRes: 6641 μs
LoRes: 7 ms
HiRes: 6641 μs
LoRes: 6 ms
```

9.19 实时操作系统调试插件

IAR EWARM 开发环境中集成了 PowerPac RTOS 的 C-SPY 调试插件。单击 Project 下拉菜单中的 Options 选项，在弹出对话框的 Category 栏单击 Debugger 进入调试器配置，选择其中的 Plugins 选项卡，并选中 PowerPac RTOS 复选框，如图 9-14 所示。

这时进入调试状态，将会出现一个如图 9-15 所示的 PowerPac RTOS 下拉菜单，分为 3 栏，第一栏用于显示任务列表、邮箱、定时器、资源信号量、系统信息等，第二栏用于对调试插件进行设置，第三栏用于显示调试插件的版本信息。表 9-18 列出了 PowerPac RTOS 菜单对应的各个命令选项。

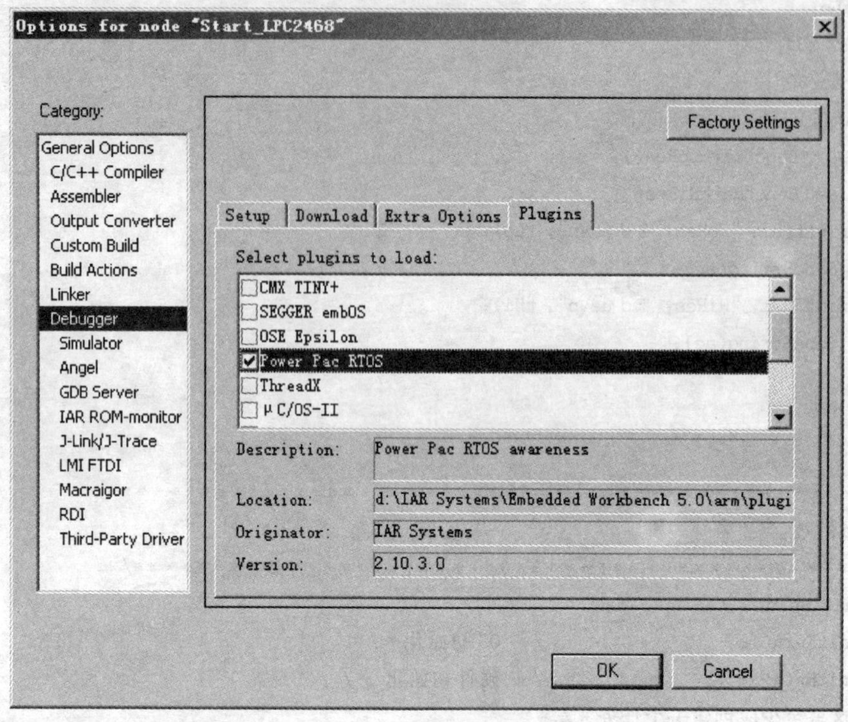

图 9-14 PowerPac RTOS 的 C-SPY 调试插件

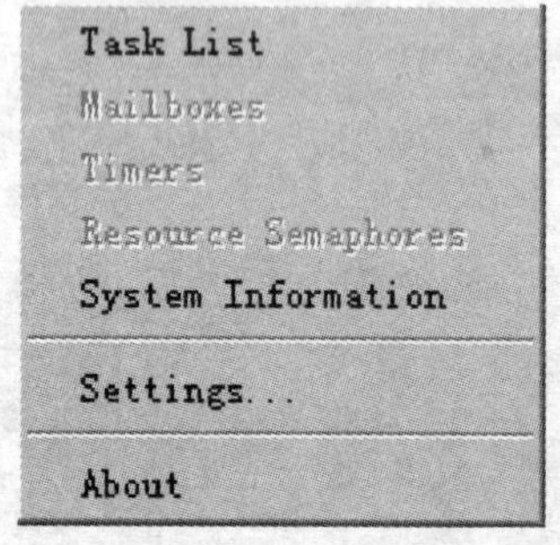

图 9-15 PowerPac RTOS 的下拉菜单

表 9-18 PowerPac RTOS 菜单对应的命令选项

命令选项	说　明
Task List	显示当前任务列表
Mailboxes	显示邮箱信息
Timers	显示定时器信息
Resource Semaphores	显示资源信号量信息
System Information	显示系统信息
Settings	PowerPac RTOS 调试插件设置
About	显示 PowerPac RTOS 调试插件版本信息

单击 PowerPac RTOS 下拉菜单选项，即可弹出各个相关信息窗口。信息显示的数量，取决于 IAR PowerPac RTOS 在调试时所使用到的功能。未用到的部分，其菜单项呈灰色，或者信息窗口中对应栏显示为 N/A。

任务窗口列出当前运行的任务，如图 9-16 所示，其中各栏信息如表 9-19 所列。

*	P...	Id	Name	Status	Timeout	Events	Stack Info	Activations	Round Robin
	121	0x410B4	EventTask	Waiting (event)		0x0	120 / 1024 @ 0x40478	52	0 / 2
⇨	120	0x41078	Maintask	Ready		0x0	408 / 1024 @ 0x40078	1210	0 / 2

图 9-16 任务窗口的显示信息

表 9－19　任务窗口各栏显示信息

显示栏	说　明
*	在当前运行任务上显示绿色箭头
Id	区分任务的唯一任务控制块地址
Name	任务名
Status	任务状态
Timeout	显示任务超时值，并在括号里显示任务结束时间
Events	任务的事件掩码
Stack Info	显示已使用堆栈空间、剩余堆栈空间以及当前栈底指针
Activations	当前任务的激活次数
Round Robin	如果 Round Robin 被启用，该项显示当前剩余的时间片和重载的时间片

邮箱窗口显示邮箱及其中消息的数量、等待任务等，如图 9－17 所示，其中各栏信息如表 9－20 所列。

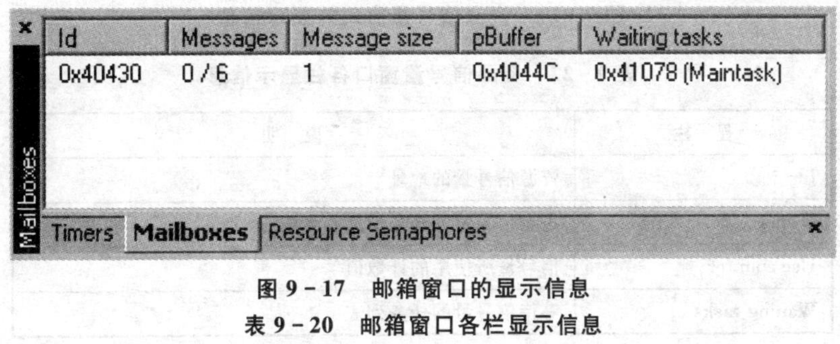

图 9－17　邮箱窗口的显示信息

表 9－20　邮箱窗口各栏显示信息

显示栏	说　明
ID	邮箱地址
Messages	邮箱内消息的数量以及邮箱可以容纳的最大消息数量
Message size	单个消息的字节数
PBuffer	消息缓冲地址
Waiting tasks	等待邮箱的任务列表，它们的地址和名字

定时器窗口显示当前活动的软件定时器信息，如图 9－18 所示，其中各栏信息意义如表 9－21所列。

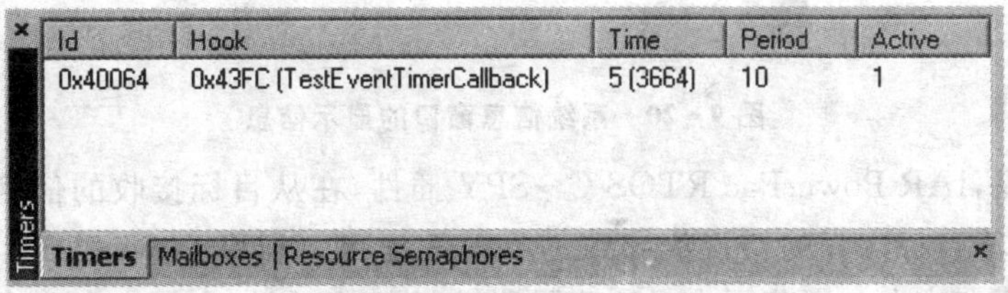

图 9－18　定时器窗口的显示信息

表 9-21　定时器窗口各栏显示信息

显示栏	说　明
Id	定时器地址
Hook	超时之后调用的函数(地址和名称)
Time	定时器结束等待时的延时时间和时间点
Period	定时器运行的时间周期
Active	显示定时器是否激活

资源信号量窗口显示可用资源的信息,如图 9-19 所示,其中各栏信息如表 9-22 所列。

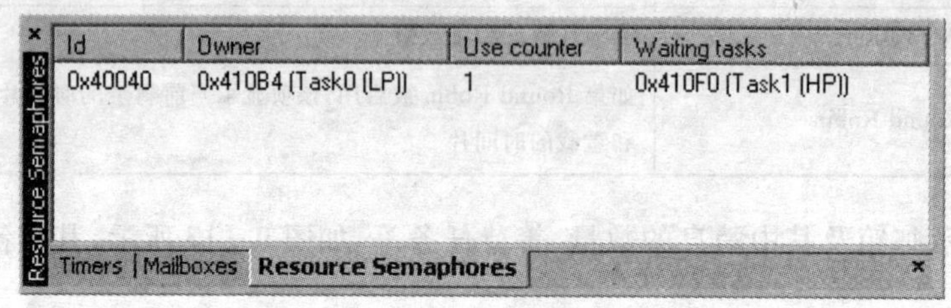

图 9-19　资源信号量窗口的显示信息

表 9-22　资源信号量窗口各栏显示信息

显示栏	说　明
Id	资源信号量的地址
Owner	占有信号量的任务地址和名称
Use counter	信号量所使用的计数值
Waiting tasks	等待信号量的任务列表

系统信息窗口列出了 IAR PowerPac RTOS 运行时所包含的一些可供检查的系统变量,如图 9-20 所示。

图 9-20　系统信息窗口的显示信息

为了安全起见,IAR PowerPac RTOS C-SPY 插件,在从目标接收的信息数量上加入了一些限制,以避免由于目标内存的错误值导致的不停的请求。利用 PowerPac RTOS 下拉菜单中的 Settings 对话框允许在一定范围内对这些限制进行调整,例如当任务名称小于 32 个字符时,

可把 Maximum string length 的值设置为 32，如图 9-21 所示。改变设置之后，单击 OK 按钮，更改立即生效。当窗口更新时将按新的设置显示，当插件重新装载时会恢复到默认值。

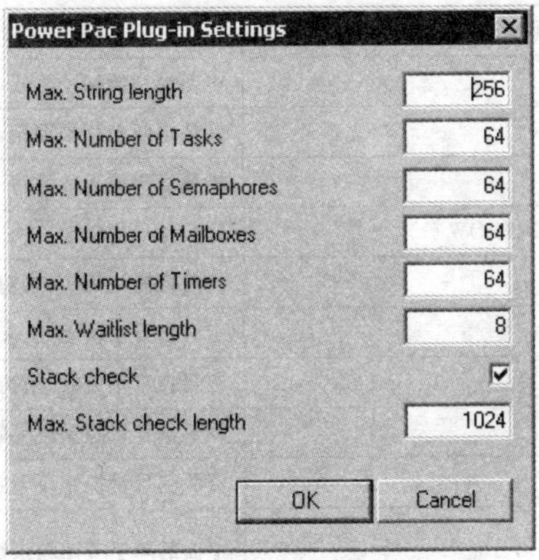

图 9-21　Settings 对话框

9.20　PowerPac 运行错误

PowerPac 在运行时可以检测到如下错误：

- 使用未初始化的数据结构；
- 非法指针；
- 在本项任务之前还没有使用的闲置资源；
- OS_LeaveRegion()函数调用次数比 OS_EnterRegion()函数多；
- 堆栈溢出（对某些处理器不适用）。

所能检测到的运行错误取决于检测次数，额外的检测会导致存储器耗用增加并降低运行速度。一旦检测到运行错误 PowerPac 调用系统函数 OS_Error()，简单地禁止进一步任务切换，并在重新允许中断之后进入无穷循环。OS_Error()函数代码如下：

```
/* Run time error reaction */
void OS_Error(int ErrCode) {
    OS_EnterRegion();        /* 避免进一步的任务切换 */
    OS_DICnt = 0;            /* 允许中断，从而能够进行通信 */
    OS_EI();
    OS_Status = ErrCode;
    while (OS_Status);
}
```

使用模拟器时，应该在该函数的开始处设置断点，或者在遇到错误时简单地停止程序，并将错误代码作为参数传递给该函数。用户可以修改该系统函数代码来适应不同的硬件，譬如在目标系统中设置一个错误指示 LED 或者显示一小段信息。修改 OS_Error()函数时，第一条语句必须是通过系统函数 OS_EnterRegion()调用来禁止任务调度；最后一条语句应为无穷循环。

表 9-23 所列为运行错误代码。

表 9-23 运行错误代码

代码值	代码定义	代码说明
100	OS_ERR_ISR_INDEX	中断控制器初始化或中断安装时索引值越限
101	OS_ERR_ISR_VECTOR	默认中断句柄被调用，但中断向量未初始化
120	OS_ERR_STACK	堆栈溢出或无效堆栈
121	OS_ERR_CSEMA_OVERFLOW	计数信号量溢出
128	OS_ERR_INV_TASK	任务控制块无效，未初始化或被覆盖
129	OS_ERR_INV_TIMER	定时器控制块无效，未初始化或被覆盖
130	OS_ERR_INV_MAILBOX	邮箱控制块无效，未初始化或被覆盖
132	OS_ERR_INV_CSEMA	计数信号量控制块无效，未初始化或被覆盖
133	OS_ERR_INV_RSEMA	资源信号量控制块无效，未初始化或被覆盖
135	OS_ERR_MAILBOX_NOT1	下面的单字节邮箱函数被用于多字节邮箱上： OS_PutMail1() OS_PutMailCond1() OS_GetMail1() OS_GetMailCond1()
136	OS_ERR_MAILBOX_DELETE	当有任务等待邮箱时调用了 OS_DeleteMB()
137	OS_ERR_CSEMA_DELETE	当有任务需要计数信号量时调用了 OS_DeleteCSema()
138	OS_ERR_RSEMA_DELETE	当有任务需要资源信号量时调用了 OS_DeleteRSema()
140	OS_ERR_MAILBOX_NOT_IN_LIST	邮箱没有按预期出现在邮箱列表里，可能的原因是邮箱数据结构被覆盖
142	OS_ERR_TASKLIST_CORRUPT	系统内部任务列表被损坏
150	OS_ERR_UNUSE_BEFORE_USE	OS_Unuse()在 OS_Use()之前被调用
151	OS_ERR_LEAVEREGION_BEFORE_ENTERREGION	OS_LeaveRegion()在 OS_EnterRegion()之前被调用
152	OS_ERR_LEAVEINT	OS_LeaveInterrupt()错误
153	OS_ERR_DICNT	禁止中断计数超出范围(0～15)，下列 API 调用可以影响计数器： OS_IncDI() OS_DecRI() OS_EnterInterrupt() OS_LeaveInterrupt()
154	OS_ERR_INTERRUPT_DISABLED	OS_Delay()或者 OS_DelayUntil()在禁止中断的临界区域内被调用
156	OS_ERR_RESOURCE_OWNER	OS_Unuse()被从一个不拥有资源的任务中调用
160	OS_ERR_ILLEGAL_IN_ISR	在 ISR 中有非法函数调用：不该在 ISR 中调用的函数在 ISR 中被调用

续表 9-23

代码值	代码定义	代码说明
161	OS_ERR_ILLEGAL_IN_TIMER	在 ISR 中有非法函数调用：不该在软件定时器中调用的函数在定时器中被调用
162	OS_ERR_ILLEGAL_OUT_ISR	在未调用 OS_EnterInterrupt()的情况下，调用了 PowerPac 定时器节拍处理器或用于 emBOSView 的 UART 处理器
170	OS_ERR_2USE_TASK	通过 2 次调用 create 函数初始化任务控制块
171	OS_ERR_2USE_TIMER	通过 2 次调用 create 函数初始化定时器控制块
172	OS_ERR_2USE_MAILBOX	通过 2 次调用 create 函数初始化邮箱控制块
173	OS_ERR_2USE_BSEMA	通过 2 次调用 create 函数初始化二值信号量控制块
174	OS_ERR_2USE_CSEMA	通过 2 次调用 create 函数初始化计数信号量控制块
175	OS_ERR_2USE_RSEMA	通过 2 次调用 create 函数初始化资源信号量控制块
176	OS_ERR_2USE_MEMF	通过 2 次调用 create 函数初始化固定大小的内存池
190	OS_ERR_MEMF_INV	固定大小的内存块控制结构在使用前没有被建立
191	OS_ERR_MEMF_INV_PTR	在 Release 程序中指向内存块的指针不属于内存池
192	OS_ERR_MEMF_PTR_FREE	在调用 OS_MEMF_Release()函数时，指向内存块的指针已经被释放。相同的指针可能被释放两次
193	OS_ERR_MEMF_RELEASE	为内存池调用 MF_Release()，内存块没有被分配
194	OS_ERR_POOLADDR	OS_MEMF_Create()以内存池基地址为参数调用，但该地址不是字对齐的
195	OS_ERR_BLOCKSIZE	OS_MEMF_Create()以一个数据块的大小为参数调用，但是数据块的大小不是处理器字大小的倍数
200	OS_ERR_SUSPEND_TOO_OFTEN	OS_Suspend()的嵌套数超过 OS_MAX_SUSPEND_CNT
201	OS_ERR_RESUME_BEFORE_SUSPEND	OS_Resume()调用了一个未被挂起的任务
202	OS_ERR_TASK_PRIORITY	OS_CreateTask()建立了一个优先级已经被分配的任务。该错误只会发生在编译时没有 round robin 支持的情况下
210	OS_ERR_EVENT_INVALID	OS_EVENT 在创建之前被使用
211	OS_ERR_2USE_EVENTOBJ	OS_EVENT 被创建两次
212	OS_ERR_EVENT_DELETE	OS_EVENT 被等待中的任务删除

9.21　性能和资源利用率

高性能和低资源利用率在设计中总是需要首先考虑的因素。PowerPac RTOS 运行于 8/16/32 位处理器上。根据所要求特性的不同，PowerPac RTOS 甚至可以在 ROM 少于 2 KB，RAM 少于 1 KB 的单芯片系统上运行。实际性能和资源利用率取决于处理器、编译器、内存模型、优化配置等多种因素。

PowerPac RTOS 的内存需求量，根据所使用的库而有所不同。表 9-24 所列为对应不同库模块的内存需求量。

表 9-24　对应不同库模块的内存需求量

库模块	存储器类型	内存需要量
IAR PowerPac RTOS kernel	ROM	1 100～1 600
IAR PowerPac RTOS kernel	RAM	18～25
Mailbox	RAM	9～15
Binary and counting semaphores	RAM	3
Recource semaphore	RAM	4～5
Timer	RAM	9～11
Event	RAM	0

注：实际内存需求量取决于 CPU、编译器和所用的库模型。

PowerPac RTOS 有快速的上下文切换表现。下面介绍两种计算从低优先级任务切换到高优先级任务的时间的方法。第一种方法使用端口引脚，并且需要采用示波器；第二种方法使用高分辨率的测量函数。表 9-25 列出了在不同存储器和 CPU 模式下上下文切换的时间值。目标 CPU 以 48 MHz 的系统频率运行，所有的程序在 Flash 中执行。

表 9-25　上下文切换时间

目标 CPU	系统版本号	存储器	CPU 模式	时间/μs
ATMEL AT91SAM7S256	3.32p	Flash	Thumb	8.92
ATMEL AT91SAM7S256	3.32p	Flash	ARM	9.32
ATMEL AT91SAM7S256	3.32p	RAM	ARM	6.28
ATMEL AT91SAM7S256	3.32p	RAM	Thumb	7.12

9.21.1 使用端口引脚和示波器测量上下文切换时间

下面的例子通过一个引脚的高低电平点亮 LED，使用示波器来测量上下文切换的时间。

```
#include "RTOS.h"
#include "LED.h"
static OS_STACKPTR int StackHP[128], StackLP[128];      //任务堆栈
static OS_TASK TCBHP, TCBLP;                            //任务控制块
/**************************************************************
*高优先级任务
**************************************************************/
static void HPTask(void) {
  while (1) {
    OS_Suspend(NULL);                                   //挂起最高优先级任务
    LED_ClrLED0();                                      //停止测量
  }
}
/**************************************************************
```

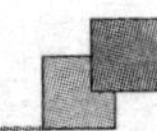

```
* 低优先级任务
**********************************************************/
static void LPTask(void){
  while (1) {
    OS_Delay(100);
    //显示测量时间
    LED_SetLED0();
    LED_ClrLED0();
    //实施测量
    LED_SetLED0();                              //开始测量
    OS_Resume(&TCBHP);                          //继续高优先级任务来强制任务切换
  }
}
/**********************************************************
 * main 函数
**********************************************************/
int main(void) {
  OS_IncDI();                                   //关中断
  OS_InitKern();                                //初始化系统
  OS_InitHW();                                  //初始化系统所用的硬件
  LED_Init();                                   //初始化 LED 端口
  OS_CREATETASK(&TCBHP, "HP Task", HPTask, 100, StackHP);
  OS_CREATETASK(&TCBLP, "LP Task", LPTask, 99, StackLP);
  OS_Start();                                   //开始多任务
  return 0;
}
```

上下文切换的时间就是 LED 亮和灭的时间间隔。如果 LED 是高电平时点亮，那么上下文切换的时间就是信号上升沿和下降沿间的时间。如果 LED 是低电平时点亮，信号极性相反。通过示波器很容易观察上下文切换时间。实际的上下文切换时间更短，因为从示波器中观察到的切换时间中包含了 LED 状态转换的开销，这段时间在示波器上显示为在任务切换时间之前的一个小峰值，应该在显示的任务切换时间中减去这段时间。

9.21.2 使用高分辨率定时器测量上下文切换时间

上下文切换时间也可以用高分辨率定时器来测量。下面的例子是使用高分辨率定时器来测量从低优先级任务到高优先级任务切换的时间，并通过 terminal I/O 显示结果。

```
#include "RTOS.h"
#include "stdio.h"
static OS_STACKPTR int StackHP[128], StackLP[128];   //任务堆栈
static OS_TASK TCBHP, TCBLP;                         //任务控制块
static OS_U32 _Time;                                 //定时器值
/**********************************************************
 * 高优先级任务
**********************************************************/
```

```
static void HPTask(void) {
  while (1) {
    OS_Suspend(NULL);                                   //挂起高优先级任务
    OS_Timing_End(&_Time);                              //停止测量
  }
}
/**********************************************************
*低优先级任务
**********************************************************/
static void LPTask(void) {
  OS_U32 MeasureOverhead;                               //测量开销时间
  OS_U32 v;
  //Measure overhead for time measurement so we can take this into
  //account by subtracting it OS_Timing_Start(&MeasureOverhead);
  //OS_Timing_End(&MeasureOverhead);
  //
  //在无穷循环中进行测量
  //
  while (1) {
    OS_Delay(100);
    OS_Timing_Start(&_Time);                            //开始测量
    OS_Resume(&TCBHP);                                  //继续高优先级任务来强制任务切换
    v = OS_Timing_GetCycles(&_Time) - OS_Timing_GetCycles(&MeasureOverhead);
    v = OS_ConvertCycles2us(1000 * v);
    printf("Context switch time: %u.%.3u usec\r\n", v / 1000, v % 1000);
  }
}
```

上面的例子计算并减去了测量开销的时间，所以不需要再进行减去开销的操作。可以直接通过 C - SPY 的 terminal I/O 终端窗口查看测量结果。

9.22 其 他

1. 可重入性

实时操作系统提供的所有系统函数都是完全可重入的，可以被不同任务同时调用，系统函数从被调用开始一直处于使用状态，直到返回或调用任务结束。如果出于某种原因需要在程序中使用可以被不止一个任务调用的不可重入函数，则建议使用资源信号量。

2. C 子程序和可重入性

一般而言，C 编译器产生的代码是完全可重入的。然而，编译器可以通过相关选项来产生不可重入代码。虽然在某些特定环境下可能需要这样做，但建议尽量不要使用这些选项。

3. 汇编子程序和可重入性

汇编子程序如果只访问本地变量和参数，它就是可重入的，其他事项则需要仔细考虑。

4. 限 制

表 9 - 26 所列为 PowperPac RTOS 要求的限制条件。

表 9-26 PowerPac RTOS 要求的限制条件

PowperPac RTOS 的最大值	限制条件
最大任务数	仅受可用内存限制
最大优先级	255
最大信号量数	仅受可用内存限制
最大邮箱数	仅受可用内存限制
最大队列数	仅受可用内存限制
队列的最大值	仅受可用内存限制
最大定时器数	仅受可用内存限制
任务指定的事件标志	8 位/任务

5. 内核和库的源代码

PowerPac RTOS 提供目标版本和源代码版本，前者提供二进制代码和硬件初始化代码，后者提供全部源代码。

本章描述的是目标版本，内在数据结构没有做详细解释。目标版本提供了包括编译器配置、调试库和空闲任务与硬件初始化代码在内的所有功能，但不支持库程序和内核的源代码级调试。对于源代码版本，PowerPac RTOS 可以被编译成不同的大小，用户可以通过不同的编译器选项完全控制所产生的代码，从而很容易根据需要来选择较多功能还是较小的内存占用，以便于进行系统优化，还可以对整个系统进行调试，甚至可以改变存储器和 CPU 的类型。源代码版本的 PowerPac RTOS 里包含如下附加文件：

- 在 Src\目录下包含所有源代码，还包含用来重新编译 PowerPac RTOS 库的 DOS 批处理文件，并且提供一个编译库的示例项目。
- \RTOS\Src\CPU 目录下包含所有用来编译、链接库所需要的源代码和头文件。一般不需要修改此目录下的文件。
- \RTOS\Src\GenOSSrc 目录下包含所有 PowerPac 源代码文件。

6. 编译链接 PowerPac RTOS 库

IAR PowerPac RTOS 提供不同的预编译库。只有购买了源代码版本，才能对 PowerPac RTOS 库进行编译和链接。

提供进行库编译、链接的批处理命令行文件，该批处理文件位于\ARM\PowerPac\RTOS\Src\目录下。双击 BuildLibs. bat 文件名，即可以无任何错误和警告地进行库编译、链接。如果改变了默认安装路径，则需要修改默认安装的编译器相关主目录。

7. 主要编译开关

编译开关可以改变 PowerPac RTOS 的许多特征。所有编译开关都在 PowerPac RTOS 发行版里预定义了合理的值。编译开关必须在 RTOS. H 里改变，或者在库编译时通过参数传递。改变编译开关后，PowerPac RTOS 代码必须重新编译。

(1) OS_RR_SUPPORTED 开关

本开关定义了是否支持轮循式任务调度算法。所有 PowerPac RTOS 版本均默认支持该算法。如果不需要该算法，并且任务运行于不同的优先级，则可以将此开关值设为 0 来禁止轮循。这样会节省 RAM 和 ROM，而且可以提高任务切换的速度。当禁止轮循后必须保证所有任务有不同的优先级。

(2) OS_SUPPORT_CLEANUP_ON_TERMINATE 开关

激活本开关，将允许要求资源信号量的任务或由任何同步对象挂起的任务终止。本开关默认对于 16 位和 32 位的 CPU 是激活的，对 8 位的 CPU 是禁止的。

尽管开销很小，而且对执行时间影响不大，但是当不需要终止任务时应将本开关定义为 0，或者保证任务在终止时不由任何同步对象挂起和不要求任何资源信号量。

禁止本开关能节省任务控制块的 RAM，可以同步对象的等待函数。

当使用 8 位 CPU 时，必须激活本开关（定义其为非 0 值），允许要求资源信号量或由任何同步对象挂起的任务终止。

第 10 章

ARM 嵌入式系统应用编程实例

10.1 嵌入式系统应用编程中的代码优化

嵌入式系统编程中,为节省片上或外部扩展存储器空间,代码和数据的大小就显得尤为重要,本节介绍如何适当利用编译器的优化功能,编写出简洁高效、易于维护、易读、易懂的C语言代码。

10.1.1 合理使用编译器优化选项

在很大程度上编译器决定了应用程序执行代码的大小,编译器会对应用程序进行许多转换,以便生成尽可能优化的代码,例如用寄存器而不用存储器来保存数据,处理器的性能将更好,代码将更少。在函数执行时,如果局部变量或者参数可以放到寄存器中,那么就不需要给它们分配RAM空间。如果变量数量多于寄存器数量时,编译器就需要决定哪些变量放在寄存器中,哪些放在存储器中。例如,由于要求调用函数可以访问全局变量,而且全局变量的变化对于所有函数是可见的,因此当调用其他函数时,全局变量必须写回到寄存器。链接器也是编译系统的一部分,因为有些优化操作是通过链接器实现的。例如所有未使用的函数和变量将被剔除,不包含到最终目标文件中,另外存储器配置必须作为链接器的输入参数。

IAR C/C++编译器允许用户规定是采用代码大小优化,还是采用代码速度优化,每种优化都提供多个优化级别。优化的目的是减小代码长度和提高执行速度。通常只需要对整个项目采用相同的优化设置,但有时需要对项目中不同文件采用不同的优化设置。例如将需要快速运行的代码放入一个单独文件中并采用最高速度优化,其他代码则采用大小优化,这样可以有效减小代码长度,同时又可以得到足够快的执行速度。采用“#pragma optimize”预编译命令,可以对一些时间要求苛刻的函数进行优化微调。

采用高级优化将导致编译时间加长,同时因为生成代码与原文件之间的关联度降低而可能增加调试难度。因此任何时候发现出现调试困难时,应尝试降低优化级别。

用户可以对每种优化级别进行微调,微调选项如下:

- Common sub-expression elimination(公共子表达式剔除);
- Loop unrolling(循环展开);
- Function inlining(函数内联);
- Code motion(代码迁移);

- Type-based alias analysis(基于类型的别名分析)；
- Static clustering(静态群集)；
- Instruction scheduling(指令调度)。

下面介绍各微调选项功能：

1. Common sub-expression elimination

在优化级别“中(Medium)”和“高(High)”中，冗余的公共子表达式被默认为剔除。该优化将减小代码长度并提高执行速度，但可能导致调试困难。

注意：在优化级别“低(Low)”和“无(None)”中，没有此微调选项。

2. Loop unrolling

可以重复使用小循环体，编译时确定重复次数以减小循环开销。该项微调操作在优化级别“高(High)”中进行，可以减小代码执行时间，但不能减小代码长度，并且可能导致调试困难。

注意：在优化级别“中(Medium)”“低(Low)”和“无(None)”中，没有此微调选项。

3. Function inlining

函数内联为对于编译时已知定义的简单函数，将被嵌入到其调用函数的函数体内，以减小调用开销。该项微调操作在优化级别“高(High)”中进行，可以减小代码执行时间，但将增加代码长度，并且可能导致调试困难。

注意：在优化级别“中(Medium)”“低(Low)”和“无(None)”中，没有此微调选项。

4. Code motion

固定循环表达式和公共子表达式的赋值被迁移，以避免多余赋值操作。该项微调操作在优化级别“高(High)”中进行，可以减小代码长度和执行时间，但可能导致调试困难。

注意：在优化级别“低(Low)”和“无(None)”中，没有此微调选项。

5. Type-based alias analysis

默认时编译器假定通过已声明的类型或 unsigned char 类型访问对象，但在优化级别“高(High)”中采用所谓“基于类型的别名分析”优化方法。这意味着优化器认为应用程序遵循ISO/ANSI 标准，并依照标准规则来决定采用指针间接访问时受影响的对象。考虑以下例子：

```
short s;
unsigned short us;
long l;
unsigned long ul;
float f;
unsigned short * usptr;
char * cptr;
struct A {
    short s;
    float f;
} a;
void test(float * fptr, long * lptr) { /* May affect: */
    * lptr = 0; /* l, ul */
    * fptr = 1.0; /* f, a */
    * usptr = 4711; /* s, us, a */
    * cptr = 17; /* s, us, l, ul, f, usptr, cptr, a */
```

```
}
```

由于只能通过已声明的类型访问对象,并且假定指针 fptr 指向的对象不会受到为指针 lptr 指向对象赋值的影响。这可能导致未完全遵循 ISO/ANSI 标准而发生错误。下面的例子说明了"基于类型的别名分析"优化的好处,以及当应用程序不遵循 ISO/ANSI 标准时将出现什么情况:

```
short f(short * sptr, long * lptr) {
short x =  * sptr;
 * lptr = 0;
return * sptr + x;
}
```

由于赋值语句 * lptr = 0 不会影响指针 sptr 指向的对象,优化器将假定返回语句的 * sptr 值与变量 x 值相同,都是在函数开始处被赋值,从而将剔除存储器访问,直接返回 x<<1,而不是返回 * sptr+x。又例如:

```
short fail() {
union {
    short s[2];
    long l;
} u;
u.s[0] = 4711;
return f(&u.s[0], &u.d);
}
```

当该函数未能向函数 f 传递由 short 指针和 long 指针指向的相同对象地址时,则程序运行将得不到所期望的结果。

注意:在优化级别"中(Medium)""低(Low)"和"无(None)"中,没有此微调选项。

6. Static clustering

允许该选项时,将同一函数访问的静态和全局变量靠近保存。这样使得编译器可以采用相同基指针访问不同对象。变量之间的空白区域将被剔除。

注意:在优化级别"低(Low)"和"无(None)"中,没有此微调选项。

7. Instruction scheduling

IAR C/C++编译器提供一种指令调度器来提高生成代码的性能。调度器对指令进行重新安排,使处理器内部资源冲突而导致的流水线停止数量减至最小。

注意:在优化级别"中(Medium)""低(Low)"和"无(None)"中,没有此微调选项。

10.1.2　选择合适的数据类型

为了提高数据处理效率,必须考虑采用最为合适的数据类型。选择数据类型需要注意以下几点:

- 为避免符号扩展或0扩展,尽量采用数据类型 int 或 long,而不要采用 char 或 short。此外,在 Thumb 模式下,通过堆栈指针(SP)的访问限制为32位数据类型,这进一步凸现了采用上述数据类型的好处。

- 除非应用程序确实需要带符号数据，应尽量采用无符号数据类型。
- 尽量避免采用 64 位数据类型，如 double，long long 等。
- 采用位域和压缩结构体将导致生成的代码庞大，降低执行速度。
- 在没有数字协处理器的 ARM 核处理器上采用浮点数据类型，将增加代码长度并降低执行速度。
- 声明指向 const 数据类型的指针，可以告知调用函数所指向的数据不会变化，从而实现较好的优化。

在没有数字协处理器的 ARM 核处理器上采用浮点数据类型，将导致代码效率下降。IAR C/C++编译器支持 32 位和 64 位浮点数格式。数据类型 float 为 32 位浮点数，其代码效率较高；数据类型 double 为 64 位浮点数，它支持更高精度和更大的数值，但效率较低。除非应用程序确实需要很高的精度，建议采用 32 位浮点数。此外，在可能的情况下，应采用整型数据取代浮点型数据，这样可以进一步提高代码效率。

注意：在源代码中浮点常数作为 double 类型对待。

下面的例子将 float 型数据 a 加 1 之后，转换为 double 型数据，其结果再转换回 float 型。

```
float test(float a) {
    return a + 1.0;
}
```

要将浮点常数作为 float 型数据而不是 double 型数据对待，可以给其加一个 f 后缀，例如：

```
float test(float a) {
    return a + 1.0f;
}
```

ARM 核处理器在访问存储器数据时，要求必须采用对齐方式，因此结构体成员要根据其类型进行对齐。如果结构体成员对齐不正确，编译器就必须插入空字节以满足对齐要求。然而网络通信协议通常规定数据类型之间没有空字节，另外为了节省存储器，也要求数据之间没有空字节。可以采用两种方法来解决这一问题：一是采用“#pragma pack”预编译命令，其缺点是对结构体中未对齐成员的访问将使用更多的代码；另一种方法是编写定制的结构体压缩和解压缩函数，这种方法不会生成多余代码，缺点是要分别对待压缩结构体数据和非压缩结构体数据。

如果声明时不给出名称，则称为匿名结构体和联合体，它们的成员只有在其活动范围内可见。C++支持匿名结构体，而 C 标准不予支持。采用 IAR C/C++编译器时，如果允许了语言扩展功能，则可以在 C 语言中使用匿名结构体。下面的例子中，f 函数可以不用明确指定联合名来访问匿名联合体的成员。

```
struct s {
    char tag;
    union
    {
        long l;
        float f;
    };
} st;
```

```
void f(void) {
    st.l = 5;
}
```

成员名必须在其活动范围内是唯一的。允许在文件范围内用匿名结构体和联合体作为全局变量、外部变量或静态变量。可采用这种方法声明 I/O 寄存器,例如:

```
_no_init volatile
union {
    unsigned char IOPORT;
    struct {
        unsigned char way: 1;
        unsigned char out: 1;
    };
} @ 0x1234;
```

这里声明了一个 I/O 寄存器字节 IOPORT,其地址为 0x1234。I/O 寄存器中声明了 2 个位:way 和 out。

注意:内部结构体和外部联合体都是匿名的。

下面的例子说明如何采用这种方法声明变量:

```
void test(void) {
    IOPORT = 0;
    way = 1;
    out = 1;
}
```

10.1.3 数据与函数在存储器中的定位

编译器提供不同的方式来控制数据和函数在存储器中的定位。为了提高存储器使用效率,用户应当对这些方式加以熟悉,并了解在什么场合使用什么方式。

- 采用@操作符或#pragma location 预编译命令对单个全局和静态变量进行绝对地址定位时,变量必须声明为__no_init。这种方式不适用于单个函数的绝对地址定位。
- 采用@操作符或#pragma location 预编译命令对一组函数或一组全局和静态变量在指定段内进行定位时,不需要明确地控制每一个对象。例如指定段可以位于存储器的某个特殊区域,也可以采用段起始和段结束操作符进行初始化或复制。

采用--sections 选项对函数或数据对象在指定段内进行定位,这对于需要分别将它们定位于快速和慢速存储器时十分有用。

1. 将数据定位到绝对地址

采用@操作符或#pragma location 预编译命令,可以对全局和静态变量进行绝对地址定位,但此时变量必须以下面的一种关键字进行声明:

- __no_init;
- __no_init 及 const(无初始式)。

对变量进行绝对地址定位时,@操作符或#pragma location 预编译命令的参数应表示实际地址的数字,并且应满足字节对齐的要求。需要注意的是,应当在包含文件中对需要绝对地址定位的变量进行定义,并将该文件包含到每个使用这些变量的模块中去,模块中未使用的定义将被丢弃。

下面的例子将以__no_init 声明的变量 alpha 定位到 0x1000 地址,这对于多个过程或应用之间的接口十分有用。

```
__no_init volatile char alpha @ 0x1000;
```

下面的例子将一个以__no_initconst 声明的变量 beta 定位到 ROM 中的 0x1004 地址,这对于从外部接口配置参数十分有用。

下面是错误的绝对地址定位语句:

```
int delta @ 0x100C;                    /* 无__no_init 错 */
_no_init int epsilon @ 0x1011;         /* 字节对齐错 */
```

采用 C 编程时,模块内的 const 变量被视为全局变量,而采用 C++编程时,则被视为静态变量。这意味着每个具有 const 变量声明的模块,都会分别带有一个该变量。如果应用程序中包含若干个这样的模块,则每个模块都通过头文件进行了如下变量声明:

```
volatile const _no_init int x @ 0x100;
```

在对这样的应用程序进行链接时,链接器将会报告有多个变量被定位到地址 0x100。为了避免出现这种错误,用户应将这些变量声明为 extern,例如:

```
extern volatile const _no_init int x @ 0x100;
```

2. 将数据和函数定位到指定的存储器段

采用@操作符或#pragma location 预编译命令,可以将单个变量或函数定位到指定的预定义段或用户定义段,也可以采用—section 选项将变量和函数定位到指定的存储器段。

C++静态成员变量可以像其他静态变量一样定位到指定的存储器段。

不用预定义段而使用自定义段时,需要在链接器配置文件中对自定义段进行定义。

下面的例子将数据定位到用户定义段。

```
_no_init int alpha @ "NOINIT";        /* OK */

#pragma location = "CONSTANTS"
const int beta;                       /* OK */
```

下面的例子将函数定位到指定段。

```
void f(void) @ "FUNCTIONS";

void g(void) @ "FUNCTIONS"
{
}

#pragma location = "FUNCTIONS"
```

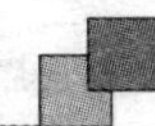

```
void h(void);
```

10.1.4 编写高效代码

1. 正确使用函数

- 尽量使用局部变量而不用静态和全局变量。
- 避免使用 & 操作符来获得局部变量地址。这样做的原因有两点：一是因为变量必须位于存储器中而不能被装入寄存器，从而导致增加代码长度和降低执行速度；另一点是优化器不能够假定函数调用时不会影响局部变量。
- 尽量在模块内使用声明为静态的局部变量，同时避免获取经常访问的静态变量地址。
- 编译器能够进行函数内联。这意味着不采用函数调用，而是将函数体内容插入到被调用的地方。这样做的结果可以加快执行速度，但可能增加代码长度。另外，函数内联允许进一步优化。编译器经常对声明为 static 的小型函数进行内联。用户可以采用预编译命令“#pragma inline”和 C++关键字“inline”进行内联，这种方法比采用传统的处理器宏操作更好。由于没有足够多的寄存器可用，因此过多的内联将导致应用程序性能下降。采用“--no_inline”命令可以禁止内联。
- 避免使用内联行汇编，尽量使用 C/C++本征函数，或者单独编写一个汇编语言模块文件。

2. 节省堆栈和存储器空间

- 如果堆栈空间有限，则应避免采用长调用链和递归函数。
- 将短生存期变量声明为自动变量。当这些变量的生存期结束时，它们占用的存储器空间可以被重新使用。若声明为全局变量，则将在整个程序执行期间都会占用存储器空间。不过对于自动变量也要小心使用，不要超过堆栈的允许范围。
- 为节省堆栈空间，应避免向函数传递如结构体之类的非标量参数，改为传递指针。

3. 函数声明方式

C 语言标准支持采用原型方式或 K&R C 方式进行函数声明和定义，推荐采用原型方式，这样可以使编译器更容易发现代码中的问题，同时可以生成更为优化的代码。为了使编译器校验函数是否具有合适的原型，可以采用编译器选项“--require_prototypes”。

采用原型方式进行函数声明和定义时，必须指定每个参数的类型，例如：

```
int test(char, int);              /* 函数声明 */
int test(char a, int b) {         /* 函数定义 */
  ......
}
```

采用 K&R C 方式进行函数声明和定义时，不必指定每个参数的类型，例如：

```
int test();                    /* 函数声明 */
int test(a,b)                  /* 函数定义 */
char a;
int b;
{
......
```

```
}
```

4. 整数类型和位否决

整数类型及其转换规则可能导致混淆。有些场合可能产生警告信息(如条件常数或无意义比较等),另外一些场合则可能导致出现非预期结果,有时编译器只有在较高优化级别下才会产生警告。如下面的例子:

```
void f1(unsigned char c1) {
  if (c1 == ～0x80)
  ;
}
```

其中 if 语句的条件总得不到满足。表达式右边 0x80 为 0x00000080,～0x00000080 为 0xFFFFFF7F。表达式左边,c1 是一个 8 位无符号字符型数据,其值不会超过 255,且不能为负数,因此其整型提升值永远不会使高 24 位置 1。

5. 变量同时访问保护

多线程访问变量,如从主函数或中断函数访问,必须进行合适的标记和保护,只读变量除外。可以采用关键字"volatile"来标记变量,它通知编译器,该变量可能被其他线程访问而变化。编译器将避免对该变量进行优化,并且仅按源程序指定的次数进行访问。

6. 访问特殊功能寄存器

IAR C/C++编译器提供了不同 ARM 派生系列的专用包含头文件,其中定义了与各种处理器相关的特殊功能寄存器。注意每个头文件包括一个由编译器使用的部分和一个由汇编器使用的部分。下面是头文件 ioks32c5000a.h 的一部分:

```
/* 系统配置寄存器 */
typedef struct {
  _REG32 se          : 1;   /* 允许停止,必须为 0 */
  _REG32 ce          : 1;   /* 允许高速缓冲 */
  _REG32 we          : 1;
  _REG32 cm          : 2;   /* 高速缓冲模式 */
  _REG32 isbp        : 10;  /* 内部 SRAM 基指针 */
  _REG32 srbbp       : 10;  /* 特殊寄存器组基指针 */
  _REG32             : 6;   /* 允许高速缓冲 */
} _syscfg_bits;
_IO_REG32_BIT(_SYSCFG,0x03FF0000,_READ_WRITE,_syscfg_bits);
```

通过将合适的头文件包含到用户程序中,可以访问整个寄存器或者访问寄存器中的一位,例如:

```
//访问整个寄存器
_SYSCFG = 0x12345678;
//位域访问
_SYSCFG_bit.we = 1;
_SYSCFG_bit.cm = 3;
```

用户还可以采用已有头文件作为定义其他 ARM 派生器件头文件的模板。

7. 在 C 和汇编对象之间进行值传递

下面的例子说明如何在 C 源代码中采用内联行汇编对特殊功能寄存器的值进行操作。利用通用寄存器 R0 对特殊功能寄存器 APSR 进行置位和取值操作，寄存器 R0 总是作为函数返回值使用。如果函数的第一个参数为 32 位或更小类型，将总是通过 R0 来传递。

```
#pragma diag_suppress = Pe940
#pragma optimize = no_inline
static unsigned long get_APSR( void )
{
  /* 函数退出时，其返回值应位于 R0 中 */
  asm( "MRS R0, APSR" );
}
#pragma diag_default = Pe940
#pragma optimize = no_inline
static void set_APSR( unsigned long value)
{
  /* 进入函数时，第一个参数应位于 R0 中 */
  asm( "MSR APSR, R0" );
}
```

8. 非初始化变量

通常运行环境会在程序启动时对全局和静态变量进行初始化。编译器支持声明非初始化变量。非初始化变量可以采用“__no_init”关键字或“#pragma object_attribute”预编译命令来声明。编译器根据存储器关键字将非初始化变量放入一个单独的段中。

对于“__no_init”而言，关键字“const”意味着该对象具有只读属性，不能给“__no_init”对象赋初值。

采用关键字“__no_init”声明的变量可以是一大段输入缓冲区，或者是一段特殊 RAM 映像，其中的内容即使在应用程序结束后仍维持不变。

10.2 与应用系统相关的注意事项

在开发实际应用系统过程中，除了需要考虑编译、链接器的优化功能之外，还需要考虑与应用系统本身相关的一些注意事项。例如 ILINK 链接器以 ELF/DWARF 目标格式生成绝对可执行映像文件，由于实际应用系统的不同，为了便于直接装入存储器，或进行 Flash ROM 烧写，需要采用 IAR ELF Tool 工具(ielftool)对 ELF 映像文件进行格式转换。ielftool 可以生成 Plain binary 格式、Motorola S－records 格式、Intel hex 格式以及其他类型格式，并且可以对绝对映像进行校验和计算。

10.2.1 Stack 堆栈和 Heap 堆

函数采用 Stack 堆栈来保存局部变量及其他数据信息。Stack 堆栈实际上是由堆栈指针寄存器 SP 所指向的一块连续的存储器空间。用于保存 Stack 的数据段称为 CSTACK，系统启动

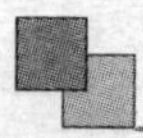

代码将初始化堆栈指针并使之指向堆栈底部。

编译器使用内部数据堆栈,CSTACK 的大小很大程度上取决于应用系统的不同操作。如果给定的堆栈空间太大,就会浪费 RAM。如果给定的堆栈空间太小,则会使变量存储发生覆盖,从而导致未定义错误;或者发生堆栈越界,从而导致应用系统非正常终止。第二种情况较易于检测,用户应适当安排堆栈空间,使之朝着存储器尾部增长。

ARM 处理器支持 Svc(管理)、IRQ(中断)、FIQ(快中断)、Undef(未定义)和 Abort(中止)5 种异常模式,当特定的异常出现时,ARM 处理器进入相应模式。每种异常模式都有其自己的堆栈,以避免占用系统/用户模式的堆栈,如表 10-1 所示。每一种异常模式所使用的堆栈,都需要在启动代码中对相应的堆栈指针进行初始化,同时应通过链接器配置文件进行存储器段安排。IAR EWARM 软件包中提供的 cstartup. s 和 lnkarm. icf 文件对 IRQ 和 FIQ 堆栈进行了预配置,需要时用户可以添加其他堆栈配置。

表 10-1　异常堆栈

处理器模式	堆栈段名	说　明
管理模式(Svc)	SVC_STACK	操作系统堆栈
中断模式(IRQ)	IRQ_STACK	IRQ 中断服务函数堆栈
快中断模式(FIQ)	FIQ_STACK	FIQ 中断服务函数堆栈
未定义模式(Und)	UND_STACK	未定义指令中止堆栈
中止模式(Abort)	ABT_STACK	指令预取和数据访问中止堆栈

如所列的当特定的异常出现时,ARM 处理器进入相应模式。

Cortex—M 处理器没有单独的异常堆栈,默认所有异常堆栈都位于 SCTACK 段。

如果希望通过 IAR EWARM 集成开发环境的 Stack Windows 观察堆栈的使用情况,必须采用预配置段名,而不能采用用户自定义段名。

Heap 堆中包含了采用 C 语言的 malloc 函数或 C++的 new 操作符所分配的动态数据。如果应用系统采用动态存储器分配,则需要对用于 Heap 堆的链接器段和 Heap 堆大小分配十分熟悉。分配给 Heap 堆的存储器位于 HEAP 段,它仅在采用动态存储器分配时才被包含到应用程序中去。

如果不使用 DLIB 运行环境中的 FILE 描述符(如采用 normal 配置),则不对输入/输出进行缓冲;而 DLIB 运行环境的 full 配置将对输入/输出进行缓冲,并将缓冲器设置为 521 字节。若 Heap 堆空间配置太小,将不会对输入/输出进行缓冲,其运行速度比具有输入/输出缓冲的系统慢得多。在 C—SPY 采用模拟方式调试时,不会感到缓冲与否对运行速度的影响,但在实际 ARM 处理器中运行时将会感觉明显。因此采用标准 I/O 库时,应将 Heap 堆的大小设置到一个合适的值。

10.2.2　编译、链接工具与应用系统之间的相互作用

链接过程与应用系统之间有如下几种相互作用的途径:

- 采用 ILINK 命令行选项—define_symbol 创建符号。此时 ILINK 将创建用于标号、大小以及调试器设置等公共绝对常数符号。
- 采用 ILINK 命令行选项—config_def 或配置命令 define symbol 创建导出配置符号,采

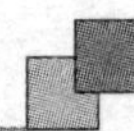

用 export symbol 配置命令进行符号导出。此时 ILINK 将创建用于标号、大小以及调试器设置等公共绝对常数符号。这种符号定义方式的优点之一是该符号可用于链接器配置文件的表达式中,例如进行存储器段的定位控制等。

- 采用编译器操作符__ section_begin,__ section_end 或汇编器操作符 SFB,SFE 获取 ILINK 通常以连续映像对待的存储器段的起始和终止地址。上述操作符可用于包含初始式、初始化数据、零初始化数据、非初始化数据以及块的存储器段中。

注意: 操作符__ section_begin 和 SFB 给出的是起始地址,而__ section_end 和 SFE 给出的是紧接在结束地址后面的地址。

- 命令行选项—entry 告知 ILINK 应用程序的起始标号。ILINK 采用该选项作为根符号(root symbol),并告知调试器从何处开始执行应用程序。

【应用举例】

命令行选项如下:

```
--define_symbol NrOfElements = 10
--config_def HeapSize = 1024
```

链接器配置文件如下:

```
define memory Mem with size = 4G;
define region ROM = Mem:[from 0x00000 size 0x10000];
define region RAM = Mem:[from 0x20000 size 0x10000];

/* Export of symbol */
export symbol HeapSize;

/* Setup a heap area witha size defined by an ILINK option */
define block MyHEAP with size = HeapSize, alignment = 8 {};

place in RAM { block MyHEAP };
```

应用程序代码如下:

```
#include <stdlib.h>
/* Use symbol defined by ILINK option to dynamically allocate
an array of elements with specified size */
extern int NrOfElements;
typedef long Elements;
Elements * GetElementArray()
{
  return malloc(sizeof(Elements) * NrOfElements);
}

/* Use a symbol defined by ILINK option, a symbol that in the
configuration file was made available to the application */
#pragma section = "MyHEAP"
extern int HeapSize;
```

```
char * MyHeap()
{
  /* First get start of statically allocated section */
  char * p = __section_begin("MyHEAP");
  /* then we zero it, using the imported size */
  for (int i = 0; i < HeapSize; ++i)
  {
    p[i] = 0;
  }
  return p;
}
```

10.2.3 AEABI 依从性

IAR EWARM V5 版本编译工具支持由 ARM 公司定义的 AEABI 嵌入式应用二进制接口(Embedded Application Binary Interface for ARM)。由 IAR EWARM 编译工具得到的模块，可以与采用其他编译工具得到的任何具有 AEABI 依从性的模块相互链接。IAR EWARM 编译工具支持如下 AEABI 部件：

- AAPCS　　ARM 体系结构的过程调用标准。
- CPPABI　　ARM 体系结构的 C++ABI(仅 EC++)。
- AAELF　　ARM 体系结构的 ELF。
- AADWARF　　ARM 体系结构的 DWARF。
- RTABI　　ARM 体系结构的运行时 ABI。
- CLIBABI　　ARM 体系结构的 C 库 ABI。

可以在 IAR EWARM 集成环境下的 Project>Options>C/C++ Compiler>Extra Options 选项卡中使用--aeabi 选项来激活 AEABI 依从性。另外，为了允许在特定系统头文件中支持 AEABI，需要在包含头文件之前将预处理器符号_AEABI_PORTABILITY_LEVEL 定义为非 0 值，并且要保证在包含头文件之后将符号 AEABI_PORTABLE 定义为非 0 值：

```
#define _AEABI_PORTABILITY_LEVEL 1
#undef _AEABI_PORTABLE
#include <头文件名.h>
#ifndef _AEABI_PORTABLE
  #error "头文件名.h not AEABI compatible"
#endif
```

如果激活了 AEABI 依从性，几乎所有在系统头文件中执行的优化都被关闭，并且某些预处理器常数成为实常数。

1. 采用 ILINK 链接器对具有 AEABI 依从性的模块进行链接

采用 ILINK 链接器可以对如下类型的模块进行组合：

- 由 IAR 编译工具得到的各种模块，无论其是否具有 AEABI 依从性均可。
- 由第三方编译工具得到的具有 AEABI 依从性的模块，此时可能需要第三方库文件的支持。

ILINK 链接器会根据目标文件的属性自动选择采用合适的 C/C++库文件，导入目标文件可能没有这些属性，因此需要用户进行如下检验来帮助 ILINK 链接器选择标准库文件：

- 通过--cpu 链接器选项指定所使用的 CPU。
- 如果需要采用完整的输入/输出，应保证在标准库中使用完整的库配置。
- 明确地指定运行时库文件，可以与—no_library_search 链接器选项组合使用。

2. 采用其他链接器对具有 AEABI 依从性的模块进行链接

如果采用其他链接器对由 IAR 编译工具生成的模块进行链接，则要求这些模块必须具有 AEABI 依从性。此外，如果这些模块使用了 IAR 特定的编译器扩展功能，还必须保证其他链接工具也能够支持这些特定扩展功能。特别要注意如下几点：

- 需要检验的特殊扩展有＃pragma pack，__no_init，__root 和__ramfunc。
- 可以无害使用的特殊扩展有＃pragma location/@，__arm，__thumb，__swi，__irq，__fiq 和__nested。

10.3 NXP LPC2400 应用系统编程

10.3.1 LPC2400 系列处理器简介

NXP 公司新推出基于 ARM7TDMI－S 内核的 LPC2400 系列 32 位处理器，包括 LPC2460/2468/2470/2478 等多款芯片，与所有 LPC2000 处理器具有相同的存储器映射、中断向量控制、Flash 编程机制以及调试和仿真功能。LPC2400 系列处理器带有 512 KB 的片内高速 Flash 存储器、98 KB 的片内 SRAM、具有 128 位宽度的存储器接口以及加速器架构，ARM 模式的 32 位代码能够在最高 72 MHz 系统时钟频率下执行，16 位 Thumb 模式可以将代码规模降低 30%以上，而性能损失很小。LPC2470/2478 芯片内部还集成了 LCD 接口，最高支持 1024×768 像素、15 阶灰度单色和 24 位真彩色 TFT 面板，可广泛应用于各种便携式设备中。

LPC2400 系列处理器具有丰富的片上资源和外围接口，该系列芯片的共同特性包括：

- ARM7TDMI－S 内核，运行频率高达 72 MHz。
- 512 KB 片内 Flash 存储器，支持系统编程(ISP)和应用编程(IAP)功能。Flash 存储器位于 ARM 局部总线上，可供高性能的 CPU 访问。
- 98 KB 片内 SRAM，其中 64 KB 片内 SRAM 可供高性能 CPU 通过 ARM 局部总线访问，16 KB 片内 SRAM 用于以太网接口，16 KB 片内 SRAM 用于 DMA 控制器(也可用于 USB 控制器)，2 KB 片内 SRAM 用于 RTC 实时时钟。
- 可配置的外部存储器接口，最多支持 8 个 Bank，支持外部 RAM，ROM 和 Flash 存储器扩展，每个 Bank 最大支持 256 MB，可支持 8/16/32 位字宽。
- 高级向量中断控制器(VIC)，支持多达 32 个向量中断，可配置中断优先级和中断向量地址。
- 通用 AHB DMA 控制器(GPDMA)，支持 SSP，I^2S 和 SD/MM 接口，也可用于存储器到存储器的传输。
- 10/100Mbps 以太网 MAC 接口。
- 多个串行接口，包括 4 路 UART，3 路 I^2C 串行总线接口，1 路 SPI 接口。

- 10 位 A/D 和 D/A 转换器，转换时间低至 2.44μs。
- USB 2.0 全速双端口 Device/Host/OTG 控制器，带有片内 PHY 和相关的 DMA 控制器。
- 2 通道 CAN 总线接口。
- 4 个 32 位定时器、2 个 PWM 脉冲调制单元（每个 6 路输出）、实时时钟和看门狗。
- 160 个高速 GPIB 端口（可承受 5V 电压），4 个独立外部中断引脚。
- 标准 ARM 调试接口，兼容各种现有调试工具。
- 片内晶振频率范围为 1～24 MHz。
- 4 种低功耗模式：空闲、睡眠、掉电和深度掉电。
- 供电电压：3.3V(3.0～3.6V)。

在 LPC2400 系列芯片中，LPC2468 是 LPC2478 的无 LCD 控制器版本，LPC2470 是 LPC2478 的无片内 Flash 版本，芯片的大多数特性相同，但在实际使用中需要注意具体芯片的差别。

图 10-1 所示为 LPC2478 处理器的内部结构框图。

10.3.2 存储器结构

LPC2400 系列处理器集成了 512 KB 片内 Flash 和 64 KB 片内 SRAM（LPC2470 没有片内 Flash），片内 Flash 可用作代码和数据的固态存储器。对 Flash 可通过 UART0 进行 ISP 编程、或者通过调用已经嵌入片内的固态代码进行 IAP 编程，还可以通过内置的 JTAG 接口编程。

SRAM 支持 8 位、16 位和 32 位访问，SRAM 控制器包含一个回写缓冲区，用于防止 CPU 在连续写操作时意外停止。回写缓冲区总是保存着软件发送到 SRAM 的最后一个字节。数据只有在软件执行另外一次写操作时才被写入 SRAM。如果发生芯片复位，则实际的 SRAM 内容不会反映最近一次的写请求。

LPC2400 系列处理器具备外部存储器接口，通过外部存储器控制器 EMC 可以扩展 2 组共 8 个 Bank 的存储器组（静态存储器 Bank0～Bank3，动态存储器 Bank0～Bank3）。支持多种不同结构的存储器，包括常用的异步静态存储器如 RAM，ROM 和 Flash 等，也支持动态存储器如 SDRAM 等。EMC 模块可以同时支持多达 8 个单独配置的存储器组，其中静态和动态存储器各 4 组。静态存储器组由片选引脚 CS0～CS3 选中，每组存储容量为 16 MB，支持 8 位、16 位和 32 位数据宽度。动态存储器组由片选引脚 DYCS0～DYCS3 选中，每组存储容量为 256 MB，支持 16 位和 32 位数据宽度，刷新模式可由软件控制。对于外扩 RAM 存储器，使用 ARM 的 LDR/STR 指令进行数据读/写操作；对于外扩 NOR 型 Flash 存储器，可以使用 LDR 指令读取数据，但不能使用 STR 指令直接写数据，而要 Flash 芯片的操作时序进行控制，先进行擦除，让后才能实现数据写入。如果要将程序代码烧写到 Flash 中，一般需要运行一个装载程序（Flashloader），由它完成对 Flash 的擦除和烧写。

ARM 处理器最大可寻址 4 GB 的地址空间，LPC2400 系列处理器复位后系统存储器地址空间映射如图 10-2 所示。

LPC2400 系列处理器根据内部总线将外设分为 AHB 和 APB 两类，AHB 外设和 APB 外设在存储空间里都占 2 MB 地址区域，可各自最多分配 128 个外设，每个外设的地址空间均为 16 KB。所有外设寄存器都按字地址进行分配（32 位边界），并且只能按字进行读/写操作。图 10-3

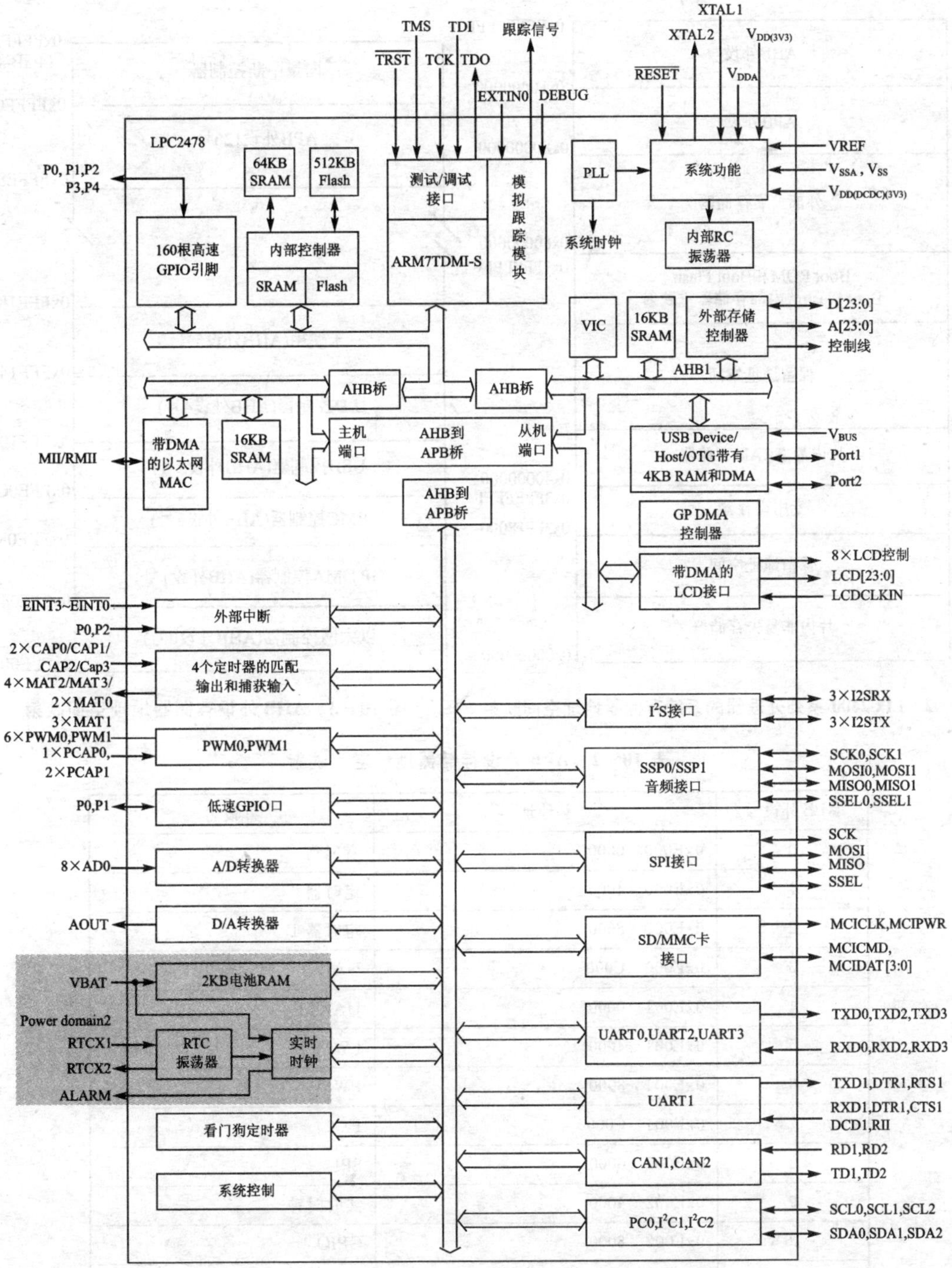

TMS TDI 跟踪信号
TRST TCK TDO
EXTIN0 DEBUG
XTAL 1
XTAL 2 $V_{DD(3V3)}$
RESET V_{DDA}
LPC2478
P0, P1,P2
P3,P4
64KB SRAM
512KB Flash
测试/调试接口
ARM7TDMI-S
模拟跟踪模块
PLL
系统功能
VREF
V_{SSA} , V_{SS}
$V_{DD(DCDC)(3V3)}$
系统时钟
内部RC振荡器
160根高速GPIO引脚
内部控制器
SRAM Flash
VIC
16KB SRAM
外部存储控制器
D[23:0]
A[23:0]
控制线
AHB1
AHB桥
AHB桥
主机端口
AHB到APB桥
从机端口
MII/RMII
带DMA的以太网MAC
16KB SRAM
USB Device/Host/OTG带有4KB RAM和DMA
V_{BUS}
Port1
Port2
AHB到APB桥
GP DMA控制器
带DMA的LCD接口
8×LCD控制
LCD[23:0]
LCDCLKIN
EINT3~EINT0
P0,P2
外部中断
2×CAP0/CAP1/
CAP2/Cap3
4×MAT2/MAT3/
2×MAT0
3×MAT1
4个定时器的匹配输出和捕获输入
6×PWM0,PWM1
1×PCAP0,
2×PCAP1
PWM0,PWM1
P0,P1
低速GPIO口
8×AD0
A/D转换器
AOUT
D/A转换器
I^2S接口
3×I2SRX
3×I2STX
SSP0/SSP1音频接口
SCK0,SCK1
MOSI0,MOSI1
MISO0,MISO1
SSEL0,SSEL1
SPI接口
SCK
MOSI
MISO
SSEL
SD/MMC卡接口
MCICLK,MCIPWR
MCICMD,
MCIDAT [3:0]
VBAT
2KB电池RAM
Power domain2
RTCX1
RTCX2
ALARM
RTC振荡器
实时时钟
UART0,UART2,UART3
TXD0,TXD2,TXD3
RXD0,RXD2,RXD3
UART1
TXD1,DTR1,RTS1
RXD1,DTR1,CTS1
DCD1,RII
看门狗定时器
CAN1,CAN2
RD1,RD2
TD1,TD2
系统控制
PC0,I^2C1,I^2C2
SCL0,SCL1,SCL2
SDA0,SDA1,SDA2

图 10－1　LPC2478 处理器的内部结构框图

所示为 AHB 外设存储器地址空间映射，其中 AHB 的 0～4 号外设分配给以太网控制器、GP DMA 控制器、EMC 控制器、USB 控制器和 LCD 控制器，其他外设编号未使用。APB 外设存储器地址空间映射如表 10－2 所列。

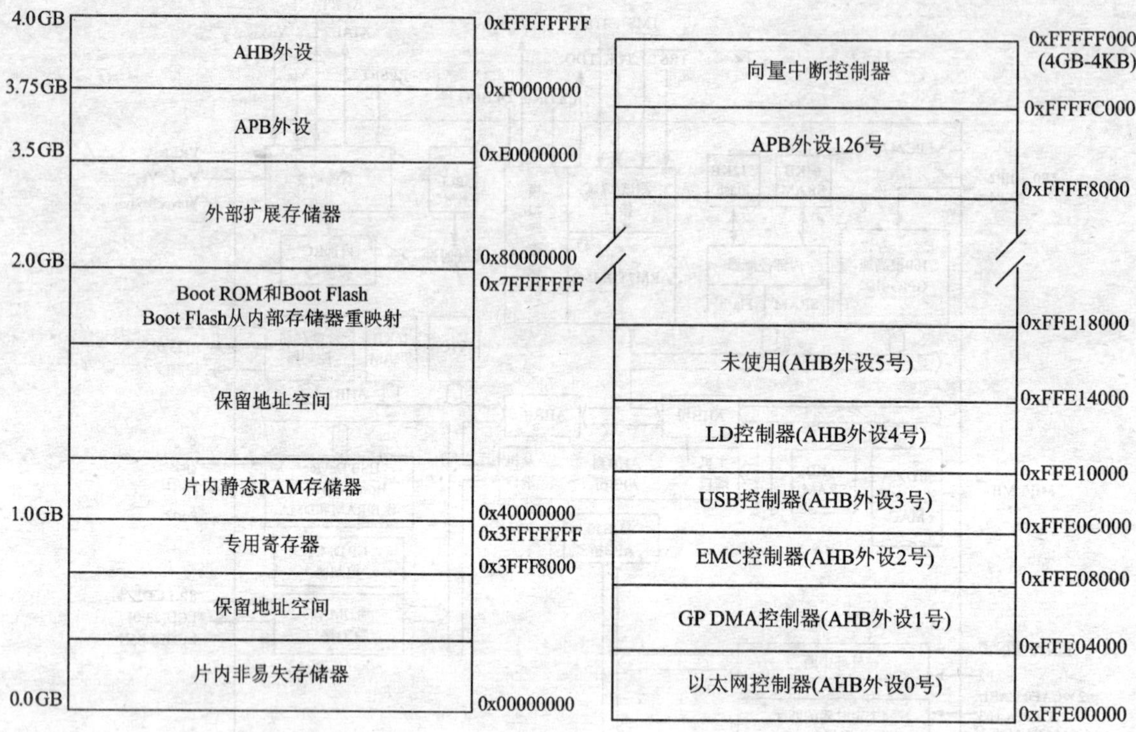

图 10－2　LPC2400 系列处理器的系统存储器地址空间映射　　图 10－3　AHB 外设存储器地址空间映射

表 10－2　APB 外设存储器地址空间映射

APB 外设号	基地址	外设名
0	0xE000　0000	看门狗
1	0xE000　4000	定时器 0
2	0xE000　8000	定时器 1
3	0xE000　C000	UART0
4	0xE001　0000	UART1
5	0xE001　4000	PWM0
6	0xE001　8000	PWM1
7	0xE001　C000	I²C0
8	0xE002　0000	SPI
9	0xE002　4000	实时时钟
10	0xE002　8000	GPIO
11	0xE002　C000	引脚连接模块
12	0xE003　0000	SSP1
13	0xE003　4000	ADC

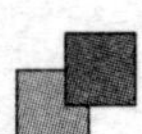

续表 10-2

APB 外设号	基地址	外设名
14	0xE003　8000	CAN 接收滤波器 RAM
15	0xE003　C000	CAN 接收滤波器寄存器
16	0xE004　0000	CAN 通用寄存器
17	0xE004　4000	CAN 控制器 1
18	0xE004　8000	CAN 控制器 2
19～22	0xE004　C000～0xE005　8000	未使用
23	0xE005　C000	I^2C1
24	0xE006　0000	未使用
25	0xE006　4000	未使用
26	0xE006　8000	SSP0
27	0xE006　C000	DAC
28	0xE007　0000	定时器 2
29	0xE007　4000	定时器 3
30	0xE007　8000	UART2
31	0xE007　C000	UART3
32	0xE008　0000	I^2C2
33	0xE008　4000	电池 RAM
34	0xE008　8000	I^2S
35	0xE008　C000	SD/MMC 接口
36～126	0xE009　0000～0xE01F　BFFF	未使用
127	0xE01F C000	系统控制模块

在对 LPC2400 系列处理器编程时，注意不要对一个保留地址或未使用的地址进行寻址操作，否则将导致一个数据中止异常。另外，对 AHB 和 APB 外设地址执行任何指令取指操作都将导致预取指异常。

LPC2400 系列处理器在运行位于 Flash 中的程序代码时，可以依靠存储器加速模块 MAM 最大限度地提高处理器性能。存储器加速模块 MAM 分为以下几个功能部件：1 个 Flash 地址锁存器和 1 个增量器，用于预取指地址；1 个 128 位的预取指缓冲区及其相关的地址锁存及比较器；1 个 128 位的分支跟踪缓冲区及其相关的地址锁存及比较器；1 个 128 位的数据缓冲区及其相关的地址锁存及比较器。

MAM 定义了 3 种操作模式。

① MAM 关闭模式。所有存储器请求都将导致 Flash 的读操作，没有指令预取。

② MAM 部分使能模式。如果数据可用，则从保存锁存区执行连续的指令访问，指令预取使能。非连续的指令访问启动 Flash 读操作，这意味着所有的转移指令都会导致从存储器取指。由于缓冲的数据访问时序很难预测并且依赖于所处的状况，因此所有数据操作都会导致 Flash 的读操作。

③ MAM 完全使能模式。任何存储器请求(代码或数据)，如果其值已经包含在其中一个保

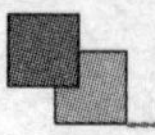

存锁存区中，那么从缓冲区执行该代码或数据的访问，将导致指令预取使能。Flash 读操作用于指令的预取和当前缓冲区所没有的代码或数据的访问。

处理器复位后 MAM 默认为禁止状态，软件可以随时将存储器访问加速功能打开或关闭。这样可以使大多数应用程序以最高速度运行，而某些要求更精确的功能可以用较慢但可以预测的速度运行。启用 MAM 之后，Flash 编程功能不受 MAM 控制，而是作为一个独立的功能处理。

存储器加速模块 MAM 通过 2 个寄存器进行操作。

(1) MAM 控制寄存器

MAM 控制寄存器 MAMCR 用于决定 MAM 的操作模式。复位后 MAM 功能被禁止。改变 MAM 操作模式将导致 MAM 所有的保持锁存内容无效，因此需要执行新的 Flash 的操作。MAMCR 寄存器的功能如表 10－3 所列。

表 10－3　MAMCR 寄存器功能

位	功能说明	复位值
1:0	00:MAM 功能被禁止； 01:MAM 功能部分使能； 10:MAM 功能完全使能； 11:保留	00
7:2	保留	NA

(2) MAM 定时寄存器

MAM 定时寄存器 MAMTIM 用于决定 Flash 存储器所使用的时钟个数(1～7 处理器内核时钟 CCLK)，从而可以调整 MAM 时序，以便与处理器操作时序相匹配。MAMTIM 寄存器功能如表 10－4 所列。

表 10－4　MAMTIM 寄存器功能

位	功能说明	复位值
2:0	000:保留 001:MAM 取指周期为 1 个处理器内核时钟(CCLK)； 010:MAM 取指周期为 2 个处理器内核时钟(CCLK)； 011:MAM 取指周期为 3 个处理器内核时钟(CCLK)； 100:MAM 取指周期为 4 个处理器内核时钟(CCLK)； 101:MAM 取指周期为 5 个处理器内核时钟(CCLK)； 110:MAM 取指周期为 6 个处理器内核时钟(CCLK)； 111:MAM 取指周期为 7 个处理器内核时钟(CCLK)	0x07
7:3	保留	NA

MAM 在使用中应当注意以下两个问题：

(1) MAM 定时值问题

改变 MAM 定时值的时候，必须先通过向 MAMCR 寄存器写入 0 来关闭 MAM，然后再将新的值写入 MAMTIM 寄存器，最后将需要的操作模式对应值写入 MAMCR 寄存器，再次打开

MAM。对于低于 20 MHz 的系统时钟，MAMTIM 设定为 1；对于 20～40 MHz 的系统时钟，建议将 MAMTIM 设定为 2；对高于 40 MHz 的系统时钟，建议将 MAMTIM 设定为 3。

(2) Flash 编程问题

在编程和擦除操作过程中不允许访问 Flash 存储器。如果在 Flash 模块忙时请求访问 Flash 地址，MAM 就必须强制 CPU 等待而导致代码执行的延时，这在某些情况之下会导致看门狗超时而使 CPU 发生复位。用户必须注意这种可能性，采取一定措施来保证不会在编程或擦除 Flash 存储器期间出现非预期的看门狗复位。

【例 10-1】 MAM 应用举例。

首先禁止 MAM 功能，然后根据系统时钟 Fcclk 的大小来设置 MAM 定时寄存器 MAMTIM，最后再使能 MAM。下面列出目标代码文件 target.c 中与 MAM 相关部分内容，其中 Fcclk 等参数在 target.h 文件中定义。

```
void TargetResetInit(void)
{
  /* 设置 MAM 功能   */
  MAMCR = 0;                        //禁止 MAM 功能
  #if Fcclk < 20000000              //通过条件编译判断 Fcclk 的大小
  MAMTIM = 1;                       //系统时钟低于 20 MHz,建议 MAMTIM 置 1
  #else
  #if Fcclk < 40000000              //系统时钟在 20～40 MHz 之间,建议 MAMTIM 置 2
  MAMTIM = 2;
  #else
  MAMTIM = 3;                       //系统时钟高于 40 MHz,建议 MAMTIM 置 3
  #endif
  #endif
  MAMCR = 2;                        //使能 MAM 功能
  ……
}
```

10.3.3 存储器重映射

存储器映射的一个基本概念是：每个存储器组在存储器映射中都有一个物理上的位置，它是一个地址范围，在该范围内可以写入程序代码，每一个存储器空间的内容都固定在同一个位置，这样就不需要将代码设计成在不同地址范围内运行。

由于 ARM7 处理器中断向量所处地址位置(0x00000000～0x0000001C)的要求，BootROM 和 SRAM 空间的一小部分地址空间需要重新映射，以便实现在不同模式下处理中断。LPC2400 系列处理器支持 3 种存储器映射方式，如表 10-5 所列。当处理器工作在用户 Flash 模式下时，不需要进行中断向量的重新映射，而在其他模式下，则需要重新映射。它包括中断向量区的 32 字节和额外的 32 字节，一共 64 字节。重新映射的代码位置与地址 0x0000 0000～0x0000 003F 相重叠，SRAM、Flash 和 Boot Block 中的向量必须包含跳转到实际中断处理程序的分支或其他执行跳转到中断处理程序的转移指令。

表 10-5　APB 外设存储器地址空间映射

模　式	激　活	用　途
Boot 装载和程序模式	由任何复位硬件激活	在任何复位后都会执行 Boot 装载程序。BootROM 中断向量映射到存储器的底部，以允许处理异常并在 Boot 装载过程中使用中断
用户 Flash 模式	由 Boot 代码软件激活	在存储器中识别一个有效的用户程序标识并且 Boot 装载操作位被执行时，有 Boot 装载程序激活。中断向量位于 Flash 存储器的底部，不需要重新映射
用户 RAM 模式	由用户程序软件激活	由用户程序激活，中断向量重新映射到 SRAM 的底部

重新映射的存储器组包括 BootROM 和中断向量，除了重新映射的地址外，仍然出现在它们最初的位置。已重新映射和可重新映射区域的存储器地址空间如图 10-4 所示。

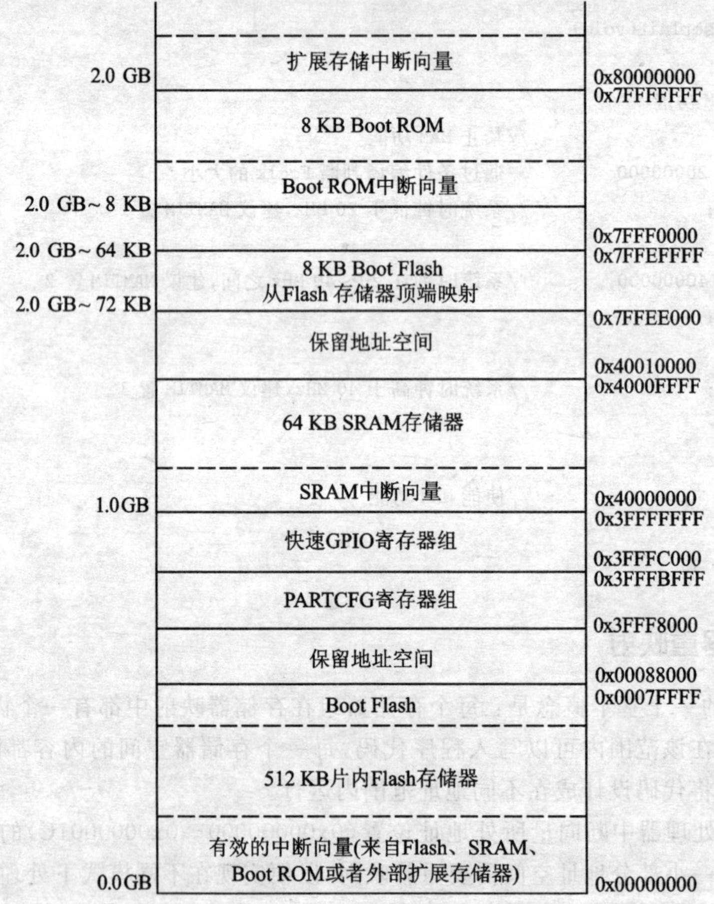

图 10-4　已重新映射和可重新映射区域的存储器地址空间

存储器映射控制器 MEMMAP 用于改变从地址 0x0000 0000 开始的中断向量地址的映射，从而允许运行在不同存储器空间的代码对中断进行控制。MEMMAP 是一个可读/写寄存器（地址为 0xE01F C040），其功能为选择从 Flash Boot Block，用户 Flash 或 RAM 中读取 ARM 中断向量，如表 10-6 所列。

表 10-6　存储器地址映射控制寄存器 MEMMAP 功能

位	符　号	功能说明	复位值
1∶0	MAP	00：Boot 装载程序模式。中断向量从 BootBlock 重新映射 01：用户 Flash 模式。中断向量位于 Flash 中，不需要重新映射 10：用户 RAM 模式，中断向量从 SRAM 重新映射 11：保留，不使用	00
7∶2	保留		NA

根据存储器映射的不同，中断向量的读取位置也不相同。例如每当产生一个软件中断请求时，ARM 内核就从 0x0000 0008 地址读取 32 位数据。这意味着当 MEMMAP[1∶0]＝10（用户 RAM 模式）时，从 0x0000 0008 地址的读数/取指操作实际上是对 0x4000 0008 地址单元的操作。当 MEMMAP[1∶0]＝01（用户 Flash 模式）时，从 0x0000 0008 地址的读数/取指操作实际上是对片内 Flash 单元 0x0000 0008 进行操作。当 MEMMAP[1∶0]＝00（Boot 装载程序模式）时，从 0x0000 0008 地址的读数/取指操作实际上是对 0x7FFF E008 单元进行操作。

10.3.4　时钟频率控制

LPC2400 系列处理器含有 3 个独立的晶体振荡器：主晶振、内部 IRC 晶振和 RTC 晶振。每个晶振针对不同应用需求有多种使用方法。复位后 LPC2400 系列处理器通过内部 IRC 晶振提供时钟，直到使用软件进行切换为止。这使得系统可以不依赖于外部时钟进行操作，而且使引导加载程序可以在一个确定的频率下工作。当 BootROM 转向用户程序之前，可以激活主晶振，从而执行用户代码。上述几个时钟源都可以用来驱动锁相环 PLL，给 CPU 和片内外设提供时钟。锁相环 PLL 接受输入时钟的频率范围为 32 kHz～50 MHz。输入频率通过一个预分频器分频后作为 PLL 内部频率，然后通过一个电流控制振荡器 CCO 倍增到 275～550 MHz，CCO 频率再通过 CPU 频率设置寄存器分频，成为提供给 CPU 的 CCLK 时钟。

当 PLL 未连接时，系统可以通过时钟源选择寄存器 CLKSRCSEL 来安全地改变时钟源，该寄存器的功能如表 10-7 所列。

表 10-7　时钟源选择寄存器功能

位	功　能	功能说明	复位值
1:0	CLKSRC	00:选择 IRC 晶振为 PLL 时钟源 01:选择主晶振为 PLL 时钟源 10:选择 RTC 晶振为 PLL 时钟源 11:保留，不使用	00
7:2	保留	未使用，始终为 0	0

LPC2400 系列处理器通过如下几个寄存器来实现锁相环 PLL 控制。

1. PLL 控制寄存器

PLL 控制寄存器 PLLCON 用于 PLL 的激活和连接。激活 PLL 将使 PLL 锁定到由当前倍频器和分频器的值设定的频率上。连接 PLL 将使处理器和所有片内功能都根据 PLL 的输出时

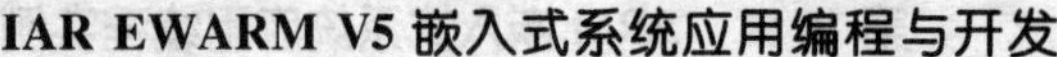

钟频率运行。写入 PLLCON 寄存器的值只有在对 PLLFEED 寄存器执行了正确的 PLL 馈送序列之后才会生效。PLLCON 寄存器的功能如表 10-8 所列。

表 10-8　PLL 控制寄存器功能

位	功　能	功能说明	复位值
0	PLLE	当 PLLE 为 1,并且在有效的 PLL 馈送之后,激活 PLL 并锁定到指定频率	0
1	PLLC	当 PLLE 和 PLLC 都为 1,并且在有效的 PLL 馈送之后,将 PLL 作为时钟源连接到处理器,否则处理器直接使用振荡器时钟	0
7:2	保留	未使用	NA

2. PLL 配置寄存器

倍频器的值(用字母 N 表示)和预分频器的值(用字母 M 表示)由 PLL 配置寄存器 PLLCFG 控制,在执行正确的 PLL 馈送序列之前,写入 PLLCFG 寄存器的值不会生效。PLLCFG 寄存器的功能如表 10-9 所列。

表 10-9　PLL 配置寄存器功能

位	功　能	功能说明	复位值
14:0	MSEL	PLL 倍频器的值,在 PLL 频率计算中其值为 M−1	0
15	保留	未使用	NA
23:16	NSEL	PLL 预分频器的值,在 PLL 频率计算中其值为 N	0
31:24	保留	未使用	NA

3. PLL 状态寄存器

PLL 状态寄存器 PLLSTAT 为只读寄存器,用于读回 PLL 控制和配置信息,反映当前正在使用的 PLL 参数和状态。PLLSTAT 寄存器的值可能与 PLLCON 和 PLLCFG 的值不同,这是因为在没有执行正确的 PLL 馈送序列之前,PLLCON 和 PLLCFG 寄存器中的值无效。PLLSTAT 寄存器的功能如表 10-10 所列。

表 10-10　PLL 状态寄存器功能

位	功　能	功能说明	复位值
14:0	MSEL	读出的 PLL 倍频器值,这是 PLL 当前使用的值	0
15	保留	未使用	NA
23:16	NSEL	读出的 PLL 预分频器值,这是 PLL 当前使用的值	0
24	PLLE	读出的 PLL 激活位,为 1,表示 PLL 处于激活状态;为 0,表示 PLL 关闭,进入掉电模式时该位自动清零	0
25	PLLC	读出的 PLL 连接位,当 PLLE 和 PLLC 都为 1 时,将 PLL 作为时钟源连接到处理器;当 PLLE 和 PLLC 都为 0 时,PLL 被旁路,处理器直接使用振荡器时钟,进入掉电模式时该位自动清零	0
26	PLOCK	反映 PLL 锁定状态,为 0 时,PLL 未锁定;为 1 时,锁定到指定频率	0
31:27	保留	未使用	NA

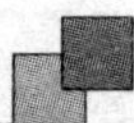

PLLSTAT 寄存器中的 PLOCK 位连接到中断控制器，这样可以使用软件打开 PLL 并连接到其他功能，不需要等待 PLL 锁定。发生中断时（PLOCK=1）可以连接 PLL 并禁止中断。

PLL 有 3 种工作模式，由 PLLC 和 PLLE 位的组合控制，如表 10－11 所列。

表 10－11　PLL 的工作模式

PLLC	PLLE	PLL 功能
0	0	PLL 被关闭并断开连接，系统使用未更改的时钟输入
0	1	PLL 被激活但尚未连接，PLL 可在 PLOCK 置位后连接
1	0	与 00 组合相同，这样消除了 PLL 已连接但未使用的可能
1	1	PLL 被激活并连接到处理器作为系统时钟源

4. PLL 馈送寄存器

必须将正确的馈送序列写入 PLL 馈送寄存器 PLLFEED，才能使 PLLCON 和 PLLCFG 寄存器的更改生效。馈送序列是将数值 0xAA 和 0x55 依次写入 PLLFEED 寄存器，写入顺序必须正确，并且在写入期间必须禁止中断。PLLFEED 寄存器的复位值为 0x00。

LPC2400 系列处理器在掉电模式下会自动关闭并断开 PLL。从掉电模式唤醒不会自动恢复 PLL 的设定，必须由软件予以恢复。不要试图在掉电唤醒之后简单地执行馈送序列来重新启动 PLL，这将导致出现在 PLL 锁定之前同时激活并连接 PLL 的危险。

LPC2400 系列处理器可以按照以下步骤配置 PLL。

① 选择处理器的时钟频率 CCLK。

② 选择 PLL 内部时钟频率 F_{cco}。F_{cco}的值应为 275～55 MHz，且为 CCLK 的整数倍。

③ 选择晶体振荡器的频率 F_{IN}。F_{IN}的值应为 32 kHz～50 MHz。

PLL 的输出频率计算公式如下：

$$F_{cco}=(2\times M\times F_{IN})/N$$

选择参数 M、N 的值而得到合适的 F_{cco}值。M 取值范围为 6～512，N 取值范围为 1～32。

例如系统要求使用 USB 接口，CPU 主频为 60 MHz，采用 4 MHz 的外部晶振，应选择 F_{cco}为 480 MHz，当 N 值为 1 时，$M=480/(2\times4)=60$，因此 PLL 配置寄存器 PLLCFG 的值应为 0x3B($N-1=0$，$M-1=59=$0x3B)。

PLL 的输出频率必须经过向下分频之后才能用于 CPU，USB 和其他外设。提供给 USB 模块的分频器是独立的，因为 USB 的时钟要求必须为 48 MHz，分频给 CPU 的信号程序 CCLK 时钟，并且再次分频成为各个片内外设的驱动时钟。

LPC2400 系列处理器通过如下几个寄存器来实现时钟分频控制。

1. CPU 时钟配置寄存器

CPU 时钟配置寄存器 CCLKCFG，控制 PLL 输出频率的分频，作为 CPU 工作时钟 CCLK。如果不使用 PLL，则分频值为 1。CCLKCFG 寄存器的功能如表 10－12 所列。

表 10－12　CPU 时钟配置寄存器功能

位	功　能	功能说明	复位值
7:0	CCLKSEL	分频器值，用于生成 CPU 时钟 CCLK，只能为 0 或奇数 1,3,5…,255	0x00

CCLK 的值为 PLL 的输出频率除以 CCLKSEL+1，当 CCLKSEL 的值为 1 时，CCLK 的值为 PLL 输出频率的一半。

2. USB 时钟配置寄存器

USB 时钟配置寄存器 USBCLKCFG 控制 PLL 输出频率的分频，作为 USB 工作时钟 UCLK。如果不使用 PLL，则分频值为 1。输出频率应为 48 MHz 并且具有 50 % 的占空比。USBCLKCFG 寄存器的功能如表 10－13 所列。

表 10－13 USB 时钟配置寄存器功能

位	功能	功能说明	复位值
3:0	USBSEL	分频器值，用于生成 USB 时钟 UCLK	0x00
7:4	—	保留	NA

USB 模块的时钟值为 PLL 的输出频率除以 USBSEL+1，当 USBSEL 的值为 1 时，USB 时钟的值为 PLL 输出频率的一半。

3. IRC 整理寄存器

IRC 整理寄存器 IRCtrim 用于整理片内 4 MHz 的晶振，其功能如表 10－14 所列。

表 10－14 IRC 整理寄存器功能

位	功能	功能说明	复位值
7:0	IRCtrim	IRC 整理值，用于控制片内 4 MHz 的 IRC 晶振频率	0xA0
15:8	—	保留	NA

4. 外设时钟选择寄存器

LPC2400 系列处理器有两个外设时钟选择寄存器 PCLKSEL0 和 PCLKSEL1，这两个寄存器中的每两位控制一个外设的时钟频率，其功能如表 10－15、表 10－16 和表 10－17 所列。

表 10－15 PCLKSEL0 寄存器功能

位	功能	功能说明	复位值
1:0	PCLK_WDT	看门狗时钟选择	00
3:2	PCLK_TIMER0	定时器 0 时钟选择	00
5:4	PCLK_TIMER1	定时器 1 时钟选择	00
7:6	PCLK_UART0	串行口 0 时钟选择	00
9:8	PCLK_UART1	串行口 1 时钟选择	00
11:10	PCLK_PWM0	脉宽调制器 0 时钟选择	00
13:12	PCLK_PWM1	脉宽调制器 1 时钟选择	00
15:14	PCLK_I2C0	I^2C0 时钟选择	00
17:16	PCLK_SPI	SPI 时钟选择	00
19:18	PCLK_RTC	RTC 时钟选择	00
21:20	PCLK_SSP1	SSP1 时钟选择	00
23:22	PCLK_DAC	DAC 时钟选择	00

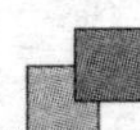

续表 10-15

位	功 能	功能说明	复位值
25:24	PCLK_ADC	ADC 时钟选择	00
27:26	PCLK_CAN1	CAN1 时钟选择	00
29:28	PCLK_CAN2	CAN2 时钟选择	00
31:30	PCLK_ACF	CAN 滤波器时钟选择	00

表 10-16 PCLKSEL1 寄存器功能

位	功 能	功能说明	复位值
1:0	PCLK_BAT_RAM	电池 RAM 时钟选择	00
3:2	PCLK_GPIO	GPIO 时钟选择	00
5:4	PCLK_PCB	引脚连接模块时钟选择	00
7:6	PCLK_I2C1	I^2C1 时钟选择	00
9:8	—	保留,始终为 0	00
11:10	PCLK_SSP0	SSP0 时钟选择	00
13:12	PCLK_TIMER2	定时器 2 时钟选择	00
15:14	PCLK_TIMER3	定时器 3 时钟选择	00
17:16	PCLK_UART2	UART2 时钟选择	00
19:18	PCLK_UART3	UART3 时钟选择	00
21:20	PCLK_I2C2	I^2C2 时钟选择	00
23:22	PCLK_I2S	I^2S 时钟选择	00
25:24	PCLK_MCI	MCI 时钟选择	00
27:26	—	保留,始终为 0	00
29:28	PCLK_SYSCON	系统控制模块时钟选择	00
31:30	—	保留,始终为 0	00

表 10-17 外设时钟选择寄存器的位值

位 值	功能说明	复位值
00	PCLK_xxx=CCLK/4	00
01	PCLK_xxx=CCLK	00
10	PCLK_xxx=CCLK/2	00
11	在 CAN1,CAN2,CAN 滤波器中,PCLK_xxx=HCLK/6,其余 PCLK_xxx=HCLK/8	00

注意:在 PCLK_RTC 字段中,写入 01 值无效。

【例 10-2】 系统时钟编程举例。

系统时钟编程通过目标代码文件 target. c 中的 ConfigureOLL()函数实现。首先关闭 PLL，然后通过 CLKSRCSEL 寄存器选择主晶振为时钟源，再通过 PLLCFG 寄存器利用 *M* 和 *N* 值设置 CCO 频率，通过 CCLKCFG 寄存器分频为 CPU 时钟 CCLK，最后使能 PLL 使 PLL 设置生效。注意 PLLCON 寄存器的每次操作都需要正确的馈送序列来实现。在 target. h 文件中定义了与 ConfigureOLL()函数中的有关参数，列表如下：

```
#define USE_USB          1          //1 = 使用 USB,0 = 不使用 USB
/ * Fcck = 48Mhz, Fosc = 288MHz, and USB 48MHz * /
#define PLL_MValue       23
#define PLL_NValue       1
#define CCLKDivValue     5
#define USBCLKDivValue   5

#define Fosc  12000000
#define Fcclk 48000000
#define Fcco  288000000

/ * 定义 APB 时钟频率，使用 USB 时 APB 最小时钟频率应大于 16 MHz * /
#if USE_USB
#define Fpclk (Fcclk / 2)
#else
#define Fpclk (Fcclk / 4)
#endif
```

target. c 文件中与 ConfigureOLL()函数相关部分列表如下：

```
void ConfigurePLL ( void )
{
DWORD MValue, NValue;
  if ( PLLSTAT & (1 << 25) )                           //PLL 是否连接
  {
    PLLCON = 1;                                        //使能 PLL,并断开连接
    PLLFEED = 0xaa;                                    //PLL 馈送序列
    PLLFEED = 0x55;
  }

  PLLCON = 0;                                          //禁止 PLL, 并断开连接
  PLLFEED = 0xaa;                                      //PLL 馈送序列
  PLLFEED = 0x55;

  SCS |= 0x20;                                         //使能主晶振
  while( ! (SCS & 0x40) );                             //读主晶振状态直到主晶振可用
  CLKSRCSEL = 0x1;                                     //选择 12MHz 主晶振作为 PLL 时钟源
```

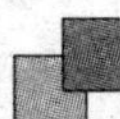

```
PLLCFG = PLL_MValue | (PLL_NValue << 16);          //执行配置
  PLLFEED = 0xaa;                                   //PLL 馈送序列
  PLLFEED = 0x55;

  PLLCON = 1;                                       //使能 PLL,并断开连接
  PLLFEED = 0xaa;                                   //PLL 馈送序列
  PLLFEED = 0x55;

  CCLKCFG = CCLKDivValue;                           //设置时钟分频
  #if USE_USB
    USBCLKCFG = USBCLKDivValue;                     //usbclk = 288 MHz/6 = 48 MHz */
  #endif

  while ( ((PLLSTAT & (1 << 26)) == 0) );          //检查所定状态

  MValue = PLLSTAT & 0x00007FFF;
  NValue = (PLLSTAT & 0x00FF0000) >> 16;
  while ((MValue ! = PLL_MValue) && ( NValue ! = PLL_NValue) );

  PLLCON = 3;                                       //使能 PLL,并连接 PLL
  PLLFEED = 0xaa;                                   //PLL 馈送序列
  PLLFEED = 0x55;
  while ( ((PLLSTAT & (1 << 25)) == 0) );          //检查连接状态位
  return;
}
```

10.3.5 中断控制

ARM 处理器内核支持 IRQ 和 FIQ 两类中断。管理中断类型识别及优先级判断，并向 ARM 内核提供中断向量和中断信号的模块称为向量中断控制器 VIC。LPC2400 系列处理器使用了 ARM PrimeCell 技术的向量中断控制器，利用映射到 AHB 总线的地址空间实现快速访问。VIC 支持最大 32 个中断源，可编程设置为 IRQ 或 FIQ 中断类型。用户可以按照处理器外围模块的优先级别灵活设置中断源的优先级别。

快速中断 FIQ 是优先级别最高的中断。为了确保 FIQ 响应的最短延时，实际应用中一般只设置一个 FIQ 中断类型。如果有一个以上的中断源被设置为 FIQ 中断，VIC 将对中断输入进行“或”操作，最终向 ARM 内核产生一个 FIQ 信号。这时应在 FIQ 中断服务程序中先读出 VIC 的 FIQ 中断状态字，判断出真正发生的中断源之后，才能处理对应的中断。

除了设置为 FIQ 的中断之外，其余中断类型为向量 IRQ 中断。向量 IRQ 中断优先级可以通过软件编程设置，如果有一个以上 IRQ 中断分配了相同的优先级别，且同时产生中断请求，则连接到 VIC 通道靠前的中断源将先得到服务。VIC 将对所有向量 IRQ 中断输入进行“或”操作，最终向 ARM 内核产生一个 IRQ 信号。这时应在 IRQ 中断服务程序中先读出 VIC 的 IRQ 中断状态字，确定中断源之后，再执行响应的中断服务程序。

VIC 寄存器映射如表 10－18 所列，其中所有寄存器的数据宽度都为 32 位。

表 10-18 VIC 寄存器映射表

名 称	功能说明	访问方式	复位值
VICIRQStatus	IRQ 状态寄存器,保存各个 IRQ 请求是否有效	只读	0
VICFIQStatus	FIQ 状态寄存器,保存各个 FIQ 请求是否有效	只读	0
VICRawIntr	原始中断状态寄存器,保存 32 个中断请求和软件中断请求,不论它们是否使能	只读	—
VICIntSelect	中断类型选择寄存器,将中断请求保存为 FIQ 或 IRQ	读/写	0
VICIntEnable	中断使能寄存器,使能 32 个中断请求和软件中断	读/写	0
VICIntEnClr	中断使能清零寄存器,清除 VICIntEnable 中的使能位	只写	—
VICSoftInt	软件中断寄存器,其内容与 32 个中断请求进行"或"操作	读/写	0
VICSoftIntClear	软件中断清零寄存器	只写	—
VICProtection	VIC 保护使能寄存器,限制对 VIC 各寄存器的访问	读/写	0
VICSWPriorityMask	软件优先级屏蔽寄存器	读/写	0xFFFF
VICVectAddr0 ～VICVectAddr31	向量地址寄存器 0～31,保存 IRQ 中断服务入口地址,IRQ0 优先级最高,IRQ31 最低	读/写	0
VICVecPriority0 ～VICVecPriority31	向量优先级寄存器 0～31,设置 IRQ0～IRQ31 的优先级	读/写	0xF
VICAddress	向量地址寄存器,发生 IRQ 中断时保存当前有效中断地址	读/写	0

下面按照 VIC 逻辑中的使用顺序对 VIC 寄存器进行描述,该顺序从与中断请求输入最密切的寄存器开始,到由软件所使用的最抽象的寄存器结束。对大多数人而言,这也是学习 VIC 时读取 VIC 寄存器的最佳顺序。

1. 软件中断寄存器

软件中断寄存器 VICSoftInt 用于产生软件中断,各位的功能如表 10-19 所列。在执行任何操作之前,该寄存器的内容将与不同外设的中断请求相"或"。

表 10-19 软件中断寄存器功能

位	值	功能说明	复位值
31:0	0	不产生中断请求,写 0 到该位无效	0
	1	强制产生与该位相关的中断请求	

2. 软件中断清零寄存器

软件中断清零寄存器 VICSoftIntClear 为只写寄存器,各位的功能如表 10-20 所列。对该寄存器的一个或多个位写入 1,可以清除软件中断寄存器 VICSoftInt 中的置 1 位。

表 10-20 软件中断清零寄存器功能

位	值	功能说明	复位值
31:0	0	写 0 到该位无效	0
	1	写 1 则软件中断寄存器中对应位被清除	

3. 原始中断状态寄存器

原始中断状态寄存器 VICRawIntr 用于读取所有32个中断请求和软件中断请求，不管中断是否使能或分类，各位的功能如表10-21所列。

表 10-21 原始中断状态寄存器功能

位	值	功能说明	复位值
31:0	0	对应位的中断请求或软件中断未声明	—
	1	对应位的中断请求或软件中断声明	

4. 中断使能寄存器

中断使能寄存器 VICIntEnable 用于使能分配为 FIQ 和 IRQ 的中断请求或软件中断请求，各位的功能如表10-22所列。

表 10-22 中断使能寄存器功能

位	功能说明	复位值
31:0	读取该寄存器时，读1，表示中断请求使能为 FIQ 或 IRQ；写入1，使能中断请求或软件中断分配为 FIQ 或 IRQ；写入0，无效	0

5. 中断使能清零寄存器

中断使能清零寄存器 VICIntEnClr 用于清除中断使能寄存器中的一个或多个中断使能位，各位的功能如表10-23所列。

表 10-23 中断使能清零寄存器功能

位	值	功能说明	复位值
31:0	0	写0无效	—
	1	写1则中断使能寄存器中对应位被清除	

6. 中断类型选择寄存器

中断类型选择寄存器 VICIntSelect 用于将32个中断请求分别分配为 FIQ 或 IRQ，各位的功能如表10-24所列。

表 10-24 中断类型选择寄存器功能

位	值	功能说明	复位值
31:0	0	表示对应位的中断请求为 IRQ	0
	1	表示对应位的中断请求为 FIQ	

7. IRQ 状态寄存器

IRQ 状态寄存器 VICIRQStatus 用于读取使能并分配为 IRQ 的中断请求状态，各位的功能如表10-25所列。

表 10-25　IRQ 状态寄存器功能

位	功能说明	复位值
31:0	某位读 1,表示该位中断请求使能且被分配为 IRQ	0

8. FIQ 状态寄存器

FIQ 状态寄存器 VICFIQStatus 用于读取使能并分配为 FIQ 的中断请求状态,各位的功能如表 10-26 所列。

表 10-26　FIQ 状态寄存器功能

位	功能说明	复位值
31:0	某位读 1,表示该位中断请求使能且被分配为 FIQ	0

9. 向量地址寄存器

共有 32 个向量地址寄存器 VICVectAddr0～ VICVectAddr31,用于保存对应 32 个 IRQ 中断源的中断服务程序入口地址,各位的功能如表 10-27 所列。

表 10-27　向量地址寄存器功能

位	功能说明	复位值
31:0	每个寄存器对应一个中断源,保存对应中断源的服务程序入口地址	0

10. 向量优先级寄存器

共有 32 个向量优先级寄存器 VICVecPriority0～VICVecPriority31,用于设置相应向量中断优先级,各位的功能如表 10-28 所列。优先级分为 0～15,0 为最高优先级,15 最低。所有向量优先级寄存器的复位值为最低优先级 15。当优先级相同的中断同时发生时,向量地址寄存器 VICVecAddr0～31 数值小的优先被响应。

表 10-28　向量优先级寄存器功能

位	功能说明	复位值
3:0	设置相应向量中断优先级 0～15	0xF
31:4	保留,用户软件不应对保留进行操作	—

11. 向量地址寄存器

当处理器响应一个 IRQ 中断后,该中断的服务程序入口地址可以从向量地址寄存器 VICVectAddr 中读出。该地址是 VIC 从 32 个向量地址寄存器 VICVectAddr0～ VICVectAddr31 中装入的,如表 10-29 所列。

表 10-29　向量地址寄存器功能

位	功能说明	复位值
31:0	包含当前有效中断的服务程序入口地址,该寄存器在服务程序结束之前必须被写入一个数值(任何值),以此更新 VIC 优先级硬件逻辑,其他时间对该寄存器的写入可能导致错误	0

12. 软件优先级屏蔽寄存器

软件优先级屏蔽寄存器 VICSWPriorityMask 包含16个中断优先级的屏蔽码,各位的功能如表10-30所列。

表10-30 软件优先级屏蔽寄存器功能

位	值	功能说明	复位值
15:0	0	中断优先级被屏蔽	0xFFFF
	1	中断优先级未屏蔽	
31:16	—	保留,用户软件不应对保留进行操作,保留位的读出值未定义	NA

13. 保护使能寄存器

保护使能寄存器 VICProtection 控制 VIC 寄存器是否能被软件在用户模式下访问,并且该寄存器只能在管理模式下访问,各位的功能如表10-31所列。

表10-31 保护使能寄存器功能

位	值	功能说明	复位值
0	0	VIC 寄存器可以在用户模式或管理模式下访问	0
	1	VIC 寄存器只能在管理模式下访问	
31:1	—	保留,用户软件不应对保留进行操作,保留位的读出值未定义	NA

表10-32列出了LPC2400系列处理器外围模块的所有中断源。每个外围设备都有一条或多条中断线连到向量中断控制器 VIC,并且每根中断线可能代表不止一种中断源。

表10-32 连接到 VIC 通道的中断源

功能模块	说 明	VIC 通道	屏蔽码
WDT	看门狗中断	0	0x0000 0001
—	软件中断保留	1	0x0000 0002
ARM 内核	调试器接收命令中断	2	0x0000 0004
ARM 内核	调试器发送命令中断	3	0x0000 0008
定时器 0	匹配 0~1(MR0,MR1),捕获 0~1(CR0,CR1)	4	0x0000 0010
定时器 1	匹配 0~2(MR0,MR1,MR2),捕获 0~1(CR0,CR1)	5	0x0000 0020
UART0	Rx 线状态(RLS),发送保持寄存器空(TRUE),Rx 数据可用(RDA),字符超时指示(CTI)	6	0x0000 0040
UART1	Rx 线状态(RLS),发送保持寄存器空(TRUE),Rx 数据可用(RDA),字符超时指示(CTI),Modem 控制更改	7	0x0000 0080
PWM0 PWM1	PWM0 匹配 0~6,PWM0 捕获 0, PWM1 匹配 0~6,PWM1 捕获 0~1	8	0x0000 0100
I²C0	SI(状态改变)	9	0x0000 0200
SPI,SSP0	SPI 中断标志(SPIF),错误模式(MODF),SSP0 的 Tx FIFO 半空(TXRIS),SSP0 的 RX FIFO 半满(RXRIS),SSP0 接收超时(RXRIS),SSP0 接收溢出(RORRIS)	10	0x0000 0400

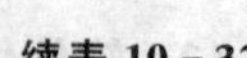

续表 10－32

功能模块	说　明	VIC 通道	屏蔽码
SSP1	SSP1 的 Tx FIFO 半空(TXRIS)，SSP1 的 RX FIFO 半满(RXRIS)，SSP1 接收超时(RXRIS)，SSP1 接收溢出(RORRIS)	11	0x0000 0800
PLL	PLL 锁定	12	0x0000 1000
RTC	计数器增加(RTCCIF)，报警(RTCALF)，Sub－second 中断(RTCSSF)	13	0x0000 2000
外部中断	外部中断 0(EINT0)	14	0x0000 4000
	外部中断 1(EINT1)	15	0x0000 8000
	外部中断 2(EINT2)	16	0x0001 0000
	外部中断 3(EINT3)，与 GPIO 中断共享	17	0x0002 0000
ADC0	A/D 转换器 0	18	0x0004 0000
I^2C1	SI(状态改变)	19	0x0008 0000
BOD	掉电监测	20	0x0010 0000
以太网	Wakeup，软件中断，传输成功，传输结束，传输错误，接收成功，接收结束，接收错误，接收溢出	21	0x0020 0000
USB	USB_INT_REQ_LP，USB_INT_REQ_HP，USB_INTREQ_DMA	22	0x0040 0000
CAN	CAN 命令，CAN0 传输，CAN0 接收，CAN1 传输，CAN1 接收	23	0x0080 0000
SD/MMC	RxDataAvlbl，TxdataAvlbl，RxFifoEmpty，TxFifoEmpty，RxFifoFull，TxFifoFull，RxFifoHalFull，TxFifoHalEmpty，RxActive，TxActive，CmdActive，DataBlockEnd，StartBitErr，DataEnd，CmdTimeOut，DataCrcFail，CmdCrcFail	24	0x0100 0000
GP DMA	DMA 通道 0 状态，DMA 通道 1 状态	25	0x0200 0000
定时器 2	匹配 0～3，捕获 0～1	26	0x0400 0000
定时器 3	匹配 0～3，捕获 0～1	27	0x0800 0000
UART2	Rx 线状态(RLS)，发送保持寄存器空(TRUE)，Rx 数据可用(RDA)，字符超时指示(CTI)	28	0x1000 0000
UART3	Rx 线状态(RLS)，发送保持寄存器空(TRUE)，Rx 数据可用(RDA)，字符超时指示(CTI)	29	0x2000 0000
I^2C1	SI(状态改变)	30	0x4000 0000
I^2S	Irq_rx，Irq_tx	31	0x8000 0000

VIC 在使用过程中需要注意如下几点：

(1) VIC 中断与片内 RAM 调试

如果在片内 RAM 中调试程序(JTAG 调试)时需要使用中断，那么必须将中断向量重新映射到地址 0x0000 0000，这是因为所有的异常向量都是从地址 0x0000 0000 开始的。可以通过将 MEMMAP 寄存器配置成用户 RAM 模式来实现这一点。另外，用户代码在编译、链接时应该使中断向量表装载到地址 0x4000 0000。

(2) 多个 FIQ 中断

虽然可以选择多个中断源(通过设置 VICIntSelect)为 FIQ 中断，但是只有一个专门的中断

服务程序来响应所有出现的 FIQ 请求。因此如果分配 FIQ 的中断多于一个,则 FIQ 服务程序就必须先读取 VICFIQStatus 寄存器的内容来识别具体有效的 FIQ 中断源,然后再进入相应的中断处理程序。一般建议用户只设置一个 FIQ 中断,以确保 FIQ 中断延时最小。

(3) IRQ 中断服务程序与 VIC 寄存器

中断服务程序执行完之后,对外设中断标志的清零会对 VIC 寄存器(VICRawIntr,VICFIQStatus,VICIRQStatus)中的对应位产生影响。另外,为了能够服务下一次中断,必须在中断返回之前对 VICVectAddr 寄存器执行一次写操作(通常写入 0),该写操作将清零内部中断优先级硬件中的对应位。

(4) VIC 中断禁止操作

若要禁止 VIC 中断,必须清零 VICIntEnable 寄存器中的对应位,可以通过写 VICIntEnClr 寄存器来实现,也同样可应用于 VICSoftInt 和 VICSoftIntClear 寄存器。

10.3.6 外部中断应用编程

LPC2400 处理器包含 4 个外部中断输入(作为可选的引脚功能),4 个引脚分别为 EINT0,EINT1,EINT2 和 EINT3。外部中断输入可将处理器从掉电模式唤醒。

可以将多个引脚同时连到同一路外部中断,此时外部中断逻辑将根据方式位和极性位的不同,分别进行如下处理:

① 对于低有效电平激活方式,选用 EINT 功能的全部引脚状态都连到一个正逻辑与门。

② 对于高有效电平激活方式,选用 EINT 功能的全部引脚状态都连到一个正逻辑或门。

③ 对于边沿激活方式,使用 GPIO 端口号最低的引脚,与引脚极性无关。

注意: *在边沿激活方式中,选择使用多个 EINT 引脚将视为出错。*

当多个 EINT 引脚逻辑或时,可在中断服务程序中通过 IO0PIN 和 IO1PIN 寄存器从 GPIO 端口读出引脚状态来判断产生中断的引脚。

LPC2400 系列处理器为外部中断提供了 4 个相关寄存器:外部中断标志寄存器 EXTINT、外部中断唤醒寄存器 INTWAKE、外部中断方式寄存器 EXTMODE 和外部中断极性寄存器 EXTPOLAR,分别介绍如下。

1. 外部中断标志寄存器

外部中断标志寄存器 EXTINT 中包含中断标志,如表 10-33 所列。

当一个引脚选择使用外部中断功能时,如果产生对应在 EXTPOLAR 和 EXTMODE 寄存器中设置的电平或边沿信号,那么将置位 EXTINT 寄存器中的标志位,并向 VIC 提出中断申请;如果引脚中断使能,将会产生中断。

向 EXTINT 寄存器的 EINT0～EINT3 位写入 1,则清除相应的中断标志。在电平激活方式下,只有当该引脚处于无效状态时才能清除相应的中断标志。

一旦 EINT0～EINT3 中的某一位被置 1,并开始执行相应的代码,必须将该位清零,否则该 EINT 引脚所触发的事件将不能再被识别。

表 10-33　外部中断标志寄存器功能

位	功 能	功能说明	复位值
0	EINT0	电平激活时,若选用引脚的 EINT0 功能且引脚状态有效,则置 1; 边沿激活时,若选用引脚的 EINT0 功能且引脚上出现所选极性,则置 1。 该位通过写 1 清除,但电平激活方式下引脚处于有效状态的情况除外	0
1	EINT1	电平激活时,若选用引脚的 EINT1 功能且引脚状态有效,则置 1; 边沿激活时,若选用引脚的 EINT1 功能且引脚上出现所选极性,则置 1。 该位通过写 1 清除,但电平激活方式下引脚处于有效状态的情况除外	0
2	EINT2	电平激活时,若选用引脚的 EINT2 功能且引脚状态有效,则置 1; 边沿激活时,若选用引脚的 EINT2 功能且引脚上出现所选极性,则置 1。 该位通过写 1 清除,但电平激活方式下引脚处于有效状态的情况除外	0
3	EINT3	电平激活时,若选用引脚的 EINT3 功能且引脚状态有效,则置 1; 边沿激活时,若选用引脚的 EINT3 功能且引脚上出现所选极性,则置 1。 该位通过写 1 清除,但电平激活方式下引脚处于有效状态的情况除外	0
7:4	—	保留	NA

2. 外部中断唤醒寄存器

外部中断唤醒寄存器 INTWAKE 中的使能位允许外部中断,以太网,USB,CAN,GPIO,BOD 或者 RTC 中断将处理器从掉电模式唤醒,如表 10-34 所列。

表 10-34　中断唤醒寄存器功能

位	功能	功能说明	复位值
0	EXTWAKE0	为 1 时,使能 EINT0 将处理器从掉电模式唤醒	0
1	EXTWAKE1	为 1 时,使能 EINT1 将处理器从掉电模式唤醒	0
2	EXTWAKE2	为 1 时,使能 EINT2 将处理器从掉电模式唤醒	0
3	EXTWAKE3	为 1 时,使能 EINT3 将处理器从掉电模式唤醒	0
4	ETHWAKE	为 1 时,使能以太网中断将处理器从掉电模式唤醒	0
5	USBWAKE	为 1 时,使能 USB 中断将处理器从掉电模式唤醒	0
6	CANWAKE	为 1 时,使能 CAN 总线中断将处理器从掉电模式唤醒	0
7	GPIOWAKE	为 1 时,使能特殊 GPIO 引脚中断将处理器从掉电模式唤醒	0
13:8	—	保留	NA
14	BODWAKE	为 1 时,使能 BOD 中断将处理器从掉电模式唤醒	0
15	RTCWAKE	为 1 时,使能 RTC 中断将处理器从掉电模式唤醒	0

相关 EINTn 功能必须映射到引脚才能实现掉电唤醒,但没必要为实现唤醒操作而在向量控制器中使能中断功能。这样做的好处是允许外部中断输入将处理器从掉电模式唤醒,但不产生

中断(只是简单地恢复操作),或者在掉电模式下使能中断而不将处理器唤醒(这样当应用中不需要唤醒特性时,不必关闭中断)。

要使器件进入掉电模式并允许总线或引脚上的一个或多个事件能使其恢复正常操作,软件应对引脚的外部中断功能重新编程,并选择合适的中断方式和极性以及掉电模式。唤醒时软件应当恢复引脚复用的外围功能。

上述所有总线或引脚都为低电平有效。如果软件要使器件退出掉电模式来响应多个引脚共用的同一个 EINTi 通道的事件,则中断通道必须编程设定为低电平激活方式,因为只有在电平方式中通道才能使用信号的逻辑或来唤醒器件。

3. 外部中断方式寄存器

外部中断方式寄存器 EXTMODE 用于选择每个 EINT 引脚是电平触发还是边沿触发,如表 10-35所列。

表 10-35 外部中断方式寄存器功能

位	功 能	值	功能说明	复位值
0	EXTMODE0	0	EINT0 使用电平激活	0
		1	EINT0 使用边沿激活	
1	EXTMODE1	0	EINT1 使用电平激活	0
		1	EINT1 使用边沿激活	
2	EXTMODE2	0	EINT2 使用电平激活	0
		1	EINT2 使用边沿激活	
3	EXTMODE3	0	EINT3 使用电平激活	0
		1	EINT3 使用边沿激活	
7:4	—	—	保留	NA

只有选择用作 EINT 的引脚(通过引脚连接模块)并已通过向量使能寄存器 VICIntEnable 使能的引脚才能产生外部中断。当然,如果引脚选择用作其他功能,则可能产生其他功能的中断。当某个中断在 VICIntEnable 中被禁止时,软件应该只改变 EXTMODE 寄存器中相应位的值。在中断重新使能之前,软件向 EXTINT 写入 1 来清除,EXTINT 位可通过改变激活方式来置 1。

4. 外部中断极性寄存器

在电平激活方式中,外部中断极性寄存器 EXTPOLAR 用于选择相应的引脚是高电平还是低电平有效,在边沿激活方式中,EXTPOLAR 寄存器用于选择相应的引脚是上升沿还是下降沿有效,如表 10-36 所列。

只有选择用作 EINT 的引脚(通过引脚连接模块)并已通过向量使能寄存器 VICIntEnable 使能的引脚才能产生外部中断。当某个中断在 VICIntEnable 中被禁止时,软件应该只改变 EXTPOLAR 寄存器中相应位的值。在中断重新使能之前,软件向 EXTINT 写入 1 来清除,EXTINT 位可通过改变中断极性来置 1。

表 10-36 外部中断极性寄存器功能

位	功 能	值	功能说明	复位值
0	EXTPOLAR0	0	EINT0 低电平或下降沿有效(由 EXTMODE0 决定)	0
		1	EINT0 高电平或上升沿有效(由 EXTMODE0 决定)	
1	EXTPOLAR1	0	EINT1 低电平或下降沿有效(由 EXTMODE1 决定)	0
		1	EINT1 高电平或上升沿有效(由 EXTMODE1 决定)	
2	EXTPOLAR2	0	EINT2 低电平或下降沿有效(由 EXTMODE2 决定)	0
		1	EINT2 高电平或上升沿有效(由 EXTMODE2 决定)	
3	EXTPOLAR3	0	EINT3 低电平或下降沿有效(由 EXTMODE3 决定)	0
		1	EINT3 高电平或上升沿有效(由 EXTMODE3 决定)	
7:4	—	—	保留	NA

【例 10-3】 外部中断应用编程举例。在 IAR 开发评估板 LPC2468 上通过编程实现按键外部中断,介绍向量中断控制器的一般使用方法。

本例包含 5 个模块文件:启动代码文件 cstartup.s,目标代码文件 target.c,IRQ 中断处理文件 irq.c,外部中断处理文件 extint.c 和测试文件 einttest.c。

表 10-37 ARM 异常向量表

向量地址	异常类型
0x00000000	复位
0x00000004	未定义指令
0x00000008	软件中断
0x0000000C	指令预取中止
0x00000010	数据中止
0x00000014	保留
0x00000018	IRQ 中断
0x0000001C	FIQ 中断

启动代码文件 cstartup.s 完成进入主程序之前的初始化工作。首先要设置 ARM 处理器的异常向量表以及各种模式下的堆栈指针,然后再跳转到用户主程序运行。异常向量表是一个包含 8 种异常情况的向量表,具体分配如表 10-37 所列。

系统一旦产生 IRQ 中断,LPC2400 处理器会切换到 IRQ 模式,并跳转到异常向量表的 0x0000 0018 地址执行指令。启动代码文件 cstartup.s 中在 IRQ 向量处使用的指令为 ldr pc,[pc, #-0x0120],当 CPU 执行这条指令还没有跳转时,[pc, #-0x0120]表示当前 PC 值减去 0x0120,当前 PC 的值为 0x0000 0020 时,减去 0x0120 为 0xFFFFFF00,这正好是 VIC 向量地址寄存器 VICVectAddr 的物理地址,其中保存着当前将要执行的中断服务程序入口地址,所以用一条装载 PC 值的指令就可以直接跳转到需要的中断服务程序。

启动代码文件 cstartup.s 列表如下:

```
MODULE   ? cstartup
;存储器段声明
SECTION IRQ_STACK: DATA: NOROOT(3)
SECTION FIQ_STACK: DATA: NOROOT(3)
SECTION SVC_STACK: DATA: NOROOT(3)
SECTION ABT_STACK: DATA: NOROOT(3)
```

```
SECTION UND_STACK: DATA: NOROOT(3)
SECTION CSTACK: DATA: NOROOT(3)
SECTION .intvec: CODE: NOROOT(2)
;公共符号声明
PUBLIC    __vector
PUBLIC    __iar_program_start
PUBLIC    __vector_0x14
;外部符号声明
EXTERN undef_handler, swi_handler, prefetch_handler
EXTERN data_handler, irq_handler, fiq_handler
    ARM                                                    ;复位后总是进入ARM模式
__vector:                                                  ;异常向量表处理
                    ldr     pc,[pc,#24]                    ;复位
__undef_handler:    ldr     pc,[pc,#24]                    ;未定义指令
__swi_handler:      ldr     pc,[pc,#24]                    ;软件中断
__prefetch_handler: ldr     pc,[pc,#24]                    ;预取中止
__data_handler:     ldr     pc,[pc,#24]                    ;数据中止
__vector_0x14:      dc32    0xFFFFFFFF                     ;保留
__irq_handler:      ldr     pc,[pc, # - 0x0120]            ;IRQ中断
__fiq_handler:      ldr     pc,[pc,#24]                    ;FIQ中断

;从0x00000020地址开始存放入口地址
      dc32    __iar_program_start                          ;复位地址
      dc32    __undef_handler                              ;未定义地址
      dc32    __swi_handler                                ;软件中断地址
      dc32    __prefetch_handler                           ;预取中止地址
      dc32    __data_handler                               ;数据中止地址
      dc32    0xFFFFFFFF
      dc32    0xFFFFFFFF
      dc32    __fiq_handler                                ;FIQ中断地址

MODE_MSK DEFINE 0x1F                                       ;用于CPSR模式位的位屏蔽
USR_MODE DEFINE 0x10                                       ;用户模式
FIQ_MODE DEFINE 0x11                                       ;快中断请求模式
IRQ_MODE DEFINE 0x12                                       ;中断请求模式
SVC_MODE DEFINE 0x13                                       ;管理模式
ABT_MODE DEFINE 0x17                                       ;中止模式
UND_MODE DEFINE 0x1B                                       ;未定义指令模式
SYS_MODE DEFINE 0x1F                                       ;系统模式

CP_DIS_MASK DEFINE 0xFFFFFFF2

      SECTION .text: CODE: NOROOT(2)
      EXTERN   ?main
      REQUIRE __vector
```

```
        EXTERN  low_level_init
        ARM

__iar_program_start:
?cstartup:
I_Bit     DEFINE 0x80                                              ;I 置位时,禁止 IRQ
F_Bit     DEFINE 0x40                                              ;F 置位时,禁止 FIQ

#define VIC_INT_ENABLE  0xFFFFF014
;禁止所有中断
            ldr   r0, = VIC_INT_ENABLE
            mov   r1, #0xFFFFFFFF
            str   r1,[r0]
            mrs   r0,cpsr                                          ;初始 PSR 值
value       bic   r0,r0,#MODE_MSK                                  ;清零方式位
            orr   r0,r0,#SVC_MODE                                  ;置位管理模式位
            msr   cpsr_c,r0                                        ;切换模式
            ldr   sp, = SFE(SVC_STACK)                             ;SVC_STACK 栈结束

            bic   r0,r0,#MODE_MSK                                  ;清零方式位
            orr   r0,r0,#UND_MODE                                  ;置位未定义模式位
            msr   cpsr_c,r0                                        ;切换模式
            ldr   sp, = SFE(UND_STACK)                             ;未定义模式结束

            bic   r0,r0,#MODE_MSK                                  ;清零方式位
            orr   r0,r0,#ABT_MODE                                  ;置位数据中止模式位
            msr   cpsr_c,r0                                        ;切换模式
            ldr   sp, = SFE(ABT_STACK)                             ;ABT_STACK 栈结束

            bic   r0,r0,#MODE_MSK                                  ;清零方式位
            orr   r0,r0,#FIQ_MODE                                  ;置位 FIQ 模式位
            msr   cpsr_c,r0                                        ;切换模式
            ldr   sp, = SFE(FIQ_STACK)                             ;FIQ_STACK 栈结束

            bic   r0,r0,#MODE_MSK                                  ;清零方式位
            orr   r0,r0,#IRQ_MODE                                  ;置位 IRQ 模式位
            msr   cpsr_c,r0                                        ;切换模式
            ldr   sp, = SFE(IRQ_STACK)                             ;IRQ_STACK 栈结束

            bic   r0,r0,#MODE_MSK | I_Bit | F_Bit                  ;清零方式位
            orr   r0,r0,#SYS_MODE                                  ;置位系统模式位
            msr   cpsr_c,r0                                        ;切换模式
            ldr   sp, = SFE(CSTACK)                                ;CSTACK 栈结束

#ifdef __ARMVFP__
```

```
;使能 VFP 协处理器
        mov    r0, #BASE_ARD_EIM              ;设置 VFP 中的 EN 位
        fmxr   fpexc, r0                      ;FPEXC,清零其他

        mov    r0, #0x01000000                ;设置 VFP 中的 FZ 位
        fmxr   fpscr, r0                      ;FPSCR,清零其他
#endif
        ldr    r0, =?main                     ;跳转到用户主程序
        bx     r0
        END
```

目标代码文件 target.c 主要完成系统配置，包括存储器加速模块配置、系统时钟配置、PLL 配置、GPIO 端口初始化配置等。其中与系统配置有关的一些参数由目标头文件 target.h 给出。

target.c 文件列表如下：

```
#include <nxp/iolpc2468.h>
#include "type.h"
#include "irq.h"
#include "target.h"
#include <intrinsics.h>

/*****************************************************************
** 函数名:   GPIOResetInit
** 功能:     进入 main()函数之前先对目标版进行初始化,用户可以根据需要修改本函数,
**           但不能删除本函数
** 参数:     无
** 返回值:   无
*****************************************************************/
void GPIOResetInit( void )
{
  /* 所有 GPIO 引脚复位到默认状态 */
  PINSEL0 = 0x00000000;
  PINSEL1 = 0x00000000;
  PINSEL2 = 0x00000000;
  PINSEL3 = 0x00000000;
  PINSEL4 = 0x00000000;
  PINSEL5 = 0x00000000;
  PINSEL6 = 0x00000000;
  PINSEL7 = 0x00000000;
  PINSEL8 = 0x00000000;
  PINSEL9 = 0x00000000;
  PINSEL10 = 0x00000000;

  IO0DIR = 0x00000000;
  IO1DIR = 0x00000000;
```

```
    FIO0DIR = 0x00000000;
    FIO1DIR = 0x00000000;
    FIO2DIR = 0x00000000;
    FIO3DIR = 0x00000000;
    FIO4DIR = 0x00000000;

    FIO0MASK = 0x00000000;
    FIO1MASK = 0x00000000;
    FIO2MASK = 0x00000000;
    FIO3MASK = 0x00000000;
    FIO4MASK = 0x00000000;

    return;
}

/*****************************************************************************
** 函数名:   ConfigurePLL
** 功能:     配置 PLL
** 参数:     无
** 返回值:   无
*****************************************************************************/
void ConfigurePLL ( void )
{
DWORD MValue, NValue;

    if ( PLLSTAT & (1 << 25) )
    {
      PLLCON = 1;                                   /* 使能 PLL，断开连接 */
      PLLFEED = 0xaa;
      PLLFEED = 0x55;
    }

    PLLCON = 0;                                     /* 禁止 PLL，断开连接 */
    PLLFEED = 0xaa;
    PLLFEED = 0x55;

    SCS |= 0x20;                                    /* 使能主晶振   */
    while( !(SCS & 0x40) );                         /* 等待主晶振稳定   */

    CLKSRCSEL = 0x1;                                /* 选择 12 MHz 主晶振作为 PLL 时钟源   */

    PLLCFG = PLL_MValue | (PLL_NValue << 16);
    PLLFEED = 0xaa;
    PLLFEED = 0x55;
```

```
    PLLCON = 1;                                       /* 使能 PLL, 断开连接 */
    PLLFEED = 0xaa;
    PLLFEED = 0x55;

    CCLKCFG = CCLKDivValue;                           /* 设置时钟分频器 */
    #if USE_USB
      USBCLKCFG = USBCLKDivValue;                     /* usbclk = 288 MHz/6 = 48 MHz */
    #endif

    while ( ((PLLSTAT & (1 << 26)) == 0) );           /* 检测锁定位状态 */

    MValue = PLLSTAT & 0x00007FFF;
    NValue = (PLLSTAT & 0x00FF0000) >> 16;
    while ((MValue ! = PLL_MValue) && ( NValue ! = PLL_NValue) );

    PLLCON = 3;                                       /* 使能并连接 PLL */
    PLLFEED = 0xaa;
    PLLFEED = 0x55;
    while (((PLLSTAT & (1 << 25)) == 0));             /*检测锁定位状态 */
    return;
}

/*********************************************************************
** 函数名:   TargetResetInit
** 功能:     进入 main()函数之前先对目标版进行初始化,用户可以根据需要修改本函数,
**           但不能删除本函数
** 参数:     无
** 返回值:   无
*********************************************************************/
void TargetResetInit(void)
{
    /* 设置存储器加速模块 */
    MAMCR = 0;
#if Fcclk < 20000000
    MAMTIM = 1;
#else
#if Fcclk < 40000000
    MAMTIM = 2;
#else
    MAMTIM = 3;
#endif
#endif
    MAMCR = 2;

#if USE_USB
```

```
    PCONP |= 0x80000000;     /* 打开 USB 外设时钟 PCLK */
  #endif

    /* 设置系统定时器 */
  #if (Fpclk / (Fcclk / 4)) == 1
    PCLKSEL0 = 0x00000000;  /* PCLK = 1/4 CCLK */
    PCLKSEL1 = 0x00000000;
  #endif
  #if (Fpclk / (Fcclk / 4)) == 2
    PCLKSEL0 = 0xAAAAAAAA; /* PCLK = 1/2 CCLK */
    PCLKSEL1 = 0xAAAAAAAA;
  #endif
  #if (Fpclk / (Fcclk / 4)) == 4
    PCLKSEL0 = 0x55555555;  /* PCLK = CCLK */
    PCLKSEL1 = 0x55555555;
  #endif

    /* 配置 PLL,从 IRC 切换到主晶振 */
    ConfigurePLL();
    GPIOResetInit();
    init_VIC();
    return;
}
```

目标头文件 target.h 列表如下:

```
#ifndef __TARGET_H
#define __TARGET_H

#ifdef __cplusplus
  extern "C" {
#endif

#define USE_USB          1  //若不使用 USB,将此定义改为 0

//不要修改此段
#ifndef TRUE
#define TRUE  1
#endif

#ifndef FALSE
#define FALSE 0
#endif

#if USE_USB
```

```
/* Fcck = 48Mhz, Fosc = 288Mhz, and USB 48Mhz */
#define PLL_MValue        23      // +1
#define PLL_NValue        1       // +1
#define CCLKDivValue      5       // +1
#define USBCLKDivValue    5       // +1

/* 定义系统参数：Fosc, Fcclk, Fcco, Fpclk */
/* PLL 输入晶振频率范围 4KHz～20MHz. */
#define Fosc   12000000
/* 系统频率应小于 60MHz. */
#define Fcclk 48000000
#define Fcco   288000000
#else

/* Fcck = 48Mhz, Fosc = 288Mhz, and USB 48Mhz */
#define PLL_MValue        23
#define PLL_NValue        1
#define CCLKDivValue      5
#define USBCLKDivValue    5

#define Fosc   12000000
/* 系统频率应小于 60MHz. */
#define Fcclk 48000000
#define Fcco   288000000

#endif

/* APB clock frequence , must be 1/2/4 multiples of ( Fcclk/4 ). */
/* 如果 USB 使能,最小 APB 频率必须大于 16MHz   */
#if USE_USB
#define Fpclk (Fcclk / 2)
#else
#define Fpclk (Fcclk / 4)
#endif
/*外部函数定义 */
extern void TargetInit(void);
extern void ConfigurePLL( void );
extern void TargetResetInit(void);
```

IRQ 中断处理文件 irq.c 主要完成 VIC 控制器初始化和安装外部中断服务程序句柄。在 VIC 控制器初始化函数中，首先禁止所有中断，以免在调试过程中一个中断还没有响应就再次装入程序运行，导致 VIC 状态错误而不能正确识别中断；接着设置中断向量地址寄存器 VICVectAddr 的值为 0，并将所有中断设置为 IRQ 中断；最后在 for 循环中将所有向量地址寄存器的内容设置为 0，将向量优先级寄存器的内容设置为 0xF，即最低中断优先级。

在安装外部中断服务程序句柄函数中，主要是初始化 VIC 的几个特别寄存器。该函数有 3

个参数：连接 VIC 的中断通道号 IntNumber、外部中断服务程序句柄 HandlerAddr、中断通道的优先级 Priority。函数首先设置中断使能清零寄存器 VICIntEnClr 的对应位，使该中断无效；接着通过中断通道号 IntNumber 得到对应向量地址寄存器 VICVectAddrX 和向量优先级寄存器 VICVectPriorityX 的地址；然后使用其余两个参数初始化这两个寄存器；最后置位中断使能寄存器 VICIntEnable 的对应位，使能该中断。

IRQ 中断处理文件 irq.c 列表如下：

```
#include <nxp/iolpc2468.h>
#include "type.h"
#include "irq.h"

/***********************************************************************
** 函数名:   init_VIC
** 功能:     初始化 VIC 中断控制器
** 参数:     无
** 返回值:   无
***********************************************************************/
void init_VIC(void)
{
DWORD i = 0;
DWORD *vect_addr, *vect_cntl;

  VICINTENCLEAR = 0xffffffff;     //禁止所有中断
  VICADDRESS = 0;                 //设置中断地址寄存器的值为 0
  VICINTSELECT = 0;               //将所有中断都设置为 IRQ

  /* 将所有向量地址寄存器的值都设置为 0 */
  for ( i = 0; i < VIC_SIZE; i++ )
  {
    vect_addr = (DWORD *)(VIC_BASE_ADDR + VECT_ADDR_INDEX + i*4);
    vect_cntl = (DWORD *)(VIC_BASE_ADDR + VECT_CNTL_INDEX + i*4);
    *vect_addr = 0x0;
    *vect_cntl = 0xF;
  }
  return;
}

/***********************************************************************
** 函数名:   install_irq
** 功能:     安装中断服务函数
** 参数:     中断通道号 IntNumber、外部中断服务程序函数 HandlerAddr、
**           中断通道的优先级 Priority
** 返回值:   如果中断通道号超出范围，则返回 0，否则返回 1
***********************************************************************/
DWORD install_irq( DWORD IntNumber, void *HandlerAddr, DWORD Priority )
```

```
{
DWORD * vect_addr;
DWORD * vect_cntl;

  VICINTENCLEAR = 1 << IntNumber;          /* 禁止中断 */
  if ( IntNumber >= VIC_SIZE )
  {
    return ( FALSE );
  }
  else
  {
    vect_addr = (DWORD *)(VIC_BASE_ADDR + VECT_ADDR_INDEX + IntNumber * 4);
    vect_cntl = (DWORD *)(VIC_BASE_ADDR + VECT_CNTL_INDEX + IntNumber * 4);
    * vect_addr = (DWORD)HandlerAddr;      /* 设置中断向量 */
    * vect_cntl = Priority;
    VICINTENABLE = 1 << IntNumber;         /* 使能中断 */
    return( TRUE );
  }
}
```

外部中断处理文件 extint.c 主要完成对外部中断的初始化以及外部中断服务程序。可以直接采用C语言编写中断函数,中断函数必须采用 ARM 模式编译。IRQ 中断函数采用关键字__irq 进行声明,FIQ 中断函数采用关键字__fiq 进行声明。特别需要注意的是,IRQ 和 FIQ 函数的返回值类型必须为 void,并且不能带参数。

在中断服务函数的开始处,先清除外部中断标志寄存器 EXTINT,接着进行中断处理,最后写 VICVectAddr 寄存器,更新 VIC 优先级逻辑,以便响应下一次中断。

外部中断处理文件 extint.c 列表如下:

```
#include <nxp/iolpc2468.h>
#include "type.h"
#include "irq.h"
#include "extint.h"
#include "board.h"
#include <intrinsics.h>

volatile DWORD eint0_counter;

/******************************************************************
 * * 函数名:    EINT0_Handler
 * * 功能:      外部中断服务函数
 * * 参数:      无
 * * 返回值:    无
/******************************************************************/
__irq __nested __arm void EINT0_Handler (void)
{
```

```
    EXTINT      = 1;                              /* 清零外部中断标志寄存器 */
    __enable_interrupt();                         /* 开中断 */
    eint0_counter++;

    /* 闪动 USB 灯 */
    USB_LINK_LED1_FIO ^= USB_LINK_LED1_MASK;
    VICADDRESS = 0;                               /* 更新 VIC 优先级逻辑 */
}

/*****************************************************************************
** 函数名:    EINTInit
** 功能:      初始化外部中断并安装中断服务函数
** 参数:      无
** 返回值:    若无法将中断服务函数安装到 VIC 表中,则返回 0,否则返回 1
*****************************************************************************/
DWORD EINTInit( void )
{
    PINSEL4 = 0x00100000;                     /* 设置 P2.10 为 EINT0,P2.0~7 为 GPIO 输出 */
    EXTMODE = EINT0_EDGE;                     /* 设置 EINT0 为边沿触发方式 */
    EXTPOLAR = 0;                             /* 设置 EINT0 为负边沿触发 */
    EXTINT      = 1;                          /* 清零外部中断标志寄存器 */

    /* 安装中断服务程序句柄 */
    if ( install_irq( EINT0_INT, (void *)EINT0_Handler, HIGHEST_PRIORITY ) == FALSE )
    {
      return (FALSE);
    }
    return( TRUE );
}
```

测试文件 einttest.c 包含用户主程序,列表如下:

```
#include <nxp/iolpc2468.h>
#include "type.h"
#include "irq.h"
#include "target.h"
#include "extint.h"
#include "board.h"

/*****************************************************************************
**   用户主程序
*****************************************************************************/
int main (void)
{
    TargetResetInit();                        //目标板初始化
    SCS_bit.GPIOM = 1;                        //使能快速 GPIO 端口
```

```
    LED1_FDIR = LED1_MASK;                    //设置端口为输出
    LED1_FSET = LED1_MASK;                    //熄灭 LED 灯
    EINTInit();                               //初始化外部中断引脚
    while( 1 );
    return 0;
}
```

在 IAR EWARM 集成开发环境中新建一个工作区并创建项目 EXTINT，然后向项目中添加以上 5 个文件，完成后工作区窗口如图 10－5 所示。

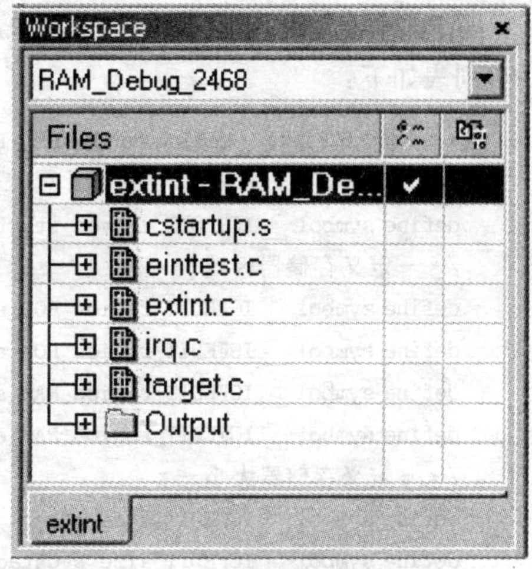

图 10－5　EXTINT 编程的工作区窗口

单击 Project 下拉菜单中的 Options 选项，从弹出 Options 对话框的 Category 栏选择 General Options，进入一般选项配置的 Target 选项卡，选中 Processor variant 栏的 Device 复选框，并选择 NXP 公司的 LPC2468 芯片，此时 IAR EWARM 集成环境将根据目标芯片自动选用预定义相关外围宏文件 io_macros. h 和特殊功能寄存器定义文件 iolpc2468. h。

从 Option 对话框的 Category 栏选择 Linker，进入链接器选项配置的 Config 选项卡，选中 Linker configuration file 栏的 Override default 复选框，并在其下面的文本栏内填入带路径的链接器命令文件名，如图 10－6 所示。

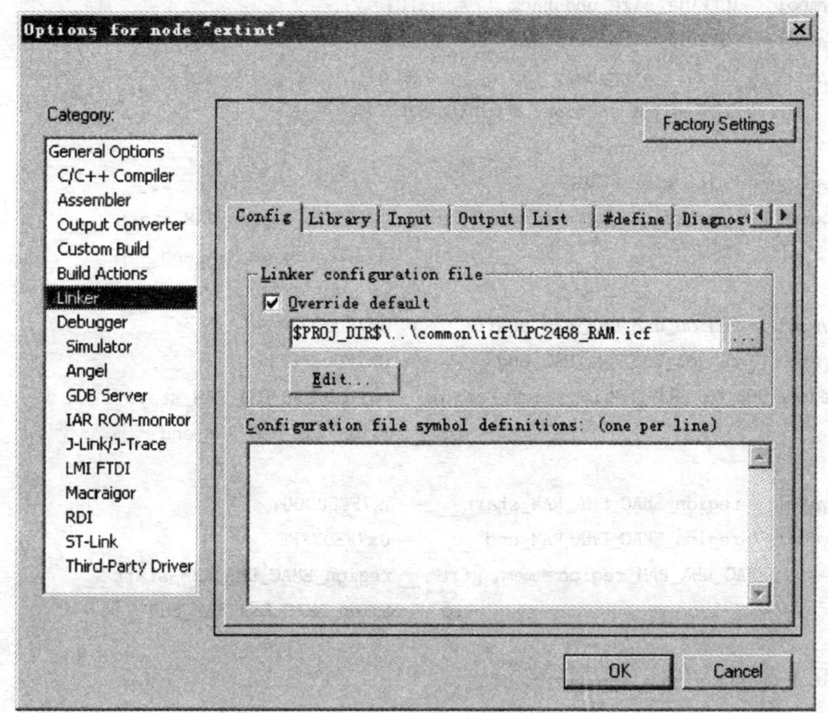

图 10－6　链接器命令文件选项配置

链接器命令文件的作用是通知 ILINK 链接器，根据文件给定的命令在存储器中进行各种段定位，从而保证应用系统能够在目标芯片上运行。链接器命令文件通常需要根据具体应用系统硬件设计进行配置。一般开始调试应用程序时应尽量在 RAM 中进行，待基本功能调试完成后，再将代码下载到 Flash 中调试，这样可以延长 Flash 的使用寿命。本例有 2 个链接器命令文件：LPC2468_RAM.icf 和 LPC2468_FLASH.icf，分别用于在 LPC2468 芯片内部 RAM 或 Flash 中装载应用程序代码。

LPC2468_RAM.icf 文件用于在 RAM 中装载程序代码，其中包含各种 ILINK 链接命令选项，列表如下：

```
/* ###ICF### Section handled by ICF editor, don't touch! ****/
/*-符号定义-*/
define symbol __ICFEDIT_intvec_start__           = 0x00000000;
/*-定义存储器区域-*/
define symbol __ICFEDIT_region_ROM_start__       = 0x00;
define symbol __ICFEDIT_region_ROM_end__         = 0x00;
define symbol __ICFEDIT_region_RAM_start__       = 0x40000044;
define symbol __ICFEDIT_region_RAM_end__         = 0x4000FFFF;
/*-定义存储器大小-*/
define symbol __ICFEDIT_size_cstack__    = 0x400;
define symbol __ICFEDIT_size_svcstack__  = 0x100;
define symbol __ICFEDIT_size_irqstack__  = 0x100;
define symbol __ICFEDIT_size_fiqstack__  = 0x40;
define symbol __ICFEDIT_size_undstack__  = 0x10;
define symbol __ICFEDIT_size_abtstack__  = 0x10;
define symbol __ICFEDIT_size_heap__      = 0x6000;
/**** End of ICF editor section. ###ICF###*/

define memory mem with size = 4G;
define region RAM_region          = mem:[from __ICFEDIT_region_RAM_start__
                                     to __ICFEDIT_region_RAM_end__];

define symbol __region_USB_DMA_RAM_start__   = 0x7FD00000;
define symbol __region_USB_DMA_RAM_end__     = 0x7FD03FFF;
define region USB_DMA_RAM_region = mem:[from __region_USB_DMA_RAM_start__
                                     to __region_USB_DMA_RAM_end__];

define symbol __region_EMAC_DMA_RAM_start__  = 0x7FE00000;
define symbol __region_EMAC_DMA_RAM_end__    = 0x7FE03FFF;
define region EMAC_DMA_RAM_region = mem:[from __region_EMAC_DMA_RAM_start__
                                     to __region_EMAC_DMA_RAM_end__];

define block CSTACK with alignment = 8,
                    size = __ICFEDIT_size_cstack__   { };
define block SVC_STACK with alignment = 8,
                    size = __ICFEDIT_size_svcstack__ { };
```

```
define block IRQ_STACK with alignment = 8,
                        size = __ICFEDIT_size_irqstack__ { };
define block FIQ_STACK with alignment = 8,
                        size = __ICFEDIT_size_fiqstack__ { };
define block UND_STACK with alignment = 8,
                        size = __ICFEDIT_size_undstack__ { };
define block ABT_STACK with alignment = 8,
                        size = __ICFEDIT_size_abtstack__ { };
define block HEAP       with alignment = 8,
                        size = __ICFEDIT_size_heap__ { };

initialize by copy { readwrite };
do not initialize  { section .noinit };
do not initialize  { section USB_DMA_RAM };
do not initialize  { section EMAC_DMA_RAM };

place at address mem: __ICFEDIT_intvec_start__ { readonly section .intvec };

place in RAM_region    { readonly };
place in RAM_region    { readwrite,
                         block CSTACK, block SVC_STACK, block IRQ_STACK, block FIQ_STACK,
                         block UND_STACK, block ABT_STACK, block HEAP };
place in USB_DMA_RAM_region
                       { readwrite data section USB_DMA_RAM };
place in EMAC_DMA_RAM_region
                       { readwrite data section EMAC_DMA_RAM };
```

LPC2468_FLASH.icf 文件用于在 Flash 中装载程序代码，它与 LPC2468_RAM.icf 文件类似，这里不再列出。

从 Options 对话框 Category 栏选择 Debugger，进入调试器选项配置的 Setup 选项卡，在 Driver 栏选择 J－Link/J－Trace 驱动，选中 Run to 复选框并在其下面的文本框内填入 main，同时选中 Setup macros 框中的 Use macro file(s)复选框，并在其下面的文本框内填入带路径的宏文件名，如图 10－7 所示。

如果前面 Linker 配置中采用了链接器命令文件 LPC2468_FLASH.icf，则还要进入调试器选项配置的 Download 标签页，选中 Verify download 和 Use flash loader 复选框，如图 10－8 所示。如果前面 Linker 配置中采用的是链接器命令文件 LPC2468_RAM.icf，则不需要进行该项配置，否则无法正确装入应用程序代码而导致不能进行调试。

完成以上选项配置后，单击 Project 下拉菜单中的 Make 选项，对项目进行编译、链接，若没有错误，将生成可执行代码。将 IAR J－Link 仿真器一端与 LPC2468 开发板的 JTAG 口相连，另一端与 PC 机 USB 接口相连，单击 Project 下拉菜单中的 Download and Debug 选项，将可执行代码装入 LPC2468 开发板，启动全速运行，开发板每按一次与 P2.10 引脚相连的按键，就会产生一次外部中断，导致 USB 灯的状态翻转一次。

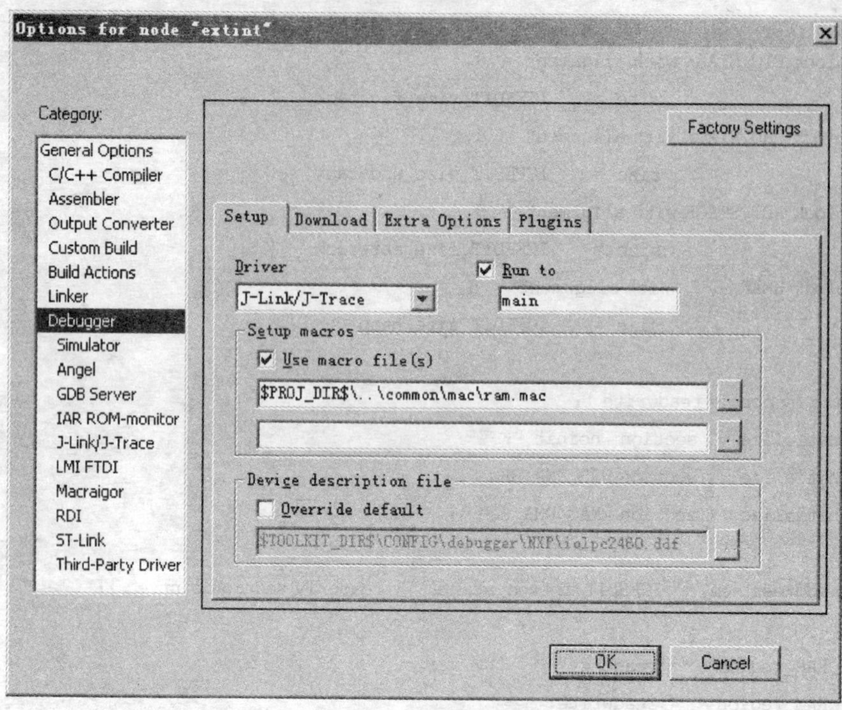

图 10-7　调试器 Setup 选项配置

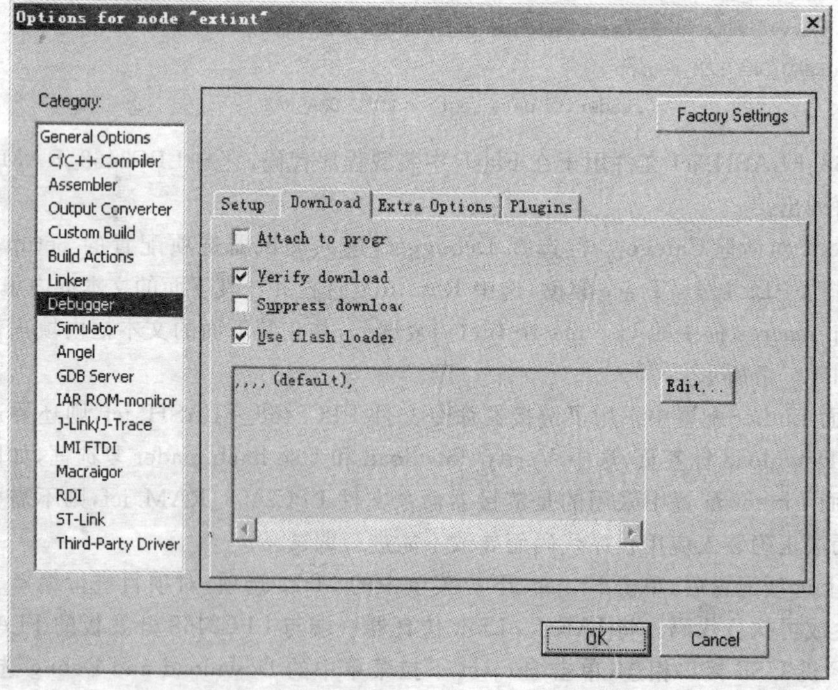

图 10-8　调试器的 Flash 下载选项配置

10.3.7　GPIO应用编程

LPC2400系列处理器共有5个通用输入/输出端口(GPIO),占用P0～P4共160根引脚,它们通常与其他外设模块功能复用,因此在某些应用场合,并不是所有GPIO功能引脚都能使用。

LPC2400系列处理器的端口0和端口1可以通过设置系统控制和状态寄存器SCS配置为普通端口或快速端口,端口中每根引脚的输入/输出方向可单独设置,芯片复位后,所有引脚的方向默认为输入。SCS寄存器的功能如表10-38所列。

LPC2400系列处理器的端口0和端口2的每根引脚都可以产生中断信号,并且可编程设置为上升沿触发、下降沿触发或脉冲触发。每个使能的中断可作为唤醒信号,用于将某个功能模块从省电模式唤醒。用户软件通过操作GPIO寄存器可以挂起上升沿中断、下降沿中断和GPIO总中断。端口0和端口2的中断信号与VIC的外部中断3共享同一个中断通道。

表10-38　SCS寄存器功能

位	标　识	值	功能说明	类　型	复位值
0	GPIOM	0	GPIO端口0和1配置为与以前的LPC2000系列兼容	读/写	0
		1	GPIO端口0和1配置为快速端口,使用片内存储器		
1	EMC Reset Disable	0	复位时,EMC的所有寄存器和功能重新初始化	读/写	0
		1	只有上电和掉电时EMC才重新初始化		
2	—	—	保留	—	NA
3	MCIPWR Active Level	0	MCIPWR引脚为低电平	读/写	0
		1	MCIPWR引脚为高电平		
4	OSCRANGE	0	主晶振频率范围为1～20 MHz	读/写	0
		1	主晶振频率范围为15～24 MHz		
5	OSCEN	0	主晶振无效	读/写	0
		1	主晶振有效		
6	OSCSTAT	0	主晶振未准备好	只读	0
		1	主晶振准备好,可以通过OSCEN设置为一个时钟源		
31:7	—	—	保留	—	NA

GPIO端口0和端口1既可以通过一组传统寄存器访问,也可以通过一组快速的寄存器访问,而端口2～端口4则只能为快速访问端口。表10-39所列为传统GPIO寄存器,该组寄存器向前兼容早期的芯片。表10-40所列为快速GPIO寄存器,它反映了LPC2400系列处理器增强型GPIO具有的特性。这两组寄存器控制相同的芯片引脚,但是通过两组寄存器对端口0和端口1的操作是独立的。例如通过快速寄存器设置一根引脚为输出方向,但从传统寄存器中却无法读出该引脚的方向。

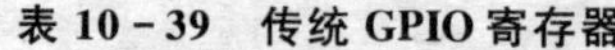

表 10-39　传统 GPIO 寄存器

名　称	说　明	类　型	复位值
IO0PIN IO1PIN	GPIO 引脚值寄存器。不论如何设定方向和模式，都可从中读出当前引脚状态。写入操作，可立即改变端口引脚电平	读/写	NA
IO0SET IO1SET	GPIO 输出置位寄存器。与 IOCLR 寄存器一起控制输出引脚状态，写入 1 使对应引脚输出高电平，写入 0 无效	读/写	0x00
IO0DIR IO1DIR	GPIO 方向控制寄存器。单独控制端口 0 和端口 1 的方向	读/写	0x00
IO0CLR IO1CLR	GPIO 输出清零寄存器。控制输出引脚状态，写入 1 使对应引脚输出低电平，并清零 IOSET 寄存器中的对应位，写入 0 无效	只写	0x00

表 10-40　快速 GPIO 寄存器

名　称	说　明	类　型	复位值
FIOxDIR	快速 GPIO 方向控制寄存器。单独控制端口 0～端口 4 的方向	读/写	0x00
FIOxMASK	快速 GPIO 屏蔽寄存器。对快速 GPIO 引脚的写、置位和读操作，只有在该寄存器对应位为 0 时才能有效	读/写	0x00
FIOxPIN	使用 FIOMASK 的快速端口引脚值寄存器。不论如何设定方向和模式，都可从中读出当前引脚状态，写入操作，并设置 FIOMASK 对应位为 0 时，可立即改变端口引脚电平	读/写	0x00
FIOxSET	使用 FIOMASK 的快速端口输出置位寄存器。控制输出引脚状态，写 1 输出高电平，写 0 无效。读操作返回当前端口输出状态。只有在 FIOMASK 对应位为 0 时，才能改变引脚状态	读/写	0x00
FIOxCLR	使用 FIOMASK 的快速端口清除寄存器。控制输出引脚状态，写 1 输出低电平，写 0 无效。只有在 FIOMASK 对应位为 0 时，才能改变引脚状态	只写	0x00

注：x=0～4。

LPC2400 系列处理器中的中断寄存器如表 10-41 所列。

表 10-41　GPIO 中断寄存器

名　称	说　明	类　型	复位值
IO0IntEnR IO2IntEnR	GPIO 上升沿中断使能寄存器	读/写	0x00
IO0IntEnF IO2IntEnF	GPIO 下降沿中断使能寄存器	读/写	0x00
IO0IntStatR IO2IntStatR	GPIO 上升沿中断状态寄存器	只读	0x00

续表 10-41

名 称	说 明	类 型	复位值
IO0IntStatF IO2IntStatF	GPIO 下降沿中断状态寄存器	只读	0x00
IO0IntCLr IO2IntClr	GPIO 中断清除寄存器	只写	0x00
IOIntStatus	GPIO 总中断状态寄存器	只读	0x00

下面详细介绍与 GPIO 编程有关的寄存器功能。

1. GPIO 端口方向寄存器

该 32 位寄存器用于控制已配置为 GPIO 的引脚输入/输出方向，传统 GPIO 寄存器为 IO0DIR 和 IO1DIR，快速 GPIO 寄存器为 FIO0DIR～FIO4DIR。它们各位的功能如表 10-42 所列。

表 10-42 GPIO 端口方向寄存器功能

位	值	功能说明	复位值
31:0	0	设置引脚为输入	0
	1	设置引脚为输出	

除了可以按 32 位访问的 FIOxDIR 寄存器之外，每个快速 GPIO 端口还可以通过几个 8 位和 16 位寄存器来访问。表 10-43 所列为快速 GPIO 端口方向控制寄存器功能。

表 10-43 快速 GPIO 端口方向控制 8 位和 16 位寄存器

名 称	说 明	类 型	复位值
FIOxDIR0	快速 GPIO 端口方向控制寄存器 0。该寄存器第 0～7 位分别对应快速 GPIO 端口第 0～7 根引脚	8 位读/写	0x00
FIOxDIR1	快速 GPIO 端口方向控制寄存器 1。该寄存器第 0～7 位分别对应快速 GPIO 端口第 8～15 根引脚	8 位读/写	0x00
FIOxDIR2	快速 GPIO 端口方向控制寄存器 2。该寄存器第 0～7 位分别对应快速 GPIO 端口第 16～23 根引脚	8 位读/写	0x00
FIOxDIR3	快速 GPIO 端口方向控制寄存器 3。该寄存器第 0～7 位分别对应快速 GPIO 端口第 24～31 根引脚	8 位读/写	0x00
FIOxDIRL	快速 GPIO 端口低半字方向控制寄存器。该寄存器第 0～15 位分别对应快速 GPIO 端口第 0～15 根引脚	16 位读/写	0x0000
FIOxDIRU	快速 GPIO 端口高半字方向控制寄存器。该寄存器第 0～15 位分别对应快速 GPIO 端口第 16～31 根引脚	16 位读/写	0x0000

注：x=0～4。

2. GPIO 端口输出置位寄存器

该 32 位寄存器用于在 GPIO 的输出引脚产生高电平。对应位写 1，对应引脚输出高电平，写 0 无效。如果引脚被配置为输入或其他功能，则写 1 也无效。对该寄存器的读操作，返回前一次对寄存器的写入值，而对外部引脚无影响。传统 GPIO 寄存器为 IO0SET 和 IO1SE，快速 GPIO 寄存器为 FIO0SET～FIO4SET。它们各位的功能如表 10-44 所列。

表 10-44　GPIO 端口输出置位寄存器功能

位	值	功能说明	复位值
31:0	0	引脚输出电平不变	0
	1	引脚输出高电平	

除了可以按 32 位访问的 FIOxSET 寄存器外，每个快速 GPIO 端口还可以通过几个 8 位和 16 位寄存器来访问。表 10-45 所列为快速 GPIO 端口输出置位寄存器功能。

表 10-45　快速 GPIO 端口输出置位 8 位和 16 位寄存器

名　称	说　明	类　型	复位值
FIOxSET0	快速 GPIO 端口输出置位寄存器 0。该寄存器第 0～7 位分别对应快速 GPIO 端口第 0～7 根引脚	8 位读/写	0x00
FIOxSET1	快速 GPIO 端口输出置位寄存器 1。该寄存器第 0～7 位分别对应快速 GPIO 端口第 8～15 根引脚	8 位读/写	0x00
FIOxSET2	快速 GPIO 端口输出置位寄存器 2。该寄存器第 0～7 位分别对应快速 GPIO 端口第 16～23 根引脚	8 位读/写	0x00
FIOxSET3	快速 GPIO 端口输出置位寄存器 3。该寄存器第 0～7 位分别对应快速 GPIO 端口第 24～31 根引脚	8 位读/写	0x00
FIOxSETL	快速 GPIO 端口低半字输出置位寄存器。该寄存器第 0～15 位分别对应快速 GPIO 端口第 0～15 根引脚	16 位读/写	0x0000
FIOxSETU	快速 GPIO 端口高半字输出置位寄存器。该寄存器第 0～15 位分别对应快速 GPIO 端口第 16～31 根引脚	16 位读/写	0x0000

注：x=0～4。

3. GPIO 端口输出清除寄存器

该 32 位寄存器用于在 GPIO 的输出引脚产生低电平。对应位写 1，对应引脚输出低电平，并清除 IOSET 寄存器中对应位，写 0 无效。如果引脚被配置为输入或其他功能，则写 1 也无效。传统 GPIO 寄存器为 IO0CLR 和 IO1CLR，快速 GPIO 寄存器为 FIO0CLR～FIO4CLR。它们各位的功能如表 10-46 所列。

表 10-46　GPIO 端口输出清除寄存器功能

位	值	功能说明	复位值
31:0	0	引脚输出电平不变	0
	1	引脚输出低电平	

除了可以按 32 位访问的 FIOxCLR 寄存器外，每个快速 GPIO 端口还可以通过几个 8 位和 16 位寄存器来访问。表 10-47 所列为快速 GPIO 端口输出清除寄存器功能。

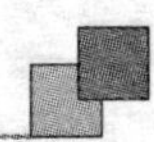

表 10-47 快速 GPIO 端口输出清除 8 位和 16 位寄存器

名称	说明	类型	复位值
FIOxCLR0	快速 GPIO 端口输出清除寄存器 0。该寄存器第 0～7 位分别对应快速 GPIO 端口第 0～7 根引脚	8 位读/写	0x00
FIOxCLR1	快速 GPIO 端口输出清除寄存器 1。该寄存器第 0～7 位分别对应快速 GPIO 端口第 8～15 根引脚	8 位读/写	0x00
FIOxCLR2	快速 GPIO 端口输出清除寄存器 2。该寄存器第 0～7 位分别对应快速 GPIO 端口第 16～23 根引脚	8 位读/写	0x00
FIOxCLR3	快速 GPIO 端口输出清除寄存器 3。该寄存器第 0～7 位分别对应快速 GPIO 端口第 24～31 根引脚	8 位读/写	0x00
FIOxCLRL	快速 GPIO 端口低半字输出清除寄存器。该寄存器第 0～15 位分别对应快速 GPIO 端口第 0～15 根引脚	16 位读/写	0x0000
FIOxCLRU	快速 GPIO 端口高半字输出清除寄存器。该寄存器第 0～15 位分别对应快速 GPIO 端口第 16～31 根引脚	16 位读/写	0x0000

注：x=0～4。

4. GPIO 端口引脚值寄存器

该 32 位寄存器只提供配置为数字功能的端口引脚值，若某个端口配置为 GPIO 输入/输出、UART 输入、PWM 输出等，则端口所有引脚的逻辑状态都可以从该寄存器读出。若端口配置为模拟功能，例如 A/D 转换器等，则引脚的状态不能从寄存器中读出。对该寄存器的写入值保存在端口的输出寄存器中，从而可以省去分别写 IOSET 和 IOCLR 寄存器的步骤。但要注意的是，写入某个值时，整个端口引脚的状态都会同时被更新。

传统 GPIO 寄存器为 IO0PIN 和 IO1PIN，快速 GPIO 寄存器为 FIO0PIN～FIO4PIN。它们各位的功能如表 10-48 所列。

表 10-48 GPIO 端口引脚值寄存器功能

位	值	功能说明	复位值
31:0	0	引脚为低电平	0
	1	引脚为高电平	

除了可以按 32 位访问的 FIOxPIN 寄存器外，每个快速 GPIO 端口还可以通过几个 8 位和 16 位寄存器来访问。表 10-49 所列为快速 GPIO 端口引脚值寄存器功能。

5. 快速 GPIO 端口屏蔽寄存器

快速 GPIO 端口屏蔽寄存器 FIOxMASK 用于允许或禁止通过写 FIOPIN，FIOSET，FIOCLR 寄存器来控制端口引脚状态的操作。如果寄存器中某位为 0，则允许读/写操作对应端口引脚。如果寄存器中某位为 1，则无法通过写操作改变端口引脚状态。如果读取 FIOPIN 寄存器，该引脚的当前状态也不会反映出来。该寄存器各位的功能如表 10-50 所列。

表 10-49 快速 GPIO 端口引脚值 8 位和 16 位寄存器

名 称	说 明	类 型	复位值
FIOxPIN0	快速 GPIO 端口引脚值寄存器 0。该寄存器第 0～7 位分别对应快速 GPIO 端口第 0～7 根引脚	8 位读/写	0x00
FIOxPIN1	快速 GPIO 端口引脚值寄存器 1。该寄存器第 0～7 位分别对应快速 GPIO 端口第 8～15 根引脚	8 位读/写	0x00
FIOxPIN2	快速 GPIO 端口引脚值寄存器 2。该寄存器第 0～7 位分别对应快速 GPIO 端口第 16～23 根引脚	8 位读/写	0x00
FIOxPIN3	快速 GPIO 端口引脚值寄存器 3。该寄存器第 0～7 位分别对应快速 GPIO 端口第 24～31 根引脚	8 位读/写	0x00
FIOxPINL	快速 GPIO 端口低半字引脚值寄存器。该寄存器第 0～15 位分别对应快速 GPIO 端口第 0～15 根引脚	16 位读/写	0x0000
FIOxPINU	快速 GPIO 端口高半字引脚值寄存器。该寄存器第 0～15 位分别对应快速 GPIO 端口第 16～31 根引脚	16 位读/写	0x0000

注：x=0～4。

表 10-50 快速 GPIO 端口屏蔽寄存器功能

位	值	功能说明	复位值
31:0	0	对应引脚状态通过写其他寄存器来改变，引脚状态也能从 FIOPIN 读出	0
	1	禁止对引脚的读、写操作	

除了可以按 32 位访问的 FIOxMASK 寄存器外，每个快速 GPIO 端口还可以通过几个 8 位和 16 位寄存器来访问。表 10-51 所列为快速 GPIO 端口屏蔽寄存器。

表 10-51 快速 GPIO 端口屏蔽 8 位和 16 位寄存器

名 称	说 明	类 型	复位值
FIOxMASK0	快速 GPIO 端口屏蔽寄存器 0。该寄存器第 0～7 位分别对应快速 GPIO 端口第 0～7 根引脚	8 位读/写	0x00
FIOxMASK1	快速 GPIO 端口屏蔽寄存器 1。该寄存器第 0～7 位分别对应快速 GPIO 端口第 8～15 根引脚	8 位读/写	0x00
FIOxMASK2	快速 GPIO 端口屏蔽寄存器 2。该寄存器第 0～7 位分别对应快速 GPIO 端口第 16～23 根引脚	8 位读/写	0x00
FIOxMASK3	快速 GPIO 端口屏蔽寄存器 3。该寄存器第 0～7 位分别对应快速 GPIO 端口第 24～31 根引脚	8 位读/写	0x00
FIOxMASKL	快速 GPIO 端口低半字屏蔽寄存器。该寄存器第 0～15 位分别对应快速 GPIO 端口第 0～15 根引脚	16 位读/写	0x0000
FIOxMASKU	快速 GPIO 端口高半字屏蔽寄存器。该寄存器第 0～15 位分别对应快速 GPIO 端口第 16～31 根引脚	16 位读/写	0x0000

注：x=0～4。

6. GPIO 总中断状态寄存器

GPIO 总中断状态寄存器 IOIntStatus 保存了支持中断的 GPIO 端口产生的中断请求。寄存器中每一位代表一个端口。该寄存器各位的功能如表 10－52 所列。

表 10－52 GPIO 总中断寄存器功能

位	标 志	值	功能说明	复位值
0	P0Int	0	端口 0 无中断请求	0
		1	端口 0 至少有一个中断请求	
1	—	—	保留，读出值无意义	NA
2	P2Int	0	端口 1 无中断请求	0
		1	端口 1 至少有一个中断请求	
31:3	—	—	保留，读出值无意义	NA

7. GPIO 上升沿中断使能寄存器

GPIO 上升沿中断使能寄存器 IOIntEnR 每位使能对应 GPIO 端口引脚为上升沿中断。该寄存器各位的功能如表 10－53 所列。

表 10－53 GPIO 上升沿中断使能寄存器功能

位	值	功能说明	复位值
31:0	0	禁止对应引脚上升沿中断	0
	1	使能对应引脚上升沿中断	

8. GPIO 下降沿中断使能寄存器

GPIO 下降沿中断使能寄存器 IOIntEnF 每位使能对应 GPIO 端口引脚为下降沿中断。该寄存器各位的功能如表 10－54 所列。

表 10－54 GPIO 下降沿中断使能寄存器功能

位	值	功能说明	复位值
31:0	0	禁止对应引脚下降沿中断	0
	1	使能对应引脚下降沿中断	

9. GPIO 上升沿中断状态寄存器

GPIO 上升沿中断状态寄存器 IOIntStatR 对应 GPIO 端口各引脚的上升沿中断状态。该寄存器各位的功能如表 10－55 所列。

表 10－55 GPIO 上升沿中断状态寄存器功能

位	值	功能说明	复位值
31:0	0	表示该位对应引脚无上升沿中断	0
	1	表示该位对应引脚有上升沿中断	

10. GPIO 下降沿中断状态寄存器

GPIO 下降沿中断状态寄存器 IOIntStatF 对应 GPIO 端口各引脚的下降沿中断状态。该寄存器各位的功能如表 10－56 所列。

表 10－56　GPIO 下降沿中断状态寄存器功能

位	值	功能说明	复位值
31:0	0	表示该位对应引脚无下降沿中断	0
	1	表示该位对应引脚有下降沿中断	

11. GPIO 中断清除寄存器

GPIO 中断清除寄存器 IOIntClr 用于清除 GPIO 中断，对每位写 1，则清除对应 GPIO 端口的任何中断状态。该寄存器各位的功能如表 10－57 所列。

表 10－57　GPIO 中断清除寄存器功能

位	值	功能说明	复位值
31:0	0	在 IOxIntStatusR 或 IOxIntStatusF 中的对应位不变	0
	1	在 IOxIntStatusR 或 IOxIntStatusF 中的对应位清 0	

LPC2400 系列处理器的 GPIO 在实际应用中应注意如下几点：

(1) 顺序访问 IOSET 和 IOCLR 寄存器控制 GPIO 引脚

GPIO 输出引脚由端口对应的 IOSET 和 IOCLR 寄存器决定，最后一次访问 IOSET 和 IOCLR寄存器决定引脚的输出状态。可用相关 C 语言语句如下：

```
IO0DIR = 0x00000080;     //端口 0 的 P0.7 引脚配置为输出
IO0CLR = 0x00000080;     //P0.7 输出低电平
IO0SET = 0x00000080;     //P0.7 输出高电平
IO0CLR = 0x00000080;     //P0.7 输出低电平
```

(2) 从端口同时输出 0 和 1 状态

实际应用中，先写入 IOSET 然后再写入 IOCLR，将导致端口引脚先输出 0，一小段延时之后再输出 1。对于要求从端口同时并行输出一个包含 0 和 1 的二进制数据时，可以通过对 IOPIN 寄存器的操作来实现。例如要求保持端口 0 的引脚 P0.0～P0.7 和 P0.16～P.0.31 保持不变，同时从引脚 P0.8～P0.15 输出数据 0xA5，使用传统 GPIO 寄存器的 C 语言语句如下：

```
IO0PIN = (IO0PIN && 0xFFFF00FF) || 0x0000A500;
```

使用 32 位快速 GPIO 寄存器的 C 语言语句如下：

```
FIO0MASK = 0xFFFF00FF;
FIO0PIN = 0x0000A500;
```

使用 16 位快速 GPIO 寄存器的 C 语言语句如下：

```
FIO0MASKL = 0xFFFF00FF;
```

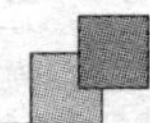

```
FIO0PIN = 0x0000A500;
```

使用 8 位快速 GPIO 寄存器的 C 语言语句如下：

```
FIO0PIN1 = 0xA5;
```

(3) 写 IOSET/IOCLR 寄存器与写 IOPIN 寄存器的比较

对 IOSET/IOCLR 寄存器写 1,可以很方便地改变引脚状态,只有对应于寄存器位写 1 的引脚状态被改变。但如果要求 GPIO 端口同时并行输出 0 和 1 的混合数据时,则不能采用 IOSET/IOCLR寄存器。

写 IOPIN 寄存器可以从 GPIO 端口同时并行输出需要的二进制数据。写入 IOPIN 寄存器的二进制数据将影响所有被配置为输出的引脚状态,写入 0 引脚输出低电平,写入 1 引脚输出高电平。如果只需要改变端口中某几根引脚的状态,通常应先将 IOPIN 寄存器的内容读出并和一个屏蔽码相"与",然后再和一个需要的数据相"或",最后将得到的数据写入 IOPIN 寄存器。

(4) 使用传统 GPIO 寄存器与快速 GPIO 寄存器输出信号频率的考虑

LPC2400 系列处理器提供的快速 GPIO 端口可以实现高速度的引脚应用,使用软件控制端口引脚时,使用快速 GPIO 寄存器比使用传统 GPIO 寄存器快 3.5 倍,端口引脚的最高输出频率也可提高 3.5 倍。用 C 语言编写的应用程序可能达不到这个频率,因此在应用快速端口的场合,建议采用汇编语言编程。

【例 10-4】 GPIO 端口应用编程举例。在 IAR 开发评估板 LPC2468 上通过编程,将快速 GPIOP 端口的 P2.0～P2.7 引脚配置为输出,控制 8 个 LED 灯的点亮或熄灭。引脚输出高电平,则 LED 点亮;输出低电平,则 LED 熄灭。

本例包含 5 个模块文件：启动代码文件 cstartup.s,目标代码文件 target.c,IRQ 中断处理文件 irq.c,GPIO 端口处理文件 fio.c 和测试文件 gpiotest.c。前 3 个文件与 10.3.6 小节外部中断应用编程中使用的一样,这里主要介绍后 2 个文件。

GPIO 端口处理文件 fio.c 主要用于对 GPIO 端口进行初始化处理,文件中包含 4 个函数。

端口初始化函数 GPIOInit()用来设置端口类型以及端口引脚的输入/输出方向,该函数具有端口号、端口类型、端口方向、屏蔽码等 4 个参数。首先通过判断端口类型和端口号参数来设置系统控制和状态寄存器 SCS,然后根据端口方向参数将相关引脚设置为输入/输出。

LedsInit()函数通过对 FIO2CLR 寄存器的写入操作将端口引脚设置为低电平,熄灭所有 LED 灯。

LedOn()函数和 LedOff()函数分别通过对 FIO2SET 和 FIO2CLR 寄存器的写入操作控制 LED 灯点亮或熄灭。

fio.c 文件列表如下：

```
#include <nxp/iolpc2468.h>
#include "type.h"
#include "irq.h"
#include "timer.h"
#include "fio.h"

/*****************************************************************
```

```
** 函数名:  GPIOInit
** 功能:    GPIO 端口初始化
** 参数:    端口号,端口类型,端口方向,屏蔽码
** 返回值:  无
*************************************************/
void GPIOInit( DWORD PortNum, DWORD PortType, DWORD PortDir, DWORD Mask)
{
  if ( (PortType == REGULAR_PORT) && ((PortNum == 0) || (PortNum == 1)) )
  {
    SCS &= ~GPIOM;                                    //设置端口模式
    if ( PortDir == DIR_OUT )
    {
      (*(volatile unsigned long *)(REGULAR_PORT_DIR_BASE
          + PortNum * REGULAR_PORT_DIR_INDEX)) |= Mask;
    }
    else
    {
      (*(volatile unsigned long *)(REGULAR_PORT_DIR_BASE
          + PortNum * REGULAR_PORT_DIR_INDEX)) &= ~Mask;
    }
  }
  else if ( PortType == FAST_PORT )
  {
    if ( (PortNum == 0) || (PortNum == 1) )
    {
      SCS |= GPIOM;                                   //设置快速 GPIO
    }
    if ( PortDir == DIR_OUT )
    {
      (*(volatile unsigned long *)(HS_PORT_DIR_BASE
          + PortNum * HS_PORT_DIR_INDEX)) |= Mask;
    }
    else
    {
      (*(volatile unsigned long *)(HS_PORT_DIR_BASE
          + PortNum * HS_PORT_DIR_INDEX)) &= ~Mask;
    }
  }
  return;
}

void LedsInit(void)                                   //初始化 LED 端口
{
  FIO2CLR = 0x000000FF;
}
```

```
void LedOn(unsigned int n)                    //点亮第 n 个 LED
{
  unsigned long LEDData = 0x00000001;
  n = n % 8;                                  //总共 8 个灯
  LEDData = LEDData << n;                     //移到对应位
  FIO2SET = LEDData;                          //置 1 点亮
}

void LedOff(unsigned int n)                   //熄灭第 n 个 LED
{
  unsigned long LEDData = 0x00000001;
  n = n % 8;
  LEDData = LEDData << n;
  FIO2CLR = LEDData;                          //置 0 熄灭
}
```

测试文件 GPIO_test.c 包含用户主程序，列表如下：

```
#include <nxp/iolpc2468.h>
#include "type.h"
#include "target.h"
#include "timer.h"
#include "fio.h"
#include "board.h"

#define LED_MASK   0xFFFFFFFF

/**************************************************
**    用户主程序
**************************************************/
int main (void)
{
    DWORD counter = 0,i;
    TargetResetInit();                              //目标板初始化
    GPIOInit( 2, FAST_PORT, DIR_OUT,LED_MASK );     //将 GPIO 端口 2 配置为输出
    LedsInit();                                     //LED 灯初始化
    counter = 0;
    while ( 1 )
    {
        for(i=0;i<999999;i++)i=i;                   //延时
      LedOn(counter);                               //点亮 LED 灯
        for(i=0;i<999999;i++)i=i;                   //延时
      LedOff(counter);                              //熄灭 LED 灯
        counter++;
    }
}
```

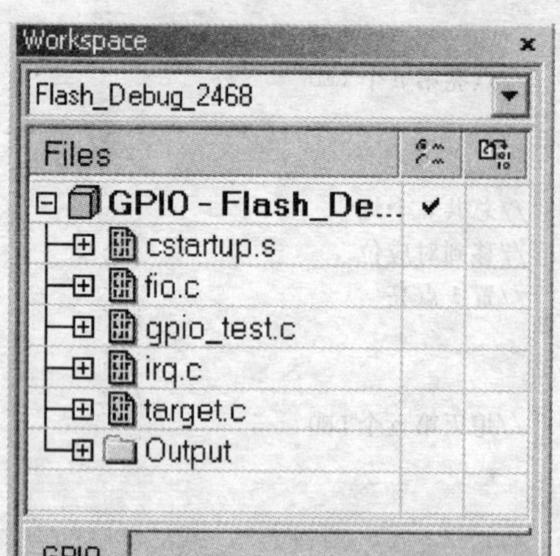

图 10-9　GPIO 编程的工作区窗口

在 IAR EWARM 集成开发环境中新建一个工作区并创建项目 GPIO，然后向项目中添加以上 5 个文件，完成后工作区窗口如图 10-9 所示。其他设置与 10.3.6 小节中介绍的一样，完成各个选项配置后，单击 Project 下拉菜单中的 Make 选项，对工作区中当前项目进行编译、链接生成可执行代码。将 IAR J-Link 仿真器连接到 LPC2468 开发板和 PC 机的 USB 接口，单击 Project 下拉菜单中的 Download and Debug 选项，将可执行代码装入 LPC2468 开发板。启动程序全速运行，从 LPC2468 开发板上可以看到 8 个 LED 呈流水灯方式点亮和熄灭。

10.3.8　异步串行口 UART 应用编程

LPC2400 系列处理器具有 4 个符合 16C550 工业标准的异步串行口 UART0～UART3，其中 UART1 除了具有一般串行口功能之外，还具有 MODEM 功能。这 4 个串行口具有完全相同的控制寄存器，只是物理地址不一样，UART 的基本寄存器功能框图如图 10-10 所示。

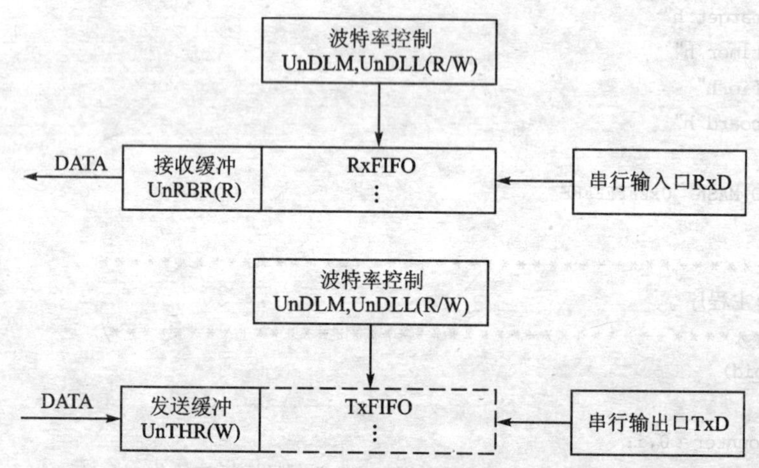

图 10-10　UART 的基本寄存器功能框图

下面详细介绍与 UART 编程有关的寄存器功能。

1. UART 接收缓冲寄存器

UART 接收缓冲寄存器 UnRBR 用于接收 FIFO 的顶部字节，寄存器各位的功能如表 10-58 所列。它包含了最早收到的字符，可通过总线接口读出。LSB(bit0)代表最早接收到的数据位，如果接收到的字符小于 8 位，未使用的高位用 0 填充。

表 10-58　UART 接收缓冲寄存器功能

位	名　称	功能说明	复位值
7:0	RBR	接收 FIFO 中最早收到的字节	NA

2. UART 发送保持寄存器

UART 发送保持寄存器 UnTHR 用于发送 FIFO 的顶部字节，寄存器各位的功能如表 10－59 所列。它包含了发送 FIFO 中的最新字符，可通过总线接口写入。LSB(bit0)代表最先发送的数据位。

表 10－59　UART 发送保持寄存器功能

位	名　称	功能说明	复位值
7:0	THR	写入时数据保存到发送 FIFO 中，当字节到达 FIFO 的最底部并且发送就绪时，该字节被发送	NA

3. UART 分频锁存寄存器

UART 分频锁存寄存器分为低位 UnDLL 和高位 UnDLM，它们一起构成一个 16 位的除数，UnDLL 包含除数低 8 位，UnDLM 包含除数高 8 位，按以下公式计算波特率：

$$16 \times 波特率 = Fplck/(UnDLM, UnDLL)$$

因为除数不能为 0，因此 0x0000 被视为 0x0001。UnDLL 和 UnDLM 寄存器各位的功能如表 10－60 和表 10－61 所列。

表 10－60　UnDLL 寄存器功能

位	名　称	功能说明	复位值
7:0	DLLSB	保存计算波特率的除数低 8 位	0x01

表 10－61　UnDLM 寄存器功能

位	名　称	功能说明	复位值
7:0	DLMSB	保存计算波特率的除数高 8 位	0x00

4. UART 中断使能寄存器

UART 中断使能寄存器 UnIER 用于使能 4 个 UART 中断源，寄存器各位的功能如表 10－62所列。

表 10－62　UART 中断使能寄存器功能

位	名　称	功能说明	复位值
0	RBR 中断使能	0：禁止 RDA 中断； 1：使能 RDA 中断	0
1	THRE 中断使能	0：禁止 THRE 中断； 1：使能 THRE 中断	0
2	接收线状态中断使能	0：禁止接收线状态中断； 1：使能接收线状态中断	0
7:3	—	保留，用户软件不应对其写入 1，读出状态为定义	NA
8	ABTO 中断使能	0：禁止自动波特率超时中断； 1：允许自动波特率超时中断	0
9	ABEO 中断使能	0：禁止自动波特率结束中断； 1：允许自动波特率结束中断	0
31:10	—	保留，用户软件不应对其写入 1，读出状态为定义	NA

5. UART 中断标志寄存器

UART 中断标志寄存器 UnIIR 提供状态代码，表示一个挂起中断的中断源和优先级，寄存器各位的功能如表 10-63 所列。

表 10-63　UART 中断标志寄存器功能

位	名　称	功能说明	复位值
0	中断状态	0：至少有一个中断被挂起； 1：没有挂起的中断	1
3:1	中断标识	011：1—接收线状态(RLS)； 010：2a—接收数据可用(RDA)； 110：2b—字符超时指示(CTI)； 001：3—THRE 中断	0
5:4	—	保留，用户软件不应对其写 1，读出值未定义	NA
7:6	FIFO 使能	这些位等效于 UnFCR[0]位	0
8	ABEO 中断	自动波特率结束中断位，为 1 时自动波特率完成并产生中断	0
9	ABTO 中断	自动波特率超时中断位，为 1 时自动波特率超时并产生中断	0
31:10	—	保留，用户软件不应对其写 1，读出值未定义	NA

如果中断状态位为 1，则没有中断挂起，并且中断标识位字段为 0；如果中断状态位为 0，并且在没有自动波特率中断挂起的情况下，可以通过中断标识位字段判断中断源以及中断服务程序应该执行的操作。退出中断服务程序之前，必须读取 UnIIR 来清除中断。

UART 的中断处理及优先级等情况如表 10-64 所列。

表 10-64　UART 中断处理及优先级

UnIIR[3:0]	优先级	中断类型	中断源	复位值
0001	—	无	无	—
0110	最高	接收线状态/错误	OE，PE\FE 或 BI	UnLSR 读
0100	第二	接收数据可用	接收数据可用或 FIFO 模式下(UnFCR0=1)到达触发点	UnRBR 或 UART 的 FIFO 低于触发值
1100	第二	字符超时指示	接收 FIFO 包含至少一个字符并在一段时间内无字符输入或移出，该时间长短取决于 FIFO 中的字符数以及在 3.5～4.5 字符的时间内的触发值	UnRBR 读
0010	第三	THRE	THRE	UnIIR 读或 THR 写

UART 的 RLS 中断(UnIIR[3:1]=011)为最高优先级中断。只要 UART 的接收输入产生 4 个错误条件(溢出错 OE、奇偶错 PE、帧错误 FE、间隔中断 BI)中的任意 1 个，该中断标志将置位。产生中断的错误条件可以通过查看 UnLSR[4:1]得到。读取 UnLSR 时清除中断。

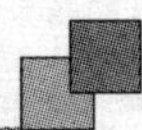

UART 的 CTI 中断(UnIIR[3:1]=110)为第二优先级中断。当接收 FIFO 包含至少1个字符并且在接收 3.5～4.5 字符的时间内没有发生接收 FIFO 动作时,该中断产生。接收 FIFO 的任何动作都将清除该中断。当收到的信息不是触发值的倍数时,CTI 中断将清空 UART 的 RBR。

UART 的 RDA 中断(UnIIR[3:1]=010)与 CTI 中断(UnIIR[3:1]=110)共用第二优先级。当接收 FIFO 到达 UnFCR[7:6]所定义的触发点时,RDA 被激活。当接收 FIFO 的深度低于触发点时,RDA 复位。当 RDA 中断激活时,CPU 可读出由触发点所定义的数据块。

UART 的 THRE 中断(UnIIR[3:1]=001)为第三优先级中断。当 THR FIFO 为空并且满足特定的初始化条件时,该中断被激活。这些初始化条件将使 THR FIFO 被数据所填充,以免在系统启动时产生多个 THRE 中断。

6. UART FIFO 控制寄存器

UART FIFO 控制寄存器 UnFCR 控制 UART 接收和发送 FIFO 的操作,寄存器各位的功能如表 10-65 所列。

表 10-65　UART FIFO 控制寄存器功能

位	名　称	功能说明	复位值
0	FIFO 使能	高电平使能对 UART 接收和发送 FIFO 以及 UnFCR [7:1]的访问。该位的任何变化都将使 FIFO 清空。该位清零,则 FIFO 禁止,在应用中不能这样使用	1
1	接收 FIFO 复位	该位置位会清零接收 FIFO 中的所有字节并复位指针逻辑,该位自动清零	0
2	发送 FIFO 复位	该位置位会清零发送 FIFO 中的所有字节并复位指针逻辑,该位自动清零	0
5:3	—	保留,用户软件不应对其写 1,读出值未定义	NA
7:6	接收触发等级	00: 触发等级 0(1 个字符或 0x01); 01: 触发等级 1(4 个字符或 0x04); 10: 触发等级 2(8 个字符或 0x08); 01: 触发等级 3(14 个字符或 0x0E)	0

7. UART 线控制寄存器

UART 线控制寄存器 UnLCR 控制 UART 接收和发送数据的格式,寄存器各位的功能如表 10-66所列。

表 10-66　UART 线控制寄存器功能

位	名　称	功能说明	复位值
0:1	字长选择	00: 5 位字符长度; 01: 6 位字符长度; 10: 7 位字符长度; 11: 8 位字符长度	1

续表 10-66

位	名　称	功能说明	复位值
2	停止位选择	0：1 位停止位； 1：2 位停止位(如果 UnLCR[1：0]=00，则为 1.5)	0
3	校验位使能	0：禁止奇偶产生和校验； 1：使能奇偶产生和校验	0
5：4	校验位选择	00：奇校验； 01：偶校验； 10：强制为 1； 11：强制为 0	NA
6	间隔控制	0：禁止间隔发送； 1：使能间隔发送； 当 UnLCR[6]=1 时，输出引脚 TxD 强制为逻辑 0	0
7	分频锁存访问	0：禁止访问除数锁存； 1：使能访问除数锁存	0

8. UART 线状态寄存器

UART 线状态寄存器 UnLSR 提供 UART 接收和发送数据的状态信息，寄存器各位的功能如表 10-67 所列。

表 10-67　UART 线状态寄存器功能

位	名　称	功能说明	复位值
0	接收数据就绪(RDR)	0：UnRBR 为空； 1：UnRBR 包含有数据	0
1	溢出错误(OE)	0：溢出错误状态未激活； 1：溢出错误状态激活	0
2	奇偶错误(PE)	0：奇偶错误状态未激活； 1：奇偶错误状态激活	0
3	帧错误(FE)	0：帧错误状态未激活； 1：帧错误状态激活	0
4	间隔中断(BI)	0：间隔中断状态未激活； 1：间隔中断状态激活	0
5	发送保持寄存器空(THRE)	0：UnTHR 包含有效数据； 1：UnTHR 为空	1
6	发送器空(TEMT)	0：UnTHR/UnTSR 包含有效数据； 1：UnTHR/UnTSR 为空	1
7	接收 FIFO 错误(RXFE)	0：UnRBR 没有 UART 接收数据； 1：UnRBR 至少包含一个 UART 接收数据	0

9. UART 自动波特率控制寄存器

UART 自动波特率控制寄存器 UnACRy 用于控制输入时钟/数据率的测量过程，测量结果供波特率发生器使用，并且用户可以对该寄存器读/写，寄存器各位的功能如表 10-68 所列。

表 10-68 UART 自动波特率控制寄存器功能

位	名 称	功能说明	复位值
0	开始位	0：自动波特率停止； 1：自动波特率开始	0
1	模式位	0：模式 0； 1：模式 1	0
2	自动重起	0：无重新开始测量； 1：当测量超时后重新开始	0
7:3	—	保留，用户软件不应对其写 1，读出值未定义	0
8	ABEO 中断清除	对该位写 1 清除 UnIIR 寄存器的对应位	0
9	ABTO 中断清除	对该位写 1 清除 UnIIR 寄存器的对应位	0
31:10	—	保留，用户软件不应对其写 1，读出值未定义	0

LPC2400 系列处理器 UART 的基本操作方法如下：

① 设置 I/O 连接到 UARTn；

② 设置波特率(UnDLM，UnDLL)；

③ 设置串行口工作模式(UnLCR，UnFCR)；

④ 发送或接收数据(UnTHR，UnRBR)；

⑤ 检查串行口状态字(UnLSR)或等待串行口中断(UnIIR)。

【例 10-5】 UART 应用编程举例。主要介绍 UART 处理文件 uart.c 和测试文件 uarttest.c。

UART 处理文件 uart.c 主要用于对 UART 端口进行初始化处理，文件中包含 2 个初始化函数 UARTInit()和 UARTInit_Poll()。函数 UARTInit()用于 UART 中断工作方式下的初始化，当串行口有接收、发送操作完成或者操作错误时产生中断，中断服务程序根据 UnIIR 中断标志寄存器中的标志位来判断发生中断的类型，从而执行相应的处理。函数 UARTInit_Poll()用于 UART 查询工作方式下的初始化，不需要使能任何中断位。uart.c 文件中还包含其他一些处理函数，如数据块发送和接收、数据字节发送和接收等。

uart.c 文件列表如下：

```
#include <nxp/iolpc2468.h>
#include "type.h"
#include "target.h"
#include "irq.h"
#include "uart.h"
#include <intrinsics.h>

volatile DWORD UART0Status;
```

```
volatile BYTE UART0TxEmpty = 1;
volatile BYTE UART0Buffer[BUFSIZE];
volatile DWORD UART0Count = 0;

/*****************************************************
** 函数名: UART0Handler
** 功能:   UART0 中断服务函数
** 参数:   无
** 返回值:  无
*****************************************************/
__irq __nested __arm void UART0Handler (void)
{
BYTE IIRValue, LSRValue;
volatile BYTE Dummy;

  __enable_interrupt();                           //开中断

  IIRValue = U0IIR;
  IIRValue >>= 1;                                 //跳过 IIR 中的中断挂起位
  IIRValue &= 0x07;                               //和 0x07 相"与"得到中断标志位段
  if ( IIRValue == IIR_RLS )                      //判断是否为一个线状态中断
  {
    LSRValue = U0LSR;                             //读出线状态寄存器内容,判断具体状态
    if ( LSRValue & (LSR_OE|LSR_PE|LSR_FE|LSR_RXFE|LSR_BI) )
    {
      UART0Status = LSRValue;                     //读取 LSR 将清除该中断
      Dummy = U0RBR;                              //读取一个无效数据,清除中断
      VICADDRESS = 0;                             //应答中断,更新优先级逻辑
      return;
    }
    if ( LSRValue & LSR_RDR )                     //是一个 LSR 数据就绪标志
    {
      UART0Buffer[UART0Count] = U0RBR;            //读取一个有效数据到接收缓冲区
      UART0Count++;
      if ( UART0Count == BUFSIZE )
      {
        UART0Count = 0;                           //缓冲区溢出
      }
    }
  }
  else if ( IIRValue == IIR_RDA )                 //是一个接收数据有效中断
  {
    UART0Buffer[UART0Count] = U0RBR;
    UART0Count++;
    if ( UART0Count == BUFSIZE )
```

```
    {
      UART0Count = 0;                          //缓冲区溢出
    }
  }
  else if ( IIRValue == IIR_CTI )              //是一个字符超时指示中断
  {
    UART0Status |= 0x100;                      //Bit9 为 CTI 错
  }
  else if ( IIRValue == IIR_THRE )             //是一个发送保持寄存器为空中断
  {
    LSRValue = U0LSR;                          //读取 LSR 状态,判断 THRE 位是否为 1
    if ( LSRValue & LSR_THRE )
    {
      UART0TxEmpty = 1;
    }
    else
    {
      UART0TxEmpty = 0;
    }
  }
  VICADDRESS = 0;                              //应答中断,更新优先级逻辑
  return;
}

/**************************************************
* * 函数名:UARTInit
* * 功能:   初始化 UART0 为中断工作方式
* * 参数:   波特率
* * 返回值:若不能正确安装中断,则返回 0,否则返回 1
**************************************************/
DWORD UARTInit( DWORD baudrate )
{
DWORD Fdiv;
  PINSEL0 = 0x00000050;                        //配置 RxD0 和 TxD0 引脚
  U0LCR = 0x83;                                //8 位数据,无校验,1 位停止位
  Fdiv = ( Fpclk / 16 ) / baudrate ;           //计算波特率
  U0DLM = Fdiv / 256;
  U0DLL = Fdiv % 256;
  U0LCR = 0x03;                                //DLAB = 0 ,禁止访问 DL 寄存器
  U0FCR = 0x07;                                //使能并复位发送和接收 FIFO

  /* 安装 UART0 中断服务函数 */
  if ( install_irq( UART0_INT, (void *)UART0Handler, HIGHEST_PRIORITY ) == FALSE )
  {
    return (FALSE);
```

```
  }

  U0IER = IER_RBR | IER_THRE | IER_RLS;              //使能 UART0 中断
  return (TRUE);
}

/*******************************************************
**函数名：UARTInit_Poll
**功能：初始化 UART0 为查询工作方式
**参数：  波特率
**返回值：无
*******************************************************/
void UARTInit_Poll( DWORD baudrate )
{
DWORD Fdiv;
  PINSEL0 = 0x00000050;                              //配置 RxD0 和 TxD0 引脚
  U0LCR = 0x83;                                      //8 数据，无校验，1 位停止位
  Fdiv = ( Fpclk / 16 ) / baudrate ;                 //计算波特率
  U0DLM = Fdiv / 256;
  U0DLL = Fdiv % 256;
  U0LCR = 0x03;                                      //DLAB = 0 ,禁止访问 DL 寄存器
  U0FCR = 0x07;                                      //使能并复位发送和接收 FIFO
}

/**************************************************
**函数名：   UARTSend
**功能：     通过 UART0 发送一块数据
**参数：     数据缓冲区指针，数据块长度
**返回值：   无
**************************************************/
void UARTSend(BYTE *BufferPtr, DWORD Length )
{
  while ( Length ! = 0 )
  {
    /*检测 THRE 状态，是否包含有效数据 */
    while ( ! (UART0TxEmpty & 0x01) );
    U0THR = *BufferPtr;
    UART0TxEmpty = 0;
    BufferPtr++;
    Length--;
  }
  return;
}

/**************************************************
```

```
** 函数名:    UART0Send
** 功能:      按查询方式通过 UART0 发送 1 字节数据
** 参数:      数据缓冲区指针
** 返回值:    无
*************************************************/
void UART0SendByte(BYTE * BufferPtr)
  {
    U0THR =  * BufferPtr;
    while((U0LSR & 0x40) == 0);                //检测 THR 是否为空,数据发送是否完毕
    return;
  }

/*************************************************
** 函数名:    UART0Recv
** 功能:      按查询方式通过 UART0 接收 1 字节数据
** 参数:      数据缓冲区指针 r,数据长度
** 返回值:    无
*************************************************/
void UART0RecvByte(BYTE * BufferPtr)
{
    while((U0LSR & 0x01) == 0);                //等待接收数据到达 RBR
    * BufferPtr = U0RBR;
    return;
}

/*************************************************
** 函数名:    UART0_puts
** 功能:      按查询方式向 UART0 发送数据
** 参数:      数据缓冲区指针
** 返回值:    无
*************************************************/
void UART0_puts(BYTE * BufferPtr)
{
    while( * BufferPtr ! = 0)
      {
        UART0SendByte(BufferPtr);
        BufferPtr ++ ;
      }
    return;
}

/*************************************************
** 函数名:    UART0_gets
** 功能:      按查询方式从 UART0 接收数据
** 参数:      数据缓冲区指针
```

```
 * *返回值：   无
 ***************************************************/
void UART0_gets(BYTE * BufferPtr)
{
    while( 1 )
    {
      UART0RecvByte(BufferPtr);
      if( * BufferPtr == '\0')break;               //接收到的数据是否为结束符
      BufferPtr ++ ;                               //未做边界检查,可能会有危险
    }
    return;
}

/**************************************************
 * *函数名：  UART0_PrintNum
 * *功能：    以2,10,16进制的方式输出32位数据
 * *参数：    数据,进制
 * *返回值：  无
 ***************************************************/
void UART0_PrintNum(DWORD data, BYTE chg)
{
  BYTE i, chr_buf[34], * temp;
  switch(chg)
  {
  case 2:
    chr_buf[32] = 'B';
    break;
  case 10:
    chr_buf[32] = '\0';
    break;
  case 16:
    chr_buf[32] = 'H';
    break;
  default:
    UART0_puts("Don't support this radix! \r\n");return;
  }
  chr_buf[33] = '\0';

  for(i = 0;i<32;i ++ )chr_buf[i] = 0x30;              //格式调整
  do
  {
    chr_buf[ - - i] + = data % chg;                    //逐位计算
    if(chr_buf[i] > 0x39)chr_buf[i] + = 7;             //ASCII码转换
    data = data/chg;
  }while(i ! = 0);
```

```
    temp = chr_buf;
    while( * temp == 0x30 && temp ! = chr_buf + 31)temp + + ;

    UART0_puts(temp);
}
```

测试文件 uarttest.c 包含用户主程序,列表如下:

```
#include <nxp/iolpc2468.h>
#include "type.h"
#include "irq.h"
#include "target.h"
#include "uart.h"

extern volatile DWORD UART0Count;
extern volatile BYTE UART0Buffer[BUFSIZE];

/*****************************************************
** 用户主程序
*****************************************************/
int main (void)
{
    BYTE * buf1 = "Hello, LPC2400 ARM world! \r\n";
    BYTE buf2[16], * buf3;
    unsigned long i = 0x89abcdef;

    TargetResetInit();                              //目标板初始化

    UARTInit_Poll(115200);                          //UART0 按查询方式工作,波特率为 115200

    UART0_puts("\r\n\r\n");
    UART0_puts(buf1);                               //发送缓冲区中的数据
    UART0_puts("\r\n\r\n");
    UART0_puts("The address is : ");
    UART0_PrintNum(i,16);                           //数制转换并输出
    UART0_puts("\r\n\r\n");

    UART0_puts("UART0 查询方式输入测试,请输入 5 个字符。\r\n");
    buf3 = buf2;
    for(i = 0;i<5;i ++ )
    {
      UART0RecvByte(buf3);
      buf3 ++ ;
    }
    UART0_puts(buf2);
    UART0_puts("\r\n\r\n");
```

```
    UART0_puts("UART0 中断方式输入测试。\r\n");

    UARTInit(115200);                              //UART0 按重新初始化为中断方式,波特率为 115200

  while (1)
  {
    if ( UART0Count ! = 0 )
    {
      U0IER = IER_THRE | IER_RLS;                  //禁止 RBR
      UARTSend( (BYTE * )UART0Buffer, UART0Count ); //将输入的数据重新输出
      UART0Count = 0;
      U0IER = IER_THRE | IER_RLS | IER_RBR;        //重新使能 RBR
    }
  }
  return 0;
}
```

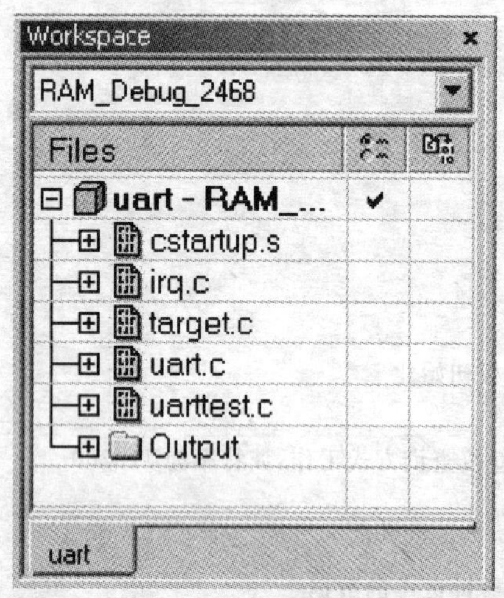

图 10-11　UART 编程的工作区窗口

在 IAR EWARM 集成开发环境中新建一个工作区并创建项目 UART,然后向项目中添加文件,完成后工作区窗口如图 10-11 所示。其他设置与 10.3.6 小节中介绍的一样,完成各个选项配置后,单击 Project 下拉菜单中的 Make 选项,对工作区中当前项目进行编译、链接,生成可执行代码。将 IAR J-Link 仿真器连接到 LPC2468 开发板和 PC 机的 USB 接口,用一根交叉串口线将 LPC2468 开发板的 UART0 与 PC 机 RS232 串口相连,在 PC 机上打开超级终端,设置为 8 位数据、无校验、1 位停止位,波特率设置为 115 200。单击 Project 下拉菜单中的 Download and Debug 选项,将可执行代码装入 LPC2468 开发板,启动程序全速运行,通过 PC 机超级终端可以实现字符数据的输入/输出操作。

10.3.9　定时器应用编程

LPC2400 系列处理器具有 4 个 32 位可编程定时器/计数器,每个定时器/计数器最少有 2 路捕获、2 路比较匹配输出电路。定时器 1 有 3 个匹配输出,定时器 2 和定时器 3 各有 4 个匹配输出。

定时器对外设时钟 PCLK 或外部时钟进行计数,可选择产生中断或根据匹配寄存器的设定,在到达指定的定时值时执行其他操作。捕获输入用于在输入信号发生跳变时捕获定时器的值,并可选择产生中断。

4 个定时器可用作对内部事件进行计数的间隔定时器,或者通过捕获输入实现脉宽调制,也可以作为自由运行的定时器。4 个定时器除了外设基地址不同之外,其他功能都相同。

LPC2400 系列处理器通过相关寄存器实现对定时器/计数器的控制和操作。

1. 中断寄存器

对于中断寄存器 TxIR,4 个位用于匹配中断,4 个位用于捕获中断。如果有中断产生,则寄存器中的相应位置位,否则为 0。对相应位写入 1 将复位中断,写入 0 无效。该寄存器各位的功能如表 10－69 所列。

表 10－69　中断寄存器各位的功能

位	功　能	功能说明	复位值
0	MR0 中断	匹配通道 0 的中断标志	0
1	MR1 中断	匹配通道 1 的中断标志	0
2	MR2 中断	匹配通道 2 的中断标志	0
3	MR3 中断	匹配通道 3 的中断标志	0
4	CR0 中断	捕获通道 0 事件的中断标志	0
5	CR1 中断	捕获通道 1 事件的中断标志	0
6	CR2 中断	捕获通道 2 事件的中断标志	0
7	CR3 中断	捕获通道 3 事件的中断标志	0

2. 定时器控制寄存器

定时器控制寄存器 TxTCR 用于控制定时器/计数器的操作,该寄存器各位的功能如表 10－70所列。

表 10－70　定时器控制寄存器各位的功能

位	功　能	功能说明	复位值
0	计数器使能	1：定时器/计数器和预分频计数器使能； 0：计数器被禁止	0
1	计数器复位	1：定时器/计数器和预分频计数器在 PCLK 的下一个上升沿同步复位。在该位恢复为 0 之前计数器保持复位状态	0
7:3	—	保留,用户软件不应对其写 1,读出值未定义	NA

3. 计数器控制寄存器

计数器控制寄存器 TxCTCR 用来选择定时器或计数器工作模式,该寄存器各位的功能如表 10－71 所列。

当选择工作在计数器模式时,每个 PCLK 时钟的上升沿对 CAP 输入(由 CTCR[3:2]选择)进行采样。比较完 CAP 输入的 2 次连续采样结果后,可以识别下面 4 个事件中的一个：上升沿、下降沿、任一边沿或选择的 CAP 输入电平无变化。只要识别到的事件与 CTCR 寄存器中位[1:0]选择的事件相对应,则定时器/计数器加 1。

计数器的外部时钟源的操作有一些限制。由于 PCLK 时钟 2 个连续的上升沿用来识别 CAP 选择输入的一个边沿,所以 CAP 输入的频率不能大于 PCLK 时钟频率的 1/2。这种情况下同一个 CAP 输入的高低电平持续时间不能小于 1/(2×PCLK)。

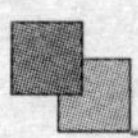

表 10－71　计数器控制寄存器各位的功能

位	功 能	功能说明	复位值
1:0	定时器/计数器模式	00：定时器模式，每个 PCLK 的上升沿； 01：计数器模式，TC 在位 3：2 选择的 CAP 输入上升沿递增； 10：计数器模式，TC 在位 3：2 选择的 CAP 输入下降沿递增； 11：计数器模式，TC 在位 3：2 选择的 CAP 输入上升和下降沿递增	0
3:2	计数器输入选择	00：CAPn.0 01：CAPn.1 10：CAPn.2 11：CAPn.3	0
7:4	—	保留，用户软件不应对其写 1，读出值未定义	NA

4. 定时器/计数器寄存器

定时器/计数器寄存器 TxTC 为 32 位寄存器，它在预分频计数器到达计数的上限时加 1。如果 TC 在到达计数器上限之前没有被复位，它将一直计数到 0xFFFFFFFF，然后翻转到 0x00000000。该事件不会产生中断。如果需要，可用匹配寄存器检测溢出。

5. 预分频寄存器

32 位预分频寄存器 TxPR 用于指定预分频计数器的最大值。TC 每经过 PR+1 个 PCLK 加 1。

6. 预分频计数器

预分频计数器 TxPC 使用某个常量来控制 PCLK 的分频，每个 PCLK 周期加 1。当其达到预分频寄存器 PR 中保存的值时，定时器计数器 TC 加 1，预分频计数器 PC 在下一个 PCLK 周期复位。这样就使得当 PR＝0 时，每个 PCLK 周期 TC 加 1，当 PR＝1 时，每两个 PCLK 周期 TC 加 1，以此类推。

7. 匹配寄存器

匹配寄存器 MRx 的值连续与定时器的计数值进行比较，当两个值相等时自动触发相应动作（产生中断、复位或停止定时器/计数器）。具体执行何种操作由 MCR 寄存器控制。

8. 匹配控制寄存器

匹配控制寄存器 TxMCR 用于控制在发生匹配时所执行的操作。该寄存器各位的功能如表 10－72所列。

表 10－72　匹配控制寄存器各位的功能

位	功 能	功能说明	复位值
0	MR0I	1：MR0 与 TC 值的匹配将产生中断； 0：中断被禁止	0
1	MR0R	1：MR0 与 TC 值的匹配将使 TC 复位； 0：该特性被禁止	0
2	MR0S	1：MR0 与 TC 值的匹配将使 TC 和 PC 停止，TCR[0]清 0； 0：该特性被禁止	0

续表 10-72

位	功 能	功能说明	复位值
3	MR1I	1：MR1 与 TC 值的匹配将产生中断； 0：中断被禁止	0
4	MR1R	1：MR1 与 TC 值的匹配将使 TC 复位； 0：该特性被禁止	0
5	MR1S	1：MR1 与 TC 值的匹配将使 TC 和 PC 停止，TCR[0]清 0； 0：该特性被禁止	0
6	MR2I	1：MR2 与 TC 值的匹配将产生中断； 0：中断被禁止	0
7	MR2R	1：MR2 与 TC 值的匹配将使 TC 复位； 0：该特性被禁止	0
8	MR2S	1：MR2 与 TC 值的匹配将使 TC 和 PC 停止，TCR[0]清 0； 0：该特性被禁止	0
9	MR3I	1：MR3 与 TC 值的匹配将产生中断； 0：中断被禁止	0
10	MR3R	1：MR3 与 TC 值的匹配将使 TC 复位； 0：该特性被禁止	0
11	MR3S	1：MR3 与 TC 值的匹配将使 TC 和 PC 停止，TCR[0]清 0； 0：该特性被禁止	0
15:12	—	保留，用户软件不应对其写 1，读出值未定义	NA

9. 捕获寄存器

每个捕获寄存器 CR0～CR3 都与一个器件引脚相关联。当引脚发生特定的事件时，可将定时器/计数器的值装入该寄存器。捕获寄存器的设定决定捕获功能是否使能以及捕获事件在引脚的上升沿、下降沿或双边沿发生。

10. 捕获控制寄存器

当发生捕获事件时，捕获控制寄存器 TxCCR 用于控制是否将定时器/计数器的值装入 4 个捕获寄存器中的一个以及是否产生中断。同时，设置上升沿和下降沿也是有效的配置，这样会在双边沿触发捕获事件。该寄存器各位的功能如表 10-73 所列。

表 10-73 捕获控制寄存器各位的功能

位	功 能	功能说明	复位值
0	CAP0RE	1：CAPn.0 的上升沿将导致 TC 的内容装入 CR0； 0：该特性被禁止	0
1	CAP0FE	1：CAPn.0 的下降沿将导致 TC 的内容装入 CR0； 0：该特性被禁止	0
2	CAP0I	1：CAPn.0 的捕获事件所导致的 CR0 装载将产生一个中断； 0：该特性被禁止	0

续表 10-73

位	功 能	功能说明	复位值
3	CAP1RE	1：CAPn.1 的上升沿将导致 TC 的内容装入 CR1； 0：该特性被禁止	0
4	CAP1FE	1：CAPn.1 的下降沿将导致 TC 的内容装入 CR1； 0：该特性被禁止	0
5	CAP1I	1：CAPn.1 的捕获事件所导致的 CR1 装载将产生一个中断； 0：该特性被禁止	0
6	CAP2RE	1：CAPn.2 的上升沿将导致 TC 的内容装入 CR2； 0：该特性被禁止	0
7	CAP2FE	1：CAPn.2 的下降沿将导致 TC 的内容装入 CR2； 0：该特性被禁止	0
8	CAP2I	1：CAPn.2 的捕获事件所导致的 CR2 装载将产生一个中断； 0：该特性被禁止	0
9	CAP3RE	1：CAPn.3 的上升沿将导致 TC 的内容装入 CR3； 0：该特性被禁止	0
10	CAP3FE	1：CAPn.3 的下降沿将导致 TC 的内容装入 CR3； 0：该特性被禁止	0
11	CAP3I	1：CAPn.3 的捕获事件所导致的 CR3 装载将产生一个中断； 0：该特性被禁止	0
15:12	—	保留，用户软件不应对其写 1，读出值未定义	NA

11. 外部匹配寄存器

外部匹配寄存器 TxEMR 提供外部匹配引脚 MAT0～MAT3 的控制和状态。该寄存器各位的功能如表 10-74 和表 10-75 所列。

表 10-74 外部匹配寄存器各位的功能

位	功 能	功能说明	复位值
0	EM0	外部匹配 0。当 TC 和 MR0 发生匹配时，该位可以跳变、变低、变高或不变化。取决于寄存器 5:4 位的设置。该位的状态可以输出到 MATn.0 引脚，0 为低电平，1 为高电平	0
1	EM1	外部匹配 1。当 TC 和 MR1 发生匹配时，该位可以跳变、变低、变高或不变化。取决于寄存器 5:4 位的设置。该位的状态可以输出到 MATn.1 引脚，0 为低电平，1 为高电平	0
2	EM2	外部匹配 2。当 TC 和 MR2 发生匹配时，该位可以跳变、变低、变高或不变化。取决于寄存器 5:4 位的设置。该位的状态可以输出到 MATn.0 引脚，0 为低电平，1 为高电平	0

续表 10-74

位	功 能	功能说明	复位值
3	EM3	外部匹配3。当TC和MR3发生匹配时，该位可以跳变、变低、变高或不变化。取决于寄存器5:4位的设置。该位的状态可以输出到MATn.0引脚，0为低电平，1为高电平	0
5:4	EMC0	决定外部匹配0的功能，如表10-75所列	0
7:6	EMC1	决定外部匹配1的功能，如表10-75所列	0
9:8	EMC2	决定外部匹配2的功能，如表10-75所列	0
11:10	EMC3	决定外部匹配3的功能，如表10-75所列	0
15:12	—	保留，用户软件不应对其写1，读出值未定义	NA

表 10-75 外部匹配寄存器控制位的功能

位	功能说明
00	不执行任何动作
01	将对应的外部匹配输出置0(若连到引脚，则输出低电平)
10	将对应的外部匹配输出置1(若连到引脚，则输出高电平)
11	使对应的外部匹配输出翻转

利用定时器可以提供非常准确的延时时间，但在延时期间CPU处于等待状态，工作效率低下。实际应用中往往要求CPU间隔一个固定时间处理相应工作，例如读取外部数据或刷新显示器等，这时利用定时器的中断功能就非常有必要。中断方式下定时器与CPU可以并行工作，当定时器定时时间到，通过中断使CPU转去执行相应的服务程序，可以极大地提高CPU工作效率。

【例10-6】 定时器应用编程举例。本例包含5个模块文件：启动代码文件cstartup.s，目标代码文件target.c，IRQ中断处理文件irq.c，定时器处理文件timer.c和测试文件timer_test.c。

定时器处理文件timer.c中的延时函数delayMs()，利用定时器延时来产生毫秒级的等待。由于定时器工作时钟由Fpclk提供，当预分频寄存器PR的值设为0时，计数Fpclk个时钟的周期为1 s，所以要以毫秒为基本单位就可以设置MR寄存器为Fpclk/1000的整数倍。

文件中定时器初始化函数init_timer()，在设置完定时器的匹配寄存器MR和匹配控制寄存器MCR后，安装定时器中断服务函数，使定时器以中断方式工作。

定时器处理文件timer.c列表如下：

```
#include <nxp/iolpc2468.h>
#include "type.h"
#include "irq.h"
#include "target.h"
#include "timer.h"
#include <intrinsics.h>
```

```
volatile DWORD timer0_counter = 0;
volatile DWORD timer1_counter = 0;

/************************************************
 * * 函数名:  delayMs
 * * 功能:    定时器毫秒延时
 * * 参数:    定时器号,毫秒延时值
 * * 返回值:  无
************************************************/
void delayMs(BYTE timer_num, DWORD delayInMs)
{
  if ( timer_num == 0 )
  {
    /* 定时器 0 延时 */
    T0TCR = 0x02;                           //复位定时器
    T0PR  = 0x00;                           //预分频设置:TC 每 PCLK 加 1
    T0MR0 = delayInMs * (Fpclk/1000) - 1;   //计数值
    T0IR  = 0xff;                           //中断复位
    T0MCR = 0x04;                           //发生匹配时停止计数
    T0TCR = 0x01;                           //启动定时器
    /* 等待延时时间到 */
    while (T0TCR & 0x01);                   //当发生匹配计数器停止,TCR 最低位置 0,循环结束
    T0MCR = 3;                              //计数器的值与 MR 值匹配时发生中断,TC 复位
    T0TCR = 0x01;                           //启动定时器
  }
  else if ( timer_num == 1 )
  {
    /* 定时器 1 延时 */
    T1TCR = 0x02;                           //复位定时器
    T1PR  = 0x00;                           //预分频设置:TC 每 PCLK 加 1
    T1MR0 = delayInMs * (Fpclk/1000) - 1;   //计数值
    T1IR  = 0xff;                           //中断复位
    T1MCR = 0x04;                           //发生匹配时停止计数
    T1TCR = 0x01;                           //启动定时器
    /* 等待延时时间到 */
    while (T1TCR & 0x01);
    T0MCR = 3;                              //计数器的值与 MR 值匹配发生中断,TC 复位
  }
  return;
}

/************************************************
 * * 函数名:Timer0Handler
 * * 功能:   定时器/计数器 0 中断服务函数
 * * 参数:   无
```

```
* * 返回值：无
*********************************************/
__irq __arm void Timer0Handler (void)
{
  T0IR = 1;                           //清除中断标志
  __enable_interrupt();               //开中断
  timer0_counter++;
  __disable_interrupt();
  VICADDRESS = 0;                     //更新 VIC 优先级逻辑
}

/*********************************************
* * 函数名：Timer1Handler
* * 功能：  定时器/计数器 1 中断服务函数
* * 参数：  无
* * 返回值：无
*********************************************/
__irq __arm void Timer1Handler (void)
{
  T1IR = 1;                           //清除中断标志
  __enable_interrupt();               //清除中断标志
  timer1_counter++;
  __disable_interrupt();
  VICADDRESS = 0;                     //更新 VIC 优先级逻辑
}

/*********************************************
* * 函数名：enable_timer
* * 功能：  使能定时器
* * 参数：  定时器号 0 或 1
* * 返回值：无
*********************************************/
void enable_timer( BYTE timer_num )
{
  if ( timer_num == 0 )
  {
      T0TCR = 1;                      //定时器使能
  }
  else
  {
      T1TCR = 1;
  }
  return;
}
```

```
/**************************************************
**函数名：disable_timer
**功能：  禁止定时器
**参数：  定时器号 0或 1
**返回值：无
**************************************************/
void disable_timer( BYTE timer_num )
{
  if ( timer_num == 0 )
  {
        T0TCR = 0;                              //定时器禁止
  }
  else
  {
        T1TCR = 0;
  }
  return;
}

/**************************************************
**函数名：reset_timer
**功能：  定时器复位
**参数：  定时器号 0或 1
**返回值：无
**************************************************/
void reset_timer( BYTE timer_num )
{
  DWORD regVal;
  if ( timer_num == 0 )
  {
    regVal = T0TCR;
    regVal |= 0x02;
    T0TCR = regVal;
  }
  else
  {
    regVal = T1TCR;
    regVal |= 0x02;                             //复位,计数器和预分频计数器清 0
    T1TCR = regVal;
  }
  return;
}

/**************************************************
**函数名：  init_timer
```

```
** 功能：  定时器初始化,设置定时间隔,复位定时器,安装定时器中断函数句柄
** 参数：  定时器号及定时间隔
** 返回值：若无法安装中断服务函数,则返回 0,否则返回 1
*********************************************************/
DWORD init_timer ( BYTE timer_num, DWORD TimerInterval )
{
  if ( timer_num == 0 )
  {
    timer0_counter = 0;
    T0MR0 = TimerInterval - 1;                 //设置计时初值,计数 pclk 脉冲个数
    T0MCR = 3;                                 //计数器的值与 MR 值匹配时发生中断,TC 复位
    if ( install_irq( TIMER0_INT, (void *)Timer0Handler,
         HIGHEST_PRIORITY ) == FALSE )
    {
         return (FALSE);
    }
    else
    {
         return (TRUE);
    }
  }
  else if ( timer_num == 1 )
  {
    timer1_counter = 0;
    T1MR0 = TimerInterval;
    T1MCR = 3;
    if ( install_irq( TIMER1_INT, (void *)Timer1Handler,
         HIGHEST_PRIORITY ) == FALSE )
    {
         return (FALSE);
    }
    else
    {
         return (TRUE);
    }
  }
  return (FALSE);
}
```

测试文件 timertest.c 包含用户主程序,列表如下:

```
#include <nxp/iolpc2468.h>
#include "type.h"
#include "irq.h"
#include "target.h"
#include "timer.h"
```

```
#include "fio.h"

#define LED1_MASK   (1UL<<18)
#define LED1_FIO    FIO1PIN
extern volatile DWORD timer0_counter;

/******************************************************
**    用户主程序
******************************************************/
int main (void)
{   BYTE i;
    TargetResetInit();                                    //目标板初始化
    GPIOInit( 1, FAST_PORT, DIR_OUT, LED1_MASK);          //将 GPIO 端口 1 配置为输出

    for (i = 0;i<20;i++)
    {
      LED1_FIO ^= LED1_MASK;                              //LED 灯亮/灭
      delayMs(0,100);                                     //定时器延时
    }
    delayMs(0,2000);                                      //定时器延时 2 s

    init_timer( 0, Fpclk/2);                              //每 0.5 s 产生一个 timer0 中断
    while( 1 )
    {
      if ( timer0_counter >= 0x2)
      {
        LED1_FIO ^= LED1_MASK;                            //每秒点亮一次 LED 灯
        timer0_counter = 0;
      }
    }
}
```

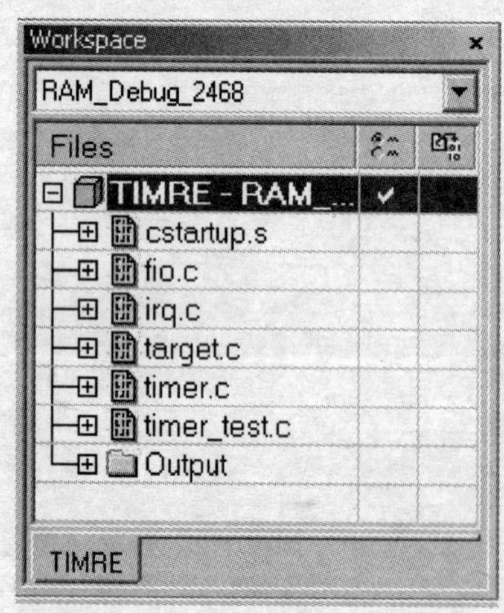

图 10-12　TIMER 编程的工作区窗口

在 IAR EWARM 集成开发环境中新建一个工作区并创建项目 TIMER，然后向项目中添加文件，完成后工作区窗口如图 10-12 所示。其他设置与 10.3.6 小节中介绍的一样，完成各个选项配置后，单击 Project 下拉菜单中的 Make 选项，对工作区中当前项目进行编译、链接，生成可执行代码。将 IAR J-Link 仿真器连接到 LPC2468 开发板和 PC 机的 USB 接口，单击 Project 下拉菜单中的 Download and Debug 选项，将可执行代码装入 LPC2468 开发板。启动程序全速运行，从 LPC2468 开发板上可以看到 1 个 LED 灯快速闪动，接着停顿 2 s，再以每秒 1 次的速度闪动。

10.3.10 实时时钟 RTC 应用编程

LPC2400 处理器内部集成了实时时钟 RTC，可以在系统上电和关闭操作时对时间进行测量，RTC 时钟可以由独立的外部 32.768 kHz 振荡器或基于 APB 时钟的可编程预分频器来提供。要使用 RTC 中断唤醒 CPU，必须选用外部时钟。RTC 还具有专用电源引脚 VBAT，可以采用备份电池对 RTC 和电池 RAM 供电，RTC 在低功耗模式下消耗的功率非常低。当 CPU 和片上其他功能被停止并断电后，RTC 可以输出一个 1.8 V 左右的报警信号，该信号可由外部硬件用于恢复处理器供电并重新运行。需要注意的是 PLL 在 CPU 从掉电模式恢复时是被禁止的。LPC2400 处理器的实时时钟具有如下特征：

① 测量保持日历和时钟的时间通路；

② 超低功耗设计，支持备份电池供电；

③ 提供秒、分、时、日、月、年和星期；

④ 外部 32.768 kHz 振荡器或可编程 APB 时钟预分频器；

⑤ 报警输出可以将系统从掉电模式下唤醒；

⑥ 由备份电池供电的 2 KB 静态 RAM；

⑦ 与芯片供电分开的 RTC 和电池 RAM。

RTC 具有独立的电源和时钟源，功耗极低，特别适合于电池供电、CPU 不连续工作的系统。通过设置中断唤醒寄存器 INTWAKE，RTC 中断还能将 CPU 从掉电模式下唤醒。通过设置时钟控制寄存器 CCR，可以选择 RTC 的计数时钟源是由独立的 32.768 kHz 振荡器还是由 PCLK 进行分频得到。当使用 PCLK 作为时钟源时，它的基准时钟分频器允许调节任何频率高于 65.536 kHz的外设时钟，以产生一个 32.768 kHz 的基准时钟，实现准确的计时操作。LPC2400 系列处理器的 RTC 寄存器功能框图如图 10－13 所示。

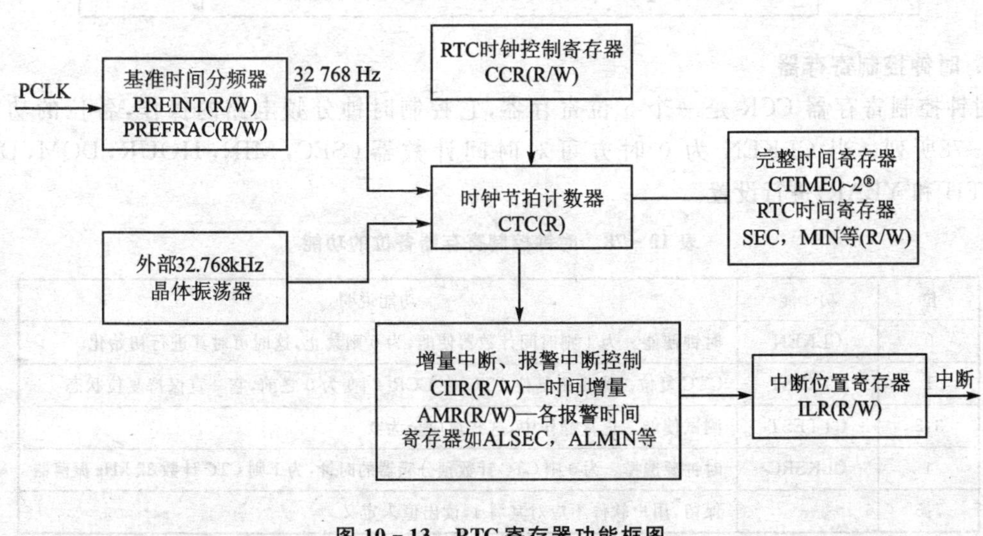

图 10－13　RTC 寄存器功能框图

RTC 通过多个寄存器进行操作，按功能分成混合寄存器组、时间计数器寄存器组、报警寄存器组和预分频器组等。如果 RTC 使用独立的外部振荡器，RTC 中断可使 CPU 退出掉电模式。

当 RTC 中断唤醒使能并且所选中断事件出现时，将启动 XTAL1/2 引脚相关的振荡器，经过一定周期后 CPU 被唤醒。

下面详细介绍与 RTC 编程有关的寄存器功能。

1. 中断位置寄存器

中断位置寄存器 ILR 指定哪些模块可以产生中断，各位的功能如表 10－76 所列。向一个位写入 1 将清除相应中断，写入 0 无效。读取该寄存器并将读出的值回写到寄存器中，将会清除检测到的中断。

表 10－76　中断位置寄存器各位的功能

位	功　能	功能说明
0	RTCCIF	为 1 时，计数器增量中断模块产生中断，写入 1 清除中断
1	RTCALF	为 1 时，报警寄存器产生中断，写入 1 清除中断
2	RTSSF	为 1 时，增量计数器产生子秒中断。该中断比率由 CISS 寄存器决定
7:3	—	保留，用户软件不应对其写 1，读出值未定义

2. 时钟节拍计数器

时钟节拍计数器 CTC 为只读寄存器，各位的功能如表 10－77 所列。它可通过时钟控制寄存器 CCR 复位为 0。

表 10－77　时钟节拍计数器各位的功能

位	功　能	功能说明
0	保留，用户软件不应对其写 1，读出值未定义	NA
15:1	位于秒计数器之前，CTC 每秒计数 32 768 个时钟。由于 RTC 预分频器的关系，这 32 768 个时间增量的长度可能并不完全相同	NA

3. 时钟控制寄存器

时钟控制寄存器 CCR 是一个 5 位寄存器，它控制时钟分频电路的操作，各位的功能如表 10－78所列。当 CLKEN 为 0 时方可对时间计数器（SEC，MIN，HOUR，DOM，DOY，MONTH 和 YEAR）进行设置。

表 10－78　时钟控制寄存器各位的功能

位	功　能	功能说明
0	CLKEN	时钟使能。为 1 则时间计数器使能，为 0 则禁止，这时可对其进行初始化
1	CTCRST	CTC 复位。为 1 则复位 CTC，在 CCR[1]变为 0 之前，它一直保持复位状态
3:2	CTTEST	测试使能。正常操作中，这些位应全为 0
4	CLKSRC	时钟源选择。为 0 则 CTC 计数预分频器的时钟，为 1 则 CTC 计数 32 kHz 振荡器
7:5	—	保留，用户软件不应对其写 1，读出值未定义

4. 计数器增量中断寄存器

计数器增量中断寄存器 CIIR 可使计数器每次增加时产生一次中断，各位的功能如表10－79所列。在中断位置寄存器的位 0（ILR[0]）写入 1 之前，该中断一直保持有效。

表 10-79 计数器增量中断寄存器各位的功能

位	功 能	功能说明
0	IMSEC	为1时,秒值的增加产生一次中断
1	IMMIN	为1时,分值的增加产生一次中断
2	IMHOUR	为1时,小时值的增加产生一次中断
3	IMDOM	为1时,日期(月)值的增加产生一次中断
4	IMDOW	为1时,星期值的增加产生一次中断
5	IMDOY	为1时,日期(年)值的增加产生一次中断
6	IMMON	为1时,月值的增加产生一次中断
7	IMYEAR	为1时,年值的增加产生一次中断

5. 计数器增量选择屏蔽寄存器

计数器增量选择屏蔽寄存器 CISS 为 CPU 从 RTC 获得毫秒级的中断提供了一种方法,从而使系统多了一个通用定时器,或者 RTC 中断可用于周期性地将 CPU 从掉电模式唤醒。

中断信号可以根据 CTC 寄存器的不同阶段产生,该中断称为子秒中断,中断时间间隔在 CTC 最小计数 16 次(约 488 微秒)到最大计数 2 048 次(约 62.5 毫秒)之间。寄存器各位的功能如表 10-80 所列。

表 10-80 计数器增量选择屏蔽寄存器各位的功能

位	值	功能说明
2:0	000	CTC 计数 16 次产生一次中断,在 32.768 kHz 时钟下约为 488 μs
	001	CTC 计数 32 次产生一次中断,在 32.768 kHz 时钟下约为 977 μs
	010	CTC 计数 64 次产生一次中断,在 32.768 kHz 时钟下约为 1.95 ms
	011	CTC 计数 128 次产生一次中断,在 32.768 kHz 时钟下约为 3.9 ms
	100	CTC 计数 256 次产生一次中断,在 32.768 kHz 时钟下约为 7.8 ms
	101	CTC 计数 512 次产生一次中断,在 32.768 kHz 时钟下约为 15.6 ms
	110	CTC 计数 1024 次产生一次中断,在 32.768 kHz 时钟下约为 31.25 ms
	111	CTC 计数 2048 次产生一次中断,在 32.768 kHz 时钟下约为 62.5 ms
6:3	—	保留,用户软件不应对其写 1,读出值未定义
7	0	子秒中断禁止
	1	子秒中断使能

6. 报警屏蔽寄存器

报警屏蔽寄存器 AMR 允许用户屏蔽任意报警寄存器,各位的功能如表 10-81 所列。对报警功能来说,要产生中断,非屏蔽的报警寄存器必须匹配对应的时间计数值,只有当计数器之间的比较第一次从不匹配到匹配时才会产生中断。向中断位置寄存器 ILR 的位写入 1,可以清除相应的中断。如果所有屏蔽位都置位,则禁止报警。

7. 完整时间寄存器

混合寄存器组包括 3 个完整时间寄存器,只需要执行 3 次读操作,就可读出所有时间计数器的值。该寄存器为只读寄存器，如果要更新时间计数器的值，必须通过时间计数器（SEC，MIN，HOUR，DOM，DOY，MONTH 和 YEAR）进行设置。时间计数器的值可以选择一个完整格式读出，每个寄存器的最低位分别处于位 0、位 8、位 16 和位 24。

完整时间寄存器 CTIME0 包含的时间值为：秒、分、小时和星期，寄存器各位的功能如表 10－82所列。

表 10－81　报警屏蔽寄存器各位的功能

位	功 能	功能说明
0	AMRSEC	为 1 时，秒值不与报警寄存器比较
1	AMRMIN	为 1 时，分值不与报警寄存器比较
2	AMRHOUR	为 1 时，小时值不与报警寄存器比较
3	AMRDOM	为 1 时，日期（月）值不与报警寄存器比较
4	AMRDOW	为 1 时，星期值不与报警寄存器比较
5	AMRDOY	为 1 时，日期（年）值不与报警寄存器比较
6	AMRMON	为 1 时，月值不与报警寄存器比较
7	AMRYEAR	为 1 时，年值不与报警寄存器比较

表 10－82　CTIME0 寄存器各位的功能

位	功 能	功能说明
5:0	秒	秒值，0～59
7:6	—	保留，用户软件不应对其写 1，读出值未定义
13:8	分	分值，0～59
15:14	—	保留，用户软件不应对其写 1，读出值未定义
20:16	小时	小时值，0～23
23:21	—	保留，用户软件不应对其写 1，读出值未定义
26:24	星期	星期值，0～6
31:27	—	保留，用户软件不应对其写 1，读出值未定义

完整时间寄存器 CTIME1 包含的时间值为日期（月）、月和年，寄存器各位的功能如表 10－83所列。

表 10－83　CTIME1 寄存器各位的功能

位	功 能	功能说明
4:0	日	日期（月）值，1～28，29，30，31
7:5	—	保留，用户软件不应对其写 1，读出值未定义
11:8	月	月值，1～12
15:12	—	保留，用户软件不应对其写 1，读出值未定义
27:16	年	年值，0～4 095
31:28	—	保留，用户软件不应对其写 1，读出值未定义

完整时间寄存器 CTIME2 仅包含日期(年),寄存器各位的功能如表 10－84 所列。

表 10－84　CTIME2 寄存器各位的功能

位	功　能	功能说明
11：0	日期(年)	日期(年)值,1～365,闰年为 366
31：12	—	保留,用户软件不应对其写 1,读出值未定义

8. 时间计数器组

时间计数器组包含 8 个可读/写寄存器,用于 RTC 日历时间的初始化,时间计数器组的功能如表 10－85 所列。

表 10－85　时间计数器组的功能

名　称	位　数	功能说明
SEC	6	秒值,0～59
MIN	6	分值,0～59
HOUR	5	小时值,0～23
DOM	5	日期(月)值,1～28,29,30,31
DOW	3	星期值,0～6
DOY	9	日期(年)值,1～365,闰年为 366
MONTH	4	月值,1～12
YEAR	12	年值,0～4 095

关于闰年的计算,RTC 执行一个简单的位比较,判断年计数器的最低 2 位是否为 0,如果为 0,则认为这一年为闰年。RTC 认为所有能被 4 整除的年份都为闰年。该算法从 1901 年到 2099 年都是正确的,但在 2100 年出错,2100 年不是闰年。闰年对 RTC 的影响只是改变 2 月份的长度、日期(月)和年的计数值。

9. 报警寄存器组

报警寄存器组的功能如表 10－86 所列。这些寄存器的值与时间计数器比较,如果未屏蔽的报警寄存器都与它们对应的时间计数器相匹配,则将产生一次中断。向中断位置寄存器的位 1 (ILR[1])写入 1 清除中断。

表 10－86　报警寄存器组的功能

名　称	位　数	功能说明
ALSEC	6	秒报警值
ALMIN	6	分报警值
ALHOUR	5	小时报警值
ALDOM	5	日期(月)报警值
ALDOW	3	星期报警值
ALDOY	9	日期(年)报警值
ALMONTH	4	月报警值
ALYEAR	12	年报警值

10. 基准时钟分频器组

基准时钟分频器(又称预分频器)Prescaler 允许从任何频率高于 65.536 kHz 的外设时钟源产生一个 32.768 kHz 的基准时钟。它包含一个整数寄存器和一个小数寄存器,分别如表 10-87 和 10-88 所列。

表 10-87 预分频整数寄存器的功能

名 称	位	功能说明
PREINT	12∶0	包含 RTC 预分频值的整数部分
—	15∶13	保留,用户软件不应对其写 1,读出值未定义
PREFRAC	14∶0	包含 RTC 预分频值的小数部分
—	15	保留,用户软件不应对其写 1,读出值未定义

表 10-88 预分频小数寄存器的功能

名 称	位	功能说明
PREFRAC	14:0	包含 RTC 预分频值的小数部分
—	15	保留,用户软件不应对其写 1,读出值未定义

预分频值的整数部分为:PREINT=int(Fpclk/32 768)-1,PREINT 的值必须大于等于 1。

预分频值的小数部分为:PREFRAC=Fpclk-((PREINT+1)×32 768)。

【例 10-7】 RTC 应用编程举例,利用 RTC 产生秒报警中断实现日历时钟。本例包含 6 个模块文件:启动代码文件 cstartup.s,目标代码文件 target.c,IRQ 中断处理文件 irq.c,串行口处理文件 uart.c,实时时钟处理文件 rtc.c 和测试文件 rtctest.c。

实时时钟处理文件 rtc.c 中包含 RTC 初始化、时间设置、报警设置、时间获取、启动 RTC 以及 RTC 中断服务等函数,列表如下:

```
#include <nxp/iolpc2468.h>
#include "type.h"
#include "irq.h"
#include "timer.h"
#include "rtc.h"
#include "target.h"
#include "uart.h"
#include <intrinsics.h>

extern  BYTE Flag;

/*****************************************************************
**函数名:    RTCHandler
**功能:      RTC 中断服务函数
**参数:      无
**返回值:    无
*****************************************************************/
```

```
__irq __nested __arm void RTCHandler (void)
{
    ILR |= ILR_RTCCIF;                          //清除中断标志
    __enable_interrupt();                       //开中断
    Flag = 0x01;                                //置位 1 s 标志
    VICADDRESS = 0;                             //更新 VIC 优先级逻辑
}

/*****************************************************
** 函数名：RTCInit
** 功能：   初始化 RTC
** 参数：   无
** 返回值：无
*****************************************************/
void RTCInit( void )
{
    /* RTC 寄存器初始化 */
    AMR = 0;
    CIIR = 0;
    CCR = 0;
    PREINT = Fpclk/32768 - 1;                   //预分频
    PREFRAC = Fpclk % 32768;
    return;
}

/*****************************************************
** 函数名：RTCStart
** 功能：   启动 RTC
** 参数：   无
** 返回值：无
*****************************************************/
void RTCStart( void )
{
    /* 启动 RTC 计数器 */
    CCR |= CCR_CLKEN;
    ILR = ILR_RTCCIF;
    return;
}

/*****************************************************
** 函数名：RTCStop
** 功能：   停止 RTC
** 参数：   无
** 返回值：无
*****************************************************/
```

```
void RTCStop( void )
{
    /* 停止 RTC 计数器 */
    CCR &= ~CCR_CLKEN;
    return;
}

/*****************************************************
** 函数名：RTC_CTCReset
** 功能：   复位 RTC 时钟节拍计数器
** 参数：   无
** 返回值：无
*****************************************************/
void RTC_CTCReset( void )
{
    /* 复位 CTC */
    CCR |= CCR_CTCRST;
    return;
}

/*****************************************************
** 函数名：RTCSetTime
** 功能：   设置 RTC 时间
** 参数：   无
** 返回值：无
*****************************************************/
void RTCSetTime( RTCTime Time )
{
    SEC = Time.RTC_Sec;
    MIN = Time.RTC_Min;
    HOUR = Time.RTC_Hour;
    DOM = Time.RTC_Mday;
    DOW = Time.RTC_Wday;
    DOY = Time.RTC_Yday;
    MONTH = Time.RTC_Mon;
    YEAR = Time.RTC_Year;
    return;
}

/*****************************************************
** 函数名：RTCSetAlarm
** 功能：   设置报警时间
** 参数：   无
** 返回值：无
*****************************************************/
```

```
void RTCSetAlarm( RTCTime Alarm )
{
    ALSEC = Alarm.RTC_Sec;
    ALMIN = Alarm.RTC_Min;
    ALHOUR = Alarm.RTC_Hour;
    ALDOM = Alarm.RTC_Mday;
    ALDOW = Alarm.RTC_Wday;
    ALDOY = Alarm.RTC_Yday;
    ALMON = Alarm.RTC_Mon;
    ALYEAR = Alarm.RTC_Year;
    return;
}

/*****************************************************
 ** 函数名：RTCGetTime
 ** 功能：  获取 RTC 时间
 ** 参数：  无
 ** 返回值：结构体形式的 RTC 时间
 *****************************************************/
RTCTime RTCGetTime( void )
{
    RTCTime LocalTime;
    LocalTime.RTC_Sec = SEC;
    LocalTime.RTC_Min = MIN;
    LocalTime.RTC_Hour = HOUR;
    LocalTime.RTC_Mday = DOM;
    LocalTime.RTC_Wday = DOW;
    LocalTime.RTC_Yday = DOY;
    LocalTime.RTC_Mon = MONTH;
    LocalTime.RTC_Year = YEAR;
    return ( LocalTime );
}

/*****************************************************
 ** 函数名：RTCSetAlarmMask
 ** 功能：  设置 RTC 报警屏蔽值
 ** 参数：  报警屏蔽值
 ** 返回值：无
 *****************************************************/
void RTCSetAlarmMask( DWORD AlarmMask )
{
    /* 设置 RTC 报警屏蔽值 */
    AMR = AlarmMask;
    return;
}
```

测试文件 rtctest.c 包含用户主程序，列表如下：

```
#include <nxp/iolpc2468.h>
#include "type.h"
#include "irq.h"
#include "target.h"
#include "rtc.h"
#include "timer.h"
#include "uart.h"
#include "fio.h"

RTCTime local_time, alarm_time, current_time;
BYTE Flag;

/**************************************************
**      用户主程序
**************************************************/
int main (void)
{
  DWORD year;
  Flag = 0x00;                                          //1 s标志清0
  BYTE rtc_buf[22];                                     //RTC时间值缓冲区
  rtc_buf[4] = ',';rtc_buf[7] = ',';rtc_buf[10] = '\n';  //输出格式调整
  rtc_buf[13] = ':';rtc_buf[16] = ':';
  rtc_buf[19] = '\n';rtc_buf[20] = '\n';rtc_buf[21] = '\0';

  /*初始化 RTC 工作模式 */
  TargetResetInit();
  UARTInit(115200);                                     //串行口初始化，波特率为 115 200
  RTCInit();

  /*设置 RTC 当前时间 */
  local_time.RTC_Sec = 0;
  local_time.RTC_Min = 0;
  local_time.RTC_Hour = 0;
  local_time.RTC_Mday = 17;
  local_time.RTC_Wday = 2;
  local_time.RTC_Yday = 0;                              //当前时间为 17/2/2008
  local_time.RTC_Mon = 2;
  local_time.RTC_Year = 2008;
  RTCSetTime( local_time );                             //设置当前时间

  /*设置 RTC 报警时间 */
  alarm_time.RTC_Sec = 0;
  alarm_time.RTC_Min = 0;
  alarm_time.RTC_Hour = 0;
```

```
alarm_time.RTC_Mday = 17;
alarm_time.RTC_Wday = 2;
alarm_time.RTC_Yday = 0;
alarm_time.RTC_Mon = 2;
alarm_time.RTC_Year = 2008;
RTCSetAlarm( alarm_time );                  //设置报警时间

/*设置报警屏蔽 */
RTCSetAlarmMask(AMRSEC|AMRMIN|AMRHOUR|AMRDOM|AMRDOW
                |AMRDOY|AMRMON|AMRYEAR);
CIIR = IMSEC;                               //每秒产生一次报警中断
RTCStart();                                 //启动 RTC
/*安装 RTC 中断服务函数 */
if ( install_irq( RTC_INT, (void *)RTCHandler, HIGHEST_PRIORITY )
    == FALSE )
{
  while ( 1 );                              //如果不能正常安装 RTC 中断服务函数,进入死循环
}

while (1)
{
  current_time = RTCGetTime();              //获取 RTC 当前时间
  year = current_time.RTC_Year;
  rtc_buf[0] = 0x30 + year / 1000;year -= (rtc_buf[0] - 0x30) * 1000;
  rtc_buf[1] = 0x30 + year / 100;year -= (rtc_buf[1] - 0x30) * 100;
  rtc_buf[2] = 0x30 + year / 10;year -= (rtc_buf[2] - 0x30) * 10;
  rtc_buf[3] = 0x30 + year;
  rtc_buf[5] = 0x30 + current_time.RTC_Mon / 10;
  rtc_buf[6] = 0x30 + current_time.RTC_Mon % 10;
  rtc_buf[5] = 0x30 + current_time.RTC_Mon / 10;
  rtc_buf[6] = 0x30 + current_time.RTC_Mon % 10;
  rtc_buf[8] = 0x30 + current_time.RTC_Mday / 10;
  rtc_buf[9] = 0x30 + current_time.RTC_Mday % 10;
  rtc_buf[11] = 0x30 + current_time.RTC_Hour / 10;
  rtc_buf[12] = 0x30 + current_time.RTC_Hour % 10;
  rtc_buf[14] = 0x30 + current_time.RTC_Min / 10;
  rtc_buf[15] = 0x30 + current_time.RTC_Min % 10;
  rtc_buf[17] = 0x30 + current_time.RTC_Sec / 10;
  rtc_buf[18] = 0x30 + current_time.RTC_Sec % 10;
  if (Flag == 0x01)
  {
    UART0_puts(rtc_buf);                    //每隔 1 秒通过串口输出一次日历时间
```

```
            Flag = 0x00;
        }
    }
}
```

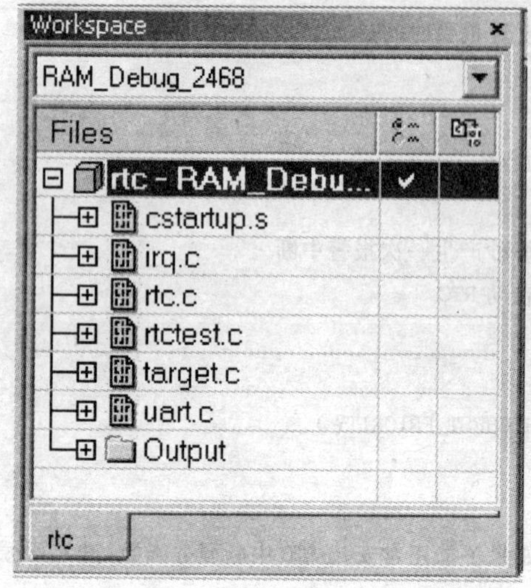

图 10-14　RTC 编程的工作区窗口

在 IAR EWARM 集成开发环境中新建一个工作区并创建项目 RTC，然后向项目中添加文件，完成后工作区窗口如图 10-14 所示。其他设置与 10.3.6 小节中介绍的一样，完成各个选项配置后，单击 Project 下拉菜单中的 Make 选项，对工作区中当前项目进行编译、链接，生成可执行代码。将 IAR J-Link 仿真器连接到 LPC2468 开发板和 PC 机的 USB 接口，用一根交叉串口线将 LPC2468 开发板的 UART0 与 PC 机 RS232 串口相连，在 PC 机上打开超级终端，设置为 8 位数据、无校验、1 位停止位，波特率设置为 115 200。单击 Project 下拉菜单中的 Download and Debug 选项，将可执行代码装入 LPC2468 开发板。启动程序全速运行，从 PC 机的超级终端上可以看到每秒显示一次日历时钟数据。

10.3.11　模数转换器 ADC 应用编程

LPC2400 系列处理器包含一个 10 位 8 路 ADC，其主要特性如下：

- 有逐次逼近式 10 位 ADC；
- 有 8 个引脚复用输入端；
- 支持掉电模式；
- 测量范围为 0～3 V；
- 10 位转换时间≥2.44 μs；
- 有单个或多个输入的突发转换模式；
- 可选择由输入跳变或定时器匹配信号触发转换；
- 每个 ADC 通道拥有独立的结果寄存器，可以减少中断开销。

ADC 的基本时钟由 APB 时钟 PCLK 提供。每个转换器包含一个可编程分频器，可将时钟调整至逐次逼近转换所需要的最大值 4.5 MHz。完全满足精度要求的转换需要 11 个转换时钟。启动 ADC 的方式十分灵活，既可以采用单路软件启动，也可以设置为突发模式对某几路信号逐个循环采样。增加了独立的基准点压引脚，提高了转换精度。

ADC 的操作通过若干寄存器完成。

1. ADC 控制寄存器

ADC 控制寄存器 AD0CR 控制 A/D 转换通道选择、转换速率、转换精度、起始条件等信息，

寄存器各位的功能如表10－89所列。

表10－89 ADC控制寄存器各位的功能

位	功 能	功能说明	复位值
7:0	SEL	输入通道选择。位0选择AD0.0,位7选择AD0.7。软件控制模式下,这些位中只有1位可被置位。硬件扫描模式下,SEL可为1～8中的任何一个,为0时等效于为1	0
15:8	CLKDIV	时钟分频。将APB时钟PCLK进行(CLKDIV＋1)分频,得到ADC转换时钟,转换时钟必须≤4.5 MHz	0
16	BURST	突发模式。为0时,由软件控制转换,需要11个转换时钟;为1时,以CLKS字段选择的速率重复执行转换。重复转换通过清0该位终止,但清0时不会终止正在进行的转换	0
19:17	CLKS	突发模式时钟选择。 000:11个时钟,确保精度为10位; 001:10个时钟,确保精度为9位; ⋮ 111:4个时钟,确保精度为3位	000
20	—	保留,用户软件不应对其写1,读出值未定义	NA
21	PDN	掉电模式选择。1:正常工作模式,0:掉电模式	0
23:22	—	保留,用户软件不应对其写1,读出值未定义	NA
26:24	START	启动控制; 000:不启动; 001:立即启动转换; 010:EDGE选择的边沿出现在P0.16引脚时启动转换; 011:EDGE选择的边沿出现在P0.22引脚时启动转换; 100:EDGE选择的边沿出现在MAT0.1时启动转换; 101:EDGE选择的边沿出现在MAT0.3时启动转换; 110:EDGE选择的边沿出现在MAT1.0时启动转换; 111:EDGE选择的边沿出现在MAT1.1时启动转换	000
27	EDGE	边沿选择; 0:在所选CAP/MAT信号的下降沿启动转换; 1:在所选CAP/MAT信号的上升沿启动转换	0
31:28	—	保留,用户软件不应对其写1,读出值未定义	NA

2. ADC全局数据寄存器

ADC全局数据寄存器AD0GDR保存了最近的A/D转换结果,包括数据、完成标志、溢出标志和ADC使用的通道数等,寄存器各位的功能如表10－90所列。

表 10-90　ADC 全局数据寄存器各位的功能

位	功 能	功能说明	复位值
5:0	保留	该位始终为 0,保留给以后更高位的 ADC 使用	0
15:6	V/Vref	当 DONE 位为 1 时,该字段包含一个二进制数,用来代表 SEL 字段选中的 Ain 引脚的电压	NA
23:16	保留	该字段始终为 0	0
26:24	CHN	这些位包含的是最低位的转换通道	x
29:27	保留	该字段始终为 0	0
30	OVERRUN	突发模式下,如果在转换产生最低位的结果之前,一个或多个结果丢失或被覆盖,则该位置位。在非 FIFO 操作中,该位通过 ADDR 寄存器清 0	0
31	DONE	A/D 转换结束时置位。该位在 ADDR 被读出和 ADCR 被写入时清 0。如果 ADCR 在转换过程中被写入,则该位被置位,启动一次新的转换	0

3. ADC 状态寄存器

ADC 状态寄存器 AD0STAT 保存了 ADC 所有通道的状态位,还包含了中断标志位,寄存器各位的功能如表 10-91 所列。

表 10-91　ADC 状态寄存器各位的功能

位	功 能	功能说明	复位值
7:0	Done7:0	该字段为所有 ADC 通道的完成位映射	0
15:8	Overrun7:0	该字段为所有 ADC 通道的溢出位映射。读取 AD0STAT 允许用户程序同时检查全部 ADC 通道的状态	0
16	ADINT	中断标志位。如果任何 ADC 通道的完成标志位为 1,则该位置位	0
31:17	保留	该字段始终为 0	0

4. ADC 中断使能寄存器

ADC 中断使能寄存器 AD0INTEN 控制 ADC 通道在转换完成后是否产生中断,寄存器各位的功能如表 10-92 所列。

表 10-92　ADC 中断使能寄存器各位的功能

位	功 能	功能说明	复位值
7:0	ADINTEN7:0	该字段控制所有 ADC 通道在转换完成后产生中断。0 位控制 0 通道,7 位控制 7 通道	0x00
8	ADGINTEN	全局中断使能位。为 1 时,当 ADDR 的全局完成标志有效时产生一个中断;为 0 时,只有被 ADINTEN7:0 使能的 ADC 通道才会产生中断	1
31:9	保留	该字段始终为 0	0

5. ADC数据寄存器

ADC数据寄存器AD0DR0～AD0DR7保存对应ADC通道的转换结果，同时也包含了完成和溢出等标志，寄存器各位的功能如表10-93所列。

表10-93 ADC数据寄存器各位的功能

位	功 能	功能说明	复位值
5:0	保留	该位始终为0，保留给以后更高位的ADC使用	0
15:6	V/Vref	当DONE位为1时，该字段包含一个二进制数，用来代表SEL字段选中的Ain引脚的电压	NA
29:16	保留	该字段始终为0	0
30	OVERRUN	突发模式下，如果在转换产生最低位的结果之前，一个或多个结果丢失或被覆盖，则该位置位。在非FIFO操作中，该位通过ADDR寄存器清0	0
31	DONE	A/D转换结束时置位。该位在ADDR被读出和ADCR被写入时清0。如果ADCR在转换过程中被写入，则该位被置位，启动一次新的转换	0

LPC2400系列处理器的基本操作包括如下几点：

① 硬件触发转换

如果ADCR的突发位为0且开始字段的值包含在010～111之内，那么当所选引脚(P0.16或P0.22)或定时器匹配信号(MAT0.1,MAT0.3,MAT1.0,MAT1.1)发生跳变时，启动一次转换。也可以选择在4个匹配信号中任何一个的指定边沿启动转换，或在2个捕获/匹配引脚中任何一个指定边沿启动转换。将所选端口的引脚状态或所选的匹配信号与ADCR的位27相“异”或所得的结果作为边沿检测逻辑。

② 中断

当完成位为1时，ADC转换模块向中断控制寄存器VIC发出中断请求。如果VIC中的VICIntEnable的位8(ADC转换中断使能位)为1，则会产生中断。读取ADDR将清0完成位。

③ 精度和数字接收器

当ADC用来测量Ain引脚的电压时，可以不理会引脚在引脚选择寄存器中的设置，但是通过禁止引脚的数字接收器，来选择Ain功能可以提高转换精度。

【例10-8】 ADC应用编程举例，分别采用查询和中断工作方式测试ADC。本例包含7个模块文件：启动代码文件cstartup.s，目标代码文件target.c，IRQ中断处理文件irq.c，串行口处理文件uart.c，定时器处理文件timer.c，ADC处理文件adc.c和测试文件adcctest.c。

adc.c文件中包含ADC初始化、ADC读取以及ADC中断服务等函数，初始化函数用于设置ADC的转换时钟以及ADC所使用的引脚，ADC读取函数用于启动ADC转换。如果在adc.h文件中将符号ADC_INTERRUPT_FLAG定义为0，则为采用查询工作方式，通过检查AD0CR的完成位是否为1，来决定读取A/D转换数据；如果在adc.h文件中将符号ADC_INTERRUPT_FLAG定义为1，则采用中断方式工作，通过终端服务函数来读取A/D转换数据。adc.c文件列表如下：

```
#include <nxp/iolpc2468.h>
#include "type.h"
#include "irq.h"
#include "target.h"
#include "adc.h"
#include <intrinsics.h>

volatile DWORD ADC0Value[ADC_NUM];
volatile DWORD ADC0IntDone = 0;

#if ADC_INTERRUPT_FLAG
/**********************************************************
**函数名：ADC0Handler
**功能：   ADC 中断服务函数
**参数：   无
**返回值：无
**********************************************************/
__irq __arm void ADC0Handler (void)
{
  DWORD regVal;
  __enable_interrupt();                          //开中断

  regVal = ADSTAT;                               //读取 ADC 状态清除中断
  if ( regVal & 0x0000FF00 )                     //检查是否溢出错误
  {
    regVal = (regVal & 0x0000FF00) >> 0x08;
    /*如果是溢出错，则读取 ADDR 以清除之 */
    switch ( regVal )
    {
      case 0x01:
        regVal = ADDR0;
      break;
      case 0x02:
        regVal = ADDR1;
      break;
      case 0x04:
        regVal = ADDR2;
      break;
      case 0x08:
        regVal = ADDR3;
      break;
      case 0x10:
        regVal = ADDR4;
      break;
      case 0x20:
```

```
            regVal = ADDR5;
          break;
          case 0x40:
            regVal = ADDR6;
          break;
          case 0x80:
            regVal = ADDR7;
          break;
          default:
          break;
        }
        AD0CR &= 0xF8FFFFFF;                         //停止 ADC
        ADC0IntDone = 1;
        return;
    }

    if ( regVal & ADC_ADINT )
    {
        switch ( regVal & 0xFF )                     //检查完成位
        {
          case 0x01:
            ADC0Value[0] = ( ADDR0 >> 6 ) & 0x3FF;
          break;
          case 0x02:
            ADC0Value[1] = ( ADDR1 >> 6 ) & 0x3FF;
          break;
          case 0x04:
            ADC0Value[2] = ( ADDR2 >> 6 ) & 0x3FF;
          break;
          case 0x08:
            ADC0Value[3] = ( ADDR3 >> 6 ) & 0x3FF;
          break;
          case 0x10:
            ADC0Value[4] = ( ADDR4 >> 6 ) & 0x3FF;
          break;
          case 0x20:
            ADC0Value[5] = ( ADDR5 >> 6 ) & 0x3FF;
          break;
          case 0x40:
            ADC0Value[6] = ( ADDR6 >> 6 ) & 0x3FF;
          break;
          case 0x80:
            ADC0Value[7] = ( ADDR7 >> 6 ) & 0x3FF;
          break;
          default:
```

```
            break;
        }
        AD0CR &= 0xF8FFFFFF;                        //停止 ADC now
        ADC0IntDone = 1;
    }
    __disable_interrupt();                          //关中断
    VICADDRESS = 0;                                 //更新 VIC 优先级逻辑
}
#endif

/*****************************************************
**函数名:ADCInit
**功能:   初始化 ADC 通道
**参数:   ADC 时钟速率
**返回值:1 或 0
*****************************************************/
DWORD ADCInit( DWORD ADC_Clk )
{
    /*使能 ADC 时钟 */
    PCONP |= (1 << 12);
    /*所有 ADC 引脚设置为输入状态,AD0.0~AD0.7 */
    PINSEL0 |= 0x0F000000;
    PINSEL1 &= ~0x003FC000;
    PINSEL1 |= 0x00154000;
    PINSEL3 |= 0xF0000000;
    AD0CR = ( 0x01 << 0 ) |                        //选择通道 0 为 ADC0 的输入
        ( ( Fpclk / ADC_Clk - 1 ) << 8 ) |         //CLKDIV = Fpclk / 1 000 000 - 1
        ( 0 << 16 ) |                              //选择非突发模式。用软件控制 ADC
        ( 0 << 17 ) |                              //CLKS = 0,转换精度为 10 位
        ( 1 << 21 ) |                              //PDN = 1,普通操作模式
        ( 0 << 22 ) |
        ( 0 << 24 ) |                              //软件控制启动转换
        ( 0 << 27 );

    /*如果采用查询工作方式,则不需要下面部分 */
#if ADC_INTERRUPT_FLAG
    ADINTEN = 0x1FF;                               /*使能所有中断 */
    if ( install_irq( ADC0_INT, (void *)ADC0Handler, HIGHEST_PRIORITY ) == FALSE )
    {
        return (FALSE);
    }
#endif
    return (TRUE);
}
```

```
/*************************************************
** 函数名：ADC0Read
** 功能：   读取 ADC0 通道
** 参数：   通道号
** 返回值：读取的数据，如果采用中断方式，则返回通道号
*************************************************/
DWORD ADC0Read( BYTE channelNum )
{
#if ! ADC_INTERRUPT_FLAG                          //判断 ADC 中断标志
    DWORD regVal, ADC_Data;
#endif

    /* 通道 0～7 */
    if ( channelNum >= ADC_NUM )                  //判断函数参数的有效性
    {
        channelNum = 0;                           //超出通道数，则默认为 0 通道
    }
    AD0CR &= 0xFFFFFF00;
    AD0CR |= (1 << 24) | (1 << channelNum);

#if ! ADC_INTERRUPT_FLAG                          //判断 ADC 中断标志
    while ( 1 )                                   //查询工作方式，等待 A/D 转换结束
    {
        regVal = *(volatile unsigned long *)(AD0_BASE_ADDR
            + ADC_OFFSET + ADC_INDEX * channelNum);
                                                  //读取转换结果
        if ( regVal & ADC_DONE )                  //判断完成位是否为 1
        {
            break;
        }
    }
    AD0CR &= 0xF8FFFFFF;                          //停止 ADC
    if ( regVal & ADC_OVERRUN )                   //检查溢出位，如果溢出，则返回 0
    {
        return ( 0 );
    }
    ADC_Data = ( regVal >> 6 ) & 0x3FF;           //数据使用的是 15：6 共 10 位，10 位有效
    return ( ADC_Data );                          //返回 A/D 转换值
#else
    return ( channelNum );                        //如果采用中断工作方式，则返回通道号
#endif
}
```

测试文件 adcctest.c 包含用户主程序，列表如下：

```
#include <nxp/iolpc2468.h>
```

```
#include "type.h"
#include "target.h"
#include "irq.h"
#include "adc.h"
#include "uart.h"
#include "timer.h"

extern volatile DWORD ADC0Value[ADC_NUM];
extern volatile DWORD ADC0IntDone;

void UART_print(DWORD Num)                    //将10位数据转为BCD码通过串行口输出
{
  BYTE tmp[5],rest;
  rest = Num / 0x100;Num = Num % 0x100;
  tmp[0] = (rest > 9)? 0x37 + rest: 0x30 + rest;
  rest = Num / 0x10;Num = Num % 0x10;
  tmp[1] = (rest > 9)? 0x37 + rest: 0x30 + rest;
  rest = Num ;
  tmp[2] = (rest > 9)? 0x37 + rest: 0x30 + rest;
  tmp[3] = 0x20;tmp[4] = '\0';
  UART0_puts(tmp);
}

/***********************************************
用户主程序
***********************************************/
int main (void)
{
    DWORD i;
    TargetResetInit();
    UARTInit(115200);
    enable_timer(0);
    ADCInit( ADC_CLK );                         //初始化 ADC

    /* ADC 以中断方式工作 */
#if ADC_INTERRUPT_FLAG
    while(1)
    {
      for ( i = 0; i < ADC_NUM; i++ )
      {
              ADC0Read( i );
              while ( ! ADC0IntDone );
              ADC0IntDone = 0;
              if(i == 0)
              {
```

```
            UART0_puts("The value is : ");
            UART0_PrintNum(ADC0Value[i],16);            //输出 A/D 转换值
            UART0_puts("\r\n");
          }
      }
#else
    /* ADC 以查询方式工作 */
    while(1)
    {
      for ( i = 0; i < ADC_NUM; i++ )
      {
        ADC0Value[i] = ADC0Read( i );
            if(i == 0)
            {
              UART0_puts("The value is : ");
              UART0_PrintNum(ADC0Value[i],16);           //输出 A/D 转换值
              UART0_puts("\r\n");
            }
      }
      delayMs(0,1000);                                   //延时 1 s
    }
#endif
    return 0;
}
```

在 IAR EWARM 集成开发环境中新建一个工作区，并创建项目 ADC，然后向项目中添加文件，完成后工作区窗口如图 10-15 所示。其他设置与 10.3.6 小节中介绍的一样，完成各个选项配置后，单击 Project 下拉菜单中的 Make 选项，对工作区中当前项目进行编译、链接，生成可执行代码。将 IAR J-Link 仿真器连接到 LPC2468 开发板和 PC 机的 USB 接口，用一根交叉串口线将 LPC2468 开发板的 UART0 与 PC 机 RS232 串口相连，在 PC 机上打开超级终端，设置为 8 位数据、无校验、1 位停止位，波特率设置为 115 200。单击 Project 下拉菜单中的 Download and Debug 选项，将可执行代码装入 LPC2468 开发板。启动程序全速运行，从 PC 机的超级终端上可以看到 ADC 转换的显示数据。

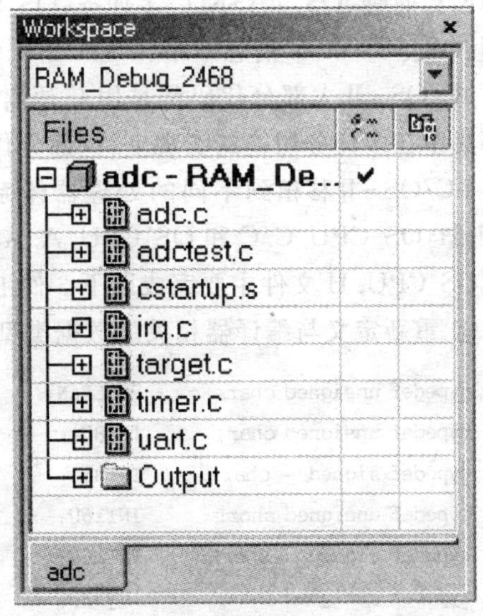

图 10-15 ADC 编程的工作区窗口

10.3.12 μC/OS Ⅱ在 LPC2468 上的移植

μC/OS－Ⅱ是由美国 Micrium 公司开发的一款源代码开放的实时操作系统内核，它专为嵌入式应用设计，可用于各类 8 位、16 位和 32 位单片机或 DSP。该内核已有 10 余年应用史，在诸多领域得到了广泛应用。μC/OS－Ⅱ是一种完全抢占式的内核，它总是运行最高优先级的就绪任务。每个任务被赋予唯一的优先级并使用自己的堆栈。μC/OS－Ⅱ可以简单地看作一个多任务调度器，在此基础上完善并添加了与多任务操作系统有关的一些服务，如信号量、邮箱和消息队列等。图 10－16 所示为 μC/OS－Ⅱ的体系结构以及它与系统硬件之间的关系。

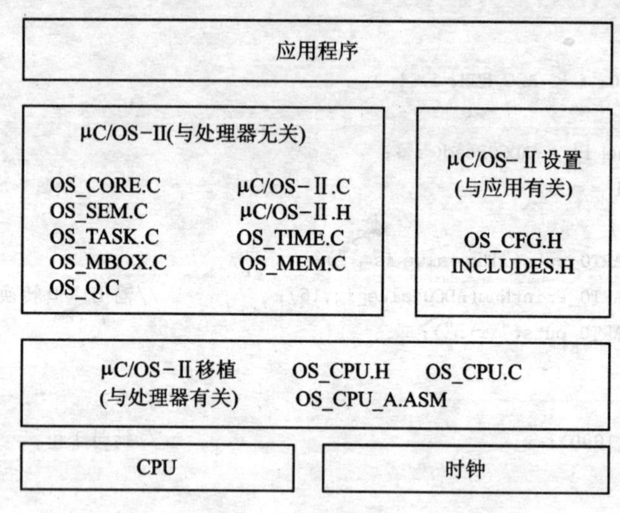

图 10－16 μC/OS－Ⅱ的硬件和软件体系结构

其中几个核心代码文件为：OS_CORE.C 操作系统内核功能、OS_FLAG.C 系统标志、OS_TIME.C 时钟、OS_TASK.C 多任务、OS_SEM.C 信号量、OS_MUTEX.C 互斥、OS_Q.C 消息队列、OS_MBOX.C 消息邮箱、OS_MEM.C 内存管理。

μC/OS－Ⅱ大部分代码都是用 C 语言编写的，因此具有良好的可移植性。移植工作绝大部分都集中在多任务切换的实现上，这部分代码主要用于保存和恢复与处理器相关寄存器的内容。要将 μC/OS－Ⅱ移植到不同的处理器体系结构上，主要修改 3 个跟处理器相关的文件：OS_CPU.H，OS_CPU_C.C 和 OS_CPU_A.ASM，其中 OS_CPU_A.ASM 为汇编语言程序文件。

OS_CPU.H 文件主要完成以下 3 件工作。

① 重新定义与编译器相关的数据类型

```
typedef unsigned char     BOOLEAN;        /* 布尔变量 */
typedef unsigned char     INT8U;          /* 无符号 8 位整型变量 */
typedef signed   char     INT8S;          /* 有符号 8 位整型变量 */
typedef unsigned short    INT16U;         /* 无符号 16 位整型变量 */
typedef signed   short    INT16S;         /* 有符号 16 位整型变量 */
typedef unsigned int      INT32U;         /* 无符号 32 位整型变量 */
typedef signed   int      INT32S;         /* 有符号 32 位整型变量 */
typedef float             FP32;           /* 单精度浮点数(32 位长度) */
typedef double            FP64;           /* 双精度浮点数(64 位长度) */
```

```
typedef INT32U        OS_STK;                    /* 堆栈是32位宽度 */
```

② 定义保护临界代码区的开/关中断模式，使用以下两个宏：

```
OS_ENTER_CRITICAL( );                            /* 关闭中断 */
OS_EXIT_CRITICAL( );                             /* 开启中断 */
```

③ 设置堆栈的增长方向，堆栈由高地址向低地址增长：

```
#define OS_STK_GROWTH     1            /*   堆栈从上往下长 */
```

OS_CPU_C.C 文件是与处理器相关的 C 语言代码，一共包含 10 个函数：

```
OSTaskStkInit();                                 /* 初始化任务堆栈段 */
OSTaskCreateHook();                              /* 任务建立钩子函数 */
OSTaskDelHook();                                 /* 任务删除钩子函数 */
OSTaskIdleHook();                                /* 任务句柄钩子函数 */
OSTaskStatHook();                                /* 任务状态钩子函数 */
OSTaskTickHook();                                /* 任务节拍钩子函数 */
OSTimeTickHook();                                /* 系统时钟节拍钩子函数 */
OSInitHookBegin();                               /* 系统初始化钩子开始 */
OSInitHookEnd();                                 /* 系统初始化钩子结束 */
OSTCBInitHook();                                 /* 任务控制块初始化钩子 */
```

其中只有 OSTaskStkInit()函数是必须的，其他 9 个必须声明，但不一定要有代码。另外还需要在 OS_CFG.H 文件中将常量 OS_CPU_HOOKS_EN 置 1。OSTaskStkInit()函数代码如下：

```
OS_STK *OSTaskStkInit (void (*task)(void *p_arg), void *p_arg, OS_STK *ptos, INT16U opt)
{
    OS_STK *stk;
    INT32U  task_addr;
    opt      = opt;                              /* opt 的作用是避免编译器警告 */
    stk      = ptos;                             /* 获取堆栈指针 */
    task_addr = (INT32U)task & ~1;               /* 在 Thumb 模式下屏蔽掉低位 */
    *(stk)       = (INT32U)task_addr;            /* 入口 */
    *(--stk)   = (INT32U)0x14141414L;            /* R14(LR) */
    *(--stk)   = (INT32U)0x12121212L;            /* R12 */
    *(--stk)   = (INT32U)0x11111111L;            /* R11 */
    *(--stk)   = (INT32U)0x10101010L;            /* R10 */
    *(--stk)   = (INT32U)0x09090909L;            /* R9 */
    *(--stk)   = (INT32U)0x08080808L;            /* R8 */
    *(--stk)   = (INT32U)0x07070707L;            /* R7 */
    *(--stk)   = (INT32U)0x06060606L;            /* R6 */
    *(--stk)   = (INT32U)0x05050505L;            /* R5 */
    *(--stk)   = (INT32U)0x04040404L;            /* R4 */
    *(--stk)   = (INT32U)0x03030303L;            /* R3 */
    *(--stk)   = (INT32U)0x02020202L;            /* R2 */
    *(--stk)   = (INT32U)0x01010101L;            /* R1 */
```

```
    *(--stk)  = (INT32U)p_arg;                /* R0 第一个参数使用 R0 传递。*/
    if ((INT32U)task & 0x01) {               /* 检查任务是运行在 Thumb 还是 ARM 模式 */
        *(--stk) = (INT32U)ARM_SVC_MODE_THUMB;/* THUMB 模式 */
    } else {
        *(--stk) = (INT32U)ARM_SVC_MODE_ARM;  /* ARM 模式 */
    }
    return (stk);
}
```

OS_CPU_A. ASM 文件是 μC/OS－Ⅱ中唯一的汇编代码，与处理器密切相关，通常包含以下一些函数：

```
OSStartHighRdy();                  /*运行优先级别最高的就绪任务 */
OSCtxSw();                         /*任务级的切换函数 */
OSIntCtxSw();                      /*中断级的任务切换函数 */
OS_CPU_SR_Save();                  /*关中断 */
OS_CPU_SR_ Restore();              /*开中断 */
```

该文件的编写难度较大，汇编语言的使用应与所用 CPU 类型相符。

includes. h 是主头文件，在所有后缀名为. C 的文件开始处都包含了该文件，其好处是所有 C 源文件只需要包含一个头文件，程序简洁，可读性强；缺点是 C 源文件可能包含一些它不需要的头文件。用户可以按需要修改 includes. h 头文件，增加自己需要的内容，但必须加在文件末尾。关于 μC/OS－Ⅱ更详细的体系结构介绍和使用方法，请参考 μC/OS－Ⅱ的作者 Labrosse J Jean 所著的《嵌入式实时操作系统 μC/OS－Ⅱ(第 2 版)》(中译本由邵贝贝等翻译)一书。

【例 10－9】 μC/OS－Ⅱ移植应用编程。本例实现将 μC/OS－Ⅱ移植到 LPC2400 系列处理器，主要程序文件包括：应用程序文件 app. c；板级支持包文件 bsp. c；处理器初始化程序文件 cpu_a. s；与处理器有关的 μC/OS－Ⅱ移植文件 os_cpu_a. asm，os_cpu_c. c；支持 μC/OS－Ⅱ调试的程序文件 os_dbg. c 以及 μC/OS－Ⅱ内核程序文件。

应用程序文件 app. c 列表如下：

```
#include <includes.h>
static OS_STK    App_TaskStartStk[APP_TASK_START_STK_SIZE];
       OS_STK    Task1Stk[TASK_STK_SIZE];
       OS_STK    Task2Stk[TASK_STK_SIZE];

/*********************************************************
** 局部函数原型
*********************************************************/
static void App_TaskStart(void *p_arg);
       void Task1(void *pdata);
       void Task2(void *pdata);

/***********************************************************
**函数名: main()
**参数:  无
```

```
* * 返回值：无
* ********************************************************/
int  main (void)
{
    CPU_INT08U  os_err;
    BSP_IntDisAll();                        //禁止所有中断
    BSP_Init();
    OSInit();                               //初始化 μC/OS-Ⅱ
    /* 创建任务 */
    OSTaskCreate(App_TaskStart, (void *)0,
                 &App_TaskStartStk[TASK_STK_SIZE - 1], 2);
    OSTaskCreate(Task1, (void *)0, &Task1Stk[TASK_STK_SIZE - 1], 3);
    OSTaskCreate(Task2, (void *)0, &Task2Stk[TASK_STK_SIZE - 1], 4);
    /* 任务命名 */
    OSTaskNameSet(2, "Start Task", &os_err);
    OSTaskNameSet(3, "Task1", &os_err);
    OSTaskNameSet(4, "Task2", &os_err);
    /* 启动多任务 */
    OSStart();
    return (0);
}

/********************************************************
* * 函数名：  AppTaskStart()
* * 功能：    初始化时钟节拍,启动多任务
* * 参数：    p_arg
* * 返回值：  无
* ********************************************************/
static  void  App_TaskStart (void * p_arg)
{
    (void)p_arg;
    Tmr_TickInit();                             //初始化 μC/OS-Ⅱ时钟节拍
    LED_Off(0);                                 //熄灭所有 LED
#if OS_TASK_STAT_EN
    OSStatInit();                               //确定 CPU 性能
#endif
        while (DEF_TRUE) {                      //任务体,无穷循环
          OSTimeDlyHMSM(0, 0, 0, 10);
        }
}

/********************************************************
* * 函数名：Task2()
* * 参数：  * pdata
* * 返回值：无
```

```
 * ***************************************************************/
void Task2(void * pdata)
{
    for (;;)
    {
        LED_Off(0);                          //熄灭所有 LED
        LED_On(2);                           //点亮 LED2
        OSTimeDlyHMSM(0, 0, 0, 400);         //延时,启动任务切换
    }
}

/****************************************************************
 * * 函数名: Task1()
 * * 参数:   * pdata
 * * 返回值: 无
 * ***************************************************************/
void Task1(void * pdata)
{
  while(1)
  {
        LED_Off(0);                          //熄灭所有 LED
        LED_On(1);                           //点亮 LED1
        OSTimeDlyHMSM(0, 0, 0, 200);         //延时,启动任务切换
  }
}

/****************************************************************
 * μC/OS-Ⅱ 应用挂钩
 * ***************************************************************/
#if (OS_APP_HOOKS_EN > 0)
/****************************************************************
 * * 函数名: App_TaskCreateHook()
 * * 功能:   创建任务挂钩,创建任务时调用本函数
 * * 参数:   * ptcb  指向所创建任务控制块的指针
 * ***************************************************************/
void  App_TaskCreateHook (OS_TCB * ptcb)
{
#if APP_OS_PROBE_EN && OS_PROBE_HOOKS_EN
    OSProbe_TaskCreateHook(ptcb);
#endif
}

/****************************************************************
 * * 函数名: App_TaskDelHook ()
 * * 功能:   删除任务挂钩,删除任务时调用本函数
```

```
* * 参数：   * ptcb  指向所创建任务控制块的指针
* ******************************************************/
void  App_TaskDelHook (OS_TCB * ptcb)
{
    (void)ptcb;
}

/ ******************************************************
* * 函数名：App_TaskIdleHook()
* * 功能：   空闲任务挂钩，由 OSTaskIdleHook()函数调用，可用于停止 CPU 以降低功耗
* * 参数：   无
* ******************************************************/
#if OS_VERSION >= 251
void  App_TaskIdleHook (void)
{
}
#endif

/ ******************************************************
* * 函数名：App_TaskStatHook()
* * 功能：   统计任务挂钩，由 OSTaskStatHook()函数调用，可用于任务统计
* * 参数：   无
* ******************************************************/
void  App_TaskStatHook (void)
{
}

/ ******************************************************
* * 函数名：App_TaskSwHook()
* * 功能：   切换任务挂钩，发生任务切换时调用本函数，允许在上下文切换期间进行其他操作
* * 参数：   无
*******************************************************/
#if OS_TASK_SW_HOOK_EN > 0
void  App_TaskSwHook (void)
{
}
#endif

/ ******************************************************
* * 函数名：App_TCBInitHook()
* * 功能：   任务控制块初始化挂钩，由 OSTCBInitHook()函数调用
* * 参数：   * ptcb，指向所创建任务控制块的指针
*******************************************************/
#if OS_VERSION >= 204
void  App_TCBInitHook (OS_TCB * ptcb)
```

```
{
    (void)ptcb;
}
#endif

/********************************************************
**函数名：App_TimeTickHook()
**功能：  每个时钟节拍调用本函数
**参数：  无
********************************************************/
#if OS_TIME_TICK_HOOK_EN > 0
void  App_TimeTickHook (void)
{
}
#endif
#endif
```

板级支持包文件 bsp.c 列表如下：

```
#define  BSP_MODULE
#include <bsp.h>
#define  GPIO2_LED0                    DEF_BIT_00
#define  GPIO2_LED1                    DEF_BIT_01
#define  GPIO2_LED2                    DEF_BIT_02
#define  GPIO2_LED3                    DEF_BIT_03
#define  GPIO2_LED4                    DEF_BIT_04
#define  GPIO2_LED5                    DEF_BIT_05
#define  GPIO2_LED6                    DEF_BIT_06
#define  GPIO2_LED7                    DEF_BIT_07

    CPU_INT32U  VIC_SpuriousInt;

static  void  PLL_Init          (void);
static  void  MAM_Init          (void);
static  void  GPIO_Init         (void);
static  void  VIC_Init          (void);
static  void  VIC_Dummy         (void);
static  void  VIC_DummyTIMER0   (void);

/********************************************************
**函数名：BSP_Init()
**功能：  BSP 初始化
**参数：  无
**返回值：无
********************************************************/
void  BSP_Init (void)
```

```
{
    PLL_Init();                                        //初始化 PLL.
    MAM_Init();                                        //初始化存储器加速模块
    GPIO_Init();                                       //初始化 GPIO
    VIC_Init();                                        //初始化向量中断控制器 VIC
}

/*********************************************************
* * 函数名：BSP_CPU_ClkFreq()
* * 功能：  获取 CPU 时钟频率
* * 参数：  无
* * 返回值：CPU 时钟频率(Hz)
*********************************************************/
CPU_INT32U  BSP_CPU_ClkFreq (void)
{
    CPU_INT32U  msel;
    CPU_INT32U  nsel;
    CPU_INT32U  fin;
    CPU_INT32U  pll_clk_feq;                               //PLL 使能时,该值为 Fcco
    CPU_INT32U  clk_div;
    CPU_INT32U  clk_freq;
    switch (CLKSRCSEL & 0x03) {                            //确定当前时钟源
        case 0:
             fin = IRC_OSC_FRQ;
             break;
        case 1:
             fin = MAIN_OSC_FRQ;
             break;
        case 2:
             fin = RTC_OSC_FRQ;
             break;
        default:
             fin = IRC_OSC_FRQ;
             break;
    }
    if ((PLLSTAT & (1 << 25)) > 0){
      msel = (CPU_INT32U)(PLLSTAT & 0x3FFF) + 1;          //如果 PLL 已使能并连接
      nsel = (CPU_INT32U)((PLLSTAT >>16) & 0x0F) + 1;     //则获取 M、N 值
        pll_clk_feq = (2 * msel * (fin / nsel));           //计算 PLL 输出频率
    } else {
        pll_clk_feq = (fin);
    }
    clk_div = (CPU_INT32U)(CCLKCFG & 0xFF) + 1;            //获取 CPU 分频器值
    clk_freq = (CPU_INT32U)(pll_clk_feq / clk_div);        //计算 CPU 时钟频率
    return (clk_freq);
```

```
}

/***********************************************************
**函数名：BSP_CPU_PclkFreq()
**功能：   获取外设时钟频率
**参数：   pclk
**返回值：外设时钟频率(Hz)
***********************************************************/
CPU_INT32U  BSP_CPU_PclkFreq (CPU_INT08U  pclk)
{
    CPU_INT32U  clk_freq;
    CPU_INT32U  selection;
    clk_freq = BSP_CPU_ClkFreq();
    switch (pclk) {
        case PCLK_TIMER0:
            selection = ((PCLKSEL0 >> (pclk * 2)) & 0x03);
            if (selection == 0) {
                return (clk_freq / 4);
            } else if (selection == 1) {
                return (clk_freq);
            } else if (selection == 2) {
                return (clk_freq / 2);
            } else {
                return (clk_freq / 8);
            }
        default:
            return (0);
    }
}

/***********************************************************
**函数名：OS_CPU_ExceptHndlr()
**功能：   异常处理句柄
**参数：   异常类型
**         OS_CPU_ARM_EXCEPT_RESET              0x00
**         OS_CPU_ARM_EXCEPT_UNDEF_INSTR        0x01
**         OS_CPU_ARM_EXCEPT_SWI                0x02
**         OS_CPU_ARM_EXCEPT_PREFETCH_ABORT     0x03
**         OS_CPU_ARM_EXCEPT_DATA_ABORT         0x04
**         OS_CPU_ARM_EXCEPT_ADDR_ABORT         0x05
**         OS_CPU_ARM_EXCEPT_IRQ                0x06
**         OS_CPU_ARM_EXCEPT_FIQ                0x07
**返回值：无
***********************************************************/
void  OS_CPU_ExceptHndlr (CPU_INT32U except_type)
```

```
{
    CPU_FNCT_VOID  pfnct;
    if (except_type == OS_CPU_ARM_EXCEPT_IRQ) {                 //检查是否为 IRQ 异常
        pfnct = (CPU_FNCT_VOID)VICAddress;                      //从 VIC 中读取中断向量
        if (pfnct ! = (CPU_FNCT_VOID)0) {                        //确保没有无效指针
            OS_CPU_SR_INT_En();                                 //使能 IRQ,FIQ
          ( * pfnct)();                                         //执行 ISR 中断服务程序
            OS_CPU_SR_INT_Dis();                                //禁止 IRQ,FIQ
            VICAddress = 1;                                     //更新 VIC 优先级逻辑
        }
    } else if (except_type == OS_CPU_ARM_EXCEPT_FIQ) {          //检查是否为 FIQ 异常
        pfnct = (CPU_FNCT_VOID)VICAddress;
        if (pfnct ! = (CPU_FNCT_VOID)0) {
          ( * pfnct)();
            VICAddress = 1;
        }
    } else {                                                    //其他中断处理
        while (DEF_TRUE) {
            ;
        }
    }
}

/ ****************************************************
* * 函数名：BSP_IntDisAll()
* * 功能：  禁止所有中断
* * 参数：  无
* * 返回值：无
****************************************************/
void  BSP_IntDisAll (void)
{
    VICIntEnClear = 0xFFFFFFFFL;                                //禁止所有中断
}

/ ****************************************************
* * 函数名：LED_On()
* * 功能：  点亮 LED 灯
* * 参数：  LED 灯号，参数 0 为点亮所有 LED，参数 1～8 分别点亮 1～8 号 LED
* * 返回值：无
****************************************************/
void  LED_On (CPU_INT08U led)
{
    switch (led) {
        case 0:
             FIO2SET = 0xFF;
```

```
            break;
        case 1:
        case 2:
        case 3:
        case 4:
        case 5:
        case 6:
        case 7:
        case 8:
            FIO2SET = DEF_BIT(led - 1);
            break;
    }
}
/*******************************************************
**函数名:LED_Off()
**功能:  熄灭 LED 灯
**参数:  LED 灯号,参数 0 为熄灭所有 LED,参数 1～8 分别熄灭 1～8 号 LED
**返回值:无
*******************************************************/
void  LED_Off (CPU_INT08U led)
{
    switch (led) {
        case 0:
            FIO2CLR = 0xFF;
            break;
        case 1:
        case 2:
        case 3:
        case 4:
        case 5:
        case 6:
        case 7:
        case 8:
            FIO2CLR = DEF_BIT(led - 1);
            break;
    }
}

/*******************************************************
**函数名:Tmr_TickInit()
**功能:  初始化 μC/OS-Ⅱ's 时钟节拍源
**参数:  无
**返回值:无
*******************************************************/
void  Tmr_TickInit (void)
```

```
{
    CPU_INT32U  pclk_freq;
    CPU_INT32U  rld_cnts;
//VIC 定时器 0 初始化
    VICIntSelect &= ~(1 << VIC_TIMER0);                  //配置定时器中断为 IRQ
    VICVectAddr4 =  (CPU_INT32U)Tmr_TickISR_Handler;     //设置向量地址
    VICVectPriority4  = 15;                              //设置向量优先级
    VICIntEnable  =  (1 << VIC_TIMER0);                  //使能定时器中断
    pclk_freq =   BSP_CPU_PclkFreq(PCLK_TIMER0);         //获取外设时钟频率
    rld_cnts  =   pclk_freq / OS_TICKS_PER_SEC;          //计算 OS 时钟节拍参数
    T0TCR =  (1 << 1);                                   //禁止并复位定时器 0
    T0TCR =   0;                                         //清除复位位
    T0PC =  0;                                           //清除预分频器
    T0MR0  =  rld_cnts;
    T0MCR  =   3;                                        //MR0 中断,停止定时器
    T0CCR  =  0;                                         //禁止捕获
    T0EMR  =   0;                                        //无外部匹配输出
    T0TCR  =   1;                                        //使能定时器 0
}

/*****************************************************
 * * 函数名:Tmr_TickISR_Handler()
 * * 功能:  用于处理产生时钟节拍的定时器中断函数句柄
 * * 参数: 无
 * * 返回值:无
*****************************************************/
void  Tmr_TickISR_Handler (void)
{
    T0IR  = 0xFF;                                        //清除定时器 0 中断
    OSTimeTick();                                        //调用 μC/OS-Ⅱ 的 OSTimeTick()函数
}

/*****************************************************
 * * 函数名:PLL_Init()
 * * 功能:  PLL 初始化
 * *        PLL 频率计算公式为 Fcco = 2 * Fin * M / N,其中 Fin 为 PLL 输入时钟
 * *        Fcco 必须为 250~550MHz,使用 USB 时 Fcco 必须为 96MHz 的倍数
 * *        本例中 Fin=12MHz,M=12,N=1,clk_div=6,clk_div_usb =6
 * *        Fcco          = 2 * Fin * M / N = (2 * 12 * 12 / 1)
 * *        处理器时钟 = (Fcco / clk_div)        = (288MHz / 6)
 * *        USB 时钟    = (Fcco / clk_div_usb) = (288MHz / 6)
 * * 参数:  无
 * * 返回值:无
*****************************************************/
static  void  PLL_Init (void)
```

```
{
#if CPU_CFG_CRITICAL_METHOD == CPU_CRITICAL_METHOD_STATUS_LOCAL
    CPU_SR  cpu_sr = 0;
#endif
    CPU_INT32U  m;
    CPU_INT32U  n;
    CPU_INT32U  clk_div;
    CPU_INT32U  clk_div_usb;
    m     = 11;                                        //M = 12,m = M - 1 = 11
    n     =  0;                                        //N = 1,n = N - 1 = 0
    clk_div    =  5;
    clk_div_usb =   5;
    if ((PLLSTAT & DEF_BIT_25) > 0) {                  //检查 PLL 是否已经运行
        CPU_CRITICAL_ENTER();
        PLLCON  &= ~DEF_BIT_01;                        //断开 PLL
        PLLFEED  =  0xAA;                              //PLL 寄存器更新序列 0xAA, 0x55
        PLLFEED  =  0x55;
        CPU_CRITICAL_EXIT();
    }
    CPU_CRITICAL_ENTER();
    PLLCON   &= ~DEF_BIT_00;                           //禁止 PLL
    PLLFEED   =   0xAA;                                //PLL 寄存器更新序列 0xAA, 0x55
    PLLFEED   =   0x55;
    CPU_CRITICAL_EXIT();
    SCS  &= ~DEF_BIT_04;                               //OSCRANGE = 0,主振荡器频率为 1～20 MHz
    SCS  |=  DEF_BIT_05;                               //OSCEN = 1,使能主振荡器
    while ((SCS &  DEF_BIT_06) == 0) {                 //等待 OSCSTAT 置位
        ;
    }
    CLKSRCSEL = DEF_BIT_00;                            //选择主振荡器 12MHz 作为 PLL 时钟源
    CPU_CRITICAL_ENTER();
    PLLCFG     = (m << 0) | (n << 16);                 //配置 PLL 的 M 和 N 参数
    PLLFEED    = 0xAA;                                 //PLL 寄存器更新序列 0xAA, 0x55
    PLLFEED    = 0x55;
    CPU_CRITICAL_EXIT();
    CPU_CRITICAL_ENTER();
    PLLCON     |= DEF_BIT_00;                          //使能 PLL
    PLLFEED    = 0xAA;                                 //PLL 寄存器更新序列 0xAA, 0x55
    PLLFEED    = 0x55;
    CPU_CRITICAL_EXIT();
    CCLKCFG    = clk_div;                              //配置处理器时钟分频器
    USBCLKCFG = clk_div_usb;                           //配置 USB 时钟分频器
    while ((PLLSTAT & DEF_BIT_26) == 0) {              //等待 PLOCK 置位
        ;
    }
```

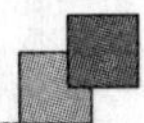

```
    PCLKSEL0  = 0xAAAAAAAA;                        //设置外设时钟为 1/2 主时钟
    PCLKSEL1  = 0x22AAA8AA;
    CPU_CRITICAL_ENTER();
    PLLCON   |= DEF_BIT_01;                         //连接 PLL
    PLLFEED   = 0xAA;                               //PLL 寄存器更新序列 0xAA, 0x55
    PLLFEED   = 0x55;
    CPU_CRITICAL_EXIT();
    while ((PLLSTAT & DEF_BIT_25) == 0) {           //等待 PLL 连接状态位置位
        ;
    }
}

/*************************************************
**函数名:MAM_Init()
**功能:  初始化存储器加速模块
**参数:  无
**返回值:无
*************************************************/
static  void  MAM_Init (void)
{
    CPU_INT32U  clk_freq;
    clk_freq = BSP_CPU_ClkFreq();                   //获得当前 CPU 时钟频率
    MAMCR     = 0;                                  //禁止 MAM 功能
    if (clk_freq < 20000000) {                      //比较当前时钟频率与 MAM 模式
        MAMTIM = 1;                                 //设置 MAM 读取周期为 1 个处理器时钟
    }
    if (clk_freq < 40000000) {
        MAMTIM = 2;                                 //设置 MAM 读取周期为 2 个处理器时钟
    }
    if (clk_freq >= 40000000) {
        MAMTIM = 3;                                 //设置 MAM 读取周期为 3 个处理器时钟
    }
    MAMCR = 2;                                      //使能 MAM 完整功能
}

/*************************************************
**函数名:GPIO_Init()
**功能:  初始化 GPIO 引脚
**参数:  无
**返回值:无
*************************************************/
static  void  GPIO_Init (void)
{
    CPU_INT32U  pinsel;
    IO0DIR     = 0;
```

```
    IO1DIR    = 0;
    FIO0DIR   = 0;
    FIO1DIR   = 0;
    FIO2DIR   = 0;
    FIO3DIR   = 0;
    FIO4DIR   = 0;
    SCS       |= DEF_BIT_00;
    FIO0MASK  = 0;
    FIO1MASK  = 0;
    FIO2MASK  = 0;
    FIO3MASK  = 0;
    FIO4MASK  = 0;
    PINSEL0   = 0;
    PINSEL1   = 0;
    PINSEL2   = 0;
    PINSEL3   = 0;
    PINSEL4   = 0;
    PINSEL5   = 0;
    PINSEL6   = 0;
    PINSEL7   = 0;
    PINSEL8   = 0;
    PINSEL9   = 0;
    PINSEL10  = 0;
    pinsel    = PINSEL0;                              //P0.2～3 配置为 UART0
    pinsel   &= 0xFFFFFF0F;
    pinsel   |= 0x0000005F;
    PINSEL0   = pinsel;
    pinsel    = PINSEL4;                              //P2.00～P2.08 配置为 LEDs
    pinsel   &= 0xFFFF0000;
    PINSEL4   = pinsel;
    FIO2DIR  |= 0x000000FF;
    pinsel    = PINSEL7;                              //P3.16～17 配置为 UART1
    pinsel   &= 0xFFFFFFF0;
    pinsel   |= 0x0000000F;
    PINSEL7   = pinsel;

}

/***************************************************
* * 函数名: VIC_Init()
* * 功能:   初始化向量中断控制器
* * 参数:   无
* * 返回值: 无
***************************************************/
static void VIC_Init (void)
```

```
{
    VICIntEnClear =   0xFFFFFFFF;                        //禁止所有中断
    VICAddress     =   0;                                //分辨任何处于等待的 VIC 中断
    VICProtection =   0;                                 //允许 VIC 寄存器以用户和管理模式访问
    VICVectAddr4   = (CPU_INT32U)VIC_DummyTIMER0;
}

/*****************************************************
**中断句柄哑元
*****************************************************/
static  void  VIC_Dummy (void)
{
    while (DEF_TRUE) {
        ;
    }
}

static  void  VIC_DummyTIMER0 (void)
{
    VIC_SpuriousInt = VIC_TIMER0;
    VIC_Dummy();
}
```

处理器初始化程序文件 cpu_a.s 列表如下：

```
    PUBLIC  CPU_SR_Save
    PUBLIC  CPU_SR_Restore
CPU_ARM_CTRL_INT_DIS  EQU        0xC0                ;禁止 FIQ 和 IRQ
    RSEG CODE：CODE：NOROOT(2)
    CODE32

;*****************************************************
;临界段函数
;功能：          通过保存中断状态实现开/关中断
;原型：          CPU_SR  CPU_SR_Save    (void);
;                void    CPU_SR_Restore(CPU_SR  cpu_sr);
;*****************************************************
CPU_SR_Save
        MRS     R0, CPSR
CPU_SR_Save_Loop                                     ;设置 CPSR 中的 IRQ 和 FIQ 位来禁止所有中断
        ORR     R1, R0, #CPU_ARM_CTRL_INT_DIS
        MSR     CPSR_c, R1
        MRS     R1, CPSR                             ;确认 CPSR 包含合适的关中断标志
        AND     R1, R1, #CPU_ARM_CTRL_INT_DIS
        CMP     R1,#CPU_ARM_CTRL_INT_DIS
        BNE     CPU_SR_Save_Loop                     ;没有合适禁止(再次尝试)
```

```
        BX      LR                              ;通过 R0 返回原始 CPSR 内容
CPU_SR_Restore
        MSR     CPSR_c, R0
        BX      LR
        END
```

移植修改的 os_cpu_a.asm 程序文件列表如下：

```
;  外部参考
    EXTERN  OSRunning
    EXTERN  OSPrioCur
    EXTERN  OSPrioHighRdy
    EXTERN  OSTCBCur
    EXTERN  OSTCBHighRdy
    EXTERN  OSIntNesting
    EXTERN  OSIntExit
    EXTERN  OSTaskSwHook
    EXTERN  OS_CPU_ExceptStkBase
    EXTERN  OS_CPU_ExceptStkPtr
;本文件中定义的函数
    PUBLIC  OS_CPU_SR_Save
    PUBLIC  OS_CPU_SR_Restore
    PUBLIC  OSStartHighRdy
    PUBLIC  OSCtxSw
    PUBLIC  OSIntCtxSw
;与异常处理相关的函数
    PUBLIC  OS_CPU_ARM_ExceptUndefInstrHndlr
    PUBLIC  OS_CPU_ARM_ExceptSwiHndlr
    PUBLIC  OS_CPU_ARM_ExceptPrefetchAbortHndlr
    PUBLIC  OS_CPU_ARM_ExceptDataAbortHndlr
    PUBLIC  OS_CPU_ARM_ExceptAddrAbortHndlr
    PUBLIC  OS_CPU_ARM_ExceptIrqHndlr
    PUBLIC  OS_CPU_ARM_ExceptFiqHndlr
;与开/关中断相关的函数
    PUBLIC  OS_CPU_SR_INT_Dis
    PUBLIC  OS_CPU_SR_INT_En
    PUBLIC  OS_CPU_SR_FIQ_Dis
    PUBLIC  OS_CPU_SR_FIQ_En
    PUBLIC  OS_CPU_SR_IRQ_Dis
    PUBLIC  OS_CPU_SR_IRQ_En
    EXTERN  OS_CPU_ExceptHndlr

;*****************************************************
;变量定义
;*****************************************************
OS_CPU_ARM_CONTROL_INT_DIS          EQU  0xC0      ;禁止 FIQ 和 IRQ
```

```
OS_CPU_ARM_CONTROL_FIQ_DIS            EQU  0x40   ;禁止 FIQ
OS_CPU_ARM_CONTROL_IRQ_DIS            EQU  0x80   ;禁止 IRQ
OS_CPU_ARM_CONTROL_THUMB              EQU  0x20   ;设置 THUMB 方式
OS_CPU_ARM_CONTROL_ARM                EQU  0x00   ;设置 ARM 方式
OS_CPU_ARM_MODE_MASK                  EQU  0x1F
OS_CPU_ARM_MODE_USR                   EQU  0x10
OS_CPU_ARM_MODE_FIQ                   EQU  0x11
OS_CPU_ARM_MODE_IRQ                   EQU  0x12
OS_CPU_ARM_MODE_SVC                   EQU  0x13
OS_CPU_ARM_MODE_ABT                   EQU  0x17
OS_CPU_ARM_MODE_UND                   EQU  0x1B
OS_CPU_ARM_MODE_SYS                   EQU  0x1F
OS_CPU_ARM_EXCEPT_RESET               EQU  0x00
OS_CPU_ARM_EXCEPT_UNDEF_INSTR         EQU  0x01
OS_CPU_ARM_EXCEPT_SWI                 EQU  0x02
OS_CPU_ARM_EXCEPT_PREFETCH_ABORT      EQU  0x03
OS_CPU_ARM_EXCEPT_DATA_ABORT          EQU  0x04
OS_CPU_ARM_EXCEPT_ADDR_ABORT          EQU  0x05
OS_CPU_ARM_EXCEPT_IRQ                 EQU  0x06
OS_CPU_ARM_EXCEPT_FIQ                 EQU  0x07

    RSEG CODE: CODE: NOROOT(2)
    CODE32

;************************************************************
;临界段方式 3 函数
;功能：通过保存中断状态来开/关中断
;       一般应该将中断禁止标志保存在变量 cpu_sr 中，然后禁止中断
;       将 cpu_sr 复制回 CPU 的状态寄存器即可恢复中断禁止状态
;原型：OS_CPU_SR   OS_CPU_SR_Save(void)
;        void         OS_CPU_SR_Restore(OS_CPU_SR cpu_sr)
;
;注意：1)函数一般使用方法如下
;                 void Task (void   * p_arg)
;                 {
;为 CPU 状态寄存器分配存储器
;                 # if (OS_CRITICAL_METHOD ==  3)
;                      OS_CPU_SR  os_cpu_sr;
;                 # endif
;                           :
;                      OS_ENTER_CRITICAL()  ;  os_cpu_sr  =  OS_CPU_SR_Save()
;                           :
;                      OS_EXIT_CRITICAL()  ; OS_CPU_SR_Restore(cpu_sr)
;                           :
;                 }
```

```
;**********************************************************************
OS_CPU_SR_Save
    MRS     R0, CPSR
    ORR     R1, R0, #OS_CPU_ARM_CONTROL_INT_DIS          ;禁止所有中断
    MSR     CPSR_c, R1
    BX      LR
OS_CPU_SR_Restore
    MSR     CPSR_c, R0
    BX      LR
;**********************************************************************
;启动多任务
;原型: void OSStartHighRdy(void)
;注意: 1) OSStartHighRdy()函数必须
;           a)调用 OSTaskSwHook()
;           b)然后将 OSRunning 设置为 TRUE
;           c)切换到最高优先级任务
;**********************************************************************
OSStartHighRdy
;改变 SVC 模式
    MSR     CPSR_c, #(OS_CPU_ARM_CONTROL_INT_DIS | OS_CPU_ARM_MODE_SVC)
    LDR     R0, = OSTaskSwHook                          ; OSTaskSwHook();
    MOV     LR, PC
    BX      R0
    LDR     R0, = OSRunning                             ; OSRunning = TRUE;
    MOV     R1, #1
    STRB    R1, [R0]
;切换到最高优先级任务
    LDR     R0, = OSTCBHighRdy                          ;获得最高优先级任务的 TCB 地址
    LDR     R0, [R0]                                    ;获得堆栈指针
    LDR     SP, [R0]                                    ;切换到新堆栈
    LDR     R0, [SP], #4                                ;弹出新任务的 CPSR
    MSR     SPSR_cxsf, R0
    LDMFD   SP!, {R0 - R12, LR, PC}^                    ;弹出新任务的上下文
;**********************************************************************
;执行任务切换(任务级)- OSCtxSw()
;注意: 1) OSCtxSw()函数应在禁止 FIQ 和 IRQ 中断的条件下以系统模式调用
;      2) OSCtxSw()伪代码如下:
;           a)将当前任务的上下文(context)保存到当前任务的堆栈中
;           b) OSTCBCur->OSTCBStkPtr = SP;
;           c) OSTaskSwHook();
;           d) OSPrioCur              = OSPrioHighRdy;
;           e) OSTCBCur               = OSTCBHighRdy;
;           f) SP                     = OSTCBHighRdy->OSTCBStkPtr;
;           g)从新任务的堆栈中恢复新任务的上下文(context)
;           h)返回到新任务代码
```

```
;       3)入口：
;                OSTCBCur         指向要挂起任务的 OS_TCB
;                OSTCBHighRdy     指向要恢复任务的 OS_TCB
;************************************************************
OSCtxSw
;保存当前任务的上下文(CONTEXT)：
    STMFD   SP!, {LR}                                   ;当前地址入栈
    STMFD   SP!, {LR}
    STMFD   SP!, {R0 - R12}                             ;寄存器入栈
    MRS     R0, CPSR                                    ;当前 CPSR 入栈
    TST     LR, #1                                      ;检查是否从 Thumb 模式下调用
    ORRNE   R0, R0, #OS_CPU_ARM_CONTROL_THUMB           ;是,置位 T 标志
    STMFD   SP!, {R0}
    LDR     R0, =OSTCBCur                               ; OSTCBCur->OSTCBStkPtr = SP
    LDR     R1, [R0]
    STR     SP, [R1]

    LDR     R0, =OSTaskSwHook                           ; OSTaskSwHook()
    MOV     LR, PC
    BX      R0

    LDR     R0, =OSPrioCur                              ; OSPrioCur = OSPrioHighRdy
    LDR     R1, =OSPrioHighRdy
    LDRB    R2, [R1]
    STRB    R2, [R0]

    LDR     R0, =OSTCBCur                               ; OSTCBCur  = OSTCBHighRdy
    LDR     R1, =OSTCBHighRdy
    LDR     R2, [R1]
    STR     R2, [R0]
    LDR     SP, [R2]                                    ; SP = OSTCBHighRdy->OSTCBStkPtr
;恢复新任务的上下文(CONTEXT)：
    LDMFD   SP!, {R0}                                   ;新任务的 CPSR 出栈
    MSR     SPSR_cxsf, R0
    LDMFD   SP!, {R0 - R12, LR, PC}^                    ;新任务的下文(CONTEXT)出栈

;************************************************************
;执行任务切换(中断级)- OSIntCtxSw()
;注意：  1) OSIntCtxSw()函数应在禁止 FIQ 和 IRQ 中断的条件下以系统模式调用
;        2) OSCtxSw()伪代码如下：
;               a) OSTaskSwHook();
;               b) OSPrioCur          = OSPrioHighRdy;
;               c) OSTCBCur           = OSTCBHighRdy;
;               d) SP                 = OSTCBHighRdy->OSTCBStkPtr;
;               e)从新任务的堆栈中恢复新任务的上下文(context)
```

```
;              f)返回到新任务的代码中
;        3)入口：
;              OSTCBCur         指向要挂起任务的 OS_TCB
;              OSTCBHighRdy     指向要恢复任务的 OS_TCB
;********************************************************
OSIntCtxSw
    LDR     R0, = OSTaskSwHook                  ; OSTaskSwHook()
    MOV     LR, PC
    BX      R0
    LDR     R0, = OSPrioCur                     ; OSPrioCur = OSPrioHighRdy
    LDR     R1, = OSPrioHighRdy
    LDRB    R2, [R1]
    STRB    R2, [R0]
    LDR     R0, = OSTCBCur                      ; OSTCBCur  = OSTCBHighRdy
    LDR     R1, = OSTCBHighRdy
    LDR     R2, [R1]
    STR     R2, [R0]
    LDR     SP, [R2]                            ; SP = OSTCBHighRdy->OSTCBStkPtr
;恢复新任务的上下文(CONTEXT):
    LDMFD   SP!, {R0}                           ;新任务的 CPSR 出栈
    MSR     SPSR_cxsf, R0
    LDMFD   SP!, {R0-R12, LR, PC}^              ;新任务的上下文(context)出栈

;********************************************************
; IRQ 中断服务子程序
;********************************************************
;********************************************************
;未定义指令异常句柄
;使用寄存器:   R0 异常类型
;              R1
;              R2 返回 PC 值
;********************************************************
OS_CPU_ARM_ExceptUndefInstrHndlr
    STMFD   SP!, {R0-R12, LR}                   ;工作寄存器入栈
    MOV     R2, LR                              ;保存链接寄存器
    MOV     R0, #OS_CPU_ARM_EXCEPT_UNDEF_INSTR  ;设置异常标志
    B       OS_CPU_ARM_ExceptHndlr              ;转到全局异常句柄

;********************************************************
;软件中断异常句柄
;使用寄存器:   R0 异常类型
;              R1
;              R2 返回 PC 值
;********************************************************
OS_CPU_ARM_ExceptSwiHndlr
```

```
    STMFD   SP!, {R0 - R12, LR}                         ;工作寄存器入栈
    MOV     R2, LR                                      ;保存链接寄存
    MOV     R0, #OS_CPU_ARM_EXCEPT_SWI                  ;设置异常标志
    B       OS_CPU_ARM_ExceptHndlr                      ;转到全局异常句柄
;**************************************************
;预取中止异常句柄
;使用寄存器:  R0 异常类型
;             R1
;             R2 返回 PC 值
;**************************************************
OS_CPU_ARM_ExceptPrefetchAbortHndlr
    SUB     LR, LR, #4
    STMFD   SP!, {R0 - R12, LR}                         ;工作寄存器入栈
    MOV     R2, LR                                      ;保存链接寄存
    MOV     R0, #OS_CPU_ARM_EXCEPT_PREFETCH_ABORT       ;设置异常标志
    B       OS_CPU_ARM_ExceptHndlr                      ;转到全局异常句柄

;**************************************************
;数据中止异常句柄
;使用寄存器:  R0 异常类型
;             R1
;             R2 返回 PC 值
;**************************************************
OS_CPU_ARM_ExceptDataAbortHndlr
    SUB     LR, LR, #8
    STMFD   SP!, {R0 - R12, LR}                         ;工作寄存器入栈
    MOV     R2, LR                                      ;保存链接寄存
    MOV     R0, #OS_CPU_ARM_EXCEPT_DATA_ABORT           ;设置异常标志
    B       OS_CPU_ARM_ExceptHndlr                      ;转到全局异常句柄

;**************************************************
;地址中止异常句柄
;使用寄存器:  R0 异常类型
;             R1
;             R2 返回 PC 值
;**************************************************
OS_CPU_ARM_ExceptAddrAbortHndlr
    SUB     LR, LR, #8
    STMFD   SP!, {R0 - R12, LR}                         ;工作寄存器入栈
    MOV     R2, LR                                      ;保存链接寄存
    MOV     R0, #OS_CPU_ARM_EXCEPT_ADDR_ABORT           ;设置异常标志
    B       OS_CPU_ARM_ExceptHndlr                      ;转到全局异常句柄

;**************************************************
; FIQ 中断请求异常句柄
```

```
;使用寄存器:    R0 异常类型
;              R1
;              R2 返回 PC 值
;*****************************************************************
OS_CPU_ARM_ExceptFiqHndlr
    SUB     LR, LR, #4
    STMFD   SP!, {R0 - R12, LR}                     ;工作寄存器入栈
    MOV     R2, LR                                  ;保存链接寄存
    MOV     R0, #OS_CPU_ARM_EXCEPT_FIQ              ;设置异常标志
    B       OS_CPU_ARM_ExceptHndlr                  ;转到全局异常句柄

;*****************************************************************
;全局异常句柄
;使用寄存器:    R0 异常类型
;              R1 异常的 SPSR
;              R2 返回 PC 值
;              R3 旧的 CPU 模式
;*****************************************************************
OS_CPU_ARM_ExceptHndlr
    MRS     R1, SPSR                                ;保存 CPSR(即异常的 SPSR)
    AND     R3, R1, #OS_CPU_ARM_MODE_MASK
    CMP     R3, #OS_CPU_ARM_MODE_SVC
    BNE     OS_CPU_ARM_ExceptHndlr_BrkExcept

;*****************************************************************
;异常句柄:任务
;使用寄存器:    R0 异常类型
;              R1 异常的 SPSR
;              R2 返回 PC 值
;              R3 异常的 CPSR
;              R4 异常的 SP
;*****************************************************************
OS_CPU_ARM_ExceptHndlr_BrkTask
    MRS     R3, CPSR                                ;保存异常的 CPSR
    MOV     R4, SP                                  ;保存异常的堆栈指针
;改变到 SVC 模式,禁止中断
    MSR     CPSR_c, #(OS_CPU_ARM_CONTROL_INT_DIS | OS_CPU_ARM_MODE_SVC)
;将任务的上下文保存到任务堆栈
    STMFD   SP!, {R2}                               ;任务的 PC 值入栈
    STMFD   SP!, {LR}                               ;任务的 LR 值入栈
    STMFD   SP!, {R5 - R12}                         ;任务的 R12～R15 值入栈
    LDMFD   R4!, {R5 - R9}                          ;将任务的 R4～R0 从异常堆栈传送到任务堆栈
    STMFD   SP!, {R5 - R9}
    STMFD   SP!, {R1}                               ;任务的 CPSR 值入栈
;如果 OSRunning == 1
```

```
    LDR     R1, = OSRunning
    LDRB    R1, [R1]
    CMP     R1, #1
    BNE     OS_CPU_ARM_ExceptHndlr_BrkTask_1
    LDR     R1, = OSIntNesting                          ;OSIntNesting++;
    LDRB    R2, [R1]
    ADD     R2, R2, #1
    STRB    R2, [R1]
    CMP     R2, #1                                      ;if (OSIntNesting > 1)
    BNE     OS_CPU_ARM_ExceptHndlr_BrkIRQ               ;IRQ 中断
    LDR     R1, = OSTCBCur                              ;OSTCBCur->OSTCBStkPtr = SP;
    LDR     R2, [R1]
    STR     SP, [R2]
OS_CPU_ARM_ExceptHndlr_BrkTask_1
    MSR     CPSR_cxsf, R3                               ;恢复被中断的模式
;执行异常句柄
    LDR     R1, = OS_CPU_ExceptHndlr
    MOV     LR, PC
    BX      R1
;调整异常堆栈指针
    ADD     SP, SP, #(14 * 4)
;改变到 SVC 模式,禁止中断
    MSR     CPSR_c, #(OS_CPU_ARM_CONTROL_INT_DIS | OS_CPU_ARM_MODE_SVC)
;调用 OSIntExit()函数
    LDR     R0, = OSIntExit
    MOV     LR, PC
    BX      R0
;恢复新任务的上下文
    LDMFD   SP!, {R0}                                   ;新任务的 CPSR 出栈
    MSR     SPSR_cxsf, R0
    LDMFD   SP!, {R0-R12, LR, PC}^                      ;新任务的上下文出栈

;*********************************************************************
;异常句柄:异常中断
;使用寄存器:   R0 异常类型
;              R1
;              R2
;              R3
;*********************************************************************
OS_CPU_ARM_ExceptHndlr_BrkExcept
    STMFD   SP!, {R1}                                   ;异常的 SPSR 入栈
    MRS     R3, CPSR                                    ;异常的 CPSR 入栈
    STMFD   SP!, {R3}
;改变到 SVC 模式,禁止中断
    MSR     CPSR_c, #(OS_CPU_ARM_CONTROL_INT_DIS | OS_CPU_ARM_MODE_SVC)
```

```
    LDR     R2, = OSIntNesting                                  ; OSIntNesting++;
    LDRB    R4, [R2]
    ADD     R4, R4, #1
    STRB    R4, [R2]
    MSR     CPSR_cxsf, R3                                       ;恢复被中断的模式
;执行异常句柄
    LDR     R2, = OS_CPU_ExceptHndlr
    MOV     LR, PC
    BX      R2
;改变到 SVC 模式,禁止中断
    MSR     CPSR_c, #(OS_CPU_ARM_CONTROL_INT_DIS | OS_CPU_ARM_MODE_SVC)
    LDR     R2, = OSIntNesting                                  ;OSIntNesting--;
    LDRB    R4, [R2]
    SUB     R4, R4, #1
    STRB    R4, [R2]
    LDMFD   SP!, {R3}
    MSR     CPSR_cxsf, R3                                       ;恢复被中断的模式
;恢复被中断的异常上下文
    LDMFD   SP!, {R0}                                           ;异常的 CPSR 出栈
    MSR     SPSR_cxsf, R0
    LDMFD   SP!, {R0 - R12, PC}^

;*************************************************************************
;异常句柄: IRQ 中断;
;使用寄存器:  R0 异常类型
;             R1
;             R2
;             R3
;*************************************************************************
OS_CPU_ARM_ExceptHndlr_BrkIRQ
    MSR     CPSR_cxsf, R3                                       ;恢复被中断的模式
;执行异常句柄
    LDR     R1, = OS_CPU_ExceptHndlr
    MOV     LR, PC
    BX      R1
;调整异常堆栈指针
    ADD     SP, SP, #(14 * 4)
;改变到 SVC 模式,禁止中断
    MSR     CPSR_c, #(OS_CPU_ARM_CONTROL_INT_DIS | OS_CPU_ARM_MODE_SVC)
    LDR     R2, = OSIntNesting                                  ; OSIntNesting--;
    LDRB    R4, [R2]
    SUB     R4, R4, #1
    STRB    R4, [R2]
;恢复 IRQ 的上下文
    LDMFD   SP!, {R0}                                           ; IRQ 的 CPSR 出栈
```

```
    MSR     SPSR_cxsf, R0
    LDMFD   SP!, {R0 - R12, LR, PC}^                ; IRQ 的上下文出栈

;********************************************************************
; IRQ 句柄
;********************************************************************

;********************************************************************
;中断请求异常中断句柄;
;使用寄存器:  R0 异常类型
;             R1 异常的 SPSR
;             R2 返回 PC 值
;             R3 异常的 SP
;
;********************************************************************
OS_CPU_ARM_ExceptIrqHndlr
    SUB     LR, LR, #4
    STMFD   SP!, {R0 - R3}                          ;工作寄存器入栈
    MOV     R0, #OS_CPU_ARM_EXCEPT_IRQ              ;设置中断标志
    MRS     R1, SPSR                                ;保存 CPSR
    MOV     R2, LR                                  ;保存链接寄存器
    MOV     R3, SP                                  ;保存异常堆栈指针
;改变到 SVC 模式,禁止中断
    MSR     CPSR_c, #(OS_CPU_ARM_CONTROL_INT_DIS | OS_CPU_ARM_MODE_SVC)
;将上下文保存到 SVC 堆栈:
    STMFD   SP!, {R2}                               ;任务的 PC 入栈
    STMFD   SP!, {LR}                               ;任务的 LR 入栈
    STMFD   SP!, {R4 - R12}                         ;任务的 R12～R4 入栈
    LDMFD   R3!, {R5 - R8}                          ;将任务的 R3～R0 从异常堆栈传送到任务堆栈
    STMFD   SP!, {R5 - R8}
    STMFD   SP!, {R1}                               ;任务的 CPSR 入栈
;如果 OSRunning == 1
    LDR     R3, = OSRunning
    LDRB    R4, [R3]
    CMP     R4, #1
    BNE     OS_CPU_ARM_IRQHndlr_BreakNothing
    LDR     R3, = OSIntNesting                      ; OSIntNesting++;
    LDRB    R4, [R3]
    ADD     R4, R4, #1
    STRB    R4, [R3]
    CMP     R4, #1                                  ;如果 OSIntNesting == 1
    BNE     OS_CPU_ARM_IRQHndlr_BreakIRQ

;********************************************************************
; IRQ 句柄: 任务中断
```

```
;使用寄存器:  R0 异常类型
;            R1
;            R2
;            R3
;***************************************************************
OS_CPU_ARM_IRQHndlr_BreakTask
    LDR     R3, = OSTCBCur                          ; OSTCBCur->OSTCBStkPtr = SP;
    LDR     R4, [R3]
    STR     SP, [R4]

    LDR     R3, = OS_CPU_ExceptStkBase              ;切换到异常堆栈
    LDR     SP, [R3]
;执行异常句柄
    LDR     R1, = OS_CPU_ExceptHndlr
    MOV     LR, PC
    BX      R1
;改变 SVC 模式,禁止中断
   MSR      CPSR_c, #(OS_CPU_ARM_CONTROL_INT_DIS | OS_CPU_ARM_MODE_IRQ)
;调整异常堆栈指针
    ADD     SP, SP, #(4 * 4)
;改变到 SVC 模式,禁止中断
    MSR     CPSR_c, #(OS_CPU_ARM_CONTROL_INT_DIS | OS_CPU_ARM_MODE_SVC)
;调用 Call OSIntExit()函数
    LDR     R0, = OSIntExit
    MOV     LR, PC
    BX      R0
    LDR     R3, = OSTCBCur                          ; SP = OSTCBCur->OSTCBStkPtr;
    LDR     R4,  [R3]
    LDR     SP,  [R4]
;恢复新任务的上下文:
    LDMFD   SP!, {R0}                               ;新任务的 CPSR 出栈
    MSR     SPSR_cxsf, R0
    LDMFD   SP!, {R0-R12, LR, PC}^                  ;新任务的上下文出栈

;***************************************************************
; IRQ 句柄:   IRQ 中断
;使用寄存器:  R0 异常类型
;            R1
;            R2
;            R3
;***************************************************************
OS_CPU_ARM_IRQHndlr_BreakIRQ
    LDR     R3, = OS_CPU_ExceptStkPtr               ; OS_CPU_ExceptStkPtr = SP;
    STR     SP, [R3]
;执行异常句柄
```

```
    LDR     R3, = OS_CPU_ExceptHndlr
    MOV     LR, PC
    BX      R3
;改变到 IRQ 模式,禁止中断
    MSR     CPSR_c, #(OS_CPU_ARM_CONTROL_INT_DIS | OS_CPU_ARM_MODE_IRQ)
;调整异常堆栈指针
    ADD     SP, SP, #(4 * 4)
;改变到 SVC 模式,禁止中断
    MSR     CPSR_c, #(OS_CPU_ARM_CONTROL_INT_DIS | OS_CPU_ARM_MODE_SVC)
    LDR     R3, = OSIntNesting                          ; OSIntNesting--;
    LDRB    R4, [R3]
    SUB     R4, R4, #1
    STRB    R4, [R3]
;恢复旧的上下文
    LDMFD   SP!, {R0}                                   ;旧的 CPSR 出栈
    MSR     SPSR_cxsf, R0
    LDMFD   SP!, {R0 - R12, LR, PC}^

;************************************************************
; IRQ 句柄:       无中断
;使用寄存器:      R0 异常类型
;                 R1
;                 R2
;                 R3
;************************************************************
OS_CPU_ARM_IRQHndlr_BreakNothing
;执行异常句柄:
    LDR     R3, = OS_CPU_ExceptHndlr
    MOV     LR, PC
    BX      R3
;改变到 IRQ 模式,禁止中断
    MSR     CPSR_c, #(OS_CPU_ARM_CONTROL_INT_DIS | OS_CPU_ARM_MODE_IRQ)
;调整异常堆栈指针
    ADD     SP, SP, #(4 * 4)
;改变到 SVC 模式;禁止中断
    MSR     CPSR_c, #(OS_CPU_ARM_CONTROL_INT_DIS | OS_CPU_ARM_MODE_SVC)
;恢复旧的上下文
    LDMFD   SP!, {R0}                                   ;旧的 CPSR 出栈
    MSR     SPSR_cxsf, R0
    LDMFD   SP!, {R0 - R12, LR, PC}^

;************************************************************
;使能和禁止中断
;************************************************************
OS_CPU_SR_INT_En
```

```
    MRS     R0, CPSR
    BIC     R0, R0, #OS_CPU_ARM_CONTROL_INT_DIS     ;使能所有中断
    MSR     CPSR_c, R0
    BX      LR
OS_CPU_SR_INT_Dis
    MRS     R0, CPSR
    ORR     R0, R0, #OS_CPU_ARM_CONTROL_INT_DIS     ;禁止所有中断
    MSR     CPSR_c, R0
    BX      LR

;********************************************************
;使能和禁止 IRQ
;********************************************************
OS_CPU_SR_IRQ_En
    MRS     R0, CPSR
    BIC     R0, R0, #OS_CPU_ARM_CONTROL_IRQ_DIS     ;使能 IRQ
    MSR     CPSR_c, R0
    BX      LR
OS_CPU_SR_IRQ_Dis
    MRS     R0, CPSR
    ORR     R0, R0, #OS_CPU_ARM_CONTROL_IRQ_DIS     ;禁止 IRQ 中断
    MSR     CPSR_c, R0
    BX      LR

;********************************************************
;使能和禁止 FIQ
;********************************************************
OS_CPU_SR_FIQ_En
    MRS     R0, CPSR
    BIC     R0, R0, #OS_CPU_ARM_CONTROL_FIQ_DIS     ;使能 FIQ
    MSR     CPSR_c, R0
    BX      LR
OS_CPU_SR_FIQ_Dis
    MRS     R0, CPSR
    ORR     R0, R0, #OS_CPU_ARM_CONTROL_FIQ_DIS     ;禁止 FIQ 中断
    MSR     CPSR_c, R0
    BX      LR
    END
```

μC/OS－Ⅱ移植文件 os_cpu_c.c 列表如下：

```
#define  OS_CPU_GLOBALS
#include <ucos_ii.h>
#define  ARM_MODE_ARM           0x00000000
#define  ARM_MODE_THUMB         0x00000020
#define  ARM_SVC_MODE_THUMB     (0x00000013L + ARM_MODE_THUMB)
```

```
#define  ARM_SVC_MODE_ARM        (0x00000013L + ARM_MODE_ARM)
#define  OS_NTASKS_FP            (OS_MAX_TASKS + OS_N_SYS_TASKS - 1)
#define  OS_FP_STORAGE_SIZE      128L

/*************************************************
**函数名:     OSInitHookBegin()
**功能:       在OSInit()函数的开始处调用
**参数:       无
*************************************************/
#if OS_CPU_HOOKS_EN > 0 && OS_VERSION > 203
void  OSInitHookBegin (void)
{
    INT32U   size;
    OS_STK   *pstk;
    /*清除异常堆栈*/
    pstk = &OS_CPU_ExceptStk[0];
    size = OS_CPU_EXCEPT_STK_SIZE;
    while (size > 0) {
        size--;
        *pstk = (OS_STK)0;
    }
#if OS_STK_GROWTH == 1
    OS_CPU_ExceptStkBase = &OS_CPU_ExceptStk[OS_CPU_EXCEPT_STK_SIZE - 1];
#else
    OS_CPU_ExceptStkBase = &OS_CPU_ExceptStk[0];
#endif
}
#endif

/*************************************************
**函数名:     OSInitHookEnd()
**功能:       在OSInit()函数的结尾处调用
**参数:       无
*************************************************/
#if OS_CPU_HOOKS_EN > 0 && OS_VERSION > 203
void  OSInitHookEnd (void)
{
#if OS_CPU_INT_DIS_MEAS_EN > 0
    OS_CPU_IntDisMeasInit();
#endif
}
#endif

/*************************************************
**函数名:     OSTaskCreateHook()
```

```
 * *功能：        在创建任务时调用
 * *参数：        *ptcb,指向所创建任务控制块的指针
 ***********************************************************/
#if OS_CPU_HOOKS_EN > 0
void  OSTaskCreateHook (OS_TCB *ptcb)
{
#if OS_APP_HOOKS_EN > 0
    App_TaskCreateHook(ptcb);
#else
    (void)ptcb;                                       //防止编译器警告
#endif
}
#endif

/***********************************************************
 * *函数名：      OSTaskDelHook()
 * *功能：        在删除任务时调用
 * *参数：        *ptcb,指向所删除任务控制块的指针
 ***********************************************************/
#if OS_CPU_HOOKS_EN > 0
void  OSTaskDelHook (OS_TCB *ptcb)
{
#if OS_APP_HOOKS_EN > 0
    App_TaskDelHook(ptcb);
#else
    (void)ptcb;                                       //防止编译器警告
#endif
}
#endif

/***********************************************************
 * *函数名：      OSTaskIdleHook()
 * *功能：        本函数由空闲任务调用
 * *参数：        无
 ***********************************************************/
#if OS_CPU_HOOKS_EN > 0 && OS_VERSION >= 251
void  OSTaskIdleHook (void)
{
#if OS_APP_HOOKS_EN > 0
    App_TaskIdleHook();
#endif
}
#endif

/**********************************************************
```

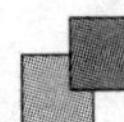

```
* * 函数名:   OSTaskStatHook()
* * 功能:     本函数由统计任务每秒调用一次,从而允许为统计任务添加功能
* * 参数:     无
******************************************************************/
#if OS_CPU_HOOKS_EN > 0
void  OSTaskStatHook (void)
{
#if OS_APP_HOOKS_EN > 0
    App_TaskStatHook();
#endif
}
#endif

/******************************************************************
* * 函数名: * OSTaskStkInit()
* * 功能:   本函数由 OSTaskCreate()或 OSTaskCreateExt()调用,初始化任务堆栈
* * 参数:   task,指向任务代码的指针
* *         p_arg,指向任务用户数据区的指针,首次执行时传递给任务
* *         ptos,指向栈顶的指针
* *         opt,规定用于调整 OSTaskStkInit()函数作用的选项
* * 返回值: 一旦 CPU 寄存器以合适的顺序放入堆栈,返回新的栈顶值
******************************************************************/
OS_STK * OSTaskStkInit (void ( * task)(void * p_arg), void * p_arg, OS_STK * ptos, INT16U opt)
{
    OS_STK * stk;
    INT32U  task_addr;
    opt         = opt;                              //opt 未使用,防止编译器警告
    stk         = ptos;                             //装入堆栈指针
    task_addr = (INT32U)task & ~1;                  //在 Thumb 模式下屏蔽低位
    *(stk)      = (INT32U)task_addr;                //入口
    *(--stk)    = (INT32U)0x14141414L;              //R14 (LR)
    *(--stk)    = (INT32U)0x12121212L;              //R12
    *(--stk)    = (INT32U)0x11111111L;              //R11
    *(--stk)    = (INT32U)0x10101010L;              //R10
    *(--stk)    = (INT32U)0x09090909L;              //R9
    *(--stk)    = (INT32U)0x08080808L;              //R8
    *(--stk)    = (INT32U)0x07070707L;              //R7
    *(--stk)    = (INT32U)0x06060606L;              //R6
    *(--stk)    = (INT32U)0x05050505L;              //R5
    *(--stk)    = (INT32U)0x04040404L;              //R4
    *(--stk)    = (INT32U)0x03030303L;              //R3
    *(--stk)    = (INT32U)0x02020202L;              //R2
    *(--stk)    = (INT32U)0x01010101L;              //R1
    *(--stk)    = (INT32U)p_arg;                    //R0 : 参数
    if ((INT32U)task & 0x01) {                      //检查任务是运行在 Thumb 还是 ARM 模式
```

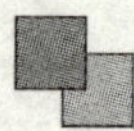


```
        *(--stk) = (INT32U)ARM_SVC_MODE_THUMB;    //使能 IRQ 及 FIQ, THUMB 模式
    } else {
        *(--stk) = (INT32U)ARM_SVC_MODE_ARM;      //使能 IRQ 及 FIQ, ARM 模式
    }
    return (stk);
}

/*********************************************************************
** 函数名:    OSTaskSwHook()
** 功能:      本函数在发生任务切换时调用,从而允许在上下文切换时执行其他操作
** 参数:      无
** 返回值:    无
*********************************************************************/
#if (OS_CPU_HOOKS_EN > 0) && (OS_TASK_SW_HOOK_EN > 0)
void  OSTaskSwHook (void)
{
#if OS_APP_HOOKS_EN > 0
    App_TaskSwHook();
#endif
}
#endif

/***************************************************************
** 函数名:    OSTCBInitHook()
** 功能:      本函数在建立了大部分任务控制块后,由 OS_TCBInit()调用
** 参数:      ptcb,指向所创建任务控制块的指针
** 返回值:    无
***************************************************************/
#if OS_CPU_HOOKS_EN > 0 && OS_VERSION > 203
void  OSTCBInitHook (OS_TCB *ptcb)
{
#if OS_APP_HOOKS_EN > 0
    App_TCBInitHook(ptcb);
#else
    (void)ptcb;                                   //防止编译器警告
#endif
}
#endif

/***************************************************************
** 函数名:    OSTimeTickHook()
** 功能:      每个时钟节拍调用一次本函数
** 参数:      无
** 返回值:    无
***************************************************************/
```

```
#if (OS_CPU_HOOKS_EN > 0) && (OS_TIME_TICK_HOOK_EN > 0)
void  OSTimeTickHook (void)
{
#if OS_APP_HOOKS_EN > 0
    App_TimeTickHook();
#endif
}
#endif

/*********************************************************
**中断禁止、时间测量、启动
*********************************************************/
#if OS_CPU_INT_DIS_MEAS_EN > 0
void  OS_CPU_IntDisMeasInit (void)
{
    OS_CPU_IntDisMeasNestingCtr = 0;
    OS_CPU_IntDisMeasCntsEnter  = 0;
    OS_CPU_IntDisMeasCntsExit   = 0;
    OS_CPU_IntDisMeasCntsMax    = 0;
    OS_CPU_IntDisMeasCntsDelta  = 0;
    OS_CPU_IntDisMeasCntsOvrhd  = 0;
    OS_CPU_IntDisMeasStart();
    OS_CPU_IntDisMeasStop();
    OS_CPU_IntDisMeasCntsOvrhd  = OS_CPU_IntDisMeasCntsDelta;
}

void  OS_CPU_IntDisMeasStart (void)
{
    OS_CPU_IntDisMeasNestingCtr++;
    if (OS_CPU_IntDisMeasNestingCtr == 1) {
        OS_CPU_IntDisMeasCntsEnter = OS_CPU_IntDisMeasTmrRd();
    }
}

void  OS_CPU_IntDisMeasStop (void)
{
    OS_CPU_IntDisMeasNestingCtr--;
    if (OS_CPU_IntDisMeasNestingCtr == 0) {
        OS_CPU_IntDisMeasCntsExit  = OS_CPU_IntDisMeasTmrRd();
        OS_CPU_IntDisMeasCntsDelta = OS_CPU_IntDisMeasCntsExit
                                   - OS_CPU_IntDisMeasCntsEnter;
        if (OS_CPU_IntDisMeasCntsDelta > OS_CPU_IntDisMeasCntsOvrhd) {
            OS_CPU_IntDisMeasCntsDelta -= OS_CPU_IntDisMeasCntsOvrhd;
        } else {
            OS_CPU_IntDisMeasCntsDelta  = OS_CPU_IntDisMeasCntsOvrhd;
```

```
        }
        if (OS_CPU_IntDisMeasCntsDelta > OS_CPU_IntDisMeasCntsMax) {
            OS_CPU_IntDisMeasCntsMax = OS_CPU_IntDisMeasCntsDelta;
        }
    }
}
#endif

/**************************************************
 * *函数名：    OS_CPU_InitExceptVect()
 * *功能：      初始化异常向量
 * *参数：      无
 * *返回值：    无
**************************************************/
void  OS_CPU_InitExceptVect (void)
{
    (*(INT32U *)OS_CPU_ARM_EXCEPT_UNDEF_INSTR_VECT_ADDR)
                 =   OS_CPU_ARM_INSTR_JUMP_TO_HANDLER;
    (*(INT32U *)OS_CPU_ARM_EXCEPT_UNDEF_INSTR_HANDLER_ADDR)
                 = (INT32U)OS_CPU_ARM_ExceptUndefInstrHndlr;
    (*(INT32U *)OS_CPU_ARM_EXCEPT_SWI_VECT_ADDR)
                 = OS_CPU_ARM_INSTR_JUMP_TO_HANDLER;
    (*(INT32U *)OS_CPU_ARM_EXCEPT_SWI_HANDLER_ADDR)
                 = (INT32U)OS_CPU_ARM_ExceptSwiHndlr;
    (*(INT32U *)OS_CPU_ARM_EXCEPT_PREFETCH_ABORT_VECT_ADDR)
                 =   OS_CPU_ARM_INSTR_JUMP_TO_HANDLER;
    (*(INT32U *)OS_CPU_ARM_EXCEPT_PREFETCH_ABORT_HANDLER_ADDR)
                 = (INT32U)OS_CPU_ARM_ExceptPrefetchAbortHndlr;
    (*(INT32U *)OS_CPU_ARM_EXCEPT_DATA_ABORT_VECT_ADDR)
                 = OS_CPU_ARM_INSTR_JUMP_TO_HANDLER;
    (*(INT32U *)OS_CPU_ARM_EXCEPT_DATA_ABORT_HANDLER_ADDR)
                 = (INT32U)OS_CPU_ARM_ExceptDataAbortHndlr;
    (*(INT32U *)OS_CPU_ARM_EXCEPT_ADDR_ABORT_VECT_ADDR)
                 = OS_CPU_ARM_INSTR_JUMP_TO_HANDLER;
    (*(INT32U *)OS_CPU_ARM_EXCEPT_ADDR_ABORT_HANDLER_ADDR)
                 = (INT32U)OS_CPU_ARM_ExceptAddrAbortHndlr;
    (*(INT32U *)OS_CPU_ARM_EXCEPT_IRQ_VECT_ADDR)
                 = OS_CPU_ARM_INSTR_JUMP_TO_HANDLER;
    (*(INT32U *)OS_CPU_ARM_EXCEPT_IRQ_HANDLER_ADDR)
                 = (INT32U)OS_CPU_ARM_ExceptIrqHndlr;
    (*(INT32U *)OS_CPU_ARM_EXCEPT_FIQ_VECT_ADDR)
                 = OS_CPU_ARM_INSTR_JUMP_TO_HANDLER;
    (*(INT32U *)OS_CPU_ARM_EXCEPT_FIQ_HANDLER_ADDR)
                 = (INT32U)OS_CPU_ARM_ExceptFiqHndlr;
}
```

```
/*********************************************************
** 函数名:    OS_CPU_ExceptStkChk()
** 功能:      本函数计算异常堆栈内的自由入口个数
** 参数:      无
** 返回值:    无
*********************************************************/
INT32U  OS_CPU_ExceptStkChk (void)
{
    OS_STK    *pchk;
    INT32U    nfree;
    INT32U    size;
    nfree = 0;
    size  = OS_CPU_EXCEPT_STK_SIZE;
#if OS_STK_GROWTH == 1
    pchk = &OS_CPU_ExceptStk[0];
    while ((*pchk++ == (OS_STK)0) && (size > 0)) {
        nfree++;
        size--;
    }
#else
    pchk = &OS_CPU_ExceptStk[OS_CPU_EXCEPT_STK_SIZE - 1];
    while ((*pchk-- == (OS_STK)0) && (size > 0)) {
        nfree++;
        size--;
    }
#endif
    return (nfree);
}
```

IAR C-SPY 调试器支持 μC/OS-Ⅱ调试插件,利用该插件可以十分方便地在调试 μC/OS-Ⅱ应用程序过程中,随时查看各个任务的执行状态以及存储器配置、事件标志组、邮箱、信号量等信息。如果希望采用 μC/OS-Ⅱ调试插件,应在配置文件 os_cfg.h 中将 OS_DEBUG_EN 选项置 1,并在整个项目中添加如下支持 μC/OS-Ⅱ调试的程序文件 os_dbg.c。

```
#include <ucos_ii.h>
#define  OS_COMPILER_OPT    __root

/*********************************************************
调试数据
*********************************************************/
OS_COMPILER_OPT  INT16U  const  OSDebugEn            = OS_DEBUG_EN;
//下面定义调试常数
#if OS_DEBUG_EN > 0
OS_COMPILER_OPT  INT32U  const  OSEndiannessTest     = 0x12345678L;
//测试 CPU 大小端方式的变量
OS_COMPILER_OPT  INT16U  const  OSEventMax           = OS_MAX_EVENTS;
```

```
//事件控制块数
OS_COMPILER_OPT  INT16U  const  OSEventNameSize      = OS_EVENT_NAME_SIZE;
//事件名大小(字节)
OS_COMPILER_OPT  INT16U  const  OSEventEn            = OS_EVENT_EN;
#if (OS_EVENT_EN > 0) && (OS_MAX_EVENTS > 0)
OS_COMPILER_OPT  INT16U  const  OSEventSize          = sizeof(OS_EVENT);
//OS_EVENT 的大小(字节)
OS_COMPILER_OPT  INT16U  const  OSEventTblSize       = sizeof(OSEventTbl);
//OSEventTbl[]的大小(字节)
#else
OS_COMPILER_OPT  INT16U  const  OSEventSize          = 0;
OS_COMPILER_OPT  INT16U  const  OSEventTblSize       = 0;
#endif
OS_COMPILER_OPT  INT16U  const  OSFlagEn             = OS_FLAG_EN;
#if (OS_FLAG_EN > 0) && (OS_MAX_FLAGS > 0)
OS_COMPILER_OPT  INT16U  const  OSFlagGrpSize        = sizeof(OS_FLAG_GRP);
//OS_FLAG_GRP 的大小(字节)
OS_COMPILER_OPT  INT16U  const  OSFlagNodeSize       = sizeof(OS_FLAG_NODE);
//OS_FLAG_NODE 的大小(字节)
OS_COMPILER_OPT  INT16U  const  OSFlagWidth          = sizeof(OS_FLAGS);
//OS_FLAGS 的宽度(字节)
#else
OS_COMPILER_OPT  INT16U  const  OSFlagGrpSize        = 0;
OS_COMPILER_OPT  INT16U  const  OSFlagNodeSize       = 0;
OS_COMPILER_OPT  INT16U  const  OSFlagWidth          = 0;
#endif
OS_COMPILER_OPT  INT16U  const  OSFlagMax            = OS_MAX_FLAGS;
OS_COMPILER_OPT  INT16U  const  OSFlagNameSize       = OS_FLAG_NAME_SIZE;
//标志名的大小(字节)
OS_COMPILER_OPT  INT16U  const  OSLowestPrio         = OS_LOWEST_PRIO;
OS_COMPILER_OPT  INT16U  const  OSMboxEn             = OS_MBOX_EN;
OS_COMPILER_OPT  INT16U  const  OSMemEn              = OS_MEM_EN;
OS_COMPILER_OPT  INT16U  const  OSMemMax             = OS_MAX_MEM_PART;
//存储器分区数
OS_COMPILER_OPT  INT16U  const  OSMemNameSize        = OS_MEM_NAME_SIZE;
//分区名的大小(字节)
#if (OS_MEM_EN > 0) && (OS_MAX_MEM_PART > 0)
OS_COMPILER_OPT  INT16U  const  OSMemSize            = sizeof(OS_MEM);
//存储器分区头的大小(字节)
OS_COMPILER_OPT  INT16U  const  OSMemTblSize         = sizeof(OSMemTbl);
#else
OS_COMPILER_OPT  INT16U  const  OSMemSize            = 0;
OS_COMPILER_OPT  INT16U  const  OSMemTblSize         = 0;
#endif
OS_COMPILER_OPT  INT16U  const  OSMutexEn            = OS_MUTEX_EN;
```

```
OS_COMPILER_OPT  INT16U  const  OSPtrSize            = sizeof(void *);
//指针的大小(字节)
OS_COMPILER_OPT  INT16U  const  OSQEn                = OS_Q_EN;
OS_COMPILER_OPT  INT16U  const  OSQMax               = OS_MAX_QS;
//队列数
#if (OS_Q_EN > 0) && (OS_MAX_QS > 0)
OS_COMPILER_OPT  INT16U  const  OSQSize              = sizeof(OS_Q);
//OS_Q 结构体的大小(字节)
#else
OS_COMPILER_OPT  INT16U  const  OSQSize              = 0;
#endif
OS_COMPILER_OPT  INT16U  const  OSRdyTblSize         = OS_RDY_TBL_SIZE;
//就绪表的字节数
OS_COMPILER_OPT  INT16U  const  OSSemEn              = OS_SEM_EN;
OS_COMPILER_OPT  INT16U  const  OSStkWidth           = sizeof(OS_STK);
//堆栈入口的大小(字节)
OS_COMPILER_OPT  INT16U  const  OSTaskCreateEn       = OS_TASK_CREATE_EN;
OS_COMPILER_OPT  INT16U  const  OSTaskCreateExtEn    = OS_TASK_CREATE_EXT_EN;
OS_COMPILER_OPT  INT16U  const  OSTaskDelEn          = OS_TASK_DEL_EN;
OS_COMPILER_OPT  INT16U  const  OSTaskIdleStkSize    = OS_TASK_IDLE_STK_SIZE;
OS_COMPILER_OPT  INT16U  const  OSTaskProfileEn      = OS_TASK_PROFILE_EN;
OS_COMPILER_OPT  INT16U  const  OSTaskMax            = OS_MAX_TASKS + OS_N_SYS_TASKS;
//最大任务数
OS_COMPILER_OPT  INT16U  const  OSTaskNameSize       = OS_TASK_NAME_SIZE;
//任务名的大小(字节)
OS_COMPILER_OPT  INT16U  const  OSTaskStatEn         = OS_TASK_STAT_EN;
OS_COMPILER_OPT  INT16U  const  OSTaskStatStkSize    = OS_TASK_STAT_STK_SIZE;
OS_COMPILER_OPT  INT16U  const  OSTaskStatStkChkEn   = OS_TASK_STAT_STK_CHK_EN;
OS_COMPILER_OPT  INT16U  const  OSTaskSwHookEn       = OS_TASK_SW_HOOK_EN;
OS_COMPILER_OPT  INT16U  const  OSTCBPrioTblMax      = OS_LOWEST_PRIO + 1;
//OSTCBPrioTbl[]中的入口数
OS_COMPILER_OPT  INT16U  const  OSTCBSize            = sizeof(OS_TCB);
//OS_TCB 的大小(字节)
OS_COMPILER_OPT  INT16U  const  OSTicksPerSec        = OS_TICKS_PER_SEC;
OS_COMPILER_OPT  INT16U  const  OSTimeTickHookEn     = OS_TIME_TICK_HOOK_EN;
OS_COMPILER_OPT  INT16U  const  OSVersionNbr         = OS_VERSION;
OS_COMPILER_OPT  INT16U  const  OSTmrEn              = OS_TMR_EN;
OS_COMPILER_OPT  INT16U  const  OSTmrCfgMax          = OS_TMR_CFG_MAX;
OS_COMPILER_OPT  INT16U  const  OSTmrCfgNameSize     = OS_TMR_CFG_NAME_SIZE;
OS_COMPILER_OPT  INT16U  const  OSTmrCfgWheelSize    = OS_TMR_CFG_WHEEL_SIZE;
OS_COMPILER_OPT  INT16U  const  OSTmrCfgTicksPerSec  = OS_TMR_CFG_TICKS_PER_SEC;
#if (OS_TMR_EN > 0) && (OS_TMR_CFG_MAX > 0)
OS_COMPILER_OPT  INT16U  const  OSTmrSize            = sizeof(OS_TMR);
OS_COMPILER_OPT  INT16U  const  OSTmrTblSize         = sizeof(OSTmrTbl);
OS_COMPILER_OPT  INT16U  const  OSTmrWheelSize       = sizeof(OS_TMR_WHEEL);
```

```
OS_COMPILER_OPT  INT16U  const  OSTmrWheelTblSize      = sizeof(OSTmrWheelTbl);
#else
OS_COMPILER_OPT  INT16U  const  OSTmrSize              = 0;
OS_COMPILER_OPT  INT16U  const  OSTmrTblSize           = 0;
OS_COMPILER_OPT  INT16U  const  OSTmrWheelSize         = 0;
OS_COMPILER_OPT  INT16U  const  OSTmrWheelTblSize      = 0;
#endif
#endif

/*********************************************************
**调试数据,μC/OS-II所使用的总数据(RAM)空间
*********************************************************/
#if OS_DEBUG_EN > 0
OS_COMPILER_OPT  INT16U  const  OSDataSize = sizeof(OSCtxSwCtr)
#if (OS_EVENT_EN > 0) && (OS_MAX_EVENTS > 0)
                                           + sizeof(OSEventFreeList)
                                           + sizeof(OSEventTbl)
#endif
#if (OS_VERSION >= 251) && (OS_FLAG_EN > 0) && (OS_MAX_FLAGS > 0)
                                           + sizeof(OSFlagTbl)
                                           + sizeof(OSFlagFreeList)
#endif
#if OS_TASK_STAT_EN > 0
                                           + sizeof(OSCPUUsage)
                                           + sizeof(OSIdleCtrMax)
                                           + sizeof(OSIdleCtrRun)
                                           + sizeof(OSStatRdy)
                                           + sizeof(OSTaskStatStk)
#endif
#if OS_TICK_STEP_EN > 0
                                           + sizeof(OSTickStepState)
#endif
#if (OS_MEM_EN > 0) && (OS_MAX_MEM_PART > 0)
                                           + sizeof(OSMemFreeList)
                                           + sizeof(OSMemTbl)
#endif
#if (OS_Q_EN > 0) && (OS_MAX_QS > 0)
                                           + sizeof(OSQFreeList)
                                           + sizeof(OSQTbl)
#endif
#if OS_TIME_GET_SET_EN > 0
                                           + sizeof(OSTime)
#endif
#if (OS_TMR_EN > 0) && (OS_TMR_CFG_MAX > 0)
                                           + sizeof(OSTmrFree)
```

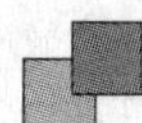

```
                            + sizeof(OSTmrUsed)
                            + sizeof(OSTmrTime)
                            + sizeof(OSTmrSem)
                            + sizeof(OSTmrSemSignal)
                            + sizeof(OSTmrFreeList)
                            + sizeof(OSTmrTbl)
                            + sizeof(OSTmrWheelTbl)
#endif
                            + sizeof(OSIntNesting)
                            + sizeof(OSLockNesting)
                            + sizeof(OSPrioCur)
                            + sizeof(OSPrioHighRdy)
                            + sizeof(OSRdyGrp)
                            + sizeof(OSRdyTbl)
                            + sizeof(OSRunning)
                            + sizeof(OSTaskCtr)
                            + sizeof(OSIdleCtr)
                            + sizeof(OSTaskIdleStk)
                            + sizeof(OSTCBCur)
                            + sizeof(OSTCBFreeList)
                            + sizeof(OSTCBHighRdy)
                            + sizeof(OSTCBList)
                            + sizeof(OSTCBPrioTbl)
                            + sizeof(OSTCBTbl);

#endif

/**************************************************
** 函数名：OSDebugInit()
** 功能：  用于保证应用程序未使用的调试变量没有被优化掉
**         有些编译器不需要本函数，此时可以删除函数体代码，仅保留函数声明
** 参数：  无
** 返回值：无
**************************************************/
#if OS_VERSION >= 270 && OS_DEBUG_EN > 0
void  OSDebugInit (void)
{
    void  *ptemp;
    ptemp = (void *)&OSDebugEn;
    ptemp = (void *)&OSEndiannessTest;
    ptemp = (void *)&OSEventMax;
    ptemp = (void *)&OSEventNameSize;
    ptemp = (void *)&OSEventEn;
    ptemp = (void *)&OSEventSize;
    ptemp = (void *)&OSEventTblSize;
```

```
    ptemp = (void *)&OSFlagEn;
    ptemp = (void *)&OSFlagGrpSize;
    ptemp = (void *)&OSFlagNodeSize;
    ptemp = (void *)&OSFlagWidth;
    ptemp = (void *)&OSFlagMax;
    ptemp = (void *)&OSFlagNameSize;
    ptemp = (void *)&OSLowestPrio;
    ptemp = (void *)&OSMboxEn;
    ptemp = (void *)&OSMemEn;
    ptemp = (void *)&OSMemMax;
    ptemp = (void *)&OSMemNameSize;
    ptemp = (void *)&OSMemSize;
    ptemp = (void *)&OSMemTblSize;
    ptemp = (void *)&OSMutexEn;
    ptemp = (void *)&OSPtrSize;
    ptemp = (void *)&OSQEn;
    ptemp = (void *)&OSQMax;
    ptemp = (void *)&OSQSize;
    ptemp = (void *)&OSRdyTblSize;
    ptemp = (void *)&OSSemEn;
    ptemp = (void *)&OSStkWidth;
    ptemp = (void *)&OSTaskCreateEn;
    ptemp = (void *)&OSTaskCreateExtEn;
    ptemp = (void *)&OSTaskDelEn;
    ptemp = (void *)&OSTaskIdleStkSize;
    ptemp = (void *)&OSTaskProfileEn;
    ptemp = (void *)&OSTaskMax;
    ptemp = (void *)&OSTaskNameSize;
    ptemp = (void *)&OSTaskStatEn;
    ptemp = (void *)&OSTaskStatStkSize;
    ptemp = (void *)&OSTaskStatStkChkEn;
    ptemp = (void *)&OSTaskSwHookEn;
    ptemp = (void *)&OSTCBPrioTblMax;
    ptemp = (void *)&OSTCBSize;
    ptemp = (void *)&OSTicksPerSec;
    ptemp = (void *)&OSTimeTickHookEn;
    ptemp = (void *)&OSVersionNbr;
    ptemp = (void *)&OSDataSize;
    ptemp = ptemp;                                    //防止编译器警告
}
#endif
```

μC/OS-Ⅱ内核程序文件可以通过购买 J. Labrosse 先生所著《嵌入式实时操作系统 μC/OS-Ⅱ》一书得到，这里不再列出。

在 IAR EWARM 集成开发环境中新建一个工作区，并在该工作区内创建项目 μC/OS-Ⅱ，然后向项目中添加以上各个文件，完成后工作区窗口如图 10－17 所示。其他设置与 10.3.6 小节中介绍的一样，完成各个选项配置后，单击 Project 下拉菜单中的 Make 选项，对工作区中当前项目进行编译、链接，生成可执行代码。

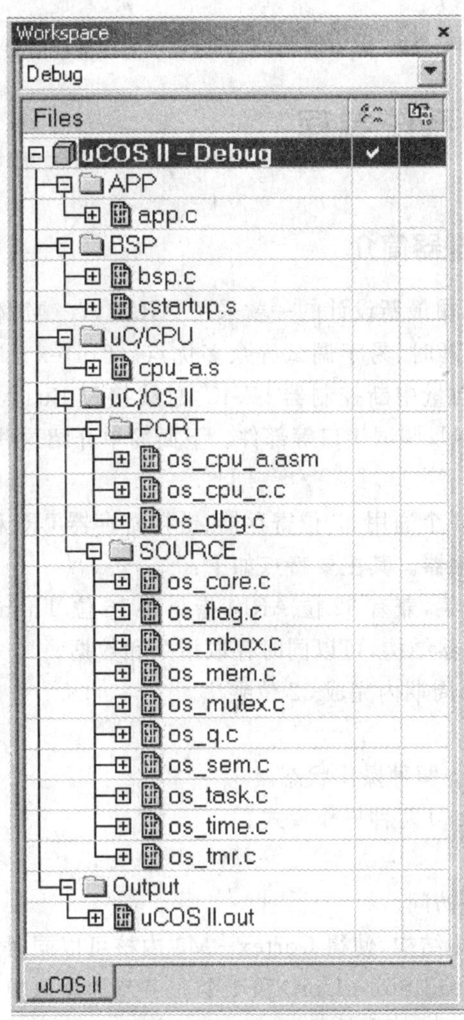

图 10－17 μC/OS－Ⅱ编程的工作区窗口

将 IAR J－Link 仿真器连接到 LPC2468 开发板和 PC 机的 USB 接口，单击 Project 下拉菜单中的 Download and Debug 选项，将可执行代码装入 LPC2468 开发板。启动程序全速运行，μC/OS－Ⅱ内核开始执行任务调度，本例中只有 3 个任务：App_TaskStart()，Tarsk1()和 Tarsk2()，调度的结果是这 3 个任务交替执行，从开发板上可以看到 2 个 LED 反复交替点亮。

IAR C－SPY 调试器支持 μC/OS－Ⅱ调试插件，利用该插件可以十分方便地在调试过程中，随时查看各个任务的执行状态以及存储器配置、事件标志组、邮箱、信号量等信息，图 10－18 所示为本例执行过程中的任务状态列表。

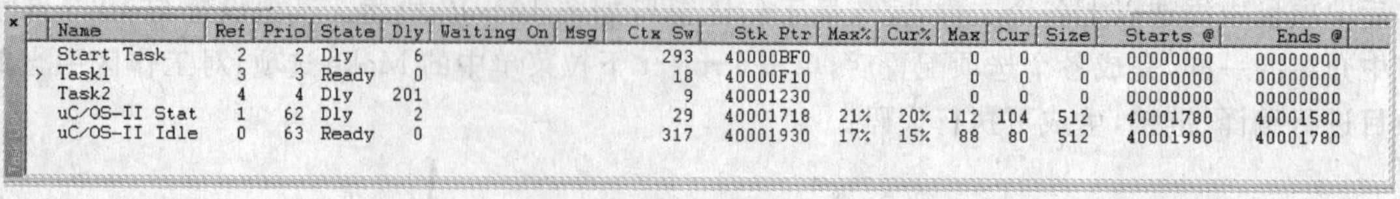

Name	Ref	Prio	State	Dly	Waiting On	Msg	Ctx Sw	Stk Ptr	Max%	Cur%	Max	Cur	Size	Starts @	Ends @
Start Task	2	2	Dly	6			293	40000BF0			0	0	0	00000000	00000000
> Task1	3	3	Ready	0			18	40000F10			0	0	0	00000000	00000000
Task2	4	4	Dly	201			9	40001230			0	0	0	00000000	00000000
uC/OS-II Stat	1	62	Dly	2			29	40001718	21%	20%	112	104	512	40001780	40001580
uC/OS-II Idle	0	63	Ready	0			317	40001930	17%	15%	88	80	512	40001980	40001780

图 10-18　μC/OS－II 执行过程中的任务状态列表

10.4　STM32 应用系统编程

10.4.1　Cortex-M3 处理器简介

Cortex-M3 是 ARM 公司最新设计的一款采用 ARM v7-M 体系结构的 32 位处理器，它具有低功耗、少门数、短中断延时、易于调试等众多优点。Cortex-M3 处理器在结构上主要包括：Cortex-M3 内核，嵌套向量中断控制器 NVIC，总线接口 Bus Matrix，Flash 转换及断点单元 FPB，存储器保护单元 MPU，调试接口等部件。下面简单介绍这些部件的主要特点。

1. Cortex-M3 内核

Cortex-M3 内核包括 13 个通用 32 位寄存器、链接寄存器 LR、程序计数器 PC、程序状态寄存器 xPSR、2 个堆栈指针寄存器。其主要特点如下：

- 使用 Thumb-2 指令集，兼有 32 位 ARM 指令和 16 位 Thumb 指令的优点。
- 采用 Harvard 式处理器结构，可以同时存取指令和数据。
- 3 级流水线，可以在单周期内完成 32 位乘法。
- 硬件除法。
- 具有 Thumb 和 Debug 两种操作状态。
- 具有 Handler 和 Thread 两种操作模式。
- 快速中断处理。
- 支持 ARM v6 非对齐访问。

由于采用 Harvard 处理器结构，使得 Cortex-M3 内核可以同时存取指令和数据，其存储器访问接口由存取单元 LSU(Load Store Unit)和 1 个 3 字节的预取单元(PreFetch Unit)PFU 组成。其中，LSU 用于分离来自 ALU 的存取操作，PFU 用于预取指令。PFU 的预取地址必须是字对齐的，如果 1 条 Thumb-2 指令是半字对齐的，预取这条指令将需要 2 次预取操作。由于 PFU 具有 3 字的缓存，可以确保预取第一条半字对齐的 Thumb-2 指令只需要 1 个延时周期。

2. NVIC

NVIC 是 Cortex-M3 处理器能够实现快速异常处理的关键，其主要特点如下：

- 外部中断数量可配置为 1～240 个。
- 用于表示优先权等级的位数可配置为 3～8。
- 支持电平和脉冲触发中断。
- 中断优先级可动态重置。
- 支持优先权分组。
- 支持尾链技术。

● 进入和退出中断无需指令，进入中断时可自动保存处理器状态，推出中断时可自动恢复处理器状态。

3. Bus Matrix

Bus Matrix 是 Cortex M3 内核、调试接口与外部总线之间的连接部件，其主要特点如下：

● ICode 总线，用于从代码空间预取指令及向量，是一个 32 位的 AHB－Lite 总线。

● DCode 总线，用于从代码空间存取数据或进行调试访问，也是一个 32 位的 AHB－Lite 总线。

● System 总线，用于从系统空间预取指令及向量、存取数据或进行调试访问，也是一个 32 位的 AHB－Lite 总线。

● PPB 总线，用于存取数据或进行调试访问，是一个 32 位的 APB 总线。

Bus Matrix 还负责实现非对齐访问、控制由位段别名到位段区域的转换访问以及写入缓冲等操作。

4. FPB

FPB 有 8 个比较器，用于实现从代码空间到系统空间的转换访问和硬件断点，其中：

● 6 个可独立配置的指令比较器，用于转换从代码空间到系统空间的指令预取，或执行硬件断点。

● 2 个常量比较器，用于转换从代码空间到系统空间的常量访问。

5. MPU

用于存储保护的 MPU 是 Cortex－M3 处理器的可选单元，有此单元，则处理器支持标准 ARM v7 保护存储系统结构模型。MPU 提供如下支持：

● 存储保护，包含 8 个存储区域和 1 个可选的后台区域。

● 保护区域重叠。

● 访问允许控制。

● 向系统传递存储器属性。

通过以上支持，MPU 可以实现存储管理优先规则、分离存储过程以及存储访问规则。

6. DWT，ITM，ETM，TPIU，SW/SWJ－DP

这些都属于调试接口单元，可灵活配置使用。DWT 参与实现以下调试功能：

● 有 4 个比较器可配置为硬件断点、ETM 触发器、PC 采样事件触发器或数据地址采样触发器。

● 有几个计数器或数据匹配事件触发器用于性能剖析。

● 可配置用于在定义的时间间隔发出 PC 采样信息，而且可发出中断事件信息。

ITM 是一个应用驱动跟踪器，支持应用事件跟踪和 printf 类型的调试，它支持如下跟踪信息源：

● 软件跟踪，软件可直接写入 ITM 单元内部的激励寄存器，使之向外发出相关信息包。

● 硬件跟踪，DWT 产生的信息包由 ITM 向外发送。

● 时间戳，ITM 可产生于所发送信息包相关的时间戳包，并向外发送。

ETM 单元是一个仅支持指令跟踪的低成本高速跟踪宏单元，对于 Cortex－M3 处理器而言是可选的。通过 ETM 发出的数据，可以重构程序执行过程。不过 ETM 的数据量非常大，对于外部硬件跟踪设备和工具软件的要求都比较高。

TPIU 单元是 ITM 单元、ETM 单元与片外跟踪分析器之间传递跟踪数据的桥梁。TPIU 可配置为仅支持 TIM 调试跟踪，由于 ITM 数据量不大，因此可使用低成本的串行跟踪，也可以配置为支持 ITM 与 ETM 的调试跟踪，这时必须使用高带宽的跟踪。

SW/SWJ－DP 调试接口可以提供对处理器内部所有寄存器和存储器的访问。该调试接口通过处理器内部的 AHB－AP 来实现调试访问。对于该调试接口，有 2 种可能的外部调试方法：

- 串行 JTAG 调试接口 SWJ－DP 是一个结合 JTAG－DP 和 SW－DP 的标准调试接口。
- SW－DP 调试接口，通过 2 根引脚(Clock＋Data)实现与处理器内部 AHB－AP 的接口。

10.4.2 异常处理

Cortex－M3 处理器将复位、不可屏蔽中断、外部中断、故障等都统一为异常，异常包含多种类型。故障(Fault)是指令执行时由于错误的条件所导致的异常。故障可以分为同步故障和异步故障，同步故障是当指令产生错误时就同时报告错误，而异步故障则是当指令产生错误时无法保证同时报告错误。

Cortex－M3 处理器与 NVIC 对所有异常进行优先级划分和处理。所有异常处理均在 Handler 模式下进行。出现异常时，处理器的状态被自动保存到堆栈中，在中断服务程序结束之后，自动从堆栈中恢复处理器的状态。获取中断向量和状态保存是同时进行的，从而提高了进入中断处理的效率。Cortex－M3 处理器支持尾链技术，即当发生背靠背中断时，无需保存和恢复状态，而是继续执行。

表 10－94 列出了异常的类型、位置偏移和优先级。位置偏移是指中断向量在中断向量表中的位置，是相对中断向量表开始处的字偏移。优先级的值越小，优先级别越高。

表 10－94　异常的类型

异常类型	位置偏移	优先级	说　明
—	0	—	复位时加载向量表中第一项作为栈顶地址
复位	1	－3(最高)	上电和热复位时调用，在执行第一条指令时，优先级下降到最低(Thread 模式)，异步故障
不可屏蔽中断	2	－2	除了复位，它不能被任何中断所中止或抢占，异步故障
硬故障	3	－1	如果故障由于优先级或可配置的故障处理程序被禁止而不能激活时，此时所有这些故障均为硬故障，同步故障
存储管理	4	可配置*	存储保护单元 MPU 不匹配，包括不可访问和不匹配，同步故障，也用于 MPU 不可用和不存在的情况
总线故障	5	可配置**	预取出错，存储器访问错误，以及其他地址/存储器相关错误，当为精确的总线故障时是同步故障，不精确时是异步故障
应用故障	6	可配置	应用错误，如执行未定义的指令或试图进行非法的转换，同步故障
—	7～10	—	保留。
SVCall	11	可配置	使用 SVC 指令进行系统服务调用，同步故障

续表 10-94

异常类型	位置偏移	优先级	说明
调试监视异常	12	可配置	调试监视异常(当没有停止时),同步故障,仅在允许时有效,如果它的优先级比当前激活的处理程序优先级更低,则不能激活
—	13	—	保留
PendSV	14	可配置	系统服务的可挂起请求,异步故障,只能由软件挂起
SysTick	15	可配置	用于系统节拍定时器,异步故障
外部中断	16	可配置	由外部发出的中断,INTISR[239:0],传递给NVIC,异步故障。

注:* 该异常的优先级可调整,可设置范围是NVIC优先级范围值0~N,N为可执行的最高优先级。这里用户可配置的最高优先级为4。

* * 允许或禁止该异常。

在进行一场处理时,优先级决定了处理器何时以及如何进行异常处理。Cortex-M3处理器通过NVIC支持软件设置优先级,通过改写中断优先级寄存器的PRI_N字段可设置优先级的范围为0~255,硬件优先级随着中断号的增加而减小,0为最高,255为最低。通过软件设置的优先级权限高于硬件优先级。例如设置IRQ[0]的优先级为1,IRQ[31]的优先级为0,则IRQ[31]的优先级比IRQ[0]的优先级高。通过软件设置的优先级对于复位、不可屏蔽中断和硬件故障没有影响。当多个中断具有相同的优先级时,拥有最小中断号的挂起中断优先执行。例如,IRQ[0]和IRQ[1]的优先级都为1,则IRQ[0]优先执行。

为了能更好地对大量中断进行优先级管理和控制,NVIC支持优先级分组。通过设定应用中断和复位控制寄存器中的PRIGROUP字段,可以将PRI_N字段分成两部分:抢占优先级和次要优先级,它们共同作用决定异常的优先级。当两个挂起的异常具有完全相同的优先级时,硬件位置编号低的异常优先被激活。

没有异常发生时,处理器处于Thread模式。当进入中断处理或故障处理被激活时,处理器将进入Handler模式。不同异常处理所对应的处理器工作模式、访问特权级别以及堆栈的使用是有所不同的,也就是活动等级不同。

处理器在处理异常时,会将程序计数器PC、状态寄存器xPSR、工作寄存器R0~R3、链接寄存器LR等依次保存到堆栈中,完成操作后堆栈指针SP向后移动8字节。寄存器入栈后,处理器将读取向量表中的向量、更新PC值、开始执行中断服务程序。

为了提高处理器对异常处理的效率和速度,Cortex-M3提供了抢占、尾链以及迟到等处理机制。

从异常返回时,处理器可能处于以下情况之一:

- 尾链到一个已经挂起的异常,该异常比堆栈中所有其他异常的优先级都高。
- 如果没有挂起的异常,或堆栈中最高优先级异常比挂起的异常优先级更高,则返回到最近一个已经入栈的中断服务程序。
- 如果没有已经挂起或位于堆栈中的异常,则返回到Thread模式。

10.4.3 STM32 系列处理器结构特点

美国 ST 公司于 2007 年推出基于 Cortex－M3 内核的 STM32 系列处理器，分为 STM32F101 标准系列和 STM32F103 增强系列。STM32F101 的工作频率为 36 MHz，STM32F103 的工作频率为 72 MHz，且带有更多的片内 RAM 和更丰富的外设功能。这两个系列的芯片拥有相同的片内 Flash 选项，在软件和引脚封装方面都是兼容的。

STM32 系列处理器采用 ARM 公司最新的 Cortex－M3 内核，具有 3 种低功耗模式和灵活的时钟控制机制，用户可以根据自己的要求进行合理优化。具有单独供电的内部实时时钟 RTC，既可以使用 32 kHz 的外部晶振频率，也可以使用内部 RC 电路提供的频率，并且还包含 20 字节的 RAM。

STM32 系列处理器具有性能出众片上外设功能，这来源于它的双 APB 总线结构，其中一个高速 APB(速度可达 CPU 的运行频率)，使得连接到该总线的外设能以更高的速度运行。STM32 系列处理器的主要特点如下：

- USB 接口可达 12Mbit/s。
- USART 接口可达 4.5 Mbit/s。
- SPI 接口可达 18 Mbit/s。
- I^2C 接口可达 400 kHz。
- GPIO 的最大翻转频率为 18 MHz。
- PWM 定时器最高可使用 72 MHz 时钟输入。

针对电机控制应用，STM32 处理器对片上外设功能进行一些创新，在增强型芯片内嵌了非常适合三相无刷电机控制的定时器和 A/D 转换器，其高级 PWM 定时器可以提供：

- 6 路 PWM 输出。
- 死区产生。
- 边沿对齐和中心对称波形。
- 紧急故障停机、可与 2 路 ADC 同步、与其他定时器同步。
- 可编程防范机制可用于对寄存器的非法写入。
- 编码器输入接口。
- 霍尔传感器接口。
- 完整的向量控制环。

双 ADC 结构允许进行双通道采样保持操作，以实现 12 位精度、1 μs 的 A/D 转换。ADC 由 2 个工作在非连续模式的独立时序控制，具有多个触发器，并且每个通道的采样时间都可编程。

STM32 系列处理器实现了最大限度的集成，尽可能减少对外部器件的要求。主要表现在：

- 内嵌电源监控器，带有上电复位、低电压检测、调电监测、自带时钟的看门狗定时器。
- 一个主晶振可以驱动整个系统，采用低成本的 4～16 MHz 晶振即可驱动 CPU，USB 以及所有片上外设，内嵌 PLL 可产生多种频率，可以为片内 RTC 选择 32 kHz 的外部晶振。
- 内嵌精确 8 MHz 的 RC 振荡电路，可用作主时钟频率，同时还有针对 RTC 或看门狗的低频率 RC 电路。

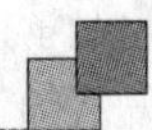

● 处理器易于开发，可使产品快速进入市场。

STM32F10x 系列处理器内部结构如图 10－19 所示，不同型号芯片的具体配置有所不同。

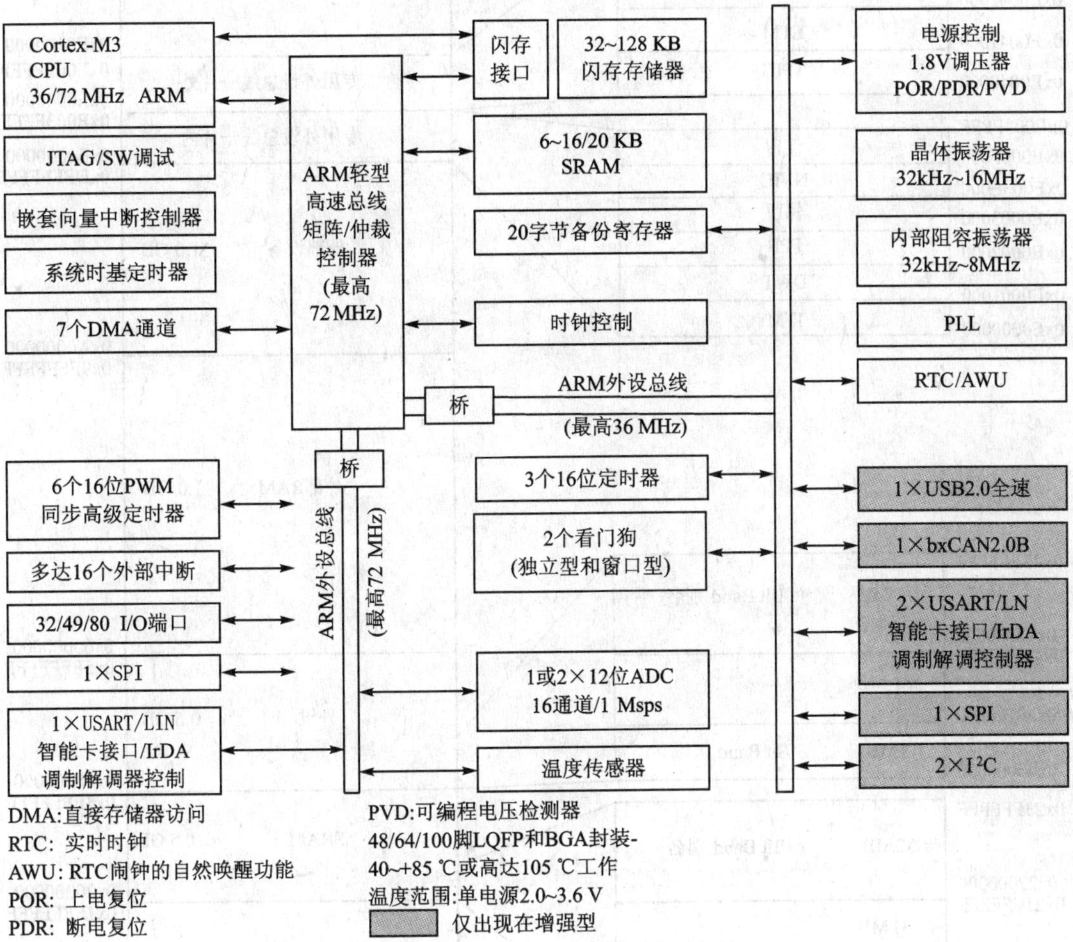

Cortex-M3 CPU 36/72 MHz ARM
JTAG/SW调试
嵌套向量中断控制器
系统时基定时器
7个DMA通道
ARM轻型高速总线矩阵/仲裁控制器(最高72 MHz)
闪存接口
32~128 KB 闪存存储器
6~16/20 KB SRAM
20字节备份寄存器
时钟控制
桥
ARM外设总线(最高36 MHz)
电源控制 1.8V调压器 POR/PDR/PVD
晶体振荡器 32kHz~16MHz
内部阻容振荡器 32kHz~8MHz
PLL
RTC/AWU
桥
ARM外设总线(最高72 MHz)
6个16位PWM同步高级定时器
多达16个外部中断
32/49/80 I/O端口
1×SPI
1×USART/LIN 智能卡接口/IrDA 调制解调器控制
3个16位定时器
2个看门狗(独立型和窗口型)
1或2×12位ADC 16通道/1 Msps
温度传感器
1×USB2.0全速
1×bxCAN2.0B
2×USART/LN 智能卡接口/IrDA 调制解调控制器
1×SPI
2×I²C
DMA:直接存储器访问
RTC: 实时时钟
AWU: RTC闹钟的自然唤醒功能
POR: 上电复位
PDR: 断电复位
PVD:可编程电压检测器
48/64/100脚LQFP和BGA封装-40~+85 ℃或高达105 ℃工作
温度范围:单电源2.0~3.6 V
仅出现在增强型

图 10－19　STM32F10x 系列处理器的内部结构框图

10.4.4　存储器结构

Cortex－M3 的存储系统采用统一编址，程序存储器、数据存储器、工作寄存器以及输入/输出端口被安排在同一个 4 GB 的现行地址空间内，其中片内 Flash 的起始地址为 0x00000000，片内 SRAM 的起始地址为 0x20000000，如图 10－20 所示。

STM32 系列处理器将可访问的存储器空间分成 8 个主块，每块 512 MB。其中分配给片上外设的地址空间如表 10－95 所列，如果某一款处理器不带有某个片上外设，则该地址范围保留。

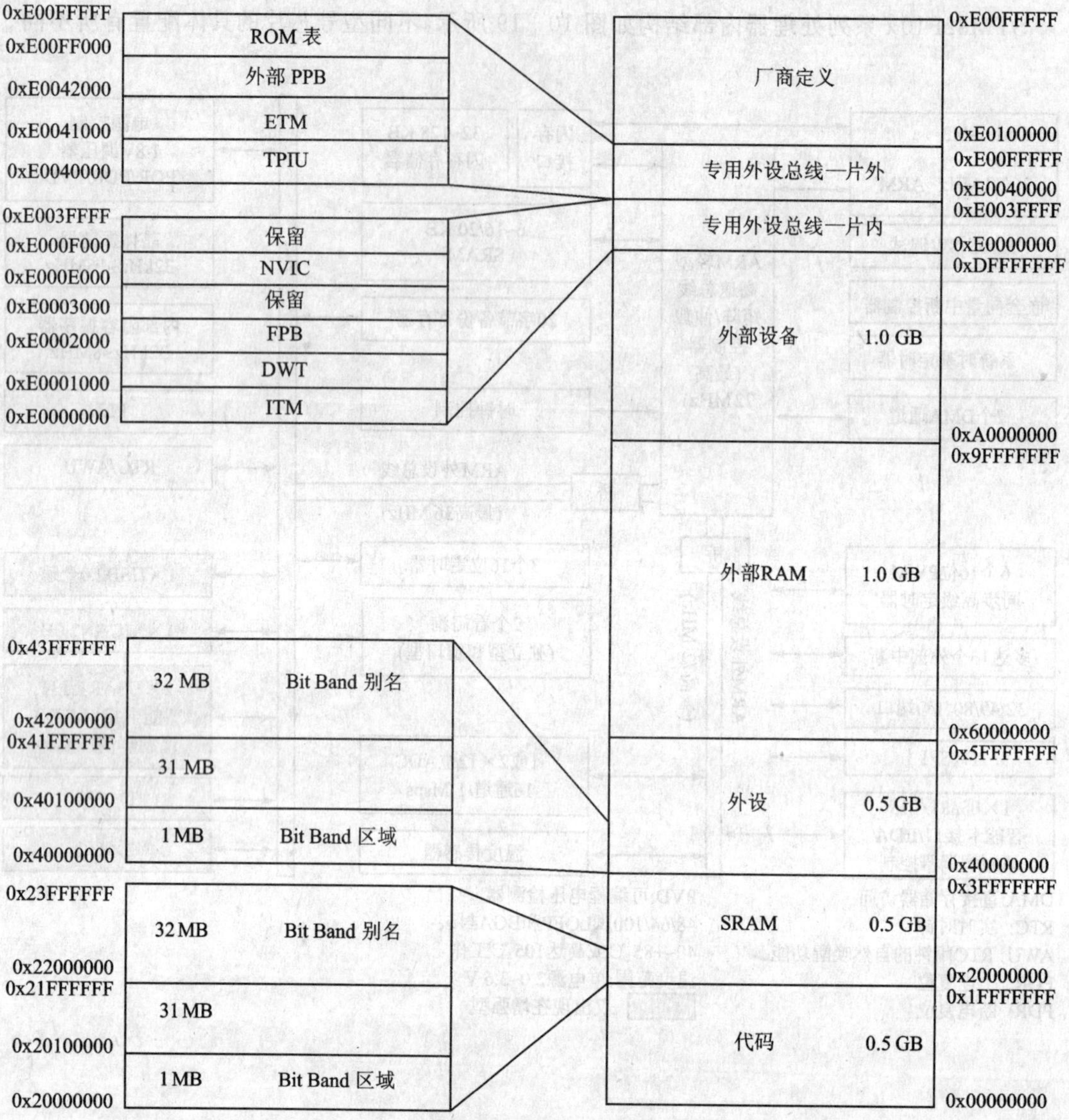

图 10-20　Cortex-M3 处理器的存储器映射

系统启动后，CPU 从位于 0x00000000 地址处的启动区开始执行代码，对于 STM32F10x 系列处理器，可以通过配置 BOOT[1：0]引脚，选择 3 种不同的启动模式，如表 10-96 所列。通过配置 BOOT[1：0]引脚，各种不同启动模式对应的存储器物理地址将被映射到第 0 块存储器空间（启动区）。即使某块存储区被映射为启动区，仍可在其原先的存储空间地址内访问相关的存储单元。系统复位后，在 SYSCLK 引脚的第 4 个上升沿，BOOT 引脚的值将被锁存。因此用户可以通过设置 BOOT1 和 BOOT0 引脚的状态来选择复位后的启动模式。

表 10-95 STM32 系列处理器片上外设地址映射表

起始地址	外 设	总 线	起始地址	外 设	总 线
0x40022400～0x40023FFF	保留	AHB	0x40006800～0x40006BFF	保留	APB2
0x40022000～0x400223FF	Flash 接口		0x40006400～0x400067FF	bxCAN	
0x40021400～0x40021FFF	保留		0x40006000～0x400063FF	USB SRAM 256×16 位	
0x40021000～0x400213FF	复位与时钟		0x40005C00～0x40005FFF	USB 寄存器	
0x40020400～0x40020FFF	保留		0x40005800～0x40005BFF	I^{2}C2	
0x40020000～0x400203FF	DMA		0x40005400～0x400057FF	I^{2}C2	
0x40013C00～0x40013FFF	保留	APB1	0x40005000～0x400053FF	UART5	
0x40013800～0x40013BFF	USART1		0x40004C00～0x40004FFF	UART4	
0x40013400～0x400137FF	TIM8		0x40004800～0x40004BFF	USART3	
0x40013000～0x400133FF	SPI1		0x40004400～0x400047FF	USART2	
0x40012C00～0x40012FFF	TIM1 时钟		0x40004000～0x400043FF	保留	
0x40012800～0x40012BFF	ADC2		0x40003C00～0x40003FFF	SPI3/I^{2}S	
0x40012400～0x400127FF	ADC1		0x40003800～0x40003BFF	SPI2/I^{2}S	
0x40012000～0x400123FF	GPIO 端口 G		0x40003400～0x400037FF	保留	
0x40011C00～0x40011FFF	GPIO 端口 F		0x40003000～0x400033FF	独立看门狗 IWDG	
0x40011800～0x40011BFF	GPIO 端口 E		0x40002C00～0x40002FFF	窗口看门狗 (WWDG)	
0x40011400～0x400117FF	GPIO 端口 D		0x40002800～0x40002BFF	RTC	
0x40011000～0x400113FF	GPIO 端口 C		0x40001800～0x400027FF	保留	
0x40010C00～0x40010FFF	GPIO 端口 B		0x40001400～0x400017FF	TIM7 定时器	
0x40010800～0x40010BFF	GPIO 端口 A		0x40001000～0x400013FF	TIM6 定时器	
0x40010400～0x400107FF	EXT1		0x40000C00～0x40000FFF	TIM5 定时器	
0x40010000～0x400103FF	AFIOV		0x40000800～0x40000BFF	TIM4 定时器	
0x40007800～0x4000FFFF	保留		0x40000400～0x400007FF	TIM3 定时器	
0x40007400～0x400077FF	DAC		0x40000000～0x400003FF	TIM2 定时器	
0x40007000～0x400073FF	电源控制				
0x40006C00～0x40006FFF	后备寄存器				

表 10-96 启动模式配置

启动模式选择引脚		启动模式	说 明
BOOT1	BOOT0		
x	0	用户 Flash 存储器	将用户 Flash 存储器作为启动区
0	1	系统存储器	将系统存储器作为启动区
1	1	内部 SRAM	将内部 SRAM 作为启动区

10.4.5 通用 I/O 端口应用编程

STM32F10x 处理器共有 7 个 GPIO 端口 A～G，每个端口有 16 根引脚。每个 GPIO 端口对应 2 个 32 位配置寄存器 GPIOx_CRL 和 GPIOx_CRH，2 个 32 位数据寄存器 GPIOx_IDR 和 GPIOx_ODR，1 个 32 位/置位/复位寄存器 GPIOx_BSRR，1 个 16 位复位寄存器 GPIOx_BRR，1 个 32 位锁定寄存器 GPIOx_LCKR。这些寄存器必须以 32 位字的形式访问，不能以半字或字节的形式访问。

通过配置寄存器很容易将各个端口根据需要配置为不同的输入/输出形式。在运行程序之前，必须对每个用到的引脚进行配置。许多引脚都具有复用功能，如果某个引脚的复用功能没有使用，可先将该引脚配置为输入/输出。复位后默认不激活端口引脚的复用功能，I/O 端口被配置为浮空输入模式。在输入模式下，输出是断开的。当配置为输出模式时，写到输出寄存器的值被传递给端口对应的引脚。在输出模式下，输入是允许的。下面详细介绍与通用 I/O 端口编程有关的寄存器功能。

1. 端口低位配置寄存器

端口低位配置寄存器 GPIOA_CRL～GPIOG_CRL，用于设置端口低 8 位的工作模式，如图 10－21所示，rw 表示可读/写。寄存器各位的功能如表 10－97 所列。

31 30	29 28	27 26	25 24	23 22	21 20	19 18	17 16
CNF7[1:0]	MODE7[1:0]	CNF6[1:0]	MODE6[1:0]	CNF5[1:0]	MODE5[1:0]	CNF4[1:0]	MODE4[1:0]
rw rw	rw rw	rw rw	rw rw	rw rw	rw rw	rw rw	rw rw
15 14	**13 12**	**11 10**	**9 8**	**7 6**	**5 4**	**3 2**	**1 0**
CNF3[1:0]	MODE3[1:0]	CNF2[1:0]	MODE2[1:0]	CNF1[1:0]	MODE1[1:0]	CNF0[1:0]	MODE0[1:0]
rw rw	rw rw	rw rw	rw rw	rw rw	rw rw	rw rw	rw rw

图 10－21 端口低位配置寄存器

表 10－97 端口低位配置寄存器功能

位	功能说明	复位值
31：30，27：26，23：22，19：18，15：14，11：10，7：6，3：2	CNFx[1：0]，端口 x 的配置位(x ＝ 0～7)。 输入模式(MODE[1：0]＝00)： 00：模拟输入模式， 01：浮空输入模式(复位后的状态)， 10：上拉/下拉输入模式， 11：保留。 输出模式(MODE[1：0]＞00)： 00：通用推挽输出模式， 01：通用开漏输出模式， 10：复用功能推挽输出模式， 11：复用功能开漏输出模式	0x44444444
29：28，25：24，21：20，17：16，13：12，9：8，5：4，1：0	MODEx[1：0]：端口 x 的模式位(x ＝ 0～7)。 00：输入模式(复位后的状态)， 01：输出模式，最大速度为 10 MHz， 10：输出模式，最大速度为 2 MHz，11：输出模式，最大速度为 50 MHz	

2. 端口高位配置寄存器

端口高位配置寄存器 GPIOA_CRH～GPIOG_CRH，用于设置端口高 8 位的工作模式，如图

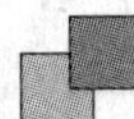

10－22 所示，rw 表示可读/写。寄存器各位的功能如表 10－98 所列。

31 30	29 28	27 26	25 24	23 22	21 20	19 18	17 16
CNF15[1:0]	MODE15[1:0]	CNF14[1:0]	MODE14[1:0]	CNF13[1:0]	MODE13[1:0]	CNF12[1:0]	MODE12[1:0]
rw rw	rw rw	rw rw	rw rw	rw rw	rw rw	rw rw	rw rw
15 14	**13 12**	**11 10**	**9 8**	**7 6**	**5 4**	**3 2**	**1 0**
CNF11[1:0]	MODE11[1:0]	CNF10[1:0]	MODE10[1:0]	CNF9[1:0]	MODE9[1:0]	CNF8[1:0]	MODE8[1:0]
rw rw	rw rw	rw rw	rw rw	rw rw	rw rw	rw rw	rw rw

图 10－22 端口高位配置寄存器

表 10－98 端口高位配置寄存器功能

位	功能说明	复位值
31：30,27：26, 23：22,19：18, 15：14,11：10, 7：6,3：2	CNFx[1：0]，端口 x 的配置位(x＝8～15)。 输入模式(MODE[1：0]＝00)： 00：模拟输入模式，　　01：浮空输入模式(复位后的状态)， 10：上拉/下拉输入模式，　　11：保留。 输出模式(MODE[1：0]＞00)： 00：通用推挽输出模式，　　01：通用开漏输出模式， 10：复用功能推挽输出模式，　　11：复用功能开漏输出模式	0x44444444
29：28,25：24, 21：20,17：16, 13：12,9：8, 5：4,1：0	MODEx[1：0]：端口 x 的模式位(x ＝ 8～15)。 00：输入模式(复位后的状态)，　　01：输出模式，最大速度为 10 MHz， 10：输出模式，最大速度为 2 MHz，　　11：输出模式，最大速度为 50 MHz	

3. 端口数据输入寄存器

如果端口被配置为输入，则可以从端口数据输入寄存器 GPIOA_IDR～GPIOG_IDR 的相应位读取数据，如图 10－23 所示，r 表示只读，其中低 16 位分别对应每个引脚，高 16 位保留。该寄存器的复位值为 0x00000000，并且只能以字的形式读取数据。

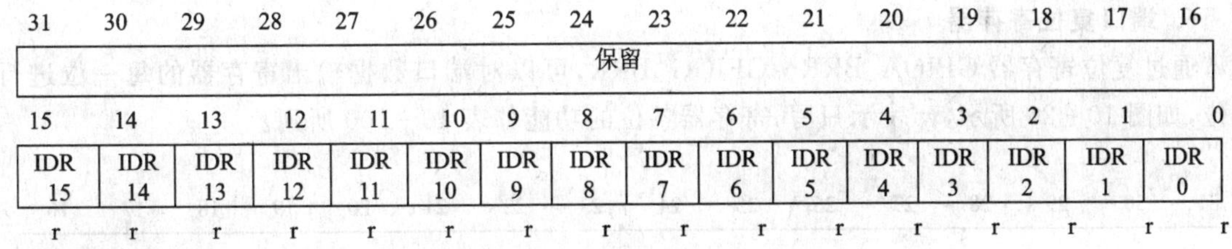

31	30	29	28	27	26	25	24	23	22	21	20	19	18	17	16
保留															
15	**14**	**13**	**12**	**11**	**10**	**9**	**8**	**7**	**6**	**5**	**4**	**3**	**2**	**1**	**0**
IDR 15	IDR 14	IDR 13	IDR 12	IDR 11	IDR 10	IDR 9	IDR 8	IDR 7	IDR 6	IDR 5	IDR 4	IDR 3	IDR 2	IDR 1	IDR 0
r	r	r	r	r	r	r	r	r	r	r	r	r	r	r	r

图 10－23 端口数据输入寄存器

4. 端口数据输出寄存器

如果端口被配置为输出，则可以从端口数据输出寄存器 GPIOA_ODR～GPIOG_ODR 的相应位进行置位或复位，如图 10－24 所示，rw 表示可读/写，其中低 16 位分别对应每个引脚，高 16 位保留。该寄存器的复位值为 0x00000000，并且只能以字的形式进行读/写。

31	30	29	28	27	26	25	24	23	22	21	20	19	18	17	16
保留															
15	14	13	12	11	10	9	8	7	6	5	4	3	2	1	0
ODR 15	ODR 14	ODR 13	ODR 12	ODR 11	ODR 10	ODR 9	ODR 8	ODR 7	ODR 6	ODR 5	ODR 4	ODR 3	ODR 2	ODR 1	ODR 0
rw	rw	rw	rw	rw	rw	rw	rw	rw	rw	rw	rw	rw	rw	rw	rw

图 10-24　端口数据输出寄存器

5. 端口置位复位寄存器

通过置位复位寄存器 GPIOA_BSRR～GPIOG_BSRR，可以对端口数据输出寄存器的每一位进行置位或复位，如图 10-25 所示，w 表示只写，寄存器各位的功能如表 10-99 所列。

31	30	29	28	27	26	25	24	23	22	21	20	19	18	17	16
BR15	BR14	BR13	BR12	BR11	BR10	BR9	BR8	BR7	BR6	BR5	BR4	BR3	BR2	BR1	BR0
w	w	w	w	w	w	w	w	w	w	w	w	w	w	w	w
15	14	13	12	11	10	9	8	7	6	5	4	3	2	1	0
BS15	BS14	BS13	BS12	BS11	BS10	BS9	BS8	BS7	BS6	BS5	BS4	BS3	BS2	BS1	BS0
w	w	w	w	w	w	w	w	w	w	w	w	w	w	w	w

图 10-25　端口置位复位寄存器

表 10-99　端口置位复位寄存器功能

位	功能说明	复位值
31：16	BRx：清 0 位 x（x = 0～15），这些位只能以字的形式写入。 0：对应的 ODRx 位不产生影响，　1：清 0 对应的 ODRx 位 注意：如果同时设置了 BSx 和 BRx 的对应位，BSx 位起作用	0x00000000
15：0	BSx：置 1 位 x（x = 0～15）这些位只能以字的形式写入。 0：对应的 ODRx 位不产生影响，　1：置 1 对应的 ODRx 位	

6. 端口复位寄存器

通过复位寄存器 GPIOA_BRR～GPIOG_BRR，可以对端口数据输出寄存器的每一位进行复位，如图 10-26 所示，w 表示只写，寄存器各位的功能如表 10-100 所列。

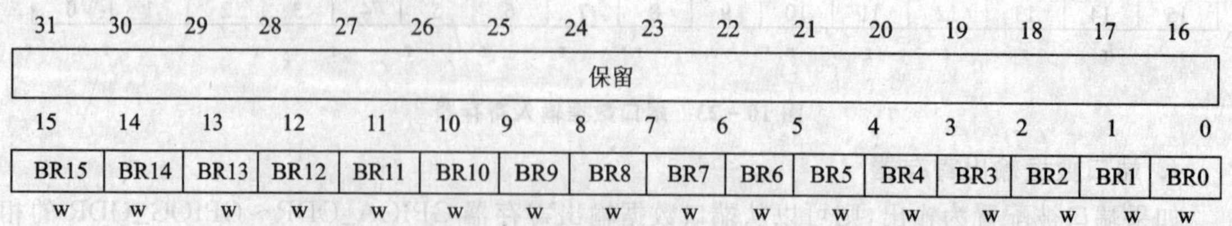

31	30	29	28	27	26	25	24	23	22	21	20	19	18	17	16
保留															
15	14	13	12	11	10	9	8	7	6	5	4	3	2	1	0
BR15	BR14	BR13	BR12	BR11	BR10	BR9	BR8	BR7	BR6	BR5	BR4	BR3	BR2	BR1	BR0
w	w	w	w	w	w	w	w	w	w	w	w	w	w	w	w

图 10-26　端口复位寄存器

表 10-100 端口复位寄存器功能

位	功能说明	复位值
31：16	保留	0x00000000
15：0	BRx：清0位 x（x = 0～15），这些位只能以字的形式写入。 0：对应的 ODRx 位不产生影响， 1：清0对应的 ODRx 位	

7. 端口配置锁定寄存器

端口配置锁定寄存器 GPIOA_LCKR～GPIOG_LCKR 用于锁定控制寄存器(CRL,CRH)相应的4位，如图10-27所示，rw表示可读/写。寄存器各位的功能如表10-101所列。

31	30	29	28	27	26	25	24	23	22	21	20	19	18	17	16
保留															LCKK

15	14	13	12	11	10	9	8	7	6	5	4	3	2	1	0
LCK 15	LCK 14	LCK 13	LCK 12	LCK 11	LCK 10	LCK 9	LCK 8	LCK 7	LCK 6	LCK 5	LCK 4	LCK 3	LCK 2	LCK 1	LCK 0
rw	rw	rw	rw	rw	rw	rw	rw	rw	rw	rw	rw	rw	rw	rw	rw

图 10-27 端口配置锁定寄存器

表 10-101 端口配置锁定寄存器功能

位	功能说明	复位值
31：17	保留	0x00000000
16	LCKK：LCKx(x=0～15)锁键，可随时读出，但只可通过锁键写入序列修改。 0：端口配置锁键位激活； 1：端口配置锁键位被激活，下次系统复位前 GPIOx_LCKR 寄存器被锁住。 锁键的写入序列：写1→写0→写1→读0→读1 最后一个读可省略，但可用来确认锁键已被激活。 注意：在操作锁键的写入序列时，不能改变 LCK[15：0]的值。操作锁键写入序列中的任何错误将不能激活锁键	
15：0	LCKx：锁位 x（x = 0～5）。 这些位可读/写，但只能在 LCKK 位为0时写入。 0：不锁定端口的配置， 1：锁定端口的配置	

【例10-10】 通用I/O端口应用编程。在IAR STM32开发评估板上通过编程，将通用I/O端口的PB.6～PB.7引脚配置为输出，控制2个LED灯的点亮或熄灭。引脚输出高电平，则LED点亮；输出低电平，则LED熄灭。

为用户编程方便，ST公司提供了一套针对STM32系列处理器的应用固件库：STM32 Firmware Library，其中包括STM32系列处理器几乎所有功能部件的固件模块，应用时只要根据不同需要将相应模块包含到自己的项目中去即可。本例需要用到如下固件模块及其相关头文件：

① 复位与时钟固件模块文件 stm32f10x_rcc.c；

② 嵌套向量中断控制器固件模块文件 stm32f10x_nvic.c；

③ 外设指针初始化固件模块文件 stm32f10x_lib. c；

④ 通用 I/O 端口固件模块文件 stm32f10x_gpio. c；

⑤ Flash 存储器操作固件模块文件 stm32f10x_flash. c。

限于篇幅，这里不对固件库文件进行详细介绍。除了固件库文件之外，还需要编写用户程序实现所要求的功能。

用户主程序文件 main. c 列表如下：

```
#include "stm32f10x_lib.h"
#include "platform_config.h"
GPIO_InitTypeDef GPIO_InitStructure;
ErrorStatus HSEStartUpStatus;
void RCC_Configuration(void);
void NVIC_Configuration(void);
void Delay(vu32 nCount);

/*********************************************************
 * * 函数名：main()
 * * 功能：   用户主程序
 * * 输入：   无
 * * 输出：   无
 * * 返回值：无
*********************************************************/
int main(void)
{
  RCC_Configuration();                                          //系统时钟配置
  NVIC_Configuration();                                         //嵌套向量控制器配置

  /*将所有未使用的 GPIO 引脚配置为模拟输入，以降低功耗和减少干扰 */
  RCC_APB2PeriphClockCmd(RCC_APB2Periph_GPIOA | RCC_APB2Periph_GPIOB |
                         RCC_APB2Periph_GPIOC | RCC_APB2Periph_GPIOD |
                         RCC_APB2Periph_GPIOE, ENABLE);
  GPIO_InitStructure.GPIO_Pin = GPIO_Pin_All;
  GPIO_InitStructure.GPIO_Mode = GPIO_Mode_AIN;
  GPIO_Init(GPIOA, &GPIO_InitStructure);
  GPIO_Init(GPIOB, &GPIO_InitStructure);
  GPIO_Init(GPIOC, &GPIO_InitStructure);
  GPIO_Init(GPIOD, &GPIO_InitStructure);
  GPIO_Init(GPIOE, &GPIO_InitStructure);
  RCC_APB2PeriphClockCmd(RCC_APB2Periph_GPIOA | RCC_APB2Periph_GPIOB |
                         RCC_APB2Periph_GPIOC | RCC_APB2Periph_GPIOD |
                         RCC_APB2Periph_GPIOE, DISABLE);

  /*配置用于点亮 LED 灯的 GPIO 引脚，使能 GPIO 时钟 */
  RCC_APB2PeriphClockCmd(RCC_APB2Periph_GPIO_LED, ENABLE);
  GPIO_InitStructure.GPIO_Pin = GPIO_Pin_6 | GPIO_Pin_7 | GPIO_Pin_8 |
                                GPIO_Pin_9;
```

```
  GPIO_InitStructure.GPIO_Mode = GPIO_Mode_Out_PP;
  GPIO_InitStructure.GPIO_Speed = GPIO_Speed_50MHz;
  GPIO_Init(GPIO_LED, &GPIO_InitStructure);

  while (1)
  {
    GPIO_ResetBits(GPIO_LED, GPIO_Pin_7);                          //熄灭 LED1
    Delay(0xAFFFF);                                                //延时
    GPIO_SetBits(GPIO_LED, GPIO_Pin_6);                            //点亮 LED2
    Delay(0xAFFFF);                                                //延时

    GPIO_ResetBits(GPIO_LED, GPIO_Pin_6);                          //熄灭 LED2
    Delay(0xAFFFF);                                                //延时
    GPIO_SetBits(GPIO_LED, GPIO_Pin_7 );                           //点亮 LED1
    Delay(0xAFFFF);                                                //延时
  }
}

/*****************************************************
* * 函数名：RCC_Configuration()
* * 功能：  配置系统时钟
* * 输入：  无
* * 输出：  无
* * 返回值：无
*****************************************************/
void RCC_Configuration(void)
{
  RCC_DeInit();                                                    //RCC 系统复位(用于调试)
  RCC_HSEConfig(RCC_HSE_ON);                                       //使能 HSE
  HSEStartUpStatus = RCC_WaitForHSEStartUp();                      //等待 HSE 稳定

  if(HSEStartUpStatus == SUCCESS)
  {
    FLASH_PrefetchBufferCmd(FLASH_PrefetchBuffer_Enable);          //使能预取缓冲
    FLASH_SetLatency(FLASH_Latency_2);                             //Flash 2 等待状态
    RCC_HCLKConfig(RCC_SYSCLK_Div1);                               //HCLK = SYSCLK
    RCC_PCLK2Config(RCC_HCLK_Div1);                                //PCLK2 = HCLK
    RCC_PCLK1Config(RCC_HCLK_Div2);                                //PCLK1 = HCLK/2
    RCC_PLLConfig(RCC_PLLSource_HSE_Div1, RCC_PLLMul_9);           //PLLCLK = 72 MHz
    RCC_PLLCmd(ENABLE);                                            //使能 PLL
    while(RCC_GetFlagStatus(RCC_FLAG_PLLRDY) == RESET)             //等待 PLL 稳定
    {
    }
    RCC_SYSCLKConfig(RCC_SYSCLKSource_PLLCLK);                     //选择 PLL 作为系统时钟源
    while(RCC_GetSYSCLKSource() ! = 0x08)                          //等待 PLL 被用作系统时钟源
    {
    }
```

```
  }
}

/******************************************************************
* * 函数名: NVIC_Configuration()
* * 功能:   配置中断向量表基地址
* * 输入:   无
* * 输出:   无
* * 返回值: 无
******************************************************************/
void NVIC_Configuration(void)
{
#ifdef  VECT_TAB_RAM
  NVIC_SetVectorTable(NVIC_VectTab_RAM, 0x0);                  //基地址为 0x20000000
#else  /* VECT_TAB_FLASH  */
  NVIC_SetVectorTable(NVIC_VectTab_FLASH, 0x0);                //基地址为 0x80000000
#endif
}

/******************************************************************
* * 函数名: Delay()
* * 功能:   插入延时
* * 输入:   无
* * 输出:   无
* * 返回值: 无
******************************************************************/
void Delay(vu32 nCount)
{
  for(; nCount != 0; nCount--);
}
```

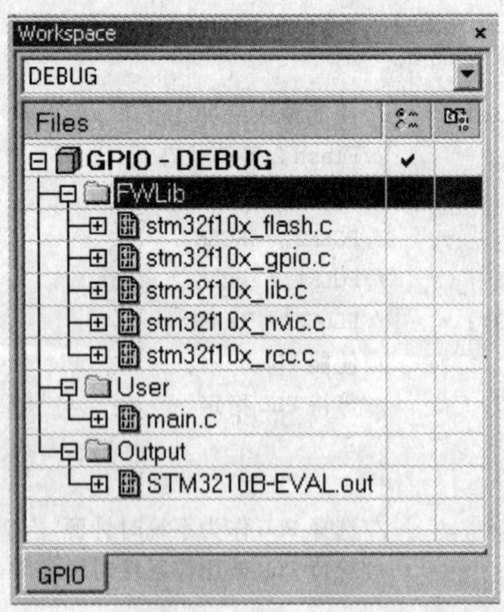

图 10-28　通用 I/O 端口编程的工作区窗口

在 IAR EWARM 集成开发环境中新建一个工作区,并在该工作区内创建项目 GPIO,然后向项目中添加以上各个文件,完成后工作区窗口如图 10-28 所示。单击 Project 下拉菜单中的 Options 选项,从弹出 Options 对话框的 Category 栏选择 General Options,进入一般选项配置的 Target 选项卡,选中 Processor variant 栏的 Device 复选框,并选择 ST 公司的 STM32F10xxB 芯片,完成各个选项配置后,单击 Project 下拉菜单中的 Make 选项,对工作区中当前项目进行编译、链接,生成可执行代码。

将 IAR J-Link 仿真器连接到 STM32 开发板和 PC 的 USB 接口,单击 Project 下拉菜单中的 Download and Debug 选项,将可执行代码装入 STM32 开

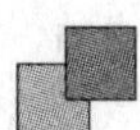

发板。启动程序全速运行，从开发板上可以看到 2 个 LED 反复交替点亮。

10.4.6　嵌套向量控制器应用编程

STM32 系列处理器的 Cortex－M3 内核通过嵌套向量控制器 NVIC 实现对异常的处理。NVIC 的主要特性如下：

- 43 个可屏蔽中断通道(不包含 16 个 Cortex－M3 的中断线)；
- 16 个可编程的优先等级；
- 短延迟的异常和中断处理；
- 电源管理控制；
- 系统控制寄存器的实现；

STM32 系列处理器的中断异常向量表如表 10－102 所列。

表 10－102　STM32 系列处理器的中断异常向量表

位　置	优先级	优先级类型	名　称	说　明	地　址
	—	—	—	保留	0x00000000
	－3	固定	Reset	复位	0x00000004
	－2	固定	NMI	不可屏蔽中断，RCC 时钟安全系统(CSS)连接到 NMI 向量	0x00000008
	－1	固定	硬件失效	所有类型失效	0x0000000C
	0	可设置	存储管理	存储器管理	0x00000010
	1	可设置	总线错误	预取指失败，存储器访问失败	0x00000014
	2	可设置	错误应用	未定义的指令或非法状态	0x00000018
	—	—	—	保留	0x0000001C～0x0000002B
	3	可设置	SVCall	通过 SWI 指令的系统服务调用	0x0000002C
	4	可设置	调试监控	调试监控器	0x00000030
	—	—	—	保留	0x00000034
	5	可设置	PendSV	可挂起的系统服务	0x00000038
	6	可设置	SysTick	系统节拍定时器	0x0000003C
0	7	可设置	WWDG	窗口定时器中断	0x00000040
1	8	可设置	PVD	连到 EXTI 的电源电压检测(PVD)中断	0x00000044
2	9	可设置	TAMPER	侵入检测中断	0x00000048
3	10	可设置	RTC	实时时钟(RTC)全局中断	0x0000004C
4	11	可设置	Flash	闪存全局中断	0x00000050
5	12	可设置	RCC	复位和时钟控制(RCC)中断	0x00000054
6	13	可设置	EXTI0	EXTI 线 0 中断	0x00000058
7	14	可设置	EXTI1	EXTI 线 1 中断	0x0000005C
8	15	可设置	EXTI2	EXTI 线 2 中断	0x00000060
9	16	可设置	EXTI3	EXTI 线 3 中断	0x00000064

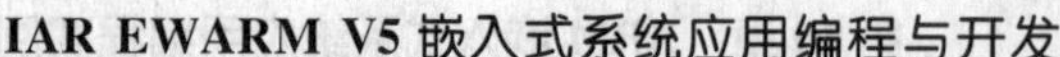

续表 10－102

位　置	优先级	优先级类型	名　称	说　明	地　址
10	17	可设置	EXTI4	EXTI 线 4 中断	0x00000068
11	18	可设置	DMA 通道 1	DMA 通道 1 全局中断	0x0000006C
12	19	可设置	DMA 通道 2	DMA 通道 2 全局中断	0x00000070
13	20	可设置	DMA 通道 3	DMA 通道 3 全局中断	0x00000074
14	21	可设置	DMA 通道 4	DMA 通道 4 全局中断	0x00000078
15	22	可设置	DMA 通道 5	DMA 通道 5 全局中断	0x0000007C
16	23	可设置	DMA 通道 6	DMA 通道 6 全局中断	0x00000080
17	24	可设置	DMA 通道 7	DMA 通道 7 全局中断	0x00000084
18	25	可设置	ADC	ADC 全局中断	0x0000008C
19	26	可设置	USB_HP_CAN_TX	USB 高优先级或 CAN 发送中断	0x00000090
20	27	可设置	USB_LP_CAN_RX0	USB 低优先级或 CAN 接收 0 中断	0x00000094
21	28	可设置	CAN_RX1	CAN 接收 1 中断	0x00000098
22	29	可设置	CAN_SCE	CAN SCE 中断	0x0000009C
23	30	可设置	EXTI9_5	EXTI 线[9：5]中断	0x000000A0
24	31	可设置	TIM1_BRK	TIM1 断开中断	0x000000A4
25	32	可设置	TIM1_UP	TIM1 更新中断	0x000000A8
26	33	可设置	TIM1_TRG_COM	TIM1 触发和通信中断	0x000000AC
27	34	可设置	TIM1_CC TIM1	捕获比较中断	0x000000B0
28	35	可设置	TIM2	TIM2 全局中断	0x000000B4
29	36	可设置	TIM3	TIM3 全局中断	0x000000B8
30	37	可设置	TIM4	TIM4 全局中断	0x000000BC
31	38	可设置	I2C1_EV	I^2C1 事件中断	0x000000C0
32	39	可设置	I2C1_ER	I^2C1 错误中断	0x000000C4
33	40	可设置	I2C2_EV	I^2C2 事件中断	0x000000C8
34	41	可设置	I2C2_ER	I^2C2 错误中断	0x000000CB
35	42	可设置	SPI1	SPI1 全局中断	0x000000D0
36	43	可设置	SPI2	SPI2 全局中断	0x000000D4
37	44	可设置	USART1	USART1 全局中断	0x000000D8
38	45	可设置	USART2	USART2 全局中断	0x000000DC
39	46	可设置	USART3	USART3 全局中断	0x000000E0
40	47	可设置	EXTI15_10	EXTI 线[15：10]中断	0x000000E4
41	48	可设置	RTCAlarm	联到 EXTI 的 RTC 闹钟中断	0x000000E8
42	49	可设置	USB 唤醒	联到 EXTI 的从 USB 待机唤醒中断	0x000000EB

【例 10－11】 NVIC 应用编程。本例为中断优先级抢占的实例。设置 3 个中断：EXTI0，EXTI9_5 和 SysTick。在 EXTI9_5 的中断服务程序中实现 EXTI0 和 SysTick 的优先级别的转

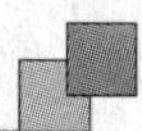

换，使之分别出现在EXTI0中断时可以被SysTick抢占和不可以被SysTick抢占这两种状态。

将IAR STM32开发板上按键Key2与PB.5相连作为EXTI9_5，按键Wakeup与PA.0相连作为EXTI0。LED1，LED2分别与PC6，PC7相连，用于显示不同的优先级抢占状态。软件程序包括如下内容：

- 配置两根EXTI外部中断线(Line0和Line5)，在下降沿产生中断，并配置SysTick中断。其中，EXTI0：优先级＝PreemptionPriorityValue，子优先级＝0；
  EXTI9_5：优先级＝0，子优先级＝1；
  SysTick Handler：优先级＝！PreemptionPriorityValue，子优先级SubPriority＝0。
- 刚开始设置PreemptionPriorityValue＝0，即EXTI0优先级比SysTick优先级高。在EXTI9_5中断服务子程序中，EXTI0和SysTick的优先级对换。
- 在EXTI0中断服务子程序中，SysTick中断挂起位被置1。若SysTick优先级比EXTI0优先级高，则EXTI0中断被抢占，转而执行SysTick中断服务子程序，否则继续执行EXTI9_5中断服务子程序。
- 如果EXTI0被SysTick抢占，则LED1，LED2循环闪烁；如果EXTI0抢占SysTick，则LED1，LED2常亮。

本例需要用到如下固件模块文件：

① 复位与时钟固件模块文件stm32f10x_rcc.c，
② 嵌套向量中断控制器固件模块文件stm32f10x_nvic.c，
③ 外设指针初始化固件模块文件stm32f10x_lib.c，
④ 通用I/O端口固件模块文件stm32f10x_gpio.c，
⑤ Flash存储器操作固件模块文件stm32f10x_flash.c，
⑥ 外部中断处理固件模块文件stm32f10x_exti.c。

除了固件库文件之外，还需要编写用户主程序、中断向量表程序、中断服务程序等。

用户主程序文件main.c列表如下：

```
#include "stm32f10x_lib.h"
#include "platform_config.h"
NVIC_InitTypeDef NVIC_InitStructure;
GPIO_InitTypeDef GPIO_InitStructure;
EXTI_InitTypeDef EXTI_InitStructure;
bool PreemptionOccured = FALSE;
u8 PreemptionPriorityValue = 0;
ErrorStatus HSEStartUpStatus;

void RCC_Configuration(void);
void GPIO_Configuration(void);
void EXTI_Configuration(void);
void Delay(vu32 nCount);

/*****************************************************
**函数名：main()
**功能：   用户主程序
```

```
* * 输入： 无
* * 输出： 无
* * 返回值：无
*********************************************************/
int main(void)
{
  RCC_Configuration();                        //系统时钟配置
  GPIO_Configuration();                       //配置 GPIO
  EXTI_Configuration();                       //配置外部中断线

#ifdef  VECT_TAB_RAM
  NVIC_SetVectorTable(NVIC_VectTab_RAM, 0x0);     //基地址为 0x20000000
#else  /* VECT_TAB_FLASH  */
  NVIC_SetVectorTable(NVIC_VectTab_FLASH, 0x0);   //基地址为 0x80000000
#endif
/* 配置用 1 位表示优先级 */
  NVIC_PriorityGroupConfig(NVIC_PriorityGroup_1);
  /* 使能 EXIT0 中断 */
  NVIC_InitStructure.NVIC_IRQChannel = EXTI0_IRQChannel;
  NVIC_InitStructure.NVIC_IRQChannelPreemptionPriority =
                                  PreemptionPriorityValue;
  NVIC_InitStructure.NVIC_IRQChannelSubPriority = 0;
  NVIC_InitStructure.NVIC_IRQChannelCmd = ENABLE;
  NVIC_Init(&NVIC_InitStructure);
  /* 使能 EXTI9_5 中断 */
  NVIC_InitStructure.NVIC_IRQChannel = EXTI9_5_IRQChannel;
  NVIC_InitStructure.NVIC_IRQChannelPreemptionPriority = 0;
  NVIC_InitStructure.NVIC_IRQChannelSubPriority = 1;
  NVIC_InitStructure.NVIC_IRQChannelCmd = ENABLE;
  NVIC_Init(&NVIC_InitStructure);

  /* 配置 SysTick 的抢占优先级和子优先级 */
  NVIC_SystemHandlerPriorityConfig(SystemHandler_SysTick,
                               ! PreemptionPriorityValue, 0);
   while (1)
  {
   if(PreemptionOccured ! = FALSE)
   {
     GPIO_WriteBit(GPIO_LED, GPIO_Pin_6, (BitAction)(1 -
                              GPIO_ReadOutputDataBit(GPIO_LED, GPIO_Pin_6)));
     Delay(0x5FFFF);
     GPIO_WriteBit(GPIO_LED, GPIO_Pin_7, (BitAction)(1 -
                              GPIO_ReadOutputDataBit(GPIO_LED, GPIO_Pin_7)));
     Delay(0x5FFFF);
   }
```

```
    }
}

/*******************************************************
* * 函数名：RCC_Configuration()
* * 功能：  配置系统时钟
* * 输入：  无
* * 输出：  无
* * 返回值：无
*******************************************************/
void RCC_Configuration(void)
{
  RCC_DeInit();                                           //RCC 系统复位(用于调试)
  RCC_HSEConfig(RCC_HSE_ON);                              //使能 HSE
  HSEStartUpStatus = RCC_WaitForHSEStartUp();             //等待 HSE 稳定
   if(HSEStartUpStatus == SUCCESS)
  {
    FLASH_PrefetchBufferCmd(FLASH_PrefetchBuffer_Enable); //使能预取缓冲
    FLASH_SetLatency(FLASH_Latency_2);                    //Flash 2 等待状态
    RCC_HCLKConfig(RCC_SYSCLK_Div1);                      //HCLK = SYSCLK
    RCC_PCLK2Config(RCC_HCLK_Div1);                       //PCLK2 = HCLK
    RCC_PCLK1Config(RCC_HCLK_Div2);                       //PCLK1 = HCLK/2
    RCC_PLLConfig(RCC_PLLSource_HSE_Div1, RCC_PLLMul_9);  //PLLCLK = 72MHz
    RCC_PLLCmd(ENABLE);                                   //使能 PLL
    while(RCC_GetFlagStatus(RCC_FLAG_PLLRDY) == RESET)    //等待 PLL 稳定
    {
    }
    RCC_SYSCLKConfig(RCC_SYSCLKSource_PLLCLK);            //选择 PLL 作为系统时钟源
    while(RCC_GetSYSCLKSource() != 0x08)                  //等待 PLL 被用作系统时钟源
    {
    }
  }

  /*使能 GPIO 和 AFIO 时钟 */
  RCC_APB2PeriphClockCmd (RCC_APB2Periph_GPIOA |
                          RCC_APB2Periph_GPIO_KEY_BUTTON |
                            RCC_APB2Periph_GPIO_LED |
                            RCC_APB2Periph_AFIO, ENABLE);
}

/*******************************************************
* * 函数名：GPIO_Configuration()
* * 功能：  配置 GPIO 引脚
* * 输入：  无
* * 输出：  无
```

```
**返回值：无
*************************************************/
void GPIO_Configuration(void)
{
  /*配置 PC6,PC7 为推挽输出 */
  GPIO_InitStructure.GPIO_Pin =  GPIO_Pin_6 | GPIO_Pin_7;
  GPIO_InitStructure.GPIO_Speed = GPIO_Speed_50MHz;
  GPIO_InitStructure.GPIO_Mode = GPIO_Mode_Out_PP;
  GPIO_Init(GPIO_LED, &GPIO_InitStructure);

  /*配置 GPIOA0 为浮动输入 */
  GPIO_InitStructure.GPIO_Pin = GPIO_Pin_0;
  GPIO_InitStructure.GPIO_Mode = GPIO_Mode_IN_FLOATING;
  GPIO_Init(GPIOA, &GPIO_InitStructure);

  /*配置 GPIOB5 为浮动输入 */
  GPIO_InitStructure.GPIO_Pin = GPIO_PIN_KEY_BUTTON;
  GPIO_InitStructure.GPIO_Mode = GPIO_Mode_IN_FLOATING;
  GPIO_Init(GPIO_KEY_BUTTON, &GPIO_InitStructure);
}

/*************************************************
**函数名：EXTI_Configuration()
**功能：  配置外部中断 EXTI 线
**输入：  无
**输出：  无
**返回值：无
*************************************************/
void EXTI_Configuration(void)
{
  /*将 EXTI0 连接到 PA0 */
  GPIO_EXTILineConfig(GPIO_PortSourceGPIOA, GPIO_PinSource0);
  /*配置 EXTI0 上出现下降沿,则产生中断 */
  EXTI_InitStructure.EXTI_Line = EXTI_Line0;
  EXTI_InitStructure.EXTI_Mode = EXTI_Mode_Interrupt;
  EXTI_InitStructure.EXTI_Trigger = EXTI_Trigger_Falling;
  EXTI_InitStructure.EXTI_LineCmd = ENABLE;
  EXTI_Init(&EXTI_InitStructure);
  /*将 EXTI5 连接到 PB5,作为按键中断 */
  GPIO_EXTILineConfig(GPIO_PORT_SOURCE_KEY_BUTTON,
                      GPIO_PIN_SOURCE_KEY_BUTTON);
  /*配置按键的下降沿产生中断 */
  EXTI_InitStructure.EXTI_Line = EXTI_LINE_KEY_BUTTON;
  EXTI_Init(&EXTI_InitStructure);
}
```

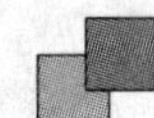

```
/*************************************************************
** 函数名: Delay()
** 功能:   插入延时
** 输入:   无
** 输出:   无
** 返回值: 无
*************************************************************/
void Delay(vu32 nCount)
{
  for(; nCount != 0; nCount--);
}
```

中断向量表程序文件 stm32f10x_vector.c 列表如下:

```
#include "stm32f10x_lib.h"
#include "stm32f10x_it.h"

typedef void( *intfunc )( void );
typedef union { intfunc __fun; void * __ptr; } intvec_elem;

#pragma language = extended
#pragma segment = "CSTACK"

void __iar_program_start( void );

#pragma location = ".intvec"
/* STM32F10x 向量表入口 */
const intvec_elem __vector_table[] =
{
  { .__ptr = __sfe( "CSTACK" ) },
  __iar_program_start,
  NMIException,
  HardFaultException,
  MemManageException,
  BusFaultException,
  UsageFaultException,
  0, 0, 0, 0,                          //保留
  SVCHandler,
  DebugMonitor,
  0,                                   //保留
  PendSVC,
  SysTickHandler,
  WWDG_IRQHandler,
  PVD_IRQHandler,
  TAMPER_IRQHandler,
  RTC_IRQHandler,
```

```
    FLASH_IRQHandler,
    RCC_IRQHandler,
    EXTI0_IRQHandler,
    EXTI1_IRQHandler,
    EXTI2_IRQHandler,
    EXTI3_IRQHandler,
    EXTI4_IRQHandler,
    DMA1_Channel1_IRQHandler,
    DMA1_Channel2_IRQHandler,
    DMA1_Channel3_IRQHandler,
    DMA1_Channel4_IRQHandler,
    DMA1_Channel5_IRQHandler,
    DMA1_Channel6_IRQHandler,
    DMA1_Channel7_IRQHandler,
    ADC1_2_IRQHandler,
    USB_HP_CAN_TX_IRQHandler,
    USB_LP_CAN_RX0_IRQHandler,
    CAN_RX1_IRQHandler,
    CAN_SCE_IRQHandler,
    EXTI9_5_IRQHandler,
  };
```

中断服务程序文件 stm32f10x_it.c 中,根据中断向量表给出了各个异常中断处理程序句柄。对于无关向量,只要给出一个相应的空函数即可。限于篇幅,下面列表中省略了各个空函数。

```
#include "stm32f10x_it.h"
#include "platform_config.h"
extern bool PreemptionOccured;
extern u8 PreemptionPriorityValue;

/*省略空函数 */

/*******************************************************
**函数名:SysTickHandler()
**功能:   系统时钟节拍处理
**输入:   无
**输出:   无
**返回值:无
*******************************************************/
void SysTickHandler(void)
{
  /* 如果 EXTI0 IRQ 中断处理程序被 SysTick Handler 抢占 */
  if(NVIC_GetIRQChannelActiveBitStatus(EXTI0_IRQChannel) != RESET)
  {
    PreemptionOccured = TRUE;
  }
}
```

```
/*省略空函数 */

/*******************************************************************
** 函数名: EXTI0_IRQHandler()
** 功能:    外部中断 0 请求处理
** 输入:    无
** 输出:    无
** 返回值: 无
*******************************************************************/
void EXTI0_IRQHandler(void)
{
  /* 产生 SysTick8 异常 */
  NVIC_SetSystemHandlerPendingBit(SystemHandler_SysTick);
  /* 清 0EXTI0 中断挂起位 */
  EXTI_ClearITPendingBit(EXTI_Line0);
}

/*省略空函数 */

/*******************************************************************
** 函数名: EXTI9_5_IRQHandler()
** 功能:    外部中断 9 到 5 中断处理
** 输入:    无
** 输出:    无
** 返回值: 无
*******************************************************************/
void EXTI9_5_IRQHandler(void)
{
  NVIC_InitTypeDef NVIC_InitStructure;
  if(EXTI_GetITStatus(EXTI_LINE_KEY_BUTTON) ! = RESET)
  {
    PreemptionPriorityValue = ! PreemptionPriorityValue;
    PreemptionOccured = FALSE;
    /* 如果未发生抢占,则修改 EXTI0 的优先权 */
    NVIC_InitStructure.NVIC_IRQChannel = EXTI0_IRQChannel;
    NVIC_InitStructure.NVIC_IRQChannelPreemptionPriority =
                                          PreemptionPriorityValue;
    NVIC_InitStructure.NVIC_IRQChannelSubPriority = 0;
    NVIC_InitStructure.NVIC_IRQChannelCmd = ENABLE;
    NVIC_Init(&NVIC_InitStructure);
    /* 配置 SysTick 的优先级及子优先级 */
    NVIC_SystemHandlerPriorityConfig(SystemHandler_SysTick,
                                          ! PreemptionPriorityValue, 0);

    /* 清 0 按键中断挂起位 */
    EXTI_ClearITPendingBit(EXTI_LINE_KEY_BUTTON);
  }
}
```

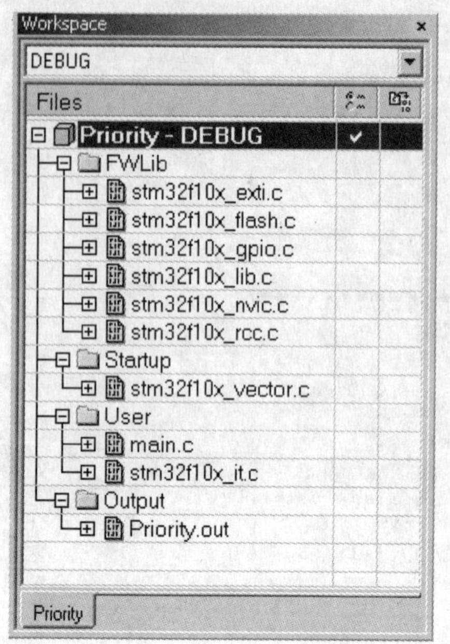

图 10-29 NVIC 编程的工作区窗口

在 IAR EWARM 集成开发环境中新建一个工作区，并在该工作区内创建项目 Priority，然后向项目中添加以上各个文件，完成后的工作区窗口如图 10-29 所示。单击 Project 下拉菜单中的 Options 选项，从弹出 Options 对话框的 Category 栏选择 General Options，进入一般选项配置的 Target 选项卡。选中 Processor variant 栏的 Device 复选框，并选择 ST 公司的 STM32F10xxB 芯片，完成各个选项配置后，单击 Project 下拉菜单中的 Make 选项，对工作区中当前项目进行编译、链接，生成可执行代码。

将 IAR J-Link 仿真器连接到 STM32 开发板和 PC 的 USB 接口，单击 Project 下拉菜单中的 Download and Debug 选项，将可执行代码装入 STM32 开发板。启动程序全速运行，会有以下结果：

当第一次发生 EXTI9_5 中断后(按下 STM32 板上 Key2 按钮)，SysTick 中断的优先级比 EXTI0 中断优先级高。因此当 EXTI0 中断发生时(按下 Wakeup 按钮)，将先执行 SysTick 中断服务子程序，发生抢占，变量 PreemptionOccured 为真，LED1～LED2 开始闪烁。

当第二次发生 EXTI9_5 中断后，SysTick 中断的优先级比 EXTI0 优先级低，因此当 EXTI0 中断发生时 SysTick 无法抢占，变量 PreemptionOccured 为假，LED1～LED2 停止闪烁.

每次 EXTI9_5 中断发生后，SysTick 和 EXTI0 就会发生优先级转换，出现前面 2 步的状态。

10.4.7 电源控制应用编程

STM32 系列处理器的工作电压(VDD)为 2.0～3.6 V，通过片内电压调节控制电路为 CPU 内核、片内存储器以及片上外设提供所需要的 1.8 V 电源。为了提高 A/D 转换器的转换精度，采用一个独立的电源为 ADC 供电，过滤和屏蔽来自印刷电路板上的毛刺干扰。ADC 的电源引脚为 VDDA，独立的电源地 VSSA，如果有参考电压 VREF 引脚(视芯片封装而定)，则它必须连到 VSSA。

当主电源 VDD 掉电后，可通过 VBAT 引脚为实时时钟 RTC 和备份寄存器提供电源。切换到 VBAT 供电，由复位模块中的掉电复位功能控制。如果应用中没有采用外部电池，VBAT 必须连到 VDD 引脚。

STM32 系列处理器复位后，电压调节器总是使能的。根据应用方式它以 3 种不同的模式工作：

- 运转模式，调节器以正常功耗模式提供 1.8 V 电源(内核、内存和外设)。
- 停止模式，调节器以低功耗模式提供 1.8 V 电源，以保存寄存器和 SRAM 的内容。
- 待机模式，调节器停止供电。除了备用电路以外，寄存器和 SRAM 的内容全部丢失。

系统复位后，处理器处于运行状态，HCLK 为 CPU 提供时钟，内核执行程序代码。当 CPU 不需要连续运行时，用户可以根据电源消耗、启动时间和可用的唤醒源等设计要求，来选取一个

最佳的低功耗操作模式。STM32F10x 系列处理器具有如下 3 种低功耗操作模式：

- 睡眠模式，Cortex－M3 内核停止，外设仍在运行。
- 停止模式，所有的时钟都已停止。
- 待机模式，1.8 V 电源关闭。

此外，在运行模式下，还可以通过以下方式中的一种来降低功耗：

- 降低系统时钟(SYSCLK，HCLK，PCLK1，PCLK2)。
- 关闭 APB 和 AHB 总线上未被使用的外设时钟。

表 10－103 所列为 STM32 系列处理器的低功耗模式一览表。

表 10－103　STM32 系列处理器的低功耗模式一览表

<table>
<tr><th>模　式</th><th>进入操作</th><th>唤　醒</th><th>对 1.8 V 区域时钟的影响</th><th>对 VDD 区域时钟的影响</th><th>电压调节器</th></tr>
<tr><td rowspan="2">睡眠
SLEEP－NOW
或
SLEEP－ON－EXIT</td><td>WFI(Wait for Interrupt)指令</td><td>任一中断</td><td rowspan="2">CPU 时钟关闭，对其他时钟无影响</td><td rowspan="4">无</td><td rowspan="2">开</td></tr>
<tr><td>WFE(Wait for Event)指令</td><td>唤醒事件</td></tr>
<tr><td>停止</td><td>PDDS 和 LPDS 位＋SLEEPDEEP 位＋WFI 或 WFE</td><td>任一外部中断(在外部中断寄存器中设置)</td><td rowspan="2">所有 1.8 V 区域的时钟都已关闭，HSI 和 HSE 的振荡器关闭</td><td>在低功耗模式下可进行开/关设置(依据电源控制寄存器(PWR_CR)的设定)</td></tr>
<tr><td>待机</td><td>PDDS 位＋SLEEPDEEP 位＋WFI 或 WFE</td><td>WKUP 引脚的上升沿，RTC 警告事件，NRST 引脚上的外部复位，IWDG 复位</td><td>关</td></tr>
</table>

下面详细介绍与电源控制应用编程有关的寄存器功能。

1. 电源控制寄存器

电源控制寄存器 PWR_CR 用于控制电压阈值、是否允许写 RTC 和后备寄存器以及睡眠模式选择(停止还是待机)，如图 10－30 所示，rw 表示可读/写。寄存器各位的功能如表 10－104 所列。

31	30	29	28	27	26	25	24	23	22	21	20	19	18	17	16
保留															

15	14	13	12	11	10	9	8	7	6	5	4	3	2	1	0
保留						ee	DBP	PLS[2:0]			PVDE	CSBF	CWUF	PDOS	LPDS
							rw	rw	rw	rw	rw	rw	rw	rw	rw

图 10－30　电源控制寄存器

表 10-104　电源控制寄存器功能

位	功能说明	复位值
31：9	保留，读出值始终为 0	0x00000000
8	DBP：取消后备区域的写保护。 在复位后，RTC 和后备寄存器处于被保护状态，以防意外写入。设置该位允许写入这些寄存器。 0：禁止写入 RTC 和后备寄存器，1：允许写入 RTC 和后备寄存器	
7：5	PLS[2：0]：PVD 电平选择。 这些位用于选择电源电压监测器的电压阀值。 000：2.2 V，　001：2.3 V， 010：2.4 V，　011：2.5 V， 100：2.6 V，　101：2.7 V， 110：2.8 V，　111：2.9 V	
4	PVDE：电源电压监测器(PVD)使能。 0：禁止 PVD，1：开启 PVD	
3	CSBF：清除待机位，读出值始终为 0。 0：无效，1：清除 SBF 待机位(写)	
2	CWUF：清除唤醒位，读出值始终为 0。 0：无效，1：2 个系统时钟周期后清除 WUF 唤醒位(写)	
1	PDDS：掉电睡眠，与 LPDS 位协同操作。 0：当 CPU 进入睡眠时进入停机模式，调压器的状态由 LPDS 位控制。 1：当 CPU 进入睡眠时进入待机模式	
0	LPDS：低功耗睡眠，当 PDDS=0 时，与 PDDS 位协同操作。 0：在停机模式下电压调压器开启； 1：在停机模式下电压调压器处于低功耗模式	

2. 电源控制/状态寄存器

电源控制/状态寄存器 PWR_CSR 用于保存待机标志、使能 WKUP 引脚，使其可以将 CPU 从待机模式下唤醒，如图 10-31 所示，rw 表示可读/写。寄存器各位的功能如表 10-105 所列。

31–16
保留

15–9	8	7–3	2	1	0
保留	EWUP	保留	PVDO	SBF	WUF
	rw	rw rw rw rw rw	rw	rw	rw

图 10-31　电源控制/状态寄存器

表10-105 电源控制/状态寄存器功能

位	功能说明	复位值
31:9	保留,读出值始终为0	0x00000000
8	EWUP:使能WKUP引脚。 0:WKUP引脚为通用I/O,WKUP引脚上的事件不能将CPU从待机模式唤醒。 1:WKUP引脚用于将CPU从待机模式唤醒,WKUP引脚被强置为输入下拉的配置(WKUP引脚上的上升沿将系统从待机模式唤醒)。 注意:在系统复位时清除该位	
7:3	保留,读出值始终为0	
2	PVDO:PVD输出,当PVD被PVDE位使能后,该位才有效。 0:VDD高于由PLS[2:0]选定的PVD阀值。 1:VDD低于由PLS[2:0]选定的PVD阀值。 注意:在待机模式下PVD被停止。因此,待机模式后或复位后,直到设置PVDE位之前,该位为0	
1	SBF:待机标志,该位由硬件设置,并只能由POR/PDR(上电/掉电复位)或设置电源控制寄存器(PWR_CR)的CSBF位清除。 0:系统不在待机模式。 1:系统进入待机模式	
0	WUF:唤醒标志,该位由硬件设置,并只能由POR/PDR(上电/掉电复位)或设置电源控制寄存器(PWR_CR)的CWUF位清除。 0:没有发生唤醒事件。 1:在WKUP引脚上发生唤醒事件或出现RTC闹钟事件	

【例10-12】 电源控制应用编程。要求系统按如下方式进入和退出睡眠模式:系统启动2 s后,RTC在3 s后产生一个报警事件,并通过WFI指令使系统进入停机模式。如果要将系统唤醒到正常模式,可通过按Key2按钮在EXTI5引脚产生一个下降沿跳变中断来实现。如果没有按键,RTC会在3 s后产生报警中断将系统唤醒。一旦退出停机模式,系统时钟被配置成先前的状态(在停机模式下,外部高速振荡器HSE和PLL是不可用的)。经过一段延时后,系统将再次进入停机状态,并按上述过程无限重复。

将IAR STM32开发板上按键Key2与PB.5相连作为EXTI9_5,将GPIOA端口配置为输出,用PA4,PA5,PA6分别点亮LED1,LED2,LED3,按以下方式指示系统当前状态:

- LED1亮——系统处于运行状态;
- LED1灭——系统处于停止状态;
- LED2闪动——通过按键在EXTI5引脚产生上升沿跳变中断,退出停止状态;
- LED3闪动——通过RTC报警中断,退出停止状态。

本例需要用到如下固件模块文件:

① 系统节拍处理固件模块文件stm32f10x_systick.c;

② 实时时钟处理固件模块文件stm32f10x_rtc.c;

③ 复位与时钟固件模块文件 stm32f10x_rcc. c；

④ 嵌套向量中断控制器固件模块文件 stm32f10x_nvic. c；

⑤ 外设指针初始化固件模块文件 stm32f10x_lib. c；

⑥ 通用 I/O 端口固件模块文件 stm32f10x_gpio. c；

⑦ Flash 存储器操作固件模块文件 stm32f10x_flash. c；

⑧ 外部中断处理固件模块文件 stm32f10x_exti. c；

⑨ 备份处理固件模块文件 stm32f10x_bkp. c；

⑩ Cortex - M3 指令汇编语言函数固件模块文件 cortexm3_macros. s。

除了固件库文件之外，还需要编写用户主程序、中断向量表程序、中断服务程序等。

用户主程序文件 main. c 列表如下：

```
#include "stm32f10x_lib.h"
#include "platform_config.h"
extern vu32 TimingDelay;
ErrorStatus HSEStartUpStatus;

void SYSCLKConfig_STOP(void);
void RCC_Configuration(void);
void GPIO_Configuration(void);
void EXTI_Configuration(void);
void RTC_Configuration(void);
void NVIC_Configuration(void);
void SysTick_Configuration(void);
void Delay(vu32 nTime);

/*****************************************************
 * * 函数名：main()
 * * 功能：  用户主程序
 * * 输入：  无
 * * 输出：  无
 * * 返回值：无
*****************************************************/
int main(void)
{
  RCC_Configuration();                          //系统时钟配置
  RCC_APB1PeriphClockCmd(RCC_APB1Periph_PWR     //使能 PWR 和 BKP 时钟
                        | RCC_APB1Periph_BKP, ENABLE);
  GPIO_Configuration();                         //配置 GPIO
  EXTI_Configuration();                         //配置外部中断线
  RTC_Configuration();                          //配置 RTC 时钟源和分频器
  NVIC_Configuration();                         //配置 NVIC
  SysTick_Configuration();                      //配置系统节拍每 1 ms 产生一次中断

  GPIO_ResetBits(GPIO_LED, GPIO_Pin_4);         //点亮 LED1
```

```
  while (1)
  {
    Delay(1500);                                  //插入 1.5 s 延时
    RTC_ClearFlag(RTC_FLAG_SEC);                  //等待 RTC 秒事件发生
    while(RTC_GetFlagStatus(RTC_FLAG_SEC) == RESET);
    RTC_SetAlarm(RTC_GetCounter()+ 3);            //在 3 s 后产生 RTC 报警
    RTC_WaitForLastTask();                        //等待直到最后一次 RTC 寄存器写操作完成
    GPIO_SetBits(GPIO_LED, GPIO_Pin_4);           //熄灭 LED1
    /* 当电压调节器处于低功耗时进入停止模式 */
    PWR_EnterSTOPMode(PWR_Regulator_LowPower, PWR_STOPEntry_WFI);
    /* 系统从停止模式恢复 */
    GPIO_ResetBits(GPIO_LED, GPIO_Pin_4);         //点亮 LED1
    /* 从停止模式唤醒后配置系统时钟,允许 HSE 和 PLL,并选择作为系统时钟源 */
    SYSCLKConfig_STOP();
  }
}

/*****************************************************
* * 函数名:RCC_Configuration()
* * 功能:  配置不同的系统时钟
* * 输入:  无
* * 输出:  无
* * 返回值:无
*****************************************************/
void RCC_Configuration(void)
{
  RCC_DeInit();                                             //RCC 系统复位(用于调试)
  RCC_HSEConfig(RCC_HSE_ON);                                //使能 HSE
  HSEStartUpStatus = RCC_WaitForHSEStartUp();               //等待 HSE 稳定
  if(HSEStartUpStatus == SUCCESS)
  {
    FLASH_PrefetchBufferCmd(FLASH_PrefetchBuffer_Enable);   //允许预取缓冲器
    FLASH_SetLatency(FLASH_Latency_2);                      //Flash 2 等待状态
    RCC_HCLKConfig(RCC_SYSCLK_Div1);                        //HCLK = SYSCLK
    RCC_PCLK2Config(RCC_HCLK_Div1);                         //PCLK2 = HCLK
    RCC_PCLK1Config(RCC_HCLK_Div2);                         //PCLK1 = HCLK/2
    RCC_PLLConfig(RCC_PLLSource_HSE_Div1, RCC_PLLMul_9);    //PLLCLK = 72 MHz
    RCC_PLLCmd(ENABLE);                                     //使能 PLL
    while(RCC_GetFlagStatus(RCC_FLAG_PLLRDY) == RESET)      //等待 PLL 稳定
    {
    }
    RCC_SYSCLKConfig(RCC_SYSCLKSource_PLLCLK);              //选择 PLL 为系统时钟源
    while(RCC_GetSYSCLKSource() ! = 0x08)                   //等待 PLL 被用作系统时钟源
    {
    }
```

```
  }
}

/********************************************************************
**函数名：SYSCLKConfig_STOP()
**功能：  从停止模式唤醒后配置系统时钟，允许 HSE 和 PLL，并选择 PLL 为系统时钟源
**输入：  无
**输出：  无
**返回值：无
********************************************************************/
void SYSCLKConfig_STOP(void)
{
  RCC_HSEConfig(RCC_HSE_ON);                           //使能 HSE
  HSEStartUpStatus = RCC_WaitForHSEStartUp();          //等待 HSE 稳定
  if(HSEStartUpStatus == SUCCESS)
  {
    RCC_PLLCmd(ENABLE);                                //使能 PLL
    while(RCC_GetFlagStatus(RCC_FLAG_PLLRDY) == RESET) //等待 PLL 稳定
    {
    }
    RCC_SYSCLKConfig(RCC_SYSCLKSource_PLLCLK);         //选择 PLL 为系统时钟源
    while(RCC_GetSYSCLKSource() ! = 0x08)              //等待 PLL 被用作系统时钟源
    {
    }
  }
}

/********************************************************************
**函数名：GPIO_Configuration()
**功能：  配置 GPIO 端口
**输入：  无
**输出：  无
**返回值：无
********************************************************************/
void GPIO_Configuration(void)
{
  GPIO_InitTypeDef GPIO_InitStructure;
  /*使能 GPIOA,GPIOB,AFIO 时钟 */
  RCC_APB2PeriphClockCmd(RCC_APB2Periph_GPIO_KEY_BUTTON |
                         RCC_APB2Periph_GPIO_LED |
                         RCC_APB2Periph_AFIO, ENABLE);
  /*配置 GPIOA 端口为推挽输出 */
  GPIO_InitStructure.GPIO_Pin = GPIO_Pin_4 | GPIO_Pin_5 | GPIO_Pin_6;
  GPIO_InitStructure.GPIO_Speed = GPIO_Speed_50MHz;
  GPIO_InitStructure.GPIO_Mode = GPIO_Mode_Out_PP;
```

```
    GPIO_Init(GPIO_LED, &GPIO_InitStructure);
    /*配置 GPIOB 为浮置输入 */
    GPIO_InitStructure.GPIO_Pin = GPIO_PIN_KEY_BUTTON;
    GPIO_InitStructure.GPIO_Mode = GPIO_Mode_IN_FLOATING;
    GPIO_Init(GPIO_KEY_BUTTON, &GPIO_InitStructure);
}

/**************************************************
**函数名：EXTI_Configuration()
**功能：  配置外部中断线
**输入：  无
**输出：  无
**返回值：无
**************************************************/
void EXTI_Configuration(void)
{
    EXTI_InitTypeDef EXTI_InitStructure;
    /*将按键 2 连到 EXTI9_5 线 */
    GPIO_EXTILineConfig(GPIO_PORT_SOURCE_KEY_BUTTON, GPIO_PIN_SOURCE_KEY_BUTTON);
    /*配置 EXTI9_5 线为下降沿触发 */
    EXTI_InitStructure.EXTI_Line = EXTI_LINE_KEY_BUTTON;
    EXTI_InitStructure.EXTI_Mode = EXTI_Mode_Interrupt;
    EXTI_InitStructure.EXTI_Trigger = EXTI_Trigger_Falling;
    EXTI_InitStructure.EXTI_LineCmd = ENABLE;
    EXTI_Init(&EXTI_InitStructure);
    /*配置 EXTI7(RTC Alarm)为上升沿触发 */
    EXTI_ClearITPendingBit(EXTI_Line17);
    EXTI_InitStructure.EXTI_Line = EXTI_Line17;
    EXTI_InitStructure.EXTI_Trigger = EXTI_Trigger_Rising;
    EXTI_Init(&EXTI_InitStructure);
}

/**************************************************
**函数名：RTC_Configuration()
**功能：  配置 RTC 时钟源和预分频器
**输入：  无
**输出：  无
**返回值：无
**************************************************/
void RTC_Configuration(void)
{
    PWR_BackupAccessCmd(ENABLE);                      //配置 RTC 时钟源，允许访问备份区
    BKP_DeInit();                                     //复位备份区
      RCC_LSEConfig(RCC_LSE_ON);                      //使能 LSE
    while(RCC_GetFlagStatus(RCC_FLAG_LSERDY) == RESET)  //等待 LSE 稳定
```

```
    {
    }
    RCC_RTCCLKConfig(RCC_RTCCLKSource_LSE);          //选择 RTC 时钟源
    RCC_RTCCLKCmd(ENABLE);                           //使能 RTC 时钟
    RTC_WaitForSynchro();                            //配置 RTC,等待 RTC APB 寄存器同步 */
    RTC_SetPrescaler(32767);                         //设置 RTC 的时基为 1 s
    RTC_WaitForLastTask();                           //等待对 RTC 寄存器的最后一次写操作完成
    RTC_ITConfig(RTC_IT_ALR, ENABLE);                //使能 RTC 报警中断
    RTC_WaitForLastTask();                           //等待对 RTC 寄存器的最后一次写操作完成
}

/********************************************************
 * * 函数名:NVIC_Configuration()
 * * 功能:  配置 NVIC 和向量表基地址
 * * 输入:  无
 * * 输出:  无
 * * 返回值:无
 ********************************************************/
void NVIC_Configuration(void)
{
   NVIC_InitTypeDef NVIC_InitStructure;
   /* 设置中断向量表基地址为 0x80000000 */
   NVIC_SetVectorTable(NVIC_VectTab_FLASH, 0x0);
   /* 2 位用于优先级抢占,2 位用于子优先级 */
   NVIC_PriorityGroupConfig(NVIC_PriorityGroup_2);
   NVIC_InitStructure.NVIC_IRQChannel = RTCAlarm_IRQChannel;
   NVIC_InitStructure.NVIC_IRQChannelPreemptionPriority = 0;
   NVIC_InitStructure.NVIC_IRQChannelSubPriority = 0;
   NVIC_InitStructure.NVIC_IRQChannelCmd = ENABLE;
   NVIC_Init(&NVIC_InitStructure);
   NVIC_InitStructure.NVIC_IRQChannel = EXTI9_5_IRQChannel;
   NVIC_InitStructure.NVIC_IRQChannelPreemptionPriority = 1;
   NVIC_Init(&NVIC_InitStructure);
}

/********************************************************
 * * 函数名:SysTick_Configuration()
 * * 功能:  配置系统时钟,每 1 ms 产生一次中断
 * * 输入:  无
 * * 输出:  无
 * * 返回值:无
 ********************************************************/
void SysTick_Configuration(void)
{
   /* 选择 HCLK 作为系统节拍时钟源 */
```

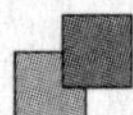

```
    SysTick_CLKSourceConfig(SysTick_CLKSource_HCLK);
    /* 设置系统节拍优先级为 3 */
    NVIC_SystemHandlerPriorityConfig(SystemHandler_SysTick, 3, 0);
    /* 设置每 1 ms 产生一次系统节拍中断 */
    SysTick_SetReload(72000);
    /* 使能系统节拍中断 */
    SysTick_ITConfig(ENABLE);
}

/*************************************************************
** 函数名：Delay()
** 功能：   插入延时
** 输入：   无
** 输出：   无
** 返回值：无
*************************************************************/
void Delay(u32 nTime)
{
    /* 使能系统节拍计数器 */
    SysTick_CounterCmd(SysTick_Counter_Enable);
    TimingDelay = nTime;
    while(TimingDelay != 0);
    /* 禁止系统节拍计数器 */
    SysTick_CounterCmd(SysTick_Counter_Disable);
    /* 清 0 系统节拍计数器 */
    SysTick_CounterCmd(SysTick_Counter_Clear);
}
```

中断向量表程序文件 stm32f10x_vector.c 列表如下：

```
#include "stm32f10x_lib.h"
#include "stm32f10x_it.h"
typedef void( *intfunc )( void );
typedef union { intfunc __fun; void * __ptr; } intvec_elem;
#pragma language = extended
#pragma segment = "CSTACK"

void __iar_program_start( void );

#pragma location = ".intvec"
/* STM32F10x 向量表入口 */
const intvec_elem __vector_table[] =
{
  { .__ptr = __sfe( "CSTACK" ) },
  __iar_program_start,
  NMIException,
```

```
    HardFaultException,
    MemManageException,
    BusFaultException,
    UsageFaultException,
    0, 0, 0, 0,                              //保留
    SVCHandler,
    DebugMonitor,
    0,                                       //保留
    PendSVC,
    SysTickHandler,
    WWDG_IRQHandler,
    PVD_IRQHandler,
    TAMPER_IRQHandler,
    RTC_IRQHandler,
    FLASH_IRQHandler,
    RCC_IRQHandler,
    EXTI0_IRQHandler,
    EXTI1_IRQHandler,
    EXTI2_IRQHandler,
    EXTI3_IRQHandler,
    EXTI4_IRQHandler,
    DMA1_Channel1_IRQHandler,
    DMA1_Channel2_IRQHandler,
    DMA1_Channel3_IRQHandler,
    DMA1_Channel4_IRQHandler,
    DMA1_Channel5_IRQHandler,
    DMA1_Channel6_IRQHandler,
    DMA1_Channel7_IRQHandler,
    ADC1_2_IRQHandler,
    USB_HP_CAN_TX_IRQHandler,
    USB_LP_CAN_RX0_IRQHandler,
    CAN_RX1_IRQHandler,
    CAN_SCE_IRQHandler,
    EXTI9_5_IRQHandler,
    TIM1_BRK_IRQHandler,
    TIM1_UP_IRQHandler,
    TIM1_TRG_COM_IRQHandler,
    TIM1_CC_IRQHandler,
    TIM2_IRQHandler,
    TIM3_IRQHandler,
    TIM4_IRQHandler,
    I2C1_EV_IRQHandler,
    I2C1_ER_IRQHandler,
    I2C2_EV_IRQHandler,
    I2C2_ER_IRQHandler,
```

```
    SPI1_IRQHandler,
    SPI2_IRQHandler,
    USART1_IRQHandler,
    USART2_IRQHandler,
    USART3_IRQHandler,
    EXTI15_10_IRQHandler,
    RTCAlarm_IRQHandler,
  };
```

中断服务程序文件 stm32f10x_it.c 中，根据中断向量表给出各个异常中断处理程序句柄，对于无关向量，只要给出一个相应的空函数即可。限于篇幅，下面列表中省略了各个空函数：

```
#include "stm32f10x_it.h"
#include "platform_config.h"
vu32 TimingDelay = 0;

/*省略空函数 */

/****************************************************
 **函数名：SysTickHandler()
 **功能：  系统时钟节拍处理
 **输入：  无
 **输出：  无
 **返回值：无
****************************************************/
void SysTickHandler(void)
{
  TimingDelay--;
}

/*省略空函数 */

/****************************************************
 **函数名：EXTI9_5_IRQHandler()
 **功能：  外部中断 9 到 5 中断处理
 **输入：  无
 **输出：  无
 **返回值：无
****************************************************/
void EXTI9_5_IRQHandler(void)
{
  if(EXTI_GetITStatus(EXTI_LINE_KEY_BUTTON) != RESET)
  {
     /*清 0 按键中断挂起位 */
    EXTI_ClearITPendingBit(EXTI_LINE_KEY_BUTTON);
     /*闪亮 LED2 */
```

```
        GPIO_WriteBit(GPIO_LED, GPIO_Pin_5,
                      (BitAction)(1 - GPIO_ReadOutputDataBit
                      (GPIO_LED, GPIO_Pin_5)));
    }
}

/*省略空函数 */

/*************************************************************
* * 函数名：RTCAlarm_IRQHandler()
* * 功能：  RTC 报警中断请求处理
* * 输入：  无
* * 输出：  无
* * 返回值：无
*************************************************************/
void RTCAlarm_IRQHandler(void)
{
  if(RTC_GetITStatus(RTC_IT_ALR) != RESET)
  {
    /*闪亮 LED3 */
    GPIO_WriteBit(GPIO_LED, GPIO_Pin_6,
                  (BitAction)(1 - GPIO_ReadOutputDataBit
                  (GPIO_LED, GPIO_Pin_6)));
    /*清 0 EXTI17 挂起位 */
    EXTI_ClearITPendingBit(EXTI_Line17);
    /*检查唤醒标志位是否置 1 */
    if(PWR_GetFlagStatus(PWR_FLAG_WU) != RESET)
    {
      /*清 0 唤醒标志 */
      PWR_ClearFlag(PWR_FLAG_WU);
    }
    /*等待对 RTC 寄存器的最后一次写操作完成 */
    RTC_WaitForLastTask();
    /*清 0 RTC 报警中断挂起位 */
    RTC_ClearITPendingBit(RTC_IT_ALR);
    /*等待对 RTC 寄存器的最后一次写操作完成 */
    RTC_WaitForLastTask();
  }
}
```

在 IAR EWARM 集成开发环境中新建一个工作区，并在该工作区内创建项目 PWR_STOP，然后向项目中添加以上各个文件，完成后工作区窗口如图 10－32 所示。单击 Project 下拉菜单中的 Options 选项，从弹出 Options 对话框的 Category 栏选择 General Options，进入一般选项配置的 Target 选项卡，选中 Processor variant 栏的 Device 复选框，并选择 ST 公司的 STM32F10xxB 芯片，完成各个选项配置后，单击 Project 下拉菜单中的 Make 选项，对工作区中当前项目进行编译、链接,生成可执行代码。

将 IAR J-Link 仿真器连接到 STM32 开发板和 PC 的 USB 接口,单击 Project 下拉菜单中的 Download and Debug 选项,将可执行代码装入 STM32 开发板。启动程序全速运行,正常情况应为:系统处于运行状态时 LED1 点亮,系统处于停止状态时 LED1 熄灭;当按下按键 2 时退出停止状态,同时 LED2 闪亮;当发生 RTC 报警时退出停止状态,同时 LED3 闪亮。

注意: 当系统处于停止状态时,将无法与 J-Link 仿真器进行联机调试。

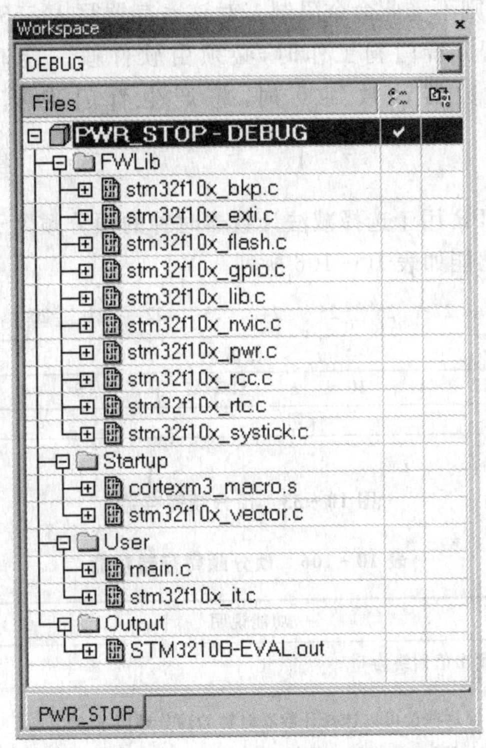

图 10-32　电源控制应用编程的工作区窗口

10.4.8　独立看门狗应用编程

STM32 系列处理器内置了 2 个看门狗定时器(Watchdog Timer),可用于当系统受到干扰进入错误状态时的强迫复位。独立看门狗 IWDG 采用专用的 32 kHz 低速时钟,即使主时钟发生故障,也仍然有效。窗口看门狗 WWDG 的时钟则从 APB1 时钟分频获得,通过可配置的事件窗口来检测应用程序非正常的过迟或过早行为。IWDG 适合独立于整个应用程序的看门狗,能够完全独立工作,对时间精度要求较低;而 WWDG 则适合于那些要求在精确计时窗口监视应用程序的看门狗。本节主要介绍独立看门狗 IWDG 应用编程方法。

独立看门狗 IWDG 由 VDD 供电,但是在停止和待机模式下仍然正常工作。向键寄存器 IWDG_KR 中写入 CCCCH 即可开启 IWDG,计数器从其复位值 FFFH 开始减计数,当计数到 000 时将产生一个复位信号 IWDG_RESET。无论何时,只要向键寄存器 IWDG_KR 中写入 AAAAH,就会将寄存器 IWDG_RLR 中的数据重新加载到计数器中,从而避免产生看门狗复位。如果用户在选择字节中启用了硬件看门狗功能,则系统上电后看门狗将自动投入工作。

IWDG_PR 和 IWDG_RLR 寄存器具有写保护功能，要修改其内容，必须先向 IWDG_KR 寄存器中写入 5555H。写入其他值，会打乱操作顺序，IWDG_PR 和 IWDG_RLR 寄存器将被写保护。重装载操作也会启动写保护功能。

下面详细介绍与独立看门狗应用编程有关的寄存器功能。

1. 键寄存器

键寄存器 IWDG_KR 用于设置控制独立看门狗，对该寄存器写入 CCCCH，即可启动看门狗工作。若选择硬件看门狗，则不受此命令限制。对该寄存器写入 5555H，表示允许访问 IWDG_PR 和 IWDG_RLR 寄存器。看门狗工作时，必须由软件按一定时间间隔向该寄存器写入 AAAAH，否则当减法计数器计数到 0 时，将产生看门狗复位。该寄存器的复位值为 0x00000000。

2. 预分频寄存器

预分频寄存器 IWDG_PR 用于选择减法计数器时钟的预分频因子，如图 10-33 所示，rw 表示可读/写，寄存器各位的功能如表 10-106 所列。

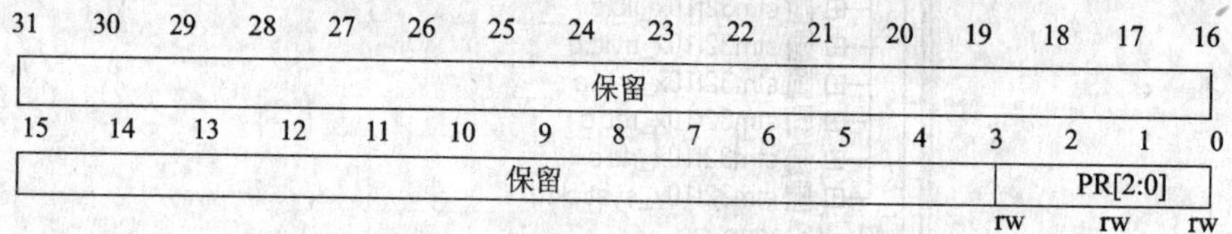

图 10-33　预分频寄存器

表 10-106　预分频寄存器功能

位	功能说明	复位值
31：3	保留，读出值始终为 0	0x00000000
2：0	通过设置这些位可以选择计数器时钟的预分频因子。 000：/4，001：/8，010：/16，011：/32，100：/64， 101：/128，110：/256，111：/256 这些位具有保护设置，要改变预分频因子，IWDG_SR 寄存器的 PVU 位必须为 0。 注意：对该寄存器进行读操作，将从 VDD 电压域返回预分频值。如果写操作正在进行，则读回的值可能是无效的。因此，只有当 IWDG_SR 寄存器的 PVU 位为 0 时，从该寄存器读出的值才有效	

3. 重载寄存器

重载寄存器 IWDG_RLR 用于定义看门狗计数器的重新装载值。每当向 IWDG_KR 寄存器写入 AAAAH 时，重载值就会被装载到计数器中，随后看门狗计数器就从这个值开始减计数。该寄存器的复位值为 0x0000FFFFH(待机模式时复位)。

4. 状态寄存器

状态寄存器 IWDG_SR 用于记录看门狗的状态，如图 10-34 所示，r 表示只读。该寄存器的第 2～第 31 位保留。RVU 位由硬件置 1，用于指示重装载值的更新正在进行中；当重装载值更新结束后，由硬件清 0(最多需要 5 个 32 kHz 的 RC 周期)，重装载值只有在 RVU 位被清 0 后才

可更新。PVU 位由硬件置 1,用于指示预分频器的更新正在进行中;当预分频值更新结束后,由硬件清 0(最多需要 5 个 32 kHz 的 RC 周期),预分频值只有在 RVU 位被清 0 后才可更新。

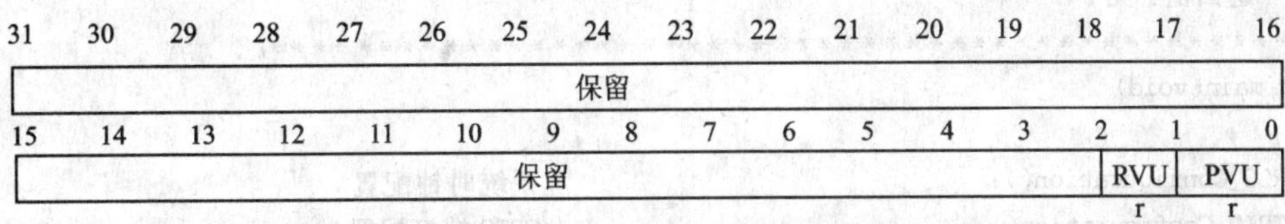

图 10-34　状态寄存器

【例 10-13】　独立看门狗应用编程。系统正常运行时利用系统节拍时钟中断服务程序来进行独立看门狗计数值的重载,每重载一次计数值,LED2 就闪亮一次。通过按键 2 来阻止计数值的重载,导致独立看门狗复位,LED1 点亮表示系统从独立看门狗复位中恢复。程序主要内容包括:

- 配置并启动独立看门狗,配置 GPIOB5 端口的 PB5 引脚为按键外部中断。
- 系统启动时检测是否曾经从独立看门狗复位中恢复,若是,则点亮 LED1。
- 通过系统节拍时钟中断服务程序来重载独立看门狗,同时闪亮 LED2。
- 在按键中断服务程序的中断返回时,不清除中断挂起位,使系统节拍时钟无法进入,导致因无法重载独立看门狗而使系统复位。

本例需要用到如下固件模块文件:

① 系统节拍处理固件模块文件 stm32f10x_systick. c;
② 复位与时钟固件模块文件 stm32f10x_rcc. c;
③ 嵌套向量中断控制器固件模块文件 stm32f10x_nvic. c;
④ 外设指针初始化固件模块文件 stm32f10x_lib. c;
⑤ 独立看门狗固件模块文件 stm32f10x_iwdg. c;
⑥ 通用 I/O 端口固件模块文件 stm32f10x_gpio. c;
⑦ Flash 存储器操作固件模块文件 stm32f10x_flash. c;
⑧ 外部中断处理固件模块文件 stm32f10x_exti. c。

除了固件库文件之外,还需要编写用户主程序、中断向量表程序、中断服务程序等。

用户主程序文件 main. c 列表如下:

```
#include "stm32f10x_lib.h"
#include "platform_config.h"
ErrorStatus HSEStartUpStatus;
void RCC_Configuration(void);
void NVIC_Configuration(void);
void GPIO_Configuration(void);
void EXTI_Configuration(void);
void SysTick_Configuration(void);
void Delay(vu32 nCount);

/*********************************************************
**函数名:main()
**功能:   用户主程序
```

```
 * *输入：  无
 * *输出：  无
 * *返回值：无
 ***********************************************************************/
int main(void)
{
  RCC_Configuration();                                  //系统时钟配置
  GPIO_Configuration();                                 //GPIO 端口配置
  /* 检测系统是否曾经从 IWDG 复位中恢复 */
  if (RCC_GetFlagStatus(RCC_FLAG_IWDGRST) ! = RESET)
  {
    GPIO_SetBits(GPIO_LED, GPIO_Pin_6);                 //若 IWDG 复位标志置位，点亮 LED1
    RCC_ClearFlag();                                    //清除复位标志
  }
  else
  {
    GPIO_ResetBits(GPIO_LED, GPIO_Pin_6);               //若 IWDG 复位标志未置位，熄灭 LED1
  }
  EXTI_Configuration();                                 //配置按键 2 为 EXTI5 外部中断，下降沿触发
  NVIC_Configuration();                                 //配置 NVIC
  SysTick_Configuration();                              //配置系统节拍每 250 ms 产生一次中断
  /* 使能 IWDG_PR 和 IWDG_RLR 寄存器的写入操作 */
  IWDG_WriteAccessCmd(IWDG_WriteAccess_Enable);
  IWDG_SetPrescaler(IWDG_Prescaler_32);                 //IWDG 计数器时钟为 1.25 kHz
  IWDG_SetReload(349);                                  //设置 IWDG 计数器重载值为 349
  IWDG_ReloadCounter();                                 //重载 IWDG 计数器
  IWDG_Enable();                                        //使能 IWDG
  while (1)
  {}
}

/***********************************************************************
 * *函数名：RCC_Configuration()
 * *功能：  配置不同的系统时钟
 * *输入：  无
 * *输出：  无
 * *返回值：无
 ***********************************************************************/
void RCC_Configuration(void)
{
  RCC_DeInit();                                         //RCC 系统复位(用于调试)
  RCC_HSEConfig(RCC_HSE_ON);                            //使能 HSE
  HSEStartUpStatus = RCC_WaitForHSEStartUp();           //等待 HSE 稳定
  if (HSEStartUpStatus == SUCCESS)
  {
    FLASH_PrefetchBufferCmd(FLASH_PrefetchBuffer_Enable);   //使能预取缓冲器
    FLASH_SetLatency(FLASH_Latency_0);                  //Flash 0 等待状态
    RCC_HCLKConfig(RCC_SYSCLK_Div1);                    //HCLK = SYSCLK
```

```
    RCC_PCLK2Config(RCC_HCLK_Div1);          //PCLK2 = HCLK
    RCC_PCLK1Config(RCC_HCLK_Div1);          //PCLK1 = HCLK
    RCC_SYSCLKConfig(RCC_SYSCLKSource_HSE);  //选择 HSE 为系统时钟源
    while (RCC_GetSYSCLKSource() ! = 0x04)   //等待 HSE 被用作系统时钟源
    {}
  }

  /*使能 GPIOB, GPIOC, AFIO 时钟 */
  RCC_APB2PeriphClockCmd(RCC_APB2Periph_GPIO_KEY_BUTTON |
                         RCC_APB2Periph_GPIO_LED |
                         RCC_APB2Periph_AFIO, ENABLE);
}

/*************************************************
**函数名:GPIO_Configuration()
**功能:  配置不同 GPIO 端口
**输入:  无
**输出:  无
**返回值:无
*************************************************/
void GPIO_Configuration(void)
{
  GPIO_InitTypeDef GPIO_InitStructure;
  /*配置 GPIOC 端口的 PC6,PC7 为推挽输出 */
  GPIO_InitStructure.GPIO_Pin = GPIO_Pin_6 | GPIO_Pin_7;
  GPIO_InitStructure.GPIO_Mode = GPIO_Mode_Out_PP;
  GPIO_InitStructure.GPIO_Speed = GPIO_Speed_50MHz;
  GPIO_Init(GPIO_LED, &GPIO_InitStructure);
  /*配置 GPIOB 为浮置输入(按键 2 连到 EXTI5) */
  GPIO_InitStructure.GPIO_Pin = GPIO_PIN_KEY_BUTTON;
  GPIO_InitStructure.GPIO_Mode = GPIO_Mode_IN_FLOATING;
  GPIO_Init(GPIO_KEY_BUTTON, &GPIO_InitStructure);
}

/*************************************************
**函数名:EXTI_Configuration()
**功能:  配置外部中断线
**输入:  无
**输出:  无
**返回值:无
*************************************************/
void EXTI_Configuration(void)
{
  EXTI_InitTypeDef EXTI_InitStructure;
  /*将按键 2 连到 EXTI9_5 线 */
  GPIO_EXTILineConfig(GPIO_PORT_SOURCE_KEY_BUTTON, GPIO_PIN_SOURCE_KEY_BUTTON);
  /*配置 EXTI9_5 线为下降沿触发 */
  EXTI_ClearITPendingBit(EXTI_LINE_KEY_BUTTON);
```

```
  EXTI_InitStructure.EXTI_Line = EXTI_LINE_KEY_BUTTON;
  EXTI_InitStructure.EXTI_Mode = EXTI_Mode_Interrupt;
  EXTI_InitStructure.EXTI_Trigger = EXTI_Trigger_Falling;
  EXTI_InitStructure.EXTI_LineCmd = ENABLE;
  EXTI_Init(&EXTI_InitStructure);
}

/*************************************************************
 ** 函数名：NVIC_Configuration()
 ** 功能：  配置 NVIC 和向量表基地址
 ** 输入：  无
 ** 输出：  无
 ** 返回值：无
*************************************************************/
void NVIC_Configuration(void)
{
  NVIC_InitTypeDef NVIC_InitStructure;
#ifdef  VECT_TAB_RAM
  /* 设置中断向量表基地址为 0x20000000 */
  NVIC_SetVectorTable(NVIC_VectTab_RAM, 0x0);
#else  /* VECT_TAB_FLASH  */
  /* 设置中断向量表基地址为 0x80000000 */
  NVIC_SetVectorTable(NVIC_VectTab_FLASH, 0x0);
#endif
  /* 配置 1 位用于优先级抢占 */
  NVIC_PriorityGroupConfig(NVIC_PriorityGroup_1);
  /* 使能 EXTI9_5 中断 */
  NVIC_InitStructure.NVIC_IRQChannel = EXTI9_5_IRQChannel;
  NVIC_InitStructure.NVIC_IRQChannelPreemptionPriority = 0;
  NVIC_InitStructure.NVIC_IRQChannelSubPriority = 0;
  NVIC_InitStructure.NVIC_IRQChannelCmd = ENABLE;
  NVIC_Init(&NVIC_InitStructure);
  /* 设置系统节拍中断向量抢占优先级为 1 */
  NVIC_SystemHandlerPriorityConfig(SystemHandler_SysTick, 1, 0);
}

/*************************************************************
 ** 函数名：Delay()
 ** 功能：  插入一段延时
 ** 输入：  无
 ** 输出：  无
 ** 返回值：无
*************************************************************/
void Delay(vu32 nCount)
{
  for (; nCount != 0; nCount--);
}
```

```
/*********************************************************
** 函数名：SysTick_Configuration()
** 功能：   配置系统时钟，每 250 ms 产生一次中断
** 输入：   无
** 输出：   无
** 返回值：无
*********************************************************/
void SysTick_Configuration(void)
{
  /* 选择 HCLK/8 作为系统节拍时钟源 */
  SysTick_CLKSourceConfig(SysTick_CLKSource_HCLK_Div8);
  /* 系统节拍每 250ms 中断一次 */
  SysTick_SetReload(250000);
  /* 使能系统节拍计数器 */
  SysTick_CounterCmd(SysTick_Counter_Enable);
  /* 使能系统节拍中断 */
  SysTick_ITConfig(ENABLE);
}
```

中断向量表程序文件 stm32f10x_vector.c 列表如下：

```
#include "stm32f10x_lib.h"
#include "stm32f10x_it.h"
typedef void( * intfunc )( void );
typedef union { intfunc __fun; void * __ptr; } intvec_elem;
#pragma language = extended
#pragma segment = "CSTACK"

void __iar_program_start( void );

#pragma location = ".intvec"
/* STM32F10x 向量表入口 */
const intvec_elem __vector_table[] =
{
  { .__ptr = __sfe( "CSTACK" ) },
  __iar_program_start,
  NMIException,
  HardFaultException,
  MemManageException,
  BusFaultException,
  UsageFaultException,
  0, 0, 0, 0,                                    //保留
  SVCHandler,
  DebugMonitor,
  0,                                             //保留
  PendSVC,
  SysTickHandler,
```

```
    WWDG_IRQHandler,
    PVD_IRQHandler,
    TAMPER_IRQHandler,
    RTC_IRQHandler,
    FLASH_IRQHandler,
    RCC_IRQHandler,
    EXTI0_IRQHandler,
    EXTI1_IRQHandler,
    EXTI2_IRQHandler,
    EXTI3_IRQHandler,
    EXTI4_IRQHandler,
    DMA1_Channel1_IRQHandler,
    DMA1_Channel2_IRQHandler,
    DMA1_Channel3_IRQHandler,
    DMA1_Channel4_IRQHandler,
    DMA1_Channel5_IRQHandler,
    DMA1_Channel6_IRQHandler,
    DMA1_Channel7_IRQHandler,
    ADC1_2_IRQHandler,
    USB_HP_CAN_TX_IRQHandler,
    USB_LP_CAN_RX0_IRQHandler,
    CAN_RX1_IRQHandler,
    CAN_SCE_IRQHandler,
    EXTI9_5_IRQHandler,
};
```

中断服务程序文件 stm32f10x_it.c 中，根据中断向量表给出了各个异常中断处理程序句柄，对于无关向量，只要给出一个相应的空函数即可。限于篇幅，下面列表中省略了各个空函数。

```
#include "stm32f10x_it.h"
#include "platform_config.h"

/*省略空函数 */

/*****************************************************
**函数名：SysTickHandler()
**功能：  系统时钟节拍处理
**输入：  无
**输出：  无
**返回值：无
*****************************************************/
void SysTickHandler(void)
{
  /*重载 IEDG 计数器 */
  IWDG_ReloadCounter();
  /*闪亮 LED2 */
```

```
    GPIO_WriteBit(GPIO_LED, GPIO_Pin_7,
                  (BitAction)(1 - GPIO_ReadOutputDataBit
                  (GPIO_LED, GPIO_Pin_7)));
}

/*省略空函数 */

/********************************************************
**函数名:EXTI9_5_IRQHandler()
**功能:  外部中断 9 到 5 中断处理
**输入:  无
**输出:  无
**返回值:无
********************************************************/
void EXTI9_5_IRQHandler(void)
{
  if (EXTI_GetITStatus(EXTI_LINE_KEY_BUTTON) != RESET)
  {
    /*点亮 LED1 */
    GPIO_ResetBits(GPIO_LED, GPIO_Pin_6);
  /*注意这里没有清除中断挂起位,将导致 IWDG 计数器减到 0 而产生系统复位 */
  }
}
```

在 IAR EWARM 集成开发环境中新建一个工作区,并在该工作区内创建项目 IWDG,然后向项目中添加以上各个文件,完成后工作区窗口如图 10-35 所示。单击 Project 下拉菜单中的 Options 选项,从弹出 Options 对话框的 Category 栏选择 General Options,进入一般选项配置的 Target 选项卡,选中 Processor variant 栏的 Device 复选框,并选择 ST 公司的 STM32F10xxB 芯片,完成各个选项配置后,单击 Project 下拉菜单中的 Make 选项,对工作区中当前项目进行编译、链接,生成可执行代码。

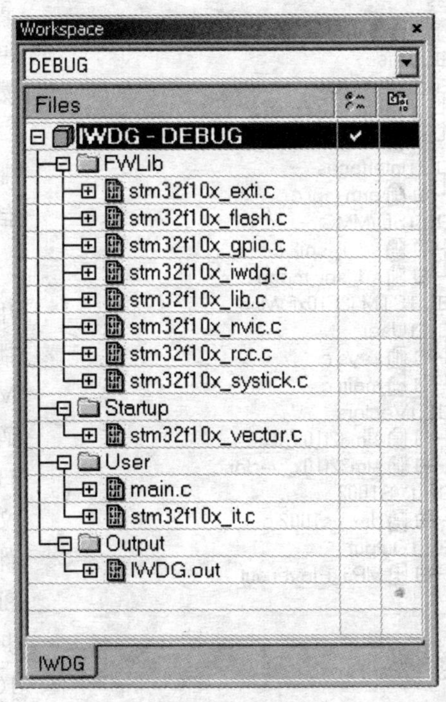

图 10-35 独立看门狗应用编程的工作区窗口

将 IAR J-Link 仿真器连接到 STM32 开发板和 PC 的 USB 接口,单击 Project 下拉菜单中的 Download and Debug 选项,将可执行代码装入 STM32 开发板。启动程序全速运行,可以看到 LED1 熄灭,LED2 不断闪动,按下按键 2 时,经过非常短暂的时间后 LED1

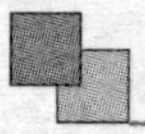

点亮，LED2 不断闪动。

10.4.9 综合应用编程——MP3 播放器

本节介绍一种利用 STM32 系列处理器与专用解码芯片 VS1002 设计的 MP3 播放器，其中涉及 SPI 接口、SD 卡接口、FAT 文件系统、LCD 显示接口等综合应用编程。

SD 卡是一种新型存储器件，具有高可靠、大容量、对环境要求不高等优点，大量用在便携式数码产品中。SD 卡允许在 SPI 和 SD 两种模式下工作，本例采用 SPI 工作模式。SD 卡通过各种命令来控制，在 SPI 模式下 SD 卡的控制命令由 6 字节组成，高字节在前，可通过命令对 SD 卡内的多个或单个存储块进行读/写操作。详细的 SD 卡命令格式可以查阅 SD 卡规范手册。在 SD 卡中存储 MP3 文件需要采用 FAT 文件系统，该系统大致可分为 5 部分：MBR 区、DBR 区、FAT 区、FDT 区和 DATA 区。由于一般不用 SD 卡作引导盘，故通常没有 MBR 区，直接从 DBR 区开始。本设计采用了源代码开放的嵌入式文件系统库 EFSL(Embedded File Systems Library)，EFSL 采用 ANSI C 编写，跟平台的大小端模式和字节对齐方式无关，支持 FAT12，FAT16 和 FAT32，可以同时支持多设备及多文件操作。每个设备的驱动程序，只需要提供扇区写和扇区读两个函数即可。RAM 最小可以达到 1.5 KB，通过提供更多的 RAM 作为文件系统缓存可以提高性能，非常适合资源有限的嵌入式系统使用。

专用解码芯片 VS1002 是由芬兰 VLSI 公司推出的一款单芯片音频解码器，其内部包含一个高性能、低功耗的 DSP 处理器核，能够对 MP3，WMA，MIDI 进行解码，并且能够进行 AD－PCM 编码。它支持 MP3 和 WAV 流，具有高低音控制，单时钟操作(12～13 MHz)；具有片内 PLL 时钟倍频器，片内高性能立体声数/模转换器，两声道间无相位差；具有 5.5 KB 的片上 RAM，串行控制、数据接口；可用作微处理器的从机，通过 SPI 串行接口接收输入的比特流，经过解码后，通过数字音量控制器到达一个 18 位的过采样 DAC，转换成模拟音频信号输出。

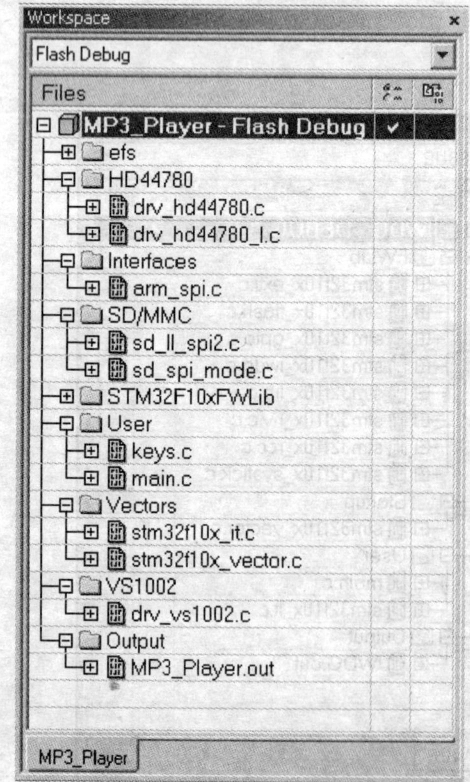

图 10－36　MP3 播放器应用编程的工作区窗口

【例 10－14】　MP3 播放器综合应用编程。采用 VS1002 芯片与 STM32F10x 处理器设计的 MP3 播放器，由 STM32F10x 处理器读取 SD 卡中存储的 MP3 文件数据，通过 SPI 接口送往 VS1002 进行解码和播放，同时通过 STM32F10x 处理器的 GPIO 端口扩展 LCD 和按键，用于显示和选择播放的 MP3 文件。这是一个完整的综合设计实例，包括 EFS 文件系统库、HD44780 液晶显示驱动、SPI 接口驱动、SD 卡驱动、STM32 固件库、用户程序、向量表及中断服务程序、VS1002 驱动等。整个项目工作区如图 10－36 所示。本例涉及的源代码文件较多，限于篇幅，仅列出用户主程序文件和 VS1002 驱动程序文件，其他各文件可以从本书附带光盘中打开研读。

用户主程序文件 main().c 列表如下：

```
#include      "includes.h"
#define TICK_PER_SEC   25
#define LOOP_DLY_100US          450
#define LOGO_DLY                 (2    * TICK_PER_SEC)              //2 s
#define REPEAT_DLY      (Int32U)(0.5 * TICK_PER_SEC)              //0.5 s
#define SYS_TMR_INTR_PRIORITY    14
#define DLY_TMR_INTR_PRIORITY    15
#define PLAY_CH              1
#define WIDE_STEREO_CH      2

const Int8S PlayChar[] =
{0x10,0x18,0x1C,0x1E,0x1C,0x18,0x10,0x00,};
const Int8S WideStereoChar[] =
{0x0E,0x11,0x00,0x0E,0x11,0x00,0x04,0x00,};

typedef struct _DirTree_t
{
  char DirName[LIST_MAXLENFILENAME];
  struct _DirTree_t *pPrev;
} DirTree_t, *pDirTree_t;
typedef enum _SoundEffect_t
{
  NoSoundEffect = 0, WideStereoEffect, LouldEffect
} SoundEffect_t;

volatile Int32U DlyCount;
Int32U  SysTmrPeriodHold,SysTmrPeriodHold1;
volatile Boolean TickSysFlag;
EmbeddedFileSystem efsl;
EmbeddedFile filer;
DirList list;

const DirTree_t RootDir = {"/",NULL};
const Int16U Adc2Vol[] =                                      //0～31
{0xF0F0,0xC0C0,0xA0A0,0x7070,0x6868,0x6060,0x5858,0x5050,0x4848,
 0x4040,0x3838,0x3030,0x2828,0x2020,0x1C1C,0x1818,0x1414,0x1010,
 0x0D0D,0x0C0C,0x0B0B,0x0A0A,0x0909,0x0808,0x0707,0x0606,0x0505,
 0x0404,0x0303,0x0202,0x0101,0x0000,
};

__no_init Int32U Mp3Buffer[512*2/sizeof(Int32U)];
Int32U CriticalSecCntr;

/*********************************************
```

```
 * * 函数名：Tim3Handler
 * * 功能：   Timer3 中断处理
 * * 参数：   无
 * * 返回值：无
 ***************************************************/
void Tim3Handler (void)
{
  TIM_ClearITPendingBit(TIM3,TIM_FLAG_Update);            //清 0 更新中断标志
  TickSysFlag = TRUE;
}

/***************************************************
 * * 函数名：InitClock()
 * * 功能：   CPU 时钟初始化
 * * 参数：   无
 * * 返回值：无
 ***************************************************/
void InitClock (void)
{
  /* 以内部 HSI RC(8MHz)作为 CPU 时钟 */
  RCC_HSICmd(ENABLE);
  /* 等待 HSI 就绪 */
  while(RCC_GetFlagStatus(RCC_FLAG_HSIRDY) == RESET);
  RCC_SYSCLKConfig(RCC_SYSCLKSource_HSI);
  /* 使能外部高频振荡器 */
  RCC_HSEConfig(RCC_HSE_ON);
  /* 等待 HSE 就绪 */
  while(RCC_GetFlagStatus(RCC_FLAG_HSERDY) == RESET);
  /* PLL 初始化 */
  RCC_PLLConfig(RCC_PLLSource_HSE_Div1,RCC_PLLMul_9);        //72 MHz
  RCC_PLLCmd(ENABLE);
  /* 等待 PLL 就绪 */
  while(RCC_GetFlagStatus(RCC_FLAG_PLLRDY) == RESET);
  /* 设置系统分频器 */
  RCC_USBCLKConfig(RCC_USBCLKSource_PLLCLK_1Div5);
  RCC_ADCCLKConfig(RCC_PCLK2_Div8);
  RCC_PCLK2Config(RCC_HCLK_Div1);
  RCC_PCLK1Config(RCC_HCLK_Div2);
  RCC_HCLKConfig(RCC_SYSCLK_Div1);
#ifdef EMB_FLASH
  /* Flash 初始化：
     0 < HCLK 24 MHz,0 等待状态,
    24 MHz < HCLK 56 MHz,1 等待状态,
    56 MHz < HCLK 72 MHz,2 等待状态,*/
  FLASH_SetLatency(FLASH_Latency_2);
```

```
  FLASH_HalfCycleAccessCmd(FLASH_HalfCycleAccess_Disable);
  FLASH_PrefetchBufferCmd(FLASH_PrefetchBuffer_Enable);
#endif                                              //EMB_FLASH
  /*以 PLL 作为系统时钟 */
  RCC_SYSCLKConfig(RCC_SYSCLKSource_PLLCLK);
}

/*************************************************
**函数名:Dly100us()
**功能:   延时 100 μs
**参数:   *arg
**返回值:无
************************************************/
void Dly100us(void *arg)
{
Int32U Dly = (Int32U)arg;
  while(Dly--)
  {
    for(volatile int i = LOOP_DLY_100US; i; i--);
  }
}

/*************************************************
**函数名:InitSystemTimer()
**功能:   系统定时器 TIM3 初始化
**参数:   IntrPriority
**返回值:无
************************************************/
void InitSystemTimer (Int32U IntrPriority)
{
TIM_TimeBaseInitTypeDef TIM_TimeBaseInitStruct;
NVIC_InitTypeDef NVIC_InitStructure;
  /* Timer3 初始化,使能 Timer3 时钟并释放复位 */
  RCC_APB1PeriphClockCmd(RCC_APB1Periph_TIM3,ENABLE);
  RCC_APB1PeriphResetCmd(RCC_APB1Periph_TIM3,DISABLE);
  /*设置定时器周期为 100 ms */
  TIM_TimeBaseInitStruct.TIM_Prescaler = 720;           //10 μs 分辨率
  TIM_TimeBaseInitStruct.TIM_CounterMode = TIM1_CounterMode_Up;
  TIM_TimeBaseInitStruct.TIM_Period = 100000/TICK_PER_SEC;
  TIM_TimeBaseInitStruct.TIM_ClockDivision = TIM_CKD_DIV1;
  TIM_TimeBaseInit(TIM3,&TIM_TimeBaseInitStruct);
  /*清除更新中断位 */
  TIM_ClearITPendingBit(TIM3,TIM_FLAG_Update);
  /*使能更新中断 */
  TIM_ITConfig(TIM3,TIM_FLAG_Update,ENABLE);
```

```
  NVIC_InitStructure.NVIC_IRQChannel = TIM3_IRQChannel;
  NVIC_InitStructure.NVIC_IRQChannelPreemptionPriority = 7;
  NVIC_InitStructure.NVIC_IRQChannelSubPriority = 0;
  NVIC_InitStructure.NVIC_IRQChannelCmd = ENABLE;
  NVIC_Init(&NVIC_InitStructure);
  /*使能 TIM3 */
  TIM_Cmd(TIM3,ENABLE);
}

/**************************************************
**函数名:AdcInit()
**功能:  ADC 通道 5 初始化
**参数:  无
**返回值:无
**************************************************/
void AdcInit(void)
{
GPIO_InitTypeDef GPIO_InitStructure;
ADC_InitTypeDef   ADC_InitStructure;
  /* ADC 初始化 */
  RCC_APB2PeriphClockCmd(RCC_APB2Periph_ADC1, ENABLE);
  ADC_DeInit(ADC1);
  /*配置 GPIO 端口,PC5 为模拟输入 */
  GPIO_InitStructure.GPIO_Pin = GPIO_Pin_5;
  GPIO_InitStructure.GPIO_Speed = (GPIOSpeed_TypeDef)0;
  GPIO_InitStructure.GPIO_Mode = GPIO_Mode_AIN;
  GPIO_Init (GPIOC, &GPIO_InitStructure);
  /* ADC 结构初始化 */
  ADC_StructInit(&ADC_InitStructure);
  ADC_InitStructure.ADC_Mode = ADC_Mode_Independent;
  ADC_InitStructure.ADC_ScanConvMode = DISABLE;
  ADC_InitStructure.ADC_ContinuousConvMode = DISABLE;
  ADC_InitStructure.ADC_ExternalTrigConv = ADC_ExternalTrigConv_None;
  ADC_InitStructure.ADC_DataAlign = ADC_DataAlign_Right;
  ADC_InitStructure.ADC_NbrOfChannel = 1;
  ADC_Init(ADC1, &ADC_InitStructure);
  /*使能 ADC */
  ADC_Cmd(ADC1, ENABLE);
  /* ADC 校准 */
  ADC_ResetCalibration(ADC1);
  while(ADC_GetResetCalibrationStatus(ADC1) == SET);
  /*启动 ADC1 校准 */
  ADC_StartCalibration(ADC1);
  while(ADC_GetCalibrationStatus(ADC1) == SET);
  /*通道配置 */
```

```
  ADC_RegularChannelConfig(ADC1, ADC_Channel_15, 1, ADC_SampleTime_55Cycles5);
  /*启动 A/D 转换 */
  ADC_SoftwareStartConvCmd(ADC1, ENABLE);
}

/*************************************************
**函数名: main()
**功能:  用户主程序
**参数:  无
**返回值: 无
*************************************************/
int main (void)
{
Int32U ShowDly;
Int32U Tmp;
esint8 FatOpen = -1;
pDirTree_t pCurrDir = (pDirTree_t)&RootDir, pDirTemp;
Int8U Deep = 0;
Boolean Play = 0, Dir,PervDir;
Key_t PressedKey;
File Mp3File;
Boolean FileOpen;
Boolean FillBlockOffset, DrainBlockOffset;
Int32U FillSize = 0, DrainSizeHold = 0;
Mp3Stream_t Mp3Stream;
char* pStr;
Int32U Volume = 0;
MP3_Status_t MP3_Status;
SoundEffect_t SoundEffect = NoSoundEffect;
Boolean  Line2Update = 0;
Int8S Line2[17];

 #ifdef DEBUG
 debug();
 #endif

   ENTR_CRT_SECTION();
   /*系统时钟初始化 */
   InitClock();
   /* NVIC 初始化 */
 #ifndef  EMB_FLASH
   /*向量表基地址设为 0x20000000 */
   NVIC_SetVectorTable(NVIC_VectTab_RAM, 0x0);
 #else                                                          //VECT_TAB_FLASH
   /*向量表基地址设为 0x80000000 */
```

```
  NVIC_SetVectorTable(NVIC_VectTab_FLASH, 0x0);
#endif
  NVIC_PriorityGroupConfig(NVIC_PriorityGroup_4);
  /* 系统定时器初始化 */
  InitSystemTimer(SYS_TMR_INTR_PRIORITY);
  /* 开中断 */
  __enable_interrupt();
  /* LCD 上电初始化 */
  HD44780_PowerUpInit();
  HD44780_WrCGRAM(PlayChar,PLAY_CH);
  HD44780_WrCGRAM(WideStereoChar,WIDE_STEREO_CH);
  /* 点亮 LCD 背光源 */
  LCD_LIGHT_ON();
  /* MMC/SD 驱动器初始化 */
  SdDiskInit();
  /* 按键初始化 */
  KeyInit();
  /* 音量控制初始化 */
  AdcInit();
  /* MP3 模块初始化 */
  do
  {
    Mp3SendCmd(Mp3CmdPowerUp,(pInt32U)&MP3_Status);
    switch(MP3_Status)
    {
    case MP3_Pass:
      HD44780_StrShow(1, 1,  "  IAR Systems    ");
      HD44780_StrShow(1, 2,  "  MP3 Player     ");
      break;
    case MP3_WrongRev:
      HD44780_StrShow(1, 1,  "  Unsupported    ");
      HD44780_StrShow(1, 2,  "  MP3 module     ");
      break;
    default:
      HD44780_StrShow(1, 1,  "  Can't find     ");
      HD44780_StrShow(1, 2,  "  MP3 module     ");
    }
  }
  while(MP3_Status != MP3_Pass);
  ShowDly = LOGO_DLY;
  while(1)
  {
    if(TickSysFlag)
    {
      TickSysFlag = FALSE;
```

```
KeyImpl();
/*信息显示 */
if(Line2Update)
{
  Line2Update = 0;
  if(! FatOpen)
  {
    Line2[13] = ' ';
    Line2[14] = ' ';
    Line2[15] = ' ';
    switch(SoundEffect)
    {
    case WideStereoEffect:
      Line2[14] = WIDE_STEREO_CH;
      break;
    case LouldEffect:
      Line2[13] = 'L';
      Line2[14] = 'D';
    }
     if(Play)
     {
       Line2[15] = PLAY_CH;
     }
  }
  HD44780_StrShow(1, 2,  Line2);
}
/*音量控制 */
if(ADC_GetFlagStatus(ADC1, ADC_FLAG_EOC) == SET)
{ /*获取 A/D 转换值 */
  Tmp = (ADC_GetConversionValue(ADC1) >> 7) & 0x1F;
  Tmp = Adc2Vol[Tmp];
  if(Volume != Tmp)
  { /*音量更新同时设置标志 */
    Volume = Tmp | 0x80000000;
  }
  /*启动 A/D 转换 */
  ADC_SoftwareStartConvCmd(ADC1, ENABLE);
}
if(ShowDly)
{
  --ShowDly;
}
else
{
  ShowDly = REPEAT_DLY;
```

```
        /*更新 MMC/SD 卡状态 */
        if (! Play)
        {
          SdStatusUpdate();
        }
        pDiskCtrlBlk_t pSD_DiskStatus = SdGetDiskCtrlBkl();
        if(pSD_DiskStatus->DiskStatus == DiskCommandPass)
        {
          if (FatOpen)
          {
            FatOpen = efs_init(&efsl,NULL);
            if (FatOpen == 0)
            { /*必要时释放存储器 */
              while (Deep)
              {
                pDirTemp = pCurrDir;
                pCurrDir = pCurrDir->pPrev;
                free(pDirTemp);
                --Deep;
              }
              /*打开根目录 */
              ls_openDir( &list, &(efsl.myFs) , pCurrDir->DirName);
              FileOpen = 0;
              GenreteKeyPress(KeyNextMask);
            }
            else
            { /*非法文件系统 */
              strcpy((char *)Line2, "Pls, Insert Card");
              Line2Update = 1;
            }
          }
        }
        else
        { /*未发现 MMC/SD 卡 */
          strcpy((char *)Line2, "Pls, Insert Card");
          Line2Update = 1;
          FatOpen = -1;
        }
      }
    }
    /*用户接口 */
    PressedKey = GetKeys();
    if (! FatOpen)
    { /*合法文件系统 */
      if (Play)
```

```
{ /* 播放文件 */
  if (PressedKey.PlayStop)
  {
    Play = 0;
    FatOpen = file_fclose(&Mp3File);
    FileOpen = 0;
    FillSize = 0;
    /* 停止播放 */
    Mp3SendCmd(Mp3CmdPlayStop,&Tmp);
    Line2[15] = ' ';
    Line2Update = 1;
  }
  else if (PressedKey.Next)
  { /* 改变音效 */
    ++SoundEffect;
    switch(SoundEffect)
    {
    case WideStereoEffect:
      Tmp = 1;
      Mp3SendCmd(Mp3CmdWideStereo,&Tmp);
      break;
    case LouldEffect:
      Tmp = 0;
      Mp3SendCmd(Mp3CmdWideStereo,&Tmp);
      Tmp = 1;
      Mp3SendCmd(Mp3CmdLoudness,&Tmp);
      break;
    default:
      Tmp = 0;
      Mp3SendCmd(Mp3CmdWideStereo,&Tmp);
      Mp3SendCmd(Mp3CmdLoudness,&Tmp);
      SoundEffect = NoSoundEffect;
    }
    Line2Update = 1;
  }
  else
  {
    if(! FileOpen && ! FillSize)
    { /* 打开文件 */
      if((FatOpen = file_fopen(&Mp3File,&(efsl.myFs),
          (char *)list.currentEntry.FileName,MODE_READ)) == 0)
      { /* 填充缓冲器并向 MP3 解码器发送第一块数据 */
        FileOpen = 1;
        FillSize = 0;
        FillBlockOffset = 0;
```

```
            DrainBlockOffset = 0;
            DrainSizeHold = 0;
            Line2[15] = PLAY_CH;
            Line2Update = 1;
            if((Mp3Stream.Size =
                file_read(&Mp3File,sizeof(Mp3Buffer),
                (pInt8U)Mp3Buffer)) ! = 0)
            {
              Mp3Stream.pStream = Mp3Buffer;
              Mp3Stream.PlaySpeed = Mp3PlayNorm;
              Mp3SendCmd(Mp3CmdPlay,(pInt32U)&Mp3Stream);
            }
          }
        }
        else
        {/*填充缓冲器 */
          if (FileOpen && (FillSize < 1024))
          {
            Tmp =
                file_read(&Mp3File,512,(pInt8U)
                (FillBlockOffset? (Mp3Buffer +
                (512/sizeof(Mp3Buffer[0]))): Mp3Buffer));
            FillSize + = Tmp;
            if(Tmp == 512)
            {
              FillBlockOffset ^= 1;
            }
            else
            {/*文件末尾 */
              FileOpen = 0;
              file_fclose(&Mp3File);
              while(1)
              {/*打开下一个 MP3 文件 */
                if (ls_getNext(&list) == 0)
                {
                  if (! (list.currentEntry.Attribute &
                      (ATTR_VOLUME_ID | ATTR_DIRECTORY |
                      ATTR_SYSTEM | ATTR_HIDDEN )))
                  {/*找到 MP3 文件 */
                    list.currentEntry.FileName[12 - 1] = '\0';
                    /*准备文件名 */
                    if(! strcmp((char const *)&
                        list.currentEntry.FileName[12 - 1 - 3],"MP3"))
                    {
                      pStr = (char *)strchr((const char *)
```

```
                list.currentEntry.FileName,' ');
            if(pStr ! = NULL)
            {
              * pStr = 0;
            }
            else
            {
              pStr = (char * )list.currentEntry.FileName;
              list.currentEntry.FileName[12 - 1 - 3] = 0;
            }
            strcat(pStr, ".MP3");
            strcpy((char * )Line2,(const char * )
                  list.currentEntry.FileName);
            while(strlen((const char * )Line2) < 16)
            {
              strcat((char * )Line2, "");
            }
            break;
          }
        }
      }
      else
      {
        list.cEntry = 0xFFFF;
        list.rEntry = 0;
      }
    }
  }
}
/ * 等待直到数据被发送 * /
if(Tmp ! = Mp3DataTransferProgress)
{
  FillSize -= DrainSizeHold;
  if(FillSize)
  {
    DrainSizeHold = MIN(FillSize,512);
    / * 计算偏移量 * /
    Mp3Stream.pStream     =
        DrainBlockOffset? (Mp3Buffer +
        (512/sizeof(Mp3Buffer[0]))): Mp3Buffer;
    Mp3Stream.Size        = DrainSizeHold;
    Mp3Stream.PlaySpeed = Mp3PlayNorm;
    Mp3SendCmd(Mp3CmdPlay,(pInt32U)&Mp3Stream);
    DrainBlockOffset ^= 1;
  }
```

```
          else
          { /* 到达文件末尾或出现错误时缓冲器为空 */
            Mp3SendCmd(Mp3CmdPlayStop,&Tmp);
          }
        }

      }
    }
  }
  else
  { /* 选择文件 */
    if (PressedKey.PlayStop)
    {
      if (Dir)
      {
        pDirTemp = malloc(sizeof(DirTree_t));
        pDirTemp->pPrev = pCurrDir;
        pCurrDir = pDirTemp;
        strcpy(pCurrDir->DirName,(const char *)
                                     list.currentEntry.FileName);
        ls_openDir( &list, &(efsl.myFs) , pCurrDir->DirName);
        /* 进入目录 */
        GenreteKeyPress(KeyNextMask);
        ++Deep;
      }
      else if (PervDir)
      {
        pDirTemp = pCurrDir;
        pCurrDir = pDirTemp->pPrev;
        free(pDirTemp);
        ls_openDir( &list, &(efsl.myFs) , pCurrDir->DirName);
        /* 退出目录 */
        GenreteKeyPress(KeyNextMask);
        --Deep;
      }
      else
      { /* 播放文件 */
        Play = 1;
      }
    }
    else if (PressedKey.Next)
    {
      PervDir = Dir = 0;
      while(1)
      { /* 打开下一目录或 MP3 文件 */
```

```
if (ls_getNext(&list) == 0)
{
  if (list.currentEntry.Attribute & ATTR_DIRECTORY)
  { /* 发现目录 */
    Dir = 1;
    list.currentEntry.FileName[12 - 1] = '\0';
    strcpy((char *)Line2,(const char *)
                          list.currentEntry.FileName);
    break;
  }
  else if (! (list.currentEntry.Attribute &
          (ATTR_VOLUME_ID | ATTR_SYSTEM | ATTR_HIDDEN)))
  { /* 发现 MP3 文件 */
    list.currentEntry.FileName[12 - 1] = '\0';
    if(! strcmp ((char const *)&
               list.currentEntry.FileName[12 - 1 - 3],"MP3"))
    {
      pStr = (char *)strchr((const char *)
      list.currentEntry.FileName, ' ');
      if(pStr ! = NULL)
      {
        * pStr = 0;
      }
      else
      {
        pStr = (char *)list.currentEntry.FileName;
        list.currentEntry.FileName[12 - 1 - 3] = 0;
      }
      strcat(pStr, ".MP3");
      strcpy ((char *)Line2,(const char *)
            list.currentEntry.FileName);
      break;
    }
  }
}
else
{
  if (Deep)
  { /* 显示目录入口 */
    strcpy((char *)Line2,"../              ");
    /* 返回当前打开目录列表 */
    PervDir = 1;
  }
  else
  { /* 如果媒体为空 */
```

```
                strcpy((char *)Line2,"Root/           ");
                GenreteKeyPress(KeyNextMask);
              }
              list.cEntry = 0xFFFF;
              list.rEntry = 0;
              break;
            }
          }
          while(strlen((const char *)Line2) < 16)
          {
            strcat((char *)Line2," ");
          }
          Line2Update = 1;
        }
      }
    }
    else
    {
      if(Play)
      {
        Mp3SendCmd(Mp3CmdPlayStop,&Tmp);
      }
      Dir = PervDir = Play = 0;
    }
    /*音量控制 */
    if(Volume & 0x80000000)
    { /*设置新音量值 */
      Mp3SendCmd(Mp3CmdSetVol,&Volume);
      Volume &= ~0x80000000;
    }
  }
}

#ifdef  DEBUG
/*******************************************************************
**函数名:assert_failed()
**功能 : 在发生 assert_param 的地方报告源文件名和源代码行号
**输入:  - file:指向源文件名的指针
**       - line:发生 assert_param 错误的源代码行号
**输出:  无
**返回值:无
*******************************************************************/
void assert_failed(u8 * file, u32 line)
{
  /*用户可以在此处加入自己的代码语句,
```

```
   例如：printf ("Wrong parameters value：
            file %s on line %d\r\n", file, line) */
  while (1)
  {
  }
}
#endif
```

VS1002 驱动程序文件 drv_vs1002.c 列表如下：

```
#include "drv_vs1002.h"
#define MP3_VER(var)        ((var)? var：MP3_Pass)
#define MP3_SHORT(var)      ((var)? MP3_Fault：MP3_Pass)
#define MP3_RET(var)
return((MP3_STATUS_VERBOSE? MP3_VER(var)：MP3_SHORT(var)))
#define MP3_BOOT_SEL  GPIO_Pin_7       //PB7
#define MP3_RST       GPIO_Pin_10      //PA10
#define MP3_DATA_RQ   GPIO_Pin_9       //PA9
#define MP3_CS        GPIO_Pin_6       //PB6
#define MP3_MOSI      GPIO_Pin_7       //PA7
#define MP3_MISO      GPIO_Pin_6       //PA6
#define MP3_SCLK      GPIO_Pin_5       //Pa5

Boolean PlayFile = 0;                  //播放中

volatile pInt8U pMp3Data;              //流转换缓冲器
volatile Int32S Mp3Size;               //流转换剩余字节
Boolean AddInc = 0;                    //禁止/使能地址增量

/**************************************************
 ** 函数名：MP3_Reset()
 ** 功能：  MP3 复位,禁止从外部 EEPROM 启动
 ** 参数：  Select
 ** Select = true  -复位 VS1002
 ** Select = false -释放 VS1002 复位
 ** 返回值：无
**************************************************/
static inline
void MP3_Reset (Boolean Select)
{
  /* 设置启动选择为 false */
  GPIO_WriteBit(GPIOB,MP3_BOOT_SEL,Bit_RESET);
  GPIO_WriteBit(GPIOA,MP3_RST,Select? Bit_RESET：Bit_SET);
}

/**************************************************
```

```
** 函数名：MP3_DReq()
** 功能：  返回 DREQ 线的状态
** 参数：  无
** 返回值：Boolean
*********************************************************/
static inline
Boolean MP3_DReq (void)
{
  return(GPIO_ReadInputDataBit(GPIOA,MP3_DATA_RQ) == Bit_SET);
}

/*********************************************************
** 函数名：MP3_ChipSelect()
** 功能：  MP3 芯片选择功能
** 参数：  Select
** Select = true  -芯片使能(命令)
** Select = false -芯片禁止(数据)
** 返回值：无
*********************************************************/
static inline
void MP3_ChipSelect (Boolean Select)
{
  GPIO_WriteBit(GPIOB,MP3_CS,Select? Bit_RESET: Bit_SET);
}

/*********************************************************
** 函数名：MP3_SetClockFreq()
** 功能：  设置 SPI 时钟频率
** 参数：  Frequency
** 返回值：Int32U
*********************************************************/
static inline
Int32U MP3_SetClockFreq (Int32U Frequency)
{
Int32U Div = 2;
Int32U DivVal = 0;
RCC_ClocksTypeDef Clk;
  RCC_GetClocksFreq(&Clk);
  while((Frequency * Div) <=  Clk.PCLK2_Frequency)
  {
    Div <<= 1;
    if (++DivVal == 7)
    {
      break;
    }
```

```
    }
    SPI1->CR1 = (SPI1->CR1 & ~(0x7 << 3)) | ((DivVal&0x7) << 3);
    /*返回实际频率 */
    return(Clk.PCLK2_Frequency/Div);
}

/*************************************************************
 **函数名：MP3_TranserByte()
 **功能：   从SPI读取8位
 **参数：   ch
 **返回值：Int16U
 *************************************************************/
static
Int16U MP3_TranserByte (Int8U ch)
{
    SPI_SendData(SPI1, ch);
    while(SPI_GetFlagStatus(SPI1, SPI_FLAG_RXNE) == RESET);
    return(SPI_ReceiveData(SPI1));
}

/*************************************************************
 **函数名：Mp3ModuleInit()
 **功能：   初始化MP3模块(VS1002)
 **参数：   无
 **返回值：MP3_Status_t
 **          MP3_Pass, MP3_Fault 或 MP3_WrongRev, MP3_NotComm
 *************************************************************/
static inline
MP3_Status_t Mp3ModuleInit (void)
{
SPI_InitTypeDef    SPI_InitStructure;
GPIO_InitTypeDef   GPIO_InitStructure;
Int32U i;
  /*初始化SPI1, Timer1, GPIO */
  RCC_APB2PeriphClockCmd( RCC_APB2Periph_GPIOA
                        | RCC_APB2Periph_GPIOB
                        | RCC_APB2Periph_AFIO
                        | RCC_APB2Periph_TIM1
                        | RCC_APB2Periph_SPI1
                        , ENABLE);

  SPI_DeInit(SPI1);
  TIM1_DeInit();
  RCC_APB2PeriphResetCmd(  RCC_APB2Periph_GPIOA
                         | RCC_APB2Periph_GPIOB
                         | RCC_APB2Periph_AFIO
```

```
                    , DISABLE);
    /* 配置启动和芯片选择引脚 */
    GPIO_InitStructure.GPIO_Speed = GPIO_Speed_50MHz;
    GPIO_InitStructure.GPIO_Mode = GPIO_Mode_Out_PP;
    GPIO_InitStructure.GPIO_Pin = MP3_BOOT_SEL | MP3_CS;
    GPIO_Init(GPIOB, &GPIO_InitStructure);
    /* 配置 MP3 复位引脚 */
    GPIO_InitStructure.GPIO_Speed = GPIO_Speed_50MHz;
    GPIO_InitStructure.GPIO_Mode = GPIO_Mode_Out_PP;
    GPIO_InitStructure.GPIO_Pin = MP3_RST;
    GPIO_Init(GPIOA, &GPIO_InitStructure);
    /* 配置数据请求引脚 */
    GPIO_InitStructure.GPIO_Speed = GPIO_Speed_50MHz;
    GPIO_InitStructure.GPIO_Mode = GPIO_Mode_IN_FLOATING;
    GPIO_InitStructure.GPIO_Pin = MP3_DATA_RQ;
    GPIO_Init(GPIOA, &GPIO_InitStructure);
    /* 配置 SPI1_CLK, SPI1_MOSI 及 SPI_MISO 引脚 */
    GPIO_InitStructure.GPIO_Speed = GPIO_Speed_50MHz;
    GPIO_InitStructure.GPIO_Mode = GPIO_Mode_AF_PP;
    GPIO_InitStructure.GPIO_Pin = MP3_SCLK | MP3_MOSI | MP3_MISO;
    GPIO_Init(GPIOA, &GPIO_InitStructure);
    /* 禁止 SPI1 重映射 */
    GPIO_PinRemapConfig(GPIO_Remap_SPI1,DISABLE);
    /* SPI 初始化 */
    SPI_InitStructure.SPI_Direction = SPI_Direction_2Lines_FullDuplex;
    SPI_InitStructure.SPI_Mode = SPI_Mode_Master;
    SPI_InitStructure.SPI_DataSize = SPI_DataSize_8b;
    SPI_InitStructure.SPI_CPOL = SPI_CPOL_Low;
    SPI_InitStructure.SPI_CPHA = SPI_CPHA_1Edge;
    SPI_InitStructure.SPI_NSS = SPI_NSS_Soft;
    SPI_InitStructure.SPI_BaudRatePrescaler = SPI_BaudRatePrescaler_2;
    SPI_InitStructure.SPI_FirstBit = SPI_FirstBit_MSB;
    SPI_InitStructure.SPI_CRCPolynomial = 7;
    SPI_Init(SPI1, &SPI_InitStructure);
    /* 禁止 DMA */
    SPI_DMACmd(SPI1,SPI_DMAReq_Rx,DISABLE);
    SPI_DMACmd(SPI1,SPI_DMAReq_Tx,DISABLE);
    /* 时钟频率 <= 2MHz */
    MP3_SetClockFreq(MP3_CLK_FREQ);
    /* 使能 SPI2 */
    SPI_Cmd(SPI1, ENABLE);
    /* 取消选择芯片 */
    MP3_ChipSelect(0);
    /* 取消 MP3 模块(VS1002)初始化 */
    MP3_Reset(1);
```

```
Dly100us((void *)1);
MP3_Reset(0);
/*等待 XRESET 变为 DREQ 低 (<= 400 us) */
for(i = 8;i;-- i)
{
  if (! MP3_DReq())
  {
    break;
  }
  Dly100us((void *)1);
}
if (! i)
{
  MP3_RET(MP3_NotComm);
}
/*等待 XRESET 变为软件就绪 (<= 4ms) */
for(i = 80;i;-- i)
{
  if (MP3_DReq())
  {
    break;
  }
  Dly100us((void *)1);
}
if (! i)
{
  MP3_RET(MP3_NotComm);
}
/*等待 100ms */
Dly100us((void *)1000);
/*获取芯片 ID */
Mp3SendCmd(Mp3CmdGetRevision,&i);
if (i != MP3_VS1002_REV)
{
  MP3_RET(MP3_WrongRev);
}
/*时钟初始化 */
i = 0x9800;                          //12.288MHz * 2
Mp3SendCmd(Mp3CmdSetClkReg,&i);
/*初始化 VS1002 为本地 SPI 模式,共享 SPI 片选 */
i = 0x0C00 |
   (MP3_PLUS_V_ENA? 1UL<<7: 0);     //+V 模式
Mp3SendCmd(Mp3CmdSetModeReg,&i);
PlayFile = 0;
MP3_RET(MP3_Pass);
```

```
}

/**************************************************
 * * 函数名: Mp3Transmit()
 * * 功能:   发送数据
 * * 参数:   pData, Size, StreamMode, SrcAddInc
 * 返回值:   无
 ***************************************************/
static
void Mp3Transmit(pInt32U pData , Int32U Size, Boolean StreamMode, Boolean SrcAddInc)
{
Int32U Tmp;
Int32S iSize = Size;
  MP3_ChipSelect(0);
  while(iSize > 0)
  {
    if(StreamMode)
      while(! MP3_DReq());
    for(int i = 8; i; --i)
    {
      Tmp = *pData;
      MP3_TranserByte(Tmp     );
      MP3_TranserByte(Tmp>> 8);
      MP3_TranserByte(Tmp>>16);
      MP3_TranserByte(Tmp>>24);
      iSize -= 4;
      if(! iSize)
      {
        return;
      }
      if(SrcAddInc)
      {
        ++pData;
      }
    }
  }
}

/**************************************************
* * 函数名: Mp3SendCmd()
* * 功能:   向 MP3 模块(VS1002)发送数据
* * 参数:   Cmd, pData
* * 返回值: 无
***************************************************/
void Mp3SendCmd (MP3_Cmd_t Cmd, pInt32U pData)
```

```
{
Int32U Tmp,Size;
pMp3Stream_t pMp3Stream;
  switch (Cmd)
  {
  case Mp3CmdPowerUp:
     * pData = Mp3ModuleInit();
    break;
  case Mp3CmdPowerDown:
    MP3_ChipSelect(1);
    MP3_TranserByte(MP3_ReadCmd);
    MP3_TranserByte(MP3_STATUS);
    Tmp = (MP3_TranserByte(0) << 8) & 0xFF00;
    Tmp| =  MP3_TranserByte(0)          & 0x00FF;
    MP3_ChipSelect(0);
    /* 设置 SS APDOWN2 位 */
    MP3_ChipSelect(1);
    MP3_TranserByte(MP3_WriteCmd);
    MP3_TranserByte(MP3_STATUS);
    MP3_TranserByte(Tmp >> 8);
    MP3_TranserByte(Tmp | (1UL<<3));
    MP3_ChipSelect(0);
    /* 等待 10ms */
    Dly100us((void * )100);
    /* 复位 VS1002 */
    MP3_Reset(1);
    break;
  case Mp3CmdGetRevision:
    MP3_ChipSelect(1);
    MP3_TranserByte(MP3_ReadCmd);
    MP3_TranserByte(MP3_STATUS);
    MP3_TranserByte(0);
    Tmp = MP3_TranserByte(0);
     * pData = (Tmp>>4) & 0x7;
    MP3_ChipSelect(0);
    break;
  case Mp3CmdSetClkReg:
    MP3_ChipSelect(1);
    MP3_TranserByte(MP3_WriteCmd);
    MP3_TranserByte(MP3_CLOCKF);
    MP3_TranserByte( * pData>>8);
    MP3_TranserByte( * pData    );
    MP3_ChipSelect(0);
    break;
  case Mp3CmdSetModeReg:
```

```
        MP3_ChipSelect(1);
        MP3_TranserByte(MP3_WriteCmd);
        MP3_TranserByte(MP3_MODE);
        MP3_TranserByte( * pData>>8);
        MP3_TranserByte( * pData    );
        MP3_ChipSelect(0);
        break;
      case Mp3CmdSetVol:
        MP3_ChipSelect(1);
        MP3_TranserByte(MP3_WriteCmd);
        MP3_TranserByte(MP3_VOL);
        MP3_TranserByte( * pData>>8);
        MP3_TranserByte( * pData    );
        MP3_ChipSelect(0);
        break;
      case Mp3CmdTstSin:
        MP3_ChipSelect(1);
        MP3_TranserByte(MP3_ReadCmd);
        MP3_TranserByte(MP3_MODE);
        Tmp = (MP3_TranserByte(0) << 8) & 0xFF00;
        Tmp|=   MP3_TranserByte(0)        & 0x00FF;
        MP3_ChipSelect(0);
        /* 设置测试位 */
        MP3_ChipSelect(1);
        MP3_TranserByte(MP3_WriteCmd);
        MP3_TranserByte(MP3_MODE);
        MP3_TranserByte(Tmp >> 8);
        MP3_TranserByte(Tmp | (1UL << 5));
        MP3_ChipSelect(0);
        if( * pData)
        { /* 发送测试命令序列 */
          MP3_TranserByte(0x53);
          MP3_TranserByte(0xEF);
          MP3_TranserByte(0x6E);
          MP3_TranserByte( * pData);
          MP3_TranserByte(0x00);
          MP3_TranserByte(0x00);
          MP3_TranserByte(0x00);
          MP3_TranserByte(0x00);
        }
        else
        { /* 发送退出测试命令序列 */
          MP3_TranserByte(0x45);
          MP3_TranserByte(0x78);
          MP3_TranserByte(0x69);
          MP3_TranserByte(0x74);
```

```
        MP3_TranserByte(0x00);
        MP3_TranserByte(0x00);
        MP3_TranserByte(0x00);
        MP3_TranserByte(0x00);
      }
      Dly100us((void *)1000);
      /* 清除测试位 */
      MP3_ChipSelect(1);
      MP3_TranserByte(MP3_WriteCmd);
      MP3_TranserByte(MP3_MODE);
      MP3_TranserByte(Tmp>>8);
      MP3_TranserByte(Tmp    );
      MP3_ChipSelect(0);
      break;
    case Mp3CmdPlay:
      /* 等待数据发送激活 */
      pMp3Stream = (pMp3Stream_t)pData;
      if (pMp3Stream->Size)
      { /* 同步 */
        MP3_ChipSelect(1);
        if(! PlayFile)
        {
          Size = VS1002_BUFFER_SIZE/2;
          Size = MIN(pMp3Stream->Size,Size);
          PlayFile = 1;
          if((pMp3Stream->Size -= Size) == 0)
          {
            break;
          }
        }
        Mp3Transmit(pMp3Stream->pStream,pMp3Stream->Size,TRUE,TRUE);
        break;
      }
    case Mp3CmdPlayStop:
      MP3_ChipSelect(1);
      /* 清除片上缓冲器 */
      Tmp = 0;
      Mp3Transmit(&Tmp,2048,FALSE,FALSE);
      PlayFile = 0;
      break;
    case Mp3CmdWideStereo:
      MP3_ChipSelect(1);
      MP3_TranserByte(MP3_ReadCmd);
      MP3_TranserByte(MP3_MODE);
      Tmp = (MP3_TranserByte(0) << 8) & 0xFF00;
      Tmp| =  MP3_TranserByte(0)      & 0x00FF;
      MP3_ChipSelect(0);
```

```
        if( * pData)
        {
          Tmp |= 1;
        }
        else
        {
          Tmp &= ~1;
        }
        /* 设置测试位 */
        MP3_ChipSelect(1);
        MP3_TranserByte(MP3_WriteCmd);
        MP3_TranserByte(MP3_MODE);
        MP3_TranserByte(Tmp >> 8);
        MP3_TranserByte(Tmp | (1UL << 5));
        MP3_ChipSelect(0);
        break;
      case Mp3CmdLoudness:
        Tmp = * pData? 0x8A: 0;
        MP3_ChipSelect(1);
        MP3_TranserByte(MP3_WriteCmd);
        MP3_TranserByte(MP3_BASS);
        MP3_TranserByte(Tmp>>8);
        MP3_TranserByte(Tmp    );
        MP3_ChipSelect(0);
        break;
    }
  }
```

10.5 AT91SAM9261 应用系统编程

10.5.1 AT91SAM9261 处理器简介

AT91SAM9261 是 Atmel 公司推出的一款以 ARM926EJ－S 为核心的 32 位 ARM9 处理器，它扩展了 DSP 指令集和 Jazelle Java 加速器。当主时钟频率为 190 MHz 时性能高达 210 MIPS。AT91SAM9261 内置 LCD 控制器，支持黑白和彩色 LCD 显示器。具有 160 KB 的片上 SRAM，可配置为帧缓冲，能将 LCD 刷新对处理器整体性能上的影响减到最小。外部总线接口包括支持 DRAM 和 SDRAM 的控制器，并且具有支持 CompactFlash 和 NAND Flash 存储器的特殊接口电路。

AT91SAM9261 处理器集成了一个基于 ROM 的 Boot loader，并且支持映射，可以从外部 DataFlash 映射到外部 SDRAM。由软件控制的功率管理控制器(PMC)能使系统功耗保持最小。还集成了宽范围的调试特性，包括 JTAG 仿真器、一个专用的 UART 调试通道和嵌入式实时跟踪，从而使对实时性具有严格要求的应用系统的调试和开发变得容易。

AT91SAM9261 处理器的主要特点如下：

① 采用 ARM926EJ - S 内核

- 扩展 DSP 指令；
- ARM Jazelle 技术提供 Java 加速功能；
- 16 KB 数据缓存，16 KB 指令缓存，写缓冲器；
- 工作于 190 MHz 时性能高达 210 MIPS；
- 存储器管理单元；
- 嵌入式 ICE，支持调试信道；
- 中规模嵌入式宏单元结构。

② 附加的嵌入式存储器

- 32 KB 片内 ROM，最大总线速率下单周期访问；
- 160 KB 片内 SRAM，最大处理器或总线速率下单周期访问。

③ 外部总线接口(EBI)

支持 SDRAM 静态存储器，NAND Flash 和 CompactFlash 闪速存储器。

④ LCD 控制器

- 支持被动或主动显示；
- 在 STN 彩色模式下高达 16 位/像素；
- 在 TFT 模式下高达 16 M 色彩(24 位/像素)，分辨率高达 2 048×2 048。

⑤ USB

- USB 2.0 全速主机双端口，双重片上收发器，集成 FIFO 和专用 DMA 通道；
- USB 2.0 全速设备端口，片上收发器，2 KB 可配置的集成 FIFO。

⑥ 总线矩阵

- 管理 5 个主控和 5 个从控；
- 启动模式选项；
- Remap 命令。

⑦ 全特征系统控制器(SYSC)提供有效的系统管理

- 复位控制器，掉电控制器，支持总共 16 字节的 4 个 32 位电池备份寄存器；
- 时钟发生器和功率管理控制器；
- 先进的中断控制器和调试部件；
- 周期间隔定时器，看门狗定时器和实时定时器；
- 3 个 32 位 PIO 端口控制器。

⑧ 复位控制器(RSTC)

基于上电复位的单元，复位源辨认和复位输出控制。

⑨ 掉电控制器(SHDWC)

可编程掉电引脚控制和唤醒电路。

⑩ 时钟发生器(CKGR)

- 电池备份电源上的 32.768 kHz 低功率振荡器，提供一个永久的慢速时钟；
- 3～20 MHz 的片上振荡器和两个 PLL。

⑪ 功率管理控制器(PMC)

- 超慢速时钟操作模式，软件可编程功率优化功能；

- 4 个可编程外部时钟信号。

⑫ 先进中断控制器(AIC)

- 可单独屏蔽的 8 级优先级,向量中断源;
- 3 个外部中断源和 1 个快速中断源,伪中断保护。

⑬ 调试单元(DBGU)

2 线 USART 兼容接口,可通过编程禁止通过 ICE 访问。

⑭ 周期间隔定时器(PIT)

20 位间隔定时器加 12 位间隔计数器。

⑮ 看门狗定时器(WDT)

运行于慢速时钟且受预设值保护、一次性可编程、12 位窗口计数器。

⑯ 实时定时器(RTT)

运行于慢速时钟的 32 位自由运行(备份)计数器。

⑰ 3 个 32 位并行 I/O 控制器(PIO)——PIOA,PIOB 和 PIOC

- 96 根可编程 I/O 口线,多路复用,最多支持两个外设 I/O 端口;
- 每根 I/O 口线都具有输入改变中断能力;
- 单独的可编程开漏、上拉电阻和同步输出。

⑱ 19 个外设 DMA 通道(PDC)

⑲ 多媒体卡接口(MCI)

- 支持 SD 和 MMC 卡;
- 自动协议控制,通过 PDC 与 MMC/SD 卡进行快速自动数据传输。

⑳ 3 个同步串行控制器(SSC)

- 每个接收器和发送器都具有独立的时钟和帧同步信号;
- 支持 IIS 模拟接口,支持分时多路复用;
- 支持 32 位数据传输的高速连续数据流功能。

㉑ 3 个通用同步/异步收发器(USART)

- 独立的波特率发生器,IrDA 红外调制/解调;
- 支持 ISO7816 T0/T1 智能卡,硬件和软件握手信号,支持 RS485。

㉒ 两个主/从串行外设接口(SPI)

8～16 位可编程数据长度,4 个外部外设片选。

㉓ 一个三通道 16 位定时器/计数器(TC)

- 3 个外部时钟输入,每个通道具有两个多用途 I/O 引脚;
- 双 PWM 发生,捕捉波形模式,递增/递减计数功能。

㉔ 一个两线接口(TWI)

支持主控模式,支持所有两线 Atmel EEPROM。

㉕ IEEE1149.1 JTAG 边界扫描

可以支持所有数字引脚。

㉖ 电源

- 为 VDDCORE 和 VDDBU 提供 1.08～1.32 V 电压;
- 为 VDDOSC 和 VDDPLL 提供 3.0～3.6 V 电压;

● 为 VDDIOP(外设 I/O 端口)提供 2.7～3.6 V 电压；

● 为 VDDIOM(存储器 I/O 端口)提供 1.65～1.95 V 和 3.0～3.6 V 电压。

㉗ 采用符合 RoHS 标准的 217 球 LFBGA 封装。

图 10－37 所示为 AT91SAM9261 处理器的内部结构框图。

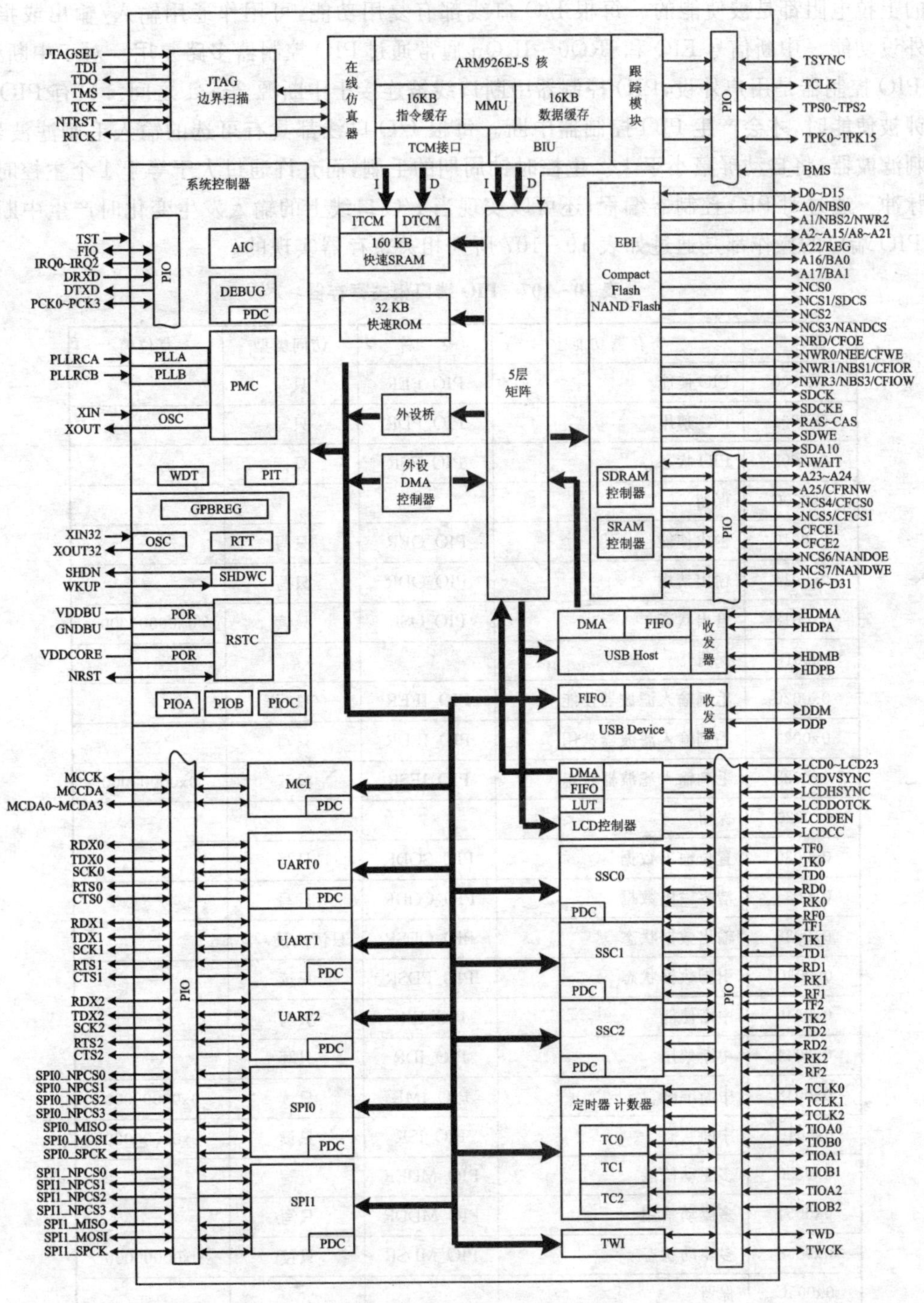

图 10－37 AT91SAM9261 处理器的内部结构框图

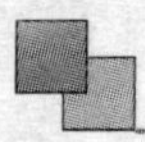

10.5.2 并行 I/O 端口应用编程

AT91SAM9261 的并行 I/O 控制器 PIO 可以管理多达 32 根可编程 I/O 线，每根 I/O 口线都有一个内置上拉电阻，可以通过相关寄存器来控制上拉电阻的使能或禁用，复位后所有 I/O 口线的上拉电阻都是被使能的。每根 I/O 口线都有复用功能，可用作通用输入/输出或指定为其他外设功能。中断信号 FIQ 和 IRQ0～IRQn 通常通过 PIO 控制器多路复用。对于中断处理，认为 PIO 控制器是用户外设，PIO 控制器中断口线被连接于中断源 2～31 之间。只有 PIO 控制器时钟被使能时，才会产生 PIO 控制器中断。每根 I/O 口线都具有可选的输入毛刺滤波器，使能毛刺滤波器，将自动屏蔽小于 1/2 主控时钟周期的毛刺，而允许通过大于等于 1 个主控时钟周期的脉冲。通过对 PIO 控制器编程，还可以实现当 I/O 口线上的输入发生变化时产生中断。所有对 PIO 端口的操作都是通过如表 10-107 所列相关寄存器实现的。

表 10-107　PIO 端口相关寄存器

偏移量	寄存器功能	名　称	访问类型	复位值
0x0000	PIO 使能	PIO_PER	只写	—
0x0004	PIO 禁用	PIO_PDR	只写	—
0x0008	PIO 状态	PIO_PSR	只读	—
0x000C	保留			
0x0010	输出使能	PIO_OER	只写	—
0x0014	输出禁用	PIO_ODR	只写	—
0x0018	输出状态	PIO_OSR	只读	0x00000000
0x001C	保留			
0x0020	毛刺输入滤波器使能	PIO_IFER	只写	—
0x0024	毛刺输入滤波器禁用	PIO_IFDR	只写	—
0x0028	毛刺输入滤波器状态	PIO_IFSR	只读	0x00000000
0x002C	保留			
0x0030	置位输出数据	PIO_SODR	只写	—
0x0034	清零输出数据	PIO_CODR	只写	—
0x0038	输出数据状态	PIO_ODSR	只读或读/写	—
0x003C	引脚数据状态	PIO_PDSR	只读	—
0x0040	中断使能	PIO_IER	只写	—
0x0044	中断禁用	PIO_IDR	只写	—
0x0048	中断屏蔽	PIO_IMR	只读	0x00000000
0x004C	中断状态	PIO_ISR	只读	0x00000000
0x0050	多驱动使能	PIO_MDER	只写	—
0x0054	多驱动禁用	PIO_MDDR	只写	—
0x0058	多驱动状态	PIO_MDSR	只读	0x00000000
0x005C	保留			
0x0060	上拉电阻禁用	PIO_PUDR	只写	—

续表 10 - 107

偏移量	寄存器功能	名　称	访问类型	复位值
0x0064	上拉电阻使能	PIO_PUER	只写	—
0x0068	焊盘上拉阻抗状态	PIO_PUSR	只读	0x00000000
0x006C	保留			
0x0070	外设 A 选择	PIO_ASR	只写	—
0x0074	外设 B 选择	PIO_BSR	只写	—
0x0078	外设 A,B 状态	PIO_ABSR	只读	0x00000000
0x007C～0x009C	保留			
0x00A0	输出写使能	PIO_OWER	只写	—
0x00A4	输出写禁用	PIO_OWDR	只写	—
0x00A8	输出写状态	PIO_OWSR	只读	0x00000000
0x00AC	保留			

【例 10 - 15】 并行 I/O 端口应用编程。配置 PIO 为输入/输出端口，点亮 2 个 LED，LED1 的闪亮频率由定时器决定，LED2 的闪亮频率由 1 ms 等待延时函数决定。连接 2 个按键，当按键按下时相应 LED 停止闪亮。

为用户编程方便，Atmel 公司提供了一套针对 AT91SAM9261 处理器的应用程序库 at91lib，其中包括了 AT91SAM9261 处理器所有功能部件的应用程序代码和相关头文件，用户只要根据自己的需要将相应文件包含到项目中，再编写一个主程序来调用相关库文件提供的函数，就可以实现需要的功能。本例需要用到如下库文件：

① 板级支持包文件有：

- 启动代码文件 board_cstartup_iar. s；
- 底层初始化文件 board_lowlevel. c；
- 存储器配置文件 board_memories. c。

② 外设功能配置文件有：

- 先进中断控制器处理文件 aic. c；
- CP15 协处理器文件 cp15. c 和 cp15_asm_iar. s；
- 调试端口处理文件 debug. c；
- PIO 端口配置文件 pio. c；
- PIO 端口中断处理文件 pio_it. c；
- 周期间隔定时器处理文件 pit. c；
- 电源管理控制器处理文件 pmc. c；
- 定时器处理文件 tc. c。

③ 相关应用文件有：

LED 处理文件 led. c。

限于篇幅，这里不对 AT91SAM9261 库文件作详细介绍。

用户主程序文件 main(). c 列表如下：

```
#include <board.h>
#include <pio/pio.h>
#include <pio/pio_it.h>
#include <pit/pit.h>
#include <aic/aic.h>
#include <tc/tc.h>
#include <utility/led.h>
#include <utility/trace.h>
#include <stdio.h>

#ifndef AT91C_ID_TC0
#if defined(AT91C_ID_TC012)
    #define AT91C_ID_TC0 AT91C_ID_TC012
#elif defined(AT91C_ID_TC)
    #define AT91C_ID_TC0 AT91C_ID_TC
#else
    #error Pb define ID_TC
#endif
#endif

#define DEBOUNCE_TIME           500
#define PIT_PERIOD              1000

const Pin pinPB1 = PIN_PUSHBUTTON_1;                //按键 1
const Pin pinPB2 = PIN_PUSHBUTTON_2;                //按键 2
volatile unsigned char pLedStates[2] = {1, 1};      //LED 显示状态(亮/灭)
volatile unsigned int timestamp = 0;

/*****************************************************
 **函数名：ISR_Pit()
 **功能：  PIT 中断处理
 **参数：  无
 **返回值：无
*****************************************************/
void ISR_Pit(void)
{
    unsigned int status;
    /*读取 PIT 状态寄存器 */
    status = PIT_GetStatus() & AT91C_PITC_PITS;
    if (status != 0) {
        /*读取 PIVR 应答中断，获取节拍数 */
        timestamp += (PIT_GetPIVR() >> 20);
    }
}
```

```
/*****************************************************
* * 函数名：ConfigurePit()
* * 功能：   配置间隔定时器，每毫秒产生一次中断
* * 参数：   无
* * 返回值：无
*****************************************************/
void ConfigurePit(void)
{    /* 将 PIT 初始化到期望频率 */
     PIT_Init(PIT_PERIOD, BOARD_MCK / 1000000);
     /* 配置 PIT 中断 */
     AIC_DisableIT(AT91C_ID_SYS);
     AIC_ConfigureIT(AT91C_ID_SYS, AT91C_AIC_PRIOR_LOWEST, ISR_Pit);
     AIC_EnableIT(AT91C_ID_SYS);
     PIT_EnableIT();
     /* 使能 PIT */
     PIT_Enable();
}

/*****************************************************
* * 函数名：ISR_Bp1()
* * 功能：   按键 1 中断处理，启动或停止 LED
* * 参数：   无
* * 返回值：无
*****************************************************/
void ISR_Bp1(void)
{
     static unsigned int lastPress = 0;
     /* 检查按键是否按下 */
     if (! PIO_Get(&pinPB1)) {
          if ((timestamp - lastPress) > DEBOUNCE_TIME) {
               lastPress = timestamp;
               /* 闪亮 LED */
               pLedStates[0] = ! pLedStates[0];
               if (! pLedStates[0]) {
                    LED_Clear(0);
               }
          }
     }
}

/*****************************************************
* * 函数名：ISR_Bp2()
* * 功能：   按键 1 中断处理，启动或停止 LED
* * 参数：   无
* * 返回值：无
```

```
*****************************************************/
void ISR_Bp2(void)
{
    static unsigned int lastPress = 0;
    /*检查按键是否按下 */
    if (! PIO_Get(&pinPB2)) {
        if ((timestamp - lastPress) > DEBOUNCE_TIME) {
            lastPress = timestamp;
            /*禁止 LED2 及 TC0 */
            if (pLedStates[1]) {
                pLedStates[1] = 0;
                LED_Clear(1);
                AT91C_BASE_TC0->TC_CCR = AT91C_TC_CLKDIS;
            }
            /*使能 LED2 及 TC0 */
            else {
                pLedStates[1] = 1;
                LED_Set(1);
                AT91C_BASE_TC0->TC_CCR = AT91C_TC_CLKEN | AT91C_TC_SWTRG;
            }
        }
    }
}

/*****************************************************
**函数名：ConfigureButtons()
**功能：  配置 PIO,当按键按下时产生中断
**参数：  无
**返回值：无
*****************************************************/
void ConfigureButtons(void)
{
#if defined(at91sam7lek)
    const Pin pinCol0 = PIN_KEYBOARD_COL0;
    PIO_Configure(&pinCol0, 1);
#endif
#if defined(at91cap9dk)
    const Pin pinRow0 = PIN_KEYBOARD_ROW0;
    PIO_Configure(&pinRow0, 1);
#endif
    /*配置 PIO */
    PIO_Configure(&pinPB1, 1);
    PIO_Configure(&pinPB2, 1);
    /*中断初始化 */
    PIO_InitializeInterrupts(AT91C_AIC_PRIOR_LOWEST);
```

```
    PIO_ConfigureIt(&pinPB1, (void ( * )(const Pin * )) ISR_Bp1);
    PIO_ConfigureIt(&pinPB2, (void ( * )(const Pin * )) ISR_Bp2);
    PIO_EnableIt(&pinPB1);
    PIO_EnableIt(&pinPB2);
}

/ * * * * * * * * * * * * * * * * * * * * * * * * * * * * * * * * * * * * * * * * * * * * * * * * * * *
 * * 函数名：ConfigureLeds()
 * * 功能：   配置 LED
 * * 参数：   无
 * * 返回值：无
 * * * * * * * * * * * * * * * * * * * * * * * * * * * * * * * * * * * * * * * * * * * * * * * * * * * /
void ConfigureLeds(void)
{
    LED_Configure(0);
    LED_Configure(1);
}

/ * * * * * * * * * * * * * * * * * * * * * * * * * * * * * * * * * * * * * * * * * * * * * * * * * * *
 * * 函数名：ISR_Tc0()
 * * 功能：    TC0 中断处理，闪亮 LED
 * * 参数：   无
 * * 返回值：无
 * * * * * * * * * * * * * * * * * * * * * * * * * * * * * * * * * * * * * * * * * * * * * * * * * * * /
void ISR_Tc0(void)
{  / * 清 0 状态位，响应中断 * /
    AT91C_BASE_TC0 ->TC_SR;
    / * 改变 LED 状态 * /
    LED_Toggle(1);
    printf("2 ");
}

/ * * * * * * * * * * * * * * * * * * * * * * * * * * * * * * * * * * * * * * * * * * * * * * * * * * *
 * * 函数名：ConfigureTc()
 * * 功能：   配置定时器 0，每 250 ms 产生一次中断
 * * 参数：   无
 * * 返回值：无
 * * * * * * * * * * * * * * * * * * * * * * * * * * * * * * * * * * * * * * * * * * * * * * * * * * * /
void ConfigureTc(void)
{
    unsigned int div;
    unsigned int tcclks;
    / * 使能外设时钟 * /
    AT91C_BASE_PMC ->PMC_PCER = 1 << AT91C_ID_TC0;
    / * 配置 TC 为 4 Hz，当 RC 匹配时触发 * /
```

```
    TC_FindMckDivisor(4, BOARD_MCK, &div, &tcclks);
    TC_Configure(AT91C_BASE_TC0, tcclks | AT91C_TC_CPCTRG);
    AT91C_BASE_TC0->TC_RC = (BOARD_MCK / div) / 4;
    /* 配置并使能,RC 匹配中断 */
    AIC_ConfigureIT(AT91C_ID_TC0, AT91C_AIC_PRIOR_LOWEST, ISR_Tc0);
    AT91C_BASE_TC0->TC_IER = AT91C_TC_CPCS;
    AIC_EnableIT(AT91C_ID_TC0);
    /* 如果 LED 被使能,则启动计数器 */
    if (pLedStates[1]) {
        TC_Start(AT91C_BASE_TC0);
    }
}

/*****************************************************
 * * 函数名:Wait()
 * * 功能:  毫秒延时
 * * 参数:  毫秒值
 * * 返回值:无
 *****************************************************/
void Wait(unsigned long delay)
{
    volatile unsigned int start = timestamp;
    unsigned int elapsed;
    do {
        elapsed = timestamp;
        elapsed -= start;
    }
    while (elapsed < delay);
}

/*****************************************************
 * * 函数名:main()
 * * 功能:  用户主函数
 * * 参数:  无
 * * 返回值:无
 *****************************************************/
int main(void)
{   /* 调试配置 */
    TRACE_CONFIGURE(DBGU_STANDARD, 115200, BOARD_MCK);
    printf("-- Getting Started Project %s --\n\r", SOFTPACK_VERSION);
    printf("-- %s\n\r", BOARD_NAME);
    printf("-- Compiled: %s %s --\n\r", __DATE__, __TIME__);
    /* 外设功能配置 */
    ConfigurePit();
    ConfigureTc();
```

```
    ConfigureButtons();
    ConfigureLeds();
        while (1) {
        /* 等待 LED 起作用 */
        while (! pLedStates[0]);
        /* 改变 LED 状态 */
        if (pLedStates[0]) {
            LED_Toggle(0);
            printf("1 ");
        }
        /* 延时等待 500ms */
        Wait(500);
      }
  }
```

在 IAR EWARM 集成开发环境中新建一个工作区，并在该工作区内创建项目 PIO，然后向项目中添加以上各个文件，完成后工作区窗口如图 10-38 所示，单击 Project 下拉菜单中的 Options 选项，从弹出 Options 对话框的 Category 栏选择 General Options，进入一般选项配置的 Target 选项卡，选中 Processor variant 栏的 Device 复选框，并选择 Atmel 公司的 AT91SAM9261 芯片，完成各个选项配置后，单击 Project 下拉菜单中的 Make 选项，对工作区中当前项目进行编译、链接，生成可执行代码。

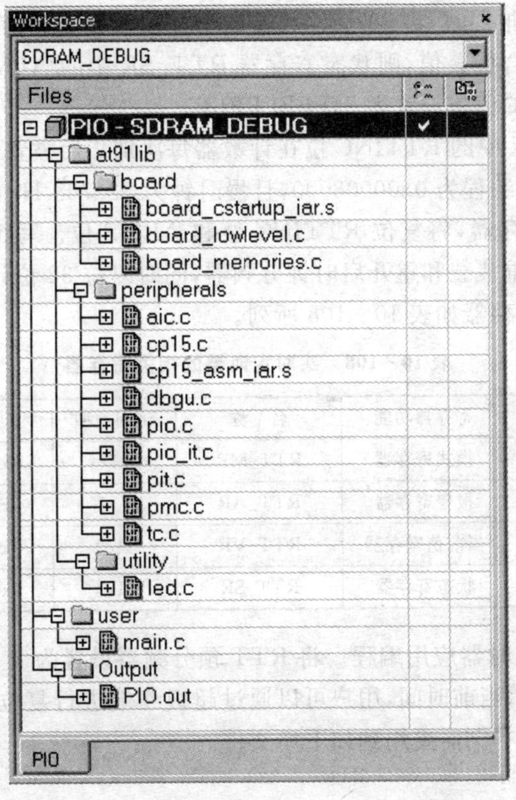

图 10-38 并行 IO 端口编程的工作区窗口

将 IAR J-Link 仿真器连接到 AT91SAM9261 开发板和 PC 机的 USB 接口，用一根交叉串口线将 AT91SAM9261 开发板的 DEBUG 端口与 PC 机 RS232 串口相连。在 PC 机上打开超级终端，设置为 8 位数据、无校验、1 位停止位，波特率设置为 115 200。单击 Project 下拉菜单中的 Download and Debug 选项，将可执行代码装入开发板，启动程序全速运行。通过 PC 机超级终端可以看到数字 1 和 2 交替显示，开发板上 2 个 LED 也在以不同速率闪亮，当按下按键时，相应 LED 停止闪亮，同时超级终端上只有一个数字显示。

10.5.3 实时定时器应用编程

AT91SAM9261 片内集成了一个实时定时器 RTT，能够产生周期中断和定时报警。它的基本部件是一个 32 位加法计数器，其计数脉冲由一个可进行预分频编程的慢时钟源提供，计数值可以通过模式寄存器 RTT_MR 进行编程。当慢时钟频率为 32.768 Hz 时，将 RTT_MR 寄存器的 RTPRES 编程为 0x00008000，计数脉冲频率将为 1 Hz。32 位计数器最多可以计数到 2^{32} s，相当于 136 年多。实时定时器的值可以在任何时间通过当前值寄存器 RTT_VR 读取。由于实时定时器的值可以通过主控时钟异步更新，因此建议对寄存器 RTT_VR 进行两次连续读操作，只有两次读操作获得相同结果时，才将其作为读取值，以提高读取准确度。

实时定时器可以被用作一个带较低时基的自由运行定时器。将 RTPRES 编程为 3 可以获得最好的精度。也可以将 RTPRES 编程为 1 或 2，但可能导致丢失状态事件，因为状态寄存器 RTT_SR 在完成读操作之后，经过 2 个慢时钟周期被清零，因此，如果配置 RTT 来触发中断，此中断将在读状态寄存器 RTT_SR 后的 2 个慢时钟周期内产生。

配置 RTT 产生定时报警时，将 32 位计数器的当前值和报警寄存器 RTT_AR 中写入值进行比较，如果计数器值符合报警值，则状态寄存器 RTT_SR 中的 ALMS 位被置位，从而触发报警。复位后，报警寄存器的值被设置为 0xFFFFFFFF。

状态寄存器 RTT_SR 中的 RTTINC 位在计数器每次加 1 后被置位。RTTINC 位可用于开启周期中断，当 RTPRES 编程为 0x00008000，且慢时钟为 32.768 Hz 时，中断周期为 1 s。

读 RTT_SR 状态寄存器，将复位 RTTINC 位和 ALMS 位。写 RTT_MR 中的 RTTRST 位，会立即用新的编程值重装载和重开启时钟分频器，同时复位 32 位计数器。

实时定时器的相关寄存器如表 10-108 所列。

表 10-108 实时定时器的相关寄存器

偏移量	寄存器功能	名 称	访问类型	复位值
0x00	模式寄存器	RTT_MR	读/写	0x00008000
0x04	报警寄存器	RTT_AR	读/写	0xFFFFFFFF
0x08	当前值寄存器	RTT_VR	只读	0x00008000
0x0C	状态寄存器	RTT_SR	只读	0x00008000

【例 10-16】 实时定时器应用编程。将 RTT 预分频器设置为 1 s，每当到达 1 s 时产生中断，通过 DEBUG 端口显示当前时间，用户可以通过超级终端进行复位和设置报警时间，当到达报警值时显示提示信息。本例需要用到如下库文件。

① 板级支持包文件有：

- 启动代码文件 board_cstartup_iar.s；

● 底层初始化文件 board_lowlevel.c；
● 存储器配置文件 board_memories.c。
② 外设功能配置文件有：
● 先进中断控制器处理文件 aic.c；
● CP15 协处理器文件 cp15.c 和 cp15_asm_iar.s；
● 调试端口处理文件 debug.c；
● PIO 端口配置文件 pio.c；
● PIO 端口中断处理文件 pio_it.c；
● 电源管理控制器处理文件 pmc.c；
● 实时定时器处理文件 rtt.c。

限于篇幅，这里不对 AT91SAM9261 库文件作详细介绍。

用户主程序文件 main().c 列表如下：

```
#include <board.h>
#include <pio/pio.h>
#include <dbgu/dbgu.h>
#include <aic/aic.h>
#include <rtt/rtt.h>
#include <utility/trace.h>
#include <stdio.h>

#define STATE_MAINMENU        0
#define STATE_SETALARM        1
#if ! defined(AT91C_BASE_RTTC)
    #define AT91C_BASE_RTTC       AT91C_BASE_RTTC0
#endif

volatile unsigned char state;
volatile unsigned int newAlarm;
volatile unsigned char alarmed;

/***************************************************
 * * 函数名：RefreshDisplay()
 * * 功能：  通过 DEBUG 端口显示定时器运行状态
 * * 参数：  无
 * * 返回值：无
***************************************************/
void RefreshDisplay(void)
{
    printf("%c[2J\r", 27);
    printf("Time: %u\n\r", RTT_GetTime(AT91C_BASE_RTTC));
    /* 显示报警 */
    if (alarmed) {
        printf("!!! ALARM !!! \n\r");
```

```
    }
    /* 主菜单 */
    if (state == STATE_MAINMENU) {
        printf("Menu: \n\r");
        printf(" r - Reset timer\n\r");
        printf(" s - Set alarm\n\r");
        if (alarmed) {
            printf(" c - Clear alarm notification\n\r");
        }
        printf("\n\rChoice? ");
    }
    /* 设置报警 */
    else if (state == STATE_SETALARM) {
        printf("Enter alarm time: ");
        if (newAlarm != 0) {
            printf(" %u", newAlarm);
        }
    }
}

/************************************************************
* * 函数名: ISR_Rtt()
* * 功能:    RTT 中断处理,通过 DEBUG 端口显示当前时间
* * 参数:    无
* * 返回值: 无
************************************************************/
void ISR_Rtt(void)
{
    unsigned int status;
    /* 获取 RTT 状态 */
    status = RTT_GetStatus(AT91C_BASE_RTTC);
    /* 时间已改变,更新显示 */
    if ((status & AT91C_RTTC_RTTINC) == AT91C_RTTC_RTTINC) {
        RefreshDisplay();
    }
    /* 报警 */
    if ((status & AT91C_RTTC_ALMS) == AT91C_RTTC_ALMS) {
        alarmed = 1;
        RefreshDisplay();
    }
}

/************************************************************
* * 函数名: ConfigureRtt()
* * 功能:    配置 RTT 产生 1 s 节拍,触发 RTTINC 中断
```

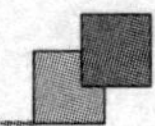

```
 * * 参数：  无
 * * 返回值：无
*******************************************************/
void ConfigureRtt(void)
{
    unsigned int previousTime;
    /* 配置 RTT 产生 1 秒触发中断 */
    RTT_SetPrescaler(AT91C_BASE_RTTC, 32768);
    previousTime = RTT_GetTime(AT91C_BASE_RTTC);
    while (previousTime == RTT_GetTime(AT91C_BASE_RTTC));
    /* 使能 RTT 中断 */
    AIC_ConfigureIT(AT91C_ID_SYS, 0, ISR_Rtt);
    AIC_EnableIT(AT91C_ID_SYS);
    RTT_EnableIT(AT91C_BASE_RTTC, AT91C_RTTC_RTTINCIEN);
}

/*******************************************************
 * * 函数名：main()
 * * 功能：  用户主函数
 * * 参数：  无
 * * 返回值：无
*******************************************************/
int main(void)
{
    unsigned char c;
    /* 使能 DBGU 端口 */
    TRACE_CONFIGURE(DBGU_STANDARD, 115200, BOARD_MCK);
    printf("-- Basic RTT Project %s --\n\r", SOFTPACK_VERSION);
    printf("-- %s\n\r", BOARD_NAME);
    printf("-- Compiled: %s %s --\n\r", __DATE__, __TIME__);
    /* 配置 RTT */
    ConfigureRtt();
    /* 初始化状态机 */
    state = STATE_MAINMENU;
    alarmed = 0;
    RefreshDisplay();
    while (1) {
        /* 等待输入 */
        c = DBGU_GetChar();
        if (state == STATE_MAINMENU) {
            /* 复位定时器 */
            if (c == 'r') {
                ConfigureRtt();
                RefreshDisplay();
            }
```

```
                /*设置报警 */
                else if (c == 's') {
                    state = STATE_SETALARM;
                    newAlarm = 0;
                    RefreshDisplay();
                }
                /*清除报警 */
                else if ((c == 'c') && alarmed) {
                    alarmed = 0;
                    RefreshDisplay();
                }
            }
            /*设置报警模式 */
            else if (state == STATE_SETALARM) {
                /*数字 */
                if ((c >= '0') && (c <= '9')) {
                    newAlarm = newAlarm * 10 + c - '0';
                    RefreshDisplay();
                }
                /*空格 */
                else if (c == 8) {
                    newAlarm /= 10;
                    RefreshDisplay();
                }
                /*回车 */
                else if (c == 13) {
                    if (newAlarm != 0) {
                        RTT_SetAlarm(AT91C_BASE_RTTC, newAlarm);
                    }
                    state = STATE_MAINMENU;
                    RefreshDisplay();
                }
            }
        }
    }
```

在 IAR EWARM 集成开发环境中新建一个工作区，并在该工作区内创建项目 PIO，然后向项目中添加以上各个文件，完成后工作区窗口如图 10－39 所示，单击 Project 下拉菜单中的 Options 选项，从弹出 Options 对话框的 Category 栏选择 General Options，进入一般选项配置的 Target 选项卡，选中 Processor variant 栏的 Device 复选框，并选择 Atmel 公司的 AT91SAM9261 芯片，完成各个选项配置后，单击 Project 下拉菜单中的 Make 选项，对工作区中当前项目进行编译、链接，生成可执行代码。

将 IAR J－Link 仿真器连接到 AT91SAM9261 开发板和 PC 机的 USB 接口，用一根交叉串口线将 AT91SAM9261 开发板的 DEBUG 端口与 PC 机 RS232 串口相连。在 PC 机上打开超级

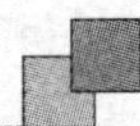

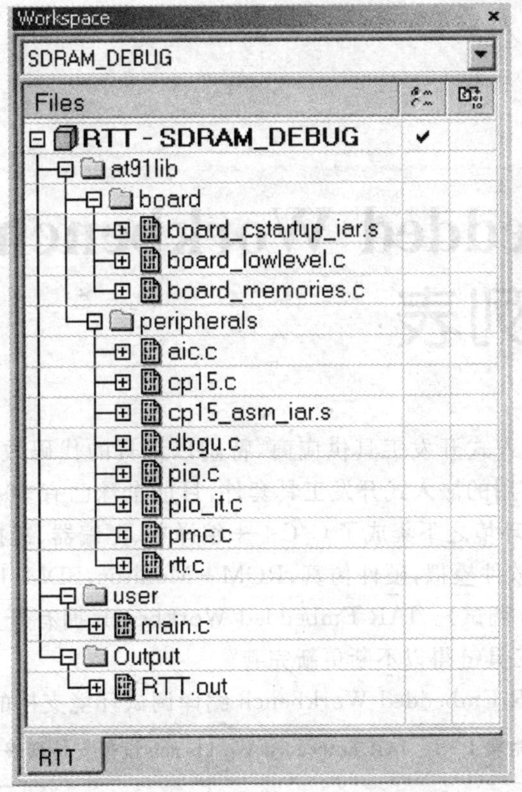

图 10-39　RTT 应用编程的工作区窗口

终端，设置为 8 位数据、无校验、1 位停止位，波特率设置为 115200。单击 Project 下拉菜单中的 Download and Debug 选项，将可执行代码装入开发板，启动程序全速运行。通过 PC 机超级终端显示时间信息，同时可以看到如下提示信息：

Menu：

```
r - Reset timer
s - Set alarm
Choice?
```

在 PC 机的超级终端内输入字符 r 后回车，将复位 RTT 并从 0 开始重新显示时间；输入字符 s，然后输入报警时间，当到达设定的时间后，将显示报警提示信息。

附录 1

IAR Embedded Workbench 设备支持列表

IAR 是世界领先的嵌入式开发工具供应商，特别以工具的代码效率著称。IAR Embedded Workbench 是一种易于使用的嵌入式开发工具套件，目前全球已有 10 万多用户。IAR Embedded Workbench 在同一个环境之下集成了 C/C++编译器、汇编器、链接器、库管理工具以及 C-SPY 源程序调试器(包括软件模拟，硬件仿真，ROM - Monitor，BDM/JTAG 接口和第三方操作系统的 Kernel Awareness 调试)。IAR Embedded Workbench 拥有开放的软件架构体系，允许加入第三方插件，从而使工具链得以不断更新完善。

附表 1 - 1 列出了 IAR Embedded Workbench 编译调试环境支持的芯片以及相关功能。

附表 1 - 1 IAR Embedded Workbench 设备支持列表

芯片公司	芯片系列	IAR 软件版本	C++/MISRA	模拟/仿真/RTOS 调试
Analog Devices	ADuC7XXX②	EWARM	√/√	√/√/√
	ADuC8xx①	EW8051	√/*	√/√/*
ARM	ARM7/9/11, Xscale, Cortex - M3/M1②	EWARM	√/√	√/√/√
Atmel	AT89, T80, TS87, AT83 等 8051①	EW8051	√/*	√/√/*
	AT91 ARM Thumb②	√/√	√/√/√	
	AVR	EWAVR	√/√	√/√/√
	AVR32: AP7000, UC3	EWAVR32	√/√	√/√/√
Cirrus Logic	EP7XXX, EP9XXX②	EWARM	√/√	√/√/√
Cypress	EZ - USB①	EW8051	√/*	√/√/*
Epson	S1S65010②	EWARM	√/√	√/√/√
Freescale	i. MX, MAC71XX②	EWARM	√/√	√/√/√
	M68HC12, HCS12	EWHCS12	√/√	√/√/*
	QE, JM, AC, AW 系列	EWS08	√/*	√/√/√
	ColdFire 1/2/3: MCF5XXX	EWCF	√/√	√/√/√
Infineon	C5xx, C8xx, SAB, SAF 等①	EW8051	√/*	√/√/*
Intel	MCS 51①	EW8051	√/*	√/√/*
	XScale②	EWARM	√/√	√/√/√

附表 1－1

芯片公司	芯片系列	IAR 软件版本	C＋＋/MISRA	模拟/仿真/RTOS 调试
Luminary	LM3Sxxx②	EWARM	√/√	√/√/√
Maxim/Dallas Semiconductor	DS2，DS5，DS8 等①	EW8051	√/ *	√/√/*
	MAXQ	EWMAXQ	√/ *	√/√/*
Microchip	dsPIC，PIC24	EWdsPIC	√/ *	√/*/*
	PICmicro 12，16，17	EWPIC	*/ *	√/√/*
	PICmicro 18	EWPIC18	√/ *	√/√/*
National Semiconductor	CP3000/CR16C & SC14	EWCR16C	√/ *	√/√/*
		EWCR16C－SC	√/ *	√/√/*
NEC	78K0/78K0S/78K0R	EW78K	√/√	√/√/√
	V850，V850E & V850ES	EWV850	√/√	√/√/√
NuvoTon	W77/W78/W79①	EW8051	√/ *	√/√/*
	W90N，W90P，W90E②	EWARM	√/√	√/√/√
NXP	80C51，P89LPC①	EW8051	√/*	√/√/*
	LPC17xx，LPC2xxx，LPC3xxx②	EWARM	√/√	√/√/√
	LH7xxxx (From Sharp)②	EWARM	√/√	√/√/√
OKI	ML67xxxx，ML69xxxx②	EWARM	√/√	√/√/√
Renesas	H8S，H8/300H	EWH8	√/√	√/√/√
	M16C/1x－3x，M16C/6x，R8C	EWM16C	√/√	√/√/√
	M32C，M16C/8x	EWM32C	√/√	√/√/√
	R32C	EWR32C	√/√	√/√/√
Samsung	K32Cxxxx，S3Cxxxx，S3Fxxxx②	EWARM	√/√	√/√/√
	SAM8	EWSAM8	*/ *	√/√/*
Silicon Laboratories	C8051Fxxxx①	EW8051	√/ *	√/√/*
ST Microelectronics	STR7xx，STR9xx，STM32②	EWARM	√/√	√/√/√
	μPSD32/μPSD33/μPSD34①	EW8051	√/ *	√/√/*
Texas Instrument	MSC1xxx，MSC2xxx①	EW8051	√/ *	√/√/*
	MSP430	EW430	√/√	√/√/√
	OMAP5910，TMS470②	EWARM	√/√	√/√/√
Toshiba	TMPA910，TMPM330②	EWARM	√/√	√/√/√

注：① 带有 MCS51 内核的所有 8051 芯片；

② 带有 ARM7，ARM9，ARM9E，ARM10，ARM11，Xscale，Cortex－M3 内核的所有芯片；

③ SM－IAR C－SPY 模拟调试器和 HW－IAR C－SPY 硬件调试接口，如 ROM－monitor，仿真器，BDM，JTAG 和 Nexus Class I 以及 RTOS－Plugin 等；

④ 更多芯片支持信息请参考 www.iar.com。

附录 2

关于随书配套光盘和 J - Link 仿真器

为了满足广大读者更好地学习和应用 IAR EWARM 进行嵌入式系统编程，本书配有一张 CD - ROM 光盘，光盘中包含了本书各章中列出的全部程序范例，以及 IAR EWARM V5 版本全功能评估软件包。程序范例位于光盘的 Book_examples 目录下，读者如果想进一步熟悉或直接应用本书各章的编程范例，可以进入该目录中查找。程序范例所采用硬件电路板的原理图，位于光盘的 Board Schematic 目录下。IAR EWARM V5 评估软件包，位于 EWARM - KS Software 目录下。通过输入 License Key，可以安装 32KB 代码限制的全功能 IAR EWARM V5 软件，License Key 可以到 www.iar.com 网站注册获得。仿真器目录下有 IAR J - Link 和 AK100 ARM 仿真器的介绍和详细说明。

学习嵌入式系统编程的一个重要手段是实践，在硬件目标板上通过仿真器进行实时在线仿真调试，既可以学习软件编程方法，同时，还可以获得实际操作经验。本书所有程序范例都是在相关硬件目标板上，采用 IAR J - Link 仿真器调试通过，可以直接应用。J - Link 是一种价廉物美的硬件仿真器，它支持 ARM7/ARM9/ARM11/Cortex - M3 内核的各种嵌入式处理器硬件调试，包括 Thumb 模式，对用户调试无内核限制，不断提供免费升级，无须为支持新的内核支付费用。通过 USB 2.0 高速接口与 PC 相连，支持 Windows 98/2000/XP 平台。实时硬件仿真，与实际程序运行高度吻合，支持程序断点和数据断点。USB 供电，无须外接电源，使用方便。JTAG 时钟可以设置，自动保存用户设定。配合 IAR EWARM V5 以上版本，支持对芯片内含 Flash 的编程操作，调试过程中自动刷新 Flash 内容。1.5～5 V 宽电压 JTAG 接口，自动跟踪目标电压，全面接口保护，防止损坏目标板和仿真器。IAR J - Link 硬件仿真器的用户手册和使用说明位于光盘的仿真器目录下，读者可以进入这个子目录进行浏览。

欢迎读者通过电子邮箱 ajxu@tom.com 或 ajxu41@sohu.com 与作者联系，我们将尽可能地回答关于 IAR EWARM 的实际应用问题。

附录 3

AK100 ARM 仿真器简介

AK100 仿真器(见附图 3-1)是广州致远电子有限公司 2009 年隆重推出的一款高性能 ARM 专用仿真器,支持 ARM7,ARM9,Cortex-M1,Cortex-M3 等内核的全系列仿真,包括 Thumb 模式。支持串行调试(SWD)模式。采用 USB 2.0(High Speed)高速通信接口,快速下载用户程序代码。同时,PC USB 口取电,省去沉重的电源适配器,外形美观小巧,携带方便。

1. AK100 仿真器功能特性

AK100 仿真器有如下功能特性:

- 支持全系列 ARM(如 ARM7/ARM9/Cortex-M1/Cortex-M3 等)内核仿真,包括 Thumb 模式。
- 支持 Cortex-M1/Cortex-M3 内核串行调试(SWD)模式。
- 无缝嵌接 IAR 环境,除支持 IAR 软件各个版本外,还支持当前其他主流 IDE 环境。
- 支持片内 Flash 在线编程/调试,提供每种芯片对应的 Flash 编程算法文件。
- 支持片外 Flash 在线编程/调试,提供数百种常用的 Flash 器件编程算法文件。
- 支持用户自行添加 Flash 编程算法文件。
- 具备单独烧写 Flash 的独立软件,提高生产效率。

附图 3-1　Ak100 仿真器

- 支持无限制的 RAM 断点调试。
- 支持无限制的 Flash 断点调试,突破硬件断点数量的限制。
- 采用同步 Flash 技术,快速刷新 Flash 断点,速度如同 RAM 调试一样快捷。
- 支持动态断点,可在运行中任意设置/取消断点。
- 支持程序断点和数据断点,便于用户准确跟踪复杂程序的运行。
- 快速单步程序运行,最大 150 步/秒。
- 保证最快、最稳定的调试主频变化的目标系统。
- 内置特殊调试算法,可靠调试处于非法状态的 ARM 内核。
- 支持菊花链连接的多器件仿真。

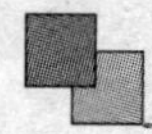
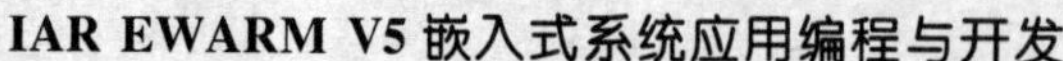

- 基于芯片的设计理念，为数百种芯片提供完善的初始化文件。
- 内置全面的初始化文件解释执行器，可在复位前后/运行前后/Flash 下载前后进行灵活的系统设置。

2. AK100 仿真器与 IAR EWARM 联机方式

AK100 仿真器可以与 IAR EWARM 环境无缝嵌接，并具备高级调试功能，Flash/RAM 断点无限制，支持内/外部 Flash 烧写，用户可以自行添加 Flash 算法文件等。在 IAR EWARM 环境下使用 AK100 仿真器时，先要安装仿真器驱动。打开一个编译通过的项目，从 Options 对话框的 Category 栏选择 Debug，进入调试器选项配置的 Setup 选项卡，在 Driver 栏选择 Third-Party Driver 驱动，再从 Category 栏选中 Third-Party Driver 选项，并添加 AK100 仿真器驱动，驱动安装完成后，IAR EWARM 主界面菜单栏会多出一个 TKScope，单击该菜单下的 Setup 选项，进入 AK100 仿真器设置界面，设置完成后，就可以进行用户系统的实时在线仿真调试。

附录 4

M－Link Cortex－M3 仿真器简介

M－Link 是万利电子为支持仿真 Cortex－M3 内核(如 STM32)芯片推出的 JTAG/SW(SW)方式仿真器。配合 IAR Embedded Workbench for ARM(简称 IAR EWARM)集成开发环境,支持所有 Cortex－M3 内核(如 STM32)芯片的仿真,操作方便,连接方便,简单易学,是学习开发 Cortex－M3 内核(如 STM32)最实用的开发工具。

1. M－Link 仿真器特点

M－Link 仿真器特点如下:

- 支持全系列 ARM(如 ARM7/ARM9/Cortex－M1/Cortex－M3 等)内核仿真,包括 Thumb 模式。
- IAR EWARM 集成开发环境无缝连接的 JTAG/SW(SW)仿真器。
- 支持 Cortex－M3 内核(STM32)芯片,包括 Thumb 模式。
- 通信速度(方式)USB 2.0 全速,下载速度为 600 KB/s。
- 目标板电压范围为 1.2～5.0 V。
- 最大的 JTAG/SW 速度为 12 MHz。
- 监测所有 JTAG/SW 信号和目标板电压。
- 自动速度识别。
- 完全即插即用。
- 使用 USB 电源,USB 的供电能力小于 100 mA。
- USB 连接 PC 和 20 针的 JTAG 接口,通过平板电缆连接目标板。
- 20 针标准 JTAG 仿真接头。
- 支持的平台为 Windows 2000/XP。
- 电磁兼容性符合 EN 55022 和 EN 55024 标准。

2. M－Link 仿真器的物理连接

M－Link 一端通过 Mini－USB 口与 PC 连接,另一端通过标准的 20 芯 JTAG 插头与目标板连接。建议首先连接 M－Link 到 PC,再连接 M－Link 到目标板,最后给目标板供电。当目标系统为 5 V 电源系统时,可以直接使用 M－Link 为目标系统供电。对于 1.2～3.3 V 的电源系统,通过设置 M－Link 控制台使 M－Link 输出 3.3 V 电压以实现电压匹配。使用时 M－Link 的 20 芯插座的第 19 脚为电源输出。

3. M－Link 仿真器与 IAR EWARM 联机方式

在 IAR EWARM 环境下使用 M－Link 仿真器时，先要安装仿真器驱动。打开一个编译通过的项目，从 Options 对话框的 Category 栏选择 Debug，进入调试器选项配置的 Setup 选项卡，在 Driver 栏选择 Third－Party Driver 驱动，再从 Category 栏选中 Third－Party Driver 选项，并添加 M－Link 仿真器驱动，驱动安装完成之后，即可在 IAR EWARM 环境下使用 M－Link 仿真器进行用户系统的实时在线仿真调试。

参考文献

[1] IAR Embedded Workbench IDE User Guide. IAR Systems,2008.

[2] IAR C/C++ Development Guide. IAR Systems,2008.

[3] ARM IAR Assembler Reference Guide. IAR Systems,2007.

[4] Jakob Engblom. How to make C really work on embedded systems. IAR Systems,2002.

[5] Jakob Engblom. Getting the Least Out of Your C Compiler. IAR Systems,2001.

[6] LPC24xx User Manual. NXP Semiconductors,2008.

[7] STM32f10xxx_speex_library_firmware User Manual. ST Microelectronics,2008.

[8] STM32F10xxx Reference Manual. ST Microelectronics,2008.

[9] AT91SAM9261 Datasheet. Atmel Corporation,2006.

[10] AT91SAM9261 - EK Evaluation Board User Guide. Atmel Corporation,2007.

[11] Labrosse Jean J. 嵌入式实时操作系统 μC/OS - II. 2 版. 邵贝贝,等,译. 北京:北京航空航天大学出版社,2003.

[12] 徐爱钧. IAR EWARM 嵌入式系统编程与实践[M]. 北京:北京航空航天大学出版社,2006.

[13] 范书瑞,赵燕飞,高铁成. ARM 处理器与 C 语言开发应用. 北京:北京航空航天大学出版社,2008.

[14] 张瑜,王益涵. ARM 嵌入式程序设计[M]. 北京:北京航空航天大学出版社,2009.

[15] 任哲. ARM 体系结构及其嵌入式处理器[M]. 北京:北京航空航天大学出版社,2008.

[16] 王永虹,徐炜,郝立平. STM32 系列 ARM CortexM3 微控制器原理与实践[M]. 北京: 北京航空航天大学出版社,2008.

[17] 朱义君,杨育红,赵凯,等. AT91 系列 ARM 微控制器体系结构与开发实例[M]. 北京:北京航空航天大学出版社,2005.

[18] 沈连丰,等. 嵌入式系统及其开发应用[M]. 北京:电子工业出版社, 2005.

[19] 桂电-丰宝联合实验室. ARM 原理与嵌入式应用——基于 LPC2400 系列处理器和 IAR 开发环境[M]. 北京:电子工业出版社, 2008.

[20] 吴明辉. 基于 ARM 的嵌入式系统开发与应用[M]. 北京:人民邮电出版社,2004.